"十二五"普通高等教育本科国家级规划教材

iCourse·教材

"十三五"江苏省高等学校重点教材（编号：2017-1-012）

江苏高校优势学科建设工程资助项目

建筑结构设计（第一册）

——基本教程

（第3版）

邱洪兴　主编

高等教育出版社·北京

内容提要

本书按照宽口径的土木工程专业培养要求，对原来的房屋混凝土结构设计、钢结构设计、砌体结构设计、高层结构设计、荷载与设计方法、型钢混凝土组合结构设计等课程内容进行了优化重组，按照结构功能的实现途径构建了四大模块：结构设计通论，包括建筑结构的荷载、耐火设计，结构设计的一般要求；水平结构体系设计，包括混凝土楼盖、钢楼盖、组合楼盖和钢屋架；竖向结构体系设计，包括单层排架结构和门式刚架结构、多层框架结构、高层剪力墙结构、框架—剪力墙结构、框架—支撑结构、筒体结构以及砌体混合结构等；房屋基础设计，包括独立基础、条形基础、十字形基础、筏形基础等。每章配有思考题、作业题和测试题，通过扫描二维码还可以获得与本书配套的数字资源。

本书可以作为高等院校土木工程专业的本科生教材，也可供从事土木工程设计、施工、监理的工程技术人员继续教育之用。

图书在版编目(CIP)数据

建筑结构设计.第一册,基本教程 / 邱洪兴主编.--3版.--北京:高等教育出版社,2018.9(2021.11重印)
ISBN 978-7-04-050154-4

Ⅰ.①建… Ⅱ.①邱… Ⅲ.①建筑结构-结构设计-高等学校-教材 Ⅳ.①TU318

中国版本图书馆CIP数据核字(2018)第165727号

策划编辑 单　蕾　　责任编辑 单　蕾　　封面设计 李小璐　　版式设计 王艳红
插图绘制 于　博　　责任校对 李大鹏　　责任印制 赵　振

出版发行	高等教育出版社	网　　址	http://www.hep.edu.cn
社　　址	北京市西城区德外大街4号		http://www.hep.com.cn
邮政编码	100120	网上订购	http://www.hepmall.com.cn
印　　刷	天津鑫丰华印务有限公司		http://www.hepmall.com
开　　本	787mm×1092mm　1/16		http://www.hepmall.cn
印　　张	27	版　　次	2007年6月第1版
字　　数	660千字		2018年9月第3版
购书热线	010-58581118	印　　次	2021年11月第3次印刷
咨询电话	400-810-0598	定　　价	56.00元

物 料 号　50154-00

建筑结构设计（第一册）

——基本教程

（第3版）

邱洪兴

1 计算机访问http://abook.hep.com.cn/1255651，或手机扫描二维码、下载并安装Abook应用。

2 注册并登录，进入“我的课程”。

3 输入封底数字课程账号（20位密码，刮开涂层可见），或通过Abook应用扫描封底数字课程账号二维码，完成课程绑定。

4 单击“进入课程”按钮，开始本数字课程的学习。

课程绑定后一年为数字课程使用有效期。受硬件限制，部分内容无法在手机端显示，请按提示通过计算机访问学习。

如有使用问题，请发邮件至abook@hep.com.cn。

http://abook.hep.com.cn/1255651

第3版前言

本书是“十二五”普通高等教育本科国家级规划教材、“十三五”江苏省高等学校重点教材。

全书由邱洪兴修订,主要修改内容如下:

① 增加了荷载的概率模型,细化了可变荷载频遇值和准永久值的确定方法,以强化对现在设计方法的理解;增加了温度作用和偶然荷载。

② 鉴于工程中已不再采用内框架结构,将以内框架结构为背景的混凝土单向板肋梁楼盖改为以框架结构为背景,并补充了交叉梁系的结构分析方法,以呼应目前工程中主流的混凝土楼盖类型;删除了连续组合梁内力的计算方法;强化了梁板结构分析模型讨论的定量分析。

③ 调整了结构侧移二阶效应的简化分析方法,采用了概念更清楚的分析模型;补充了竖向荷载作用下剪力墙内力计算方法,使剪力墙结构分析趋于完整;增加了双肢墙等效抗弯刚度影响因素的讨论。

④ 删除了砌体房屋抗震分析,与3、4、5章相一致。

⑤ 各章新增了选择题,便于读者自我测试;增加了与教材配套的思考题注释、作业题指导、测试题解答和电子教案等数字资源,通过扫描书中二维码及登录易课程数字资源网站可免费获取。

湖南大学沈蒲生教授对全书进行了审阅,提出了许多宝贵意见,在此表示衷心感谢。

邱洪兴

2017年12月于六朝松

第2版前言

本书是“十二五”普通高等教育本科国家级规划教材。本书第1版出版以来，编者在5届学生的课堂教学中形成了一些新的想法，收集了不少老师和同学的使用意见；与此同时，我国相关结构设计规范相继颁布了新的版本。基于以上两个原因，对教材进行了全面修订。

第2版仍维持第1版的内容体系，包括4大部分内容：结构设计通论，水平结构体系设计，竖向结构体系设计和房屋基础设计。

第2版由邱洪兴修订，主要修改内容如下：

(1) 进一步强化了“分析模型的合理选取和模型受力性能”。楼盖分析模型中补充了计算单元边界条件的分析；单层排架分析模型中补充了基础转动对排架内力的影响；补充了多层刚架结构侧移特性的讨论；筒体结构分析模型补充了剪力滞后的机理分析。

(2) 简化了属于结构力学内容的线弹性分析方法，相应删除了纯结构力学方法的例题；增加了结构侧移二阶效应的简化分析方法；为适应兄弟院校的设课习惯，增加了双向板的弹性分析理论和梁、板的塑性分析理论。

(3) 删除了有函数表达式的图表，如风压高度变化系数，框架-剪力墙结构内力、侧移系数曲线；简化规范图表的摘录，仅限于教学(包括课程、课程设计)要用到的部分。

(4) 对涉及《混凝土结构设计规范》(GB 50010—2010)、《砌体结构设计规范》(GB 50003—2011)、《建筑结构荷载规范》(GB 50009—2012)、《建筑地基基础设计规范》(GB 50007—2011)、《建筑抗震设计规范》(GB 50011—2010)、《高层建筑混凝土结构技术规程》(JGJ 3—2010)等新版规范修订部分作了相应修改。

(5) 增加了逐章综合的作业题。

因新版《钢结构设计规范》刚完成征求意见稿，相关内容暂不作修改。

东南大学李爱群教授审阅了本书，并提出了宝贵意见，在此表示衷心感谢。

邱洪兴

2012年9月

第 1 版前言

1998 年调整后的土木工程专业涵盖了原来的建筑工程、交通土建工程、矿井建设等 8 个专业，如何整合原有的专业课程，成为实施“大土木”培养方案的关键。建筑结构设计就是在这一背景下新构建的一门综合性课程，包括了原来的混凝土结构设计、钢结构设计、砌体结构设计、组合结构设计、高层结构设计、荷载与设计方法等课程内容。

本课程处于土木工程专业培养方案中通识基础——工程基础——工程三大模块的顶层，是结构设计类的核心课程、从理论设计到工程设计的桥梁、工程基础的综合应用平台、工程实践的交会点，对学生的工程素质和工程能力培养具有不可替代的作用。

教材内容的选取体现了“开放、交叉、融合”的理念，即以内容体系的开放为前提、以相关课程内容之间的交叉为手段、以知识的融合为目标。摒弃课程的封闭和自成一体，着眼于专业的整体培养目标；以先修课程作为知识的起点、以平行课程作为交叉对象、以后续课程和环节作为延伸对象；为学生构筑整体优化的知识结构，达到知识的融会贯通。

教材内容的组织以结构形式为纽带，将钢筋混凝土、型钢混凝土、钢、砌体等不同材料的结构有机地结合在一起；以实际工程的一般设计过程，即结构选型与布置→计算模型选取与结构分析→构件设计与细部构造为主线将不同结构类型贯穿起来。

根据上述思想，2002 年出版了试用教材，其课程在 2005 年被评为国家精品课程。经过 5 届学生的使用，积累了宝贵的经验，结合“十一五”国家级规划教材，本次进行了重新编写。

为适应不同类型的学校及不同的教学安排，根据使用目的，全套教材分为一、二、三册，第一册——基本教程，用于课程的理论教学，建议最低学时 64 学时；第二册——设计示例，用于课程的实践教学，包括课程设计和毕业设计；第三册——学习指导，用于课外的研学。

本书为第一册，共有 6 章，包括 4 大部分的内容：结构设计通论，主要介绍建筑结构的作用、建筑结构设计的一般要求、建筑结构的耐火设计；水平结构体系，主要介绍混凝土楼盖、钢楼盖、组合楼盖和钢桁架等；竖向结构体系，主要介绍单层厂房排架结构、单层厂房门架结构、多层框架结构（含混凝土框架、钢框架、型钢混凝土框架）、砌体结构（含单层砌体房屋、多层砌体房屋、底部框架房屋、内框架房屋）、剪力墙结构（含混凝土剪力墙、钢板剪力墙、型钢混凝土剪力墙、配筋砌块砌体剪力墙）、框架-剪力墙结构、框架-支撑结构、筒体结构等；房屋基础设计，主要介绍独立基础、条形基础、十字形基础、筏板基础等。

教材的编写体现了学科的发展趋势，突出结构的概念设计，强调综合分析问题的能力；遵循教学规律，由浅入深、突出重点、讲清难点、强化训练。教材的编写人员均为东南大学《建筑结构设计》课程组成员，具有丰富的教学经验。参加第一册编写的有：舒赣平（第 4 章）、曹双寅（第 3 章）、孟少平（第 4 章）、王恒华（第 3 章）、邱洪兴（第 1~6 章）。

清华大学江见鲸教授担任了全书的审稿工作，提出了许多宝贵意见，在此表示衷心感谢。

由于是一门新课程,希望读者能将使用过程中发现的问题反馈给我们,以便日臻完善。

编者

2006年9月

目　录

第 1 章　结构设计通论

1.1　绪论

1.1　绪论

1.1.1　建筑结构的类型

建筑包括建筑物和构筑物。建筑物根据使用功能分为工业建筑与民用建筑，其中民用建筑又可以分为居住建筑和公共建筑两大类，前者是指提供人们生活起居用的建筑物，如住宅、宿舍、公寓等；后者是指提供人们进行各项社会、政治、文化活动的建筑，如商场、体育馆、宾馆等。

建筑结构（building structures）是建筑物中能承受水平和竖向作用的骨架。为了满足各种不同的使用功能要求，以及发挥不同结构材料的性能，建筑结构有许多类型。出于不同的研究目的，有多种分类方法。

根据建筑物的层数，可以分为单层、多层、高层和超高层建筑。冶金、机械等重工业厂房一般采用单层建筑，民用建筑中的体育馆、展览厅等大跨度建筑也常常是单层的。多层和高层的界限，世界各国的规定不尽相同。我国《高层建筑混凝土结构技术规程》（JGJ 3—2010）中规定 10 层及以上或房屋高度超过 28 m 的住宅或高度超过 24 m 的其他民用建筑物为高层建筑。一般将高度超过 100 m 的建筑称为超高层建筑。

建筑物根据所使用的结构材料分为木结构（timber structures）、砌体结构（masonry structures）、混凝土结构（concrete structures）、钢结构（steel structures）和混合结构（mixed structures）等。木结构曾是我国传统建筑最主要的结构，出于对森林资源的保护和防火要求，20 世纪 70 年代后很长一段时间内很少使用，目前开始兴起胶合木结构。砌体材料由于抗拉性能差，不适宜用作水平构件，纯粹的砌体结构很少，一般与其他材料混合使用，其中砌体材料主要用于竖向构件。混合结构是指不同部位的结构构件由两种或两种以上结构材料组成的结构，如砌体-混凝土结构、混凝土-钢结构。同一部位的构件采用两种或两种以上材料一般称为组合结构（composite structures）。

在结构设计中，特别关注建筑物的结构形式。建筑结构由上部结构和下部结构组成。通常将天然地坪或 ±0.00 以上的部分称为上部结构（superstructure），以下的称下部结构（substructure）。上部结构又由水平结构体系（horizontal structural system）和竖向结构体系（vertical structural system）两大部分组成，见图 1.1.1。

水平结构体系有梁板结构（beam-slab structures）、桁架结构（truss structures）、网架结构（network structures）、壳体结构（shell structures）、膜结构（membrane structures）、拱结构（arch structures）和索结构（cable structures）等，其中后面几种统称为大跨结构，这些大跨结构一般用于屋盖。

- 建筑结构
  - 上部结构（±0.00以上）
    - 水平结构体系
      - 梁板结构
      - 大跨结构
        - 网架结构
          - 四角锥网架
          - 三角锥网架
          - 平面桁架系网架
        - 桁架结构
          - 铰接桁架
          - 刚接桁架
        - 壳体结构
          - 穹顶
          - 筒壳
          - 折壳
          - 双曲扁壳
          - 扭壳
        - 拱结构
        - 索结构
        - 膜结构
    - 竖向结构体系
      - 框架结构
        - 排架结构
        - 刚架结构
      - 墙体结构
        - 承重墙结构（砌体房屋）
        - 剪力墙结构
      - 筒体结构
        - 框筒结构
        - 筒中筒结构
        - 束筒结构
      - 复合结构
        - 框架-剪力墙结构（框架+剪力墙）
        - 框架-支撑结构（框架+竖向桁架）
        - 框架-筒体结构（框架+筒体）
        - 内框架结构（内部框架、外侧砌体）
        - 转换结构（底部框架、上部剪力墙）
        - 底框结构（底部框架、上部砌体）
  - 下部结构（±0.00以下）
    - 地下室
    - 基础
      - 浅基础
        - 独立基础
        - 条形基础
          - 墙下条形基础
          - 柱下条形基础
        - 十字形基础
        - 筏形基础
          - 梁板式筏形基础
          - 平板式筏形基础
        - 箱型基础
      - 深基础
        - 桩基础
        - 地下连续墙
        - 沉井

图 1.1.1 建筑结构的组成和分类

桁架有铰接和刚接之分，铰接桁架中的杆件为轴心受力构件，刚接桁架的杆件除了轴力外，还存在弯矩和剪力。

网架的形式很多，常见的有四角锥网架、三角锥网架和平面桁架系网架。

壳体结构承受竖向荷载的性能非常优越，厚度可以做得很薄。常用的有穹顶、筒壳、折壳、双曲扁壳和双曲抛物面壳等。

膜结构最早是在高强布罩内部充气用作建筑空间的覆盖物，目前主要利用柔性钢索使膜面产生一定的预张力，从而形成具有一定刚度的结构体系，它的自重很轻。

拱结构和索结构是桥梁的主要结构形式之一，在房屋中也有应用。

竖向结构体系有**框架结构**（frame structure system）、**墙体结构**（wall structure system）和**筒体结

构(tube structure system)等三大类。

框架结构由梁、柱组成,当梁、柱铰接时称排架结构(bent frame);当梁、柱刚接时称刚架结构(rigid frame)。混凝土单层厂房常采用排架结构,这种结构对基础的不均匀沉降不敏感。刚架结构是目前多层房屋的主要结构形式。

墙体结构中的竖向构件为截面高度比厚度大得多的墙体,包括以承受竖向荷载为主的承重墙(如砌体结构)和以承受水平荷载为主的剪力墙(剪力墙结构)。

筒体结构则是由若干榀墙组成、平面呈环状的空间结构,有框筒结构、筒中筒结构和束筒结构等几种形式。剪力墙结构和筒体结构主要用于高层建筑。

下部结构包括地下室(basement)和基础(foundation)。常用的建筑结构基础有柱下独立基础(isolated foundation)、墙下和柱下条形基础(strip foundation)、十字形基础(cross-shaped foundation)、筏形基础(raft foundation)、箱形基础(box foundation)和桩基础(pile foundation)、地下连续墙基础(diaphragm wall foundation)、沉井基础(caisson foundation),其中后三种属于深基础,前面的属于浅基础。

上述的各种基本结构形式可以组合,形成复合结构体系(hybris structure system),包括平面复合和竖向复合。前者指同一平面内采用两种或两种以上的基本结构形式,如竖向结构体系中的框架-剪力墙结构、水平结构体系中的网-壳结构等;后者指在房屋高度方向采用了不同的结构类型,如上部剪力墙、下部框架结构。同一种结构形式可以使用不同的材料,如混凝土排架结构、钢排架结构等。随着科学技术水平的发展和人们对建筑物提出的新要求,会不断出现新的结构形式和结构材料。

作为建筑结构设计的入门课程教材,本书将介绍几种最基本结构类型的设计方法。第 2 章安排了水平结构体系中的梁板结构;第 3 章介绍单层厂房中的排架结构和门式刚架结构;第 4 章介绍多层框架结构;第 5 章重点介绍高层剪力墙结构和框架-剪力墙结构,并对筒体结构、框架-支撑结构作简要介绍;第 6 章介绍砌体结构。柱下独立基础将在第 3 章介绍;柱下条形基础、十字形基础和筏形基础将在第 4 章介绍。

1.1.2 结构设计的程序

一个建筑物的设计包括建筑设计、结构设计、给排水设计、暖气通风设计和电气设计等内容,简称建筑、结构、水暖电。每一部分的设计都应围绕设计的 4 个基本要求,即功能要求、美观要求、经济要求和环保要求。功能要求是指必须满足使用要求;美观要求是指必须满足人们的审美情趣;经济要求是指应具有最佳的技术经济指标;环保要求是指应符合可持续发展,设计低碳建筑。

结构是一个建筑物发挥其使用功能的基础,结构设计是建筑物设计的一个重要组成部分,分为以下 4 个步骤:

方案设计 → 结构分析 → 构件设计 → 绘施工图

一、方案设计

结构方案设计(scheme design)包括结构选型(structure selection)、结构布置(arrangement of structures）和主要构件的**截面尺寸估算**（estimation of section size）。

结构选型包括选择上部结构类型和基础类型，主要依据建筑物的功能要求、场地土的工程地质条件、现场施工条件、工期要求以及当地的环境要求，经过方案比较和技术经济分析加以确定。方案的选择应体现科学性、先进性、经济性和可实施性。科学性要求结构受力合理；先进性要求采用新技术、新材料、新结构和新工艺；经济性要求尽可能降低材料的消耗量和劳动力使用量以及建筑物的维护费用；可实施性要求方便施工。

结构布置包括**定位轴线**（orientation axes）的标定、构件布置和**变形缝**（deformation joint）设置。

定位轴线用来确定所有结构构件的水平位置，一般设横向定位轴线和纵向定位轴线，当建筑平面形状复杂时，还设斜向定位轴线。横向定位轴线习惯上从左到右用①、②、③…表示；纵向定位轴线自下至上用Ⓐ、Ⓑ、Ⓒ …表示。定位轴线与竖向承重构件的关系一般有三种：砌体结构定位轴线与承重墙体的距离是半砖或半砖的倍数；单层工业厂房排架结构纵向定位轴线与边柱重合（封闭结合）或之间加一个联系尺寸（非封闭结合）；其余结构的定位与竖向构件在高度方向较小截面尺寸的截面形心重合。

构件布置就是要确定构件的位置，包括平面位置和竖向位置。平面位置通过与定位轴线的关系加以确定；竖向位置用**标高**（level）来表示。

一般在建筑物底层地面、各层楼面（包括屋面）以及基础底面等位置都应给出标高值。在建筑物中存在两种标高：建筑标高和结构标高。建筑标高指建筑物建造完毕后应有的标高；结构标高指结构构件表面的标高。因楼面结构层上面一般还有找平层、装饰层等建筑层，所以结构标高是建筑标高扣除建筑层厚度（当结构层上不做任何建筑层时，结构标高与建筑标高相同）。在结构设计施工图中既可以采用结构标高，也可以采用建筑标高，而由施工单位自行换算成结构标高。建筑标高以底层地面为±0.00，往上用正值表示，往下用负值表示。

变形缝包括**伸缩缝**（expansion and contraction joint）、**沉降缝**（settlement joint）和**防震缝**（seismic joint）。设置伸缩缝是为了避免因房屋长度和宽度过大，温度变化导致结构内部产生很大的温度应力，造成对结构和非结构构件的损坏。建筑物伸缩缝的最大间距见附表 A.1。

设沉降缝是为了避免因建筑物不同部位的结构类型、层数、荷载或地质情况不同导致不均匀沉降过大引起结构或非结构构件的损坏。不同结构类型的设置原则详见后续各章节。

设防震缝是为了避免建筑物不同部位因质量或刚度的不同，在地震发生时具有不同的振动频率而相互碰撞导致损坏。防震缝的设置宽度应满足附表 A.2 的要求。

沉降缝必须从基础分开，而伸缩缝和防震缝的基础可以连在一起。在抗震设防区，伸缩缝和沉降缝的宽度均应满足防震缝的宽度要求。

由于变形缝的设置会给使用和建筑平面、立面处理带来一定的麻烦，所以应尽量通过平面布置、结构构造和施工措施（如采用后浇带等）不设缝或少设缝。

结构分析要用到构件的几何参数，结构布置完成后需要估算构件的截面尺寸。构件截面尺寸一般先根据变形条件和稳定条件，由经验公式确定，截面设计发现不满足要求时再作调整。水平构件根据挠度的限值和整体稳定条件可以得到截面高度与跨度的近似关系。竖向构件的截面尺寸根据结构的水平侧移限制条件估算，在抗震设防区，混凝土构件还应满足轴压比的限值，即轴力设计值与截面面积和混凝土抗压强度的比值。

二、结构分析

结构分析的任务是计算结构在各种作用下的效应，它是结构设计的重要内容，也是本书的主要内容。结构分析的正确与否直接关系到所设计的结构能否满足安全性、适用性和耐久性等结构功能要求。

结构分析的核心问题是计算模型的确定，包括**计算简图**(calculation diagram)、**结构分析理论**(theory of structural analysis)和**数学方法**(mathematical method)。

确定计算简图时，需要对实际结构进行简化假定。简化过程应遵循三个原则：尽可能反映结构的实际受力特性，偏于安全和简单。为了得到接近实际受力状况的计算简图，需要对各影响因素进行分析，抓住主要因素；对于一些影响较大而又难于在模型中考虑的因素，应通过其他措施加以弥补。偏于安全是工程设计的要求，这样才能使结构的可靠度不低于目标可靠度。在满足工程精度的前提下，忽略一些次要因素，从而得到比较简单的计算模型，不仅可以大大减少计算工作量，并且有利于设计人员对结构受力性能的总体把握。

由于计算简图是实际结构的一种简化、近似，所以在采用某一种计算简图时，一定要了解其与实际结构的差异以及差异的变化规律，即哪些情况下差异较大或较小，了解它的适用范围，否则可能会带来严重后果。

结构分析所采用的计算理论有**线弹性理论**(theory of linear elasticity)、**塑性理论**(theory of plasticity)和**非线性理论**(nonlinear theory)。

线弹性理论最为成熟，是目前普遍使用的一种计算理论，适用于常用结构的承载能力极限状态和正常使用极限状态的结构分析。根据线弹性理论计算的作用效应与作用成正比，这为结构分析带来极大的便利。

塑性理论可以考虑材料的塑性性能，因而更符合结构在极限状态的受力状况。目前使用塑性理论的实用分析方法主要有塑性内力重分布和塑性极限分析方法。前者如连续梁(连续板)的弯矩调幅法，后者如双向板的塑性铰线法。

非线性包括材料非线性和几何非线性。前者因材料应力-应变关系的非线性，导致内力、位移与荷载呈非线性关系；后者因根据结构变形后的几何位置(而不是初始状态)建立平衡方程，导致内力、位移与荷载呈非线性关系。结构的非线性比线弹性分析复杂得多，需要采用迭代法或增量法计算，叠加原理不再适用。

结构分析依据所采用的数学方法可以分为**解析解**(analytic solutions)和**数值解**(numerical solutions)两种。数值解可解决大型、复杂工程问题，计算机程序采用的是数值解。解析解适用于比较简单的计算模型。由于实际工程结构并不如结构力学所介绍的计算模型那样理想化，本书介绍的大多是近似解析解。

尽管目前工程设计的结构分析基本上都是通过计算机程序完成的，并可以自动生成施工图，但基于手算的解析解是结构设计的重要基础。解析解的概念清晰，有助于人们对结构受力特点的把握，掌握基本概念。作为一个优秀的结构工程师不仅要求掌握精确的结构分析方法，还要求能对结构问题做出快速的判断，这在方案设计阶段和处理各种工程事故、分析事故原因时显得尤为重要。而近似分析方法可以训练人的这种能力，培养概念设计能力。

三、构件设计

构件设计(members design)包括**截面设计**(sections design)和**节点设计**(joints design)两个部分。对于混凝土结构,截面设计有时也称为配筋计算,因为截面尺寸在方案设计阶段已初步确定,构件设计阶段所做的工作是确定钢筋的类型、放置位置和数量。节点设计也称为连接设计。

构件设计有两项工作内容:计算和构造。在结构设计中,一部分内容是由计算确定的,而另一部分内容则是根据构造规定确定的。构造是计算的重要补充,两者同等重要,在各本设计规范中对构造都有明确的规定。千万不能重计算、轻构造。

实际上,构造的内容很广泛,在方案设计阶段和构件设计阶段均涉及构造。需要构造处理的原因大致可以分为两大类:一类是作为计算假定的保证;另一类是作为计算中忽略某个因素或某项内容的弥补和补充。

属于第一个原因的,如在混凝土结构构件的设计中,总是假定钢筋与混凝土之间有可靠的握裹,这需要通过一定的钢筋锚固长度、钢筋的最小净距等要求来保证;属于第二个原因的,如在一般的房屋结构分析中不考虑温度变化的影响,相应的构造措施是规定房屋伸缩缝的最大间距。

四、绘制施工图

设计的最后一个阶段是绘制施工图。图是工程师的语言,工程师的设计意图是通过图纸来表达的。如同人的语言表达,图面的表达应该做到正确、规范、简洁和美观。

1.2 建筑结构的作用

1.2.1 作用的种类

能在结构中引起内力、变形等效应的原因统称为**作用**(action),包括以力的形式施加在结构上的**直接作用**(direct action)(习惯称荷载)和引起结构外加变形或约束变形(如混凝土收缩变形、地基沉降、地震、干湿变形)的**间接作用**(indirect action)。

1.2 建筑结构的作用

作用的分类方法有多种,每种分类方法反映了作用的某个基本特性。与结构设计关系密切的分类方法主要有以下三种。

根据随时间的变化情况,作用分为**永久作用**(permanent action)、**可变作用**(variable action)和**偶然作用**(accidental action)三大类。

在设计使用年限内始终存在,且其量值不变或量值变化与平均值相比可以忽略或单调变化并趋于某个限值的作用称永久作用,如构件重力、土压力、预应力、物料侧压力。永久直接作用又称**恒荷载**(dead load)。

在设计使用年限内其量值随时间变化,且其变化与平均值相比不可忽略的作用称可变作用,如风压、吊车荷载、温度变形。可变直接作用又称**活荷载**(live load)。

在设计使用年限内不一定出现,而一旦出现其量值很大且持续时间很短的作用称偶然作用,如爆炸、撞击、罕遇地震、火灾等。

根据作用在空间位置的变化情况,作用分为固定作用(fixed action)和自由作用(free action)两大类。前者在空间的分布是固定的,如构件重力;后者在空间可以任意分布,如吊车荷载。对于自由作用,结构设计时需要考虑其最不利的空间分布。

根据作用是否引起结构振动,作用分为静态作用(static action)和动态作用(dynamic action)两大类。结构不产生加速度(如重力、温度变形)或加速度可以忽略的作用为静态作用;加速度不可忽略的作用为动态作用。受到作用后结构的振动是否明显(加速度是否可以忽略)除了与作用本身的特性有关外,还与结构的自振周期有关。当作用的周期远小于结构自振周期时,可按静态作用考虑;当作用的周期与结构的自振周期处于同一量级时,需按动态作用考虑。

一般民用建筑结构最常见的作用包括:构件和设备产生的重力荷载、楼面可变荷载(屋面还包括积灰荷载和雪荷载)、风荷载和地震作用。

在设有吊车的厂房中,还有吊车荷载;在地下建筑中还涉及土压力和水压力;在储水、料仓等构筑物中则分别有水侧压力和物料侧压力。

1.2.2 荷载的概率模型

一、自重概率模型

结构构件自重等永久荷载采用随机变量概率模型(probability model of random variable)。根据对大量实际结构的现场实测、统计分析,构件自重不拒绝正态分布,均值 $\mu_G = 1.06\ G_k$、均方差 $\sigma_G = 0.074G_k$,概率分布函数(probability distribution function) $F(g)$:

$$F(g) = \frac{1}{0.074\sqrt{2\pi}\,G_k}\int_{-\infty}^{g} \exp\left[-\frac{(g-1.06G_k)^2}{2(0.074G_k)^2}\mathrm{d}g\right] \tag{1.2.1}$$

式中,G_k——按设计标注的尺寸和规范规定的材料重度计算得到的重力。

二、平稳二项随机过程模型

为了便于应用,《建筑结构可靠度设计统一标准》(GB 50068—2001)(以下简称《统一标准》)将几种常用可变荷载模型化为平稳二项随机过程(stationary binomial random process),包括4个基本假定:

(1) 荷载一次持续施加于结构上的时段长度为 τ,而设计基准期 T 内可分为 r 个相等的时段,即 $r=T/\tau$;

(2) 在每个时段 τ 上,可变荷载出现[$Q(t)>0$]的概率为 p,不出现[$Q(t)=0$]的概率为 $1-p$;

(3) 在每个时段 τ 上,当荷载出现时,其幅值是非负随机变量,且在不同时段上的概率分布函数 $F_{Q_i}(q)$ 相同,$F_{Q_i}(q)$ 称任意时点概率分布函数;

(4) 不同时段 τ 上的荷载幅值随机变量相互独立,且与各时段上荷载是否出现也相互独立。

假定(1)将连续型随机过程转化为离散型随机过程,或称随机序列。根据假定(2),在每个时段上随机过程有两个状态:荷载出现与荷载不出现。假定(3)中荷载的幅值为非负随机变量由荷载的性质决定(荷载值不可能为负);任意时点的概率分布函数属于随机过程的一维分布,而平稳随机过程的一维分布与时间无关,所以在各时段相同。根据假定(4),这一随机过程为独立随机过程①。

使用平稳二项随机过程模型需要获得三个统计要素：

(1) 荷载出现一次的平均持续时间，即时段长度 τ。

(2) 在每个时段上，荷载出现的概率 p。

(3) 任意时点的荷载概率分布函数 $F_{Q_i}(q)$。

《统一标准》对楼面均布可变荷载、风荷载和雪荷载等均采用**极值Ⅰ型**(extreme value Ⅰ)作为任意时点随机变量的概率分布模型，即假定

$$F_{Q_i}(q)=\exp\{-\exp[-\alpha(q-\beta)]\} \quad (1.2.2)$$

式中，$\alpha=1.282\ 55/\sigma$，为尺度参数；$\beta=\mu-0.577\ 22/\alpha$，为众值；$\sigma$——子样均方差；$\mu$——子样均值。

三、设计基准期内最大荷载的概率分布函数

在考虑基本变量概率分布类型的一次二阶矩可靠度分析方法中，是将各种基本量作为随机变量为基础的，因而需要将上述荷载随机过程转化为随机变量。偏于安全，一般取荷载在设计基准期内的最大随机变量 Q_T，定义为 $Q_T=\max\limits_{0\leqslant t\leqslant T}Q(t)$。对于等时段平稳二项随机过程，可以推导出 Q_T 的概率分布为②

$$F_{Q_T}=\{1-p[1-F_{Q_i}(q)]\}^r \qquad (q\geqslant 0) \quad (1.2.3a)$$

式中，r 为设计基准期 T 内的时段数，$r=T/\tau$，τ 为时段长度；p 为时段内荷载出现的概率。

对于每个时段上必然出现的可变荷载，$p=1$，式(1.2.3a)可以写成

$$F_{Q_T}=[F_{Q_i}(q)]^r \qquad (q\geqslant 0) \quad (1.2.3b)$$

当 $p\neq 1$，但如果式(1.2.3a)中的 $p[1-F_{Q_i}(q)]$ 项充分小，则利用级数展开可得到近似式

$$F_{Q_T}\approx[F_{Q_i}(q)]^m \quad (1.2.3c)$$

式中，$m=pr$，为设计基准期内荷载的平均出现次数。

将式(1.2.2)代入式(1.2.3b)或式(1.2.3c)，可得到设计基准期内最大荷载的概率分布：

$$F_{Q_T}(q)=\exp\{-\exp[-\alpha(q-\beta_T)]\} \quad (1.2.4)$$

式中，$\beta_T=\beta+\ln r/\alpha$；$r$ 为设计基准期内时段数或平均出现次数；α、β 同式(1.2.2)。

四、办公楼楼面均布荷载概率分布函数

办公室、住宅、商场等民用建筑的楼面均布可变荷载按其时间的变异特点，分为持久性可变荷载 L_i 和临时性可变荷载 L_{rs}。前者是在设计基准期内经常出现的荷载，如办公楼内的家具、设备、物品的重量以及正常办公人员的体重；后者指短暂出现的荷载，如办公室内临时集结的人员体重、临时堆放的物品重量。

民用建筑在装修、搬迁后的一段时间内持久性可变荷载变化不大。根据对用户的调查，装修、搬迁周期一般在 7~8 年，为了方便，取时段长度 $\tau=10$ 年；持久性可变荷载在整个设计基准期 T 内的任何时刻都存在，所以时段内出现的概率 $p=1$；荷载值可通过现场实测获得。

临时性可变荷载 $L_{rs}(t)$ 的统计特性如荷载变化的幅度、平均出现次数、持续时段长度 τ 等要取得精确资料较为困难，只能以用户的回忆为依据进行估算。通过大量的走访、调查和统计分

① 详见文献[11]7.2.4 节。

② 详细推导过程可参阅《建筑结构设计(第三册)——学习指导》(第 2 版)3.1 节。

析，粗略并偏安全取设计基准期内的平均出现次数 $m=5$。

根据调查、统计，办公楼楼面持久性可变荷载和临时性可变荷载的统计参数分别为 $\mu_{Li}=386.2\ \mathrm{N/m^2}$、$\sigma_{Li}=178.1\ \mathrm{N/m^2}$ 和 $\mu_{Lrs}=355.2\ \mathrm{N/m^2}$、$\sigma_{Lrs}=243.7\ \mathrm{N/m^2}$，分别代入式(1.2.2)和(1.2.3b)、式(1.2.3c)后得到设计基准期 T 年内最大持久可变荷载 L_{iT}和最大临时性可变荷载 L_{rsT} 的分布函数

$$\begin{cases} F_{L_{iT}}(q)=\exp\left[-\exp\left(-\dfrac{q-529.5}{138.9}\right)\right] \\ F_{L_{rsT}}(q)=\exp\left[-\exp\left(-\dfrac{q-551.3}{190.0}\right)\right] \end{cases} \tag{1.2.5}$$

设计基准期内最大总可变荷载是持久性可变荷载和临时性可变荷载的组合，取其中一个 T 年最大值和另一个时段内最大值之和，即 $L_T=L_{iT}+L_{rs}$ 或 $L_T=L_i+L_{rsT}$，于是 $\mu_{L_T}=\mu_{L_{iT}}+\mu_{L_{rs}}$ 或 $\mu_{L_T}=\mu_{L_i}+\mu_{L_{rsT}}$ 和 $\sigma_{L_T}=\sqrt{\sigma^2_{L_{iT}}+\sigma^2_{L_{rs}}}$ 或 $\sigma_{L_T}=\sqrt{\sigma^2_{L_i}+\sigma^2_{L_{rsT}}}$。取其中较为不利的一组。假定组合后仍服从极值 I 型分布，则设计基准期 T 年内楼面最大总可变荷载分布函数

$$F_{L_T}(q)=\exp\left\{-\exp\left[-\frac{q-911.4}{235.3}\right]\right\} \tag{1.2.6}$$

1.2.3 荷载代表值

目前的建筑结构设计还没有直接基于荷载效应和抗力的概率分布函数来计算结构的可靠度，而是采用一次二阶矩可靠度分析方法，用 β 作为可靠度衡量指标。在极限状态设计表达式中荷载是以代表值的形式出现的。

一、荷载标准值

荷载标准值(characteristic value of a load)为设计基准期最大荷载概率分布的某个分位值，而分位值是指与某个保证率对应的变量值。

由于历史原因，不同荷载标准值的百分位(保证率)并不相同。

结构构件的自重荷载一般以设计标注尺寸和规范规定的材料重度计算得到的重力作为荷载标准值，用 G_k(下标 k 代表标准值)表示。将式(1.2.1)中的 g 用 G_k 代替，可求得百分位 $F(G_k)=20.93\%$，超越概率 $100\%-20.93\%=79.07\%$。对于像屋面保温层、找平层等变异性较大的构件，应根据该荷载对结构有利或不利，分别取其自重的下限值和上限值。

民用建筑办公楼楼面可变荷载标准值的百分位为 99.18%，将 0.991 8 代替式(1.2.6)中的 $F_{L_T}(Q_k)$，可求得标准值 $Q_k=2\ 000\ \mathrm{N/m^2}$。

与气候有关的风、雪等可变荷载时段长度取 $\tau=1$ 年，也可以根据其设计基准期内最大荷载的概率分布的某个分位值定义标准值，但习惯上采用重现期规定荷载标准值。重现期是指与时间有关的随机变量(随机过程)，其幅值等于或大于某个值的时间间隔，以年为单位，俗称“多少年一遇”。

重现期 $T_R(q)=n$，意味着在连续 n 年中，有一年的荷载幅值 $Q>q$，而其余 $n-1$ 年的 $Q\leqslant q$。“重现期 $T_R(q)=n$”这一事件的概率是事件“某一年的荷载幅值大于 q”与 $n-1$ 个事件“荷载幅值不超过 q”交的概率。由于假定荷载在各时段(年)同分布(即分布函数相同)且统计独立(独立

事件交的概率等于各独立事件概率的乘积）。如果可变荷载的年最大荷载分布（年极值分布）函数用 $F_{Q_i}(q)$ 表示，"重现期 $T_R(q)=n$"的概率

$$P[T_R(q)=n]=[P(Q\leqslant q)]^{n-1}[P(Q>q)]=[F_{Q_i}(q)]^{n-1}[1-F_{Q_i}(q)]$$

重现期是离散型随机变量，平均重现期 $\overline{T}_R(q)$ 是 $T_R(q)$ 的数学期望：

$$\overline{T}_R(q)=\sum_{n=1}^{\infty}n\cdot P[T_R(q)=n]=[1-F_{Q_i}(q)][1+2F_{Q_i}(q)+3F_{Q_i}^2(q)+\cdots]$$

$$=[1-F_{Q_i}(q)]\frac{1}{[1-F_{Q_i}(q)]^2}=\frac{1}{[1-F_{Q_i}(q)]}$$

即

$$F_{Q_i}(q)=\frac{\overline{T}_R(q)-1}{\overline{T}_R(q)} \tag{1.2.7a}$$

对于每年均出现的可变荷载，将式（1.2.3b）代入上式，可得到设计基准期内最大荷载的概率分布函数与平均重现期的关系：

$$F_{Q_T}(q)=[F_{Q_i}(q)]^T=\left[\frac{\overline{T}_R(q)-1}{\overline{T}_R(q)}\right]^T \tag{1.2.7b}$$

如果设计基准期 $T=50$ 年，以平均重现期为 50 年的荷载幅值作为标准值 Q_k，由式（1.2.7b），设计基准期内最大荷载的概率分布对应的百分位为

$$F_{Q_T}(Q_k)=\left[\frac{50-1}{50}\right]^{50}=36.42\%$$

由式（1.2.7a），年极值分布的百分位为 $F_{Q_i}(Q_k)=\frac{50-1}{50}=98\%$。

二、可变荷载的频遇值

荷载标准值反映了最大荷载在设计基准期内的超越概率，但没有反映出超越的持续时间长短。结构正常使用极限状态的设计要求不仅与荷载的大小有关，还与荷载的持续时间有关，需用到可变荷载①与持续时间有关的两个荷载代表值：频遇值和准永久值。

可变荷载的频遇值（frequent value）为设计基准期内被超越的总时间仅为设计基准期一小部分的荷载值，或在设计基准期内被超越的频率限制在规定频率内的荷载值。

可变荷载超越某个水平 q 有两种统计方式：一种是超过 q 的总持续时间 $T_q=\sum t_i$ 与设计基准期 T 的比例 $\eta_q=T_q/T$，如图 1.2.1a 所示；另一种是超过 q 的次数 n_q 或单位时间内的平均超越次数 $\nu_q=n_q/T$（称跨阈率），见图 1.2.1b。

设可变荷载 Q 在设计基准期内任意时点的概率分布函数为 $F_{Q_i}(q)$（代表小于 q 的概率），则超过 q 的概率：

$$p^*=1-F_{Q_i}(q) \tag{1.2.8a}$$

对于各态历经的随机过程，存在下列关系式：

$$\eta_q=p^*p \tag{1.2.8b}$$

① 永久荷载在设计基准期内一直持续，没有频遇值和准永久值。

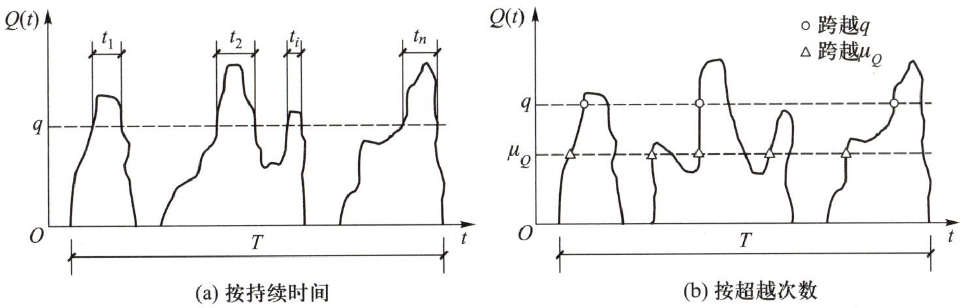

图 1.2.1 可变荷载值超过某水平的统计方式

式中，p——可变荷载出现的概率。

将式(1.2.8b)代入式(1.2.8a)，可得到与 η_q 对应的频遇值：

$$Q_f = F_{Q_i}^{-1}(1-\eta_q/p) \tag{1.2.8c}$$

当考虑结构在使用中引起不舒适感(如振动)时，频遇值按这种方式确定，一般取 η_q 不大于 0.1。

跨域率 ν_q 可通过直接观察得到，也可应用随机过程的某些特性间接确定。对于正态平稳各态历经随机过程，与跨阈率 ν_q 对应的频遇值可按下式确定：

$$Q_f = \mu_Q + \sigma_Q \sqrt{\ln(\nu_m/\nu_q)^2} \tag{1.2.9}$$

式中，μ_Q、σ_Q——任意时点荷载的均值、均方差；

ν_m——均值的跨阈率。

当考虑结构的局部损坏或疲劳破坏时，频遇值按这种方式确定。

可变荷载的频遇值通常用与标准值的比值来表示，比例系数 ψ_f 称频遇值系数：

$$\psi_f = Q_f/Q_k \tag{1.2.10a}$$

【例 1-1】 某地区基本雪压(单位 kN/m^2)的年极值分布(任意时点雪压的概率分布)为

$$F_{Q_i}(q) = \exp\left\{-\exp\left[-\frac{q-0.022}{0.096\ 9}\right]\right\}$$

取比例 $\eta_q = 0.1$，计算基本雪压的频遇值系数 ψ_f。

【解】 首先计算基本雪压标准值 s_{0k}。基本雪压标准值按重现期 50 年确定，年保证率为 0.98，即

$$F_{Q_i}(s_{0k}) = \exp\left\{-\exp\left[-\frac{s_{0k}-0.022}{0.096\ 9}\right]\right\} = 0.98$$

求得 $s_{0k} = 0.4\ kN/m^2$。

雪荷载近似每年出现，$p=1$；$1-\eta_q/p = 0.9$。由式(1.2.8c)和任意时点的概率分布函数

$$F_{Q_i}(s_{0f}) = \exp\left\{-\exp\left[-\frac{s_{0f}-0.022}{0.096\ 9}\right]\right\} = 0.9$$

求得基本雪压频遇值 $s_{0f} = 0.24\ kN/m^2$；由式(1.2.10a)，频遇值系数 $\psi_f = s_{0f}/s_{0k} = 0.6$。

三、可变荷载的准永久值

可变荷载的准永久值(quasi-permanent value)为设计基准期内被超越的总时间占设计基准

期的比例较大的作用值，一般取比例 $\eta_q = 0.5$。

可变荷载的准永久值也用与标准值的比值来表示，比例系数 ψ_q 称准永久值系数：

$$\psi_q = Q_q / Q_k \tag{1.2.10b}$$

四、可变荷载的组合值

当结构同时承受两个或两个以上可变荷载时，在设计基准期内多个可变荷载同时达到标准值的超越概率与单个可变荷载达到标准值的超越概率是不同的，为此引入可变荷载的组合值。可变荷载的**组合值**(combination value) Q_c 是使组合后荷载效应的超越概率与该荷载单独达到其标准值荷载效应的超越概率趋于一致的荷载值。实用中取与标准值(设计基准期内最大值)相同分位下在时段内的最大值作为组合值，可通过组合值系数 $\psi_c(\leqslant 1)$ 对荷载标准值的折减来表示，即

$$Q_c = \psi_c Q_k \tag{1.2.10c}$$

1.2.4 楼面和屋面可变荷载

一、楼面均布可变荷载

各种类型的**楼面均布可变荷载**(uniformly distributed live loads)设计基准期内最大荷载的概率分布函数可按办公楼相同的方法，通过现场调查、实测、统计获得，据此确定标准值及其组合值、频遇值和准永久值。附表 A.4 是《建筑结构荷载规范》GB 50009—2012(以下简称《荷载规范》)中各类民用建筑楼面均布可变荷载的标准值及其组合值、频遇值和准永久值系数。

二、屋面可变荷载

屋面可变荷载(live loads on roofs)包括屋面均布可变荷载、雪荷载和积灰荷载。屋面均布可变荷载不与雪荷载同时考虑。工业与民用建筑房屋，其水平投影面上的屋面均布可变荷载可按附表 A.3 采用。对于生产中有大量排灰的厂房及其临近建筑，设计时需考虑屋面积灰荷载。常用工业厂房，其水平投影面上的屋面积灰荷载可按附表 A.5 采用。

屋面水平投影面上的雪荷载标准值按下式计算：

$$S_k = \mu_r S_0 \tag{1.2.11}$$

式中，S_k——雪荷载标准值；

μ_r——屋面积雪分布系数，与屋面形状有关，可查《荷载规范》；

S_0——基本雪压，以当地一般空旷平坦地面上统计所得 50 年一遇最大积雪的自重确定，可查《荷载规范》。

雪荷载的组合值系数 ψ_c 为 0.7；频遇值系数 ψ_f 为 0.6。确定准永久值系数时，全国共划分为三个地区，对于地区Ⅰ、Ⅱ、Ⅲ，准永久值系数 ψ_q 分别为 0.50、0.2 和 0。

1.2.5 风荷载

风荷载(wind load)是指风遇到建筑物时在其表面产生的一种压力或吸力。风荷载与风速、建筑物表面形状以及建筑物的动力特性有关。

一、风荷载标准值计算公式

设计主体结构时，垂直于建筑物表面上的风荷载标准值按下式计算：

$$w_k=\beta_z\mu_s\mu_z w_0 \tag{1.2.12}$$

式中，w_k——风荷载标准值，kN/m^2；

β_z——高度 z 处的风振系数；

μ_s——风荷载体型系数；

μ_z——风压高度变化系数；

w_0——基本风压，kN/m^2。

下面介绍各参数的含义和由来。

二、基本风压

基本风压（reference wind pressure）根据基本风速按 $w_0=\rho v_0^2/2$（其中 ρ 为空气密度，v_0 为基本风速）换算而来。

我国的标准风速记录是当地空旷平坦地面上 10 m 高、10 min 内的平均风速，根据这些记录可以统计出风速的日极值、月极值和年极值。《统一标准》采用年极值分布作为确定风荷载的依据，即取时段长度 $\tau=1$ 年。《荷载规范》以平均重现期为 50 年来规定风速的基准值（基本风速 v_0），即所谓"50 年一遇最大风速"。在 T 年极值分布上对应的百分位为 36.4%。

各地区的基本风压值可从《荷载规范》查得。风荷载的组合值系数为 0.6、频遇值系数为0.4、准永久值系数为 0。

三、风压高度变化系数

由于空气本身具有一定的黏性，能承受一定的切应力，因此在与物体接触表面附近形成一个具有速度梯度的边界层气流，导致风速随高度和地貌情况而变化。但当到达一定高度、风速达到梯度风速后，不再受地貌的影响。达到梯度风速的高度称为梯度风高度。

基本风压是建立在空旷平坦地面上空 10 m 高度处的风速基础上的，对于不同的高度及地貌情况，需要对风压进行修正，这用风压高度变化系数（height variation factor of wind pressure）μ_z 来反映。

根据理论分析和实测数据，在梯度风高度范围内，任意高度 z 的风速与 H 高度风速的关系为

$$v_z=v_H\left(\frac{z}{H}\right)^{\alpha} \tag{1.2.13}$$

式中，α 为地面粗糙度（terrain roughness）指数。

我国《荷载规范》将地面粗糙度分为四类：A 类指近海海面、海岛、海岸、湖滨及沙漠地区，α 取 0.12；B 类指田野、乡村、丛林、丘陵以及房屋比较稀少的中小城镇和大城市郊区，α 取 0.15；C 类指有密集建筑群的大城市市区，α 取 0.22；D 类指有密集建筑群且房屋较高的城市市区，α 取 0.3。

同一地区不同粗糙程度地面上空的梯度风速相同。对于 A、B、C、D 四类地面，梯度风高度分别取 300 m、350 m、450 m 和 550 m，因而有

$$v_{300}^{A}=v_{350}^{B}=v_{450}^{C}=v_{550}^{D} \tag{1.2.14}$$

B 类地面上空 10 m 高度处的风速为基本风速 v_0，任意高度处的风速可以表示为

$$v_z^{\mathrm{B}}=v_0\left(\frac{z}{10}\right)^{0.15} \tag{1.2.15a}$$

由式(1.2.14)、式(1.2.15a)可以得到其他类别地面任意高度处的风速与基本风速 v_0 的关系：

$$\left.\begin{aligned} v_z^{\mathrm{A}}&=1.133\,3v_0\,(z/10)^{0.12}\\ v_z^{\mathrm{C}}&=0.737\,7v_0\,(z/10)^{0.22}\\ v_z^{\mathrm{D}}&=0.512\,3v_0\,(z/10)^{0.30}\end{aligned}\right\} \tag{1.2.15b}$$

风压高度变化系数 μ_z 定义为 z 高度处风速压与基本风压 w_0 的比值。由于风的速度压与风速平方成正比，于是有

$$\left.\begin{aligned} \mu_z^{\mathrm{A}}&=1.284\,4\,(z/10)^{0.24}\\ \mu_z^{\mathrm{B}}&=1.000\,0\,(z/10)^{0.30}\\ \mu_z^{\mathrm{C}}&=0.544\,3\,(z/10)^{0.44}\\ \mu_z^{\mathrm{D}}&=0.262\,4\,(z/10)^{0.60}\end{aligned}\right\} \tag{1.2.16}$$

计算时，A 类地面取 5 m$\leqslant z \leqslant$300 m、B 类地面取 10 m$\leqslant z \leqslant$350 m、C 类地面取 15 m$\leqslant z \leqslant$450 m、D 类地面取 30 m$\leqslant z \leqslant$550 m。

对于山区建筑和远海海面及海岛建筑，由上式计算得到的风压高度变化系数还需考虑地形条件的修正，修正系数详见《荷载规范》。

四、风载体型系数

由风速换算得到的风压是所谓来流风的速度压，并不能直接作为建筑物结构设计的荷载，因为房屋本身并不是理想地使原来的自由气体停滞，而是让气流以不同方式在房屋表面绕过，房屋对气流形成某种干扰。

完全用空气动力学原理分析不同外型建筑物表面风压的变化，目前还存在困难，一般根据风洞试验来确定**风载体型系数**(shape factor of wind load)μ_s。附表 A.6 是常见建筑物的风载体型系数值。μ_s 为正值时代表风压，即向着表面；μ_s 为负值时代表风吸，即离开表面。

计算直接承受风荷载的围护构件及其连接强度时，应采用局部风载体型系数，详见《荷载规范》。

五、风振系数

前面讨论的是根据 10 min 平均风速确定的结构上的风荷载。从图 1.2.2 所示的风速时程曲线可以看出，风速的变化包含两部分：一是长周期分量部分，其周期从几十分钟到几小时；二是脉动分量部分，周期只有几秒钟。为了便于分析，可以把实际风分解为平均风分量和脉动风分量。平均风的周期比一般结构的自振周期大得多，因而对结构的效应相当于静力作用；而高频的脉动风周期与高层和高耸结构的自振周期相当。因而《荷载规范》规定，对于高度 H>30 m 且高宽比 H/B>1.5 的房屋结构，以及基本自振周期 T_1 大于 0.25 s 的塔架、桅杆、烟囱等高耸结构和大跨度屋盖结构必须考虑脉动影响。

在脉动风分量作用下，结构将发生三维随机振动。对于一般的竖向悬臂型结构，可仅考虑第一振型的影响，通过**风振系数**(dynamic response factor of the wind)来反映；对于高度不超过 150 m 或高宽比小于 5 且风振扭转效应不明显的高层建筑，可只考虑顺风向风振。

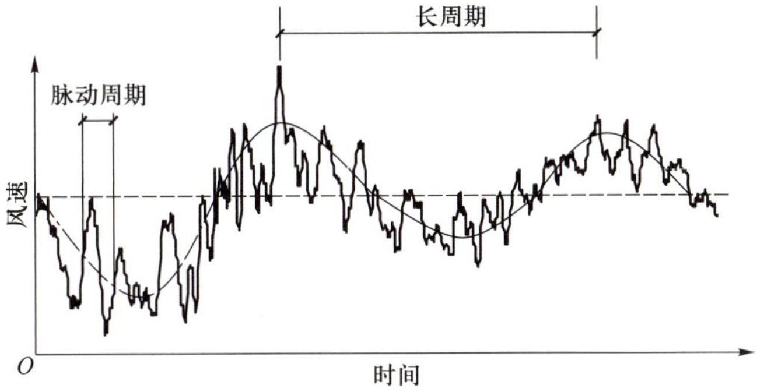

图 1.2.2 风速时程曲线

结构的顺风向风振系数 β_z 定义为考虑脉动效应的等效总风压与静风压(平均风压)之比。经过理论分析和近似简化,β_z 可以表示为

$$\beta_z = 1+2gI_{10}B_z\sqrt{1+R^2} \tag{1.2.17a}$$

式中,g——峰值因子,可取 2.5;

I_{10}——10 m 高度名义湍流强度,对应 A、B、C 和 D 类地面粗糙度,分别取 0.12、0.14、0.23 和 0.39;

R——脉动风荷载的共振分量因子;

B_z——脉动风荷载的背景分量因子。

脉动风荷载的共振分量因子按下式计算:

$$R^2 = \frac{\pi}{6\zeta_1}\frac{x_1^2}{(1+x_1^2)^{4/3}} \tag{1.2.17b}$$

其中

$$x_1^2 = \frac{900f_1^2}{k_w w_0}, \quad x_1>5 \tag{1.2.17c}$$

式中,f_1——结构第一阶自振频率;第一阶自振周期对钢结构可近似取 $T_1=(0.1\sim0.15)n$,混凝土框架结构 $T_1=(0.08\sim0.10)n$,混凝土框架-剪力墙结构和框架-筒体结构 $T_1=(0.06\sim0.08)n$,剪力墙结构和筒中筒结构 $T_1=(0.05\sim0.06)n$;n 为层数。

ζ_1——结构阻尼比,对钢结构可取 0.01,对有填充墙的钢结构房屋可取 0.02,对钢筋混凝土及砌体结构可取 0.05。

k_w——地面粗糙度修正系数,对于 A、B、C 和 D 类分别取 1.28、1.0、0.54 和 0.26。脉动风荷载的背景分量因子按下式计算:

$$B_z = kH^{\alpha_1}\rho_x\rho_z\frac{\phi_1(z)}{\mu_z} \tag{1.2.17d}$$

式中,$\phi_1(z)$——结构第一阶振型系数;

H——结构总高度,m;

ρ_x、ρ_z——脉动风荷载水平方向和竖直方向的空间相关系数,按下式计算:

$$\left.\begin{aligned}\rho_x&=\frac{10\sqrt{B+50e^{-B/50}-50}}{B}\\ \rho_z&=\frac{10\sqrt{H+60e^{-H/60}-60}}{H}\end{aligned}\right\}\tag{1.2.17e}$$

k、α_1——系数，按表 1-1 取。

表 1-1 系数 k 和 α_1

粗糙度类别		A	B	C	D
高层建筑	k	0.944	0.670	0.295	0.112
	α_1	0.155	0.187	0.261	0.346
高耸结构	k	1.276	0.910	0.404	0.155
	α_1	0.186	0.218	0.292	0.376

【例 1-2】 一高层钢结构房屋，平面形状为正六边形，边长为 20 m，如图 1.2.3 所示。共 20 层，底层层高为 5 m，其余层高均为 3.6 m。刚度和质量沿高度均匀分布。所在地区的基本风压 $w_0=0.7\ \text{kN/m}^2$，地面粗糙度为 C 类。试计算各楼层处与风向一致方向总的风荷载标准值。

【解】

（1）确定体型系数 μ_s

该房屋共有 6 个面，查附表 A.6 得到各个面的风荷载体形系数，如图 1.2.4 所示，不为零的 4 个面分别用①、②、③、④表示。

（2）计算各层的风压高度变化系数 μ_z

近似假定室内外地面相同，各层楼面离室外地面的高度列于表 1-2 第 2 列。由式（1.2.16）第三行可算得各层楼面标高处的风压高度变化系数，列于表 1-2 第 3 列。

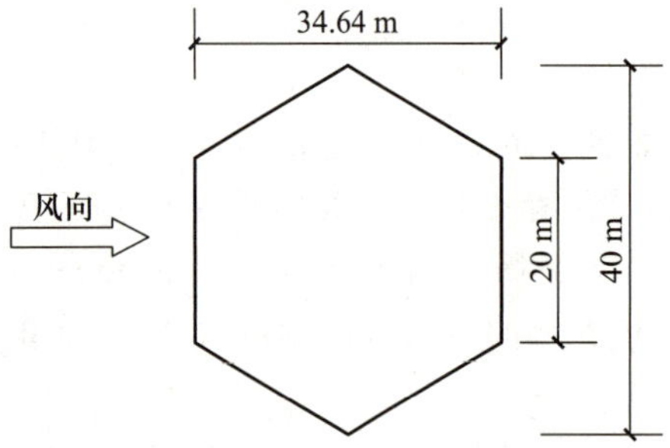

图 1.2.3 房屋的平面形状

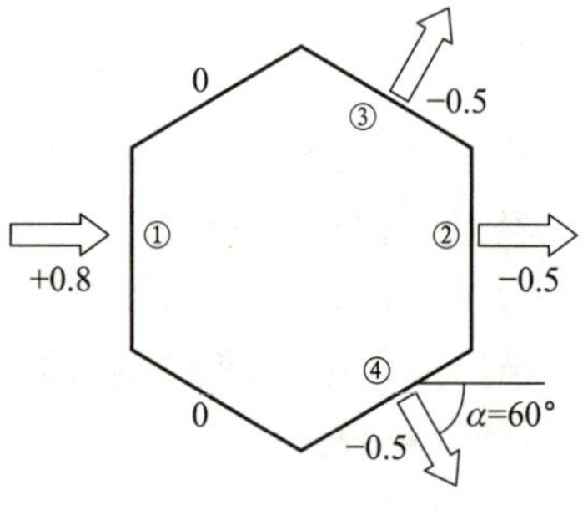

图 1.2.4 风载体型系数

（3）计算风振系数 β_z

钢结构房屋第一自振周期近似取 $T_1=0.12n=2.4\ \text{s}$，$f_1=1/T_1=0.416\ 7\ \text{s}^{-1}$；C 类地面粗糙度修正系数 $k_w=0.54$；钢结构阻尼比 $\zeta_1=0.01$。由式（1.2.17c），有

$$x_1^2=\frac{900\times0.416\ 7^2}{0.54\times0.70}=414.021\ 4$$[①]

由式(1.2.17b),有

$$R^2=\frac{\pi}{6\times0.01}\ \frac{414.021}{(1+414.021)^{4/3}}=7.002\ 6$$

由结构动力学,对于质量和刚度沿高度均匀分布的弯曲型结构,振型为

$$\phi(z)=\sin(\alpha z)-\sinh(\alpha z)+\frac{\sin(\alpha H)+\sinh(\alpha H)}{\cos(\alpha H)+\cosh(\alpha H)}[\cosh(\alpha z)-\cos(\alpha z)]$$

求解超越方程 $1+\cos(\alpha H)\cosh(\alpha H)=0$,第一振型 $(\alpha H)_1=1.875\ 1$。

$$\phi_1(z)=\frac{\sin(1.875\ 1z/H)-\sinh(1.875\ 1z/H)+1.362\ 221[\cosh(1.875\ 1z/H)-\cos(1.875\ 1z/H)}{2.724\ 433}$$

上式中的分母 2.724 433 系振型规整化系数。

各楼层位置的振型系数计算结果列于表 1-2 第 4 列。

房屋总高度 $H=73.4$ m、迎风面宽度 $B=40$ m,由式(1.2.17e)求得竖直方向的相关系数 $\rho_z=0.759\ 2$、水平方向的相关系数 $\rho_x=0.882\ 7$。由表 1-1,C 类粗糙地面的高层建筑,可查得 $k=0.295$、$\alpha_1=0.261$。由式(1.2.17d),背景分量因子

$$B_z=0.295\times73.4^{0.261}\times0.882\ 7\times0.759\ 2\ \frac{\phi_1(z)}{\mu_z}=0.606\ 7\ \frac{\phi_1(z)}{\mu_z}$$

各楼层位置处的背景分量因子计算结果列于表 1-2 第 5 列。

由式(1.2.17a),风振系数

$$\beta_z=1+2\times2.5\times0.23\times\sqrt{1+7.002\ 6}B_z=1+3.253\ 2B_z$$

各楼层位置处的风振系数计算结果列于表 1-2 第 6 列。

(4) 计算各个面不同高度的分布荷载

$$w_{iz}=\beta_z\mu_s\mu_z\ w_0$$

计算结果列于表 1-2 第 6、7、8 列。

(5) 计算各个面楼层处的集中荷载

$$W_{iz}=B\times h_j\times w_{iz}=\begin{cases}20\times(5+3.6)/2w_{iz} & \text{底层}\\ 20\times3.6w_{iz} & \text{中间层}\\ 20\times(3.6/2)w_{iz} & \text{顶层}\end{cases}$$

式中,B 为各个面的宽度;h_j 为 j 层楼面上、下层层高的平均高度。

计算结果列于表 1-2 第 9、10、11 列。

(6) 计算各楼层处总的集中风荷载

$$W_z=W_{1z}+W_{2z}+2\times(W_{3z}+W_{4z})\cos 60°$$

计算结果详见表 1-2 最后一列。

---

① 本书计算题均采用 Excel 连续计算,存在若干舍入误差,特此说明。

表 1-2 风荷载计算过程

层数	z/m	μ_z	φ_z	B_z	β_z	w_{iz}/(kN/m^2)		W_{iz}/kN		W_z/kN
						面①	面②、③、④	面①	面②、③、④	
1	5	0.650 0	0.007 9	0.007 4	1.024 0	0.372 7	0.233 0	32.055 5	20.034 7	72.124 9
2	8.6	0.650 0	0.022 8	0.021 3	1.069 4	0.389 3	0.243 3	28.026 1	17.516 3	63.058 8
3	12.2	0.650 0	0.044 9	0.041 9	1.136 3	0.413 6	0.258 5	29.779 9	18.612 4	67.004 8
4	15.8	0.665 7	0.073 4	0.067 0	1.217 8	0.453 9	0.283 7	32.684 4	20.427 7	73.539 9
5	19.4	0.728 6	0.107 9	0.089 9	1.292 5	0.527 3	0.329 6	37.969 2	23.730 7	85.430 7
6	23	0.785 2	0.147 9	0.114 3	1.371 8	0.603 2	0.377 0	43.431 8	27.144 9	97.721 6
7	26.6	0.837 1	0.192 6	0.139 7	1.454 3	0.681 8	0.426 1	49.087 8	30.679 9	110.447 6
8	30.2	0.885 2	0.241 7	0.165 7	1.539 1	0.763 0	0.476 9	54.933 5	34.333 4	123.600 4
9	33.8	0.930 2	0.294 5	0.192 2	1.625 3	0.846 6	0.529 1	60.954 5	38.096 6	137.147 7
10	37.4	0.972 5	0.350 7	0.218 9	1.712 0	0.932 4	0.582 7	67.130 7	41.956 7	151.044 0
11	41	1.012 7	0.409 6	0.245 5	1.798 6	1.020 0	0.637 5	73.438 4	45.899 0	165.236 3
12	44.6	1.050 9	0.470 8	0.271 9	1.884 6	1.109 1	0.693 2	79.852 7	49.907 9	179.668 6
13	48.2	1.087 4	0.533 9	0.298 0	1.969 5	1.199 3	0.749 6	86.348 7	53.967 9	194.284 5
14	51.8	1.122 4	0.598 5	0.323 7	2.052 9	1.290 3	0.806 4	92.902 1	58.063 8	209.029 8
15	55.4	1.156 1	0.664 2	0.348 7	2.134 4	1.381 8	0.863 6	99.490 6	62.181 7	223.854 0
16	59	1.188 5	0.730 7	0.373 2	2.213 9	1.473 5	0.921 0	106.094 1	66.308 8	238.711 7
17	62.6	1.219 9	0.797 7	0.396 9	2.291 2	1.565 2	0.978 3	112.695 3	70.434 6	253.564 5
18	66.2	1.250 3	0.865 0	0.420 0	2.366 1	1.656 7	1.035 4	119.280 7	74.550 5	268.381 6
19	69.8	1.279 8	0.932 5	0.442 3	2.438 7	1.747 8	1.092 4	125.840 6	78.650 4	283.141 4
20	73.4	1.308 4	1.000 0	0.463 9	2.509 1	1.838 5	1.149 0	66.185 0	41.365 6	148.916 2

1.2.6 吊车荷载

吊车按其在使用年限内总的工作循环次数分成 10 个利用等级；又根据起吊物品达到额定值的频繁程度分为轻级、中级、重级和超重级等 4 个载荷状态。根据利用等级和载荷状态，将吊车划分为 8 个工作级别，分别用 A1～A8 表示，作为吊车的设计依据。

厂房中常用的吊车有悬挂吊车、手动吊车、电动葫芦和桥式吊车。这里仅介绍一般的桥式吊车。

桥式吊车由大车(称为桥架)和小车组成。安装在小车上的起重卷扬机(带有吊钩)使重物可以上、下移动；小车连着重物在桥架的轨道上可以沿厂房横向行驶；大车连着小车在吊车梁的轨道上可以沿厂房纵向行驶，见图 1.2.5。

吊车荷载(crane load)包括竖向荷载、横向水平荷载和纵向水平荷载。

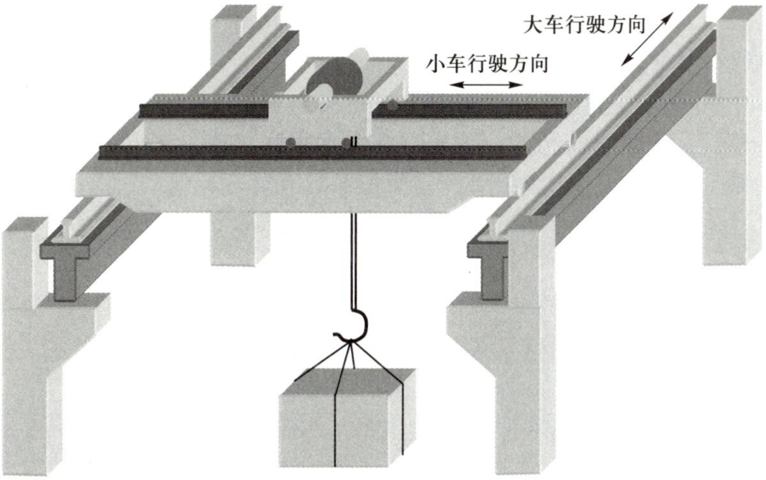

图 1.2.5 厂房桥式吊车示意图

一、吊车竖向荷载标准值

吊车竖向荷载由大车轮子、以轮压的形式作用在吊车梁上。当小车吊有额定起重质量 Q 开到一侧的极限位置时,该侧大车的轮压达到最大,称为吊车的最大轮压标准值,用 $P_{max,k}$ 表示,而另一侧的大车轮压用 $P_{min,k}$ 表示。$P_{max,k}$ 可直接从吊车的产品目录中查得。对于四轮吊车,$P_{min,k}$ 可以按下式确定:

$$P_{min,k}=\frac{G_{1,k}+G_{2,k}+G_{3,k}}{2}-P_{max,k} \tag{1.2.18}$$

式中,$G_{1,k}$、$G_{2,k}$——分别为大车、小车的自重标准值,以 kN 计,等于各自质量 m_1、m_2(以 t 计)与重力加速度 g 的乘积,即 $G_{1,k}=m_1g$、$G_{2,k}=m_2g$;

$G_{3,k}$——起吊物品的额定重力标准值,以 kN 计,等于起吊物品的额定质量 Q(以 t 计)与重力加速度 g 的乘积,即 $G_{3,k}= Qg$。

二、吊车横向水平荷载标准值

吊车横向水平荷载是当小车吊有重物启动或制动时所产生的惯性力,它是通过小车制动轮与桥架轨道之间的摩擦力传给大车、再由大车车轮传给吊车梁的。吊车横向水平荷载与小车重量和额定起重量之和成正比,一般桥式吊车共有 4 个轮子,因此,每个大车轮子传递的吊车横向水平荷载标准值为

$$T_k=\alpha(G_{2,k}+G_{3,k})/4 \tag{1.2.19}$$

式中,α 是小车制动力系数,《荷载规范》取:

对软钩吊车

当额定起吊质量不大于 10 t 时,$\alpha=0.12$;

当额定起吊质量为 16~50 t 时,$\alpha=0.10$;

当额定起吊质量不小于 75 t 时,$\alpha=0.08$。

对硬钩吊车,$\alpha=0.20$。

悬挂吊车的水平荷载由支撑系统承受，结构分析可不计算；手动吊车及电动葫芦可不考虑水平荷载。

三、吊车纵向水平荷载标准值

吊车纵向水平荷载是当大车启动或制动时所产生的惯性力，它是通过大车制动轮与吊车梁上的轨道之间的摩擦力传给吊车梁的。水平惯性力不超过车轮与轨道的摩擦力，《荷载规范》取一边所有刹车轮最大轮压 $P_{max,k}$ 之和乘以滑动摩擦系数 0.1。

对于一般的四轮吊车，它在一边轨道上的制动轮是 1 个，所以吊车纵向水平荷载标准值 $T_{0,k}=0.1P_{max,k}$。

四、吊车荷载的其他代表值

吊车荷载的组合值系数、频遇值系数和准永久值系数见表 1-3。

表 1-3　吊车荷载的组合值系数、频遇值系数和准永久值系数

<table>
<tr><th colspan="2">吊车工作级别</th><th>组合值系数 ψ_c</th><th>频遇值系数 ψ_f</th><th>准永久值系数 ψ_q</th></tr>
<tr><td rowspan="4">软钩吊车</td><td>A1~A3</td><td>0.7</td><td>0.6</td><td>0.5</td></tr>
<tr><td>A4、A5</td><td>0.7</td><td>0.7</td><td>0.6</td></tr>
<tr><td>A6、A7</td><td>0.7</td><td>0.7</td><td>0.7</td></tr>
<tr><td>A8</td><td rowspan="2">0.95</td><td rowspan="2">0.95</td><td rowspan="2">0.95</td></tr>
<tr><td colspan="2">硬钩吊车</td></tr>
</table>

五、吊车荷载的动力系数

在计算吊车梁及其连接的承载力时，吊车竖向荷载应乘以**动力系数**（dynamic coefficient）μ。对悬挂吊车（包括电动葫芦）及工作级别 A1~A5 的软钩吊车，μ 取 1.05；对工作级别为 A6~A8 的软钩吊车、硬钩吊车和其他特种吊车，μ 取 1.1。

1.2.7　温度作用

一、温度作用的含义

温度变化将引起物体的温度变形，当这种变形受到约束（来自内部或外部）时，物体内将产生温度应力。**温度作用**（thermal action）是指结构或构件内温度的变化；而所引起的结构或构件的变形和内力为温度作用效应。

温度升高 1℃，单位物体的伸长量称线膨胀系数，用 α_T 表示。常用结构材料的线膨胀系数见表 1-4。

表 1-4　结构材料的线膨胀系数

材料种类	轻骨料混凝土	普通混凝土	砌体	钢、铸铁	不锈钢	铝合金
线膨胀系数 α_T（$\times10^{-6}$/℃）	7	10	6~10	12	16	24

结构构件任意截面上的温度分布（图 1.2.6a）可以分解为三个分量的叠加：① 均匀分布的温度分量 ΔT_u（图 1.2.6b）；② 沿截面线性分布的温度分量 ΔT_{My} 和 ΔT_{Mz}（图 1.2.6c、1.2.6d）（一般用

截面边缘的温度差表示);③ 沿截面非线性变化的温度分量 ΔT_e(图 1.2.6e)。温度作用即指这些分量的变化。

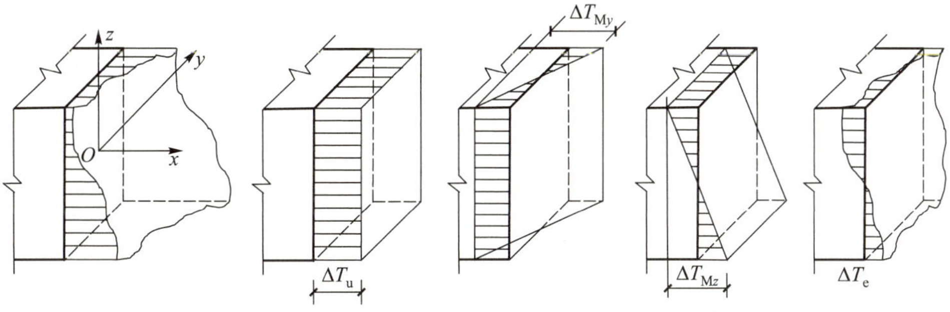

图 1.2.6 构件任意截面温度分布

引起温度变化的因素很多,常见的有气温变化和太阳辐射,以及建筑物内部热源,如设有散热设备的厂房、储存热物的筒仓、冷库、烟囱等。《荷载规范》仅提供了由气温变化和太阳辐射引起的温度作用值,其余温度作用由专门规范做出规定,或根据建设方和设备供应商提供的指标确定温度作用。

二、基本气温

基本气温(reference air temperature)是气温的基准值,取 50 年一遇月平均最高气温 T_{max} 和月平均最低气温 T_{min}。它是根据历年最高温度月内最高气温的平均值和最低温度月内最低气温的平均值经统计确定,统计方法与风、雪荷载相同。《荷载规范》列出了各地的月平均最高气温 T_{max} 和月平均最低气温 T_{min} 值,可以查阅。

三、结构温度

结构上的温度作用与室内外环境温度有关。室外环境温度一般可取基本气温;对温度敏感的金属结构,尚应根据结构表面的颜色深浅及朝向考虑太阳辐射的影响,可参考表 1-5 对表面温度予以增大。

表 1-5 考虑太阳辐射的维护结构表面温度增加值

朝向	平屋面			东向、南向和西南向的垂直墙面			北向、东北和西北向的垂直墙面		
表面颜色	浅亮	浅色	深暗	浅亮	浅色	深暗	浅亮	浅色	深暗
温度增加值/℃	6	11	15	3	5	7	2	4	6

室内环境温度由暖通设计资料确定。应考虑夏季空调条件和冬季采暖条件下可能出现的最低温度和最高温度的不利情况。

环境温度条件下结构构件的温度分布分析需要用到热工学原理,相当复杂。对于热传导速率较慢的室外混凝土和砌体结构,可只考虑均匀分布温度分量;对于室内外温差较大且没有保温隔热面层的结构,或太阳辐射较强的金属结构,应考虑梯度温度分量;对于体积较大或约束较强的结构,必要时应考虑非线性温度分量。对梯度和非线性温度作用的取值及结构分析方法目前尚没有较为成熟统一的方法。

四、均匀温度作用

均匀温度作用对结构的整体影响最大，也是设计时最常考虑的温度作用。均匀温度作用考虑温升和温降两种工况。对结构最大温升工况，均匀温度作用标准值 ΔT_k 按下式计算：

$$\Delta T_k = T_{s,max} - T_{0,min} \tag{1.2.20a}$$

式中，$T_{s,max}$——结构最高平均温度，℃；

$T_{0,min}$——结构最低初始平均温度，℃。

对结构最大温降工况，均匀温度作用标准值 ΔT_k 按下式计算：

$$\Delta T_k = T_{s,min} - T_{0,max} \tag{1.2.20b}$$

式中，$T_{s,min}$——结构最低平均温度，℃；

$T_{0,max}$——结构最高初始平均温度，℃。

对暴露于环境气温下的结构，最高平均温度和最低平均温度一般可取基本气温 T_{max} 和 T_{min}。对有围护的室内结构，最高平均温度和最低平均温度一般需依据室内外环境温度由热工学原理确定；当仅为单层结构材料且室内外环境温度分布类似时，可近似取室内外环境温度的平均值。

结构的最高初始平均温度和最低初始平均温度应根据结构合拢或形成约束的时间确定，或根据施工时结构可能出现的最不利温度确定。混凝土结构的合拢温度一般可取后浇带封闭时的月平均气温；钢结构的合拢温度一般可取合拢时的日平均温度，当合拢时有较强的日照时，应考虑日照影响。

温度作用的组合值系数取0.6，频遇值系数取0.5，准永久值系数取0.4。

1.2.8　偶然荷载

产生偶然荷载的因素很多，如由炸弹、燃气、粉尘、压力容器等引起的爆炸，机动车、飞行器、电梯等运动物体引起的撞击。

偶然荷载出现的概率极小，不考虑多个偶然荷载同时出现的情况，所以没有组合值；偶然荷载作用的时间很短，也没有频遇值和准永久值。

一、爆炸荷载

爆炸（explosion）是指在极短时间内，释放出大量能量，产生高温，并放出大量气体，在周围介质中造成高压的化学反应或状态变化。

对于非直接命中的常规炸弹，建筑物受到的危害主要来自**冲击波**（shock wave）。常规炸药地面爆炸空气冲击波的升压时间极短，可忽略，如图1.2.7a中的虚线所示；为简化结构分析，可按冲量等效成无升压时间的三角形波形，如图1.2.7a中的实线所示。其中冲击波最大超压 ΔP_{cm}（N/mm^2）可按下式计算：

$$\Delta P_{cm} = 1.316\left(\frac{\sqrt[3]{C}}{R}\right)^3 + 0.369\left(\frac{\sqrt[3]{C}}{R}\right)^{1.5} \tag{1.2.21a}$$

式中，C——等效TNT装药量，kg；

R——爆心至作用点的距离，m。

冲击波等效作用时间 t_0（s）按下式计算：

$$t_0 = 4.0\times10^{-4}(\Delta P_{cm})^{-0.5}\sqrt[3]{C} \tag{1.2.21b}$$

常规炸药地面爆炸在土中产生的压缩波包括直接地冲击波和感生地冲击波，其中地下结构的侧板主要受前一种土中压缩波影响，顶板主要受后一种土中压缩波影响。

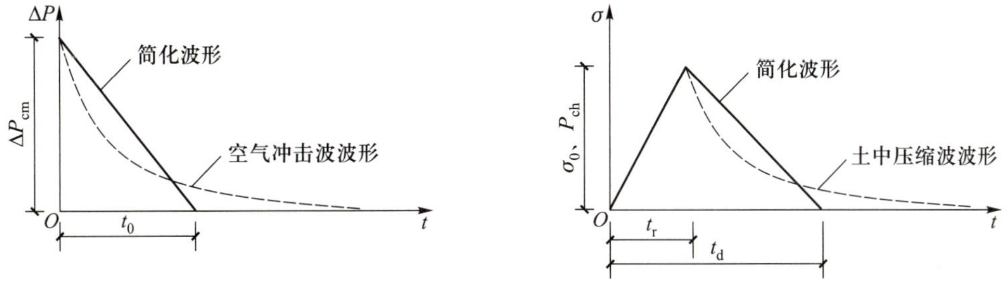

(a) 空气冲击波 (b) 土中压缩波

图 1.2.7 常规炸弹地面爆炸简化波形

土中压缩波在向下传播时，随着传播距离的增加，陡峭的波阵面逐渐变成有一定升压时间的压缩波，如图 1.2.7b 中的虚线所示；按冲量等效的简化波形如图 1.2.7b 中的实线所示。

离地面深度 h(m)处感生的土中压缩波最大压力 P_{ch}(N/mm^2)、升压时间 t_r(s)、等效作用时间 t_d(s)分别按下式计算：

$$P_{ch}=\Delta P_{cm}\left[1-\frac{(1-\delta)h}{2\eta v_1 t_0}\right] \tag{1.2.22a}$$

$$t_r=h(\gamma_c-1)/v_0 \tag{1.2.22b}$$

$$t_d=t_r+(1+0.4h)t_0 \tag{1.2.22c}$$

式中，v_0、γ_c、δ——分别为土的起始压力波速(m/s)、波速比($\gamma_c=v_0/v_1$)和土的应变恢复比，与土的类别有关，当无实测资料时可按表 1-6 采用；

h——土的计算深度，计算顶板时取顶板的覆土厚度；计算外墙时，取外墙中点至室外地面的深度；

v_1——土的峰值压力波速，m/s；

η——修正系数，$\eta=1.5\sim2.0$，非饱和土取大值；

其余参数同前。

表 1-6 非饱和土的压缩波计算参数

土的类别		起始压力波速 v_0(m/s)	波速比 γ_c	应变恢复比 δ	地震波波速 c(m/s)	衰减系数 n
碎石土	卵石、碎石	300~500	1.2~1.5	0.9	300~500	2.8~2.6
	圆砾、角砾	250~350	1.2~1.5	0.9	250~350	2.8~2.6
砂土	砾砂	350~450	1.2~1.5	0.9	350~450	2.7~2.6
	粗砂	350~450	1.2~1.5	0.8	350~450	2.7~2.6
	中砂	300~400	1.5	0.5	300~400	2.8~2.7
	细砂	250~350	2.0	0.4	250~350	2.9~2.8
	粉砂	200~300	2.0	0.3	200~300	2.9~2.8

续表

土的类别		起始压力波速 v_0(m/s)	波速比 γ_c	应变恢复比 δ	地震波波速 c(m/s)	衰减系数 n
粉土		200~300	2.0~2.5	0.2	200~300	2.9~2.8
黏性土(粉质黏土、黏土)	坚硬、硬塑	400~500	2.0~2.5	0.1	400~500	2.7~2.6
	可塑	300~400	2.0~2.5	0.1	300~400	2.8~2.7
	软塑、流塑	150~250	2.0~2.5	0.1	150~250	3.0~2.9
老黏性土		300~400	1.5~2.0	0.3	300~400	2.8~2.7
红黏土		150~250	2.0~2.5	0.2	150~250	3.0~2.9
湿陷性黄土		200~300	2.0~3.0	0.1	200~300	2.9~2.8
淤泥质土		120~150	2.0	0.1	120~150	3.05

注:① 黏性土坚硬、硬塑状态 v_0、c 取大值,软塑、流塑状态取小值;

② 碎石土、砂土土体密实时 v_0、c 取大值、γ_c 取小值;

③ c 取大值时,n 取小值。

直接产生的土中压缩波最大压力 σ_0(N/mm^2)、升压时间 t_r(s)、等效作用时间 t_d(s)分别按下式计算:

$$\sigma_0 = 6.82\times10^{-3}\rho c\left(\frac{5.4R}{W^{1/3}}\right)^{-n} \tag{1.2.23a}$$

$$t_r = 0.1R/c \tag{1.2.23b}$$

$$t_d = 2R/c \tag{1.2.23c}$$

式中,R——爆心至作用点的距离,m;

ρ——土的质量密度,kg/m^3;

W——常规武器的装药重量,N;

c、n——分别为土的地震波波速和土的衰减系数,当无实测资料时可按表 1-6 采用。

由于常规武器地面爆炸空气冲击波随距离增大而迅速衰减,作用在结构上的冲击荷载是不均匀荷载,需进行等效均布化处理。结构在冲击波作用下将发生强迫振动,在进行结构的动力分析时,将结构拆分为单个构件、简化为集中质量的单自由度体系,构件之间的约束用相应的支座模拟;根据内力相等的原则将动力效应等效为均布静力荷载。

在常规炸药爆炸动荷载作用下,结构构件的等效均布静力荷载标准值,可按下式计算:

$$q_{ec} = K_{dc}p_c \tag{1.2.24}$$

式中,K_{dc}——动力系数,根据构件在均布动荷载作用下的动力分析结果,按最大内力等效的原则确定;

p_c——作用在结构构件上的均布动荷载最大压力,N/mm^2。

对于地下室土中结构顶板,均布动荷载最大压力 p_c 可按下式计算确定:

$$p_c = C_eK_rP_{ch} \tag{1.2.25}$$

式中,P_{ch}——结构顶板计算板块中心感生的土中压缩波最大压力,按式(1.2.22a)计算;

K_r——顶板综合反射系数，当顶板覆土厚度小于等于 0.5 m 时，K_r 取 1.0；当覆土厚度大于 0.5 m 时，K_r 取 1.5；

C_e——顶板荷载均布化系数，当顶板覆土厚度小于等于 0.5 m 时，C_e 取 1.0；当覆土厚度大于 0.5 m 时，C_e 取 0.9。

对于地下室土中结构外墙，均布动荷载最大压力 p_c 可按下式计算确定：

$$p_c = C_e p_{O_1} \tag{1.2.25a}$$

式中，C_e——外墙荷载均布化系数，可按表 1-7 采用；

p_{O_1}——土中结构外墙顶点 O_1 处（图 1.2.8）法向动荷载最大压力，

$$P_{O_1} = K_r\sigma_0[\xi+(1-\xi)\cos^2\phi] \tag{1.2.25b}$$

其中，K_r——外墙综合反射系数，可取 1.5；

σ_0——作用点处直接产生的土中压缩波最大压力，按式（1.2.23a）计算；

ξ——土的侧压系数，可按表 1-8 采用；

ϕ——土中压缩波传播方向与结构外墙法向的夹角，见图 1.2.8；

R_0——爆心至结构外墙平面的垂直距离，m，见图 1.2.8。

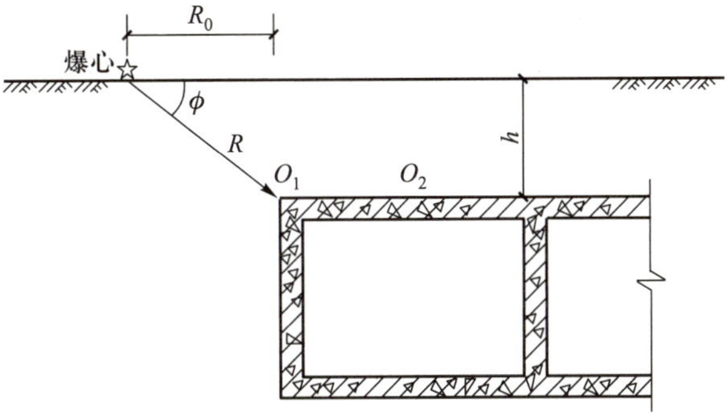

图 1.2.8 常规炸弹地面爆炸示意图

表 1-7 土中结构外墙荷载均布化系数 C_e

顶板埋置深度 h/m		0<h≤1.5			1.5<h≤3.0			3.0<h≤5.0		
外墙区格短跨/m		3	4	5	3	4	5	3	4	5
外墙区格长短跨比	1	0.92	0.88	0.82	0.86	0.80	0.74	0.80	0.74	0.68
	2	0.89	0.82	0.74	0.82	0.74	0.67	0.78	0.70	0.62
	3	0.83	0.74	0.65	0.77	0.68	0.59	0.73	0.64	0.55

表 1-8 土的侧压系数

土的类别	碎石土	砂土		粉土	黏性土			老黏土	红黏土	湿陷性黄土	淤泥质土
		地下水位以上	地下水位以下		坚硬、硬塑	可塑	软塑、流塑				
侧压系数	0.15~0.2	0.25~0.35	0.7~0.9	0.33~0.43	0.2~0.4	0.4~0.7	0.7~1	0.2~0.33	0.3~0.45	0.25~0.4	0.7~0.9

二、撞击荷载

1. 电梯撞击荷载

电梯设有两道安全装置。当运行超过正常速度一定比例后,安全钳首先将轿厢(对重)卡在轨道上;安全钳发挥作用的瞬间,轿厢(对重)的冲击荷载传给导轨,由导轨传至底坑。在安全钳失效的情况下,缓冲器将吸收轿厢(对重)的动能,并对底坑产生撞击力。

作用在底坑的电梯竖向撞击荷载标准值取电梯总重力(电梯额定载重与轿厢自重之和)的4~6倍。

2. 汽车撞击荷载

汽车顺行方向的撞击力标准值 P_k(kN)按下式计算:

$$P_k = mv/t \tag{1.2.26}$$

式中,m——汽车质量,t,包括车自重和载重,当无数据时可取 15 t;

v——车速,m/s,当无数据时可取 22.2 m/s;

t——撞击时间,s,当无数据时可取 1 s。

撞击荷载的作用位置:小型车取路面以上 0.5 m;大型车取路面以上 1.5 m。

垂直于行车方向的撞击力可取顺行方向撞击力的 0.5 倍。两个方向的撞击力不同时考虑。

3. 直升机撞击荷载

直升机非正常着陆时的竖向等效静力撞击荷载标准值 P_k(kN)按下式计算:

$$P_k = C\sqrt{m} \tag{1.2.27}$$

式中,m——直升机的质量,kg;

C——系数,取 3 kN·(kg)$^{-0.5}$。

竖向撞击力的作用范围包括停机坪内任何区域以及停机坪边缘线 7 m 之内的屋顶结构;作用区域取 2 m×2 m。

1.3　结构的耐火设计

火灾是建筑物较常遭遇的意外侵害。20 世纪最后三年,我国平均每年发生火灾 15 万起,死亡人数 2 600 余人,受伤人数 4 800 余人,直接经济损失 14.7 亿元。1994 年 12 月 8 日发生在新疆克拉玛依市的友谊馆火灾造成 323 人死亡,130 人受伤;2000 年 12 月 25 日在陕西洛阳市东都商厦的火灾造成 305 人死亡。这些特大火灾严重威胁着人民的生命财产安全。

1.3　结构的耐火设计

建筑防火涉及防火分区设计、安全疏散设计、建筑灭火系统、火灾自动报警系统、结构耐火设计、装修防火设计等诸多方面。其中结构耐火设计是为了保证火灾发生时及发生后结构的整体稳定性,不至于整体倒塌,从而为人员的疏散赢得时间,为消防人员扑救火灾创造安全环境,为灾后修复提供有利条件。

1.3.1 结构构件的耐火性能

衡量建筑材料高温性能的指标有 5 个:燃烧性能、力学性能、发烟性能、毒气性和隔热性能。衡量结构构件耐火性能的指标有两个:燃烧性能和耐火极限。

一、构件的燃烧性能

结构构件的**燃烧性能**(combustion performance)反映了遇火烧或高温作用时的燃烧特点,它是由结构构件材料的燃烧性能决定的。不同结构材料的燃烧性能分为三类:不燃烧体、难燃烧体和燃烧体,它们由标准燃烧试验确定。**不燃烧体**(non-combustible component)在空气中受到火烧或高温作用时,不起火、不微燃、不碳化;**难燃烧体**(difficult-combustible component)在空气中受到火烧或高温作用时,难起火、难微燃、难碳化,当火源移走后,燃烧或微燃立即停止;**燃烧体**(combustible component)在明火或高温作用下,能立即着火燃烧,且火源移走后,仍能继续燃烧或微燃。常用结构构件的燃烧性能见附表 A.7。

二、耐火极限

结构构件的**耐火极限**(fire resistance rating)是指在标准耐火试验中,从构件受到火的作用起,到失去稳定性或完整性或绝热性为止的时间,以小时计。

构件的耐火时间除了与材料本身的性能有关外,还与升温过程、构件的受火条件有关,要确定耐火极限,还涉及失去稳定性、完整性和绝热性的判别条件。

标准耐火试验采用火灾标准升温曲线,炉内温度随时间的变化由下式控制:

$$T-T_0=345\lg(8t+1) \tag{1.3.1}$$

式中,t——试验经历的时间,min;

T——在 t 时间的炉内温度,℃;

T_0——试验开始时的炉内温度,应控制在 5 ℃~40 ℃。

为了模拟火灾发生时结构构件的实际受火状态,对不同部位的构件采用不同的受火条件。墙:一面受火;楼板:下面受火;梁:两侧和底面共三面受火;柱:所有垂直面受火。

判别构件达到耐火极限三个条件中失去稳定性是指构件在试验中失去支撑能力或抗变形能力。当试验过程中发生坍垮,则表明已丧失承载能力;对于梁或板,当试件的最大挠度超过跨度的二十分之一,即认为失去抗变形能力;对于柱子,试件的轴向变形速率超过 $3H$(mm/min),则表明试件失去抗变形能力,其中 H 为试件在试验炉内的受火高度,以 m 计。

失去完整性是指当构件一面受火作用时出现穿透性裂缝或穿火孔隙,使其背火面可燃物燃烧起来,从而使构件失去阻止火焰和高温气体穿透或失去其阻止背火面出现火焰的性能。

失去绝热性是指构件失去隔绝过量热传导的性能,试验中以背火面测点平均温度超过初始温度 140℃,或背火面任一测点温度超过初始温度 180℃ 为标志。

《建筑构件耐火试验方法第 1 部分:通用要求》(GB/T 9978.1—2008)对耐火极限的判定分三类构件:分隔构件,承重构件和具有承重、分隔双重功能的构件。

隔墙、吊顶、门窗等分隔构件并不承重，以完整性和绝热性两个控制条件作为判别依据；梁、柱、屋架等承重构件因不具备隔断火焰和过量热的功能，以稳定性单一条件作为判别依据；承重墙、楼板等承重分隔构件以稳定性、完整性和绝热性三个控制条件作为判别依据。

部分常用构件的耐火极限见附表 A.7。

三、影响耐火极限的因素

对于承重构件，耐火性能主要与稳定性有关，其影响因素主要有：

(1) 构件材料的燃烧性能。

(2) 有效荷载量值。所谓有效荷载是指构件受火时所承受的实际重力荷载。有效荷载大，产生的内力大，构件容易失去稳定性，因而耐火性差。

(3) 钢材品种。不同品种的钢材，在温度作用下的强度下降幅度不同，高强钢丝最差、普通碳素钢其次，普通低合金钢最优。

(4) 材料强度。材料强度高，耐火性能好。

(5) 截面形状和尺寸。比表面积大的形状，受火面多，温度容易传入内部，耐火性差；构件截面尺寸大，热量不易传入内部，耐火性好。

(6) 配筋方式。当大直径钢筋放置内部，小直径钢筋放置外部，则较多的钢筋处于温度较低的区域，强度损伤少，耐火性好。

(7) 配筋率。因钢筋的强度损伤大于混凝土，所以配筋率高的构件耐火性差。

(8) 表面保护。抹灰、防火涂料等可以提高构件的耐火性。

(9) 受力状态。轴心受压柱的耐火性优于小偏心受压柱，后者优于大偏心受压柱。

(10) 结构形式和计算长度。连续梁等超静定结构因受火后产生塑性内力重分布，降低控制截面的内力，因而耐火性优于静定结构；柱子的计算长度越大，纵向弯曲作用越明显，耐火性越差。

四、提高耐火极限的措施

提高结构构件耐火极限的有效措施可以分为两大类：设计构造和防护层。

在设计方面，适当增加构件的截面尺寸对提高构件耐火极限非常有效。此外，对于混凝土构件增加保护层厚度，是非常简便而又常用的一种措施。混凝土构件的耐火性能主要取决于钢筋的强度变化，增加保护层厚度可以延缓热量向内部钢筋的传递速度，使钢筋强度下降得不致过快，从而提高构件的耐火能力。

通过改善结构的细部构造，也能起到提高耐火性能的目的。如，增加构件的约束可以减少挠曲；对易受高温影响的部位（如凸角、薄腹）进行加强或尽量避免；增加钢筋的锚固长度和改变锚固方式（如将直线锚固改为吊钩、弯钩或机械锚固）；处理好构件之间的接缝，防止发生穿透性缝隙。

构件的防护层大致有三类：耐火保护层、耐火吊顶和防火涂料。钢构件的耐火性能比较差，未加任何保护措施的钢构件的耐火极限一般仅为 0.25 h，无法满足防火设计的要求。所以钢结构常常需要做防护层。

常用的耐火保护层有四种做法：钢构件四周浇筑混凝土（图 1.3.1a）；用钢丝网砂浆作保护层（图 1.3.1b）；用矿物纤维作保护层（图 1.3.1c）；用防火板材作保护层（图 1.3.1d）。

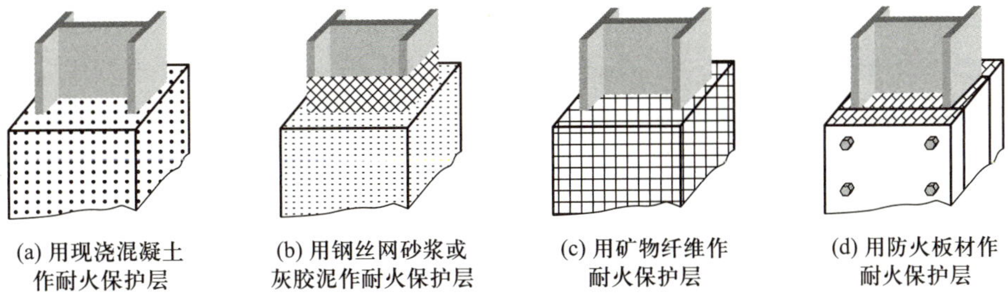

图 1.3.1　常用耐火保护层的种类

对于像网架、屋架一类的钢构件，通过防火吊顶，可以使钢构件的升温大大延缓。

防火涂料在火焰高温作用下能迅速膨胀发泡，形成较为结实和致密的海绵状隔热泡沫层或空心泡沫层，使火焰不能直接作用于基材上，有效阻止火焰在基材上的传播和蔓延，从而达到阻止火灾发展的作用。防火涂料的种类很多，根据涂层厚度可以分为薄涂型和厚涂型。薄涂型厚度在 2~7 mm，用于钢构件时，耐火极限可以达到 0.5~1.5 h；厚涂型厚度在 8~20 mm，耐火极限可以达到 0.5~3.0 h。

1.3.2　耐火设计方法

目前，我国结构的耐火设计方法是根据建筑设计防火规范，确定与建筑物耐火等级相对应的所有结构构件应具有的耐火时间，要求所设计的结构构件的耐火极限大于应具有的耐火时间。

一、确定建筑物耐火等级的主要因素

建筑物的耐火等级分 4 级，用一级、二级、三级、四级表示，考虑建筑物的重要性、火灾的危险性、建筑物高度、火灾荷载 4 个方面的因素。

建筑物的重要性考虑一旦发生火灾所造成的经济、政治和社会等各方面负面影响的大小，是确定建筑物耐火等级的重要因素。如生命线工程，重要文物、资料的存放场所，火灾带来的危害往往是灾难性的和不可弥补的，因而耐火的等级应该高些。

火灾危险性大意味着火灾发生的可能性大。在工业建筑中，存放易燃、易爆物品的建筑物，火灾的危险性大；在民用建筑中，一般住宅的火灾危险性小，而人员密集的大型公共建筑的危险性大。火灾危险性是确定工业建筑耐火等级的主要依据。

建筑物高度越高，发生火灾时人员的疏散和火灾扑救越困难，损失也越大。因而高度较大的建筑应该选定较高的耐火等级。

火灾荷载是衡量建筑物室内所容纳可燃物数量多少的一个参数。建筑物内的可燃物分为固定可燃物和容载可燃物。前者指墙壁、楼板等结构材料及装修材料所使用的可燃物以及固定家具采用的可燃物；后者指室内存放的可燃物。可燃物的种类很多，为了有一个统一的衡量标准，将各种可燃物根据燃烧热量换算成等效发热量的木材。火灾范围内单位地板面积的等效可燃物木材的重量定义为火灾荷载，用 q 表示。火灾荷载的单位与一般重力荷载相同。

显然，火灾荷载越大，发生火灾时，火灾持续燃烧的时间越长、火场温度越高，对建筑物的破

坏作用也大。

二、建筑物的耐火等级

工业建筑的耐火等级主要根据生产的火灾危险性分类和储存物品的火灾危险性分类确定，此外还考虑建筑物的规模大小和高度等因素。生产和储存物品的火灾危险性分成甲、乙、丙、丁、戊5类。一般情况下，甲、乙类生产厂房应采用一、二级耐火等级的建筑；丙类生产厂房的耐火等级不应低于三级。

民用建筑耐火等级主要依建筑物的重要性和使用功能来确定。重要的公共建筑应采用一、二级耐火等级；一般的民用建筑可以采用三级或四级耐火等级。高层建筑的耐火等级分为一级和二级。

三、构件耐火极限值的选定

各类构件耐火等级的确定以楼板为参照构件，根据各构件的重要性确定比楼板的等级高还是低。如梁、柱、承重墙的耐火等级比楼板高；而隔墙、吊顶等，其耐火等级比楼板低。

楼板的耐火等级是在调查、统计的基础上，经分析确定的。火灾统计表明，我国95%的火灾延续时间在2 h以内，其中在1 h内扑灭的火灾占80%，在1.5 h以内扑灭的火灾占90%。另一方面，建筑中使用的混凝土空心楼板其保护层厚度多为10 mm，其耐火极限为1.0 h；现浇混凝土楼板的耐火极限在1.5 h以上。因此，将二级耐火等级建筑物楼板的耐火极限值确定为1.0 h；一级耐火等级建筑物的楼板的耐火极限值确定为1.5 h；三、四级分别为0.5 h和0.25 h。梁比楼板重要，对于二级耐火等级建筑物，梁的耐火极限值为1.5 h；柱、墙比梁更重要，耐火极限值为2.5~3 h。

不同耐火等级房屋各类构件的耐火极限值见附表A.8。

【例1-3】 一多层钢框架结构，包括梁、板、柱三种构件，其中梁、柱采用型钢，楼板采用100 mm厚钢筋混凝土连续板。钢柱采用50 mm厚厚涂层防火涂料，钢梁采用7.5 mm厚薄涂层防火涂料，混凝土板的保护层厚度为20 mm。试确定该房屋结构能够满足哪个耐火等级。

【解】

(1) 确定各结构构件的耐火极限

由附表A.7，7.5 mm厚薄涂层防火涂料钢梁的耐火极限为1.5 h；50 mm厚厚涂层防火涂料钢柱的耐火极限为3.0 h；保护层厚度为20 mm、100 mm厚钢筋混凝土连续板的耐火极限为2.1 h。

(2) 确定各构件耐火极限对应的房屋耐火等级

由附表A.8，钢梁1.5 h耐火极限可以满足二级，钢柱3.0 h耐火极限可以满足一级，楼板2.1 h耐火极限可以满足一级。

(3) 确定房屋的耐火等级

取最小值二级。

1.4 结构设计的一般要求

1.4 结构设计的一般要求

1.4.1 安全等级、设计使用年限与结构重要性系数

一、建筑结构的安全等级

建筑结构设计时，根据结构破坏可能产生的后果的严重程度，采用不同的安全等级(safety degree)。安全等级按表 1-9 划分。对于安全等级为一级的建筑物，其可靠指标应相应提高；对安全等级为三级的建筑物，可靠指标可适当降低。

表 1-9 建筑结构的安全等级

安全等级	破坏后果	建筑物类型
一级	很严重	重要的建筑
二级	严 重	一般的建筑
三级	不严重	次要的建筑

二、地基基础设计等级

根据地基复杂程度、建筑物规模和功能特征以及因地基问题可能造成建筑物破坏或影响正常使用的程度，地基基础的设计分为甲、乙、丙三个设计等级，详见《建筑地基基础设计规范》(JGJ 118—2011)。

对于甲级和乙级地基基础，应进行地基的承载力和变形计算；对于部分丙级地基基础可仅进行地基的承载力计算、而不作变形计算。

三、设计使用年限

设计使用年限(design working life)是指设计规定的结构或构件不需进行大修即可按其预定目的使用的时期。建筑结构的设计使用年限分为 4 类，见表 1-10。结构在规定的设计使用年限内应具有足够的可靠度，满足安全性(safety)、适用性(serviceability)和耐久性(durability)要求。设计使用年限不同，对结构设计的影响反映在荷载取值和耐久性要求两个方面。

表 1-10 建筑结构的设计使用年限

类别	设计使用年限/年	示 例
1	5	临时性结构
2	25	易于替换的结构构件
3	50	普通房屋和构筑物
4	100	纪念性建筑和特别重要的建筑结构

四、结构重要性系数

结构重要性系数(importance factor of structures)γ_0 是建筑结构的安全等级不同而对目标可

靠指标有不同要求，在极限状态设计表达式中的具体体现。对安全等级为一级的结构构件，γ_0 不应小于 1.1；对安全等级为二级的结构构件，γ_0 不应小于 1.0；对于安全等级为三级的结构构件，γ_0 不应小于 0.9；基础的 γ_0 不应小于 1.0。

1.4.2 极限状态设计要求及内容

一、设计要求

建筑结构进行极限状态设计时，根据结构在施工和使用期间的环境条件和影响，分成四种设计状况：**持久设计状况**(persistent design situation)、**短暂设计状况**(transient design situation)、**偶然设计状况**(accidental design situation)和**地震设计状况**(seismic design situation)。其中持久设计状况是指在结构使用过程中一定出现，持续期很长，一般与设计使用年限为同一数量级的状况；短暂设计状况是指在结构施工和使用过程中出现的概率较大，而与设计年限相比，持续时间很短的状况，如施工和维修；偶然设计状况是指在结构使用过程中出现的概率很小，且持续时间很短的状况，如火灾、爆炸、撞击等；地震设计状况是结构遭遇地震时的状况。

对于持久设计状况应进行**承载能力极限状态**(ultimate limit states)设计和**正常使用极限状态**(serviceability limit states)设计；对于短暂设计状况和地震设计状况应进行承载能力极限状态设计，正常使用极限状态设计可根据需要决定；对于偶然设计状况仅进行承载能力极限状态设计。

各种极限状态应采用相应的最不利荷载效应组合。持久设计状况和短暂设计状况的承载能力极限状态设计采用**基本组合**(fundamental combination)；偶然状况的承载能力极限状态设计采用**偶然组合**(accidental combination)；地震设计状况的承载能力极限状态设计采用**地震组合**(seismic combination)。正常使用极限状态设计，根据不同的设计情况分别采用下列荷载效应的组合：当产生超越正常使用极限状态的荷载卸除后，该荷载产生的超越状态不可恢复时采用**标准组合**(characteristic combination)；当产生超越正常使用极限状态的荷载卸除后，该荷载产生的超越状态可以恢复时采用**频遇组合**(frequent combination)；当长期效应是决定性因素时采用**准永久组合**(quasi-permanent combination)。

地基承载力计算时上部结构的荷载效应采用标准组合；地基变形计算时，上部结构的荷载效应采用准永久组合。

二、设计内容

结构构件进行承载能力极限状态和正常使用极限状态计算的内容包括：

(1) 所有的结构构件均应进行承载能力(包括屈曲失稳)计算，必要时尚应进行结构的倾覆(刚体失稳)、滑移和漂浮验算，处于抗震设防区的结构尚应进行抗震承载力计算。

(2) 直接承受动力荷载的构件(如吊车梁)，应进行疲劳强度验算。

(3) 对使用尚需要控制变形值的结构构件应进行变形验算，包括水平构件的挠度和竖向结构的侧移。其中结构的侧移限值见表 1-11，受弯构件的挠度限值见附表 A.9。

(4) 对于可能出现裂缝的结构构件(如混凝土构件)，当使用上要求不出现裂缝时，应进行抗裂验算；当使用上允许出现裂缝时，应进行裂缝宽度验算。

(5) 混凝土构件尚应进行耐久性设计。

表 1-11　结构水平侧移限值

结构类型		$\Delta u/h$	u/H
混凝土框架		1/550	—
混凝土框架-剪力墙、板柱-剪力墙、框架-核心筒		1/800	—
混凝土剪力墙、筒中筒		1/1 000	—
混凝土框支层		1/1 000	—
多、高层钢框架	风荷载作用下	1/400	1/500
	地震作用下	1/300	—
单层钢框架	无吊车	—	1/150
	有吊车	—	1/400

注:表中 Δu 为层间位移,u 为顶点位移;h 为层高,H 为总高。

偶然状况的承载能力极限状态进行偶然荷载作用下的结构承载能力计算和偶然事件发生后受损结构的整体稳固性计算。其中后者是为了保证一旦偶然荷载超过设计值,结构不至于发生与起因不相匹配的大范围破坏和**连续倒塌**(progressive collapse)。

1.4.3　荷载组合

对于荷载效应与荷载为线性关系的情况,荷载组合常以荷载效应组合的形式表达。

一、基本组合

对于承载能力极限状态,采用下列设计表达式:

$$\gamma_0 S_d \leqslant R_d \tag{1.4.1}$$

式中,γ_0——结构重要性系数,按 1.4.1 节的要求取值;

R_d——结构构件的**抗力**(resistance)设计值;

S_d——**荷载效应**(effect of a load)组合的设计值,取下列两类组合值中的不利值:

由可变荷载效应控制的组合

$$S_d = \sum_{j=1}^{m} \gamma_{Gj} S_{Gjk} + \gamma_{Q1}\gamma_{L1} S_{Q1k} + \sum_{i=2}^{n} \gamma_{Qi}\gamma_{Li}\psi_{ci} S_{Qik} \tag{1.4.2}$$

由永久荷载效应控制的组合

$$S_d = \sum_{j=1}^{m} \gamma_{Gj} S_{Gjk} + \sum_{i=1}^{n} \gamma_{Qi}\gamma_{Li}\psi_{ci} S_{Qik} \tag{1.4.3}$$

上面两式中,S_{Gjk}——第 j 个永久荷载标准值产生的荷载效应值;

S_{Q1K}——主导的可变荷载标准值产生的荷载效应值;

$\psi_{ci} S_{Qik}$——第 i 个可变荷载组合值产生的荷载效应值,其中 ψ_{ci} 是组合值系数;

γ_{Qi}——第 i 个可变荷载**分项系数**(partial safety factor),一般情况下取 1.4,对于标准值大于 4 kN/m^2 的工业房屋楼面取 1.3;

γ_{Gj}——第 j 个永久荷载分项系数,当其效应对结构不利时,对由可变荷载效应控制

的组合取 1.2,对由永久荷载效应控制的组合取 1.35;当其效应对结构有利时,一般情况取 1.0;

γ_{Li}——第 i 个可变荷载考虑设计使用年限的调整系数,设计使用年限为 5 年、50 年、100 年时,γ_L 分别取 0.9、1.0 和 1.1;当采用 100 年重现期的风压和雪压为荷载标准值时,设计使用年限大于 50 年时风、雪荷载的 γ_L 取 1.0。

二、标准组合、频遇组合和准永久组合

对于正常使用极限状态,采用下列设计表达式:

$$S_d \leqslant C \tag{1.4.4}$$

式中,C——结构或构件达到正常使用要求的规定限值;

S_d——荷载效应组合的设计值,

对于标准组合取:

$$S_d = \sum_{j=1}^{m} S_{Gjk} + S_{Q1k} + \sum_{i=2}^{n} \psi_{ci} S_{Qik} \tag{1.4.5}$$

对于频遇组合取:

$$S_d = \sum_{j=1}^{m} S_{Gjk} + \psi_{f1} S_{Q1k} + \sum_{i=2}^{n} \psi_{qi} S_{Qik} \tag{1.4.6}$$

对于准永久组合取:

$$S_d = \sum_{j=1}^{m} S_{Gjk} + \sum_{i=1}^{n} \psi_{qi} S_{Qik} \tag{1.4.7}$$

式(1.4.5)~式(1.4.7)中 ψ_f、ψ_q 分别为可变荷载的频遇值系数和准永久值系数。

三、偶然组合

对于偶然荷载作用下的结构承载能力计算,荷载效应组合的设计值取:

$$S_d = \sum_{j=1}^{m} S_{Gjk} + S_{Ad} + \psi_{f1} S_{Q1k} + \sum_{i=2}^{n} \psi_{qi} S_{Qik} \tag{1.4.8}$$

式中,S_{Ad}——由偶然荷载标准值产生的荷载效应。

对于偶然事件发生后受损结构的整体稳固性计算,荷载效应组合的设计值取:

$$S_d = \sum_{j=1}^{m} S_{Gjk} + \psi_{f1} S_{Q1k} + \sum_{i=2}^{n} \psi_{qi} S_{Qik} \tag{1.4.9}$$

【例 1-4】 图 1.4.1 所示悬臂梁承受均布永久荷载和均布可变荷载,其中均布永久荷载标准值 $g_k = 36$ kN/m;均布可变荷载标准值 $q_k = 12$ kN/m,组合值系数 $\psi_c = 0.7$, 频遇值系数 $\psi_f = 0.6$, 准永久值系数 $\psi_q = 0.5$。设计使用年限为 50 年。求截面 A 弯矩的基本组合值、标准组合值、频遇组合值和准永久组合值。

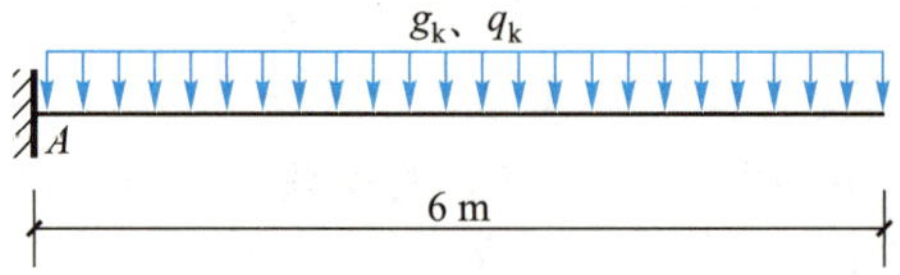

图 1.4.1 例 1-4 悬臂梁

【解】

(1) 计算荷载标准值作用下的内力

永久荷载作用下：$M_{A,\mathrm{Gk}}=g_k l^2/2=36\ \mathrm{kN/m}\times(6\ \mathrm{m})^2/2=648\ \mathrm{kN\cdot m}$

可变荷载作用下：$M_{A,\mathrm{Qk}}=q_k l^2/2=12\ \mathrm{kN/m}\times(6\ \mathrm{m})^2/2=216\ \mathrm{kN\cdot m}$

(2) 基本组合值

设计使用年限 50 年，可变荷载考虑设计使用年限的调整系数 $\gamma_{\mathrm{L}}=1.0$。

可变荷载控制：

$$M_A=\gamma_{\mathrm{G}}M_{A,\mathrm{Gk}}+\gamma_{\mathrm{Q}}\gamma_{\mathrm{L}}M_{A,\mathrm{Qk}}=1.2\times648\ \mathrm{kN\cdot m}+1.4\times1\times216\ \mathrm{kN\cdot m}=1\ 080\ \mathrm{kN\cdot m}$$

永久荷载控制：

$$M_A=\gamma_{\mathrm{G}}M_{A,\mathrm{Gk}}+\gamma_{\mathrm{Q}}\gamma_{\mathrm{L}}\psi_{\mathrm{c}}M_{A,\mathrm{Qk}}=1.35\times648\ \mathrm{kN\cdot m}+1.4\times1\times0.7\times216\ \mathrm{kN\cdot m}=1\ 086.5\ \mathrm{kN\cdot m}$$

最后取两者较大值 $M_A=1\ 086.5\ \mathrm{kN\cdot m}$

(3) 标准组合

$$M_A=M_{A,\mathrm{Gk}}+M_{A,\mathrm{Qk}}=648\ \mathrm{kN\cdot m}+216\ \mathrm{kN\cdot m}=864\ \mathrm{kN\cdot m}$$

(4) 频遇组合

$$M_A=M_{A,\mathrm{Gk}}+\psi_{\mathrm{f}}M_{A,\mathrm{Qk}}=648\ \mathrm{kN\cdot m}+0.6\times216\ \mathrm{kN\cdot m}=777.6\ \mathrm{kN\cdot m}$$

(5) 准永久组合

$$M_A=M_{A,\mathrm{Gk}}+\psi_{\mathrm{q}}M_{A,\mathrm{Qk}}=648\ \mathrm{kN\cdot m}+0.5\times216\ \mathrm{kN\cdot m}=756.0\ \mathrm{kN\cdot m}$$

1.4.4 抗震设计

一、抗震设防目标

我国的**抗震设防烈度**(seismic precautionary intensity)为 6~9 度，抗震设防区的建筑必须进行抗震设计。抗震设防采用“三个水准”目标：当遭受低于本地区抗震设防烈度的地震影响时，一般不受损坏或不需修理可继续使用；当遭受相当于本地区设防烈度的地震影响时，可能损坏，经一般修理或不需修理仍可继续使用；当遭受高于本地区抗震设防烈度预估的地震影响时，不致倒塌或发生危及生命的严重破坏。即所谓“小震不坏、中震可修、大震不倒”，具体用三个水准烈度体现。第一水准烈度为众值烈度，比基本烈度约低一度半，平均重现期为 50 年，设计基准期内超越概率为 63.6%，称为**多遇地震烈度**(frequent earthquake intensity)，一般情况下，建筑处于弹性的正常使用状态；第二水准烈度为**基本烈度**(basic earthquake intensity)，平均重现期为 475 年，设计基准期内超越概率为 10%，结构进入非弹性工作阶段，但非弹性变形或结构体系的损坏处于可修复范围；第三水准烈度为**罕遇地震烈度**(rare earthquake intensity)，平均重现期为 1 975 年，设计基准期内超越概率为 2.5%，结构有较大的非弹性变形，但控制在不倒塌的范围内。

二、抗震设防标准

建筑物根据使用功能的重要性按表 1-12 划分为甲类、乙类、丙类和丁类四个抗震设防类别，不同的设防类别采用不同的**抗震设防标准**(seismic precautionary criterion)。混凝土结构、钢结构和配筋砌块砌体抗震墙结构划分为一、二、三、四 4 个抗震等级。其中混凝土结构依据抗震设防类别、烈度、结构类型和房屋高度划分；钢结构依据抗震设防类别、烈度和房屋高度划分；配筋砌块砌体抗震墙结构依据设防烈度和房屋高度划分。不同的抗震等级有不同的计算和构造要求。

表 1-12　建筑抗震设防类别

设防类别	建筑物类型
甲类	重大建筑工程和地震时可能发生严重次生灾害的建筑
乙类	地震时使用功能不能中断或需尽快恢复的建筑
丙类	除甲、乙、丁类以外的一般建筑
丁类	抗震次要建筑

三、抗震设计基本内容

抗震设计内容包括**抗震概念设计**(seismic concept design)、**结构抗震验算**(seismic checking for structures)和**抗震构造措施**(details of seismic design)。抗震概念设计是指在方案设计阶段尽量选择对抗震有利的场地、结构类型和结构布置方案。结构抗震验算包括抗震承载力计算和地震作用下的变形验算。

地震作用下结构构件的承载力计算需考虑承载力抗震调整系数 γ_{RE}(附表 A.10),采用以下设计表达式:

$$S_d \leqslant R_d/\gamma_{RE} \tag{1.4.10}$$

式中,R_d 的含义同前;S_d 是抗震计算时作用效应组合的设计值,按下式确定:

$$S_d=\gamma_G S_{Gk}+\gamma_{Eh} S_{Ehk}+\gamma_{Ev} S_{Evk}+\gamma_w \psi_w S_{wk} \tag{1.4.11}$$

式中，　γ_G——重力荷载分项系数,一般情况取 1.2,当对构件承载能力有利时不大于 1.0;

γ_{Eh}——水平地震作用分项系数,仅考虑竖向地震作用时取 0.0;其余情况取 1.3;

γ_{Ev}——竖向地震作用分项系数,仅考虑竖向地震作用时取 1.3;同时考虑竖向和水平地震作用时取 0.5;仅考虑水平地震作用时取 0.0;

γ_w——风荷载分项系数,取 1.4;

ψ_w——风荷载组合值系数,一般结构取 0.0,风荷载起控制作用的高层建筑采用 0.2;

S_{Ehk}、S_{Evk}、S_{wk}——地震水平作用、竖向作用标准值效应,风荷载标准值效应;

S_{Gk}——重力荷载代表值的效应,其中重力荷载代表值取结构、构配件自重标准值和各可变荷载组合值之和,各可变荷载组合值系数见表 1-13。

表 1-13　计算重力荷载代表值时可变荷载组合值系数

可变荷载种类		组合值系数
雪荷载		0.5
屋面积灰荷载		0.5
屋面均布可变荷载		不计入
按实际情况计算的楼面可变荷载		1.0
按等效均布荷载计算的楼面可变荷载	藏书库、档案库	0.8
	其他民用建筑	0.5

续表

可变荷载种类		组合值系数
吊车悬挂物重力	硬钩吊车	0.3
	软钩吊车	不计入

思考题

1-1 常用的水平结构体系和竖向结构体系有哪些？

1-2 房屋变形缝有哪几种，其作用和设置原则是什么？

1-3 可变荷载的代表值有哪些？分别用于哪些荷载效应组合？

1-4 《统一标准》对楼面均布可变荷载和风荷载，时段长度 τ 分别取多少？设计基准期内最大荷载概率分布与设计基准期内的时段数之间有什么样的关系？

1-5 荷载重现期与设计基准期内最大荷载概率分布是什么样的关系？

1-6 为什么高层和高耸结构必须考虑风的脉动影响，而对于一般高度 $H<30$ m、高宽比 $H/B<1.5$ 的单层和多层房屋可以不考虑？

1-7 吊车的横向水平荷载是如何传递到吊车梁上的？

1-8 计算结构的均匀温度作用时，结构的初始平均温度如何取值？

1-9 结构分析所采用的常规炸药地面爆炸空气冲击波等效波形是怎样的？冲击波最大超压和等效作用时间与哪些因素有关？

1-10 判别结构构件耐火极限的标准是什么？提高结构构件耐火极限的措施有哪些？

1-11 结构设计有哪几个设计状况？各设计状况应进行哪些极限状态设计？

1-12 地基承载力和变形计算时，上部结构的荷载效应分别采用什么组合？

第 1 章结构设计通论思考题注释

1-13 何谓抗震设防的"三个水准"目标？三个水准烈度的重现期分别为多少？

1-14 何谓重力荷载代表值？

作业题

1-1 某高层混凝土剪力墙结构，平面形状为矩形，如图所示。房屋共 20 层，层高均为 3.6 m，总高度为 72 m；迎风面宽度为48 m。所在地区的基本风压值 $w_0=0.7\ \text{kN/m}^2$，地面粗糙度类别为 A 类。试计算由水平风荷载引起的、作用在基础顶面的总剪力和倾覆力矩标准值（提示：室外地面可近似取为基础顶面；计算振型时，剪力墙结构可按弯曲型结构考虑）。

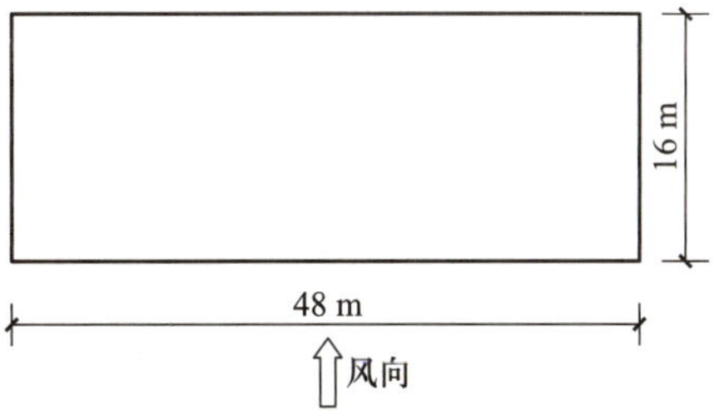

作业题 1-1 图

1-2 一钢筋混凝土框架结构，包括梁、板、柱三种构件，其中框架梁、柱的保护层厚度为 25 mm，框架柱的截面尺寸为 400 mm×400 mm；混凝土连续楼板的厚度为 80 mm，保护层厚度为 15 mm。试确定该建筑的耐火等级。

第 1 章结构设计通论作业题指导

1-3 某杆件截面由永久荷载标准值产生的弯矩 $M_g=240$ kN·m；由可变荷载①标准值产生的弯矩值 $M_{q1}=70$ kN·m，组合值系数 $\psi_{c1}=0.9$，频遇值系数 $\psi_f=0.5$，准永久值系数 $\psi_q=0.4$；由可变荷载②标准值产生的弯矩值 $M_{q2}=60$ kN·m，组合值系数 $\psi_{c2}=0.7$，频遇值系数 $\psi_{f2}=0.5$，准永久值系数 $\psi_{q2}=0.4$。设计使用年限为 50 年，试计算该截面弯矩的基本组合值、标准组合值、频遇组合值和准永久组合值。

测试题

1-1 下列哪种结构形式不适用于大跨建筑？（ ）

（A）网架结构 （B）桁架结构 （C）框架结构 （D）壳体结构

1-2 建筑结构的变形缝（ ）。

（A）沉降缝、伸缩缝、抗震缝均应从基础分开

（B）沉降缝和伸缩缝可以相互代替

（C）沉降缝可以代替伸缩缝，但伸缩缝不能代替沉降缝

（D）抗震缝可以代替沉降缝和伸缩缝

1-3 某房屋的楼面做法如下：板底 20 mm 厚水泥砂浆粉刷、100 mm 厚现浇混凝土楼板、20 mm 厚水泥砂浆找平层、35 mm 厚磨石子楼面，该楼面的建筑标高为 8.000，则楼面的结构标高为（ ）。

（A）8.000 （B）7.945 （C）7.845 （D）7.825

1-4 火灾属于（ ）。

（A）间接作用 （B）永久作用 （C）可变作用 （D）偶然作用

1-5 混凝土收缩属于（ ）。

（A）间接作用 （B）永久作用 （C）可变作用 （D）偶然作用

1-6 风荷载属于（ ）。

（A）间接作用 （B）永久作用 （C）可变作用 （D）偶然作用

1-7 吊车荷载属于（ ）。

（A）静态的固定作用 （B）静态的自由作用 （C）动态的固定作用 （D）动态的自由作用

1-8 风荷载的平均风速压可以作为静力荷载考虑，这是因为（ ）。

（A）风的脉动周期远大于结构自振周期

（B）风的长周期远大于结构自振周期

（C）风的长周期远小于结构自振周期

（D）风的脉动周期远小于结构自振周期

1-9 梯度风速和梯度风高度与地面粗糙程度（A 类最低、D 类最高）的关系是（ ）。

（A）地面粗糙度越高，梯度风高度越大、梯度风速越小

（B）地面粗糙度越高，梯度风高度越小、梯度风速越大

（C）地面粗糙度越高，梯度风高度越大、梯度风速不变

（D）地面粗糙度越高，梯度风高度越小、梯度风速不变

1-10 结构的顺风向风振系数 β_z 随计算位置离室外地面高度的增加而增大，这是因为（ ）。

（A）风压高度系数随高度的增加而增大

(B) 第一阶振型系数随高度的增加而增大

(C) 脉动风荷载水平方向的空间相关系数随高度的增加而增大

(D) 脉动风荷载竖直方向的空间相关系数随高度的增加而增大

1-11 平均重现期为100年的可变荷载,每年的保证率和50年内的保证率分别为(　　)。

(A) 99%、60.5%　(B) 99%、36.4%　(C) 98%、13.3%　(D) 98%、36.4%

1-12 下列哪项可变荷载的准永久系数总是为0?(　　)

(A) 吊车荷载　(B) 雪荷载　(C) 积灰荷载　(D) 风荷载

1-13 吊车横向水平荷载包含(　　)。

(A) 大车、小车重量和吊重　(B) 小车重量和吊重

(C) 大车重量和吊重　(D) 大车和小车重量

1-14 基本气温取50年一遇的(　　)。

(A) 年平均最高气温和年平均最低气温　(B) 月平均最高气温和月平均最低气温

(C) 季平均最高气温和季平均最低气温　(D) 周平均最高气温和周平均最低气温

1-15 结构分析所采用的常规炸药地面爆炸空气冲击波等效波形的最大超压值(　　)。

(A) 随装药量和爆心至作用点距离的增大而增大

(B) 随装药量和爆心至作用点距离的增大而减小

(C) 随装药量的增大、爆心至作用点距离的减小而增大

(D) 随装药量的减小、爆心至作用点距离的增大而增大

1-16 结构分析所采用的常规炸药地面爆炸空气冲击波的等效作用时间(　　)。

(A) 随装药量和爆心至作用点距离的增大而增大

(B) 随装药量和爆心至作用点距离的增大而增小

(C) 随装药量的增大、爆心至作用点距离的减小而增大

(D) 随装药量的减小、爆心至作用点距离的增大而增大

1-17 确定楼板的耐火极限时(　　)。

(A) 以稳定性单一条件作为判别依据

(B) 以稳定性和完整性两个条件作为判别依据

(C) 以完整性和绝热性两个条件作为判别条件

(D) 以稳定性、完整性和绝热性三个条件作为判别条件

1-18 确定构件的耐火极限时,柱的受火条件为(　　)。

(A) 一面受火　(B) 下面受火

(C) 两侧和底面三面受火　(D) 所有垂直面受火

1-19 衡量结构构件耐火性能的指标有(　　)。

(A) 燃烧性能和力学性能　(B) 燃烧性能和耐火极限

(C) 力学性能和隔热性能　(D) 毒气性和发烟性能

1-20 建筑结构的设计使用年限分为(　　)。

(A) 5年、10年、30年、50年等四类　(B) 10年、25年、50年、100年等四类

(C) 10年、20年、30年、50年等四类　(D) 5年、25年、50年、100年等四类

1-21 建筑结构的设计基准期为(　　)。

(A) 20年　(B) 30年　(C) 50年　(D) 100年

1-22 计算地基承载力时,上部结构的荷载效应采用(　　)。

(A) 基本组合　(B) 标准组合　(C) 频遇组合　(D) 准永久组合

1-23 可变荷载的基本代表值是(　　)。

（A）标准值 （B）组合值 （C）频遇值 （D）准永久值

1-24 可变荷载的频遇值用于（ ）。

（A）频遇组合与基本组合 （B）频遇组合与标准组合

（C）频遇组合和偶然组合 （D）频遇组合与准永久组合

1-25 可变荷载的标准值用于（ ）。

（A）基本组合和偶然组合 （B）基本组合和标准组合

（C）标准组合和频遇组合 （D）频遇组合和准永久组合

1-26 可变荷载的组合值用于（ ）。

（A）基本组合和偶然组合 （B）基本组合和标准组合

（C）标准组合和频遇组合 （D）频遇组合和准永久组合

1-27 可变荷载的准永久值用于（ ）。

（A）基本组合、偶然组合和标准组合 （B）偶然组合、标准组合和频遇组合

（C）标准组合、频遇组合和准永久组合 （D）准永久组合、频遇组合和偶然组合

1-28 什么情况下，永久荷载的分项系数取 1.35？（ ）

（A）任何情况下

（B）效应对结构不利时，由可变荷载效应控制的组合

（C）效应对结构不利时，由永久荷载效应控制的组合

（D）效应对结构有利的组合

1-29 某杆件截面由永久荷载标准值产生的弯矩为 140 kN·m；由可变荷载①标准值产生的弯矩值为 80 kN·m；由可变荷载②标准值产生的弯矩值为 60 kN·m；可变荷载的组合值系数为 0.7，频遇值系数为 0.5，准永久值系数为 0.4；则该截面弯矩的频遇组合值为（ ）。

（A）280.0 kN·m （B）262.0 kN·m （C）204.0 kN·m （D）196.0 kN·m

第 1 章结构设计通论测试题解答

1-30 进行偶然事件发生后受损结构的整体稳固性计算时，荷载效应组合中（ ）。

（A）所有可变荷载取组合值

（B）所有可变荷载取准永久值

（C）效应最大的一项可变荷载取频遇值、其余可变荷载取准永久值

（D）效应最大的一项可变荷载取标准值、其余可变荷载取组合值

1-31 我国抗震设防中第二水准烈度 50 年的超越概率为（ ）。

（A）2.5% （B）10% （C）50% （D）63.6%

第 2 章　梁板结构

梁板结构是建筑工程中常用的结构形式，用作厂房中的工作平台、多层房屋楼盖（屋盖）等水平结构体系。此外，楼梯、阳台、雨篷以及挡土墙、筏形基础、地下室侧板、水池顶板、底板和侧板等也按梁板结构设计。本章主要介绍混凝土楼盖、钢楼盖、钢-混凝土组合楼盖以及楼梯的设计方法。筏形基础的设计要点将在第 4 章介绍。

2.1　梁、板分析理论

梁板结构由梁、板组成，其中梁的弹性分析理论大家所熟知，板的分析理论尚未涉及。本章先对板的弹性分析理论、梁和板的塑性分析理论作一介绍。

2.1　梁、板分析理论

2.1.1　板的弹性分析理论

一、各向同性板的内力分布

板是其厚度方向尺寸远小于其余两个方向尺寸、承受垂直于板面的横向荷载的二维结构构件。当板的厚度 t 小于平面最小尺寸的 1/8～1/5 时称为薄板。材料弹性性能（弹性模量、泊松比、剪切模量等）在各个方向都相同时称为各向同性板（isotropic slabs）；当弹性性能在各个方向不完全相同时称为各向异性板（anisotropic slabs）。

平分厚度 t 的平面称为板的中间平面，简称中面。板弯曲后，中面内各点在垂直于中面方向的位移称为挠度，用 $w(x、y)$ 表示。对于各向同性板，根据弹性薄板小挠度弯曲理论，中面挠度需满足下列方程（采用图 2.1.1a 所示的直角坐标系）以及相应的边界条件：

$$B\left(\frac{\partial^4 w}{\partial x^4}+2\frac{\partial^4 w}{\partial x^2\partial y^2}+\frac{\partial^4 w}{\partial y^4}\right)=q(x,y) \tag{2.1.1}$$

式中，B——板的弯曲刚度，$B=Et^3/[12(1-\nu^2)]$；

ν——材料的横向变形系数或称泊松比，对于钢材 $\nu_s=0.3$，对于混凝土 $\nu_c=1/6$；

$q(x、y)$——作用在板面的横向分布荷载（面荷载）。

在薄板弯曲中，弯应力和扭应力的数值最大，是主要应力；横向切应力的数值较小，是次要应力；竖向挤压应力更小，是更次要的应力。因此，在分析薄板内力时，一般仅考虑弯矩和扭矩。

板中弯矩和扭矩均可表示为挠度 w 的函数：

$$\left.\begin{aligned}m_x&=-B\left(\frac{\partial^2 w}{\partial x^2}+\nu\frac{\partial^2 w}{\partial y^2}\right)\\m_y&=-B\left(\frac{\partial^2 w}{\partial y^2}+\nu\frac{\partial^2 w}{\partial x^2}\right)\\m_{xy}&=m_{yx}=-B(1-\nu)\frac{\partial^2 w}{\partial x\partial y}\end{aligned}\right\} \tag{2.1.2}$$

式中，m_x、m_y——分别为 x、y 方向单位宽度内的弯矩；

m_{xy}、m_{yx}——分别为 x、y 方向单位宽度内的扭矩。

如果取泊松比 $\nu=0$ 时，式(2.1.2)中的前二式与梁的弯矩——曲率公式 $M=-EI\varphi$ 具有相似性。

板的内力分布与板的形状、支承条件和荷载形式有关。

对于受均布面荷载 q、四边简支的矩形板，纳维叶给出了下列重级数解：

$$w=\frac{16q}{\pi^6 B}\sum_{m=1,3,5}^{\infty}\sum_{n=1,3,5}^{\infty}\frac{\sin\left(\frac{m\pi x}{l_1}\right)\sin\left(\frac{n\pi y}{l_2}\right)}{mn\left(\frac{m^2}{l_1}+\frac{n^2}{l_2}\right)^2} \tag{2.1.3}$$

代入式(2.1.2)可得到板的弯矩和扭矩。

从图 2.1.1a 可以看出，矩形板竖向位移呈碟形，两个方向的板带都产生弯曲、参与受力。图 2.1.1b、c 分别是板的弯矩分布和扭矩分布。两个方向跨中板带上的弯矩最大，越靠近支座越小，支座边板带的弯矩为零；短跨方向（y 方向）各板带的最大弯矩始终在中点，而长跨方向（x 方向）各板带的最大弯矩则偏离中点；支座边板带上的扭矩最大，越靠近跨中越小，跨中板带上的扭矩为零。由于扭矩的作用，在板角将产生集中上举力 R_0，必须有向下的支座反力与之平衡；板传给四边支座的压力沿边长是不均匀的，中部大、两端小，短跨方向大、长跨方向小，见图 2.1.1d。

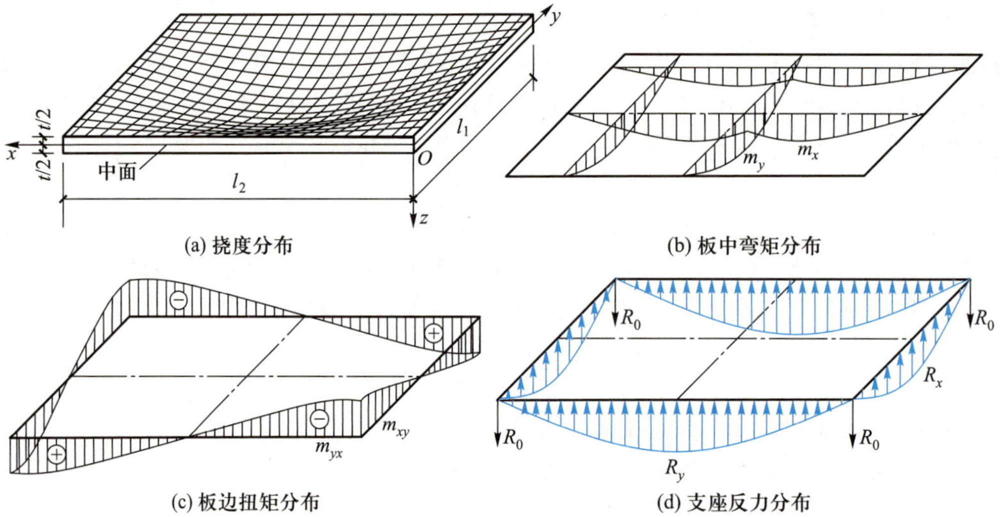

图 2.1.1 受均布面荷载的四边简支板

材料力学曾介绍过主应力和主平面的概念，由主应力合成的力矩相应地称为主力矩。如果忽略板中较小的应力分量，主力矩 m_{I}、m_{II} 与弯矩 m_x、m_y 及扭矩 m_{xy} 存在以下关系：

$$\left.\begin{matrix} m_{\mathrm{I}} \\ m_{\mathrm{II}} \end{matrix}\right\}=\frac{m_x+m_y}{2}\pm\frac{1}{2}\sqrt{(m_x-m_y)^2+4m_{xy}^2} \tag{2.1.4}$$

而主平面法线与 x 轴的夹角 φ 由下式确定：

$$\tan 2\varphi = \frac{2m_{xy}}{m_x - m_y} \tag{2.1.5}$$

对于正方形板，对角线截面上始终有 $m_x = m_y$，由式(2.1.5)，$\varphi = 45°$。这表明对角线方向就是其中的一个主平面方向(另一个主平面与之垂直)。在板的中点，没有扭矩，两个相互垂直的主力矩就等于弯矩；在板角，弯矩为零，两个主力矩就等于扭矩。图 2.1.2 是沿对角线的主力矩分布，图中用矢量表示力矩方向。可见，与对角线平行的主力矩 m_{II} 均为板底受拉，数值变化不大，图 2.1.3a 所示混凝土板试验中出现的板底对角裂缝即由 m_{II} 所致；与对角线垂直的主力矩 m_{I} 在板边为板面受拉，混凝土板的板面环状裂缝(图 2.1.3b)即由 m_{I} 所致。

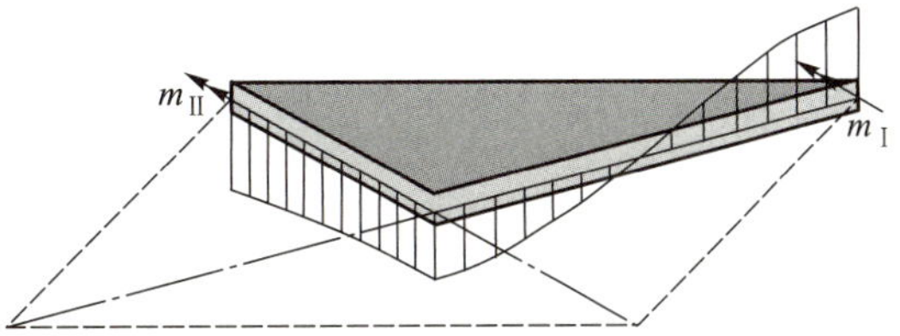

图 2.1.2 正方形板的主力矩分布

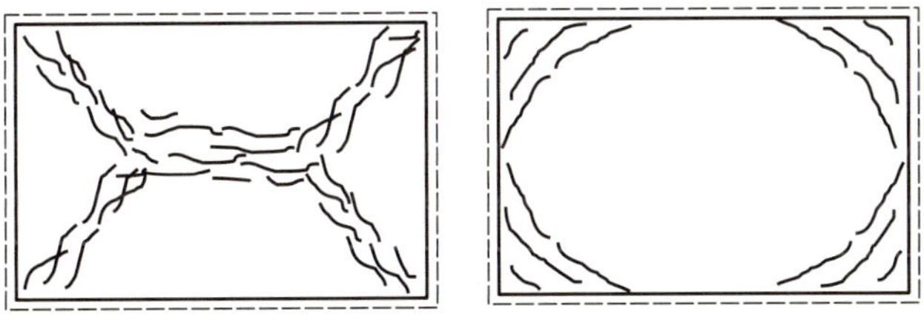

(a) 板底 (b) 板面

图 2.1.3 受均布荷载混凝土矩形板裂缝分布示意

当板的支承为固支时，板边除了有扭矩外，还有板面受拉的负弯矩。

二、单向板与双向板

图 2.1.4a 所示的两对边简支矩形板，分布面荷载 $q(x)$ 在板跨方向非均匀、在板宽方向均匀。从板中任意取出一条横向板带，沿板宽方向并不发生弯曲，即挠度 w 并不随 y 变化。由式(2.1.2)，当不考虑横向变形效应(即取泊松比 $\nu = 0$)时，板宽方向没有弯矩和扭矩；而任意两条纵向板带的受力性能完全相同。于是板内力和变形的计算可采用 2.1.4b 所示的简支梁计算模型。这种仅在一个方向受力或另一个方向的受力可以忽略的板称为单向受力板，简称**单向板**(one way slabs)，又称梁式板。与此相对应，两个方向的受力都不能忽略的板称为**双向板**(two way slabs)。

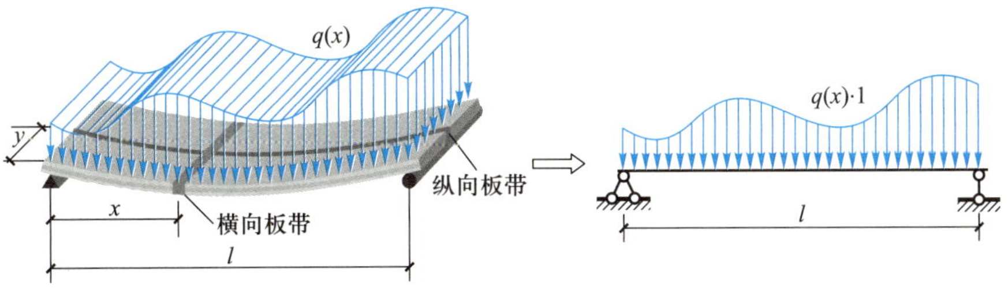

(a) 挠度示意 (b) 简支梁计算模型

图 2.1.4 受板宽方向均匀分布荷载的对边简支矩形板

当对边支承为固支时，可相应地采用两端固支梁计算模型；一边固支、另一边自由时可采用悬臂梁计算模型;对于多跨板则可采用连续梁计算模型。

对于图 2.1.1a 所示的四边简支矩形板,两个方向的内力大小与两个方向的跨度比 l_2/l_1 有关,随着跨度比的增加,短跨方向的内力越来越大,而长跨方向的内力越来越小。图 2.1.5 是两个方向跨中弯矩与单向板跨中弯矩($ql_2 \cdot l_1^2/8$)、短跨方向的支承反力与单向板支承反力($ql_2 \cdot l_1/2$)的比值。可以看出,当 l_2/l_1 达到 3 时,长跨方向的弯矩已很小,而短跨方向的弯矩非常接近单向板的弯矩(94%)。所以,在工程设计中,当四边支承板两个方向的跨度比达到一定数值后,常常按单向板设计,在满足工程精度的前提下使问题大大简化。

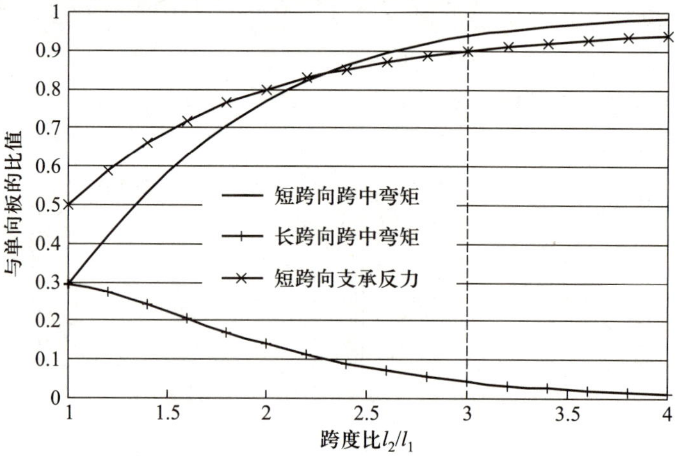

图 2.1.5 四边简支板弯矩和支承反力与跨度比的关系

从上述分析可知,板一般为双向受力构件,单向板是对实际问题的简化。对于混凝土板,当按单向板设计时,另一方向仍需配置构造钢筋(分布筋)以承担计算中忽略的弯矩。

三、正交各向异性板的基本方程

在各向异性板中,如果存在两个相互垂直的弹性主向,则称为**正交各向异性板**(orthotropic slabs)。工程中有两类正交各向异性板:一类是两个方向的材料性能存在差异,如木板的顺纹和横纹;另一类材料本身是各向同性的,因构造原因引起两个相互垂直方向的刚度不同,如波纹钢板、带肋板。

如果直角坐标系的方向与弹性主向一致,则正交各向异性板的基本微分方程可表示为

$$B_x \frac{\partial^4 w}{\partial x^4}+B_y \frac{\partial^4 w}{\partial y^4}+2B \frac{\partial^4 w}{\partial x^2 \partial y^2}=q(x,y) \tag{2.1.6}$$

板弯矩和扭矩与挠度的关系为

$$\left.\begin{aligned} m_x &= -B_x\left(\frac{\partial^2 w}{\partial x^2}+\nu_y \frac{\partial^2 w}{\partial y^2}\right) \\ m_y &= -B_y\left(\frac{\partial^2 w}{\partial y^2}+\nu_x \frac{\partial^2 w}{\partial x^2}\right) \\ m_{xy} &= m_{yx} = -2B_t \frac{\partial^2 w}{\partial x \partial y} \end{aligned}\right\} \tag{2.1.7}$$

式中,ν_x、ν_y——两个弹性主向的泊松比;

B_x、B_y——两个弹性主向的弯曲刚度，对于材料性能各向异性板，$B_x=\dfrac{E_x t^3}{12(1-\nu_x\nu_y)}$、$B_y=\dfrac{E_y t^3}{12(1-\nu_x\nu_y)}$；

B_t——板弹性主向的扭转刚度，$B_t=0.5(1-\sqrt{\nu_x\nu_y})\sqrt{B_xB_y}$；

B——板的等效扭转刚度，$B=0.5(\nu_yB_x+\nu_xB_y+4B_t)$。

带肋板等效为等厚度的正交各向异性板进行近似分析，关键是选取合适的弹性主刚度。

2.1.2 梁的塑性分析理论

一、工程塑性铰与理想塑性铰的区别

在结构力学的塑性分析中介绍过理想塑性铰（plastic hinge）的概念。工程结构中常用的钢和混凝土均属弹塑性材料，而非理想塑性材料。

图 2.1.6a 是钢受弯构件截面正应力发展的三个阶段：从开始受力到梁最外边缘的正应力不超过屈服强度的弹性工作阶段（Ⅰ）；梁边缘部分出现塑性，应力达到屈服强度，而中和轴附近材料仍处于弹性的弹塑性阶段（Ⅱ）；梁截面全部进入塑性，各点应力均达到屈服强度的全塑性阶段。从图 2.1.6b 可以看到，在弹性阶段，截面弯矩与截面曲率按固定比例增加，比例系数即为截面抗弯刚度；进入弹塑性阶段后，曲率的增加速度远超过弯矩的增加速度，截面类似一个能转动的"铰"。

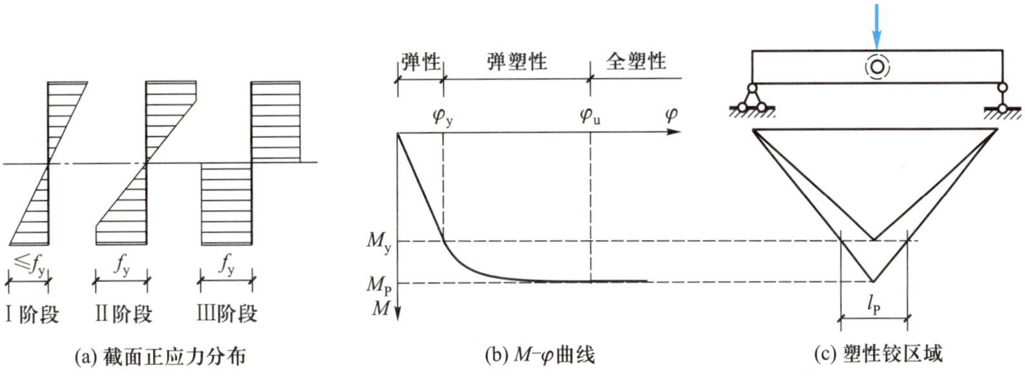

图 2.1.6 钢受弯构件正截面三个阶段

混凝土受弯构件正截面也有类似的情况。当纵向受拉钢筋屈服后，截面进入屈服；随后，截面弯矩有所增加（因内力臂略有增加），而截面的变形急剧增加，形成能转动的"铰"。

工程中的塑性铰并不限于首先屈服的那个截面。在图 2.1.6c 中，当跨中截面弯矩达到 M_y 时，该截面首先出现塑性铰；随着荷载的增加，有更多的截面进入"屈服"；当跨中弯矩达到 M_P 时，构件的承载力达到极限。弯矩图上 $M>M_y$ 的部分是塑性铰的区域，该范围称塑性铰长度 l_P。对于混凝土结构，这一长度大致为 1~1.5 倍截面高度。通常把这一塑性变形集中产生的区域理想化为集中于一个截面上的塑性铰，塑性铰长度范围内曲率的积分即为塑性铰的转角。

工程中塑性铰的转动能力是有限的。钢构件塑性铰的转动能力取决于钢材的塑性性能,极限应变与屈服应变的比值 $\varepsilon_u/\varepsilon_y$。混凝土构件塑性铰的转动能力主要取决于纵向钢筋的配筋率、钢材的品种和混凝土的极限压应变值。极限状态截面的曲率可以表示为 $\varphi=\varepsilon_{cu}/x$,配筋率越低,受压区高度 x 越小,塑性铰转动能力越大;混凝土的极限压应变值 ε_{cu} 越大,塑性铰转动能力也越大。

二、超静定结构的内力重分布过程

静定结构的内力与截面抗弯刚度无关,与荷载成正比。随着荷载的增加,各截面内力的比值(称为内力分布)保持不变。超静定结构的内力不仅与荷载有关,还与各截面抗弯刚度的比值有关,当不同截面的刚度比值发生变化时,各截面的内力比值也将发生改变;个别截面出现塑性铰后,内力比值有更大的变化。超静定结构的这种因刚度比值改变或因出现塑性铰而引起的内力不再服从弹性内力分布规律的现象称为塑性内力重分布或**内力重分布**(redistribution of internal force)。

下面通过分析图 2.1.7a 所示、受均布荷载的两端固支钢梁从开始加载直到破坏的全过程,来说明塑性内力重分布过程。

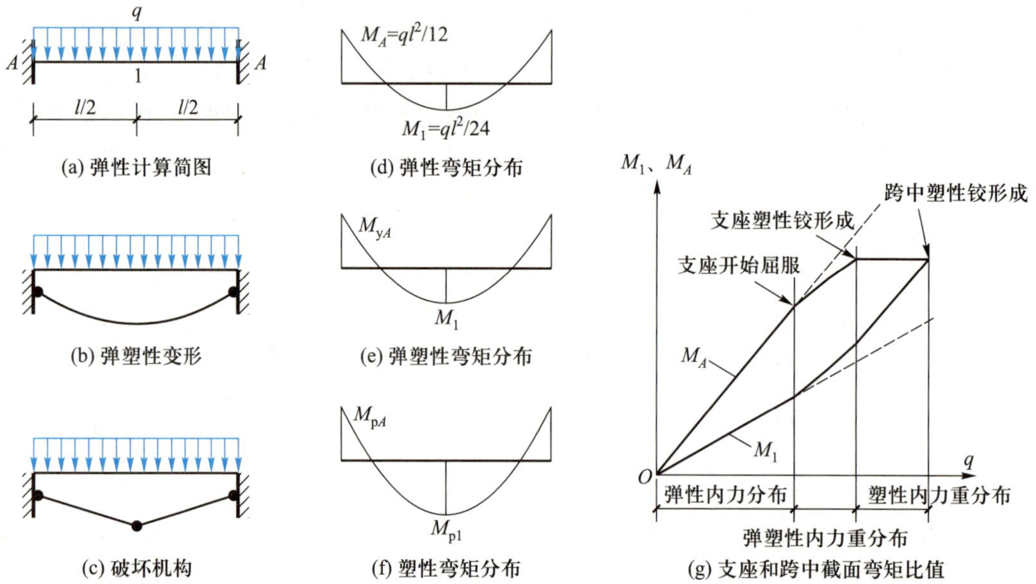

图 2.1.7 受均布荷载两端固支梁弯矩重分布过程

假定梁不发生整体侧扭屈曲和板件的局部屈曲,双轴对称截面,支座和跨内截面的塑性弯矩(极限抗弯承载力)相等。梁的受力全过程可以分为三个阶段:

(1)一开始梁各部分的截面刚度不变,截面弯矩按弹性分布,如图 2.1.7d 所示;随着荷载增加,支座截面和跨中截面弯矩的比值($M_A/M_1=2$)始终保持不变,见图 2.1.7g 的弹性内力分布段。

(2)支座截面首先屈服后,截面抗弯刚度下降,跨内截面刚度仍保持初始刚度。由于支座与跨内截面抗弯刚度的比值降低,致使支座截面弯矩 M_A 的增长率低于弹性阶段,而跨中截面弯矩 M_1 的增长率高于弹性阶段,见图 2.1.7g 的弹塑性内力分布段。

(3)当荷载增加到支座塑性铰形成后,超静定梁转变成简支梁(图 2.1.7b)。由于跨内截面承载力尚未耗尽，因此还可以继续增加荷载，直至跨中截面1的弯矩也达到塑性弯矩、塑性铰形成，梁成为几何可变体系而破坏，见图2.1.7c。在这一阶段，支座截面 A 的弯矩维持在 M_{PA}，而跨中截面1的弯矩更快地增长。

若按弹性方法分析，M_A 和 M_1 的大小始终与外荷载呈线性关系，在 $M-q$ 图上应为两条虚直线，但梁的实际弯矩分布却如图中实线所示。超静定结构出现与弹性内力分布不同的分布，发生了内力重分布。

由上述分析可知，超静定结构的内力重分布可概括为两个过程：第一个过程发生在截面开始屈服到第一个塑性铰形成之前，主要是由于结构各部分抗弯刚度比值的改变而引起的内力重分布，称为弹塑性内力重分布；第二个过程发生于第一个塑性铰形成以后直到形成机构、结构破坏，由于结构计算简图的改变而引起的内力重分布，称为塑性内力重分布。显然，第二个过程的内力重分布比第一个过程显著得多。

若超静定结构先后出现足够数目的塑性铰、最后形成机动体系而破坏，这种情况称为充分的内力重分布；如果在形成预期的破坏机构以前，塑性铰因转动能力不足而破坏，或结构因其他承载力不足而破坏（如混凝土构件的斜截面破坏、钢构件的整体失稳破坏和局部失稳破坏），这种情况属于不充分的内力重分布。

三、塑性极限分析方法

结构进入弹塑性阶段后，部分截面的刚度不断变化，属于材料非线性问题，内力分析相当复杂，需要用有限元方法计算。形成机构后的结构分析，称为**塑性极限分析**（plastic limit analysis），则比较简单。下面通过具体例题介绍塑性极限分析的两种方法：**机构法**（mechanism method）和**极限平衡法**（limit equilibrium method），前者属于上限解、后者属于下限解。如果上限解与下限解相同，则此解是真实解。两者针对的都是充分的内力重分布。

【例2-1】 用塑性极限分析方法分析图2.1.8a所示受均布荷载的两跨连续梁，假定截面的正弯矩承载力 M_u 与负弯矩承载力 M'_u 相同。

【解】

(1) 机构法

采用机构法计算时，首先假定各种**破坏机构**（collapse mechanism）；然后列**虚功方程**（virtual work equation），得到极限荷载的上限解。

假定的破坏机构如图2.1.8b所示，由1个负塑性铰（标为1）和2个正塑性铰（标为2）组成，正塑性铰离边支座的距离用 x 表示。设正塑性铰处发生向下的虚位移 Δ，根据几何关系，塑性铰的虚转角：

$$\theta_1=2\Delta/(l-x)\,;\theta_2=[\Delta/(l-x)+\Delta/x]$$

内力虚功 $$U=M'_u\times\theta_1+2\times M_u\times\theta_2=2M_u\Delta[2/(l-x)+1/x]$$

外力虚功 $$W=2\times\frac{1}{2}\times l\times\Delta\times q=ql\Delta$$

由虚功方程 $U=W$，得到

$$q=\frac{2M_u}{l}\frac{l+x}{x(l-x)}$$

令 $dq/dx=0$，得到 $x=(\sqrt{2}-1)l$，$q_u=(2+\sqrt{2})^2M_u/l^2$。

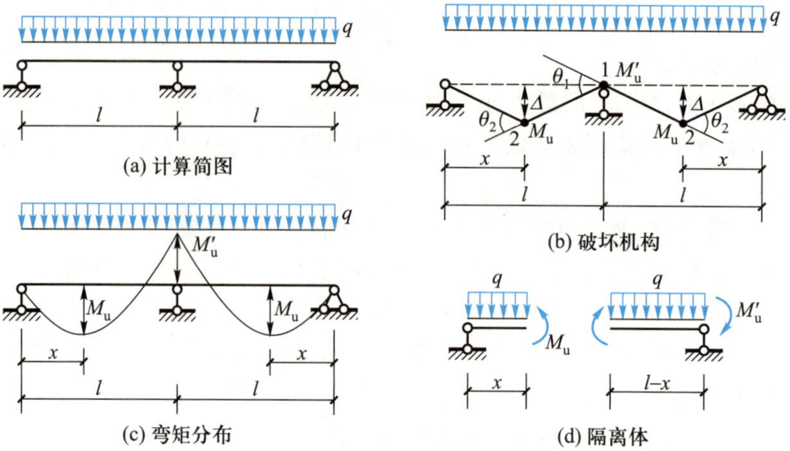

图 2.1.8 例 2-1 两跨连续梁的极限分析

(2) 极限平衡法

采用极限平衡法计算时,先假定截面能够承受的(即截面弯矩不超过极限弯矩)各种弯矩分布,然后对各隔离体列平衡方程,得到极限荷载的下限解。

假定的弯矩分布如图 2.1.8c 所示,最大正弯矩离边支座的距离用 x 表示。分别对图 2.1.8d 中两个隔离体列弯矩平衡方程,注意到最大正弯矩处剪力为零。有

$$\begin{cases} M_u = qx^2/2 \\ M_u + M'_u = q(l-x)^2/2 \end{cases}$$

求得 $q_u = (2+\sqrt{2})^2 M_u / l^2$,与上限解相同,因而是真实解。

四、连续梁按弯矩调幅法的内力计算

工程中按塑性方法设计,需要考虑以下三个因素:

(1) 塑性铰的转动能力;

(2) 除弯曲强度以外的其他承载能力;

(3) 正常使用条件。

前两个因素是结构达到充分内力重分布的前提。使用条件要求结构在正常使用极限状态的挠度不能过大,混凝土构件的裂缝宽度不能过宽,一般要求在正常使用极限状态不出现塑性铰。

考虑到塑性铰的转动能力和正常使用条件的要求,需要对内力重分布的程度加以控制。在结构的静力设计中一般采用**弯矩调幅法**(method of moment modulation),而不是塑性极限分析方法来计算连续梁内力。

所谓弯矩调幅法,就是对结构按弹性方法所算得的弯矩值进行适当的调整。通常是对那些弯矩绝对值较大的截面弯矩进行调整,然后按调整后的内力进行截面设计,是一种实用设计方法。

截面弯矩的调整幅度用弯矩调幅系数 β 来表示,即

$$\beta = \frac{M_e - M_a}{M_e} \tag{2.1.8}$$

式中，M_e——按弹性方法算得的弯矩值；

M_a——调幅后的弯矩值。

【例 2-2】　用弯矩调幅法计算图 2.1.7a 所示两端固支梁的支座和跨中弯矩。

【解】　首先按弹性方法计算支座弯矩 $M_{Ae}=-ql^2/12$，跨度中点的弯矩 $M_{1e}=ql^2/24$，如图 2.1.7d 所示。

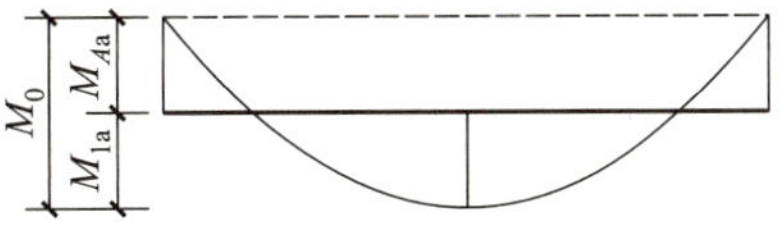

图 2.1.9　弯矩调幅中力的平衡

取支座弯矩调幅系数 $\beta=0.25$，由式(2.1.8)，调幅后的支座弯矩

$$M_{Aa}=(1-\beta)M_{Ae}=-ql^2/16$$

此时，跨度中点的弯矩值可根据静力平衡条件确定。设 M_0 为按简支梁确定的跨中弯矩，由图 2.1.9，$M_{1a}+M_{Aa}=M_0$，可求得

$$M_{1a}=ql^2/8-ql^2/16=ql^2/16$$

2.1.3　双向板的塑性分析理论

一、思路与基本假定

双向板的塑性分析理论有极限平衡法和**塑性铰线法**(yield line method)，其中塑性铰线法与连续梁极限分析的机构法类似，塑性铰出现在杆系结构中，而板式结构则形成塑性铰线，两者都是因截面屈服所致。

用塑性铰线法计算双向板的步骤分三步：首先假定板的各种破坏机构，即由一系列塑性铰线分割成的几何可变体系；然后让机构发生一虚位移，根据几何条件计算各塑性铰线的虚转角和各板块的竖向虚位移；最后利用虚功原理，建立外荷载与塑性铰线上弯矩之间的关系。

塑性铰线法采用以下基本假定：

(1) 沿塑性铰线单位长度(即单位板宽)上的弯矩为常数，等于相应板的极限弯矩；

(2) 由若干个板块和若干条塑性铰线组成的破坏机构中，板块为刚体、塑性铰线上没有剪切变形及扭转变形。

假定(2)意味着整块板仅考虑塑性铰线上的弯曲转动变形。

二、破坏机构的确定

确定板的破坏机构，实际上是要确定塑性铰线的位置。判别塑性铰线的位置可以依据以下四个原则进行：

(1) 对称结构具有对称的塑性铰线分布；

(2) 正弯矩部位出现正塑性铰线，负塑性铰线则出现在负弯矩区域；

(3) 塑性铰线的数量应使整块板成为一个几何可变体系；

(4) 塑性铰线应满足转动要求。

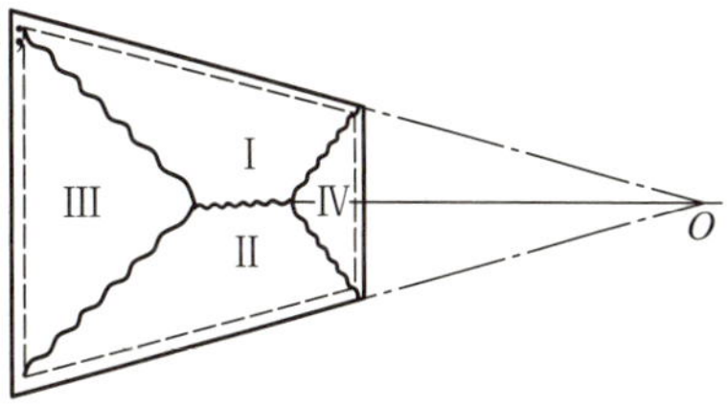

图 2.1.10　四边简支梯形板的破坏机构

每一条塑性铰线都是两相邻刚性板块的公共边界，应能随两相邻板块一起转动，因而塑性铰线必须通过相邻板块转动轴的交点。在图 2.1.10 中，板块Ⅰ、Ⅱ、Ⅲ、Ⅳ的转动轴分别为 4 个支承边，相邻板块的转动轴交点分别在四角，因而 4 条斜塑性铰线需通过这些点；水平塑性铰线是Ⅰ、Ⅱ

板块的公共边界，需要通过这两个板块转动轴的交点 O。

当破坏机构不止一个时需要研究各种破坏机构，求出最小的极限荷载；当不同的破坏机构可以用若干变量来描述时，可通过极限荷载对变量求导的方法得到最小极限荷载。

三、基本原理

根据虚功原理，外力所做虚功应该等于内力所做虚功。

设任一条塑性铰线的长度为 l、单位长度塑性铰线的极限弯矩为 m、塑性铰线的转角为 θ。由于除了塑性铰线上的塑性转动变形外，其余变形均略去不计，因而内力虚功 U 等于各条塑性铰线上的弯矩向量与转角向量点乘的总和，即

$$U=\sum(\boldsymbol{M}\cdot\boldsymbol{\theta})=\sum(l\boldsymbol{m}\cdot\boldsymbol{\theta}) \tag{2.1.9a}$$

式中，$\sum$ 是对各条塑性铰线求和。

向量可以用坐标分量表示，式(2.1.9a)用直角坐标可以表示为

$$U=\sum(M_x\theta_x+M_y\theta_y)=\sum(m_xl_x\theta_x+m_yl_y\theta_y) \tag{2.1.9b}$$

式中，m_x、m_y——x、y 方向单位长塑性铰线的极限弯矩；

l_x、l_y——塑性铰线 l 在 x、y 坐标轴的投影长度；

θ_x、θ_y——转角 θ 在 x、y 方向的分量。

外力虚功 W 等于微元 $dxdy$ 上的外力值与该处竖向虚位移乘积的面积分。设板内各点的竖向虚位移为 $w(x,y)$、各点的荷载集度为 $p(x,y)$，则外功为

$$W=\iint w(x,y)p(x,y)\mathrm{d}x\mathrm{d}y \tag{2.1.10a}$$

对于均布面荷载，各点的荷载集度相同，$p(x,y)=p$ 可以提到积分号的外面，而 $\iint w(x,y)\mathrm{d}x\mathrm{d}y$ 是板发生虚位移后形成的锥体体积，用 V 表示，可利用几何关系求得。于是上式可写成

$$W=pV \tag{2.1.10b}$$

虚功方程可表示为

$$\sum(l\boldsymbol{m}\cdot\boldsymbol{\theta})=pV \tag{2.1.11}$$

从上式可以得到极限荷载与截面弯矩的关系。

【例 2-3】 图 2.1.11 所示直角三角形板，两直角边简支、斜边自由，单位长度塑性铰线所能承受的弯矩为 m，用塑性铰线法计算极限均布面荷载 p_u。

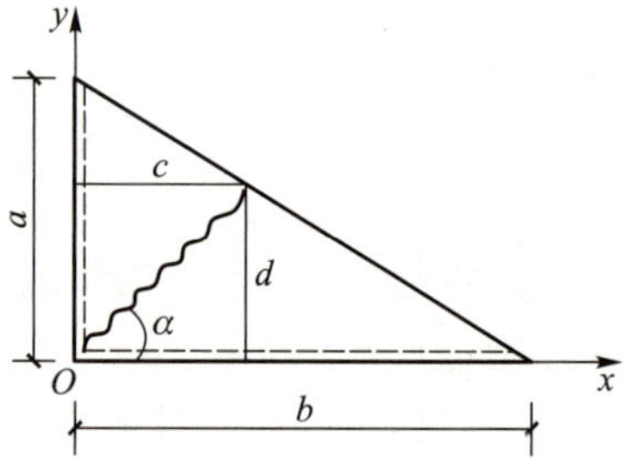

图 2.1.11　例 2-3 直角三角形板

【解】 假定板的塑性铰线如图所示。该板有多种破坏机构，但不同的破坏机构可以用一个变量 α 来表示。

令塑性铰线与自由边的交点处产生单位向下的虚位移，则塑性铰线在 x、y 轴的转角分量，以及塑性铰线在 x、y 轴的投影长度分别为

$$\theta_x=1/d、\theta_y=1/c;l_x=c、l_y=d$$

由式(2.1.9b)，内力虚功：

$$U=mc\times1/d+md\times1/c=m(c/d+d/c)$$

由式(2.1.10b)，外力虚功：

$$W=p\left(\frac{1}{3}\times\frac{1}{2}\times bd\times1+\frac{1}{3}\times\frac{1}{2}\times ac\times1\right)=\frac{p(bd+ac)}{6}$$

由式(2.1.11)虚功方程,可得到

$$p=\frac{6m(c/d+d/c)}{bd+ac}$$

注意到 $bd+ac=ab$、$d/c=\tan\alpha$,上式可以改写成

$$p=\frac{6m}{ab}(\tan\alpha+1/\tan\alpha)$$

令 $\mathrm{d}p/\mathrm{d}\alpha=0$,求得 $\alpha=\pi/4$,得到最小的极限荷载

$$p_{\mathrm{u}}=\frac{12m}{ab}$$

读者可以自行证明,即使不是直角,极限荷载最小的塑性铰线也是平分角度。

四、四边支承矩形双向板的基本公式

四边支承矩形板是最常见的板,现来分析受均布面荷载四边固支矩形板的极限承载力。

根据上述塑性铰线位置的判别方法,假定板的破坏机构如图 2.1.12a 所示。共有 5 条正塑性铰线(4 条相同的斜向塑性铰线均用①表示,水平塑性铰线用②表示)和 4 条负塑性铰线(分别用③、④、⑤、⑥表示)。这些塑性铰线将板划分为 4 个板块。为了简化,近似取斜向塑性铰线与板边的夹角为 45°。

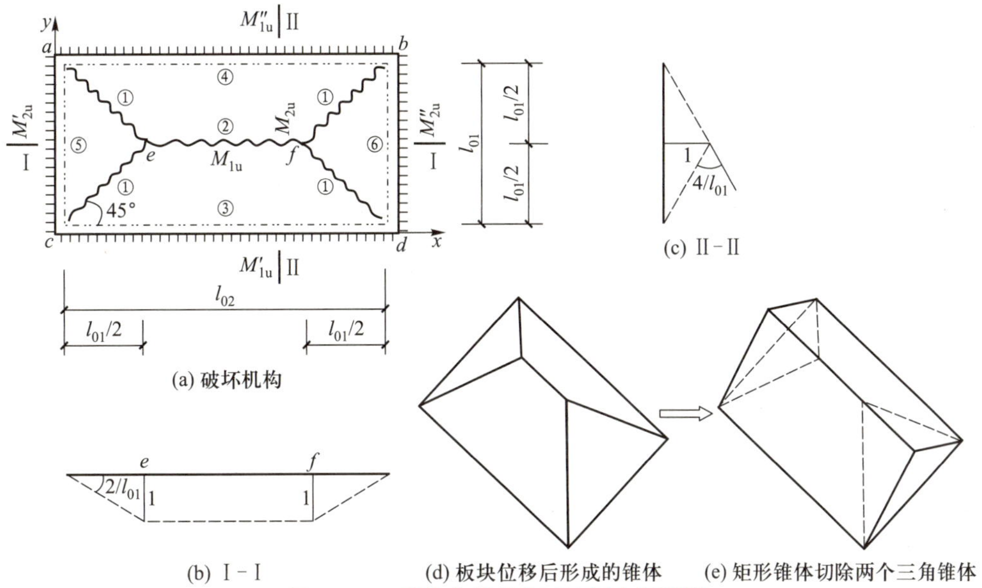

图 2.1.12 受均布荷载的四边固支矩形板

短跨(l_{01})方向单位长塑性铰线的正弯矩承载力用 m_1 表示,两支座单位长塑性铰线的负弯矩承载力分别用 m_1' 和 m_1'' 表示;长跨(l_{02})方向单位长塑性铰线的正弯矩承载力用 m_2 表示,两支座单位长塑性铰线的负弯矩承载力分别用 m_2' 和 m_2'' 表示。

设点 e、f 发生单位竖向虚位移,则各条塑性铰线的转角分量及塑性铰线在 x、y 方向的投影长度分别为

塑性铰线 1(图 2.1.12b,共 4 条):$\theta_{1x}=\theta_{1y}=2/l_{01}$;$l_{1x}=l_{1y}=l_{01}/2$

塑性铰线 2(图 2.1.12c):$\theta_{2x}=4/l_{01}$、$\theta_{2y}=0$;$l_{2x}=l_{02}-l_{01}$、$l_{2y}=0$

塑性铰线 3、4:$\theta_{3x}=\theta_{4x}=2/l_{01}$、$\theta_{3y}=\theta_{4y}=0$;$l_{3x}=l_{4x}=l_{02}$、$l_{3y}=l_{4y}=0$

塑性铰线 5、6:$\theta_{5x}=\theta_{6x}=0$;$\theta_{5y}=\theta_{6y}=2/l_{01}$;$l_{5x}=l_{6x}=0$、$l_{5y}=l_{6y}=l_{01}$

由式(2.1.9b),内力虚功

$$U=4(m_1l_{1x}\theta_{1x}+m_2l_{1y}\theta_{1y})+m_1l_{2x}\theta_{2x}+m'_1l_{3x}\theta_{3x}+m''_1l_{4x}\theta_{4x}+m'_2l_{5y}\theta_{5y}+m''_2l_{6y}\theta_{6y}$$

$$=\frac{1}{l_{01}}[4(l_{02}m_1+l_{01}m_2)+2(l_{02}m'_1+l_{02}m''_1)+2(l_{01}m'_2+l_{01}m''_2)]$$

令

$$M_{1u}=l_{02}m_1、M'_{1u}=l_{02}m'_1、M''_{1u}=l_{02}m''_1、M_{2u}=l_{01}m_2、M'_{2u}=l_{01}m'_2、M''_{2u}=l_{01}m''_2$$

于是,内力虚功可以表示为

$$U=\frac{2}{l_{01}}[2M_{1u}+2M_{2u}+M'_{1u}+M''_{1u}+M'_{2u}+M''_{2u}]$$

板块发生虚位移后形成的锥体如图 2.1.12d 所示,其体积为矩形锥体体积(图 2.1.12e 中的实线)减去两个三角锥体体积(图 2.1.12e 中的虚线)。由式(2.1.10b),外力虚功

$$W=p_u\left[\frac{1}{2}\times l_{01}\times l_{02}\times 1-2\times\frac{1}{3}\times\frac{1}{2}\times l_{01}\times\frac{l_{01}}{2}\right]=\frac{p_ul_{01}}{6}(3l_{02}-l_{01})$$

最后由虚功方程,得到

$$2M_{1u}+2M_{2u}+M'_{1u}+M''_{1u}+M'_{2u}+M''_{2u}=\frac{p_ul_{01}^2}{12}(3l_{02}-l_{01}) \tag{2.1.12}$$

式(2.1.12)表示了双向板内总的截面受弯承载力与极限均布荷载 p_u 之间的关系。当四边简支时,只需在上式中取负弯矩承载力等于 0。

2.2 梁板结构种类及布置

2.2.1 梁板结构种类

2.2 梁板结构种类及布置

梁板结构是房屋中最普通的水平结构体系,按结构材料可以分为混凝土梁板结构、钢梁板结构、木梁板结构和钢-混凝土组合梁板结构、钢-木组合梁板结构等。其中混凝土梁板结构是多层房屋楼盖(屋盖)中最常用的结构类型;工业厂房的操作平台、立体车库等常采用钢梁板结构类型(图 2.2.1);在多层钢结构房屋中,楼盖常采用钢-混凝土组合梁板结构类型。而木梁板结构(图 2.2.2)是传统建筑中几乎唯一的楼盖类型。此外,**楼梯**(stairs)、**阳台**(balcony)、**雨篷**(canopy)等也属于梁板结构。

常用的**组合梁板结构**(composite beam-slab structures)有钢梁-混凝土面板(图 2.2.3a)、在**压型钢板**(profiled steel plate)上浇筑混凝土形成的组合楼板(图 2.2.3b)和型钢混凝土梁-混凝土面板等三种形式(图 2.2.3c),本章仅介绍前两种,型钢混凝土梁的设计将在第 4 章中介绍。

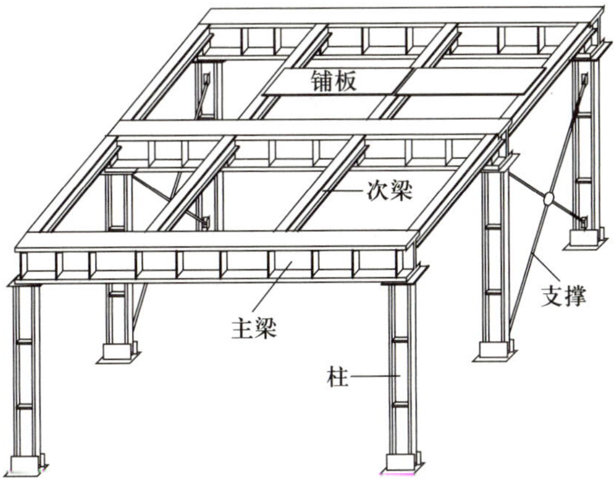

图 2.2.1 钢工作平台

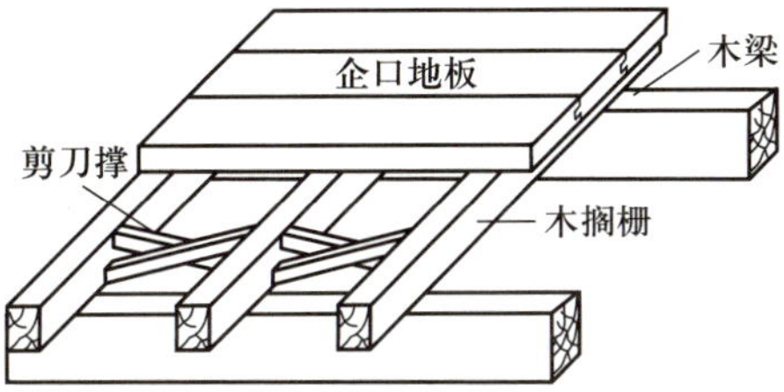

图 2.2.2 木楼盖

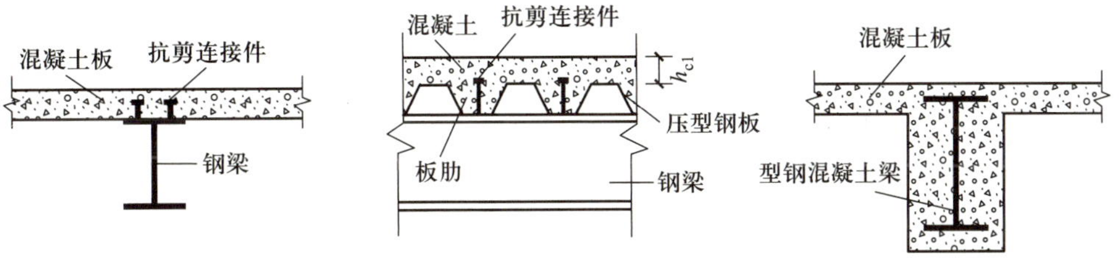

(a) 钢梁-混凝土面板 (b) 钢梁-压型钢板组合板 (c) 型钢混凝土梁-混凝土面板

图 2.2.3 常用的组合梁板结构形式

在钢梁-混凝土面板结构中，混凝土面板构成钢梁的翼缘，因而此时的梁属组合构件。组合楼板中的压型钢板在使用阶段可以代替混凝土板的下部钢筋，在施工阶段可以用作混凝土板的模板，从而可加快施工进度。在组合结构中，保证钢与混凝土的共同工作是设计的关键。为此，常常需要设置专门的**抗剪连接件**(shear connector)。

混凝土楼盖按施工方法可分为现浇楼盖、装配式楼盖和装配整体式楼盖。现浇楼盖中的板、梁均现场浇筑，刚度大、整体性好，抗冲击及防水性能优，开洞容易、对不规则平面的适应性强。缺点是需大量模板，现场作业量大，工期较长。

装配式楼盖中的板是预制的，常用的有预应力空心板，主要用于多层砌体房屋，特别是多层住宅。在抗震设防区，对使用装配式混凝土楼盖有限制。装配整体式楼盖是在预制板板面做现浇层，以改进其整体性。

混凝土楼盖按结构形式可分为**单向板肋梁楼盖**(one-way slab ribbed beam floor)、**双向板肋梁楼盖**(two-way slab ribbed beam floor)、**井字楼盖**(cross beam floor)、**无梁楼盖**(flat slab floor)(又称板柱结构)和**密肋楼盖**(waffle floor)，见图 2.2.4。

当板的受力主要是单方向的(图 2.2.4a)，相应的肋梁楼盖称为单向板肋梁楼盖。双向板楼盖中的板在两个方向受力，性能优于单向板肋梁楼盖。当双向板楼盖两个方向支承梁下均设置柱等竖向构件时，习惯称为双向板肋梁楼盖(图 2.2.4b)；当双向板楼盖无内柱，梁格呈井字形布置时称井字楼盖(图 2.2.4c)。无梁楼盖(图 2.2.4d)顾名思义不设梁，将板直接支承在柱上，其优点是可以增加建筑的净空高度，但混凝土用量一般比肋梁楼盖大。密肋楼盖(图 2.2.4e)是以间距很密的小梁和面板代替平板，其技术经济指标一般优于无梁楼盖。

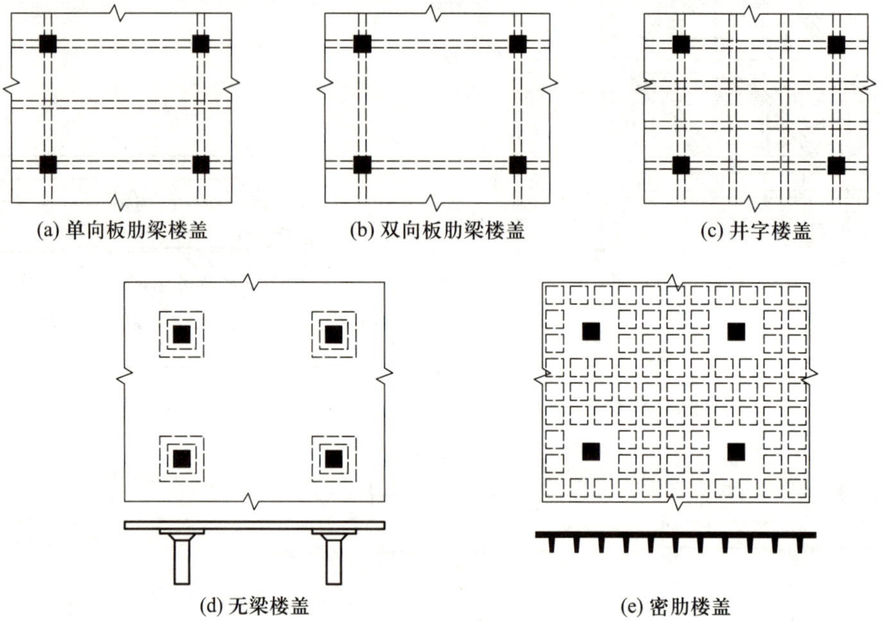

图 2.2.4 混凝土楼盖类型

下面将按照结构设计的一般过程：方案设计、结构分析、构件设计，重点介绍整体式混凝土单向板肋梁楼盖、混凝土双向板楼盖、钢楼盖和钢-混凝土组合楼盖的设计方法。

2.2.2 混凝土楼盖结构布置

结构布置首先要满足建筑物的使用功能要求，其次要考虑受力的合理性、施工的便利性和房屋的经济性。其中受力的合理性要求荷载的传递路线简捷、明了，受力均匀。

一、单向板肋梁楼盖布置方案

单向板肋梁楼盖由板、次梁和主梁组成，其中**主梁**(main beam or girder)是支承在墙、柱等竖向构件上的梁，**次梁**(secondary beam)是支承在主梁上的梁。在框架结构中，主梁同时又是框架梁，其位置由竖向结构布置确定(详见第 4.1 节)，因而楼盖布置的重点是次梁的布置。

次梁的间距决定板的跨度；主梁的间距决定次梁的跨度；柱或墙的间距决定主梁的跨度。工程实践表明，单向板、次梁、主梁的经济跨度分别为：单向板 1.7~2.5 m，荷载较大时取较小值，一般不宜超过 3 m；次梁 4~6 m；主梁 5~8 m。

次梁的布置方案有两种：沿横向布置和沿纵向布置，如图 2.2.5 所示。由于四边支承板当长跨与短跨的比值达到 3 时，板的受力才接近单向板，所以当柱网(纵、横柱轴线形成的网格)为正方形时，一跨主梁内需布置两根次梁。

次梁的布置除了考虑板的跨度外，当楼面有较大的局部荷载(如固定设备、非轻质隔墙)或楼板开有较大尺寸的洞口(大于 800 mm)时，在局部荷载下和洞口边也应布置次梁。

二、双向板楼盖布置方案

当结构的柱网尺寸不是很大而又接近正方形时，可不设次梁，将板四边直接支承在主梁上，

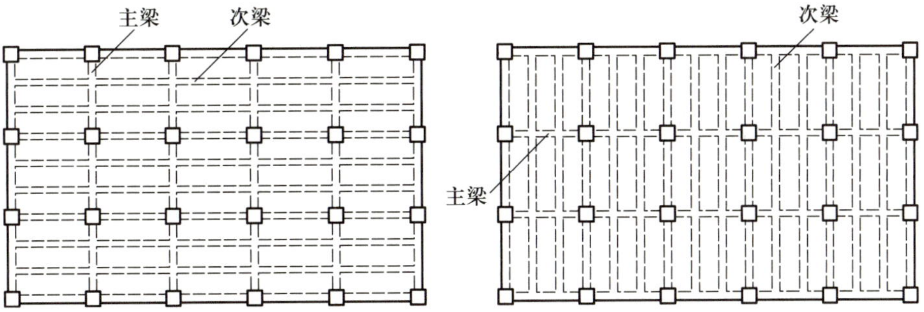

(a) 次梁沿纵向布置 (b) 次梁沿横向布置

图 2.2.5 单向板肋梁楼盖布置

如图 2.2.6a 所示;如果柱网呈长方形,可在长跨方向布置一道次梁,板三边支承在主梁上、另一边支承在次梁上,如图 2.2.6b 所示;如果接近正方形的柱网尺寸比较大,可在两个方向布置支承梁,如图 2.2.6c 所示。有时为了获得大的内部空间,在柱网内两个方向布置多道支承梁,如图 2.2.6d所示,梁的跨度可达 30 m。后两种情况两个方向的支承梁具有相同的截面尺寸,不分主次,属于**交叉梁系**(grillage-beams),相应的楼盖称井字楼盖。

实际工程中还有单向板和双向板混合布置的。

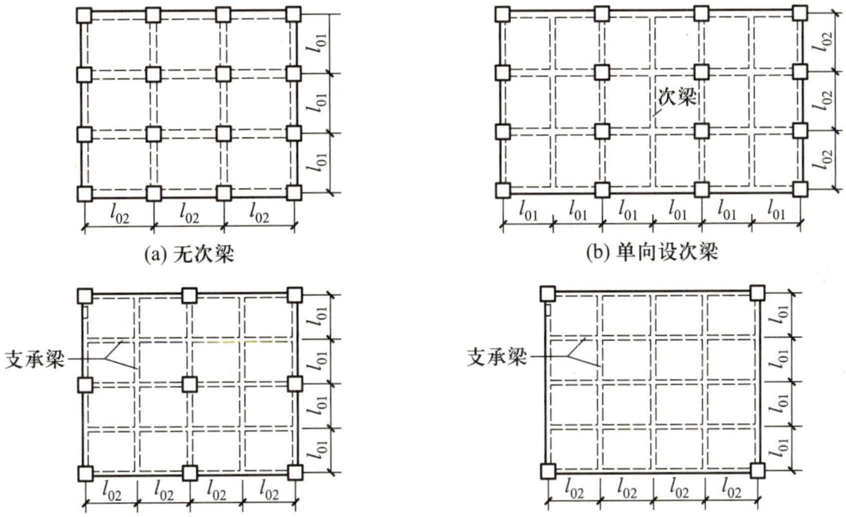

(a) 无次梁 (b) 单向设次梁

(c) 双向设支承梁 (d) 双向设多道支承梁

图 2.2.6 混凝土双向板楼盖布置

三、截面尺寸估算

楼板厚度可按下列条件估算:对于单向板不宜小于跨度的 1/30;双向板不应小于 1/40;悬臂板不宜小于 1/12。此外,还应符合附表 B.4 的要求。因为板的混凝土用量占整个楼盖的 50%以上,因此在满足挠度控制要求的前提下,板厚应尽可能薄些。

次梁的梁高可取跨度的 1/18~1/12,主梁梁高可取跨度的 1/15~1/10,当主梁为框架梁时尚需满足框架梁的高跨比要求(要求见 4.1.3 小节);梁宽可取梁高的 1/3~1/2。交叉梁系的梁高可取跨度的 1/18~1/16,梁宽取梁高的 1/4~1/3。

2.2.3 钢楼盖结构布置

钢楼盖由铺板、次梁和主梁组成。梁采用轧制型钢或由钢板焊制;常用的平台铺板有轻型钢板和预制混凝土板,其中轻型钢板有花纹钢板、防滑带肋平钢板和冲泡钢板等形式,见图 2.2.7。

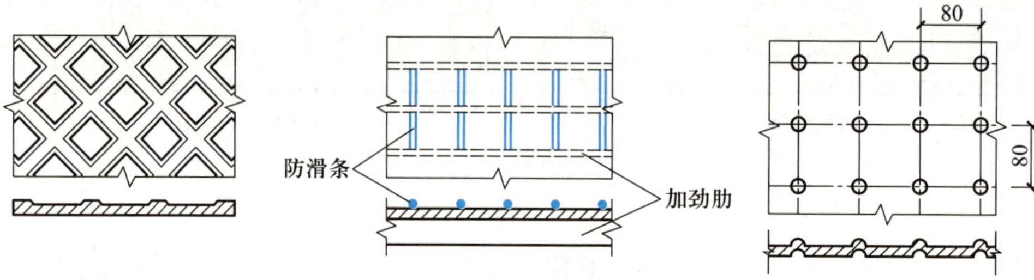

(a) 花纹钢板　(b) 防滑带肋平钢板　(c) 冲泡钢板

图 2.2.7　常用的钢铺板

一、布置方案

常见钢楼盖的平面布置方案有以下三种:

(1) 单向式,仅在一个方向布置主梁,不设次梁,如图 2.2.8a 所示。这种布置方案荷载传递直接,构件连接种类少,适用于柱距比较小的情况。

(2) 双向式,柱距较大的方向布置主梁、较小的方向布置次梁,如图 2.2.8b 所示。由于可通过调整次梁间距来控制铺板的经济跨度,适用于柱距较大的情况,是较为常用的布置方案。

(3) 复式,在次梁之间再增设与次梁方向垂直的小梁,可以在不减小次梁间距的情况下,控制铺板的跨度,如图 2.2.8c 所示。这种布置方案在两个方向柱距均较大的情况下,可能比双向式具有更小的用钢量,但荷载传递路线较长,构件的连接种类也较多。

轻型钢板和预制混凝土板两边支承在梁上(另两边不与梁连接),为单向板;为了连接的方便,通常做成单体,两端与梁牢固相连,以提高梁的整体稳定性和增加楼面的整体刚度。轻型钢板与梁的连接一般采用焊接,荷载较大时宜采用连续焊缝;其他情况可采用间断焊缝。

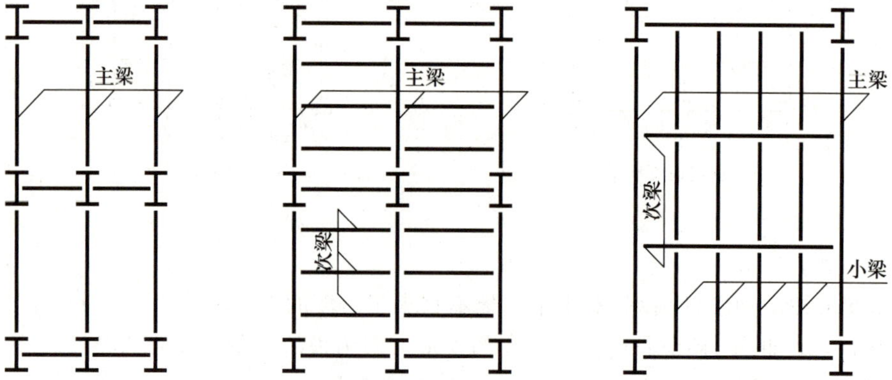

(a) 单向式　(b) 双向式　(c) 复式

图 2.2.8　钢楼盖布置

次梁与主梁的连接按相对位置的不同,分为次梁搁置在主梁顶面的叠接和次梁与主梁上翼缘平齐的平接。其中叠接有分段叠接(图 2.2.9a)和连续叠接(图 2.2.9b)两种方式;平接有铰接(图 2.2.9c)和刚接(图 2.2.9d)两种方式。叠接方式施工方便、构造简单,但结构高度大,减小了建筑净空;平接方式可以增加建筑净空,平面刚度好,但安装稍困难。

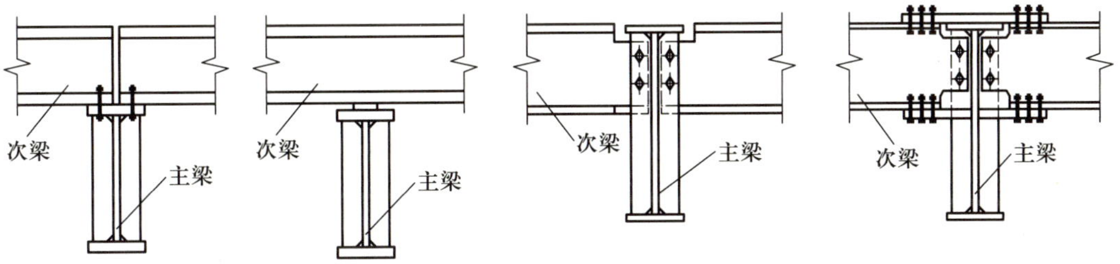

图 2.2.9 次梁与主梁的连接方案

主梁与柱的连接有刚接和铰接两种,采用哪种方案取决于整体结构对侧向刚度的要求。当主梁与柱铰接时,必须布置纵、横向柱间支撑或其他抗侧力构件,以承受水平荷载和保证结构的整体稳定。

二、构件选型与尺寸估算

铺板的选型要考虑荷载情况、使用要求、施工条件和经济性。荷载较大或对铺板的刚度要求较高时可采用预制混凝土板。轻型钢板的厚度不宜小于跨度(净跨)的 1/150~1/120;挠度不应大于 $l_0/150$(附表 A.9)。为了减小挠度,可在铺板下设置加劲肋,形成有肋铺板。加劲肋可采用板条或角钢,当为扁钢加劲肋时,其截面高度一般为跨度的 1/15~1/12,且不小于 60 mm,厚度不小于 5 mm;当为角钢加劲肋时,截面不小于 50 mm×4 mm 或 56 mm×36 mm×4 mm。

楼面梁宜选择轧制工字钢、槽钢、窄翼缘 H 型钢或焊接工字形截面钢。型钢梁的优点是加工简单,缺点是用钢量稍大。工字钢梁双轴对称,受力性能较好,使用最普遍;槽钢梁容易产生扭转,多用于边梁。

轧制型钢梁的截面选择可先按梁的跨度、荷载和支座约束条件估算截面最大弯矩;根据强度设计值求出所需的截面抵抗矩;最后查出型钢的型号。

焊接工字形截面钢梁尺寸的初步选择可按下列次序:选择截面高度→腹板厚度→翼缘尺寸→翼缘宽度和厚度。

首先根据梁的荷载和支座条件,由刚度条件确定梁的最小高度 h_{min};然后根据用钢量最小的条件按 $h_s=7\sqrt[3]{W_x}-30$(cm)确定梁的经济高度;最后按 $h_{min}\leqslant h\leqslant h_{max}$($h_{max}$为满足建筑净空要求的最大容许高度)、$h\approx h_s$选择高度。

腹板的厚度 t_w可用经验公式 $t_w=\sqrt{h_w}/11$(cm)进行估算,并不小于 6 mm。一个翼缘板的面积可按 $A_f=W_x/h_w-h_wt_w/6$ 确定。

翼缘宽度取 $b=(1/5\sim1/3)h$,翼缘厚度不小于 8 mm。

2.2.4 组合楼盖结构布置要点

一、布置方案

组合楼盖梁的布置可参照钢楼盖布置,次梁与主梁一般采用平接铰接。

压型钢板-组合板通常布置成连续的，有单向受力和双向受力两种布置方案。当平行板肋方向的钢梁间距较大、组合板的受力可以忽略时，为单向组合板；当垂直板肋方向的受力不能忽略时，为双向组合板。

二、构件选型与尺寸估算

由于钢梁与组合板之间有栓钉（抗剪连接件）连接，组合板参与钢梁的工作，组合板与钢梁组成组合梁。根据刚度要求，组合梁的高跨比可取 1/16~1/15，其中钢梁的高度不宜小于组合梁截面高度的 1/4。

简支组合板的高跨比不宜小于 1/25、连续组合板的高跨比不宜小于 1/35。组合板总厚度不应小于 90 mm，压型钢板顶面以上的混凝土厚度不应小于 50 mm。压型钢板厚度不应小于 0.75 mm，一般宜大于 1 mm，波槽平均宽度不应小于 50 mm。当采用在槽内设置栓钉时，压型钢板的总高度不应超过 80 mm。

2.3 梁板结构分析

进行结构分析首先要根据结构布置情况，选择合适的分析模型。

2.3.1 分析模型

一、混凝土单向板楼盖

2.3 梁板结构分析

对于图 2.3.1 所示由板、次梁、主梁以及柱等竖向构件组成的整体结构，在楼面竖向荷载作用下进行结构的整体分析是非常复杂的，也无必要。从满足工程精度出发，可以加以简化，将板、次梁和主梁分开计算。从实际结构中选取有代表性的一部分，作为计算、分析的对象，这一部分称为**计算单元**（calculation units）。计算单元应该基本反映该部分在整体结构中的受力特性。

1. 计算单元

对于单向板，1 m 宽度和整个板块的受力是一样的，故取 1 m 宽度的板带作为其计算单元，图 2.3.1 中用阴影线表示的部分。

次梁计算单元取相邻次梁中心距的一半，图 2.3.1 中⬚表示的部分。

主梁计算单元取相邻主梁中心距的一半，图 2.3.1 中⊠表示的部分。

2. 计算简图

计算单元是从整体结构中截取的一部分，确定其计算简图时，需要分析它的**边界条件**（boundary condition），用适当的支座来模拟。边界条件既可以从力的方面分析，也可以从变形方面分析。

图 2.3.2a 所示的板带有两类边界：板带（计算单元）与板带之间的边界以及板带与次梁之间的边界。因单向板忽略其长跨向内力，所以板带之间的边界可看作自由边。次梁对板带接触处的竖向线位移和转角位移有约束，如果忽略竖向位移（次梁挠度）和**转动约束**（rotational constraint），则板可以简化为连续梁计算简图，如图 2.3.2b 所示。

次梁计算单元之间的边界上有板短跨向的分布力矩作用，因系板的跨中最大弯矩处，无剪力，见图 2.3.2c。这些分布力矩对次梁轴线方向的内力无影响，因而可以视为自由边。次梁与主梁的边界和板与次梁的边界类似，在相同的假定下，次梁也可以简化为连续梁计算简图，如图 2. 3. 2d 所示。次梁的截面形式为 T 形。

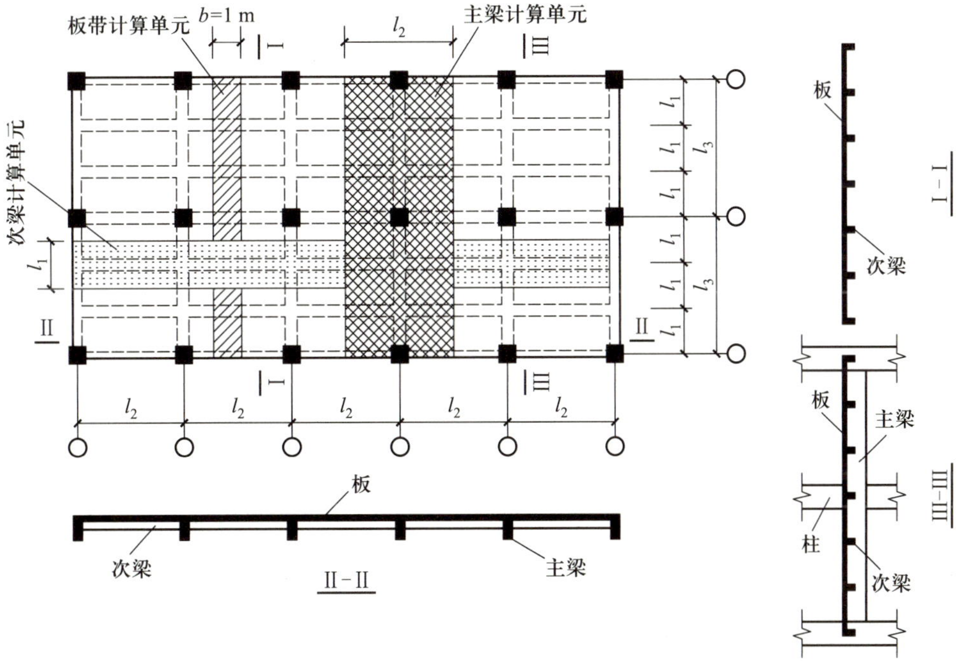

图 2.3.1 单向板肋梁楼盖计算单元

主梁计算单元之间的边界上有次梁的集中力矩作用，因系次梁跨中最大弯矩处，无剪力，见图 2.3.2e（为看得清楚，图中去除了板）。这些力矩对主梁轴线方向的内力无影响。竖向构件的轴向变形在内力分析中一般是不考虑的，所以主梁与柱的交界处无竖向位移，如果忽略柱对主梁的转动约束（当梁的线刚度与柱的线刚度之比较大时），则主梁可以简化为连续梁计算简图，如图 2.3.2f 所示。主梁截面也为 T 形。

如主梁尚需与竖向构件一起承担水平作用（如风载、地震作用等），则应按框架梁计算。

3. 荷载

楼盖上的永久荷载包括梁、板自重、建筑层重、隔墙重、固定设备重等；可变荷载包括人群、堆料和临时设备等，一般按均布荷载考虑。对于民用建筑可根据不同的使用功能，由附表 A.4 查得；对于工业建筑，一般由工艺设计提供。如果楼面作用有局部荷载，可根据需要按内力、变形及裂缝的等值条件换算为均布荷载。

将整体结构拆分后，需要确定每一部分结构受到的荷载，即要分析荷载传递路线（transfer path of loads）——荷载从直接作用的构件依次传递给支承构件的路径。结构的荷载传递路线是由各部分的相对位置和相对刚度决定的。竖向荷载沿竖直方向总是从上往下传递，最终传到基础；同一水平位置的构件之间则是从刚度较弱的构件向刚度较强的构件传递。

对于图 2.3.2b 中的单向板，线分布荷载 q_1 为板的面分布荷载 q 乘以计算单元宽度 1，$q_1 = q\times1$，图 2.3.1 中阴影线范围内的楼面荷载为该板带承受的荷载，该阴影线范围称为负荷范围（load range），负荷范围的面积称为从属面积。图 2.3.2d 次梁的计算简图中，由板传来的线分

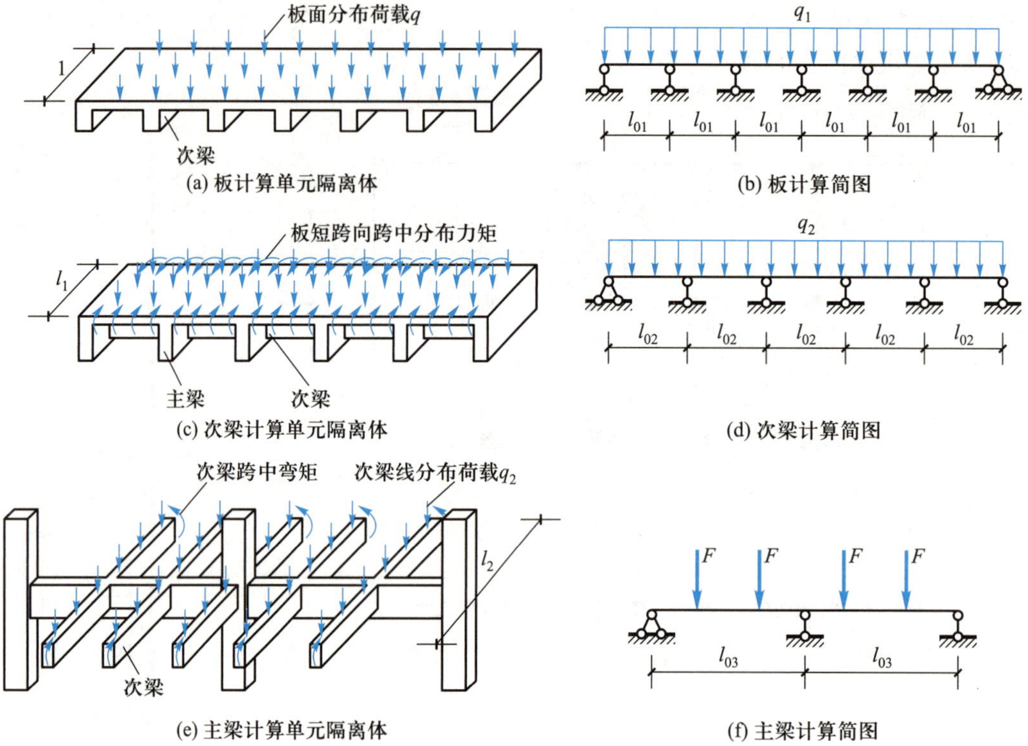

图 2.3.2 单向楼盖板、梁计算简图

布荷载 q_2为板的面分布荷载 q 乘以次梁的计算单元宽度 l_{01}，$q_2=q\times l_{01}$，图 2.3.1 中⬚表示的区域为次梁的负荷范围。图 2.3.1f 主梁的计算简图中，由次梁传来的集中荷载 F 为次梁的线分布荷载 q_2乘以主梁的计算单元宽度 l_{02}，$F=q_2\times l_{02}=q\times l_{01}\times l_{02}$，2.3.1 中▩表示的区域为主梁的负荷范围。

可见，对于单向板楼盖，楼面竖向荷载通过板传给次梁、由次梁传给主梁，最后由主梁传给柱、墙等竖向承重构件。

4. 计算跨度

连续梁某一跨的**计算跨度**(calculation spans)，从理论上讲应该取该跨两端支座处转动点之间的距离。当按弹性理论计算时，中间各跨取支承中心线之间的距离；边跨如果端部搁置在支承构件上，则对于梁，伸进边支座的长度在 $0.025l_{n1}$ 和 $a/2$ 两者中取小值，即边跨计算长度在 $(1.025l_{n1}+b/2)$ 与 $[l_{n1}+(a+b)/2]$ 两者中取小值(图 2.3.3a 所示)；对于板，边跨计算长度在 $(1.025l_{n1}+b/2)$ 与 $[l_{n1}+(h+b)/2]$ 两者中取小值。梁、板在边支座与支承构件整浇时，边跨也取支承中心线之间的距离。

采用塑性理论计算时，当内支座与被支承构件整体连接时，由于塑性铰出现在支承边，如图 2.3.3b 所示，中间各跨计算长度取支承边到支承边的**净跨**(clear span) l_n；当内支座被支承构件搁置在支承构件上时，由于塑性铰出现在支承中心处，如图 2.3.3c 所示，中间各跨计算长度取支承中心线之间的距离。边跨端部搁置在支承构件上时取值方法同弹性理论。

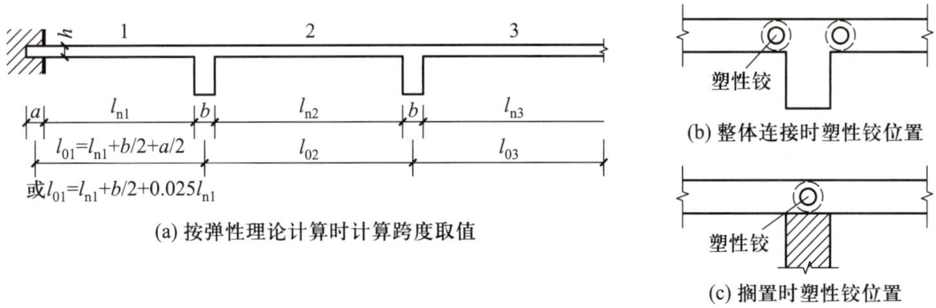

图 2.3.3 连续梁计算跨度

二、混凝土双向板楼盖

1. 双向板

对于等跨连续双向板，计算单元可取一个区格（由纵、横支承梁组成的网格）。

单区格板有两类边界：板与支承梁的边界和板与板的边界。处理板与支承梁的边界时忽略支承梁挠度对板内力的影响，即假定支承处无竖向位移；忽略支承梁对板的转动约束。于是支承梁可简化为板的铰支座，见图 2.3.4b。

内支承处涉及板与板的边界问题。图 2.3.4a 所示棋盘式的可变荷载布置，可以分解为荷载对称布置（图 2.3.4c）和荷载反对称布置（图 2.3.4d）。荷载对称布置下，内支承处板的负弯矩接近固支下的弯矩，近似简化为固支，各区格板的计算简图见图 2.3.4e；在荷载反对称布置下，内支承处板负弯矩接近为 0，近似简化为铰支，各区格板的计算简图为四边简支板。

2. 支承梁

对于有内柱的双向板支承梁，两个方向的计算单元分别取板塑性铰线围成的区域，如图 2. 3. 5a所示。塑性铰线上认为无剪力，仅有分布力矩。此分布力矩对支承梁轴线方向的内力无影响，所以计算单元之间的边界可视作自由边。如果忽略柱对梁的转动约束，则柱可以简化为支承梁的铰支座。于是两个方向的支承梁可以简化为图 2.3.5b、c 所示的连续梁计算简图。假定斜向塑性铰线的倾角为 45°，则由板传来的短跨向支承梁三角形分布荷载和长跨向梯形分布荷载的最大值 p 为板的面分布荷载 q 乘以短跨方向支承梁的计算跨度，$p=q\times l_{01}$。计算单元区域为支承梁的负荷范围。

对于图 2.2.6c 所示井式楼盖，支承梁的负荷范围与图 2.3.5 类似。如果忽略框架梁与支承梁相交处的竖向位移和对支承梁的转动约束，计算简图为 2.3.6 所示的交叉梁系。

三、钢楼盖

钢楼盖铺板、次梁和主梁计算单元的选取，荷载的传递与混凝土单向板楼盖相同。

钢铺板单跨、单向与梁连接，计算简图为多跨简支梁。

次梁与主梁分段叠接或铰接平接时，简化为多跨简支梁；次梁与主梁连续叠接或刚接平接时，简化为连续梁。

主梁与柱铰接或分段支承于柱顶时，简化为多跨简支梁；主梁与柱刚接或连续支承于柱顶时，简化为连续梁。

四、组合楼盖

对于钢梁-混凝土面板组合楼盖（参见图 2.2.3a），混凝土板的计算简图同混凝土楼盖，分单

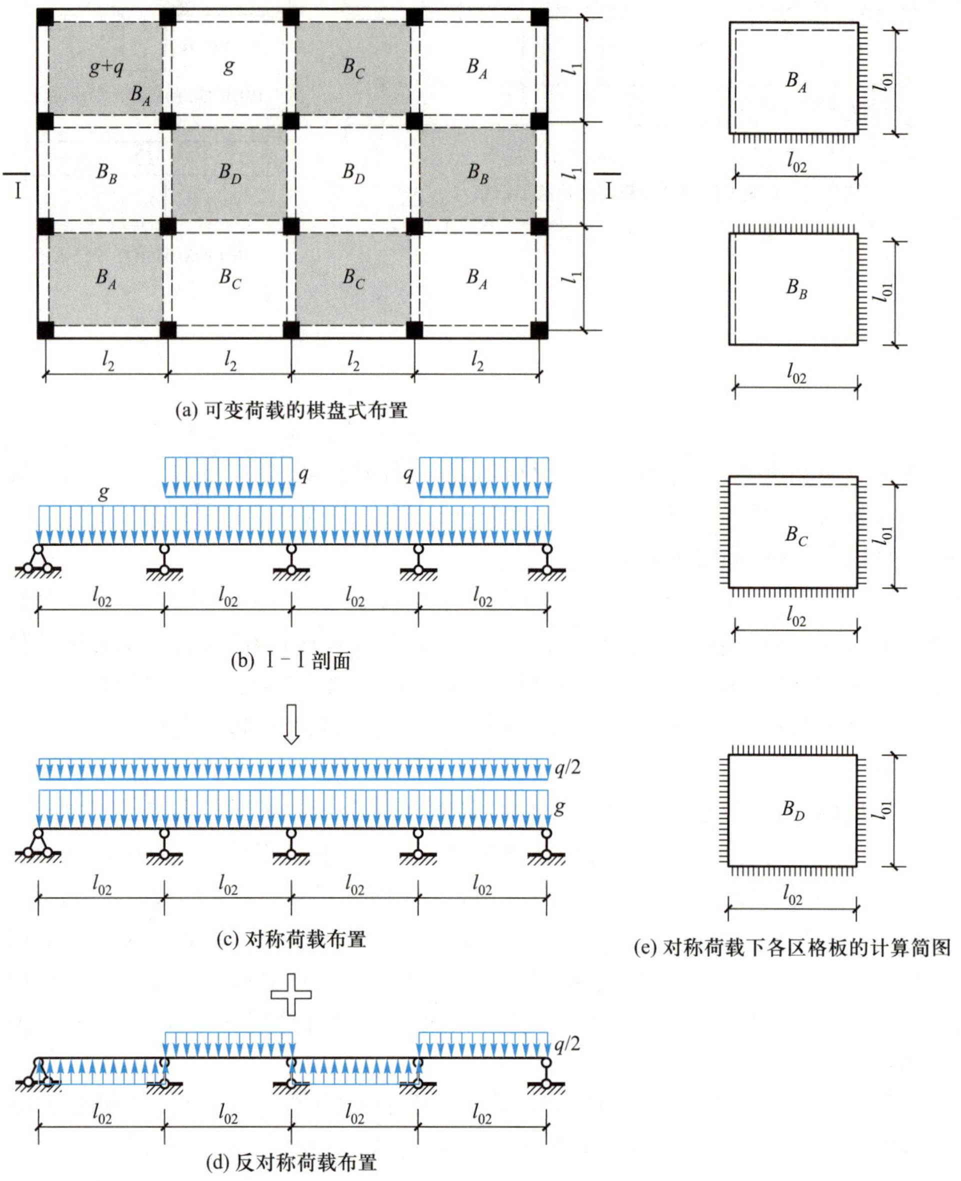

(a) 可变荷载的棋盘式布置

(b) Ⅰ-Ⅰ剖面

(c) 对称荷载布置

(d) 反对称荷载布置

(e) 对称荷载下各区格板的计算简图

图 2.3.4 双向板计算简图

向板和双向板。组合梁跨中截面混凝土板受压，支座截面混凝土板受拉。受拉混凝土退出工作后，截面刚度有很大的下降，沿构件轴线方向呈现明显的变刚度，计算简图为变刚度连续梁。

对于压型钢板-混凝土组合板楼盖（参见图 2.2.3b），单向组合板的计算单元可以取 1 m 宽。如果忽略支承梁挠度和对组合板的转动约束，单向组合板可以简化为连续梁。

双向组合板的计算单元取一个区格。组合板顺肋方向（强边方向）和垂直板肋方向（弱边方向）的刚度存在明显差异，计算简图为四边支承正交各向异性板。

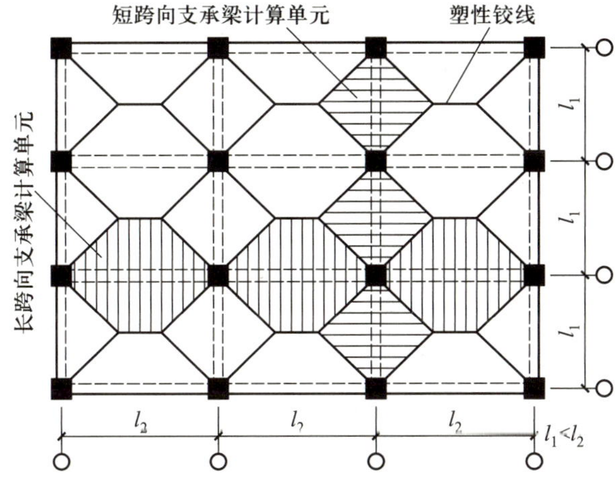

(a) 支承梁计算单元

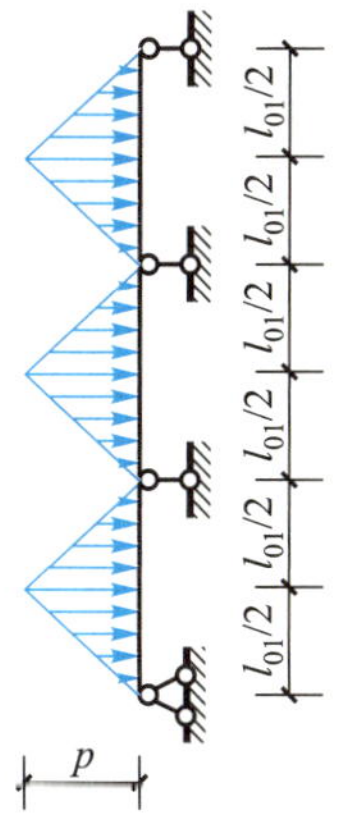

(c) 短跨向支承梁计算简图

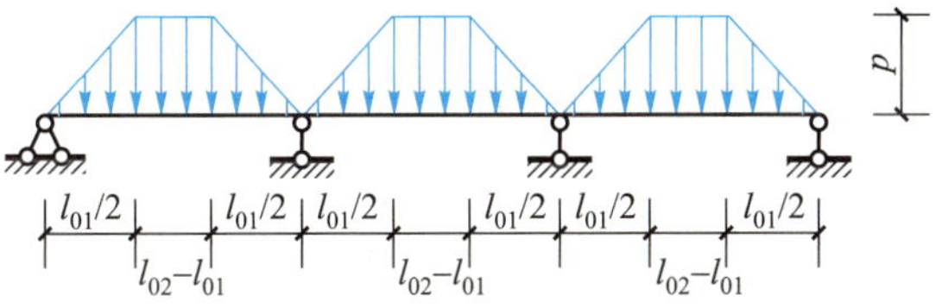

(b) 长跨向支承梁计算简图

图 2.3.5 双向板支承梁计算单元和计算简图

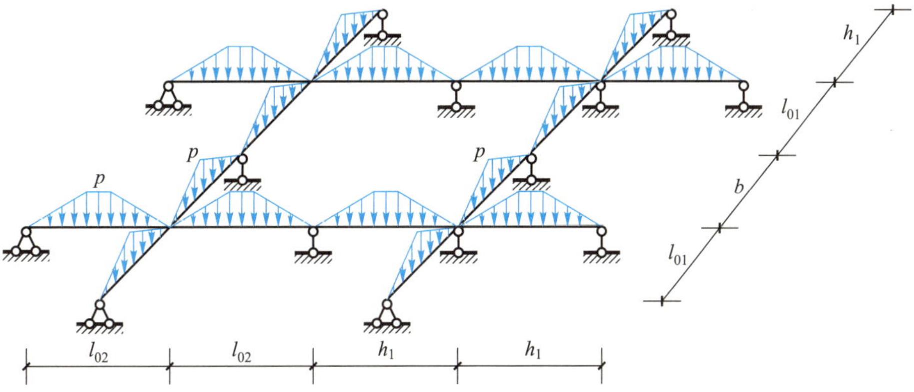

图 2.3.6 十字交叉梁计算简图

2.3.2 连续梁、板内力的弹性分析方法

一、楼面均布可变荷载的最不利布置

楼面均布可变荷载属于自由荷载，在楼面的分布不固定。为了得到控制截面的最大内力，需要研究可**变荷载的最不利布置**(the most unfavorable arrangement of live load)。连续梁每跨有三个控制截面：跨中截面和两端支座截面。

图 2.3.7 是五跨连续梁第一跨跨内正弯矩的**影响线**(influence line)。从中可以看出，一、三、

五跨的可变荷载，在第一跨跨内产生正弯矩，而二、四跨的可变荷载在第一跨跨内产生负弯矩，即起减小跨内正弯矩的作用。由此可知，为求第一跨跨内的最大正弯矩，可变荷载应布置在一、三、五跨。

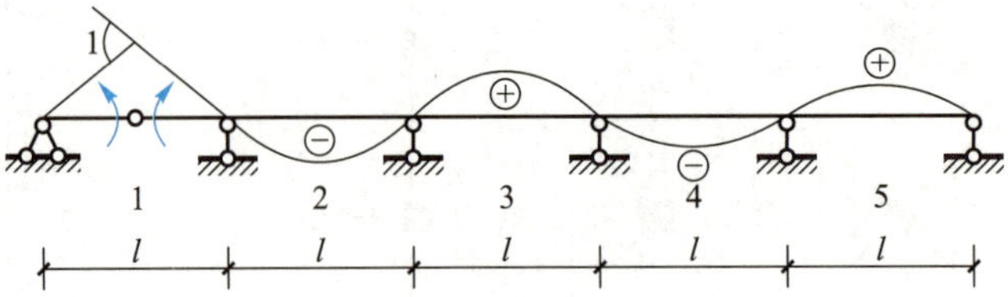

图 2.3.7 M_1 的影响线

通过研究不同截面内力的影响线，不难发现可变荷载最不利布置的规律：

(1) 求某跨跨内最大正弯矩时，应在本跨布置可变荷载，然后隔跨布置；

(2) 求某跨跨内最小正弯矩（或最大负弯矩）时，本跨不布置可变荷载，而在其左右邻跨布置，然后隔跨布置；

(3) 求某支座最大负弯矩时，应在该支座左右两跨布置可变荷载，然后隔跨布置；

(4) 求某支座左、右最大剪力时，布置方式与求该支座最大负弯矩时的布置相同。

可变荷载的最不利布置确定后，便可采用结构力学的位移法或力法求出相应的内力，对于各跨荷载相同的等跨、等刚度连续梁可以直接查附录 B.1。当跨数超过五跨，由于中间各跨的内力与第三跨非常接近，可以取五跨计算，所有中间跨的内力按第三跨取。

【例 2-4】 图 2.3.8a 所示等跨等截面三跨连续梁，计算跨度 $l_0=6$ m，1、2 跨承受三角形分布荷载最大值 $p=18$ kN/m。试用位移法计算 B、C 截面支座弯矩和 1、2 跨跨内最大正弯矩。

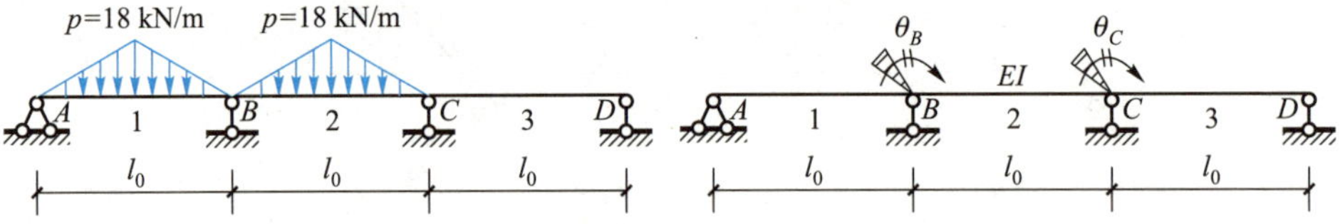

(a) 计算简图　　(b) 基本结构

图 2.3.8 例 2-4 三跨连续梁

【解】

(1) 位移法的矩阵表达

用位移法求解连续梁内力时，取内支座节点 B、C 的转角 θ_B、θ_C（编号 1、2）为未知量（以顺时针为正），基本结构如图 2.3.8b 所示。由结构力学可知，位移法基本方程：

$$\left.\begin{array}{l} r_{11}\theta_B+r_{12}\theta_C+R_{1P}=0 \\ r_{21}\theta_B+r_{22}\theta_C+R_{2P}=0 \end{array}\right\} \tag{2.3.1a}$$

式中，r_{11}、r_{22}分别为节点 B、节点 C 发生单位转角时，该节点附加刚臂上产生的反力矩，与节点位移方向一致为正，$r_{11}=r_{22}=3i+4i=7i$，$i=EI/l_0$为梁的线刚度；$r_{12}(r_{21})$为节点 $C(B)$ 发生单位转角时，节点 $B(C)$ 附加刚臂上产生的反力矩，$r_{12}=r_{21}=2i$；$R_{1P}(R_{2P})$为荷载作用下节点 $B(C)$ 附加刚臂上产生的反力矩，等于交汇于该节点的各杆件固端弯矩之和，与节点位移方向一致为正，和荷载分布有关。

令 $\overline{\theta}_B=i\theta_B/(pl_0^2)$、$\overline{\theta}_C=i\theta_C/(pl_0^2)$、$\overline{R}_{1P}=R_{1P}/(pl_0^2)$、$\overline{R}_{2P}=R_{2P}/(pl_0^2)$。

上式可表示为矩阵形式：

$$\overline{\boldsymbol{r}}\overline{\boldsymbol{z}}=-\overline{\boldsymbol{R}}_P \tag{2.3.1b}$$

式中，$\overline{z}$ 为位移向量，$\overline{z}=(\overline{\theta}_B,\overline{\theta}_C)^T$；$\overline{\boldsymbol{R}}_P$ 为荷载向量，$\overline{\boldsymbol{R}}_P=(\overline{R}_{1P},\overline{R}_{2P})^T$；$\overline{\boldsymbol{r}}$ 为反力系数矩阵，$\overline{r}=\begin{bmatrix}7 & 2\\2 & 7\end{bmatrix}$，取决于结构布置，与荷载分布无关。

采用消去变换可求得附加联系反力系数逆矩阵：$\overline{\boldsymbol{r}}^{-1}=\begin{bmatrix}7/45 & -2/45\\-2/45 & 7/45\end{bmatrix}$。

通过矩阵乘法运算，可得到节点位移 $\overline{z}=-\overline{\boldsymbol{r}}^{-1}\overline{\boldsymbol{R}}_P$。

(2) 支座截面弯矩

受三角形分布荷载两端固支梁的固端弯矩为 $5pl_0^2/96$，一端铰支、一端固支梁的固端弯矩为 $5pl_0^2/64$。$\overline{R}_{1P}=5/64-5/96=5/192$，$\overline{R}_{2P}=5/96$。位移向量：

$$\overline{z}=\begin{bmatrix}\overline{\theta}_B\\\overline{\theta}_C\end{bmatrix}=-\begin{bmatrix}7/45 & -2/45\\-2/45 & 7/45\end{bmatrix}\begin{bmatrix}5/192\\5/96\end{bmatrix}=\begin{bmatrix}-1/576\\-1/144\end{bmatrix}$$

支座弯矩（按工程习惯梁底受拉为正、梁顶受拉为负）：

$$M_B=-M_{BA}^g-3i\theta_B=(-5/64+3\times1/576)pl_0^2=-\frac{7}{96}\times18\ \text{kN/m}\times(6\ \text{m})^2=-47.25\ \text{kN}\cdot\text{m}$$

$$M_C=-M_{CD}^g+3i\theta_C=(0-3\times1/144)pl_0^2=-\frac{1}{48}\times18\ \text{kN/m}\times(6\ \text{m})^2=-13.5\ \text{kN}\cdot\text{m}$$

(3) 跨内最大正弯矩

对梁的一跨取隔离体，跨内最大正弯矩 M_c 可根据左、右端支座弯矩 M^l、M^r 和该跨三角形分布荷载最大值 p 求得：

$$\left.\begin{aligned}M_c&=M^l+\frac{2pl_0^2}{3}[0.25+(M^r-M^l)/pl_0^2]^{3/2},(M^l>M^r)\\M_c&=M^r+\frac{2pl_0^2}{3}[0.25+(M^l-M^r)/pl_0^2]^{3/2},(M^l<M^r)\end{aligned}\right\} \tag{2.3.1c}$$

第 1 跨 $M^l=0$、$M^r=-47.25$ kN·m、$p=18$ kN/m，代入上式第一行求得 $M_{1c}=32.19$ kN·m；第 2 跨 $M^l=-47.25$kN·m、$M^r=-13.5$ kN·m、$p=18$ kN/m，代入上式第二行求得 $M_{2c}=24.54$ kN·m。

当三等跨连续梁受均布荷载时，附加联系反力系数逆矩阵不变，荷载向量作相应变化。受均布荷载连续梁的跨内最大正弯矩按下式计算：

$$M_c=M^l+0.5pl_0^2[0.5+(M^r-M^l)/(pl_0^2)]^2 \tag{2.3.1d}$$

二、内力包络图

对于沿跨度方向等强度的构件，求出了控制截面最大内力后，便可进行截面设计。但如果各截面的承载能力不同（如混凝土构件中将一部分跨中钢筋弯起），就需要知道其他截面的内力变化情况，这就需要画出内力包络图（envelope diagram of internal force）。

内力包络图由内力叠合图形的外包线构成。现以承受均布线荷载的五跨连续梁为例介绍内力包络图的绘制方法。

对应于跨内最大正弯矩、跨内最小正弯矩(或负弯矩)和左、右支座截面的最大负弯矩的可变荷载布置情况,每跨有四个弯矩图形。当端支座是简支时,边跨只有三个弯矩图形。把这些弯矩图形全部叠画在一起,就是弯矩叠合图形。弯矩叠合图形的外包线所对应的弯矩值代表了各截面可能出现的弯矩上、下限,如图2.3.9a所示。由弯矩叠合图形外包线所构成的弯矩图称作弯矩包络图(图2.3.9a中用粗线表示)。

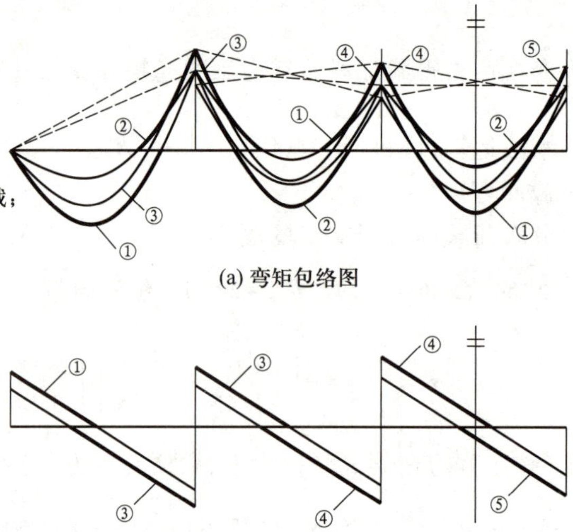

注：①—1、3、5跨布可变荷载；
②—2、4跨布可变荷载；
③—1、2、4跨布可变荷载；
④—2、3、5跨布可变荷载；
⑤—1、3、4跨布可变荷载。

(a) 弯矩包络图

(b) 剪力包络图

图2.3.9　连续梁内力包络图

同理可画出剪力包络图,如图2.3.9b所示。剪力叠合图形可只画两个:左支座最大剪力和右支座最大剪力。

2.3.3　连续梁、板内力分析的弯矩调幅法

一、设计原则

调幅法属于考虑塑性内力重分布分析方法中的实用方法。用调幅法计算混凝土连续梁、板内力必须符合下列设计原则:

(1) 钢筋应采用具有明显屈服台阶的热轧钢,混凝土强度等级≤C45;

(2) 截面的弯矩调幅系数β不宜超过0.25,不等跨连续梁、板不宜超过0.2;

(3) 调幅截面的相对受压区高度ξ应满足$0.10\leqslant\xi\leqslant0.35$;

(4) 结构在正常使用阶段不应出现塑性铰,且变形和裂缝宽度应符合《混凝土结构设计规范》(GB 50010—2010)的规定;

(5) 考虑弯矩调幅后,应将下列区段内箍筋的计算截面积增大20%:对集中荷载,取支座边至最近一个集中荷载之间的区段;对均布荷载,取支座边至距支座边为$1.05h_0$的区段,此处h_0为梁截面的有效高度。

(6) 为减少构件发生斜拉破坏的可能性,箍筋的配箍率应满足$\rho_{sv}\geqslant0.03f_c/f_{yv}$。

(7) 连续梁、板弯矩经调整后,仍应满足静力平衡条件,即梁、板的任意一跨支座弯矩的平均

值与跨中弯矩之和应略大于该跨按简支梁计算的跨中弯矩。任何控制截面的弯矩值不宜小于简支弯矩的 1/3。

上述(1)、(3)条是为了保证塑性铰有足够的转动能力;(2)、(4)条是为了满足正常使用要求;(5)、(6)条是为了保证在形成破坏机构前不发生剪切破坏。

对于直接承受动力荷载的结构、要求不出现裂缝或处于三 a、三 b 环境下的结构,《混凝土结构设计规范》不允许采用考虑塑性内力重分布的分析方法。

二、等跨连续梁、板

均布荷载作用下,等跨连续梁、连续板各跨跨中及支座截面的弯矩设计值 M 可按下列公式计算:

$$M=\alpha_{m}pl_0^2 \tag{2.3.2}$$

式中,p——沿梁、板单位长度上的荷载基本组合值,$p=\gamma_G g_k+\gamma_Q q_k$;

l_0——计算跨度;

α_m——考虑塑性内力重分布的弯矩系数,按附表 B.2.1 采用。

在均布荷载作用下,等跨连续梁的剪力设计值 V 按下列公式计算:

$$V=\alpha_{vb}\,pl_n \tag{2.3.3}$$

式中,α_{vb}——梁的剪力系数,按附表 B.2.2 采用;

l_n——净跨度。

相邻两跨长跨与短跨之比小于 1.10 的不等跨连续梁、板,在均布荷载作用下,各跨跨中及支座截面的弯矩设计值和剪力设计值仍可按上述等跨连续梁、板的规定确定,但在计算跨中弯矩和支座剪力时,应取本跨的跨度值;计算支座弯矩时,应取相邻两跨中较大跨度值。

三、不等跨连续梁

对不满足上述条件的不等跨连续梁或各跨荷载值相差较大的等跨连续梁,可按下列步骤进行内力调幅:

(1) 按荷载的最不利布置,用弹性方法求出各控制截面的最不利弯矩 M_e;

(2) 在弹性弯矩的基础上,降低各支座截面的弯矩,其调幅系数 β 不宜超过 0.2;

(3) 各跨中截面的弯矩设计值取考虑荷载最不利布置并按弹性方法求得跨内最大弯矩值和按式(2.3.1c)或式(2.3.1d)算得的弯矩值之间的大值;

(4) 各控制截面的剪力设计值,可按荷载最不利布置,根据调整后的支座弯矩用静力平衡条件计算,也可近似取考虑可变荷载最不利布置按弹性方法算得的剪力值。

如果需要画出调幅后的弯矩包络图,以供纵筋弯起、切断等构造要求使用,可在弹性弯矩图的基础上,分别叠加考虑支座调幅的附加三角形弯矩图,得到调幅后的弯矩图,根据弯矩图外包线得到弯矩包络图,详见例题 2-5。

【例 2-5】 图 2.3.10 所示等跨等截面三跨连续梁,计算跨度 $l_0=4.5$ m,承受三角形分布永久荷载设计值 $g=18$ kN/m,三角形分布可变荷载设计值 $q=36$ kN/m。试采用弯矩调幅法确定该梁的弯矩设计值。

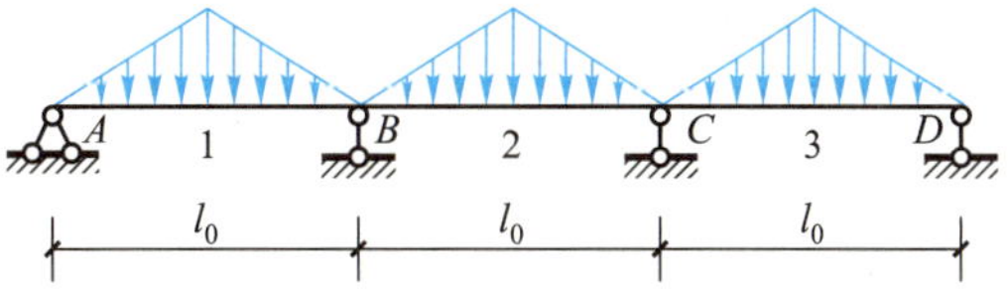

图 2.3.10 连续梁弯矩调幅

【解】

(1) 控制截面的荷载最不利组合

控制截面包括：三个跨中截面，分别用 1、2、3 表示；两个内支座截面，分别用 B、C 表示。

共有四种荷载最不利组合（即永久荷载加上最不利的可变荷载布置）：

Ⅰ 永久荷载+1、3 跨出现可变荷载，对应 $M_{1\max}$、$M_{3\max}$ 和 $M_{2\min}$；

Ⅱ 永久荷载+2 跨出现可变荷载，对应 $M_{2\max}$、$M_{1\min}$ 和 $M_{3\min}$；

Ⅲ 永久荷载+1、2 跨出现可变荷载，对应 $M_{B\max}$；

Ⅳ 永久荷载+2、3 跨出现可变荷载，对应 $M_{C\max}$。

(2) 控制截面的弹性内力值

参照例 2-4，采用位移法可求得支座截面在各荷载分布下的弯矩。计算过程列于表 2-1。

表 2-1 支座截面弯矩

支座		B	C
永久荷载	荷载向量 $\overline{R}_P$	5/64−5/96＝5/192	−5/64+5/96＝−5/192
	位移向量 $\overline{\theta}$	−(7/45×5/192+2/45×5/192)＝−1/192	−(−2/45×5/192−7/45×5/192)＝1/192
	支座弯矩/(kN·m)	$[-5/64-3\times(-1/192)]\times18\times4.5^2=-22.781\ 3$	$[-5/64+3\times1/192]\times18\times4.5^2=-22.781\ 3$
1、3 跨可变荷载	荷载向量 $\overline{R}_P$	5/64	−5/64
	位移向量 $\overline{\theta}$	−(7/45×5/64+2/45×5/64)＝−1/64	−(−2/45×5/64−7/45×5/64)＝1/64
	支座弯矩/(kN·m)	$[-5/64-3\times(-1/64)]\times36\times4.5^2=-22.781\ 3$	$[-5/64+3\times1/64]\times36\times4.5^2=-22.781\ 3$
2 跨可变荷载	荷载向量 $\overline{R}_P$	−5/96	5/96
	位移向量 $\overline{\theta}$	−(−7/45×5/96−2/45×5/96)＝1/96	−(2/45×5/64+7/45×5/64)＝−1/96
	支座弯矩/(kN·m)	$(0-3\times1/96)\times36\times4.5^2=-22.781\ 3$	$[0+3\times(-1/96)]\times36\times4.5^2=-22.781\ 3$
1、2 跨可变荷载	荷载向量 $\overline{R}_P$	5/64−5/96＝5/192	5/96
	位移向量 $\overline{\theta}$	−(7/45×5/192−2/45×5/96)＝−1/576	−(−2/45×5/192+7/45×5/96)＝−1/144
	支座弯矩/(kN·m)	$[-5/64-3\times(-1/576)]\times36\times4.5^2=-53.156\ 3$	$[0+3\times(-1/144)]\times36\times4.5^2=-15.187\ 5$

组合Ⅰ的支座弯矩为永久荷载下支座弯矩和 1、3 跨出现可变荷载时的支座弯矩之和。由式(2.3.1c)可求得组合后的跨内最大正弯矩。

第 1 跨 $M^l=0$、$M^r=-(22.781\ 3+22.781\ 3)\ \text{kN·m}=-45.562\ 5\ \text{kN·m}$、$p=g+q=(18+36)\ \text{kN/m}=54\ \text{kN/m}$，由式(2.3.1c)第一行

$$M_{1\max}=0+2/3\times54\times4.5^2\times[0.25+(-45.5625-0)/(54\times4.5^2)]^{3/2}\ \text{kN·m}=69.32\ \text{kN·m}$$

第 3 跨 $M^l=-45.562\ 5\ \text{kN·m}$、$M^r=0$、$p=54\ \text{kN/m}$，由式(2.3.1c)第二行

$$M_{3\max}=0+2/3\times54\times4.5^2\times[0.25+(-45.562\ 5-0)/(54\times4.5^2)]^{3/2}\ \text{kN·m}=69.32\ \text{kN·m}$$

第 2 跨 $M^l=M^r=-45.562\ 5\ \text{kN·m}$，$p=g=18\ \text{kN/m}$，

$$M_{2\min}=-45.562\ 5+2/3\times18\times4.5^2\times(0.25+0)^{3/2}\ \text{kN·m}=-15.19\ \text{kN·m}$$

其他荷载最不利组合下控制截面的弹性弯矩可同理求得，列于表 2-2。弯矩叠合图如图 2.3.11a 所示。

表 2-2　弹性弯矩值　kN · m

最不利荷载组合	截面				
	1	B	2	C	3
组合Ⅰ:M_{1max}、M_{3max}、M_{2min}	69.32	-45.56	-15.19	-45.56	69.32
组合Ⅱ:M_{2max}、M_{1min}、M_{3min}	10.74	-45.56	45.56	-45.56	10.74
组合Ⅲ:M_{Bmax}	55.93	-75.94	34.85	-37.97	13.53
组合Ⅳ:M_{Cmax}	13.53	-37.97	34.85	-75.94	55.93

（3）调整支座弯矩

将支座 B 截面的最大弯矩降低 20%。调幅后的支座 B 弯矩

$$M_B=(1-0.2)\times(-75.94)\ \text{kN}\cdot\text{m}=-60.75\ \text{kN}\cdot\text{m}$$

调整后的弯矩图仅影响 1、2 跨,可在组合Ⅲ弯矩图的基础上叠加图 2.3.11b 所示的三角形弯矩图,其顶点纵坐标

$$\Delta M_B=0.2\times75.94\ \text{kN}\cdot\text{m}=15.19\ \text{kN}\cdot\text{m}$$

相应的第 1 跨跨内最大弯矩 $M_1=62.51\ \text{kN}\cdot\text{m}<M_{1max}(=69.32\ \text{kN}\cdot\text{m})$;第 2 跨跨内最大弯矩 $M_2=42.01\ \text{kN}\cdot\text{m}<M_{2max}(=45.56\ \text{kN}\cdot\text{m})$。

因结构对称,支座 C 截面调幅的结果同支座 B 截面。

（4）跨中截面弯矩

因支座弯矩调整后相应的跨内弯矩均小于跨内最大弯矩,故跨内弯矩设计值仍取弹性方法求得的最不利弯矩值。

调幅后的弯矩图见图 2.3.11c。

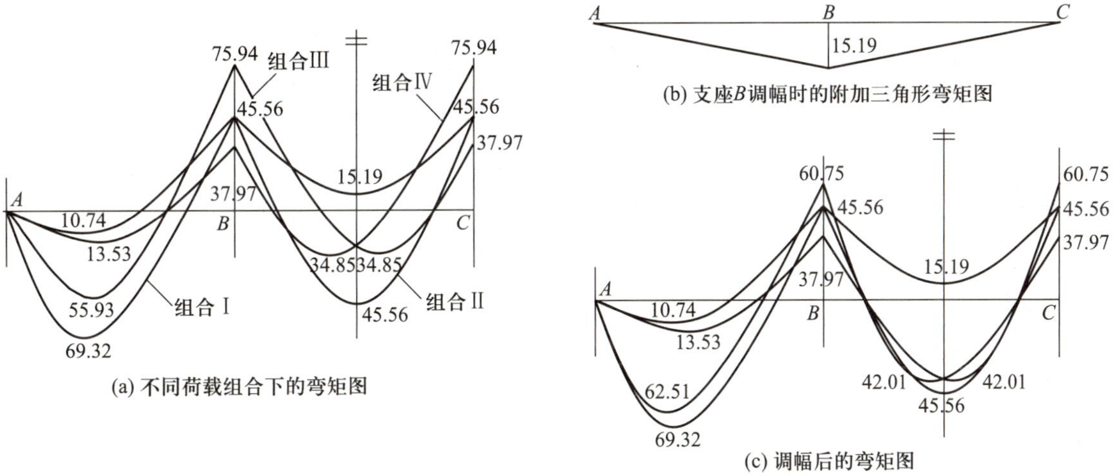

(a) 不同荷载组合下的弯矩图

(b) 支座B调幅时的附加三角形弯矩图

(c) 调幅后的弯矩图

图 2.3.11　弯矩调幅(单位:kN · m)

从上面的例题可以看出,支座截面出现最大弯矩和跨内截面出现最大弯矩并不同时出现,它们对应了不同的可变荷载不利布置。将最大支座弯矩调整后,如果相应的跨内弯矩(此时跨内弯矩会相应增加)并没有超过最大的跨内弯矩,则支座截面的配筋可以减少,而跨中配筋不需要

增加,因而可以节约材料;支座截面配筋的减小还有利于混凝土浇注。此外,由于支座截面的弯矩调幅值可以在一定范围内选择,因而设计并不是唯一的,设计人员有较大的自由度。

2.3.4 交叉梁系的弹性分析方法

交叉梁系属空间结构,结构力学教材未涉及。不过,平面结构的位移法很容易推广到空间结构。

图 2.3.12a 所示的十字交叉梁系,两个方向梁的截面相同、跨度相同,承受板传来的三角形分布荷载,计算简图如图 2.3.12b 所示。节点 A、B 有 x、y 两个方向的转角位移和 z 方向的线位移,节点 C 有 y 方向的转角位移,将这 7 个位移($\theta_{Ax},\theta_{Ay},\Delta_A,\theta_{Bx},\theta_{By},\Delta_B,\theta_{Cy}$;编号 1~7)作为未知量,在节点加上相应的附加刚臂(针对转角位移)或附加链杆(针对线位移),见图 2.3.12b。

附加联系反力系数 r_{kl} 和荷载项 R_{kP} 的计算与平面结构并无本质区别。计算附加刚臂的反力系数时,不考虑梁的扭转效应。例如节点 A 发生 x 方向单位转角、x 方向刚臂上的附加反力 r_{11},只考虑梁 AD、AF 的弯曲、而不考虑梁 AH、AC 的扭转,$r_{11}=3i+3i=6i$。

与例题 2-4 的连续梁相比,多了附加链杆。计算附加链杆的反力系数时,需要考虑两个方向的梁。例如节点 A 发生单位 z 方向线位移、附加链杆的反力 r_{33},需考虑梁 AD、AF、AH 和 AC 等 4 根,$r_{33}=3\times3i/l_0^2+12i/l_0^2=21\ i/l_0^2$。

令 $\overline{\theta}_k=i\theta_k/(pl_0^2)$(下标 k 代表 Ax、Ay、Bx、By、Cy);$\overline{\Delta}_k=i\Delta_k/(pl_0^3)$(下标 k 代表 A、B);$\overline{R}_{kP}=R_{kP}/(pl_0^2)$(下标 k 代表 1、2、4、5、7);$\overline{R}_{lP}=R_{lP}/(pl_0)$(下标 l 代表 3、6)。

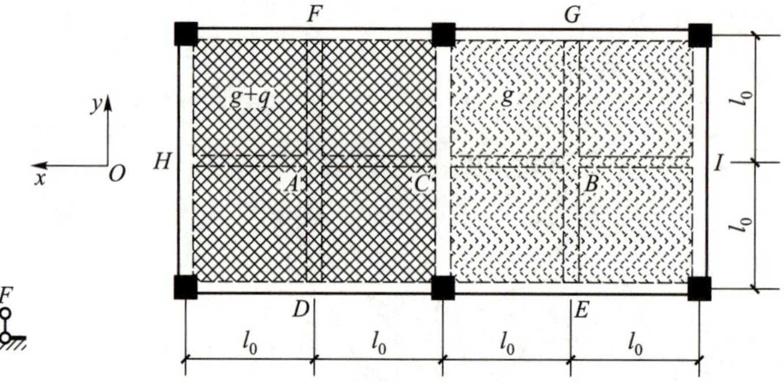

(a) 结构平面与荷载布置

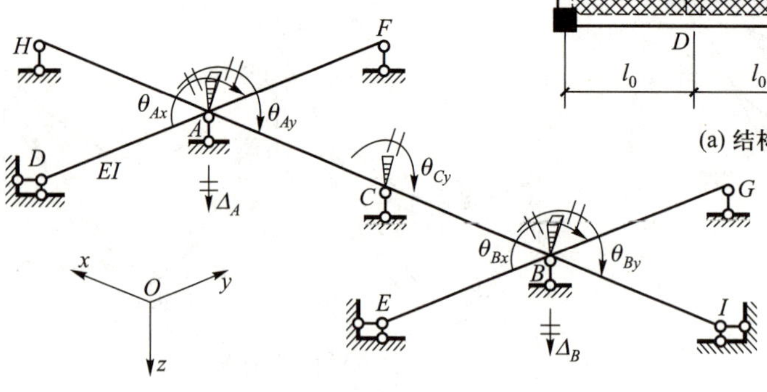

(b) 基本结构

图 2.3.12 十字交叉梁系结构布置与计算简图

位移法典型方程的矩阵形式仍为式(2.3.1b):

$$\overline{r}\overline{z}=-\overline{R}_P$$

式中，$\bar{z}$——位移向量，$\bar{z}=(\bar{\theta}_{Ax},\bar{\theta}_{Ay},\bar{\Delta}_A,\bar{\theta}_{Bx},\bar{\theta}_{By},\bar{\Delta}_B,\bar{\theta}_{Cy})^{\mathrm{T}}$；

$\bar{\boldsymbol{R}}_{\mathrm{P}}$——荷载向量，$\bar{\boldsymbol{R}}_{\mathrm{P}}=(\bar{R}_{1\mathrm{P}},\bar{R}_{2\mathrm{P}},\bar{R}_{3\mathrm{P}},\bar{R}_{4\mathrm{P}},\bar{R}_{5\mathrm{P}},\bar{R}_{6\mathrm{P}},\bar{R}_{7\mathrm{P}})^{\mathrm{T}}$；

$\bar{\boldsymbol{r}}$——反力系数矩阵，

$$\bar{\boldsymbol{r}}=\begin{bmatrix} 6 & & & & & & \\ & 7 & 3 & & & & 2 \\ & 3 & 21 & & & & 6 \\ & & & 6 & & & \\ & & & & 7 & -3 & 2 \\ & & & & -3 & 21 & -6 \\ & 2 & 6 & & 2 & -6 & 8 \end{bmatrix}$$

反力系数的逆矩阵元素见表 2-3。

表 2-3 反力系数逆矩阵元素

	θ_{Ax}	θ_{Ay}	Δ_A	θ_{Bx}	θ_{By}	Δ_B	θ_{Cy}
θ_{Ax}	0.166 667	0	0	0	0	0	0
θ_{Ay}	0	0.159 420	−0.010 870	0	0.007 246	−0.010 870	−0.041 667
Δ_A	0	−0.010 870	0.067 029	0	0.010 870	−0.016 304	−0.062 500
θ_{Bx}	0	0	0	0.166 667	0	0	0
θ_{By}	0	0.007 246	0.010 870	0	0.159 420	0.010 870	−0.041 667
Δ_B	0	−0.010 870	−0.016 304	0	0.010 870	0.067 029	0.062 500
θ_{Cy}	0	−0.041 667	−0.062 500	0	−0.041 667	0.062 500	0.239 583

受三角形分布荷载 p 作用的两端固支梁，固端弯矩为 $5pl_0^2/96$、杆端剪力为 $pl_0/4$；一端铰支、一端固支梁的固端弯矩为 $5pl_0^2/64$、固端剪力为 $21pl_0/64$。永久荷载作用下梁 AH 在 A 节点 y 方向刚臂上的反力矩为 $5gl_0^2/64$、梁 AC 在 A 节点 y 方向刚臂上的反力矩为$(-5gl_0^2/96)$，$R_{2\mathrm{P}}=5gl_0^2/64-5gl_0^2/96=5gl_0^2/192$；梁 AD、AH 和 AF 在 A 节点 z 方向链杆上的反力为$(-21gl_0/64)$、梁 AC 在 A 节点 z 方向链杆上的反力为$(-gl_0/4)$，$R_{3\mathrm{P}}=-(3\times21gl_0/64+gl_0/4)=-79gl_0/64$；同理可求得永久荷载作用下其他附加联系上的反力矩或反力。荷载向量：

$$\bar{\boldsymbol{R}}_{\mathrm{P}}=[0,5/192,-79/64,0,-5/192,-79/64,0]^{\mathrm{T}}$$

通过矩阵乘法运算可得到节点位移向量：

$$\bar{z}=-\bar{\boldsymbol{r}}^{-1}\bar{\boldsymbol{R}}_{\mathrm{P}}=[0,-0.030\ 8,0.063\ 2,0,0.030\ 8,0.063\ 2,0]^{\mathrm{T}}$$

根据固端弯矩和节点位移，可求得杆端弯矩（梁底受拉为正、梁顶受拉为负）。以梁 AD 为例，$M_{AD}=M_{AD}^{\mathrm{g}}-3\bar{\theta}_{Ax}gl_0^2+3\bar{\Delta}_A gl_0^2=(-5/64+3\times0+3\times0.063\ 2)gl_0^2=0.111\ 4\ gl_0^2$。杆端弯矩计算过程列于表 2-4。

同理可计算可变荷载下的杆端弯矩。永久荷载和可变荷载下的弯矩分布见图 2.3.13。

表 2-4　杆端弯矩

梁号	永久荷载作用下	可变荷载作用下
AC	$[-5/96+4\times(-0.030\ 8)+2\times0+6\times0.063\ 2]gl_0^2$ $=0.203\ 8gl_0^2$	$[-5/96+4\times(-0.015\ 4)+2\times(-0.088\ 5)+6\times0.086\ 3]ql_0^2$ $=0.226\ 9pl_0^2$
AD	$[-5/64-3\times0+3\times0.063\ 2]gl_0^2=0.111\ 4gl_0^2$	$[-5/64-3\times0+3\times0.086\ 3]ql_0^2=0.180\ 7ql_0^2$
AF	$[-5/64-3\times0+3\times0.063\ 2]gl_0^2=0.111\ 4gl_0^2$	$[-5/64-3\times0+3\times0.086\ 3]ql_0^2=0.180\ 7ql_0^2$
AH	$[-5/64-3\times(-0.030\ 8)+3\times0.063\ 2]gl_0^2$ $=0.203\ 8gl_0^2$	$[-5/64-3\times(-0.015\ 4)+3\times0.086\ 3]ql_0^2$ $=0.226\ 9ql_0^2$
CA	$[-5/96-4\times0-2\times(-0.030\ 8)-6\times0.063\ 2]gl_0^2$ $=-0.369\ 6gl_0^2$	$[-5/96-4\times(-0.088\ 5)-2\times(-0.015\ 4)-6\times0.086\ 3]ql_0^2$ $=-0.184\ 8ql_0^2$
CB	$[-5/96+4\times0+2\times0.030\ 8-6\times0.063\ 2]gl_0^2$ $=-0.369\ 6gl_0^2$	$[0+4\times(-0.088\ 5)+2\times0.015\ 4-6\times(-0.023\ 1)]ql_0^2$ $=-0.184\ 8ql_0^2$
BC	$[-5/96-4\times0.030\ 8-2\times0+6\times0.063\ 2]gl_0^2$ $=0.203\ 8gl_0^2$	$[0-4\times0.015\ 4-2\times(-0.088\ 5)+6\times(-0.023\ 1)]ql_0^2$ $=-0.023\ 1ql_0^2$
BE	$[-5/64-3\times0+3\times0.063\ 2]gl_0^2=0.111\ 4gl_0^2$	$[0-3\times0+3\times(-0.023\ 1)]ql_0^2=-0.069\ 3ql_0^2$
BG	$[-5/64+3\times0+3\times0.063\ 2]gl_0^2=0.111\ 4gl_0^2$	$[0+3\times0+3\times(-0.023\ 1)]ql_0^2=-0.069\ 3ql_0^2$
BI	$[-5/64+3\times0.030\ 8+3\times0.063\ 2]gl_0^2=0.203\ 8gl_0^2$	$[0+3\times0.015\ 4+3\times(-0.023\ 1)]ql_0^2=-0.023\ 1ql_0^2$

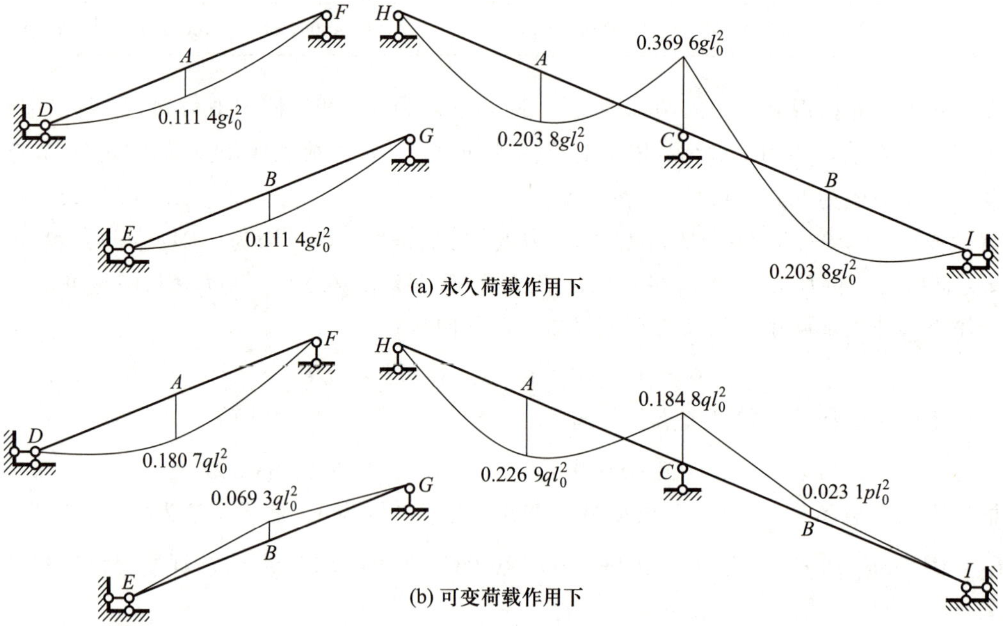

(a) 永久荷载作用下

(b) 可变荷载作用下

图 2.3.13　十字交叉梁弯矩分布

2.3.5 双向板的弹性分析方法

一、混凝土板

混凝土板可按各向同性板计算。为了方便使用,对于受均匀面分布荷载的单区格边支承矩形板,在各种支座条件(固支、简支和自由边)下的跨内最大弯矩、最大挠度和支座弯矩,已制成表格,见附录 B.3,设计时可直接查用。为适用于不同的材料,表格中的系数是按照材料泊松比 $\nu=0$ 制定的。当 $\nu\neq0$ 时,跨内最大弯矩按下式修正:

$$\left.\begin{aligned}m_x^{\nu}&=m_x+\nu m_y\\m_y^{\nu}&=m_y+\nu m_x\end{aligned}\right\}\tag{2.3.4}$$

支座截面因单向弯曲(沿支座方向曲率为 0),不需修正。

求连续双向板跨内最大弯矩时,可变荷载按图 2.3.4a 所示的棋盘式布置;求支座最大负弯矩时,可变荷载近似按满布考虑。

二、组合板

对于四边支承组合板,根据压型钢板板肋顶上混凝土厚度 h_{c1} 的不同,采用下列两种简化计算方法:

(1) 混凝土厚度为 50~100 mm

不考虑弱边(垂直于肋)方向的正、负弯矩。强边(顺肋)方向的正弯矩按简支单向板计算;负弯矩按固支单向板计算。

(2) 混凝土厚度大于 100 mm

当 $\lambda_e>2.0$ 时按弱边方向的单向板计算;当 $\lambda_e<0.5$ 时按强边方向的单向板计算;当 $0.5\leqslant\lambda_e\leqslant2.0$ 时按正交异性双向板计算,其中有效边长比 λ_e 按下式计算:

$$\lambda_e=l_x/(\mu l_y)\tag{2.3.5}$$

$$\mu=(I_x/I_y)^{1/4}\tag{2.3.6}$$

式中,μ——板的受力异向性系数;

l_x、l_y——分别为组合板强边和弱边方向的跨度;

I_x、I_y——分别为组合板强边和弱边方向 1 m 宽度的截面惯性矩,其中弱边方向的惯性矩仅考虑压型钢板板肋顶上的混凝土厚度 h_{c1}。

连续组合双向板可以参照连续混凝土双向板,简化为单区格组合板。单区格组合板内力可以等效为各向同性板计算。

取式(2.1.6)中的 $B_x=EI_x/(1-\nu^2)$、$B_y=EI_y/(1-\nu^2)$、$B=\sqrt{B_xB_y}$,则有 $B_y/B_x=1/\mu^4$;$B/B_x=1/\mu^2$。做变换 $y'=\mu y$,式(2.1.6)变换为

$$B_x\frac{\partial^4w}{\partial x^4}+B_x\frac{\partial^4w}{\partial y'^4}+2B_x\frac{\partial^4w}{\partial x^2\partial y'^2}=q(x,y)$$

与式(2.1.1)比较可发现,组合板相当于弯曲刚度为 B_x、跨度分别为 l_x 和 μl_y 的各向同性板。

同理,做变换 $x'=x/\mu$,式(2.1.6)变换为

$$B_y\frac{\partial^4w}{\partial x'^4}+B_y\frac{\partial^4w}{\partial y^4}+2B_y\frac{\partial^4w}{\partial x'^2\partial y^2}=q(x,y)$$

相当于弯曲刚度为 B_y、跨度分别为 l_x/μ 和 l_y 的各向同性板。

于是可借用单块各向同性板的表格(附表 B.3)查得组合板内力。查表时先对板的跨度进行折算:求强边方向弯矩时,将弱边方向的跨度乘以受力异向性系数 μ,即跨度分别取 l_x 和 μl_y;求弱边方向弯矩时,将强边方向的跨度除以受力异向性系数 μ,即跨度分别取 l_x/μ 和 l_y。

【例 2-6】 图 2.3.14 所示的四边支承简支组合板,强边方向的跨度为 6 m,弱边方向的跨度为 4 m。压型钢板采用国产 YX70-200-600,厚度 $t=1$ mm;混凝土强度等级为 C30。面层为 30 mm 厚水泥砂浆。楼面可变荷载标准值 $q_k=7$ kN/m^2。试确定该组合板在荷载基本组合值作用下的弯矩。

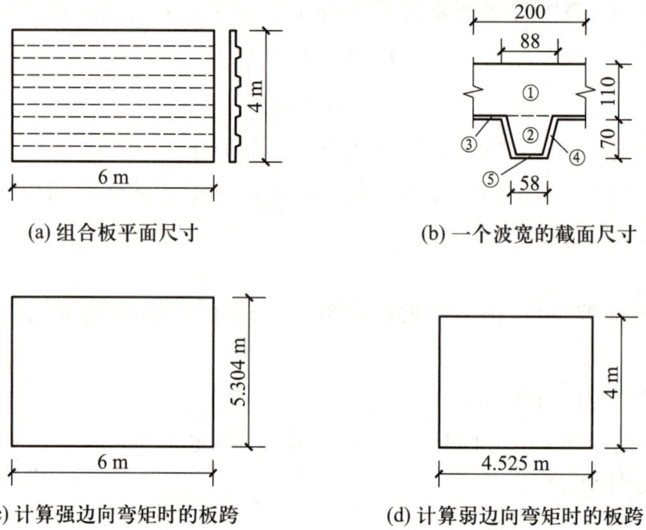

图 2.3.14　例 2-6 组合双向板的内力计算

【解】

(1) 计算两个方向的惯性矩

强边方向可先按一个波宽计算,然后乘每米宽度内的波数 5。强边方向包括压型钢板和混凝土两种材料,划分为五个部分(图 2.3.14b 中标为①、②、③、④、⑤)。将钢板截面按弹性模量之比 α_E 换算成混凝土截面,$\alpha_E=E_s/E_c=206\ 000/30\ 000=6.87$。如③的换算面积为(20-8.8) cm ×0.1 cm×6.87=7.69 cm^2。组合截面的形心和惯性矩计算见表 2-5。

表 2-5　组合截面惯性矩计算

截面部分	A_i/cm^2	y_i/cm	A_iy_i/cm^3		I_i/cm^4	$A_i(y_i-y_s)^2$/cm^4	
①	20×11=220	5.5	1 210	$y_s=\sum A_iy_i/\sum A_i$ = 2 249.96/292.62 cm = 7.69 cm	2 218.33	1 055.14	$I=\sum I_i+\sum A_i(y_i-y_s)^2$ = (2 466.27+4 389.05) cm^4 = 6 855.32 cm^4
②	7.3×7.0=51.1	14.5	740.95		208.66	2 369.82	
③	11.2×0.1×6.87=7.69	11	84.59		≈0	84.30	
④	0.1×7.16×2×6.87=9.84	14.5	142.65		39.27	456.24	
⑤	5.8×0.1×6.87=3.98	18	71.72		≈0	423.55	
Σ	292.61		2 249.96		2 466.27	4 389.05	

强边方向组合截面惯性矩 $I_x=5\times6\ 855.32\ cm^4=34\ 276.6\ cm^4$，弱边方向惯性矩 $I_y=100\ cm\times(11\ cm)^3/12=11\ 091.70\ cm^4$。由式(2.3.6)，板受力异向性系数

$$\mu=(I_x/I_y)^{1/4}=(34\ 276.6/11\ 091.7)^{1/4}=1.326$$

由式(2.3.5)，有效边长比

$$\lambda_e=l_x/(\mu l_y)=6/(1.326\times4)=1.13,0.5<\lambda_e<2.0,\text{按双向板计算。}$$

(2) 计算荷载

永久荷载标准值

面层 $20\ kN/m^3\times0.03\ m=0.6\ kN/m^2$

组合板自重 $(25\times0.027\ 1+79\times0.000\ 313\ 2)/0.2\ kN/m^2=3.51\ kN/m^2$

$$g_k=(0.6+3.51)kN/m^2=4.11kN/m^2$$

荷载基本组合值

$$q=1.2g_k+1.4q_k=1.2\times4.11\ kN/m^2+1.4\times7\ kN/m^2=14.73kN/m^2$$

(3) 计算弯矩

弯矩计算采用的等效板跨见图 2.3.14c、d。根据有效边长比 $l_x/(\mu l_y)=1.13$，查附表 B.3.1，短跨和长跨方向的跨内最大弯矩系数分别为 $m_1=0.047\ 2$、$m_2=0.035\ 8$，于是强边方向(长跨方向)1 m 宽度的跨内最大弯矩

$$M_x=(m_2+\nu m_1)\times q\times(\mu l_y)^2=(0.035\ 8+0.2\times0.047\ 2)\times14.73\ kN/m\times(5.304\ m)^2=18.75\ kN\cdot m$$

弱边方向(短跨方向)1 m 宽度的跨内弯矩

$$M_y=(m_1+\nu m_2)\times q\times l_y^2=(0.047\ 2+0.2\times0.035\ 8)\times14.73\ kN/m\times(4\ m)^2=12.81\ kN\cdot m$$

2.3.6 各向同性双向板的塑性铰线法

一、基本设计公式

式(2.1.12)表示了各向同性四边支承矩形板，极限均布荷载 p_u 与各截面总的受弯承载力 M_u 之间的关系。设计时，把极限均布荷载 p_u 用均布荷载设计值 p 代替、各截面总的受弯承载力用相应的弯矩设计值代替，得到：

$$M_1+M_2+0.5(M'_1+M''_1+M'_2+M''_2)=\frac{pl_{01}^2}{8}(l_{02}-l_{01}/3) \tag{2.3.7}$$

令 $n=l_{02}/l_{01};\alpha=m_2/m_1;\beta=m'_1/m_1=m''_1/m_1=m'_2/m_2=m''_2/m_2$

于是，各截面总的弯矩设计值可以用 n、α、β 和 m_1 来表示：

$$M_1=m_1l_{02}=nm_1l_{01} \tag{2.3.8}$$

$$M_2=m_2l_{01}=\alpha m_1l_{01} \tag{2.3.9}$$

$$M'_1=M''_1=m'_1l_{02}=n\beta m_1l_{01} \tag{2.3.10}$$

$$M'_2=M''_2=\alpha\beta m_1l_{01} \tag{2.3.11}$$

将式(2.3.8)～式(2.3.11)代入式(2.3.7)，即得

$$m_1=\frac{pl_{01}^2}{8}\frac{(n-1/3)}{[n\beta+\alpha\beta+n+\alpha]} \tag{2.3.12}$$

设计时，荷载设计值 p 与长、短跨比值 n 为已知，只要选定 α、β 值，即可由式(2.3.12)求得

m_1，再根据选定的 α 与 β 值，求出其余截面的弯矩设计值。考虑到应尽量使按塑性铰线法得出的两个方向跨中正弯矩比值与弹性理论得出的比值相接近，以期在使用阶段两个方向的截面应力较接近，宜取 $\alpha=1/n^2$；同时考虑到节省钢材及配筋方便，根据经验，宜取 $\beta=1.5\sim2.5$，通常取 $\beta=2$。

二、有弯起钢筋的设计公式

为了合理利用钢筋，参考弹性理论的内力分析结果，通常将两个方向的跨中正弯矩钢筋在距支座 $l_{01}/4$ 处弯起 50%（间隔弯起），弯起钢筋可以承担部分支座负弯矩（不足部分另加），见图 2.3.15。

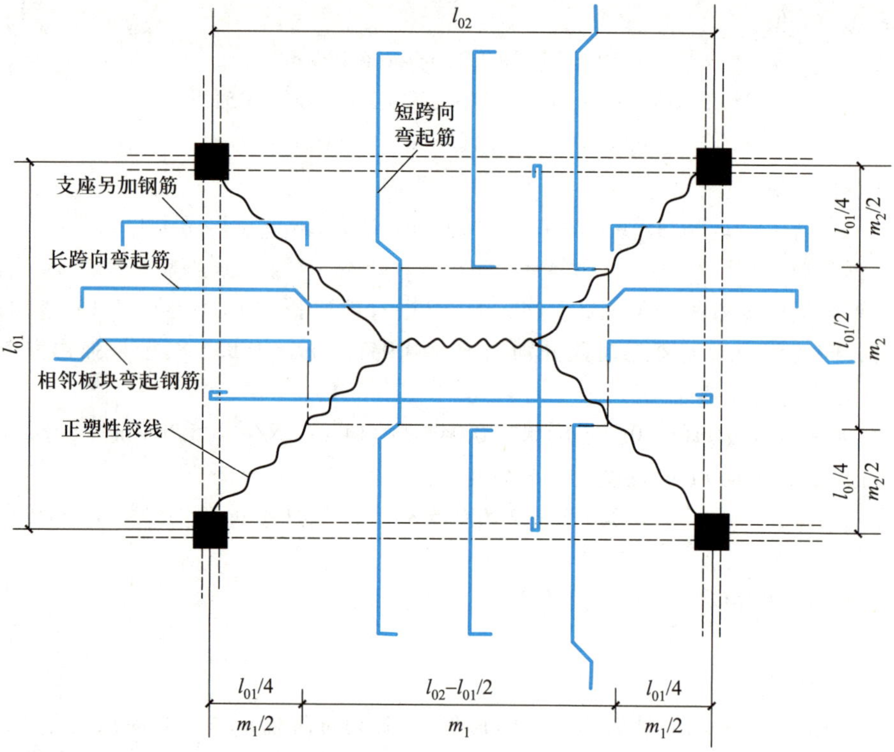

图 2.3.15　双向板钢筋的弯起

这样在距支座 $l_{01}/4$ 范围内的正塑性铰线（图 2.3.15 点画线矩形框以外部分）上单位板宽的弯矩承载力分别为 $m_1/2$ 和 $m_2/2$，故此时两个方向跨内总的正弯矩分别为

$$M_1=m_1\left(l_{02}-\frac{l_{01}}{2}\right)+\frac{m_1}{2}\frac{l_{01}}{2}=m_1\left(n-\frac{1}{4}\right)l_{01} \tag{2.3.8a}$$

$$M_2=m_2\frac{l_{01}}{2}+\frac{m_2}{2}\frac{l_{01}}{2}=\frac{3}{4}\alpha m_1 l_{01} \tag{2.3.9a}$$

支座上负弯矩钢筋仍各自沿全长布置，亦即各负塑性铰线上的总弯矩值没有变化。将上式代入式（2.3.7），即得

$$m_1=\frac{pl_{01}^2}{8}\frac{\left(n-\dfrac{1}{3}\right)}{\left[n\beta+\alpha\beta+\left(n-\dfrac{1}{4}\right)+\dfrac{3}{4}\alpha\right]} \tag{2.3.13}$$

式（2.3.13）是四边连续双向板在距支座 $l_{01}/4$ 处将跨中钢筋弯起一半时的设计公式。

三、有简支边的设计公式

对于具有简支边的连续双向板，只需将下列不同情况下的支座负弯矩和跨内正弯矩代入公式(2.3.7)，即可得到相应的设计公式：

(1) 三边连续、一长边简支。此时简支边的支座弯矩等于零($M_1''=0$)，其余支座弯矩和长跨向正弯矩不变，仍按式(2.3.10)、式(2.3.11)和式(2.3.9a)计算；而短跨因简支边不需要弯起部分跨中钢筋，故跨内正弯矩为

$$M_1=\frac{1}{2}\left[n+\left(n-\frac{1}{4}\right)\right]m_1l_{01}=\left(n-\frac{1}{8}\right)m_1l_{01} \tag{2.3.8b}$$

(2) 三边连续、一短边简支。此时简支边的支座弯矩等于零($M_2''=0$)，其余支座弯矩和短跨中弯矩不变，仍按式(2.3.10)、式(2.3.11)和式(2.3.8a)计算；长跨跨内正弯矩为

$$M_2=\frac{1}{2}\left[\alpha+\frac{3}{4}\alpha\right]m_1l_{01}=\frac{7}{8}\alpha m_1l_{01} \tag{2.3.9b}$$

(3) 两相邻边连续、另两相邻边简支。此时两个方向的跨中弯矩分别取(1)、(2)两种情况的弯矩值。

详细计算方法可参阅邱洪兴《建筑结构设计(第二册)——设计示例》(第 2 版)2.3.2 节。

2.3.7 连续梁挠度分析方法

挠度计算均采用弹性理论，关键是如何确定截面刚度。钢构件的截面刚度仅与截面本身有关，可由相应的截面特征得到。混凝土构件由于裂缝的出现和发展，截面刚度与荷载水平有关。《混凝土结构设计规范》提供了简支构件的刚度计算公式，对于连续构件，可假定同号弯矩(正弯矩或负弯矩)区段内的刚度相等，并取用该区段内最大弯矩处的刚度(该处的截面刚度最小)。如果支座截面刚度不大于跨内截面刚度的两倍或不少于跨内截面刚度二分之一，整个一跨可以按等刚度构件计算，其刚度取跨内最大弯矩截面的刚度。

求等刚度超静定结构的位移，可以转变为计算静定基本结构在荷载和多余力共同作用下的位移。对于连续梁的某一跨，可以取简支梁作为基本结构、两端支座弯矩作为多余力。于是，连续梁某一跨的挠度等于简支梁在荷载下的挠度减去支座负弯矩作用下的挠度(系向上的位移)。

等跨、等刚度连续梁的跨中挠度系数可直接查附表 B.1。

2.3.8 分析模型讨论

单向板楼盖中板、次梁和主梁按连续梁模型进行内力分析与实际受力情况存在差异，主要表现在以下几个方面。

一、支座竖向位移

连续梁模型中假定支座处没有竖向位移，这实际上忽略了支承构件挠度对被支承构件内力的影响。只有当支承构件的刚度比被支承构件的刚度大得多时，误差才比较小。对于图 2.3.16a 所示的结构平面，如要考虑主梁挠度对次梁内力的影响，可用支承刚度为 k 的**弹性支座**(spring support)代替主次梁相交处的铰支座，如图 2.3.16b 所示。次梁截面抗弯刚度用 EI_{sb} 表示，线刚度

$i_{sb}=EI_{sb}/l_0$；主梁截面抗弯刚度用 EI_{mb} 表示，线刚度 $i_{mb}=EI_{mb}/l_0$。令 $\eta_b=i_{mb}/i_{sb}$。支承刚度 k 的含义是主次梁相交处发生单位竖向位移时，主梁提供的支承反力。主梁在三分点单位荷载作用下，作用点的挠度 $f=5l_0^3/(162EI_{mb})$，$k=1/f=162\eta_b i_{sb}/(5l_0^2)$。

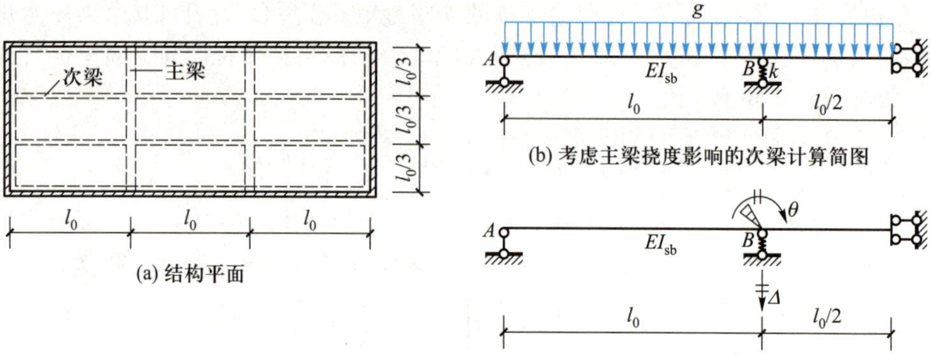

(a) 结构平面

(b) 考虑主梁挠度影响的次梁计算简图

(c) 次梁基本结构

图 2.3.16 主梁挠度对次梁内力的影响

以节点 B 的转角位移 θ 和竖向线位移 Δ 为未知量，加上相应附加联系。附加联系约束反力 $r_{\theta\theta}=3EI_{sb}/l_0+EI_{sb}/(l_0/2)=5i_{sb}$；$r_{\Delta\Delta}=3i_{sb}/l_0^2+k=(3+162\eta_b/5)i_{sb}/l_0^2$；$r_{\theta\Delta}=-3i_{sb}/l_0$。可求得反力系数逆矩阵：$\bar{\boldsymbol{r}}^{-1}=\dfrac{1}{2+54\eta_b}\begin{bmatrix}(5+54\eta_b)/5 & 1\\ 1 & 5/3\end{bmatrix}$。均布永久荷载作用下的荷载向量：$\overline{\boldsymbol{R}}_P=[1/24,-9/8]^T$。得到位移向量 $\bar{z}=\begin{bmatrix}\bar{\theta}\\ \bar{\Delta}\end{bmatrix}=-\bar{\boldsymbol{r}}^{-1}\overline{\boldsymbol{R}}_P=\begin{bmatrix}\dfrac{26-9\eta_b}{24(2+5\eta_b)}\\ \dfrac{11}{6(2+5\eta_b)}\end{bmatrix}$。

次梁支座 B 弯矩 $M_B=(-1/8-3\bar{\theta}+3\bar{\Delta})gl_0^2=-\dfrac{27\eta_b-10}{270\eta_b+10}gl_0^2$；由式(2.3.1d)，边跨跨内最大弯矩 $M_{1max}=\dfrac{9(36\eta_b+5)^2}{8(135\eta_b+5)^2}gl_0^2$。三跨连续梁的支座 B 弯矩和边跨跨内最大弯矩分别为 $-0.1\ gl_0^2$ 和 $0.08\ gl_0^2$。考虑主梁挠度后次梁弯矩与连续梁弯矩的比较见图 2.3.17。

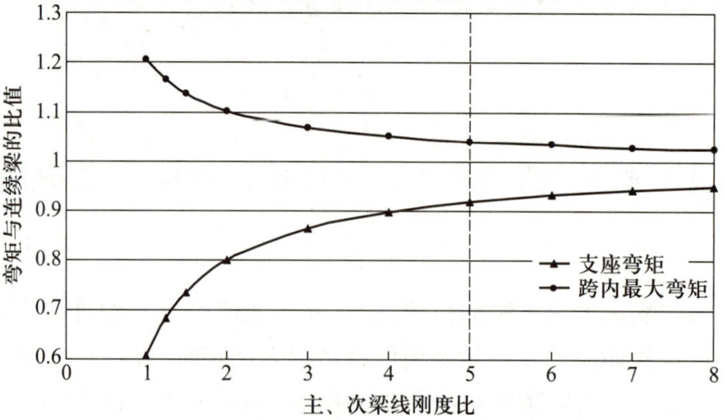

图 2.3.17 考虑主梁挠度后次梁弯矩与连续梁的比较

从图中可以看出，连续梁模型算得的次梁支座弯矩偏大、跨中弯矩偏小；当主梁与次梁的线刚度比达到 5 时，支座弯矩的误差在 10%以内，跨中弯矩的误差在 5%以内。

二、支座转动约束

连续梁模型假定次梁、主梁、柱(墙)分别作为板、次梁、主梁的支座可自由转动，这实际上忽略了次梁、主梁、柱(墙)在支承处对板、次梁、主梁的**转动约束**(rotational constraint)能力。图 2.3.18a 所示次梁，支座 B 发生转动时，主梁的**抗扭刚度**(torsion stiffness)将约束次梁的弯曲转动，使次梁在支承处的实际转角比理想铰支承时的转角小。为了考虑这种影响，用弹性抗转支座代替连续梁模型中的铰支座。被支承构件(次梁)发生单位转角、支承构件(主梁)提供的约束力矩定义为**抗转刚度**(rotational stiffness)，用 k_r表示。

支座 B 发生单位转角时，附加刚臂上的约束反力有两部分组成：次梁的弯曲和主梁提供的转动约束，见图 2.3.18b，$r_{\theta\theta}=5i_{sb}+k_r$，$\bar{r}_{\theta\theta}=5+k_r/i_{sb}$；$\bar{R}_P=1/8$。求得

$$\bar{\theta}=-\bar{R}_P/\bar{r}_{\theta\theta}=-\frac{1}{8(5+k_r/i_{sb})};M_B=-\frac{2+k_r/i_{sb}}{40+8k_r/i_{sb}}ql_0^2;M_{1\max}=0.5\left(\frac{18+3k_r/i_{sb}}{40+8k_r/i_{sb}}\right)^2 ql_0^2$$

与不考虑主梁扭转刚度(取 $k_r=0$)相比，支座弯矩和跨内最大弯矩均减小。

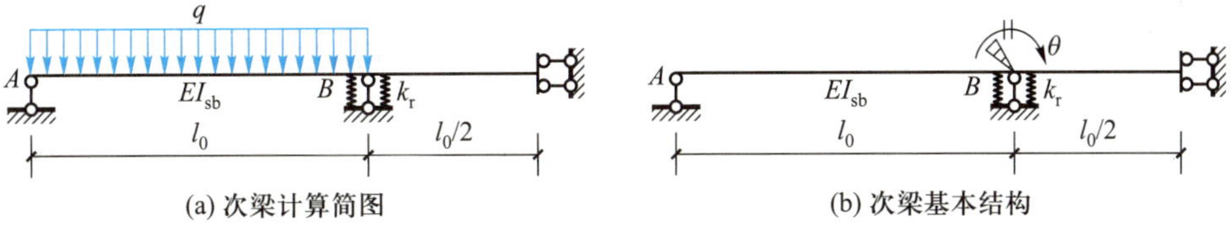

图 2.3.18 主梁扭转刚度对次梁内力的影响

同样的情况发生在板和次梁之间。

柱子是由其弯曲刚度约束主梁的弯曲转动的。柱子对主梁弯曲转动的约束能力取决于主梁线刚度与柱子线刚度之比，当比值较大时，约束能力较弱。一般认为，当主梁的线刚度与柱子线刚度之比大于 5 时，可忽略这种影响，按连续梁模型计算主梁，否则应按梁、柱刚接的刚架模型计算。

考虑到等跨连续板或次梁在支承处的转动主要由可变荷载的最不利布置产生，为了使计算结果比较符合实际情况，并利用其有利影响，采取增大永久荷载、相应减小可变荷载，维持总荷载不变的方法处理，即计算连续板、次梁内力时，采用**折算荷载**(conversion loads)。

折算荷载的取值如下：

连续板 $$g'=g+q/2;q'=q/2 \tag{2.3.14}$$

连续梁 $$g'=g+q/4;q'=3q/4 \tag{2.3.15}$$

式中，g、q——单位长度上永久荷载、可变荷载设计值；

g'、q'——单位长度上折算永久荷载、折算可变荷载设计值。

当板或梁搁置在砌体或钢结构上时，则荷载不作调整。

三、薄膜力效应

具有低配筋率的钢筋混凝土板的中性轴，临近破坏时非常接近板的表面。因此，在纯弯矩作用下，板的中平面位于受拉区，中平面存在拉应变。当周边变形受到约束时(如周边与梁整浇的板)，板内将存在轴向压力，这种轴向力称为薄膜力。特别当受拉混凝土开裂后，实际中和轴成

拱形(图 2.3.19),对于双向板则形成穹顶,按壳体受力。板周边支承构件提供的水平推力将减少板在竖向荷载下的截面弯矩。此外,由偏心受压构件正截面承载力理论可知,在一定程度内轴压力将提高构件的受弯承载力。在进行内力分析时,一般不考虑复杂的**薄膜效应**(membrane effect)。为了利用这一有利作用,根据不同的支座约束情况,对板的计算弯矩进行折减。具体折减方法见 2.4.1 节。

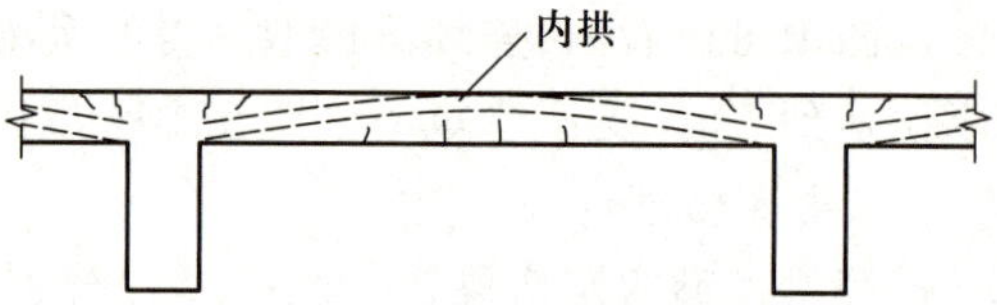

图 2.3.19　板的内拱

【例 2-7】　以承受均布荷载的五跨连续梁为例(图 2.3.20)简要说明附表 B.2.1 弯矩系数的确定方法。

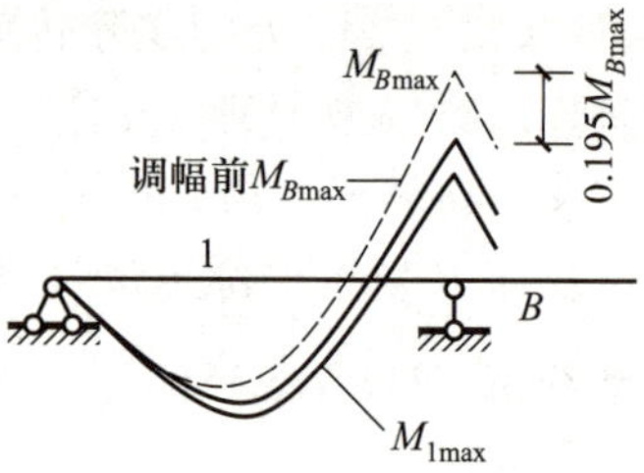

图 2.3.20　例 2-7 弯矩系数的确定

【解】　假定梁的边支座为砌体墙,取为铰支座;取 $q/g=3$,可以写成:$g+q=q/3+q=4q/3$;$g+q=g+3g=4g$。于是

$$q=3(g+q)/4;g=(g+q)/4$$

次梁的折算荷载

$$g'=g+q/4=(g+q)/4+3(g+q)/16=0.4375(g+q);q'=3q/4=9(g+q)/16=0.5625(g+q)$$

求边跨内支座 B 最大弯矩时,可变荷载应布置在一、二、四跨,相应的弹性弯矩:

$$M_{B\max}=-0.105g'l^2-0.119q'l^2=-0.1129(g+q)l^2$$

初步考虑调幅 0.2,则

$$M_B=0.8M_{B\max}=-0.0903(g+q)l^2$$

附表 B.2.1 中取 $\alpha_m=1/11=0.0909$,相当于支座调幅值为 0.195。

当 $M_{B\max}$下调后,根据第一跨的静力平衡条件,相应的跨内最大弯矩出现在距端支座 $x=0.409l$ 处,其值

$$M_1=0.5(0.409l)^2(g+q)=0.0836(g+q)l^2$$

按弹性方法,可变荷载布置在一、三、五跨时,边跨跨内出现最大正弯矩,

$$M_{1\max}=0.078g'l^2+0.1q'l^2=0.0904(g+q)l^2$$

取 $M_{1\max}$、M_1 两者的较大值,作为跨内截面的弯矩设计值。为便于记忆,弯矩系数取为 1/11。

其余系数可按类似方法确定。

2.4　梁板结构构件设计

2.4.1　混凝土板、梁的截面计算及构造要求

一、计算要点

2.4　梁板结构构件设计

1. 承载能力极限状态计算

板、次梁、主梁均属受弯构件,其承载能力极限状态的计算包括正截面受弯承载力和斜截面承载力,采用荷载效应的基本组合。其中板由于宽度大而厚度相对较小,对于一般工业与民用建筑楼盖,仅混凝土就足以承担剪力,可不必进行斜截面承载力计算。

纵向钢筋的数量除了要满足正截面受弯承载力要求外，尚应满足最小配筋率的要求。从经济性出发，板的配筋率一般在0.3%~0.8%；梁的配筋率一般在0.6%~1.5%。

在现浇肋梁楼盖中，板可作为次梁和主梁的上翼缘。在跨内正弯矩作用下，板位于受压区，故跨内截面应按T形截面计算；在支座附近的负弯矩区段，板处于受拉区，按矩形截面计算。

当梁按考虑内力重分布方法设计时，调幅截面的相对受压区高度应满足 $\xi \leqslant 0.35$ 的限制，此外在斜截面承载力计算中，还应注意将计算所需的箍筋面积增大20%。

次梁与主梁相交处，在主梁高度范围内受次梁传来的集中荷载的作用。此集中荷载并非作用在主梁顶面，而是依靠次梁的剪压区传递至主梁的腹部。所以，在主梁局部长度上将引起主拉应力，并有可能使梁腹部出现斜裂缝，特别当集中荷载作用于主梁的受拉区时更为明显。为了防止斜裂缝出现而引起的局部破坏，需设置**横向附加钢筋**(additional transverse reinforcement)，将此集中荷载传递到主梁顶部受压区。附加横向钢筋应布置在长度为 $s=2h_1+3b$ 的范围内(图2.4.1)，以便能充分发挥作用。所需附加横向钢筋可采用附加**箍筋**(stirrups)和**吊筋**(hanging bars)，宜优先采用附加箍筋。附加箍筋和吊筋的总截面面积按下式计算：

$$F_l \leqslant 2f_y A_{sb} \sin\alpha + m \cdot n f_{yv} A_{sv1} \tag{2.4.1}$$

式中，F_l——由次梁传递的集中力设计值；

f_y、f_{yv}——吊筋和附加箍筋的抗拉强度设计值；

A_{sb}、A_{sv1}——一根吊筋和单肢箍筋的截面积；

m、n——附加箍筋的排数，同一截面内附加箍筋的肢数；

α——吊筋与梁轴线间的夹角。

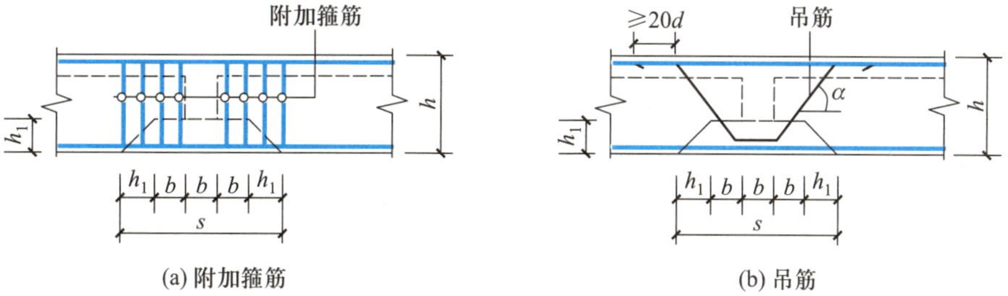

(a) 附加箍筋 (b) 吊筋

图2.4.1 附加横向钢筋布置

2. 正常使用极限状态验算

板、次梁、主梁的正常使用极限状态验算包括裂缝控制和挠度。楼盖结构的裂缝控制等级为三级，即允许在正常使用情况下出现裂缝，但按荷载效应的准永久组合并考虑长期作用影响计算的最大裂缝宽度 w_{max} 应小于限值 w_{lim}，这一裂缝宽度限值对于一、二、三类环境分别为0.3 mm、0.2 mm和0.2 mm。当裂缝宽度不满足要求但相差不多时，可通过减少钢筋直径解决；如相差较大，则应增加钢筋面积。

受弯构件的挠度限值见附表A.9，当挠度不满足要求时需要增大截面尺寸。

3. 板弯矩折减

为了利用板薄膜力的有利效应，四边与梁整体连接的混凝土板的设计弯矩可以进行折减。对单向板，中间跨跨内截面弯矩和支座截面弯矩各折减20%，但对边跨的跨内截面弯矩和第一内支座截面弯矩不折减。对双向板，其截面弯矩按下列情况进行折减：

(1) 中间跨的跨内截面及中间支座截面，折减 20%。

(2) 边跨的跨内截面及楼板边缘算起的第二个支座截面，当 $l_b/l_0<1.5$ 时折减 20%；当 $1.5\leqslant l_b/l_0\leqslant 2.0$ 时折减 10%。式中 l_0 为垂直于楼板边缘方向板的计算跨度；l_b 为沿楼板边缘方向板的计算跨度。

(3) 楼板的角区格不折减。

4. 梁支座弯矩的修正

当梁的内力采用弹性方法计算时，因计算跨度取支承中心线之间的距离，得到的支座弯矩是支承中心线处的，而与支承构件整体连接的梁，其危险截面在支承构件边。支承边的截面弯矩可近似按下式确定：

$$M=M_0-V_0b/2 \tag{2.4.2}$$

式中，M_0、V_0——内力分析得到的支座弯矩和剪力；

b——支座宽度。

二、板的构造要求

1. 板的支承

板的**支承长度**(bearing length)应满足其受力钢筋在支座内的锚固要求。当搁置在砌体墙上时，不应小于 120 mm。

2. 板中受力筋

受力钢筋(main reinforcement)有板面承受负弯矩的受力筋和板底承受正弯矩的受力筋两种，前者称**负筋**(negative moment steel)，后者称**正筋**(positive moment steel)。常用直径为 $\phi 6$、$\phi 8$、$\phi 10$、$\phi 12$ 等。为便于施工架立，不易被踩下，负筋直径一般不小于 $\phi 8$。对于绑扎钢筋，当板厚 $h\leqslant 150$ mm时，间距不宜大于 200 mm；$h>150$ mm 时，间距不宜大于 1.5 h，且不宜大于 250 mm。伸入支座的受力钢筋间距不应大于 400 mm，且截面积不得少于受力钢筋的 1/3。钢筋间距也不宜小于 70 mm。端支座为简支时，下部正筋伸入支座的长度不应小于 $5d$。

双向板短跨方向的弯矩比长跨方向的大，故应将短跨方向的受力钢筋放在长跨方向的外侧，以期获得较大的截面有效高度。

连续板受力钢筋的配置方式有弯起式(图 2.4.2a、b)和分离式(图 2.4.2c)两种。

弯起式配筋先按跨内最大正弯矩确定所需钢筋的直径和间距，然后在支座附近弯起 1/2~2/3，如果还不满足所要求的支座负钢筋需要，再另加直的负钢筋，通常取相同的间距。弯起式配筋的钢筋锚固较好，可节省钢材，但施工较复杂。

分离式配筋的钢筋锚固稍差，耗钢量略高，但设计和施工都比较方便，目前较常用。

连续单向板内受力钢筋的弯起和截断，一般可以按图 2.4.2 确定，图中 a 的取值为：当板上均布可变荷载设计值 q 与均布永久荷载设计值 g 的比值 $q/g\leqslant 3$ 时，$a=l_n/4$；当 $q/g>3$ 时，$a=l_n/3$，l_n 为板的净跨长。当连续板的相邻跨度之差超过 20%，或各跨荷载相差很大时，则钢筋的弯起与切断应按弯矩包络图确定。

双向板按弹性理论方法设计时，所求得的跨内正弯矩钢筋是指板的中央处的数量，靠近板的两边，其数量可逐渐减少。考虑到施工方便，可按下述方法配置：将板在 l_{01} 和 l_{02} 方向各分为三个板带，如图 2.4.3 所示。两个方向的边缘板带宽度均为 $l_{01}/4$，其余则为中间板带。在中间板带上，按跨内最大正弯矩求得的单位板宽内的钢筋数量均匀布置；而在边缘板带上，按中间板带单

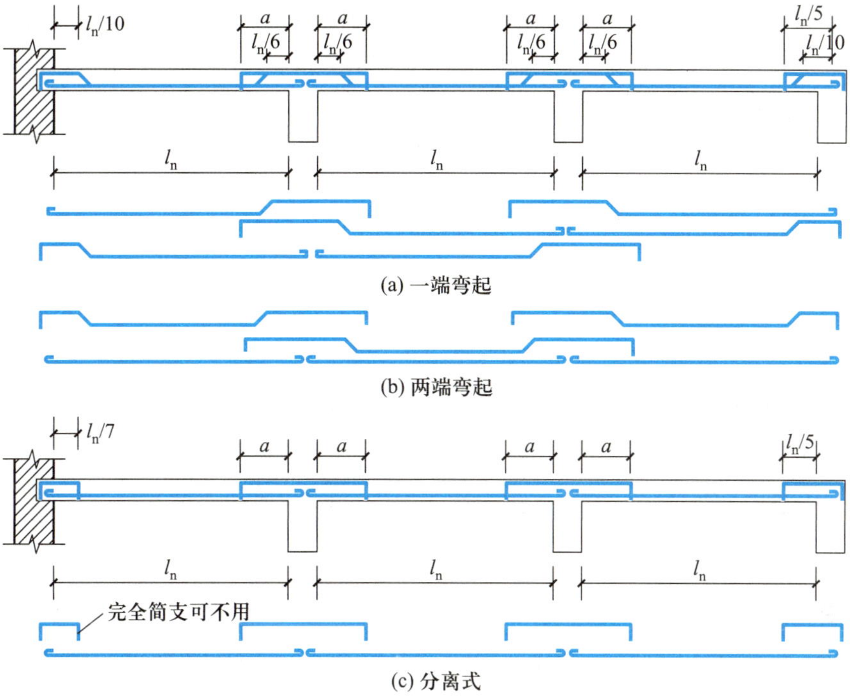

图 2.4.2 连续单向板的配筋方式

位板宽内的钢筋数量一半均匀布置。

双向板按塑性铰线法设计时，其配筋应符合内力计算的假定，跨内正弯矩钢筋或全板均匀布置；或划分成中间及边缘板带后，分别按计算值的 100%和 50%均匀布置，跨内正弯矩钢筋的全部或一部分伸入支座下部。

支座上的负弯矩钢筋按计算值沿支座均匀布置。

3. 板中构造钢筋

连续单向板除了按计算配置受力钢筋外，通常还应布置以下 4 种**构造钢筋**(constructional reinforcement)。

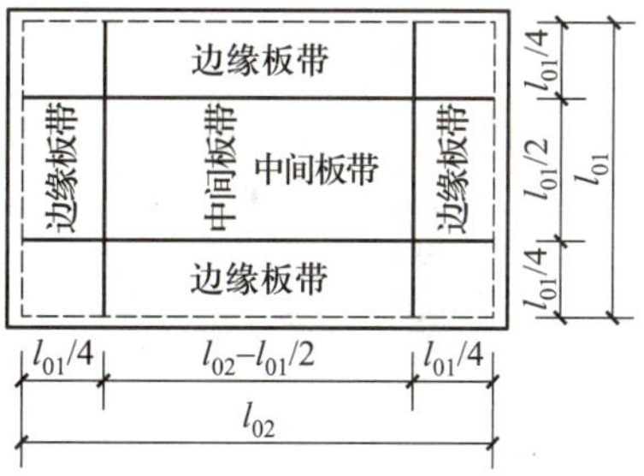

图 2.4.3 双向板板带的划分

(1) **分布钢筋**(distribution reinforcement)。在平行于单向板的长跨，与受力钢筋垂直的方向设置分布筋，放在受力筋的内侧。分布筋的截面积不应少于受力钢筋的 15%，且不宜小于该方向板截面面积的 0.15%；分布钢筋的间距不宜大于 250mm，直径不宜小于 6mm。

分布筋具有以下主要作用：①浇筑混凝土时固定受力钢筋的位置；②承受混凝土收缩和温度变化所产生的内力；③承受并分布板上局部荷载产生的内力；④对四边支承板，可承受在计算中未考虑但实际存在的长跨方向的弯矩。

在温度、收缩应力较大的现浇板区域内，钢筋间距宜取 150~200mm，并应在板的未配筋表面布置温度收缩钢筋。板的上、下表面沿纵横两个方向的配筋率均不宜小于 0.1%。

(2) 与主梁垂直的附加负筋。主梁是单向板长跨方向的支座，在主梁梁肋附近的板面存在一定的负弯矩，因此必须在主梁上部的板面配置附加短钢筋。其数量不少于每米 5ϕ8，且单位长度内的总截面面积不宜小于板中单位宽度内受力钢筋截面积的 1/3；伸入板中的长度从主梁梁肋边算起不小于板计算跨度 l_0 的 1/4，如图 2.4.4 所示。

（3）与承重墙垂直的附加负筋。嵌入承重墙内的单向板，计算时按简支考虑，但实际上存在部分嵌固作用，将产生局部负弯矩。为此，应沿承重墙每米配置不少于 5ϕ8 的附加短负筋，伸出墙边长度 $\geqslant l_0/7$，如图 2.4.5 所示。

（4）板角附加短钢筋：两边嵌入墙内的板角部分，应在板面双向配置 5ϕ8 的附加短负筋，每一方向伸出墙边长度 $\geqslant l_0/4$，如图 2.4.5 所示。

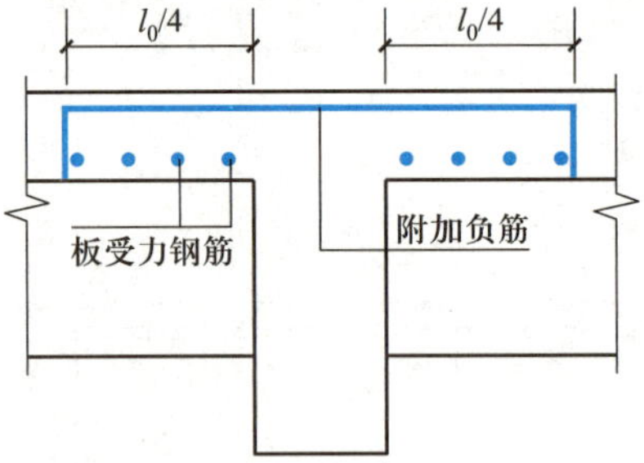

图 2.4.4 与主梁垂直的附加负筋

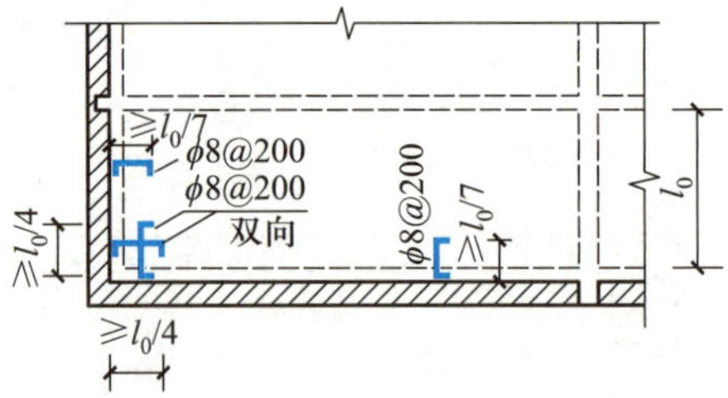

图 2.4.5 嵌固在砌体墙内时板面构造筋

双向板因两个方向均配置了受力钢筋，不再需要另行配置分布钢筋。沿墙边、墙角处的构造钢筋与单向板相同。

4. 板上开洞

楼板常由于使用功能的要求需要开洞。当孔洞的最大尺寸（边长或直径）不大于 300 mm 时，可将受力钢筋直接绕过孔洞（图 2.4.6a）；当孔洞最大尺寸超过 300 mm，但小于 800 mm 时，应在洞边每侧设置附加钢筋，其面积不少于洞口被截断受力钢筋面积的一半，且不少于 2ϕ8（图 2.4.6b）；当孔洞最大尺寸超过 1 000 mm 时，应在孔洞四周设置小梁（图 2.4.6c）。

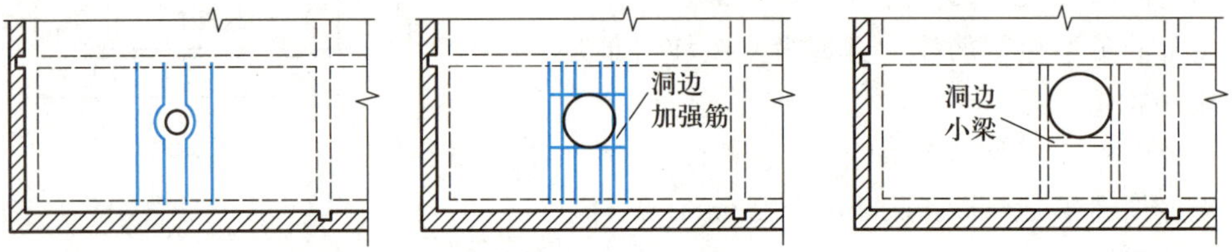

(a) 孔洞最大尺寸不大于300　(b) 孔洞最大尺寸不大于800　(c) 孔洞最大尺寸大于1 000

图 2.4.6 板上开洞的处理

三、梁的构造要求

1. 支承长度

当梁支承在砌体墙上时，其支承长度对于次梁一般不应小于 240 mm；对于主梁一般不应小于 370 mm，主梁下一般还需要设置梁垫。

2. 主梁的截面有效高度

在主梁支座处，主梁与次梁截面的上部纵向钢筋相互交叉重叠（图 2.4.7），致使主梁承受负弯矩的纵筋位置下移，梁的有效高度减小。所以在计算主梁支座截面负钢筋时，截面有效高度应扣去板和次梁负筋的直径。

3. 纵向钢筋

沿梁长纵向钢筋的**弯起**(bent-up)和**截断**(cut off)一般应根据弯矩和剪力包络图确定。但对于相邻跨跨度相差不超过20%、可变荷载和永久荷载的比值 $q/g \leqslant 3$ 的连续次梁,可参考图2.4.8 布置钢筋。

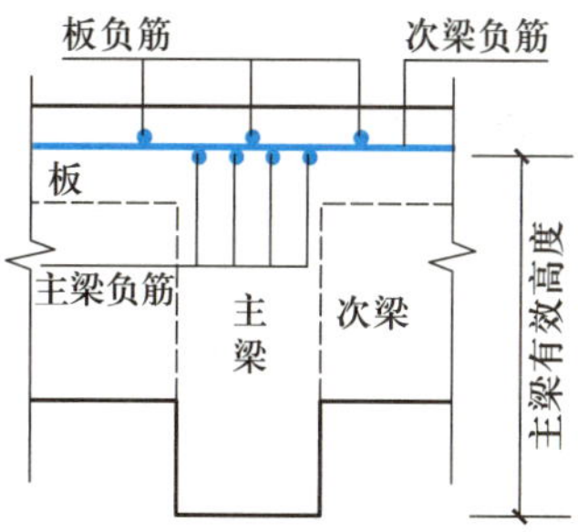

图 2.4.7 主梁支座截面的钢筋

位于梁下部的纵向钢筋除弯起的外,应全部伸入支座,不得在跨间截断。简支端的下部纵向钢筋伸入支座范围的**锚固长度**(anchorage length)应满足:当 $V \leqslant 0.7f_t bh_0$ 时,不小于 $5d$;当 $V > 0.7f_t bh_0$时,对于带肋钢筋不小于 $12d$,对于光面钢筋不小于 $15d$,d 为纵筋最大直径。下部纵向钢筋在中间支座的锚固,当计算中不利用该钢筋的强度时,按简支端支座中 $V>0.7f_t bh_0$的要求处理;当计算中充分利用钢筋的抗拉强度时,伸入支座的长度不应小于钢筋的受拉锚固长度 l_a;当计算中充分利用钢筋的抗压强度时(即按双筋截面设计时),伸入支座的长度不应小于 $0.7l_a$。

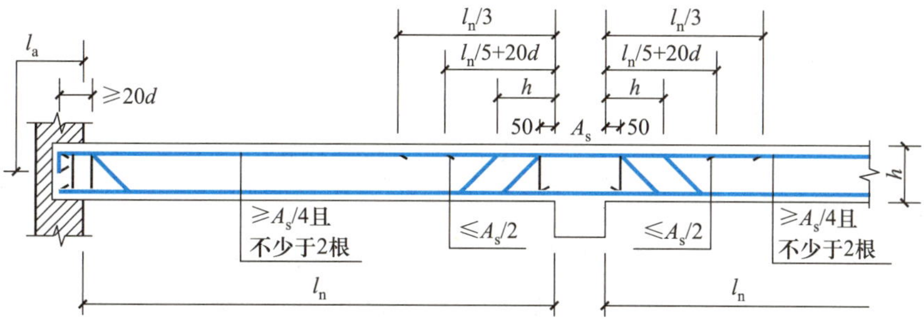

图 2.4.8 次梁的钢筋布置

纵向钢筋的连接采用绑扎搭接时,同一连接区段(1.3 倍搭接长度)内的受拉钢筋搭接接头面积的比例不宜超过 25%,搭接长度 l_l不宜小于 1.2 l_a,且不应小于 300 mm;受压钢筋的搭接长度不宜小于受拉搭接长度的 0.7 倍,且不小于 200 mm。

当梁的腹板高度 $h_w \geqslant 450$ mm 时,应在梁的两个侧面沿截面高度配置纵向构造钢筋,每侧纵向构造钢筋的截面面积不应小于腹板截面面积 bh_w的 0.1%,且其间距不宜大于 200 mm。

4. 箍筋

楼盖梁全长一般均配置封闭式箍筋,第一根箍筋可距支座边 50 mm 处开始布置,同时在简支端的支座范围内,一般宜布置一根箍筋。箍筋的直径、间距需满足相应要求。在纵向受力钢筋的搭接长度范围内,对箍筋间距尚有特别要求。

2.4.2 钢铺板、钢梁的截面计算及连接构造

钢构件的强度、稳定以及连接计算属于承载能力极限状态,采用荷载的基本组合;挠度验算属于正常使用极限状态,采用荷载的标准组合。

一、铺板

轻型板式铺板计算内容包括抗弯强度计算和挠度验算。对板类构件,抗剪强度不必计算。

对于无肋铺板或加劲肋间距大于两倍铺板跨度的有肋铺板，可直接按矩形截面简支构件计算板的正应力和挠度。

对于有肋铺板，加劲肋作为铺板的支承，铺板按周边简支板计算弯矩和挠度，可直接查附表 B.3。有肋铺板的加劲肋按 T 形截面简支梁计算，翼缘宽度取 $30t$，t 是铺板厚度。

二、轧制型钢梁

次梁多采用**轧制型钢梁**(rolled steel beam)。型钢梁的截面计算内容包括承载能力极限状态的**强度**(strength)、**整体稳定**(overall stability)计算和正常使用极限状态的挠度验算。型钢梁不必进行**局部稳定**(local stability)计算；当梁的上翼缘有密铺铺板与其牢固连接、能阻止其侧向位移时，或 H 型钢、等截面工字形截面、箱形截面简支梁满足一定条件时，可不计算整体稳定性；当无很大孔洞削弱时，抗剪强度也可不计算。

三、焊接梁

焊接梁(welded steel beam)常用于主梁，一般采用由三块钢板焊接而成的工字形截面。焊接梁的强度计算除了抗弯、抗剪外，如果次梁传给腹板的集中荷载较大而又未设置支承加劲肋时，尚应进行腹板计算高度边缘的局部承压强度计算；若同时受有较大的正应力、切应力和局部压应力时，还需计算其折算应力。

翼缘与腹板的连接通常采用角焊缝，其焊缝高度 h_f 应大于腹板厚度的一半和 $1.5\sqrt{t}$（t 为翼缘板厚度），且不小于 6 mm。当梁受力很大或受有动力荷载时，翼缘与腹板的连接采用焊透的 T 形对接焊缝，这时可不必计算焊缝强度。

焊接梁满足上述条件也可不计算整体稳定性。梁受压翼缘的局部稳定可通过板件宽厚比控制；腹板的局部稳定不满足时可通过设置加劲肋，将腹板分成几个较小区域，提高稳定性。

四、连接构造

1. 次梁与主梁铰接

当次梁与主梁铰接时，在连接节点处仅能传递次梁的竖向支座反力，不能传递力矩。图 2. 4. 9 是次梁与主梁铰接的叠接形式，可以用螺栓或焊缝固定。当次梁支座反力较大时，应在主梁支承次梁的位置设置支承加劲肋，以避免主梁腹板承受过大的局部压力。为保证次梁支座反力以集中力的形式作用于主梁中心，避免主梁的受扭，可在次梁下设置焊于主梁中心的垫板，见图 2. 4. 9b 所示。图 2. 4. 9b 是次梁连续与主梁的叠接形式，此时次梁弯矩可以在支座两边传递，但并不能传递给主梁。

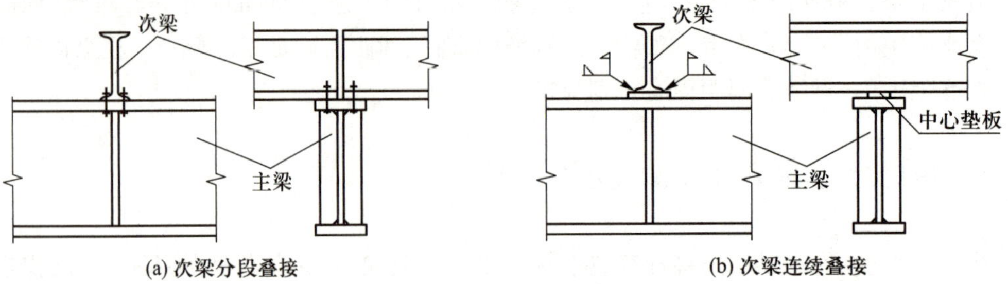

图 2.4.9 次梁与主梁叠接

图 2.4.10 是次梁与主梁的铰接平接形式。次梁可连接在主梁的加劲肋(图 2.4.10a)、短角钢(图 2.4.10 b)或承托(图 2.4.10 c)上，通过焊缝或螺栓将反力传给主梁的腹板。次梁顶面根据需

要可以与主梁完全平齐，或比主梁顶面稍低。考虑到连接处并非理想铰接，有一定的约束作用，通常将次梁的支座反力值放大 20%~30%进行连接计算。

对于图 2.4.10c 所示的连接方式，支座反力全部由承托传递。承托板上的压力按三角形分布，其合力点位于承托顶板外边缘 $a/3$（a 为承托顶板的宽度）处。

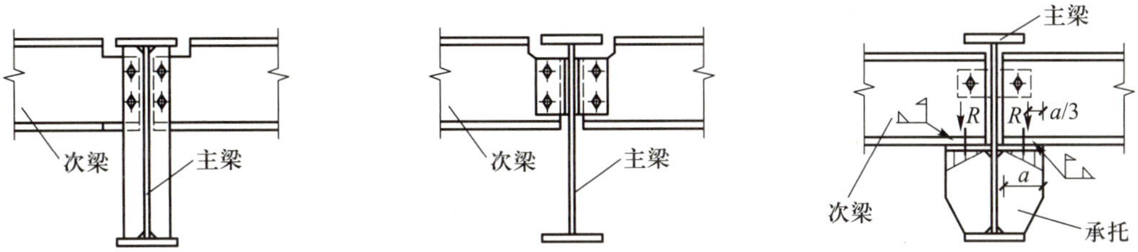

(a) 次梁由加劲肋支承　(b) 次梁由短角钢支承　(c) 次梁由承托支承

图 2.4.10　次梁与主梁平接

2. 次梁与主梁的刚接

次梁与主梁的刚接常采用平接形式，连接节点除了传递次梁的竖向支座反力外，还需要传递次梁梁端弯矩，使次梁成为连续梁。图 2.4.11a 为高强螺栓的连接方案，图 2.4.11b 为焊接连接方案。由于次梁弯矩主要由翼缘承担，所以在次梁翼缘上需设置连接板，以传递力偶 N。次梁上、下翼缘与连接板的连接强度按承受 N 计算，N 可近似取 $N=M/h_1$（M 为次梁支座弯矩，h_1 为次梁上、下翼缘中心线之间的距离）。次梁的竖向支座反力 R 则通过螺栓传给主梁腹板的加劲肋（图 2.4.11a），或直接传给主梁的承托。对于前者，支座反力的合力点在螺栓位置；对于后者，支座反力的合力点距承托外边缘 $a/3$。

次梁与主梁刚接，当次梁支座两端的弯矩相差较大时，将在主梁中引起较大的扭矩，对主梁受力不利。

3. 梁与柱的连接

梁与柱的连接按受力性能可以分为铰接连接和刚性连接两种，此处仅介绍铰接，梁与柱的刚接将在第 3 章和第 4 章介绍。

根据梁与柱的相对位置，有梁支承于柱顶（仅适用于顶层柱）和梁支承于柱侧两种铰接方式。

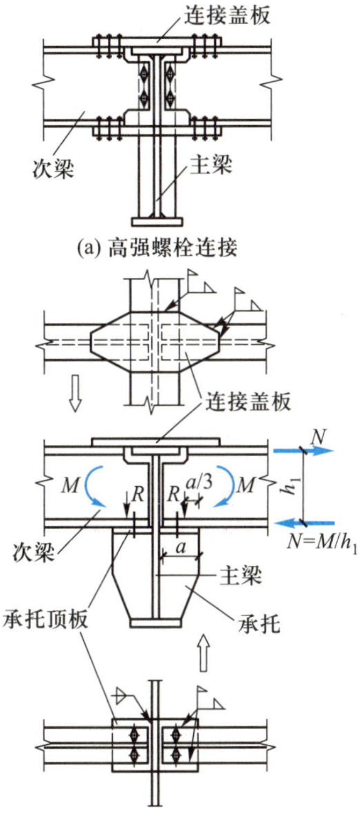

(b) 焊接连接

图 2.4.11　次梁与主梁的刚接

图 2.4.12a 为梁支承于柱顶的铰接构造。梁的支座反力通过柱顶板传给柱身，顶板与柱身焊接，梁端采用螺栓固定在柱顶板上。顶板厚度一般取 16~20 mm，四周从柱边向外伸 20~30 mm，以便于柱焊接。为了使梁的支座反力直接传给柱的翼缘，梁端加劲肋应对齐柱的翼缘板。这种连接形式构造简单、施工方便，适用于相邻梁支座反力相等或相差不大的情况。当相邻梁支座反力相差较大时，柱内将产生较大的偏心力矩，设计柱身时除了按轴心受压构件计算外，还应按压弯构件进行验算。

为了减少柱的偏心力矩，图 2.4.12b 中，梁端采用突缘支座，突缘板底部刨平（或铣平），与柱顶直接顶紧。梁的支座反力通过突缘板作用在柱身的轴线附近,因而即使相邻梁支座反力相差较大,柱的偏心弯矩也比较小,接近轴心受压状态。由于梁的支座反力主要传递给柱腹板,在柱顶板下设置一对加劲肋,以加强腹板。加劲肋与柱腹板的竖向焊缝连接要按同时传递剪力和偏心力矩计算。为了加强柱顶板的抗弯刚度,在柱顶板上部的中心部位加焊一块垫板。为便于制作和安装,两相邻梁之间应预留 10~20 mm 空隙。在靠近梁下翼缘处的梁支座突缘板间设置填板,并用螺栓相连。

图 2.4.12c 为梁支承在格构式柱顶的连接构造。为了保证格构式柱两单肢受力均匀,在柱顶处应设置端缀板,并在两单肢腹板内侧中央处设置竖向隔板,使格构式柱在柱头一段变成实腹式。其他的构造可与实腹式柱同样处理。

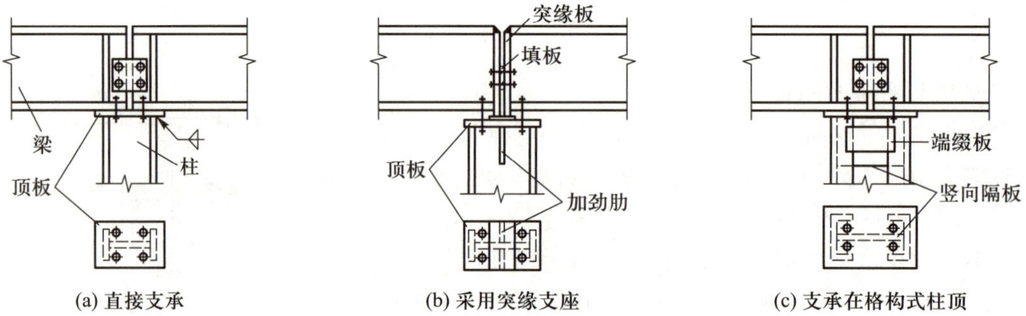

图 2.4.12　梁支承于柱顶的铰接连接

梁与柱的侧面连接通常在柱侧面设置承托,以支承梁的支座反力。当梁的支座反力不大时,可采用图 2.4.13a 所示的连接构造,梁端不设支承加劲肋,直接放在柱的承托上,用普通螺栓固定其位置;梁端与柱侧预留一定空隙,在梁腹板靠近上翼缘处设一短角钢和柱身相连,以防止梁端向平面外偏移。这种连接形式比较简单、施工方便。

当梁的支座反力较大时,可采用图 2.4.13b 所示的连接构造。梁的支座反力由突缘板传给承托,承托可由厚钢板或加劲后的角钢制作。承托的厚度应比梁端突缘板的厚度大 10~12 mm,宽度应比突缘板宽度大 10 mm。承托与柱侧面用焊缝连接。考虑到梁端支座反力的偏心影响,承托与柱的连接焊缝按 1.25 倍支座反力计算。为便于安装,梁端与柱侧面应预留 5~10 mm 的空隙,安装时加填板并设置构造螺栓来固定梁的位置。

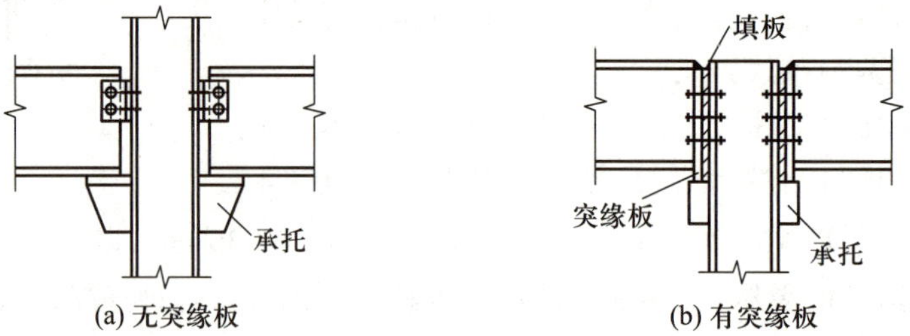

图 2.4.13　梁支承于柱侧面的铰接连接

【例 2-8】 图 2.4.14a 所示主、次梁平接铰接节点,主梁截面 HN400×200,次梁截面 HN300×

150,Q235 钢。已求得次梁端部剪力基本组合值 $V=120$ kN。拟采用 10.9 级 M20 摩擦型高强螺栓双剪连接,接触面采用喷砂处理。试设计该节点。

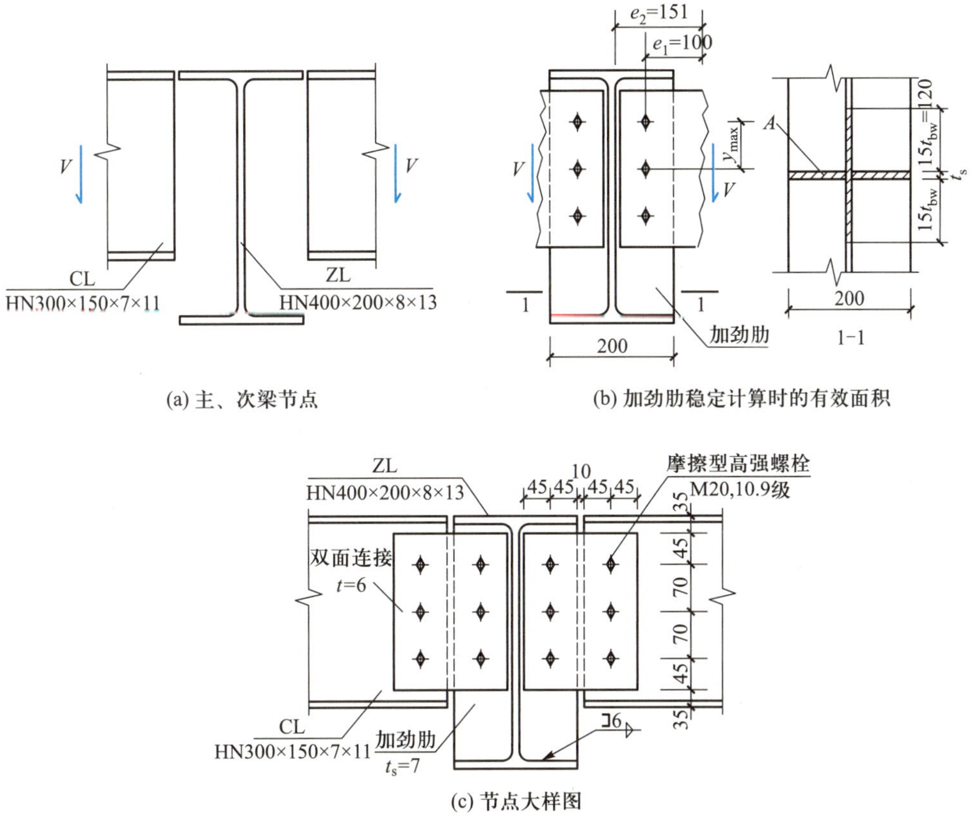

图 2.4.14　次梁与主梁平接铰接节点

【解】　设计次梁与主梁铰接连接时,通常忽略对主梁产生的扭转效应,仅将次梁的竖向剪力传给主梁;但在计算连接高强螺栓和连接焊缝时,考虑由于偏心所产生的附加力矩的影响。

(1) 支承加劲肋稳定计算

连接次梁的支承加劲肋外伸宽度应满足:

$$b_s \geqslant h_0/30+40\ \text{mm}=(400-2\times13)\ \text{mm}/30+40\ \text{mm}=52.5\ \text{mm}$$

现加劲肋与主梁翼缘边平齐,$b_s=(b_b-t_{bw})/2=(200-8)\ \text{mm}/2=96\ \text{mm}>52.5\ \text{mm}$,满足要求。

加劲肋厚度应满足:

$$t_s \geqslant b_s/15=96\ \text{mm}/15=6.4\ \text{mm},取\ t_s=7\ \text{mm}。$$

计算支承加劲肋平面外稳定时,考虑每侧 $15t_{bw}\sqrt{235/f_y}$ 范围的主梁腹板面积,见图 2.4.14b。

轴力:$N=2V=2\times120\ \text{kN}=240\ \text{kN}$

截面面积:$A=2\times15\times8\ \text{mm}\times8\ \text{mm}+200\ \text{mm}\times7\ \text{mm}=3\ 320\ \text{mm}^2$

惯性矩:$I_z=[7\ \text{mm}\times(200\ \text{mm})^3+2\times120\ \text{mm}\times(8\ \text{mm})^3]/12=4.68\times10^6\ \text{mm}^4$

回转半径:$i_z=(I_z/A)^{1/2}=(4.68\times10^6/3\ 320)^{1/2}\ \text{mm}=37.5\ \text{mm}$

根据长细比 $\lambda_z=h_0/i_z=374/37.5=9.96$,按 b 类截面,查《钢结构设计规范》(GB 50017—

2018)附表 G-2,得到稳定系数 $\varphi=0.992$。

$\sigma=N/(\varphi A)=240\times10^3/(0.992\times3\ 320)\ \text{N/mm}^2=72.9\ \text{N/mm}^2<f=215\ \text{N/mm}^2$,满足要求。

(2) 连接螺栓计算

一个双剪高强螺栓的抗剪承载力为

$$N_v^b=0.9n_f\mu P=0.9\times2\times0.45\times155\ \text{kN}=125.55\ \text{kN}$$

布置 3 个螺栓。在次梁端部竖向剪力作用下,连接一侧的每个高强螺栓受力:

$$N_v=V/n=120/3\ \text{kN}=40\ \text{kN}$$

由于偏心力矩 $M_e=Ve_1=120\times100\ \text{kN}\cdot\text{mm}=12\ 000\ \text{kN}\cdot\text{mm}$ 作用(图 2.4.14b),单个高强螺栓的最大受力:

$$N_M=\frac{M_e y_{max}}{\sum y_i^2}=\frac{120\ 000\times70}{2\times70^2}\ \text{kN}=85.71\ \text{kN}$$

在竖向剪力和偏心力矩共同作用下,一个高强螺栓受力为

$$N_s=\sqrt{N_v^2+N_M^2}=\sqrt{40^2+85.71^2}\ \text{kN}=94.58\ \text{kN}<N_v^b=125.55\ \text{kN},满足要求。$$

(3) 加劲肋与主梁的连接焊缝计算

剪力 $V=120$ kN,偏心力矩 $M_e=Ve_2=120\times10^3\times151\ \text{N}\cdot\text{mm}=18.12\times10^6\ \text{N}\cdot\text{mm}$。焊缝计算长度仅考虑与主梁腹板连接部分有效,$l_w=400\ \text{mm}-13\ \text{mm}\times2-16\ \text{mm}\times2=342\ \text{mm}$,采用 $h_f=6$ mm,则

$$\tau_v=V/(2\times0.7\times h_f\times l_w)=120\times10^3/(2\times0.7\times6\times342)\ \text{N/mm}^2=41.77\ \text{N/mm}^2$$

$$\sigma_M=M_e/W_w=18.12\times10^6/[(2\times0.7\times6\times342^2)/6]\ \text{N/mm}^2=110.66\ \text{N/mm}^2$$

$$\sigma_{fs}=\sqrt{\tau_v^2+(\sigma_M/\beta_f)^2}=\sqrt{41.77^2+(110.66/1.22)^2}\ \text{N/mm}^2=99.86\ \text{N/mm}^2<f_f^w=160\ \text{N/mm}^2,$$

满足要求。

(4) 次梁腹板的净截面验算

不考虑孔前传力,近似按下式验算:

$$\tau=V/(t_w h_{wn})=120\times10^3\text{N}/[7\ \text{mm}\times(300\text{mm}-2\times11\ \text{mm}-3\times22\ \text{mm})]=80.86\ \text{N/mm}^2<f_v=125\ \text{N/mm}^2$$

(5) 连接板的厚度

按等强设计。对于双板连接板,其连接板厚尚不宜小于梁腹板厚度的 0.7 倍、不应小于 $S/12$(S 为螺栓间距)、也不宜小于 6 mm。

$t=t_w h_1/(2h_2)=7\ \text{mm}\times(300\ \text{mm}-2\times11\ \text{mm})/(2\times230\ \text{mm})=4.2\ \text{mm}$;$0.7t_w=0.7\times7\ \text{mm}=4.9\ \text{mm}$;$S/12=70\ \text{mm}/12=5.8\ \text{mm}$。最后采用 $t=6$ mm。

节点详图见 2.4.14c。

2.4.3 组合板、组合梁截面计算及构造要求

一、组合板的截面计算

组合板截面计算内容包括:使用阶段的正截面受弯承载力、斜截面承载力和压型钢板与混凝土界面的纵向剪切黏结承载力计算,变形、裂缝宽度验算;施工阶段的承载力和变形验算。其中施工阶段混凝土尚未硬化,钢板与混凝土之间还没有形成组合作用,只需对压型钢板本身进行承

载力和变形验算。

1. 强边方向正弯矩截面受弯承载力

弱边方向组合板的受弯承载力计算不考虑压型钢板的作用，故可按普通钢筋混凝土板计算。下面介绍强边方向的受弯承载力计算方法。

组合板正截面承载力计算时采用与普通钢筋混凝土正截面承载力计算相同的 4 个假定，并认为压型钢板与混凝土之间有可靠的黏结。

强边方向常取一个波宽 b 作为计算单元，极限状态截面的应力图形如图 2.4.15 所示。根据轴向力平衡和力矩平衡条件可确定中和轴位置和截面受弯承载力。当中和轴位于槽顶以上的混凝土内时（$x \leqslant h_{c1}$，见图 2.4.15b），受弯承载力按下式计算：

$$M_u = \alpha_1 f_c bx(h_0 - 0.5x) \tag{2.4.3}$$

式中，M_u——一个波宽范围组合板的受弯承载力；

f_c——混凝土抗压强度设计值；

x——组合板受压区高度，根据轴力平衡条件，由下式确定

$$x = \frac{A_a f_a}{\alpha_1 f_c b} \tag{2.4.4}$$

需满足 $x \leqslant \xi_b h_0$，其中 ξ_b 为界限相对受压区高度，同混凝土构件；

h_0——组合板有效高度，取压区边缘至压型钢板截面形心的距离；

A_a——一个波宽范围内压型钢板的截面面积；

f_a——压型钢板的强度设计值；

b——压型钢板的波距；

α_1——受压混凝土矩形应力图形的应力值与混凝土轴心抗压强度设计值的比值，当混凝土强度等级不超过 C50 时，α_1 取为 1.0，当混凝土强度等级为 C80 时，α_1 取为 0.94，其间按线性内插法确定。

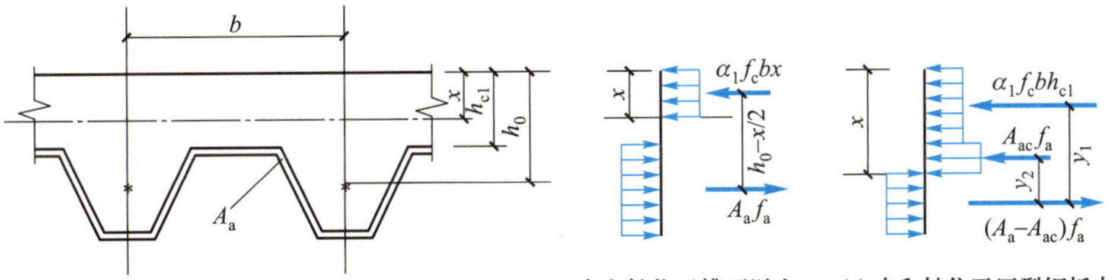

(a) 横截面 (b) 中和轴位于槽顶以上 (c) 中和轴位于压型钢板内

图 2.4.15 组合板正弯矩作用下的正截面应力图形

当中和轴位于压型钢板内时（图 2.4.15c），受弯承载力按下式计算：

$$M_u = \alpha_1 f_c h_{c1} y_1 + A_{ac} f_a y_2 \tag{2.4.5}$$

式中，h_{c1}——压型钢板顶面以上的混凝土计算厚度；

y_1——压型钢板受拉区截面应力合力至受压区混凝土截面压应力合力的距离；

y_2——压型钢板受拉区截面应力合力至压型钢板截面压应力合力的距离；

A_{ac}——中和轴以上的压型钢板面积，根据轴力平衡条件 $\alpha_1 f_c bh_{c1} + A_{ac} f_a = (A_a - A_{ac}) f_a$，可得

$$A_{ac}=\frac{A_a-\alpha_1 f_c b h_{c1}/f_a}{2} \tag{2.4.6}$$

2. 强边方向负弯矩截面受弯承载力

组合板在负弯矩作用下的承载力计算比较复杂,可采用简化计算方法。将受拉钢筋对压型钢板截面形心取矩(图 2.4.16),得到

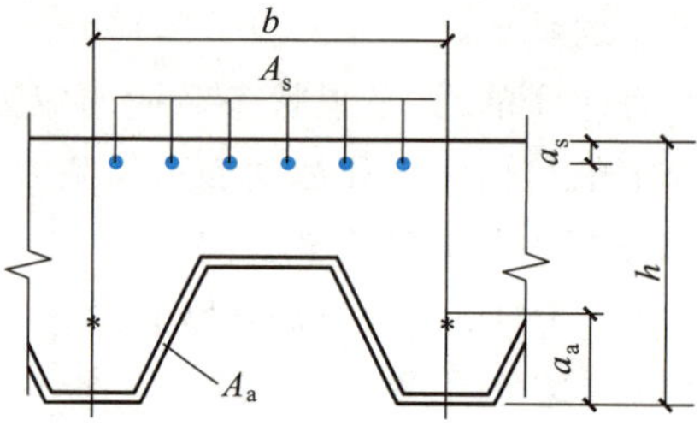

图 2.4.16 组合板受负弯矩作用的配筋计算

$$A_s=\frac{M}{f_y(h-a_s-a_a)} \tag{2.4.7}$$

式中,a_s——板顶受拉钢筋合力点到板面的距离;

a_a——压型钢板截面形心到组合板板底的距离。

另外,不考虑压型钢板作用,按倒 T 形混凝土构件计算,取两者承载力较大值。

3. 斜截面承载力

组合板斜截面承载力按下式计算:

$$V_u=0.7 f_t b_w h_0 \tag{2.4.8}$$

式中,V_u——一个波宽范围组合板的受剪承载力;

b_w——平均肋宽;

f_t——混凝土轴心抗拉强度设计值。

4. 界面纵向剪切黏结承载力

根据材料力学的切应力互等原理,在压型钢板与混凝土的界面沿纵向存在切应力,当界面的纵向剪切黏结承载力不足时会发生滑移破坏。界面纵向剪切黏结承载力与压型钢板的形状、混凝土强度等级、连接处理方式等众多因素有关,计算时可查阅《组合结构设计规范》(JGJ 138—2016)。

【例 2-9】 试计算例 2-6 中组合板使用阶段沿肋方向的抗弯承载力是否满足要求,并配置垂直肋方向的纵向钢筋。压型钢板抗拉强度设计值 f=205 MPa,钢筋采用 HPB300。

【解】

(1) 强边方向

压型钢板截面形心到组合截面下边缘的距离(参见图 2.3.14)为

$$a_a=(112\ \text{mm}\times 1\ \text{mm}\times 70\ \text{mm}+2\times 71.6\ \text{mm}\times 1\ \text{mm}\times 35\ \text{mm})/(313.2\ \text{mm}^2)=41.06\ \text{mm}$$

组合截面有效高度:$h_0=(110+70-41.06)\ \text{mm}=138.94\ \text{mm}$

由式(2.4.4),截面受压区高度

$$x=A_a f_a/(\alpha_1 f_c b)=313.2\times 205/(1.0\times 14.3\times 200)\ \text{mm}=22.45\ \text{mm}<h_{c1}(=110\ \text{mm})$$

中和轴在槽顶以上。由式(2.4.3),一个波宽的抗弯承载力

$$M_u=\alpha_1 f_c bx(h_0-0.5x)=1\times14.3\ \text{N/mm}^2\times200\ \text{mm}\times22.45\ \text{mm}\times(138.94-0.5\times22.45)\ \text{mm}$$
$$=8.20\times10^6\ \text{N}\cdot\text{mm}=8.20\ \text{kN}\cdot\text{m}$$

大于一个波宽的弯矩设计值(见例 2-6)18.75 kN · m /5=3.75 kN · m,满足要求。

(2) 弱边方向

取 1 m 宽作为计算单元,按普通混凝土截面计算。由例 2-6,$M=12.81$ kN · m。截面抵抗矩系数

$$\alpha_s=M/(\alpha_1 f_c bh_0^2)=12.81\times10^6/(1\times14.3\times1\ 000\times90^2)=0.11$$

可求得内力臂系数 $\gamma_s=0.942$。所需纵向钢筋的面积为

$$A_s=M/(\gamma_s h_0 f_y)=12.81\times10^6\ \text{N}\cdot\text{mm}/(0.942\times90\ \text{mm}\times270\ \text{N/mm}^2)=559.6\ \text{mm}^2$$

配置 ϕ12@200(565.5 mm²)。

5. 挠度和裂缝宽度验算

组合板按强边方向的简支单向板,采用长期刚度进行荷载效应准永久组合下的挠度验算,要求小于附表 A.9 规定的允许值。长期刚度取短期刚度的 0.5 倍,按下式计算:

$$B=0.5E_c I_{eq} \tag{2.4.9}$$

式中,E_c——混凝土弹性模量;

I_{eq}——组合板的等效截面惯性矩,取全截面换算截面惯性矩和裂缝截面换算截面惯性矩的平均值,$I_{eq}=(I_0+I_{cr})/2$。

计算换算截面惯性矩时,将压型钢板截面换算成混凝土截面。混凝土构件在长期荷载作用下刚度下降,而钢构件并不下降,所以计算长期刚度时将钢板面积乘以 $2\alpha_E$ 换算成混凝土面积。

全截面换算截面(图 2.4.17a)惯性矩可按下式计算:

$$\begin{cases} I_0=I_{c0}+A_{c0}(x_0-h_{c0})^2+2\alpha_E[I_a+A_a(h_0-x_0)^2] \\ x_0=\dfrac{A_{c0}h_{c0}+2\alpha_E A_a h_0}{A_c+2\alpha_E A_a} \end{cases} \tag{2.4.10a}$$

式中,α_E——钢材弹性模量与混凝土弹性模量之比;

x_0——组合板全截面换算截面重心至受压边缘的距离;

A_{c0}——混凝土的截面面积;

h_{c0}——混凝土截面重心至压区边缘的距离;

h_0——组合板截面有效高度;

I_{c0}、I_a——分别是混凝土部分和压型钢板部分对自身重心的惯性矩;

I_0——全截面换算截面惯性矩。

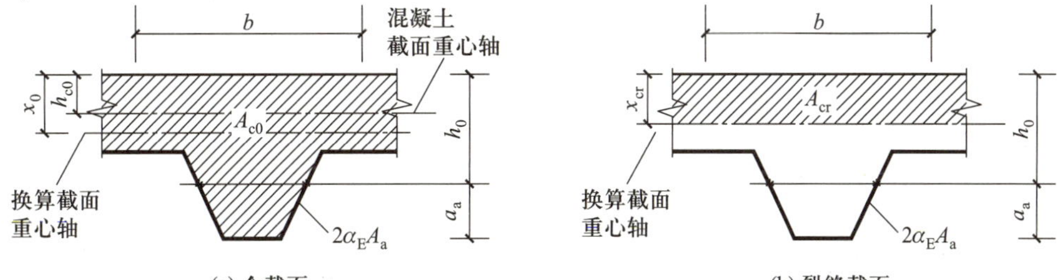

(a) 全截面　　(b) 裂缝截面

图 2.4.17　组合板换算截面

计算裂缝截面换算截面惯性矩时,不考虑受拉区混凝土作用(认为受拉区全部开裂)。由图2.4.17 b,裂缝截面换算截面重心(一般位于槽顶以上)至受压边缘距离

$$x_{cr}=\frac{bx_{cr}\times 0.5x_{cr}+2\alpha_E A_a\times h_0}{bx_{cr}+2\alpha_E A_a}$$

求解后得到

$$x_{cr}=\left[\sqrt{(2\alpha_E\rho_a)^2+4\alpha_E\rho_a}-2\alpha_E\rho_a\right]h_0 \tag{2.4.10b}$$

其中 $\rho_a=A_a/(bh_0)$。

裂缝截面换算截面惯性矩:

$$I_{cr}=\frac{bx_{cr}^3}{3}+2\alpha_E[I_a+A_a(h_0-x_{cr})^2] \tag{2.4.10c}$$

式中,b——压型钢板的波距;

x_{cr}——组合板裂缝截面换算截面重心至受压边缘距离;

I_{cr}——裂缝截面换算截面惯性矩。

验算组合楼板负弯矩部位混凝土裂缝宽度时,可近似忽略压型钢板的作用,即按混凝土板及其所配的负钢筋计算板的最大裂缝宽度,并符合《混凝土结构设计规范》规定的限值。因正弯矩部位底面有压型钢板,裂缝不影响耐久性,并且不可见,也不影响观瞻,裂缝宽度不必验算。

【例 2-10】 可变荷载的准永久值系数 $\psi_q=0.5$,试验算例 2-9 组合板的挠度是否满足要求。

【解】

(1) 计算全截面换算截面惯性矩

利用表 2-5 中数据,可求混凝土截面重心至压区边缘的距离 $h_{c0}=72$ mm,混凝土部分对自身重心的惯性矩

$$I_{c0}=[22\ 183\ 300+22\ 000\times(55-72)^2+2\ 086\ 600+5\ 110\times(145-72)^2]\ \text{mm}^4=57.859\ 1\times10^6\ \text{mm}^4$$

压型钢板截面重心到组合板下边缘的距离 $a_a=41$ mm, $h_0=139$ mm(参见例 2-9)。压型钢板部分对自身重心的惯性矩

$$I_a\approx[0+112\times(70-41)^2+57\ 167+143\times(35-41)^2+0+58\times(0-41)^2]\ \text{mm}^4=0.254\times10^6\ \text{mm}^4$$

由式(2.4.10a),组合板全截面换算截面中重心轴至受压边缘的距离

$$x_0=(A_{c0}h_{c0}+2\alpha_E A_a h_0)/(A_{c0}+2\alpha_E A_a)=(27\ 110\times72+2\times6.87\times313\times139)/(27\ 110+2\times6.87\times313)\ \text{mm}$$
$$=81\text{mm}$$

组合板的全截面换算截面惯性矩

$$I_0=I_c+A_c(x_0-h_{c0})^2+2\alpha_E[I_a+A_a(h_0-x_0)^2]$$
$$=57.859\ 1\times10^6+27\ 110\times(81-72)^2+2\times6.87\times[0.254\times10^6+313\times(139-81)^2]\ \text{mm}^4$$
$$=78.038\ 3\times10^6\text{mm}^4$$

(2) 计算裂缝截面换算截面惯性矩

$\rho_a=A_a/(bh_0)=313.2/(200\times139)=0.011\ 3$。由式(2.4.10b),组合板裂缝截面换算截面重心至受压边缘距离

$$x_{cr}=\left[\sqrt{(2\times6.87\times0.011\ 3)^2+4\times6.87\times0.011\ 3}-2\times6.87\times0.011\ 3\right]\times139\ \text{mm}=58.76\ \text{mm}$$

由式(2.4.10c),裂缝截面换算截面惯性矩

$$I_{cr}=\frac{200\times58.76^3}{3}\ \text{mm}^4+2\times6.87\times[254\ 000+313.2\times(139-58.76)^2]\ \text{mm}^4=44.722\ 6\times10^6\ \text{mm}^4$$

(3) 计算组合板长期刚度

由式(2.4.9),1 米宽组合板(包含 5 个波宽)的长期刚度为

$$B=5\times0.5E_c\times(I_0+I_{cr})/2=5\times0.25\times30\ 000\times(78.038\ 3+44.722\ 6)\times10^6\ \text{N}\cdot\text{mm}^2$$
$$=4.603\ 5\times10^{12}\ \text{N}\cdot\text{mm}^2$$

(4) 计算挠度

跨度小于 7 m,由附表 A.9,挠度限值为 $l_0/200$。简支单向板跨中挠度系数 $f=5/384=0.013$;1 m 宽板内荷载的准永久组合值为

$$p_q=1\ \text{m}\times(g_k+\psi_q q_k)=1\text{m}\times(4.11+0.5\times7)\ \text{kN/m}^2=7.61\ \text{kN/m}=7.61\ \text{N/mm}$$

挠度

$$\Delta_l=0.013\times7.61\times6\ 000^4/(4.603\ 5\times10^{12})\ \text{mm}=27.85\ \text{mm}<l_0/200=30\ \text{mm}$$,满足要求。

二、组合板的构造要求

1. 栓钉的设置要求

为了防止压型钢板与混凝土之间的滑移,在组合板的端部应设置栓钉。栓钉应布置在端支座的压型钢板凹肋处,穿透压型钢板,将栓钉和压型钢板均焊于钢梁的翼缘上。栓钉的直径按下列规定采用:板跨度 l 小于 3 m 时,直径为 13 mm 或 16 mm;跨度 l 在 3~6 m 时,直径为 16 mm 或 19 mm;跨度 l 大于 6 m 时,直径为 19 mm。

2. 配筋

连续组合板按简支板计算时,抗裂钢筋的配筋率不少于 0.2%。抗裂钢筋的伸出长度从支座边缘算起不小于 $l/6$(l 为板跨),且应与不少于 5 根分布筋相交。抗裂钢筋的直径不小于 4 mm,最大间距为 150 mm,顺肋方向的抗裂钢筋的保护层厚度宜为 20 mm。与抗裂钢筋垂直的分布筋直径不应小于抗裂钢筋直径的 2/3,其间距不应大于抗裂钢筋间距的 1.5 倍。

3. 支承要求

组合板在钢梁上的支承长度不应小于 75 mm,其中压型钢板的支承长度不小于 50 mm;支承在钢筋混凝土梁或砌体墙的最小长度分别为 100 mm 和 75 mm。

三、组合梁的截面计算

1. 种类与计算内容

梁板结构中的组合梁(composite beam)主要有两种类型,一类是在钢梁上直接浇筑钢筋混凝土板(参见图 2.2.3a),另一类是压型钢板组合钢梁。后者又有两种情况:板肋垂直于钢梁(图 2.2.3b)和板肋平行于钢梁(图 2.4.18)。钢梁和混凝土板之间通过设置的抗剪连接件形成整体,共同工作,混凝土板构成组合梁的翼缘。

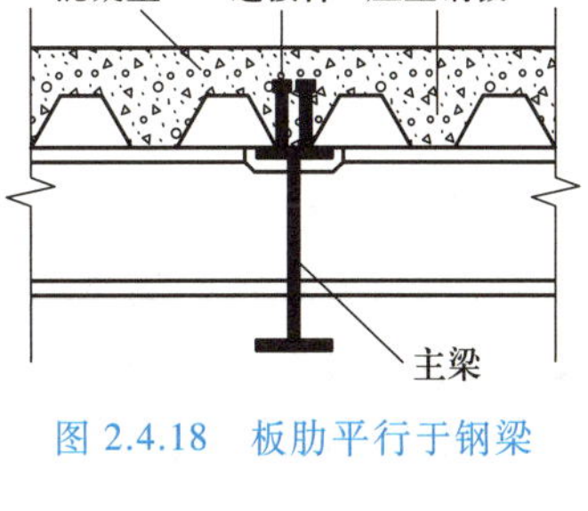

图 2.4.18 板肋平行于钢梁

混凝土翼板的有效宽度(effective flange width)b_e,《组合结构设计规范》取 $b_e=b_0+b_1+b_2$,见图 2.4.19,其中 b_0 为板托顶部的宽度(无板托时取钢梁上翼缘宽度);b_1、b_2 取相邻钢梁净距 S_0 的 1/2 和梁等效跨度 l_e 的 1/6 中的较小值,此外,b_1 尚应不超过混凝土翼板实际外伸宽度 S_1 的一半。此处等效跨度,对于简支组合梁取其跨度 l;对于连续组合梁,中间跨正弯矩区段取

0.6l,边跨正弯矩区段取0.8l,支座负弯矩区段取相邻两跨跨度之和的0.2倍。

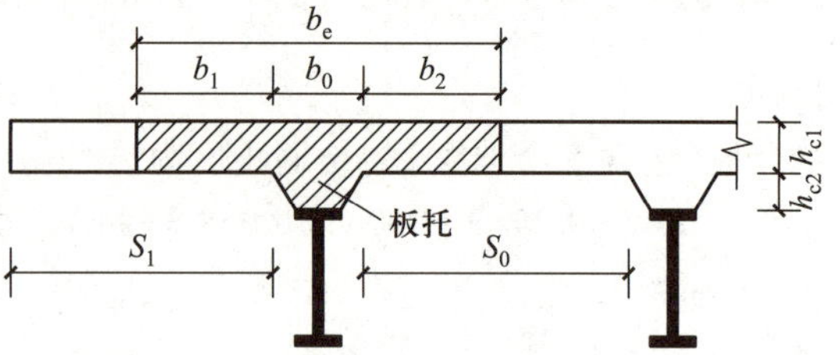

图2.4.19 组合梁翼板有效宽度

组合梁需进行施工和使用两个阶段的计算。施工阶段因混凝土没有硬化,不参与工作,按一般钢梁进行强度、稳定和挠度计算。

组合梁的截面设计有弹性设计方法和塑性设计方法两种。

弹性设计方法用于直接承受动力荷载的组合梁,以及连续组合梁中钢梁的受压板件宽厚比不符合塑性设计要求的情况。该方法假定钢与混凝土均为理想弹性体,计算时将混凝土部分等效换算成钢截面,然后类似钢构件进行截面的正应力和切应力分析。对于施工阶段不设支撑的组合梁,钢梁在施工阶段和使用阶段的应力进行叠加。下面主要介绍塑性设计方法。

2. 塑性设计的一般要求

由于混凝土板可阻止钢梁上翼缘的侧向位移,因此简支组合梁在使用阶段可不考虑梁的整体稳定问题。但对于连续组合梁,在可变荷载最不利布置下,有可能使梁的某一跨全跨出现负弯矩,此时,钢梁下翼缘受压,需验算其整体稳定性。

简支组合梁支座截面的剪力最大,弯矩为零;跨内最大弯矩截面剪力为零。故可分别按纯弯和纯剪条件计算组合梁的承载力。而连续组合梁支座截面处的剪力及弯矩均很大,存在相关作用。但如果支座截面的材料总强度比(钢筋拉力与钢梁面积×钢梁强度之比)$\gamma>0.15$,可不考虑它们之间的相关关系。

使用阶段的截面计算内容包括承载能力极限状态的受弯、受剪、纵向界面受剪和正常使用极限状态的挠度、混凝土翼板裂缝宽度的计算。其中受剪承载力的计算不考虑混凝土翼板的作用,按普通钢梁设计。纵向界面受剪承载力计算包括抗剪连接件设计和横向配筋计算。

当组合梁不直接承受动力荷载并且钢梁受压板件的宽厚比符合塑性设计要求时,受弯承载力可采用塑性设计方法。组合梁的受弯承载力计算方法与混凝土翼板和钢梁之间的连接方式有关。当抗剪连接件数量按计算要求设置时,该组合梁称**完全抗剪连接**(full shear connection)组合梁,混凝土板和钢梁完全共同工作;当抗剪连接件的实际设置数量少于计算数量,但不少于50%时,则该组合梁称**部分抗剪连接**(partial shear connection)组合梁,此时,混凝土板与钢梁之间存在部分共同工作能力和一定程度的滑移;当抗剪连接件设置数量少于计算值的50%时,则不考虑组合梁的整体作用,按单独的钢梁计算其受弯承载力。

3. 完全抗剪连接组合梁的受弯承载力

完全抗剪连接组合梁的受弯承载力计算假定:在混凝土翼板的有效宽度b_e内,钢梁的受拉、受压应力,以及连续梁负弯矩处纵向钢筋的受拉应力均达到强度设计值;略去受拉混凝土的作用;受压区混凝土应力全部达到抗压强度设计值。

在正弯矩区段,截面中和轴的位置有两种情况:位于混凝土受压翼板内和位于钢梁截面内。

中和轴位于混凝土受压翼板内的判别条件是 $A_a f_a \leqslant b_e h_{c1} \alpha_1 f_c$，极限状态时截面的应力图形如图 2.4.20b 所示。根据截面力矩平衡条件，截面的受弯承载力：

$$M_u = b_e x \alpha_1 f_c y \tag{2.4.11}$$

式中，M_u——受弯极限承载力；

x——组合梁截面中和轴至混凝土翼板顶面的距离，根据轴向力平衡条件，有

$$x = A_a f_a / (b_e \alpha_1 f_c) \tag{2.4.12}$$

A_a——钢梁的截面面积；

f_a——钢梁的抗压和抗拉强度设计值；

y——钢梁应力合力至混凝土受压区应力合力之间的距离，由截面几何尺寸确定；

h_{c1}——混凝土翼板的计算厚度；

f_c——混凝土抗压强度设计值；

b_e——混凝土翼板的有效宽度，按图 2.4.19 取。

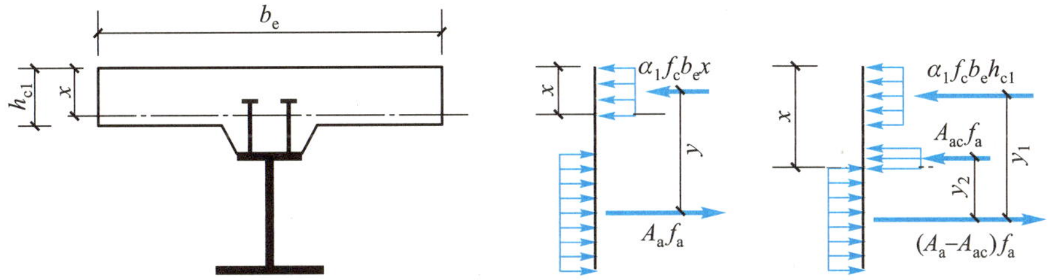

(a) 横截面 (b) 中和轴位于混凝土翼板 (c) 中和轴位于钢梁内

图 2.4.20 完全抗剪连接组合梁正弯矩截面应力图形

中和轴位于钢梁截面时，截面的应力图形如图 2.4.20c 所示，相应的截面受弯承载力为

$$M_u = b_e h_{c1} \alpha_1 f_c y_1 + A_{ac} f_a y_2 \tag{2.4.13}$$

式中，A_{ac}——钢梁受压区截面面积，根据截面的轴向力平衡条件，有

$$A_{ac} = 0.5(A_a - b_e h_{c1} \alpha_1 f_c / f_a) \tag{2.4.14}$$

y_1、y_2——分别为钢梁受拉区截面形心至混凝土翼板受压区截面形心和钢梁受压区截面形心之间的距离，可根据钢梁受压区截面面积和几何尺寸确定；其余符号同上。

在负弯矩区段，中和轴一般位于钢梁截面内，翼板混凝土受拉，忽略其作用。极限状态截面的应力图形如图 2.4.21b 所示，可分解为图 2.4.21c、d 两部分，受弯承载力：

$$M_u = M_s + A_{st} f_y (y_3 + y_4/2) \tag{2.4.15}$$

式中，M_s——钢梁截面的全塑性受弯承载力；

A_{st}——翼板有效宽度范围内纵向钢筋的截面积；

f_y——纵向钢筋抗拉强度设计值；

y_4——组合梁塑性中和轴至钢梁塑性中和轴的距离，当组合梁塑性中和轴位于钢梁腹板内时，对于对称截面，由图 2.4.21d 的截面轴力平衡条件，有

$$y_4 = A_{st} f_y / (2 t_w f_a) \tag{2.4.16}$$

y_3——纵向钢筋截面形心至组合梁塑性中和轴的距离；

t_w——钢梁腹板厚度。

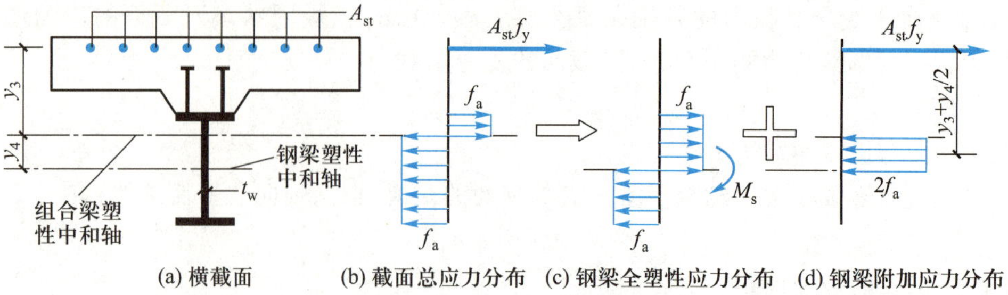

图 2.4.21 完全抗剪连接组合梁负弯矩截面应力图形

【例 2-11】 图 2.4.22 所示简支组合梁，跨度为 9.0 m，梁的间距为 3.0 m。型钢采用 I32a；面板采用 C30 混凝土，厚度 120 mm。板面的永久荷载标准值(不含混凝土板自重)为 1 kN/m²。根据其正截面受弯承载力，板面可以承受的均布可变荷载标准值为多大？

【解】

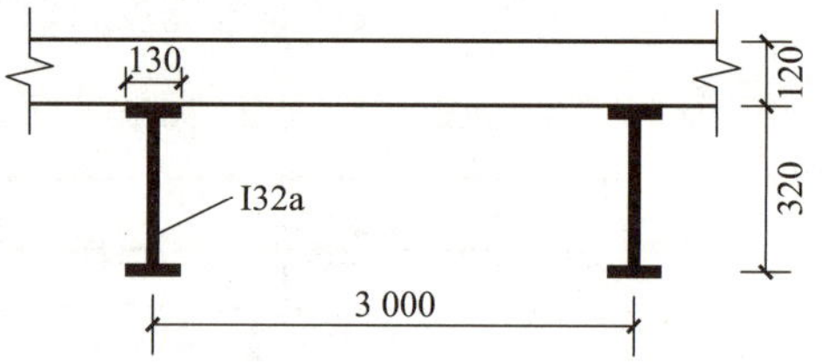

图 2.4.22 例 2-11 组合梁截面

(1) 计算混凝土翼板的有效宽度

$l/6 = 9\ 000\ \text{mm}/6 = 1\ 500\ \text{mm}$，$S_0/2 = (3\ 000-130)\text{mm}/2 = 1\ 435\ \text{mm}$。最后取 $b_1 = b_2 = 1\ 435\ \text{mm}$，$b_e = b_0+b_1+b_2 = (130+2\times1\ 435)\text{mm} = 3\ 000\ \text{mm}$

(2) 计算组合梁的受弯承载力

I32a 截面特性：$A_a = 67.12\ \text{cm}^2$，$b_a = 130\ \text{mm}$，$h_a = 320\ \text{mm}$，$t_w = 9.5\ \text{mm}$，$t = 15.0\ \text{mm}$，$f_a = 215\ \text{MPa}$。C30 混凝土，$f_c = 14.3\ \text{MPa}$，$\alpha_1 = 1$。

由式(2.4.12)，塑性中和轴位置

$x = A_af_a/(b_e\alpha_1f_c) = 6\ 712\ \text{mm}^2\times215\ \text{N/mm}^2/(3\ 000\ \text{mm}\times1\times14.3\ \text{N/mm}^2) = 33.64\ \text{mm} < h_{c1} = 120\ \text{mm}$，中和轴位于混凝土翼板内。

钢梁应力合力至混凝土受压区应力合力之间的距离：

$$y = h_a/2+h_{c1}-x/2 = 320\ \text{mm}/2+120\ \text{mm}-33.64\ \text{mm}/2 = 263.18\ \text{mm}$$

由式(2.4.11)，受弯极限承载力

$M_u = b_ex\alpha_1f_cy = 3\ 000\times33.64\times1\times14.3\times263.18\ \text{N}\cdot\text{mm} = 379.79\times10^6\ \text{N}\cdot\text{mm} = 379.79\ \text{kN}\cdot\text{m}$

(3) 计算永久荷载标准值

梁的负荷宽度为 3.0 m。

楼板传来的永久荷载：3×(0.12×25+1) kN/m = 12 kN/m

钢梁自重：52.69×0.009 8 kN/m = 0.52 kN/m

永久荷载标准值：$g_k = (12+0.52)\text{kN/m} = 12.52\ \text{kN/m}$

(4)计算可变荷载标准值

简支梁跨内最大弯矩设计值 $M = (1.2\times g_k+1.4\times q_k)\times l_0^2/8$，令 $M = M_u$，可得到

$$q_k = (8M/l_0^2-1.2g_k)/1.4 = (8\times379.79/81-1.2\times12.52)/1.4\ \text{kN/m} = 16.06\ \text{kN/m}$$

可承担的板面均布可变荷载标准值为 16.06 kN/m /(3 m) = 5.35 kN/m²。

4. 部分抗剪连接组合梁的受弯承载力

对于图 2.4.23a 所示的部分抗剪连接组合梁，因连接件没有足够的强度来承担混凝土翼板与

钢梁界面的纵向剪力，两者之间将产生一定的相对位移，不能保证完全共同工作，混凝土翼板与钢梁有各自的中和轴。将混凝土翼板沿纵向从抗剪连接件处切开，根据水平方向力的平衡（图 2.4.23c），可以得到混凝土翼板压应力合力

$$\alpha_1 f_c b_e x = n_r N_v^c \tag{2.4.17}$$

式中，N_v^c——一个抗剪连接件的受剪承载力；

n_r——一个剪跨区内的抗剪连接件数目。

将混凝土翼板压应力合力和钢梁压应力合力对钢梁拉应力合力处取矩（图 2.4.23b），得到部分抗剪连接组合梁正弯矩作用下的受弯承载力：

$$M_u = n_r N_v^c y_1 + A_{ac} f_a y_2 \tag{2.4.18}$$

式中钢梁的受压面积 A_{ac} 根据组合截面的轴力平衡条件确定，即

$$\alpha_1 f_c b_e x + A_{ac} f_a = (A_a - A_{ac}) f_a$$

$$A_{ac} = 0.5(A_a - n_r N_v^c / f_a) \tag{2.4.19}$$

钢梁的受压面积确定后，式（2.4.18）中的 y_1、y_2 可根据截面几何尺寸求得。

对于负弯矩作用下的部分抗剪连接组合梁，混凝土翼板受拉，其拉力的合力取 $n_r N_V^c$ 和 $A_{st} f_y$ 中的较小值；组合梁中和轴以上部分的钢梁受拉、以下部分的钢梁受压。其余承载力计算方法同正弯矩作用。

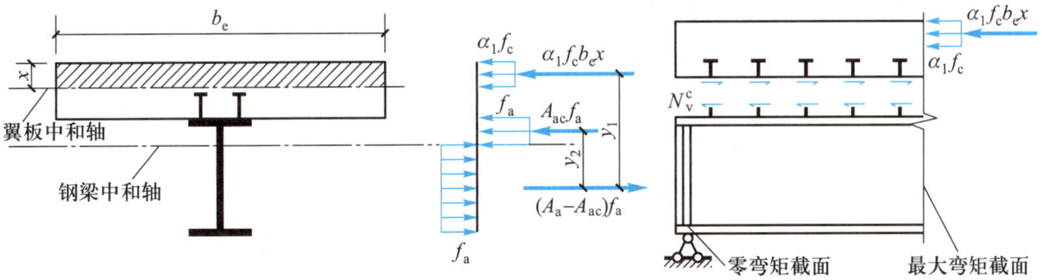

(a) 横截面　(b) 截面应力分布　(c) 纵截面

图 2.4.23　部分抗剪连接组合梁正弯矩截面应力图

5. 抗剪连接件设计

混凝土翼板与钢梁界面的纵向剪力完全由抗剪连接件承担。组合梁的抗剪连接件宜采用圆柱头焊钉（studs），也可采用槽钢，如图 2.4.24 所示。

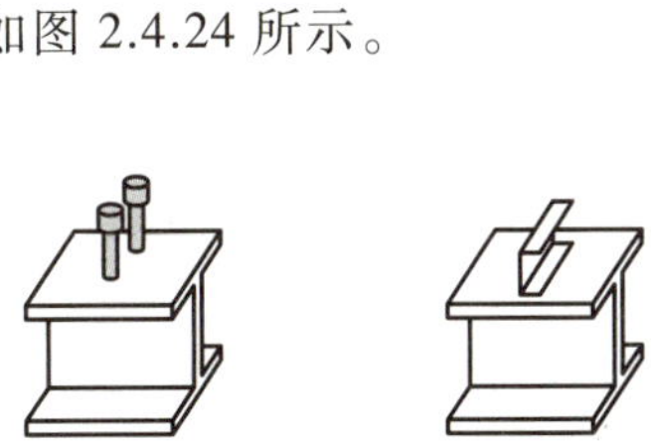

(a) 圆柱头焊钉　(b) 槽钢

图 2.4.24　抗剪连接件的种类

确定界面的纵向剪力设计值时，根据组合梁的弯矩图划分为若干个剪跨区，从零弯矩截面到最大弯矩截面为一个剪跨区，如图 2.4.25 所示。

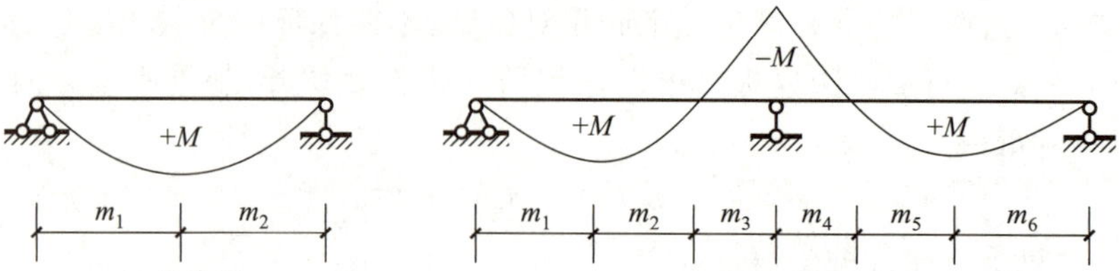

(a) 简支梁　　(b) 连续梁

图 2.4.25　剪跨区的划分

假定每个剪跨段内各连接件承受的剪力相等，按照完全抗剪连接设计时，每个剪跨段内应设置的连接件数量

$$n_f = V_s / N_v^c \tag{2.4.20}$$

式中，V_s——界面纵向剪力设计值，按下列规定取值：在正弯矩区段，取 $A_a f_a$（参见图 2.4.20b）和 $\alpha_1 b_e h_{c1} f_c$（参见图 2.4.20c）中的较小值；在负弯矩区段（图 2.4.25b 中的第 m_3、m_4 剪跨区），取 $V_s = A_{st} f_y$（参见图 2.4.21）。为了施工方便，也可将 m_2、m_3 剪跨区所需的连接件数量合在一起布置。

N_v^c——每个抗剪连接件的受剪承载力，对于圆柱头焊钉（栓钉）连接件按下式计算

$$N_v^c = 0.43\beta_v A_s \sqrt{E_c f_c} \leqslant 0.7\beta_v A_s f_{at} \tag{2.4.21}$$

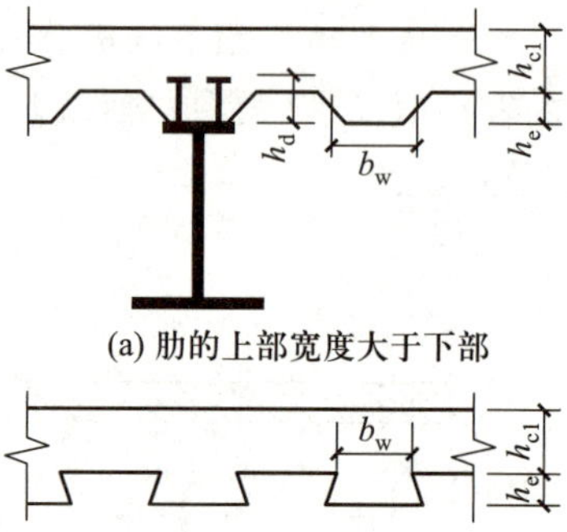

(a) 肋的上部宽度大于下部

(b) 肋的上部宽度小于下部

图 2.4.26　翼板尺寸

其中，E_c——翼板混凝土的弹性模量；

A_s——圆柱头焊钉钉杆的截面面积；

f_{at}——圆柱头焊钉极限抗拉强度设计值，取 360 N/mm^2；

β_v——采用压型钢板混凝土组合板做翼板时，栓钉受剪承载力的折减系数，当压型钢板肋平行于钢梁布置，$b_w/h_e<1.5$ 时，$\beta_v = 0.6(b_w/h_e)\times[(h_d-h_e)/h_e] \leqslant 1$；当压型钢板板肋垂直于钢梁布置时（参见图 2.2.3b），$\beta_v = (0.85/\sqrt{n_0})\times(b_w/h_e)\times[(h_d-h_e)/h_e] \leqslant 1$；其余情况取 $\beta_v = 1$；

b_w——混凝土凸肋（压型钢板波槽）的平均宽度，当肋的上部宽度小于下部宽度时（图 2.4.26b），取上部宽度；

h_e——混凝土凸肋的高度；

h_d——栓钉高度；

n_0——梁截面处一个肋中布置的栓钉数量，当多于 3 个时按 3 个计算。

对于负弯矩区段的抗剪连接件，其受剪承载力 N_v^c 应乘以折减系数 0.9（中间支座两侧）和 0.8（悬臂部分）。

当剪跨区内作用有较大集中荷载时，可将算得的栓钉数量按剪力图面积分配，如图 2.4.27 所示。

6. 横向配筋设计

组合梁在纵向剪力作用下，还可能发生沿混凝土翼板和板托的纵向界面破坏，需根据计算确定必要的

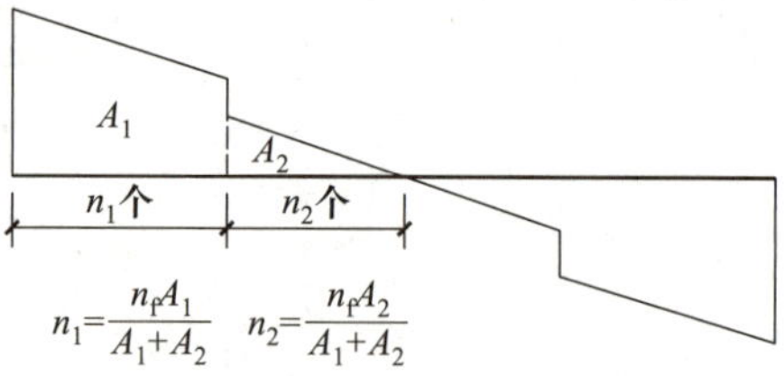

图 2.4.27　栓钉数量的分配

横向配筋。可能的破坏面有两个:包络栓钉的纵向界面 $a-a$、$c-c$ 和混凝土翼板的纵向界面 $b-b$,如图 2.4.28 所示。当压型钢板板肋与钢梁垂直时可不进行验算。

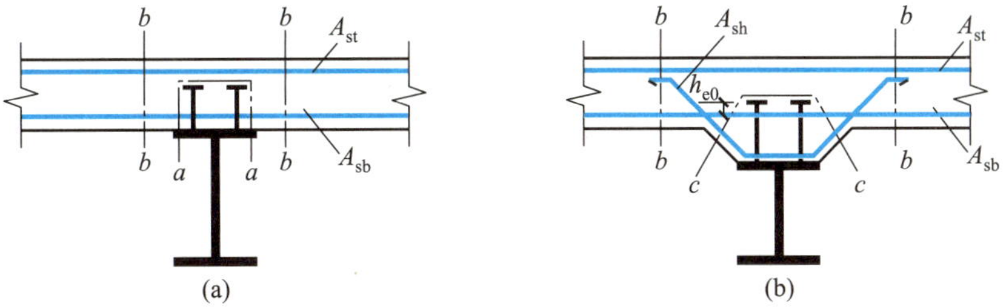

图 2.4.28 纵向界面受剪破坏面

混凝土翼板和板托的纵向界面受剪承载力应满足下式要求:

$$V_1 \leqslant V_u \tag{2.4.22}$$

式中,V_1——荷载引起的单位长度界面上的纵向界面剪力,对于图 2.4.28 中的 $a-a$、$c-c$ 界面取

$$V_1 = n_s N_v^c / p \tag{2.4.23a}$$

其中,n_s为梁截面连接件的列数,p 为连接件的纵向间距;对于图 2.4.28 中的 $b-b$ 界面,取

$$V_1 = n_s N_v^c / p \times (b_c / b_e) \tag{2.4.23b}$$

其中,b_c取图 2.4.19 中 b_1、b_2的较大值;

V_u——沿梁单位长度上界面受剪承载力,按下式计算:

$$V_u = 0.9u + 0.8A_{sv} f_{yv} \leqslant 0.25uf_c \tag{2.4.24}$$

其中,u——纵向受剪界面的周长,mm;

A_{sv}——沿梁单位长度纵向受剪界面上与界面相交的横向钢筋面积,对于 $b-b$ 界面,取 $A_{sv}=A_{sb}+A_{st}$;对于 $a-a$ 界面,取 $A_{sv}=2A_{sb}$;对于 $c-c$ 界面,$h_{e0} \leqslant 30$ mm 时 $A_{sv}=2A_{sh}$,$h_{e0}>30$ mm时 $A_{sv}=2(A_{sb}+A_{sh})$;

A_{sb}——单位梁长混凝土翼板底部的横向钢筋面积;

A_{st}——单位梁长混凝土翼板上部的横向钢筋面积;

A_{sh}——单位梁长板托中弯起钢筋的面积;

f_{yv}——横向钢筋的抗拉强度设计值。

横向钢筋的最小配筋率应满足:

$$A_{sv} f_{yv} / u \geqslant 0.75 \tag{2.4.25}$$

7. 组合梁的挠度和裂缝宽度验算

组合梁使用阶段挠度按荷载效应的准永久组合计算,要求小于附表 A.9 允许值。

试验表明,由于抗剪连接件的柔性,混凝土翼板和钢梁并不能完全保持共同变形,两者之间存在一定的滑移。《组合结构设计规范》采用折减刚度来考虑滑移效应,按下式计算

$$B = EI_{eq} / (1+\zeta) \tag{2.4.26}$$

式中,E——钢梁的弹性模量;

I_{eq}——组合梁的换算截面惯性矩,可将翼板有效宽度除以 $2\alpha_E$换算成钢截面宽度后,计算整个截面的惯性矩;对于用压型钢板混凝土组合板做翼板的组合梁,取其较弱截面的换算截面进行计算,且不计压型钢板的作用;

ζ——刚度折减系数,详见《组合结构设计规范》。

连续组合梁在支座截面混凝土翼板处于受拉状态,使用阶段会出现裂缝。裂缝宽度可按混凝土构件的计算方法采用,并满足《混凝土结构设计规范》中的限值要求。由于组合梁的中和轴一般在钢梁腹板内,混凝土翼板的受力状态非常接近轴心受拉构件,故裂缝宽度计算公式中的构件受力特征系数取 $\alpha_{cr}=2.7$。计算荷载准永久组合下纵向钢筋的拉应力时,忽略翼板混凝土,按纵向钢筋和钢梁的换算截面,用材料力学公式计算。

四、组合梁的构造要求

1. 组合梁几何尺寸

组合梁截面高度不宜超过钢梁截面高度的 2 倍;混凝土板托高度 h_{c2} 不宜超过翼板厚度 h_{c1} 的 1.5 倍。

边梁混凝土翼板伸出长度有板托时不宜小于 h_{c2},无板托时应同时满足伸出钢梁中心线不小于 150 mm 和伸出钢梁翼缘边不小于 50 mm 的要求,见图 2.4.29。

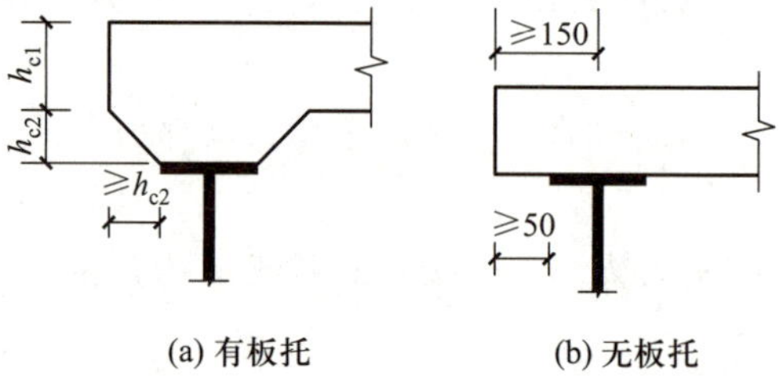

图 2.4.29 边梁尺寸构造

2. 抗剪连接件

圆柱头焊钉连接件钉头下表面高出翼板底部钢筋顶面不宜小于 30 mm。连接件沿梁跨方向的最大间距不应大于混凝土翼板(包括板托)厚度的 3 倍,且不大于 300 mm。连接件的外侧边缘与钢梁翼缘边缘的距离不应小于 20 mm,与混凝土翼板边缘的距离不应小于 100 mm。连接件顶面的混凝土保护层厚度不应小于 15 mm。

当栓钉位置不正对钢梁腹板时,如果钢梁上翼缘承受拉力,则栓钉钉杆直径不应大于钢梁上翼缘厚度的 1.5 倍;如果钢梁上翼缘不承受拉力,则栓钉钉杆直径不应大于钢梁上翼缘厚度的 2.5 倍。栓钉长度不应小于其杆径的 4 倍,栓钉沿梁轴线方向的间距不应小于杆径的 6 倍,垂直梁轴线方向的间距不应小于杆径的 4 倍。

用压型钢板做底模的组合梁,栓钉直径不宜大于 19mm,混凝土凸肋宽度不应小于栓钉直径的 2.5 倍;栓钉高度 h_d 不应小于 h_e+30,不应大于 h_e+75。

【例 2-12】 设计例 2-11 组合梁的抗剪连接件,并配置横向钢筋。

【解】

(1) 计算单个连接件的受剪承载力

拟采用 $\phi16$ 栓钉连接件,直径小于钢梁上翼缘厚度 t 的 1.5 倍,满足构造要求;$f_{at}=360$ MPa;C30 混凝土,$E_c=30\ 000$ MPa。由式(2.4.21)

$$N_v^c=0.43A_s\sqrt{E_cf_c}=0.43\times201\times\sqrt{30\ 000\times14.3}\ \text{N}=56.61\times10^3\ \text{N}$$

$$0.7A_sf_{at}=0.7\times201\times360\ \text{N}=50.65\times10^3\ \text{N}$$

取 $N_v^c=50.65$ kN。

(2) 计算所需连接件的个数

因中和轴位于混凝土翼板,取纵向剪力设计值:$V=A_af_a=6\ 712\times215\ \text{N}=1\ 443\times10^3\text{N}$

所需栓钉个数:$n_f=V/N_v^c=1\ 443/50.65=28.5$

每排设置 2 列,需 15 排。设置 16 排,纵向间距 $p=4\ 500/15\ \text{mm}=300\text{mm}$,不大于 300 mm,满足构造要求。栓钉布置见图 2.4.30,横向间距 70 mm 大于 4 倍杆径(64 mm);栓钉长度 80 mm 大于 4 倍杆径,栓钉顶面的保护层厚度(120−80)mm=40mm 大于 15 mm。

(3) $a-a$ 界面(参见图 2.4.28)混凝土翼板纵向界面的受剪承载力验算

由式(2.4.23a),沿梁单位长度界面上的纵向界面剪力:

$$V_1=n_s N_v^c/p=2\times50\ 650/300\ \text{N/mm}=337.68\ \text{N/mm}$$

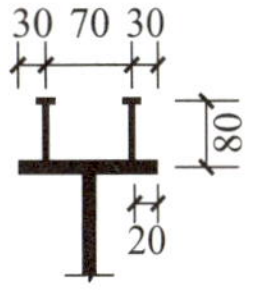

图 2.4.30 栓钉布置

横向钢筋采用 HPB300,$f_{yv}=270\ \text{N/mm}^2$。纵向界面周长 $u=(80\times2+130)\text{mm}=290\ \text{mm}$。由式(2.4.22)、式(2.4.24),单位梁长所需混凝土翼板底部的横向钢筋面积:

$$V_1\leqslant0.9u+0.8A_{sw}f_{yv}$$

$$A_{sb}=(V_1-0.9u)/(0.8\times2\times f_{yv})=(337.68-0.9\times290)/(0.8\times2\times270)\ \text{mm}^2/\text{mm}=0.177\ 5\ \text{mm}^2/\text{mm}$$

由式(2.4.25),最小配筋

$$A_{sb}=0.75u/(2f_{yv})=0.75\times290/(2\times270)\text{mm}^2/\text{mm}=0.402\ 8\ \text{mm}^2/\text{mm}$$

按最小配筋率配筋,取 $\phi8@120$($A_{sb}=0.42\ \text{mm}^2/\text{mm}$)

(4) $b-b$ 界面混凝土翼板纵向界面的受剪承载力验算

因沿梁单位长度 $b-b$ 界面的纵向剪力比 $a-a$ 界面小,可直接按最小配筋率配筋,取 $\phi8@120$。

2.5 楼梯

2.5 楼梯

楼梯(stairs)是多层及高层房屋中的竖向通道。楼梯的结构设计步骤包括:

(1) 根据建筑功能要求确定结构形式、进行结构布置;

(2) 进行楼梯各部件的内力分析和截面设计;

(3) 绘制施工图,处理连接构造。

2.5.1 组成与种类

楼梯由**楼梯梯段**(a flight of stairs)、**楼梯平台**(stair platform)和**栏杆扶手**(handrail)组成。

楼梯梯段(俗称梯跑)是连接两个不同标高、设置踏步的倾斜构件。最常见的是一个楼层设两个梯跑、也有采用单跑和三跑的。楼梯平台按所处位置可以分为楼层平台和中间平台,中间平台俗称休息平台,当梯段的踏步数较多时(大于 18 级)一般应设置中间平台。栏杆扶手是设在梯段及平台边缘的安全保护构件。

楼梯按结构材料分为混凝土楼梯、钢楼梯和木楼梯;按结构形式分为**板式楼梯**(slab type stairs)(图 2.5.1a)、**梁式楼梯**(beam type stairs)(图 2.5.1b)、**剪刀式楼梯**(scissor stairs)(图 2.5.1c)、**螺旋形楼梯**(spiral stairs)(图 2.5.1d)和**弧形楼梯**(curved stairs)(图 2.5.1e)等。其中混凝土的板式楼梯和梁式楼梯最为常用;钢楼梯和木楼梯一般设计成梁式楼梯。

板式楼梯的梯段是斜置的齿形板,踏步荷载直接传递给梯段板的支承构件。梯段底面平整、结构高度小,外观比较轻巧。

梁式楼梯的梯段由踏步板和斜梁组成,踏步荷载首先传给斜置的梁,再由斜梁传给支承构

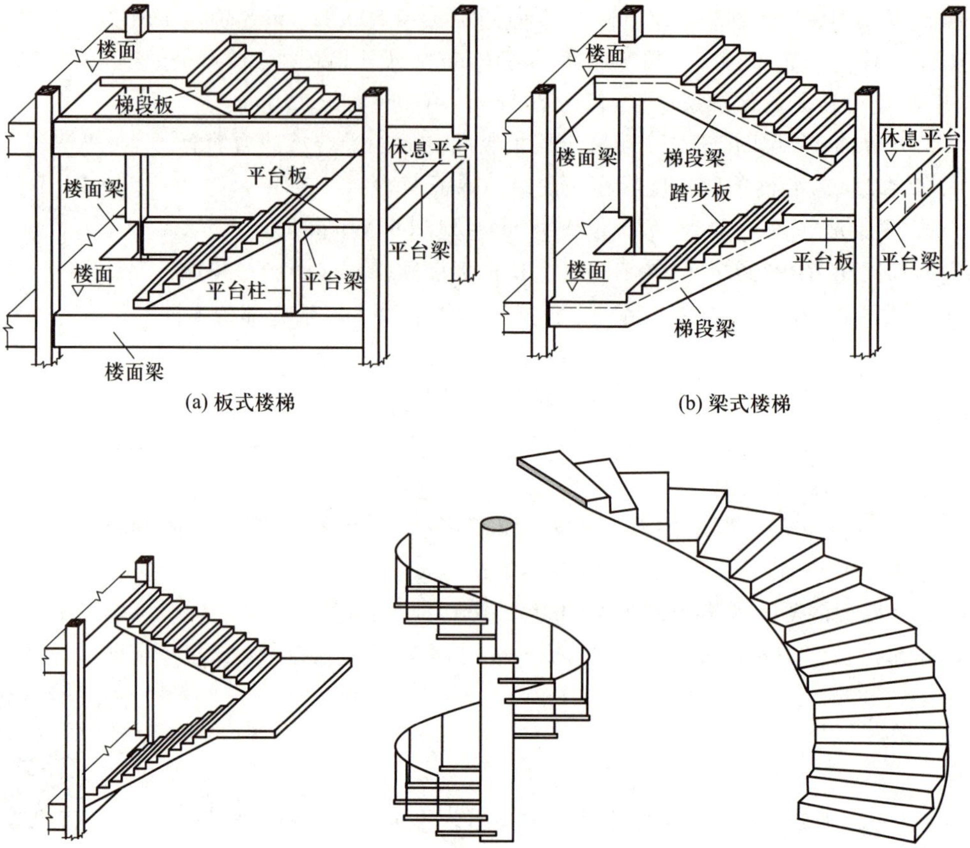

(a) 板式楼梯 (b) 梁式楼梯

(c) 剪刀式楼梯 (d) 螺旋形楼梯 (e) 弧形楼梯

图 2.5.1 楼梯种类

件。当梯段长度较大(水平投影长度超过 3 m)时,为节省材料、减轻自重,宜采用梁式楼梯。

剪刀式楼梯的梯段是悬挑构件,一般设在建筑物的室外,以节省室内空间,常用作紧急疏散楼梯。

螺旋形楼梯的平面呈圆形,扇形踏步板悬挑在中间的圆柱上。楼梯占用的平面面积较小,但由于内侧的踏步宽度很小,行走不方便,不能用作主要人流交通和疏散楼梯,一般在跃层住宅内使用。

弧形楼梯因曲率半径大,扇形踏步板内侧的宽度也较大,可通行较多的人流,但占用的平面面积较大;因其优美的造型,常布置在公共建筑的门厅。弧形楼梯属空间结构,受力较为复杂。

楼梯类型由建筑功能要求确定;而楼梯的设置数量需要满足建筑防火的要求。

下面以梁式楼梯和板式楼梯为例介绍楼梯的结构设计方法。

2.5.2 结构布置

楼梯的结构布置包括平台梁、平台柱(楼梯柱)、梯段和平台板的布置。

一、平面布置

梯段(板或梁)支承在平台梁或楼面梁上,平台梁支承在竖向承重构件(柱或墙)或另一方向的楼面梁上。平台梁的位置决定了梯段的支承方式，通常在梯段两端设置平台梁，梯段的支承方式如图 2.5.2a、c 所示。如果省去梯段边的平台梁，板式楼梯的梯段板和平台连成一体，为折板；梁式楼梯的梯段梁为折梁，梯段的支承方式如图 2.5.2b、d 所示。

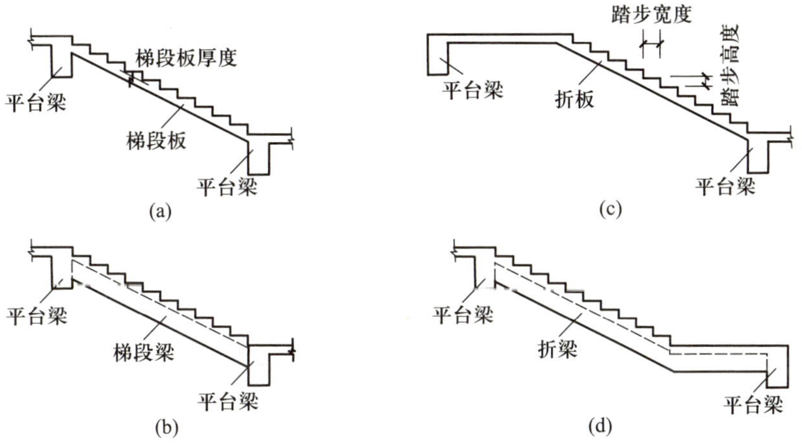

图 2.5.2 梯段的支承方式

对于框架结构，墙体为填充墙，休息平台处的平台梁下需另设平台柱（楼梯柱），支承在楼面梁上（参见图 2.5.1a）。

平台板的支承方式取决于平台梁的布置，楼面平台一般为四边支承板，休息平台板一般为两边支承板。

二、尺寸要求

楼梯梯段宽度根据紧急疏散时要求通过的人流股数确定，每股人流通常按 550+(0~150)mm宽度考虑。此外，还需满足各类建筑设计规范中对最小梯段宽度的要求，如住宅不小于 1 100 mm，公共建筑不小于 1 300 mm 等。平台宽度应不小于梯段宽度，以保证与梯段有同股数人流的通行。

梯段的水平投影长度为踏步宽度的总和，与踏步宽度和踏步数量有关，而踏步数量与踏步高度和层高有关。较适宜的踏步高度对于成人一般为 150 mm 左右，不应大于 175 mm；踏步宽度 300 mm 左右，不应窄于 260 mm。踏步宽度与高度的比值决定了梯段的坡度，常用的梯段坡度为 2:1 左右。设计时先根据层高和初选的踏步高度确定踏步数量（为了使上、下两跑的构造相同，踏步数量宜取偶数）；然后根据坡度选择踏步宽度；最后由踏步宽度和踏步数量计算梯段的水平投影长度。

扶手高度根据人体重心高度和楼梯坡度等因素确定，一般不小于 900 mm。临空高度在24 m以下的栏杆高度不应小于 1 050 mm；临空高度在24 m以上的栏杆高度不应小于 1 100 mm。

三、构件截面尺寸估算

板式楼梯梯段板的厚度一般取水平投影长度的 1/30~1/25；平台板的厚度可按一般楼板的要求取；梁式楼梯梯段梁的截面高度一般取水平投影长度的 1/14~1/10；平台梁的截面尺寸可按一般简支梁的要求确定；平台柱的截面高度一般与墙厚相同并不小于平台梁的宽度；梁式楼梯踏步板的厚度一般取 30~50 mm（图 2.5.4）。

2.5.3 内力分析

梯段板和梯段梁均可按斜放的简支构件计算,其中梯段板的计算跨度 l_0 取平台梁间净距、梯段梁的计算跨度 l_0 可取平台梁中心之间的距离。

梯段上的可变荷载按水平投影面分布,其分布线荷载 q 为面荷载乘以梯段宽度;梯段的永久荷载沿斜向分布,需要将其换算成沿水平方向分布的荷载值 g。设沿斜向单位长度上的永久荷载值为 g',容易得到,$g=g'/\cos\alpha$,此处 α 为梯段的坡度角,见图 2.5.3。

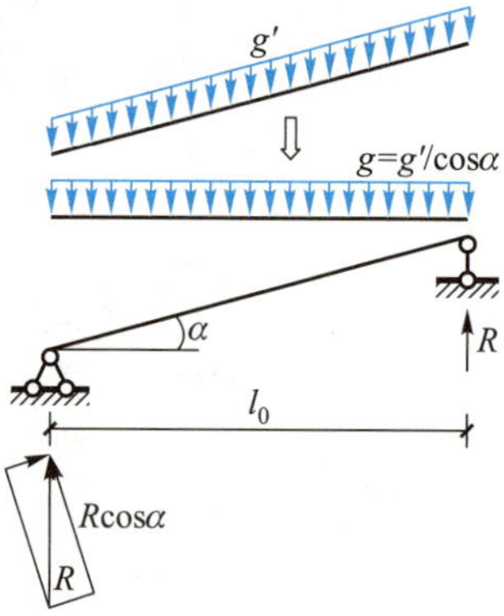

图 2.5.3 梯段的计算简图

斜置简支构件的跨中最大弯矩仍然为 $M_{\max}=pl_0^2/8$;支座的最大剪力则与一般水平放置的构件不同,

$$V_{\max}=pl_n\cos\alpha/2 \tag{2.5.1}$$

式中,p 为梯段的荷载设计值,$p=1.2\times g+1.4\times q$;$l_n$ 为水平净跨。

对于混凝土楼梯,考虑到梯段板与平台梁整浇,平台梁对斜板的转动变形有一定的约束作用,故计算板的跨中弯矩时,常近似取 $M_{\max}=pl_n^2/10$。

平台梁和平台板按一般简支构件计算内力,其中板式楼梯的平台梁承受梯段板和平台板传来的分布荷载;梁式楼梯的平台梁承受梯段梁传来的集中荷载和平台板传来的分布荷载。

梁式楼梯的踏步板按两端简支的单向板计算,取一个踏步作为计算单元。

2.5.4 截面计算与构造要求

一、混凝土构件截面计算要点

混凝土梯段板、平台板和踏步板按受弯构件进行正截面承载力计算,其中梯段板的截面高度应垂直于斜面量取,并取齿形的最薄处(见图 2.5.2a 中的梯段板厚度);踏步板为梯形截面,截面高度可近似取平均高度 $h=(h_1+h_2)/2$,见图 2.5.4。

梯段梁按矩形受弯构件进行正截面承载力和斜截面承载力计算,截面高度取值见图 2.5.4。

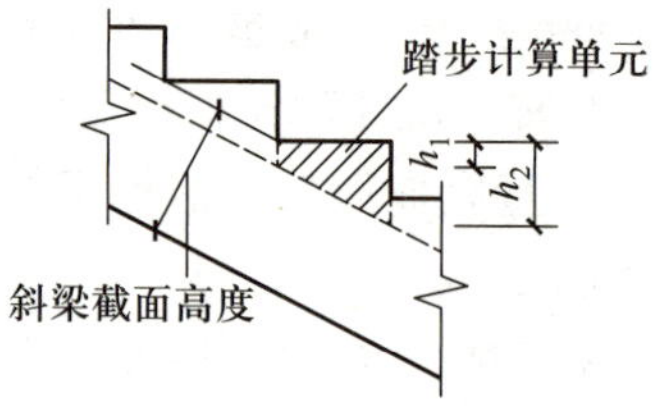

图 2.5.4 斜梁和踏步板截面高度

二、混凝土构件的构造要求

为避免梯段板在支座处产生过大的裂缝,应在两端 $l_n/4$ 范围内配置一定数量的板面钢筋,常用 $\phi8@200$。斜板内分布钢筋可采用 $\phi6$ 或 $\phi8$,每级踏步不少于1根,放置在受力钢筋的内侧。

当梯段板与平台板连成折板时,平台板厚度应与斜板相同。内折角处的下部受拉钢筋不允许沿板底弯折,应将此处纵筋断开,各自延伸至板面再行锚固,如图 2.5.5 所示。

踏步板受力筋每步不少于 $2\phi6$,沿斜向布置的分布筋直径不小于 $\phi6$,间距不大于 300 mm。

考虑到平台板支座的转动会受到一定约束,一般应将板下部钢筋在支座附近弯起一半,或在板面支座处另配短钢筋,伸出支承边缘长度为 $l_n/5$。

折梁内折角处的纵向受拉钢筋应分开配置,并各自延伸以满足锚固要求,同时还应在该处增设附加箍筋。该箍筋应足以承受未伸入受压区锚固的纵向受拉钢筋 A_{s1} 的合力，且在任何情况下不应小于全部纵向受拉钢筋 A_s 合力的 35%。由附加箍筋承受的纵向钢筋的合力按下式计算(图 2.5.6)，

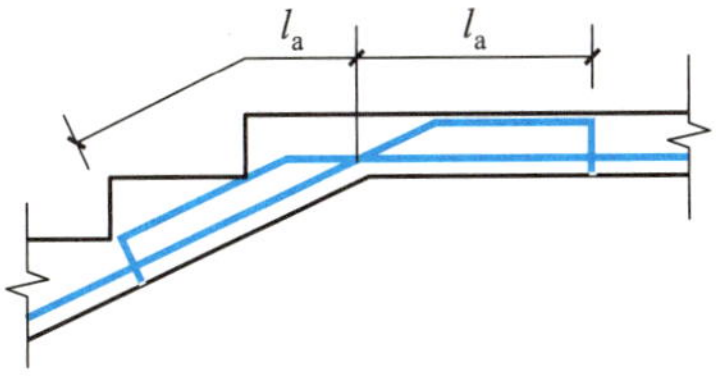

图 2.5.5 折板内折角处的配筋构造

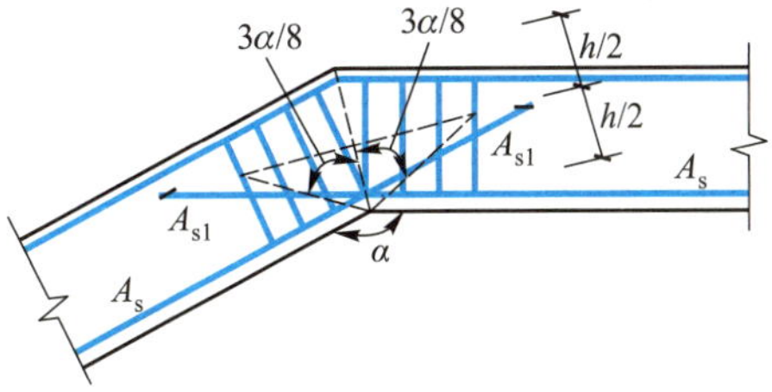

图 2.5.6 折梁内折角处的配筋

未伸入受压区锚固的纵向受拉钢筋合力：

$$N_{s1}=2f_yA_{s1}\cos(\alpha/2) \tag{2.5.2}$$

全部纵向受拉钢筋合力的 35%：

$$N_{s2}=0.7f_yA_s\cos(\alpha/2) \tag{2.5.3}$$

式中，A_{s1}——未伸入受压区锚固的纵向受拉钢筋截面面积；

A_s——全部纵向受拉钢筋截面面积；

α——构件的内折角。

按上述条件求得的箍筋，应布置在长度为 $s=h\tan(3\alpha/8)$ 的范围内。

三、钢楼梯截面计算要点

钢楼梯采用梁式楼梯。当跨度较小时，可用钢板作为梯段斜梁；当跨度较大时，梯段斜梁采用槽钢。踏步板由钢板弯成，有 Z 形、槽形和 L 形等形式，见图 2.5.7。当平台和踏步不另做装修层时，为了防滑、踏步板和平台板一般采用花纹钢板。

图 2.5.7 钢楼梯踏步板形式

梯段梁和平台梁均按简支梁计算。由于踏步板的作用，梯段梁可以不进行整体稳定计算。梯段梁的连接构造见图 2.5.8。

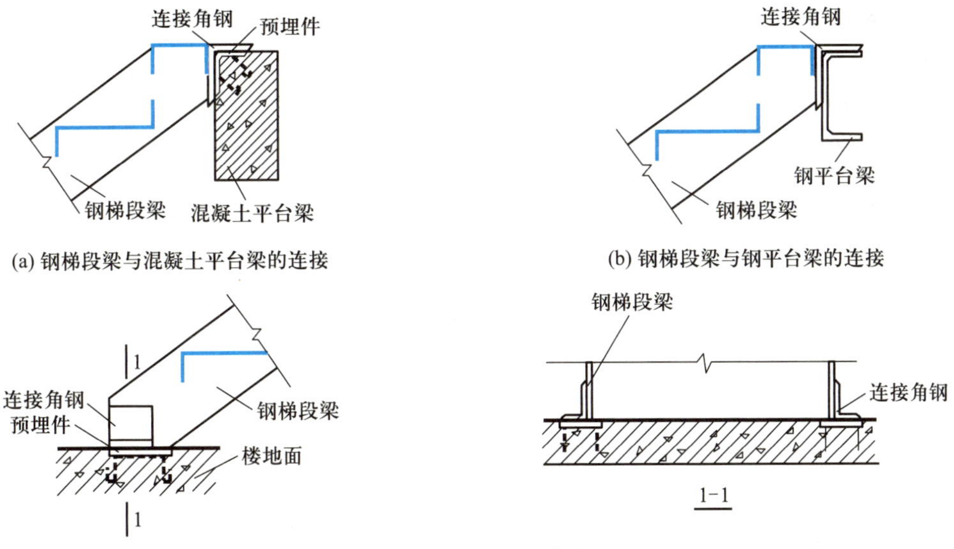

图 2.5.8 钢梯段梁的连接构造

2.5.5 混凝土板式楼梯设计示例

一、设计资料

某商场为混凝土框架结构，楼梯间的标准层建筑平面如图 2.5.9 所示，拟采用板式楼梯。房屋的层高为 3.6 m，踏步尺寸选用 150 mm×300 mm，磨石子面层。采用 C25 混凝土，板纵筋和梁箍筋采用 HPB300 钢筋、梁纵筋采用 HRB335 钢筋。试进行该楼梯的结构设计。

二、结构布置

在梯段板两端布置平台梁 TL，楼面处的平台梁直接支承在纵向框架梁上，休息平台处的平台梁支承在楼梯立柱 TZ 上，楼梯的结构布置见图 2.5.10。

梯段板厚度取 120 mm，为水平投影长度的 1/27.5；平台梁截面尺寸取 200 mm×350 mm，跨高比为 10；平台板厚度取 70 mm；楼梯立柱截面尺寸取 200 mm×250 mm。

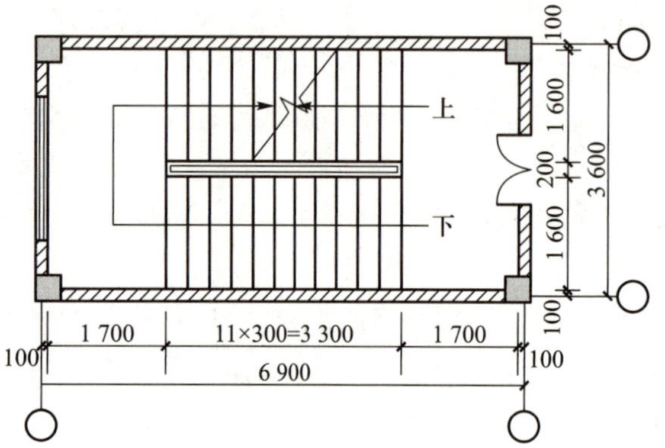

图 2.5.9 标准层楼梯建筑平面

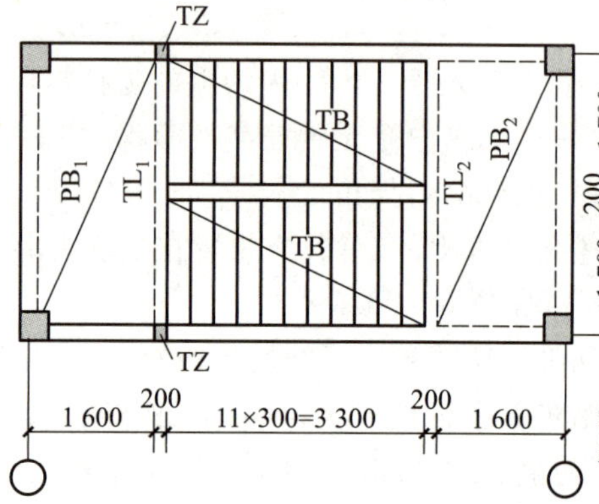

图 2.5.10 标准层楼梯结构平面

三、内力计算与截面设计

1. 梯段板

取 1 m 宽板带计算。梯段的倾角 $\alpha=\arctan(150/300)=26.6°$，$\cos\alpha=0.894$。公共建筑楼梯的均布可变荷载标准值为 3.5 kN/m^2。梯段板的荷载计算过程列于表 2-6。

表 2-6 梯段板的荷载（沿水平投影面分布）

荷载种类		荷载标准值/(kN/m)
永久荷载	水磨石面层	(0.3+0.15)×0.65/0.3=0.98
	三角形踏步	0.5×0.3×0.15×25/0.3=1.88
	混凝土斜板	0.12×25/0.894=3.36
	板底抹灰	0.02×17/0.894=0.38
	小计	6.6
可变荷载		3.5

永久荷载分项系数 $\gamma_G=1.2$；可变荷载分项系数 $\gamma_Q=1.4$。荷载设计值 $p=1.2\times6.6$ kN/m +1.4

×3.5 kN/m = 12.82kN/m。

梯段板水平计算跨度取 $l_0=l_n=3.3$ m，跨中弯矩设计值：$M=pl_n^2/10=0.1\times12.82$ kN/m×(3.3 m)^2=13.96 kN·m。板的有效高度 h_0=120 mm−20 mm= 100 mm。

$$\alpha_s=\frac{M}{\alpha_1 f_c b h_0^2}=\frac{13.96\times10^6}{1.0\times11.9\times1\ 000\times100^2}=0.117,\gamma_s=0.5(1+\sqrt{1-2\alpha_s})=0.937\ 6。$$

$$A_s=\frac{M}{\gamma_s f_y h_0}=551\ \text{mm}^2,选配\ \phi10@140,A_s=561\ \text{mm}^2。$$

分布筋每级踏步 1 根 $\phi6$。梯段板配筋见图 2.5.11。

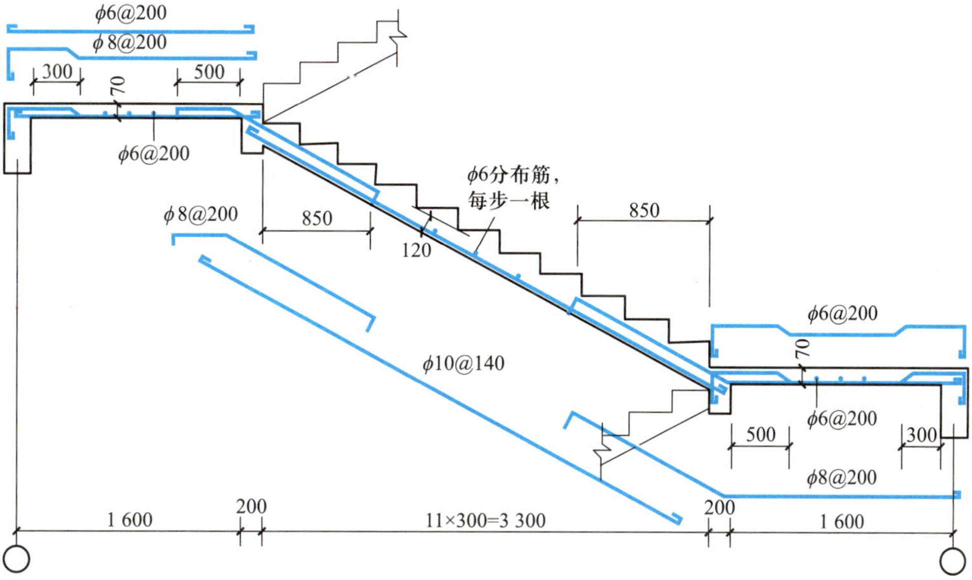

图 2.5.11 TB 和 PB 配筋

2. 平台板

平台板的荷载计算列于表 2-7。荷载设计值 p=(1.2×2.74+1.4×3.5) kN/m^2=8.19 kN/m^2。

表 2-7 平台板的荷载

荷载种类		荷载标准值/(kN/m^2)
永久荷载	水磨石面层	0.65
	70 mm 厚混凝土板	0.07×25=1.75
	板底抹灰	0.02×17=0.34
	小计	2.74
可变荷载		3.5

平台板 PB_1 按两端简支板考虑，取 1 m 板带计算，计算跨度 l_0=(1.7−0.1+0.2/2) m=1.7 m。弯矩设计值 M=0.1×8.19 kN/m×(1.7 m)^2=2.37 kN·m。板的有效高度 h_0=70 mm−20 mm=50 mm。求得 A_s=183 mm^2，选配 $\phi6/8@100$(A_s=393 mm^2)。

平台板 PB_2 为四边简支板，跨度比 1.7/3.6=0.47，按单向板考虑，短跨方向的配筋同 PB_1；长

跨方向按构造配置 $\phi6@200$。

3. 平台梁

平台梁的荷载计算列于表 2-8。荷载设计值 $p=1.2\times14.95\ \text{kN/m}+1.4\times8.93\ \text{kN/m}=30.44\ \text{kN/m}$。

表 2-8　平台梁的荷载

荷载种类		荷载标准值/(kN/m)
永久荷载	梁自重	0.2×(0.35−0.07)×25=1.4
	梁侧粉刷	0.02×(0.35−0.07)×2×17=0.19
	平台板传来	2.74×1.8/2=2.47
	梯段板传来	6.6×3.3/2=10.89
	小计	14.95
可变荷载		3.5×(3.3/2+1.8/2)=8.93

计算跨度 $l_0=1.05l_n=1.05(3.6-0.25)\ \text{m}=3.52\ \text{m}$。

弯矩设计值：$M=pl_0^2/8=47.2\ \text{kN}\cdot\text{m}$

剪力设计值：$V=pl_n/2=51.0\ \text{kN}$

按倒 L 形截面计算，翼缘宽度 $b_f'=b+5h_f'=(200+5\times70)\ \text{mm}=550\ \text{mm}$，梁的有效高度 $h_0=(350-35)\ \text{mm}=315\ \text{mm}$。经判别属于第一类 T 形截面，求得 $A_s=519\ \text{mm}^2$，选配 2Φ16+1Φ14（$A_s=556\ \text{mm}^2$）。

配置 $\phi6@200$ 箍筋，则斜截面承载力

$$V_{cs}=0.7f_tbh_0+f_{yv}\frac{A_{sv}}{s}h_0=\left(0.7\times1.27\times200\times315+270\times\frac{56.6}{200}\times315\right)\text{N}=80\ 076\ \text{N}>51.0\ \text{kN}\ \text{满足要求。}$$

平台梁配筋见图 2.5.12。

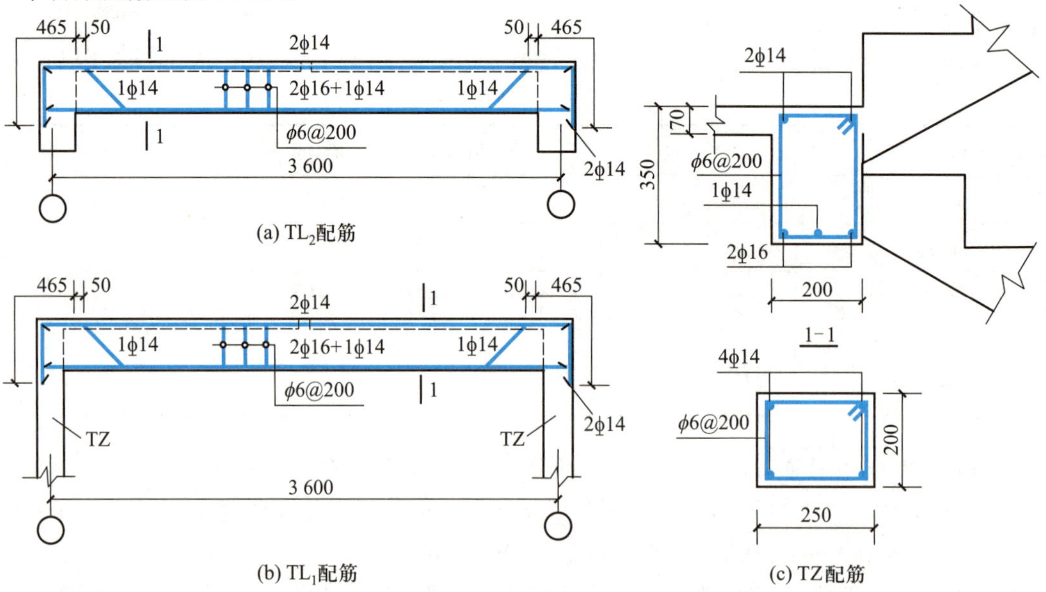

图 2.5.12　TL 和 TZ 配筋图

思考题

2-1 双向板中有哪些主要内力？这些内力与挠度是什么样的关系？分布特点是什么？

2-2 四边简支矩形板两个方向跨内最大弯矩、支座反力随长、短跨跨度比如何变化？

2-3 何谓各向同性板、何谓正交各向异性板？

2-4 试比较工程中的塑性铰与理想塑性铰的区别？

2-5 何谓超静定结构的塑性内力重分布？结构发生充分的内力重分布需要满足什么条件？工程设计中考虑塑性内力重分布需要考虑哪几方面的因素？

2-6 建筑工程中有哪些结构属于梁板结构？

2-7 混凝土楼盖和钢楼盖有哪几种布置方案？各有什么特点？

2-8 单向板楼盖中的板、次梁、主梁的计算单元是如何选取的？计算模型进行了哪些简化？这些简化对内力有什么影响？

2-9 双向板楼盖支承梁的负荷范围是如何确定的？井字楼盖支承梁采用什么样的计算模型？

2-10 混凝土连续梁、连续板内力采用弯矩调幅法需满足哪些条件？

2-11 如何利用各向同性板的内力表计算四边支承压型钢板组合板的内力？

2-12 混凝土主梁在与次梁相交处增设附加钢筋的作用是什么？

2-13 在哪些情况下，压型钢板混凝土组合板需要配置钢筋？

2-14 钢楼盖主、次梁的铰接和刚接连接各有哪些形式？主梁与柱的铰接有哪些形式？

2-15 钢-混凝土组合梁使用阶段的截面计算包括哪些内容？

2-16 何谓完全抗剪连接组合梁？何谓部分抗剪连接组合梁？两种组合梁的受弯承载力计算有什么区别？

2-17 楼梯有哪些常用的结构形式？

第2章梁板结构思考题注释

作业题

2-1 图示三跑楼梯，承受均布荷载，单位宽度板的正弯矩承载力和负弯矩承载力均为 m。试用塑性铰线法确定极限荷载 p_u。

2-2 图示单跨十字交叉梁，承受均布线荷载 p，两个方向梁的截面抗弯刚度相等，$\alpha>1$。

(1) 试计算跨内最大弯矩并绘制弯矩图。

(2) 当长、短跨比 α 超过多少时长跨向将出现负弯矩？

(提示：因结构和荷载双向对称，交叉处无转角位移，只有竖向向线位移)。

2-3 受均布荷载的等跨、等刚度两跨连续梁，支座截面的极限抗弯承载力 M'_u 为跨内截面极限承载力 M_u 的2倍，则支座截面的弯矩调幅值 β 为多少？如果 $M'_u=M_u$，则支座截面的弯矩调幅值 β 又为多少？

2-4 某单层钢结构工作平台的平面布置如图所示，采用钢梁、钢柱，连续压型钢板-混凝土组合板铺板。压型钢板采用国产 YX-75-230-690，厚度 $t=1.0$ mm，见图 b；压型钢板顶面以上的混凝土厚度取 120 mm，混凝土强度等级为 C30。面层为 30 mm 厚水泥砂浆。楼面可变荷载标准值 $q_k=20$ kN/m^2，准永久性系数为 $\psi_q=0.8$。

(1) 试确定阴影部分区格板控制截面在最不利荷载布置下的弯矩基本组合值(提示：控制截面有四个，强边和弱边方向的支座截面和跨中截面)。

(2) 压型钢板采用 Q235,抗拉强度设计值 $f_a=205$ MPa;强边方向钢筋采用 HRB400、弱边方向钢筋采用 HPB300。试进行组合板控制截面的受弯承载力计算。

(3) 验算强边和弱边方向支座截面的裂缝宽度是否满足要求。

(4) 验算组合板的跨中挠度是否满足要求。

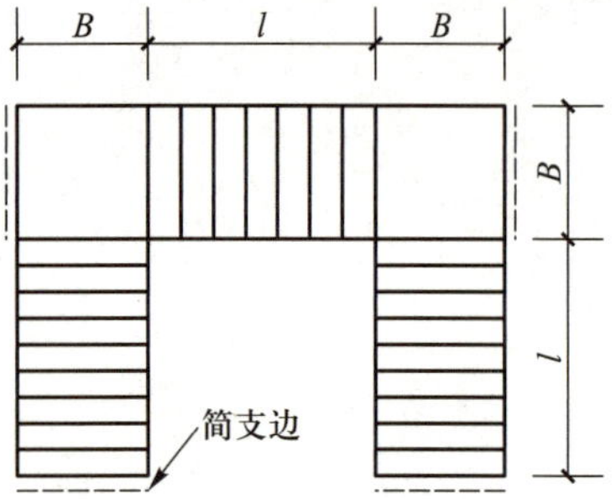

作业题 2-1 图

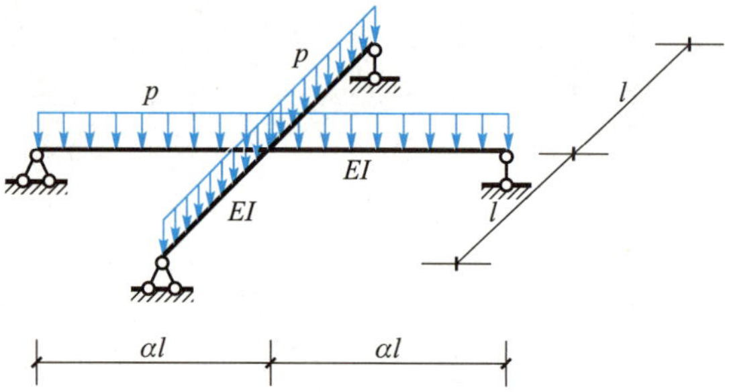

作业题 2-2 图

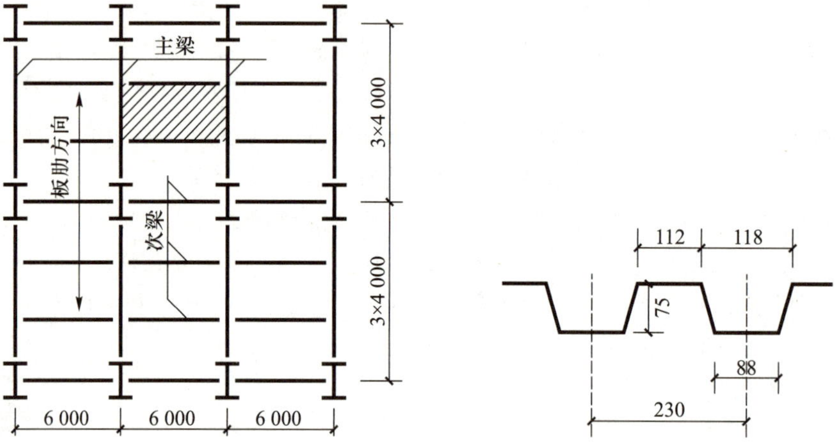

(a) 钢平台结构平面

(b) 压型钢板一个波宽的截面尺寸

作业题 2-4 图

2-5 题 2-4 中的次梁间距改为 3 000 mm,即每跨主梁布置 3 根次梁。其余条件不变。

(1)次梁拟采用 HM400×150,Q235 钢。连接件采用 4.6 级 ϕ19 栓钉,每个板肋布置 2 个。试按完全抗剪连接设计次梁的抗剪连接件。

(2) 进行次梁的抗弯和抗剪承载力计算(提示:计算次梁内力时,组合板按顺肋方向单向板考虑;栓钉纵向间距为压型钢板波宽)。

(3) 主梁拟采用 HN900×300×16×28,Q345 钢。次梁与主梁连接初选 10.9 级 M20 摩擦型高强螺栓双剪连接,接触面采用喷砂处理。试设计该平接铰接节点。

2-6 一单层砌体混合结构,开间 3 m、进深 9 m,如图 a 所示。平屋盖采用钢梁、现浇混凝土板,板厚80 mm,如图 b 所示。混凝土强度等级 C30,钢筋采用 HPB300;钢梁采用 Q235-B.F。

已求得屋面均布永久荷载标准值 $g_k=3.0$ kN/m^2;可变荷载标准值 $q_k=2.0$ kN/m^2,组合值系数 $\Psi_c=0.7$,频遇值系数 $\Psi_f=0.6$,准永久值系数 $\Psi_q=0.5$。结构安全等级为二级。

(1) 试用塑性方法配制板的纵向受力钢筋;并根据所配钢筋进行裂缝宽度和挠度验算。

(2) 如果钢梁与混凝土板之间不设抗剪连接,选用热轧轻型工字钢 I60 能否满足强度、整体稳定和挠度要求？

（3）如果在钢梁与混凝土楼板之间设置可靠的抗剪连接（完全抗剪连接），采用I30热轧轻型工字钢能否满足正截面抗弯承载力要求？并设计连接栓钉。

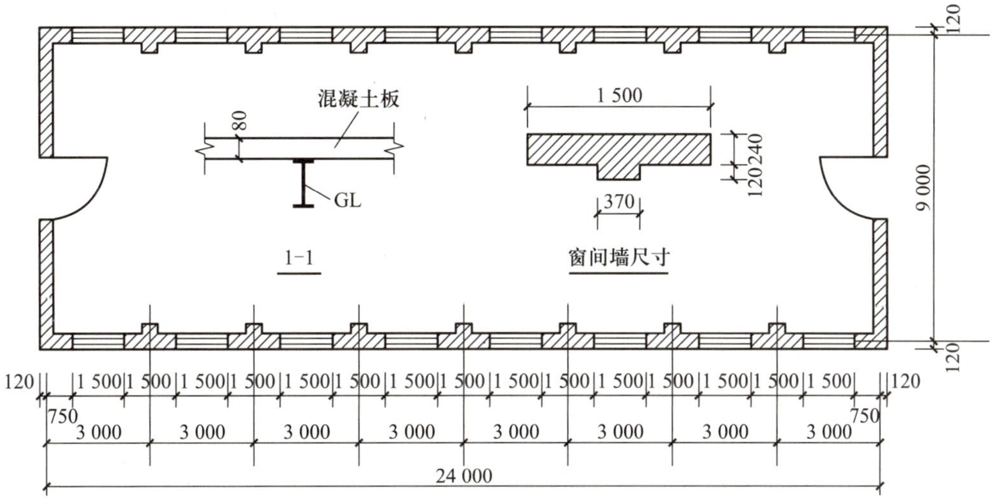

(a) 建筑平面布置图

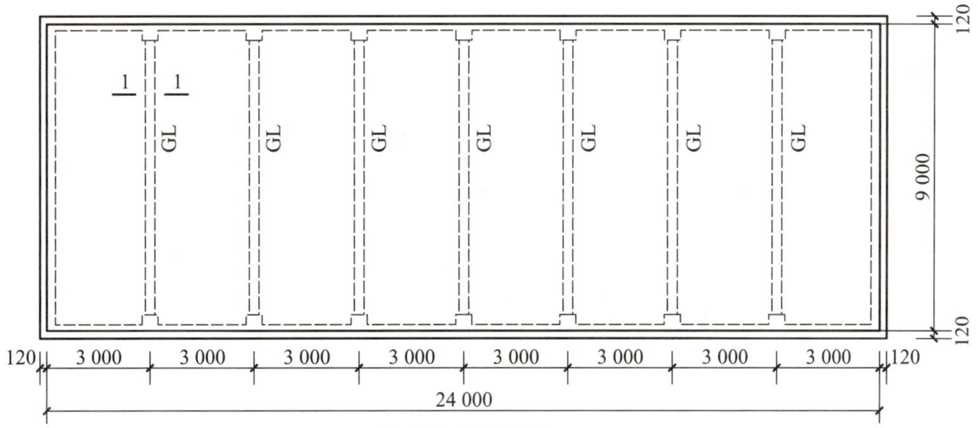

(b) 结构平面布置图

作业题 2-6 图

第 2 章梁板结构作业题指导

测试题

2-1 下列哪类板属于单向板？（ ）

（A）承受均布荷载的对边支承矩形板 （B）承受集中荷载的对边支承矩形板

（C）承受均布荷载的对边支承斜交板 （D）承受集中荷载的对边支承斜交板

2-2 下列哪种板可作为各向同性板？（ ）

（A）木板 （B）压型钢板混凝土组合板

（C）带肋钢板 （D）双向配筋的混凝土板

2-3 双向板支承梁由楼板传来的荷载形式为（ ）。

（A）短跨向三角形分布、长跨向梯形分布 （B）短跨向梯形分布、长跨向三角形分布

(C) 短跨向三角形分布、长跨向均匀分布　　(D) 短跨向均匀分布、长跨向三角形分布

2-4　下列哪种情况下,楼盖主梁不能按连续梁模型计算?(　　)

(A) 梁、柱铰接且柱的线刚度相对梁较小　　(B) 梁、柱铰接且柱的线刚度相对梁较大

(C) 梁、柱刚接且柱的线刚度相对梁较小　　(D) 梁、柱刚接且柱的线刚度相对梁较大

2-5　下列有关钢楼盖次梁计算简图的叙述,哪条是正确的?(　　)

(A) 次梁分段与主梁叠接时按简支梁计算　　(B) 次梁与主梁平接时按连续梁计算

(C) 次梁与主梁叠接时按连续梁计算　　(D) 次梁与主梁平接时按简支梁计算

2-6　混凝土楼盖设计中的折算荷载是为了考虑(　　)。

(A) 支承构件对被支承构件的转动约束影响

(B) 支承构件挠度对被支承构件内力的影响

(C) 荷载传递的影响

(D) 板、次梁中的薄膜力影响

2-7　下列有关内力重分布的叙述,哪条是正确的?(　　)

(A) 只要材料是弹塑性的,无论是静定结构还是超静定结构,均存在内力重分布

(B) 只要是超静定结构,无论是弹性材料还是弹塑性材料,均存在内力重分布板

(C) 弹塑性材料的超静定结构才存在内力重分布

(D) 弹性材料的静定结构才存在内力重分布

2-8　五等跨连续梁,为使第三跨跨内出现最大弯矩,可变荷载应布置在(　　)。

(A) 1、2、4跨　　(B) 1、3、5跨

(C) 1、2、5跨　　(D) 2、4跨

2-9　混凝土连续梁采用弯矩调幅法时,要求截面相对受压区高度 $\xi \leqslant 0.35$,是为了保证(　　)。

(A) 正常使用要求　　(B) 具有足够的承载力

(C) 塑性铰的转动能力　　(D) 发生适筋破坏

2-10　即使塑性铰的转动能力有保证,弯矩调幅值也必须加以限制,这是考虑到(　　)。

(A) 静力平衡的要求　　(B) 正常使用的要求

(C) 方便施工的要求　　(D) 经济要求

2-11　双向板截面合成扭矩的剪应力分量沿板厚(　　)。

(A) 呈对称线性分布　　(B) 呈反对称线性分布

(C) 呈对称抛物线分布　　(D) 呈反对称抛物线分布

2-12　四边简支的矩形弹性薄板在均布荷载作用下(　　)。

(A) 跨中板带的弯矩和扭矩均达到最大　　(B) 跨中板带的弯矩和扭矩均为0

(C) 跨中板带的扭矩达到最大、弯矩为0　　(D) 跨中板带的弯矩达到最大、扭矩为0

2-13　如果单位板宽正弯矩承载力、负弯矩承载力均相同,当采用塑性铰线法计算时,周边固支等边三角形板所能承受的均布荷载是周边简支等边三角形板的(　　)。

(A) 3倍　　(B) 2倍

(C) 1/2倍　　(D) 1/3倍

2-14　四边简支的矩形弹性薄板在均布荷载作用下,长跨方向和短跨方向的跨内最大弯矩(　　)。

(A) 均在中点　　(B) 长跨方向偏离中点,短跨方向在中点

(C) 均偏离中点　　(D) 长跨方向在中点,短跨方向偏离中点

2-15　四边支承压型钢板混凝土组合板的弹性内力可借用各向同性板的计算表格,查表前先根据受力异向性系数对跨度进行折算,其中求强边方向弯矩时(　　)。

(A) 将强边方向的跨度乘以受力异向性系数

(B) 将强边方向的跨度除以受力异向性系数
(C) 将弱边方向的跨度乘以受力异向性系数
(D) 将弱边方向的跨度除以受力异向性系数

2-16 周边支承的圆形板,单位板宽弯矩承载力不变,按塑性铰线法,圆心处所能承受的集中荷载( )。
(A) 随半径的增大而线性减小 (B) 随半径的增大而非线性减小
(C) 随半径的增大而增大 (D) 与半径无关

2-17 混凝土主次梁相交处,在主梁上设附加横向钢筋是为了( )。
(A) 弥补主梁受剪承载力的不足 (B) 弥补次梁受剪承载力的不足
(C) 补足因次梁通过而少放的箍筋 (D) 考虑间接加载于主梁腹部引起局部斜截面破坏

2-18 四边与梁整体连接的混凝土板的设计弯矩可以折减,这是考虑( )。
(A) 梁对板支座的转动约束影响 (B) 梁挠度对板内力的影响
(C) 板中的薄膜力影响 (D) 荷载传递的影响

2-19 混凝土双向板按弹性方法设计时,其边缘板带的配筋可比中间板带减少,是因为( )。
(A) 边缘板带有支承梁一起工作 (B) 考虑塑性内力重分布的有利影响
(C) 考虑薄膜力的有利影响 (D) 边缘板带的弹性弯矩分布比中间板带小

2-20 混凝土梁两侧设置纵向构造钢筋的作用是( )。
(A) 抵抗温度和收缩变形 (B) 增加抗弯能力的储备
(C) 增加抗剪能力的储备 (D) 限制斜裂缝宽度

2-21 当简支型钢梁的上翼缘有密铺板与其牢固连接,并阻止其侧向位移时,其截面计算内容包括( )。
(A) 整体稳定、局部稳定、抗弯强度、抗剪强度和挠度
(B) 局部稳定、抗弯强度、抗剪强度和挠度
(C) 整体稳定、抗弯强度、抗剪强度和挠度
(D) 抗弯强度、抗剪强度和挠度

2-22 进行压型钢板混凝土组合板的受弯承载力计算时( )。
(A) 不考虑压型钢板的作用
(B) 考虑压型钢板与混凝土共同工作
(C) 强边方向考虑压型钢板与混凝土共同工作;弱边方向不考虑压型钢板的作用
(D) 强边方向不考虑压型钢板的作用;弱边方向考虑压型钢板和混凝土共同工作

2-23 设计钢-混凝土组合梁的抗剪连接件时,纵向剪力设计值取( )。
(A) 正弯矩区段取受拉钢筋与钢筋强度的乘积
(B) 负弯矩区段取钢梁面积与钢梁强度的乘积
(C) 正弯矩区段取钢梁面积与钢梁强度的乘积
(D) 正弯矩区段当中和轴位于混凝土翼板内时取钢梁面积与钢梁强度的乘积

2-24 现浇混凝土单向板肋梁楼盖中次梁计算单元之间的边界上( )。
(A) 不存在力 (B) 只存在弯矩
(C) 存在弯矩和剪力 (D) 存在弯矩和扭矩

2-25 主次梁刚接时,考虑主梁挠度后多跨次梁的实际弯矩与连续梁模型相比( )。
(A) 跨中和支座弯矩均减小 (B) 跨中和支座弯矩均增大
(C) 跨中弯矩增大、支座弯矩减小 (D) 跨中弯矩减小、支座弯矩增大

2-26 主次梁刚接时,考虑主梁抗扭刚度后多跨次梁在隔跨布置的可变荷载作用下的实际弯矩与连续梁模型相比( )。
(A) 跨中和支座弯矩均减小 (B) 跨中和支座弯矩均增大

(C) 跨中弯矩增大、支座弯矩减小　　(D) 跨中弯矩减小、支座弯矩增大

2-27* 均布竖向荷载作用的对边简支矩形板,板宽方向(　　)。

(A) 弯矩为 0　　(B) 弯矩不为 0、与泊松比有关

(C) 弯矩不为 0、与板宽有关　　(D) 弯矩不为 0、与板宽和泊松比都有关

第 2 章梁板结构测试题解答

* 系扩展题,下同。

第 3 章　单层厂房结构

对于像冶金、机械制造等一类生产车间，在使用功能上有一些特殊需求：如大的空间（平面和高度）可以布置大型设备；设置吊车可以满足厂房内的运输（垂直的和水平的）需求；交通工具（汽车或火车）的通行可以运输原材料和产品。单层厂房结构可以很好地满足这些要求。

3.1　单层厂房结构种类及布置

3.1　单层厂房结构种类及布置

3.1.1　单层厂房结构种类

单层厂房按承重结构材料可分为：混凝土结构、钢结构、砌体混合结构和钢-混凝土混合结构。在砌体混合结构中，墙、柱等竖向构件采用砌体，水平构件采用混凝土屋架、木屋架或轻钢屋架。钢-混凝土混合结构中的柱采用混凝土，水平构件采用钢屋架或钢梁。

单层厂房按结构形式可以分为排架结构和刚架结构两类。排架结构的柱和屋架（或屋面梁）为铰接，柱与基础刚接；刚架结构的柱和屋架（或屋面梁）为刚接，柱与基础有刚接和铰接两种情况。

排架结构厂房可以是单跨，也可以是多跨。对于多跨排架，根据生产工艺和使用要求的不同，可做成等高的（图 3.1.1a）、不等高的（图 3.1.1b）和锯齿形的（图 3.1.1c ）等多种形式。锯齿形通常是为了满足纺织厂单向采光（为保持湿度，仅在北侧采光）的使用要求。

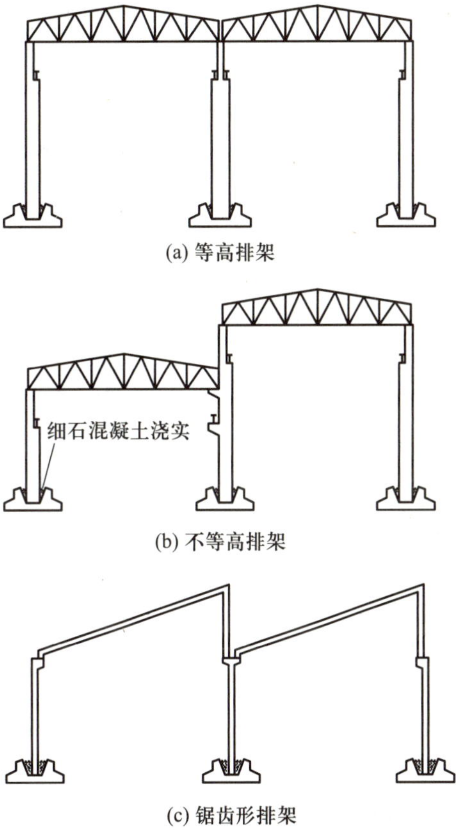

图 3.1.1　混凝土排架结构类型

刚架厂房常见的有两种：一种是由钢屋架和钢柱组成的刚架结构，柱与基础一般是刚接，见图 3.1.2a；另一种是实腹梁和柱组成的门式刚架（portal frame），柱与基础通常为铰接，主要用于轻型厂房，见图 3.1.2b。

当门式刚架顶节点为铰接时，称三铰门式刚架，如图 3.1.3a 所示，为静定结构；当顶节点为刚接时，称两铰刚架，如图 3.1.3b 所示，为超静定结构。门式刚架可以是混凝土的，也可以是钢的。混凝土门式刚架的梁柱合一，整个刚架可由两个 Γ 型构件拼接而成（三铰刚架），或在横梁弯矩为零处设置拼接接头，用焊接或螺栓连成整体(两铰刚架);钢门式刚架一般是两铰的(图 3.1.2b)。门式刚架也可以是多跨的,如图 3.1.4a、b 所示。对于多跨钢门式刚架,中柱常常设计成上下均为铰接的**摇摆柱**(leaning column),图 3.1.4c。目前混凝土门式刚架使用较少,而钢门式刚架则较为普遍。

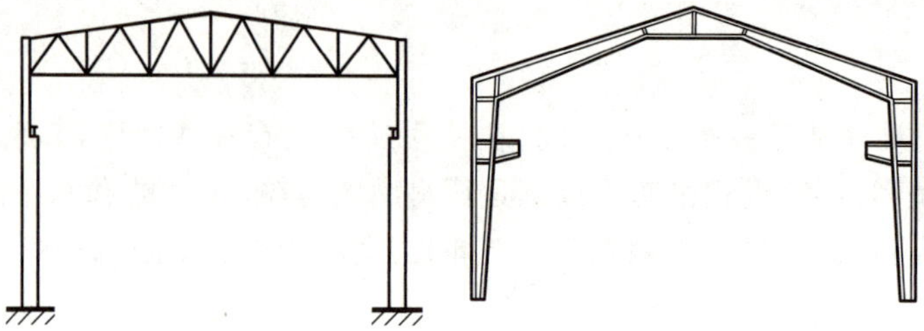
(a) 屋架式　　(b) 实腹梁式

图 3.1.2　钢结构厂房结构类型

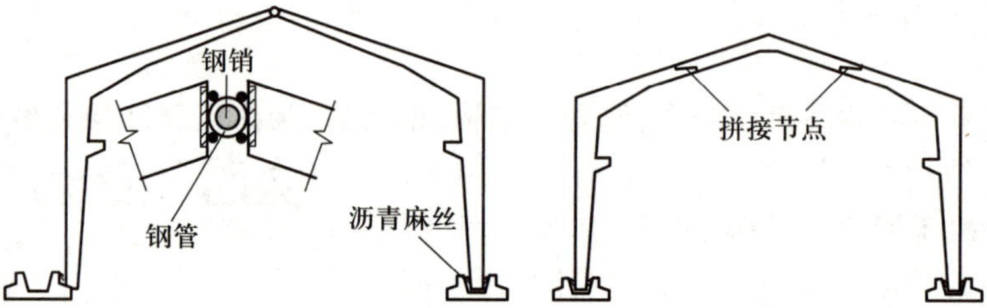

(a) 三铰刚架　　(b) 两铰刚架

图 3.1.3　混凝土刚架结构类型

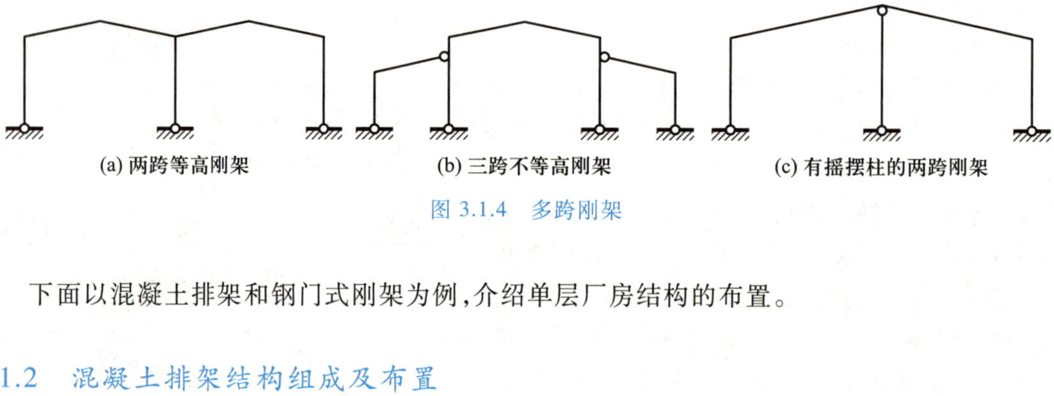
(a) 两跨等高刚架　　(b) 三跨不等高刚架　　(c) 有摇摆柱的两跨刚架

图 3.1.4　多跨刚架

下面以混凝土排架和钢门式刚架为例,介绍单层厂房结构的布置。

3.1.2　混凝土排架结构组成及布置

一、结构组成

混凝土排架结构厂房由**承重结构系统**(load-bearing system)、**围护结构系统**(enclosure structure system)和**支撑系统**(brace system)三大部分组成,见图 3.1.5。除基础外,所有的构件均系预制,在现场拼装而成。

1. 围护结构系统

围护结构系统包括**屋面板**(roof panel)、**天沟板**(gutter board)、**纵横墙**(longitudinal and lateral wall)、基础梁(foundation beam)、连系梁(tie beam)和抗风柱(wind resistance column)(有时还有抗风梁或抗风桁架),它构成房屋的空间,承担直接作用其表面的荷载,并将荷载传递给承重结构系统。屋面结构有两类:一类是钢筋混凝土大型屋面板,常用尺寸为 1.5 m×6 m,直接支承在屋架(roof truss)或屋面梁上;另一类是瓦材,如砖瓦、水泥瓦、压型钢板、瓦楞铁皮等,支承在檩条(purline)上(对于砖瓦,在檩条上还需铺设望板),而檩条支承在屋架或屋面梁上。前者称无檩屋盖体系;后者称有檩屋盖体系。

排架结构的填充墙下一般不另做基础,通过基础梁将墙体自重荷载传给排架柱基础。基础梁搁置在柱下独立基础上。

抗风柱承受厂房横墙(山墙)传来的纵向风荷载,柱底与基础固接,柱顶与屋架的上弦相连。

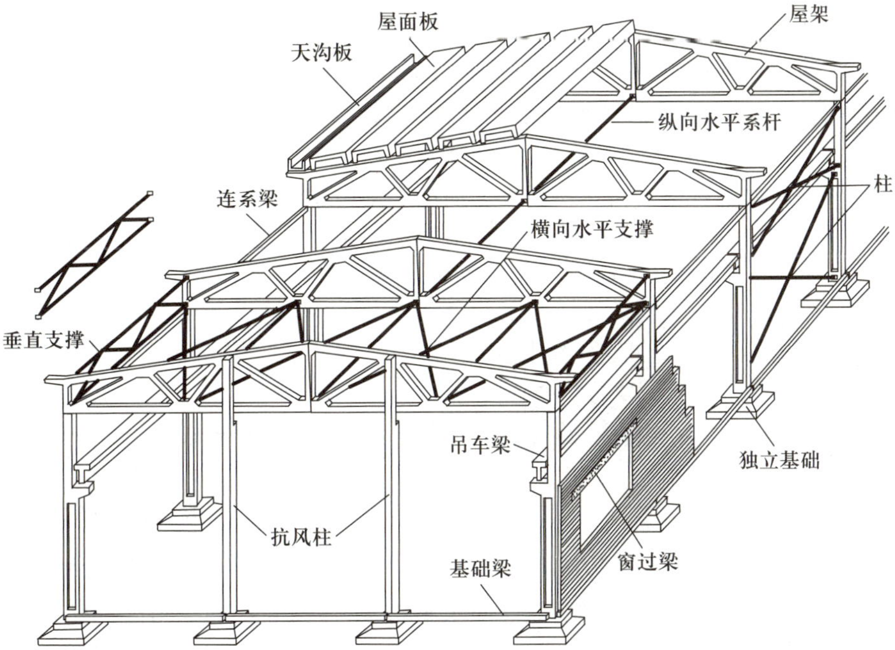

图 3.1.5 混凝土排架结构组成

2. 承重结构系统

承重结构系统包括屋架(屋面梁)、吊车梁(crane beam)、排架柱和基础,构成厂房的基本承重骨架,它由纵、横向的平面排架构成。所有荷载均由承重结构系统最终传到地基。

其中横向平面排架由屋架(屋面梁)、横向排架柱和基础组成。屋架简支在排架柱柱顶,排架柱插入杯形基础,通过二次浇捣混凝土形成固结,参见图 3.1.1a。

纵向平面排架由纵向列柱、吊车梁、连系梁和柱间支撑组成,见图 3.1.6。吊车梁简支在排架柱牛腿上,连系梁与柱顶铰接。连系梁起着传递柱顶水平荷载的作用,柱间支撑则承担着大部分纵向水平荷载,两者在纵向排架中起重要作用。

3. 支撑系统

支撑系统包括柱间支撑(column bracing)和屋盖支撑(roof bracing)两大部分。

柱间支撑是纵向排架的重要组成部分,其作用是保证厂房结构的纵向刚度和稳定,并承担纵

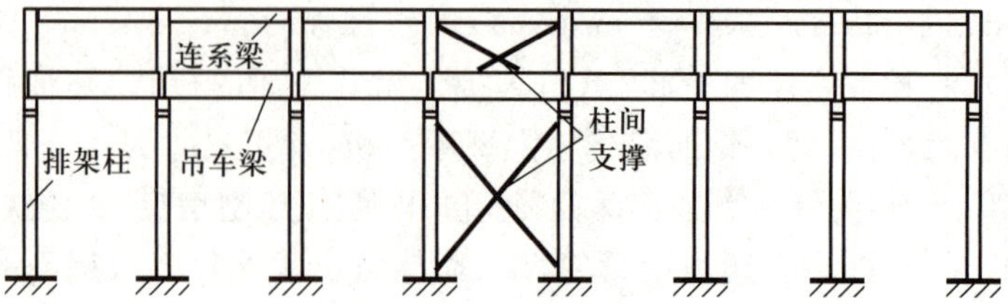

图 3.1.6 纵向排架

向水平荷载。柱间支撑一般采用十字交叉形支撑,它具有构造简单、传力直接和刚度大等特点。交叉杆件的倾角一般在 35°~50°之间。在特殊情况下,如因生产工艺的要求及结构空间的限制,可以采用其他形式的支撑,如门形支撑、人字形支撑等,见图 3.1.7。

屋盖支撑包括**横向水平支撑**(lateral horizontal bracing)、**纵向水平支撑**(longitudinal horizontal bracing)、**垂直支撑**(vertical bracing)及纵向水平系杆,起着联系各种主要结构构件、加强屋盖整体性和平面外稳定、减小平面外弦杆计算长度、传递水平荷载等作用。

横向水平支撑与屋架弦杆组成沿厂房跨度方向的水平桁架,它的弦杆即屋架的弦杆,腹杆由交叉的斜杆和竖杆组成,当屋盖采用有檩体系时,上弦横向水平支撑中的竖杆可由檩条替代。交叉斜杆的角度一般为 30°~60°,采用型钢,见图 3.1.8。

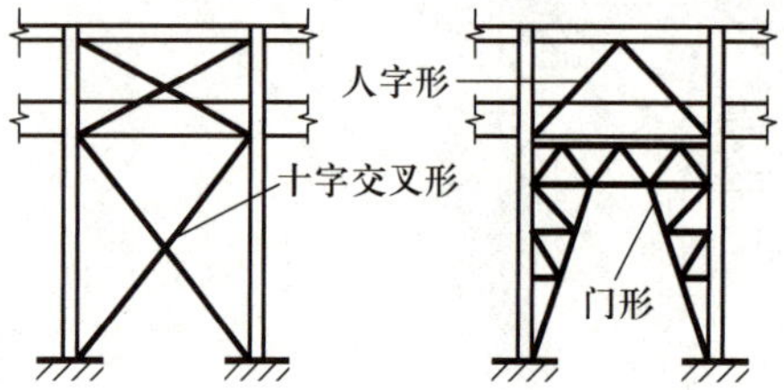

图 3.1.7 柱间支撑形式

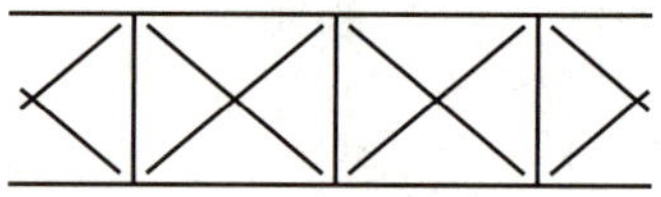

图 3.1.8 水平支撑形式

纵向水平支撑与屋架下弦组成沿厂房纵向的水平桁架,屋架下弦构成桁架的竖杆。纵向水平支撑一般采用型钢。

垂直支撑与屋架竖杆组成竖向桁架。有型钢和混凝土两种。腹杆的形式取决于高跨比,有 W 形、双节间交叉形和单节间交叉形等,见图 3.1.9。

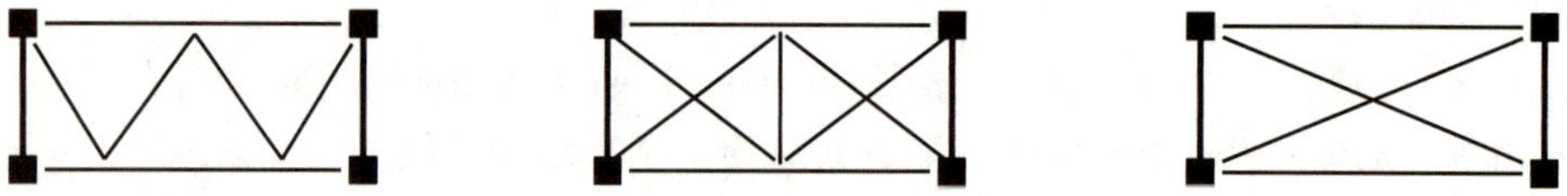

(a) W形　(b) 双节间交叉形　(c) 单节间交叉形

图 3.1.9 垂直支撑形式

纵向水平系杆分刚性杆(压杆)和柔性杆(拉杆)两种,前者一般采用混凝土,后者一般采用型钢。

二、结构布置

1. 柱网布置

柱网是承重柱在平面中排列所形成的网格,网格的间距称为柱网尺寸。其中沿纵向的间距称为柱距；沿横向的间距称为跨度，见图 3.1.10。

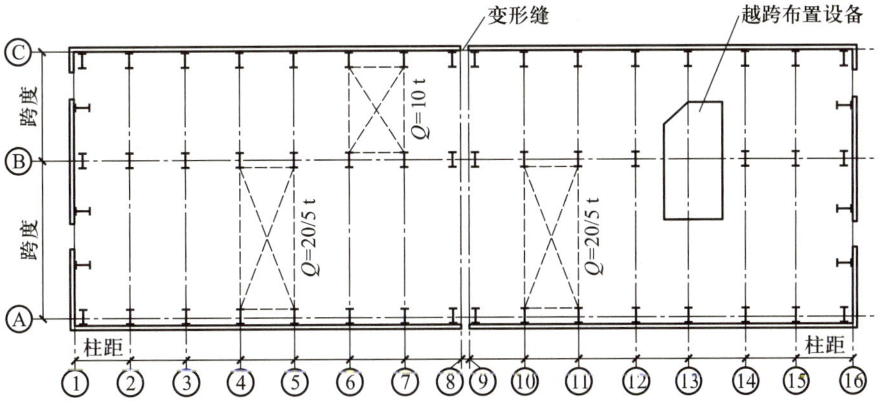

图 3.1.10　柱网布置

选择柱网尺寸时首先要满足生产工艺的要求，考虑设备大小、设备布置方式、交通运输、生产操作及检修所需空间等因素；其次应遵循建筑统一化的规定，尽量选用通用性强的尺寸，以减少厂房构件的尺寸类型，方便施工，简化节点构造，降低造价。

根据《厂房建筑模数协调标准》（GB/T 50006—2010）的规定，跨度小于或等于 18 m 时，采用 3 m 的倍数，即选用 9 m、12 m、15 m 和 18 m；大于 18 m 时，应符合 6 m 的倍数，即选用 24 m、30 m、36 m 等。

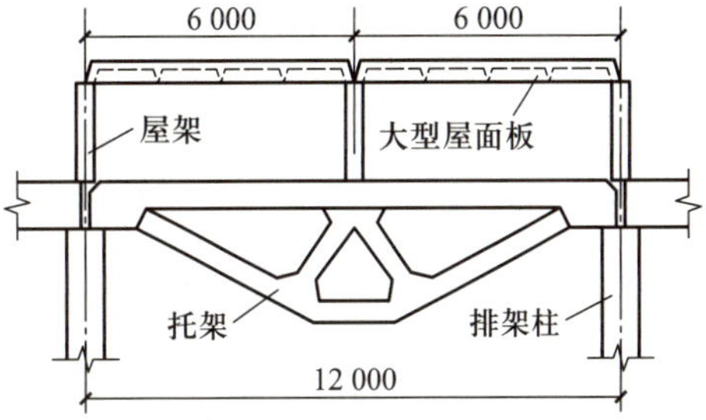

图 3.1.11　托架承重方案

我国单层厂房使用的基本柱距为 6 m。当需要越跨布置设备时（图 3.1.10），可在相应位置采用 6 m 整倍数的扩大柱距，通过设置托架支承 6 m 间距的屋架，而不需改变屋面板的跨度，见图 3.1.11。

2. 定位轴线

定位轴线是确定构件水平位置的基准线，也是施工放线、设备安装的依据。垂直于厂房长度方向的称为横向定位轴线，自左到右依次用①、②、③…编号；平行于厂房长度方向的纵向定位轴线自下而上依次用Ⓐ、Ⓑ、Ⓒ…编号，见图 3.1.10。定位轴线的划分与柱网布置是一致的，横向定位轴线的间距即为柱距，它决定了屋面板、吊车梁、连系梁、基础梁等厂房纵向构件的标志尺寸长度；纵向定位轴线的间距即为厂房跨度，决定了屋架、吊车的标志尺寸长度。

（1）边柱与纵向定位轴线的关系

为了使吊车的型号规格化，吊车跨度与屋架跨度之间存在固定关系：$L=L_k-2\lambda$，其中 L 为厂房跨度（纵向定位轴线之间的距离）；L_k 为吊车跨度，即两边轮子（轨道中心线）之间的距离；λ 为纵向定位轴线至轨道中心线的距离，一般为 750 mm，当吊车额定起吊质量大于 50 t 时采用 1 000 mm。见图 3.1.12。

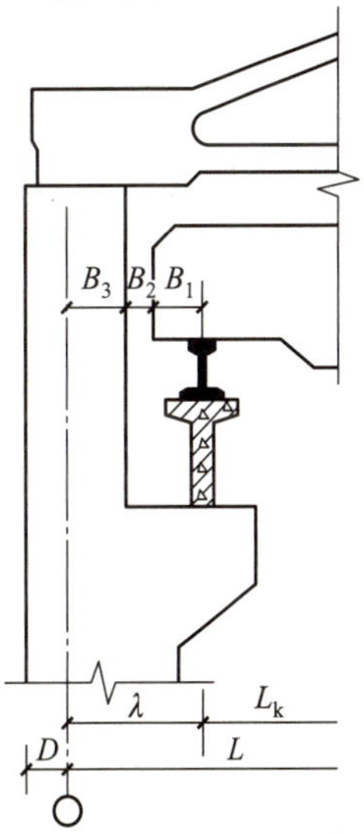

图 3.1.12　边柱与纵向轴线的关系

为了保证吊车沿厂房纵向行驶过程中与柱不发生碰撞，上柱内缘与吊车架外缘之间的空隙 B_2（$B_2=\lambda-B_1-B_3$）应大于等于 80 mm（当 $Q\leqslant 50$ t）或 100 mm（当 $Q\geqslant 75$ t），见图 3.1.12。

对于柱距为 6 m、吊车额定起吊质量小于或等于 20 t 的厂房，边柱外缘与纵向定位轴线重合，见图 3.1.10 中的Ⓒ轴，称为封闭结合；当吊车起吊质量较大时，由于吊车外轮廓尺寸和柱子截面尺寸均有所增大，为了满足空隙 B_2 的要求，需要将边柱外移一定距离 D（称为联系尺寸），如图 3.1.12 所示，称为非封闭结合，见图 3.1.10 中的Ⓐ轴。

（2）中柱与纵向定位轴线的关系

对于等高排架，中柱的上柱截面中心线与纵向定位轴线重合。对于高低跨排架，柱子和轴线的关系可查阅《厂房建筑模数协调标准》。

（3）柱与横向定位轴线的关系

当厂房设有横向变形缝时，变形缝处采用双柱及两条轴线划分方法，两条横向定位轴线间的距离为变形缝宽度 a_e，变形缝两边柱的中心线与定位轴线的距离为 600 mm，见图 3.1.13a；为保证山墙抗风柱能伸至屋架上弦，端部柱的中心线自横向定位轴线向内移 600 mm，见图 3.1.13b；其他位置柱的中心线与横向定位轴线重合，见图 3.1.13c。

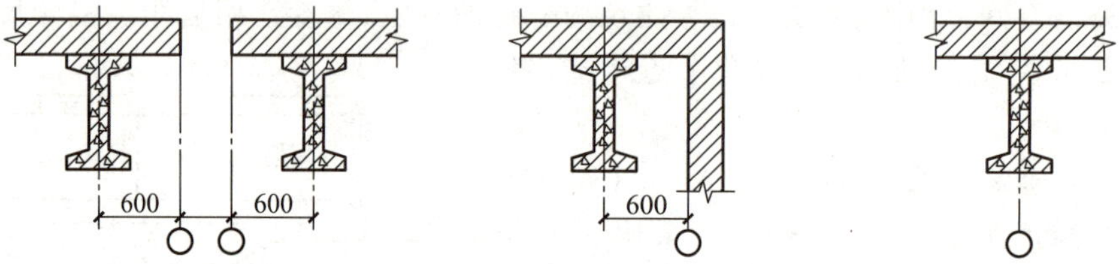

(a) 变形缝处　(b) 端部　(c) 其他位置

图 3.1.13　柱与横向定位轴线的关系

3. 变形缝设置

当房屋长度或宽度超过附表 A.1 规定的限值时，一般应设置伸缩缝。厂房的横向伸缩缝一般采用双柱（参见图 3.1.13a），上部结构分成两个独立的区段；纵向伸缩缝一般采用单柱，在低跨屋架与支承屋架的牛腿之间设滚动支座，使其能自由伸缩。伸缩缝的基础可以不分开。如果伸缩缝的间距超过附表 A.1 的规定值，应验算温度应力。

由于排架结构对地基不均匀沉降不敏感，单层厂房一般不设沉降缝，只有在下列情况下才考虑设置：

① 相邻部位高度相差很大；

② 相邻跨吊车起吊质量悬殊；

③ 基础持力层或下卧层土质有较大差别；

④ 各部分的施工时间先后相差很长。

沉降缝应将建筑物从屋顶到基础全部分开。沉降缝可兼作伸缩缝。

在抗震设防区，当厂房平、立面布置复杂，结构高度或刚度相差很大，以及在厂房侧边贴建生活间、变电所、炉子间等披屋时，应设置防震缝将相邻两部分分开。伸缩缝和沉降缝宽度均应符合防震缝要求。

4. 剖面布置

结构构件在高度方向的位置用标高表示。单层厂房的控制标高包括基础底面标高、室内地面标高、牛腿(bracket)顶面标高和柱顶标高，见图3.1.14。

基础底面标高控制基础埋深，根据持力层深度和基础高度确定。

室内地面标高用±0.000表示，一般高于室外地面100~150 mm。

牛腿顶面标高和柱顶标高由轨道顶面(简称轨顶)的标志标高控制。轨顶标志标高根据厂房的使用要求，由工艺设计人员提供，必须满足600 mm的倍数。牛腿顶面标高=轨顶标高-吊车梁在支承处的高度-轨道及垫层高度，必须满足300 mm的倍数。为了使牛腿顶面标高满足模数要求，轨顶的实际标高可以不同于标志标高，规范允许轨顶实际标高与标志标高之间有±200 mm的差值。

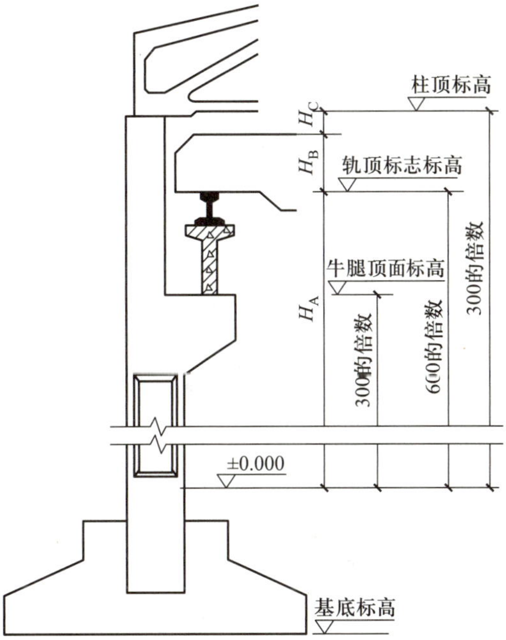

图 3.1.14 单厂的剖面布置

柱顶标高=轨顶实际标高H_A+吊车轨顶至桥架顶面的高度H_B+桥架顶面与屋架下弦的空隙H_C，见图3.1.14。吊车轨顶至桥架顶面的高度H_B可以查阅吊车的技术参数；空隙H_C不应小于220 mm。

5. 支撑布置

(1) 柱间支撑

柱间支撑应布置在伸缩缝区段的中央或临近中央，这样纵向构件的伸缩受柱间支撑的约束较小，温度变化或混凝土收缩时，不致产生较大的温度或收缩应力。另外，在纵向水平荷载作用下的传力路线较短。

凡属下列情况之一者，应设置柱间支撑：

① 厂房内设有悬臂吊车或3 t及以上悬挂吊车；

② 厂房内设有特重级或重级载荷状态的吊车，或设有起吊质量在10 t以上的中级、轻级载荷状态吊车；

③ 厂房跨度在18 m以上或柱高在8 m以上；

④ 纵向列柱的总数在7根以下；

⑤ 露天吊车栈桥的列柱。

对于有吊车厂房，上柱和下柱应分别设置柱间支撑。柱间支撑一般采用型钢，对于混凝土排架结构可直接选用标准图集《柱间支撑》(97G336)。

(2) 屋盖横向水平支撑

横向水平支撑包括上弦横向水平支撑和下弦横向水平支撑，一般布置在伸缩缝区段两端的两榀相邻屋架弦杆之间。当采用大型屋面板且连接可靠时，上弦横向水平支撑可不设。

(3) 屋盖下弦纵向水平支撑

一般情况下,纵向水平支撑可以不设,仅当厂房有较大起吊质量的桥式吊车、壁行吊车或锻锤等振动设备,以及高度或跨度较大,或者对空间刚度要求较大时才设置。纵向水平支撑设置在下弦的两端节间处,沿厂房全长布置。

(4) 屋盖垂直支撑

垂直支撑布置在设有横向水平支撑的同一开间,另外当厂房单元大于 66 m 时,在设柱间支撑的开间增设一道。当屋架端部高度大于 1.2 m 时,在屋架两端各布置一道;当厂房跨度在 18~30 m 时还应在屋架中间加设一道,当跨度大于 30 m 时,在屋架 1/3 节点处加设两道。

(5) 纵向水平系杆

系杆布置在未设置横向水平支撑的开间,对应垂直支撑位置的上、下弦节点。大型屋面板或刚性檩条可替代上弦系杆。

屋架标准图集附有支撑的布置方式,设计时可直接选用。

6. 围护结构布置

(1) 抗风柱

抗风柱一般采用混凝土,上柱截面(屋架下弦以上部分)采用矩形,下柱截面可采用工字形或矩形,当柱较高时也可采用双肢柱。当厂房跨度和高度均不大(如跨度不大于 12 m,柱顶标高 8 m 以下)时,可在山墙设置砌体壁柱作为抗风柱。抗风柱间距根据承受的风荷载大小确定,一般采用 6 m 和 4.5 m。

抗风柱柱底采用插入基础杯口的固接方式,柱顶与屋架上弦铰接。在很高的厂房中,为减小抗风柱的截面尺寸,可加设水平抗风梁或抗风桁架作为抗风柱的中间铰支点。

柱顶与屋架的连接必须满足两个要求:一是在水平方向能有效地传递风荷载;二是在竖向允许有一定的相对位移,以防排架柱与抗风柱沉降不均匀产生不利影响。所以,抗风柱与屋架一般采用竖向可以移动、水平向又有较大刚度的弹簧板(板铰)连接,见图 3.1.15。如不均匀沉降可能较大时,则宜采用螺栓连接方案。

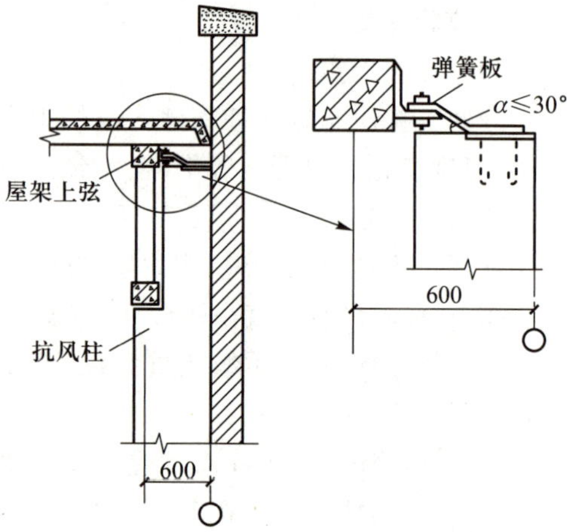

图 3.1.15 抗风柱与屋架的连接

(2) 圈梁、过梁、基础梁及连系梁

当用砌体作为厂房的围护墙时,一般要设置圈梁(ring beam)、过梁(lintels)及基础梁(foundation beam)。

圈梁置于墙体内。因圈梁不承受墙体重量,故排架柱上不需要设置支承圈梁的牛腿,仅需设拉结筋与圈梁连接。可按下列原则设置:对无桥式吊车的厂房,当墙厚≤240 mm、檐口标高为 5~8 m 时,应在檐口附近布置一道,当檐高大于 8 m 时,宜增设一道;对有桥式吊车或较大振动设备的厂房,除在檐口或窗顶布置圈梁外,尚宜在吊车梁标高处或其他适当位置增设一道;外墙高度大于 15 m 时还应适当增设。

过梁设置在门窗洞口上方,承受墙体重量。圈梁可以兼做过梁,但配筋必须按计算确定。

墙体基础梁直接搁置在柱基础杯口上,与柱一般不连接。基础梁顶面至少低于室内地面

50 mm，底部距地基土表面应预留 100 mm 的空隙，使梁随柱基础一起沉降而不受到地基土的约束，同时还可以防止地基土冻结膨胀将梁顶裂。基础梁与柱的相对位置取决于墙体的相对位置，有两种情况：一种突出于柱外（图 3.1.16a）；另一种是两柱之间（图 3.1.16b）。在抗震设防区，宜采用前者。

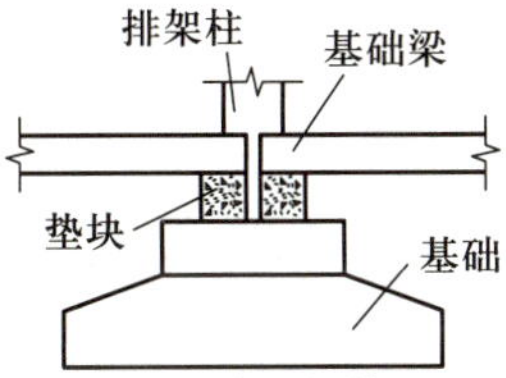

图 3.1.16 基础梁与柱的关系

当连系梁上部有墙体荷载时，搁置在柱顶牛腿上；如没有上部墙体荷载，与柱的连接可采用预埋件。现浇圈梁可替代连系梁。

连系梁、过梁及基础梁均有全国通用图集，如《钢筋混凝土连系梁》（04G321），《钢筋混凝土过梁》（04G322-4），《钢筋混凝土基础梁》（04G320），设计时可直接套用。

三、排架柱选型与截面尺寸估算

结构分析前需要预先估算构件的截面尺寸，以获得截面刚度特征。

常用排架柱的形式有矩形柱、工字形柱、平腹杆双肢柱和斜腹杆双肢柱，见图 3.1.17。矩形柱的外形简单，施工方便，但混凝土用量较多，自重较大；当截面高度 h 超过 800 mm，宜采用工字形截面；截面高度 h 超过 1 400 mm 时使用双肢柱更为经济。斜腹杆双肢柱承受剪力的能力优于平腹杆，但构造相对复杂些；平腹杆双肢柱腹部的矩形孔洞便于布置工艺管道。

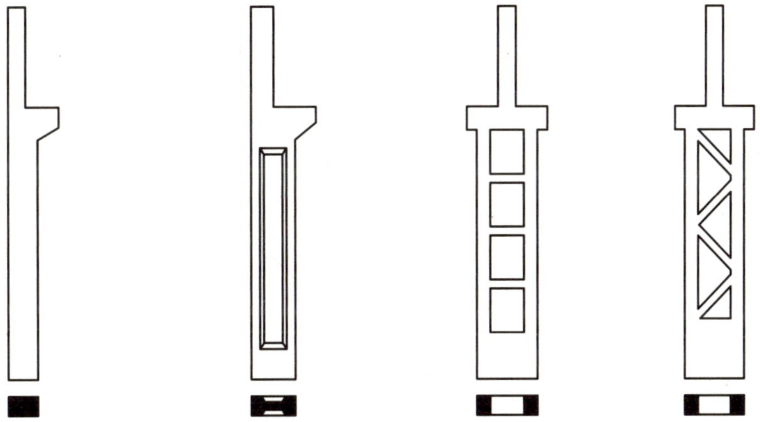

图 3.1.17 单厂排架柱形式

排架柱的截面尺寸可按附表 C.1.1 初选。截面尺寸是否合适，最终由侧向变形验算决定。

3.1.3 轻型门式刚架结构组成及布置

一、结构组成

轻型门式刚架厂房由承重结构系统、围护结构系统和支撑系统等三大部分组成，见图3.1.18。

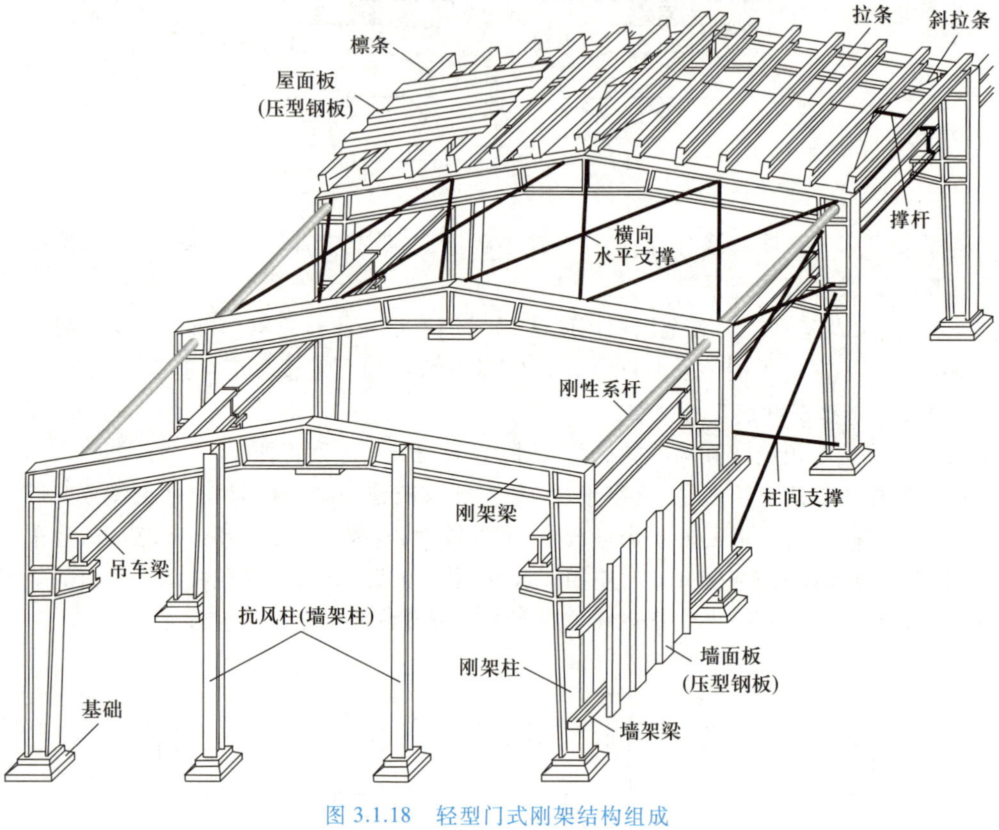

图3.1.18 轻型门式刚架结构组成

1. 围护结构系统

轻型门式刚架厂房的屋盖采用有檩体系，其中屋面板一般采用压型钢板（常加保温棉）；常用的实腹式檩条形式有槽钢、角钢和Z型、C型冷弯薄壁型钢，见图3.1.19；墙面采用压型钢板，支承在墙架梁上，而墙架梁则支承在刚架柱或墙架柱（抗风柱）上。在门洞处一般还设置门梁和门柱，为大门提供支承点。

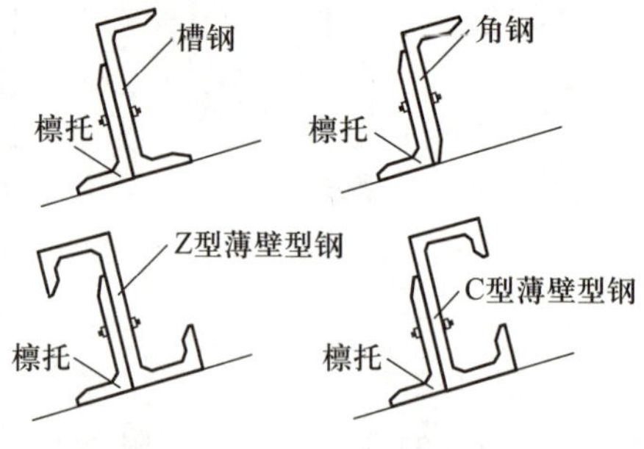

图3.1.19 实腹檩条形式

2. 承重结构系统

承重结构系统包括横梁、立柱、吊车梁和基础。边柱与横梁采用刚接；立柱与基础既可以铰接，也可以刚接。后者的侧向刚度大，但柱脚相对复杂。当厂房内有梁式吊车或桥式吊车时，柱脚宜采用刚接。对于多跨刚架，中柱与横梁可以是铰接，也可以是刚接。吊车梁搁置在立柱的牛腿上。

横梁、立柱和基础构成横向平面刚架；立柱、吊车梁、连系梁和柱间支撑组成纵向平面排架。

3. 支撑系统

支撑系统包括柱间支撑和屋盖支撑。

柱间支撑可采用带张紧装置的十字交叉圆钢，圆钢与构件间的夹角宜为 30°～60°。当厂房设有起吊质量不小于 5 t 的桥式吊车时，柱间支撑一般采用型钢。

屋盖支撑包括横向水平支撑、拉条、撑杆、纵向水平系杆和角隅撑。

横向水平支撑中圆钢（受拉）和檩条（受压）构成沿厂房跨度方向的柔性水平桁架。

拉条为檩条提供侧向支撑点；在两端由刚性撑杆、斜拉条和檐檩组成稳定的檩条支撑体系。

刚性系杆由檩条兼做时，檩条应满足压弯构件的承载力和刚度要求。

檩条和横梁之间的**角隅撑**（knee - bracing）（图 3.1.20）为横梁下翼缘提供侧向支撑点，起到类似屋架下弦横向水平支撑和下弦系杆的作用。

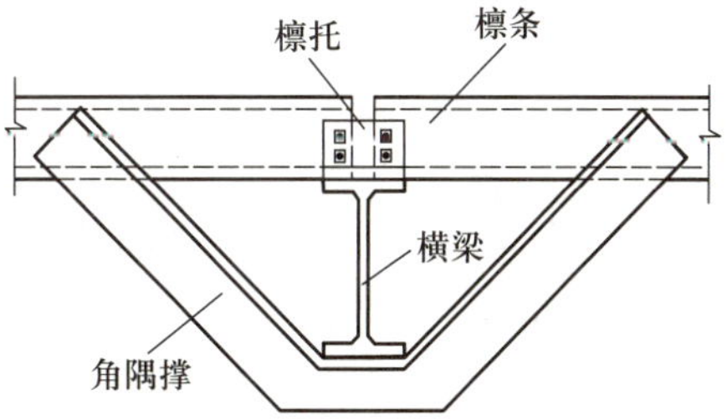

图 3.1.20 角隅撑

二、结构布置

1. 柱网布置与定位轴线

门式刚架的柱距一般为 6 m，也有取 7.5 m、9 m 或 12 m 的；跨度为 9～36 m，以 3 m 为模数。

边柱的外边缘与纵向定位轴线重合；多跨中柱的中心线与纵向定位轴线重合。

横向变形缝两边的柱的中心线与定位轴线的距离为 600 mm，两条横向定位轴线间的距离为变形缝宽度；端部柱的中心线自横向定位轴线向内移 600 mm；其他位置柱的中心线与横向定位轴线重合。

2. 剖面布置

门式刚架自室内地面至立柱轴线与横梁轴线交点的高度一般在 4.5～9.0 m，在有桥式吊车时不大于 12 m。横梁的坡度一般在 1/20～1/8。

3. 支撑布置

厂房无吊车时，柱间支撑间距宜取 30～45 m；厂房有吊车时，柱间支撑宜设在伸缩缝区段中部，当较长时可设在三分点处，间距不大于 60 m。

屋盖横向水平支撑布置在伸缩缝区段端部的第一或第二个开间，当设在端部第二个开间时，在第一个开间的相应位置布置刚性系杆。

每个开间布置拉条的数量：当檩条跨度为 4～6 m 时，在跨中布置一道拉条；当跨度在 6 m 以上时应在三分点布置两道拉条。

4. 隅撑布置

当实腹式刚架横梁的下翼缘受压时，必须在受压翼缘两侧（端部仅布置在一侧）布置隅撑作为横梁的侧向支撑，隅撑的另一端连接在檩条上；当外侧设有压型钢板的刚架柱内侧翼缘受压时，可沿内侧翼缘成对设置隅撑，作为柱的侧向支撑，隅撑的另一端连接在墙梁上。

三、刚架梁柱截面选型与尺寸估算

当屋面荷载较小、跨度 L 在 8~18 m、柱高 H 在 5~9 m、无吊车或起吊质量较小的悬挂吊车时,刚架梁、柱可采用冷弯薄壁型钢;对于跨度 $L\leqslant 12$ m、柱高 $H\leqslant 5$ m 的中小型厂房刚架梁、柱可采用等截面的实腹 I 型截面或 H 型截面;对于跨度 $L>12$ m 或柱高 $H>6$ m 或设有悬挂吊车的厂房,刚架柱可采用变截面的 I 型截面;对于荷载较大、跨度 $L>18$ m、柱高 $H>6$ m、柱距 $\geqslant 6$ m 以及有吊车的厂房,梁、柱也可以采用由小型角钢、圆管等小截面热轧型钢作为肢杆的格构式截面。

对于实腹式门式刚架,梁的截面高度可以取刚架跨度 L 的 1/45~1/30;柱的截面高度可以取柱高 H 的 1/25~1/12。柱的截面高度应与梁的截面高度相协调。

3.2 厂房主体结构分析

3.2 厂房主体结构分析

结构分析的任务是计算结构在各种作用下的效应,在静力分析中包括内力和变形。本节将介绍单层厂房中有代表性的两种主体结构——单层排架和单层刚架的分析方法,包括计算模型的选择、荷载计算、内力计算方法和变形计算方法。

3.2.1 排架结构

一、分析模型

建筑结构受到的荷载按作用方向可以分为竖向荷载、纵向水平荷载和横向水平荷载。单层厂房的结构布置具有明显的横向(沿跨度方向)和纵向(沿长度方向),两个方向可以分别分析,即竖向荷载和横向水平荷载下的分析、竖向荷载和纵向水平荷载下的分析。

由于纵向水平荷载比横向水平荷载小得多,除非要考虑地震作用和温度应力,厂房的纵向一般可以不分析。下面介绍的内容主要也是针对横向的。

1. 计算单元

为减少工作量,结构分析时常常从整体结构中选取有代表性的一部分作为计算对象,该部分称为计算单元。此处的代表性要求能基本反映整体结构的受力性能。

当各列柱等距离布置时,可取相邻柱距的中心线截出的一个典型区段作为计算单元,见图 3.2.1a 中的阴影部分。图 3.2.1b 所示中柱柱距比边列柱大、形成纵向柱距不等(习称"抽柱")的情况,当屋面刚度较大,或者设有可靠的下弦纵向水平支撑时,可以选取较宽的计算单元,如图 3.2.1b 所示阴影部分,并且假定计算单元中同一柱列的柱顶水平位移相同。

2. 计算简图

对于图 3.2.1 所示的计算单元,进一步假定:

(1) 柱下端固接于基础顶面,上端与屋面梁或屋架铰接;

(2) 屋面梁或屋架没有轴向变形。

可以得到图 3.2.2 所示的排架计算简图,其中

柱总高 H=柱顶标高-基础底面标高(埋深)-基础高度

上段柱高 H_u=柱顶标高-轨顶标高+轨道构造高度+吊车梁在支承处的高度

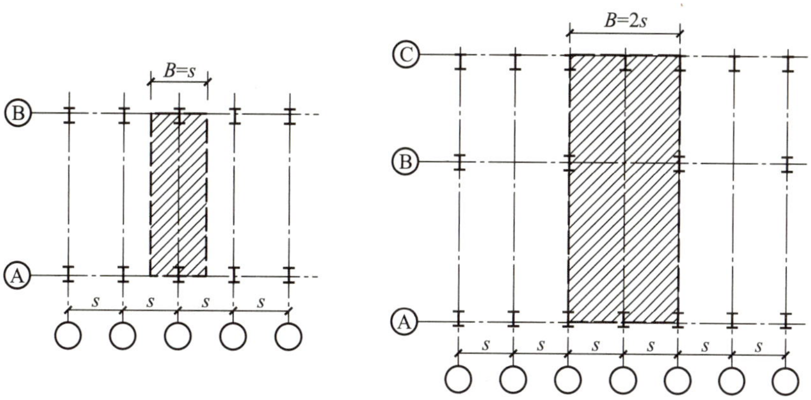

(a) 各列柱距相等　　(b) 中列柱有抽柱

图 3.2.1 单层厂房计算单元

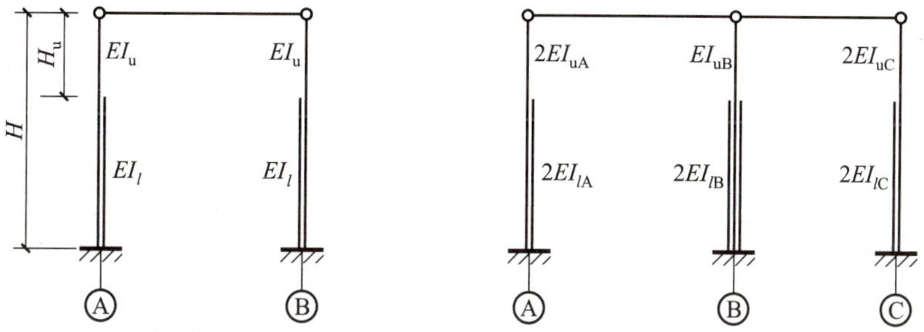

(a) 各列柱距相等　　(b) 中列柱有抽柱

图 3.2.2 单层排架计算简图

上段柱和下段柱的截面抗弯刚度 EI_u 和 EI_l，由材料性能和估算的柱截面尺寸确定，其中 I_u、I_l 分别为上段柱和下段柱截面的惯性矩。对于图 3.2.3a 所示的混凝土双肢柱，截面整体惯性矩可按下式计算：

$$I=2I_z+0.5A_zl_f^2 \tag{3.2.1}$$

式中，I_z、A_z——分别为单肢的截面惯性矩和截面面积；

l_f——双肢中心线之间的距离。

对于图 3.2.3b 所示的格构式钢柱

$$I=0.9(A_1x_1^2+A_2x_2^2) \tag{3.2.2}$$

式中，A_1、A_2——两个分肢的截面面积；

x_1、x_2——两个分肢形心到组合截面中和轴的距离。

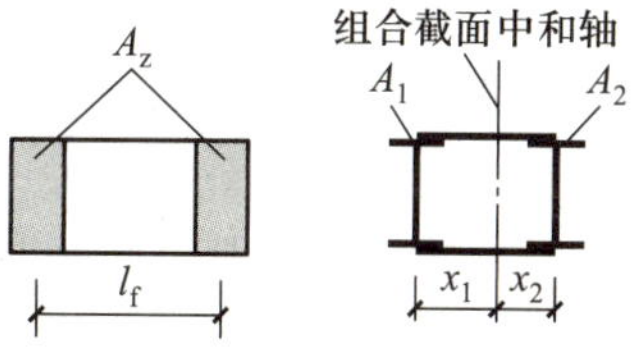

(a) 混凝土双肢柱　　(b) 格构式钢柱

图 3.2.3 柱截面惯性矩

图 3.2.2b“合并排架”模型中Ⓐ、Ⓒ轴柱的抗弯刚度包含 2 根排架柱（1 根+2 个半根），是单根排架柱抗弯刚度的 2 倍。

3. 荷载

确定计算简图的荷载，需要分析荷载的传递路线。单层排架结构厂房的构件都是简支的，荷载从被支承构件依次传递到支承构件，如图 3.2.4 所示，其中横向排架承担的荷载如图中虚框所示。

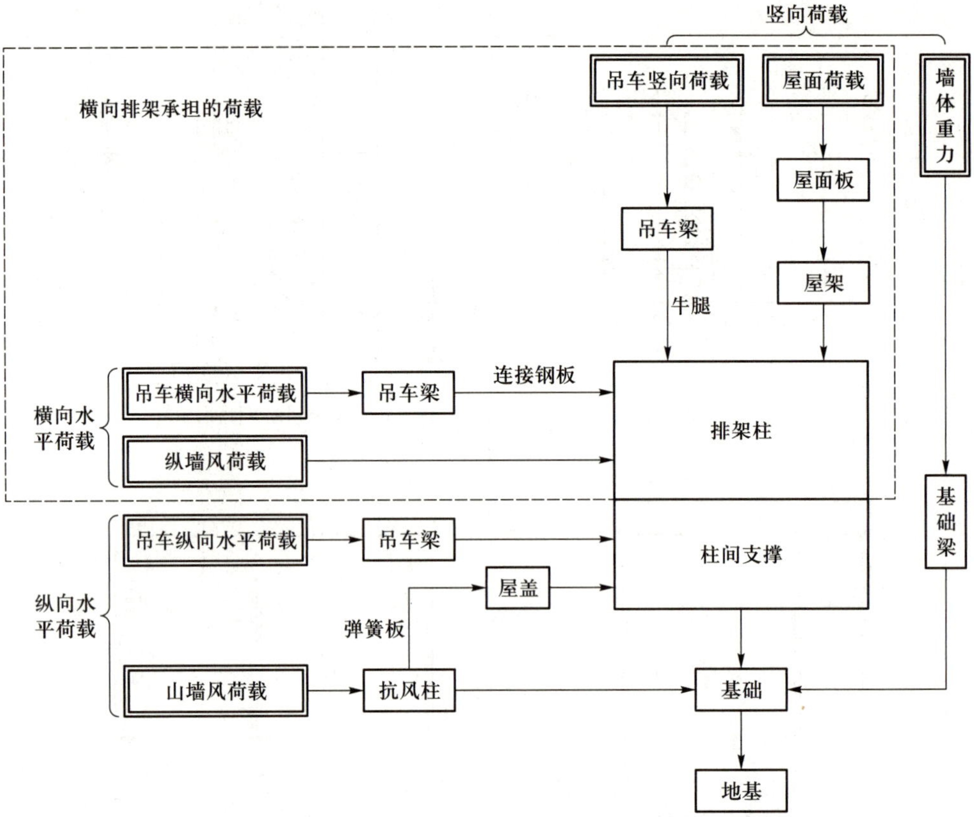

图 3.2.4　单层排架厂房的荷载传递路线

作用在横向排架上的荷载分为永久荷载和可变荷载两大类。其中永久荷载包括屋盖自重 F_1、上段柱自重 F_2、下段柱自重 F_3 以及吊车梁和轨道零件自重 F_4；可变荷载包括屋面可变荷载 F_5，吊车荷载和风荷载。

荷载计算需要弄清楚荷载形式(集中、分布)、荷载大小(代表值)、作用位置和作用方向。

(1) 永久荷载

永久荷载的标准值根据几何尺寸和材料重力密度确定，作用方向均为竖直向下。上段柱自重和下段柱自重为沿柱高的分布荷载，作用位置在各自的截面形心轴；屋盖自重包括屋架自重、屋盖支撑自重、屋面板自重以及屋面建筑层自重，以集中荷载的形式作用在柱顶屋架竖杆中心线与下弦杆中心线的交点处，此交点距离纵向定位轴线 150 mm；吊车梁和轨道零件自重以集中荷载的形式作用在柱牛腿上，作用位置距离纵向定位轴线 750 mm(或 1 000 mm)。各项永久荷载的作用位置见图 3.2.5a。

应将各项荷载等效成作用在截面形心的轴心荷载和偏心力矩，见图 3.2.5b。轴心荷载仅产生柱轴力，可以很容易地得到永久荷载作用下的柱轴力，见图 3.2.5c。所以仅需进行偏心力矩作用下的结构分析。

(2) 屋面可变荷载

屋面可变荷载包括屋面均布可变荷载、雪荷载和屋面积灰荷载三项，其中屋面均布可变荷载

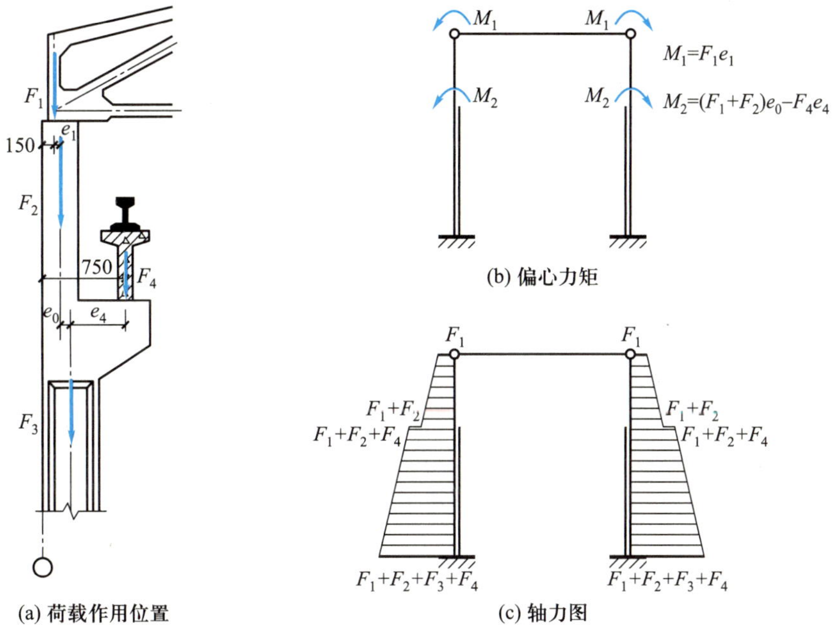

(a) 荷载作用位置 (b) 偏心力矩 (c) 轴力图

图 3.2.5 排架的永久荷载

与雪荷载不同时考虑,取其中的较大值。屋面可变分布荷载的计算方法见 1.2.4 小节,将其乘以屋面的水平投影面积(计算单元宽度 $B\times$厂房跨度的一半)即可得到通过屋架作用在柱顶的集中荷载 F_5。其作用位置同屋盖自重 F_1,需将其等效成柱截面形心的轴心荷载和偏心力矩。

(3) 吊车荷载

作用在横向排架上的吊车荷载包括吊车竖向荷载和吊车横向水平荷载。

吊车竖向荷载通过吊车轮子作用在吊车梁上,再由吊车梁传递到排架柱的牛腿上,其作用位置与吊车梁和轨道零件自重 F_4 相同,同样需将其等效成柱截面形心的轴心荷载和偏心力矩。

因吊车是移动的,因而吊车轮压在牛腿上产生的竖向集中荷载需要利用吊车梁支座竖向反力影响线来确定,如图 3.2.6 所示。图中 B_1、B_2 分别是两台吊车的桥架宽度,K_1、K_2 分别是两台吊车的轮距,可由吊车的产品目录查得。当作用的轮压为最大轮压 $P_{\max,k}$时,相应的吊车竖向荷载标准值用 $D_{\max,k}$表示;当作用的轮压为最小轮压 $P_{\min,k}$时,相应的吊车竖向荷载标准值用 $D_{\min,k}$表示。

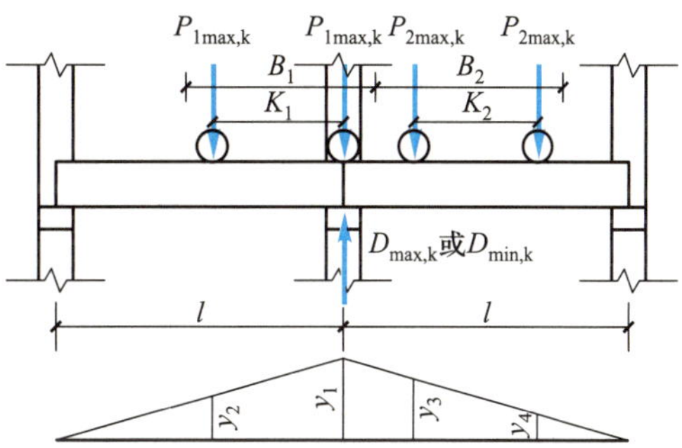

图 3.2.6 吊车梁支座反力影响线

$$\left.\begin{aligned}D_{\max,k}&=\beta\sum_{i=1}^{4}P_{j\max,k}y_i\\D_{\min,k}&=\beta\sum_{i=1}^{4}P_{j\min,k}y_i\end{aligned}\right\}\qquad(3.2.3a)$$

式中,$P_{j\max,k}$——吊车的最大轮压,$j=1$、2;

$P_{j\min,k}$——吊车的最小轮压,$j=1$、2;

y_i——与吊车轮作用位置相对应的影响线坐标值,$i=1$、2、3、4;

β——多台吊车的荷载折减系数，按表 3-1 取用。

如果两台吊车相同，即 $P_{1\max,k}=P_{2\max,k}$，上式可以表示为

$$\left.\begin{aligned} D_{\max,k} &= \beta P_{\max,k}\sum_{i=1}^{4} y_i \\ D_{\min,k} &= \frac{P_{\min,k}}{P_{\max,k}}\cdot D_{\max,k} \end{aligned}\right\} \tag{3.2.3b}$$

$D_{\max,k}$和 $D_{\min,k}$总是成对出现的，一侧排架柱作用 $D_{\max,k}$，则另一侧排架柱作用 $D_{\min,k}$；反之亦然。

吊车横向水平荷载是通过吊车梁与排架柱的连接钢板传递到排架柱上的，见图 3.2.7。连接钢板是吊车梁的水平支座，水平支座反力即是作用在排架柱上的吊车横向水平荷载。其作用位置在吊车梁顶面，作用方向是垂直轨道方向，标准值 $T_{\max,k}$同样可利用图 3.2.6 的影响线求得：

$$T_{\max,k}=\beta\sum_{i=1}^{4} T_{j,k}\cdot y_i \tag{3.2.4}$$

式中，$T_{j,k}$——大车轮子传递的吊车横向水平荷载标准值，$j=1$、2；其余同式(3.2.3)。

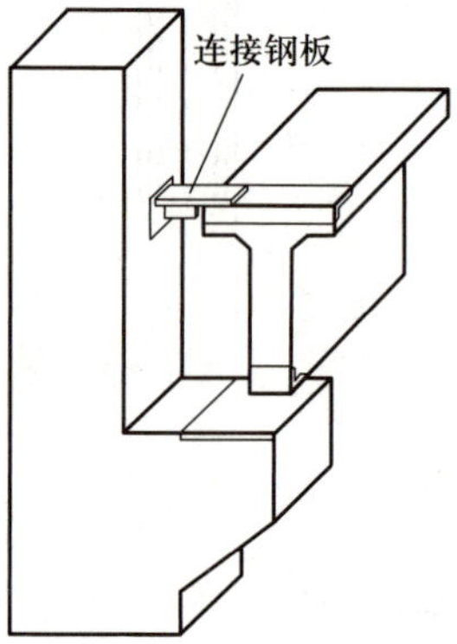

图 3.2.7 吊车梁与排架柱的连接

因小车沿厂房跨度方向左、右行驶，有正反两个方向的制动情况，因此对 $T_{\max,k}$既要考虑它向左作用又要考虑它向右作用，见图 3.2.9。

计算排架的吊车荷载时，对于只有一层吊车（指同一跨内只有一个轨顶标高设有吊车）的厂房，单跨最多考虑两台吊车；多跨的吊车竖向荷载最多考虑四台吊车，吊车水平荷载最多考虑两台吊车。

同时考虑多台吊车作用时，吊车的竖向荷载标准值和水平荷载标准值均应乘以多台吊车的荷载折减系数 β，见表 3-1。

表 3-1 多台吊车的荷载折减系数 β

参与组合的吊车台数	吊车工作级别	
	A1～A5	A6～A8
2	0.9	0.95
3	0.85	0.90
4	0.8	0.85

(4) 风荷载

排架分析时，作用在柱顶以下墙面上的风荷载按分布荷载考虑，将面分布风荷载标准值 w_k（见 1.2.5 小节）乘以计算单元宽度 B 即得到线分布风荷载标准值。因迎风面和背风面墙的风载体型系数 μ_S 不同，两侧排架柱上的线分布荷载标准值不同，分别用 q_{1k}、q_{2k}表示（参见图 3.2.9）。

屋盖部分受到的风荷载是通过屋架传递到柱顶的，排架分析时需要计算柱顶位置受到的集中风荷载 $\overline{W}_k$，一般仅考虑水平向的。将屋盖风荷载分成两部分：柱顶到檐口部分和檐口到屋脊

部分。其中檐口到屋脊部分坡面上的风荷载是垂直于斜坡的，需要计算其水平方向的分力。由图 3.2.8，计算单元范围内，某个屋面斜坡的集中风荷载为 $W_{i,k}=Bs_iw_{i,k}$，其水平方向的分力为

$$W_{ih,k}=Bs_iw_{i,k}\times\sin\ \alpha_i=Bs_iw_{i,k}\times h_{2i}/s_i=Bh_{2i}\ w_{i,k}$$

式中，s_i——某屋面斜坡的坡长；

B——计算单元宽度；

$w_{i,k}$——某屋面斜坡面分布风荷载标准值；

α_i——某屋面斜坡的坡角；

h_{2i}——某屋面斜坡的坡高。

于是，柱顶集中风荷载标准值：

$$\overline{W}_k=Bh_1w_k+B\sum h_{2i}w_{i,k} \tag{3.2.5}$$

式中，h_1——柱顶至檐口顶部的距离。

风荷载可以变向，因此排架分析时，要考虑左风和右风两种情况。

图 3.2.9 是可变荷载作用下的计算简图。因需要荷载效应组合，各项可变荷载下的内力应分别计算。

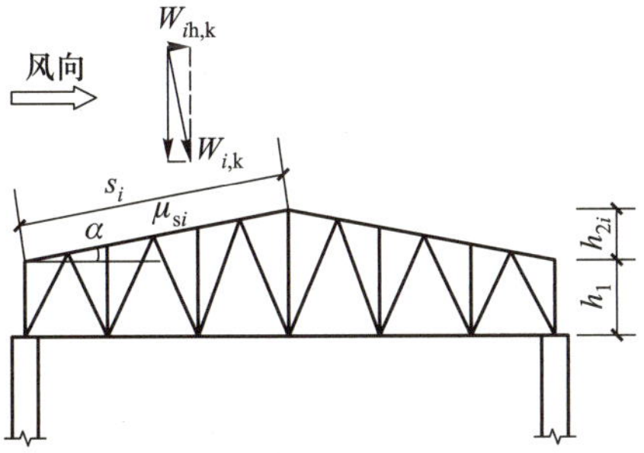

图 3.2.8 屋盖风荷载计算

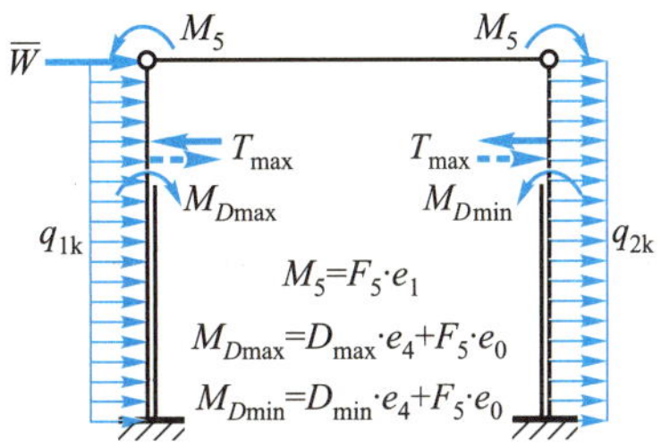

图 3.2.9 排架可变荷载计算简图

二、等高排架内力分析的剪力分配法

排架结构的内力分析可以采用结构力学中的力法。此处要介绍工程中常用的一种重要方法——剪力分配法（shear force distribution method）。该方法用来分析排架结构，仅适用于等高排架，即柱顶水平位移相等的排架。

1. 柱的抗侧刚度

刚度是衡量结构构件抵抗变形的力学指标，我们所熟知的有截面弯曲刚度（bending stiffness）EI、截面剪切刚度（shear stiffness）GA、截面轴向刚度（axial stiffness）EA 和截面扭转刚度（torsion stiffness）GI_T 等。剪力分配法需要用到柱的抗侧刚度（lateral stiffness）。

对于图 3.2.10 所示的变截面悬臂柱，在柱顶单位水平力作用下，当仅考虑柱的弯曲变形时，柱顶的水平位移由结构力学的图乘法可求得

$$\Delta u=H^3/(C_0EI_l) \tag{3.2.6}$$

$$C_0=\frac{3}{1+\lambda^3(1/n-1)} \tag{3.2.7}$$

式中，λ——上段柱高与柱总高的比值，$\lambda=H_u/H$；

n——上段柱截面惯性矩与下段柱截面惯性矩的比值，$n=I_u/I_l$。

要使柱顶产生单位水平位移,则需在柱顶施加 $1/\Delta u$ 的水平力。$1/\Delta u$ 反映了柱抵抗水平侧移的能力,称它为柱的"抗侧刚度"或"侧向刚度",用 D 表示,即

$$D=\frac{3EI_l}{[1+\lambda^3(1/n-1)]H^3} \tag{3.2.8a}$$

对于等截面悬臂柱,

$$D=3EI/H^3 \tag{3.2.8b}$$

2. 柱顶作用水平集中荷载时的剪力分配

超静定结构的内力分析需要利用平衡条件、物理条件和几何条件。对于图 3.2.11 所示等高排架,柱顶作用水平集中荷载 F,第 i 根柱的抗侧刚度为 D_i、柱顶水平位移用 u_i 表示、柱顶剪力用 V_i 表示。

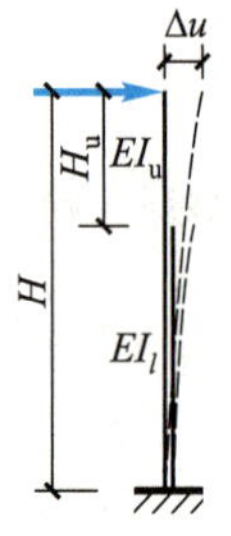

图 3.2.10　单阶悬臂柱

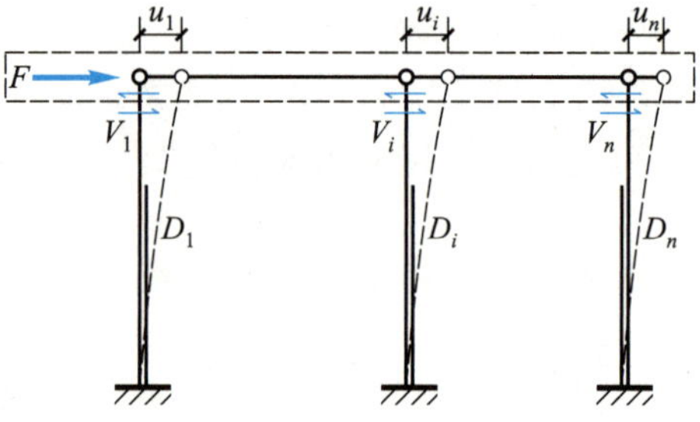

图 3.2.11　柱顶作用水平集中荷载时的剪力分配

将每根柱在柱顶切开,取图 3.2.11 中的虚线框部分为隔离体。由水平力平衡条件,

$$F=\sum_{i=1}^{n}V_i \tag{3.2.9}$$

根据排架的基本假定,横梁为没有轴向变形的刚性杆,因而有几何条件

$$u_1=\cdots=u_i=\cdots=u_n=u \tag{3.2.10}$$

根据抗侧刚度的定义,每根柱的剪力与柱顶侧移存在下列物理关系

$$V_i=D_iu_i\quad(i=1,2,\cdots,n) \tag{3.2.11}$$

利用式(3.2.9)、式(3.2.10)和式(3.2.11),可求得

$$V_i=\eta_iF \tag{3.2.12}$$

式中,$\eta_i=D_i/\sum_{j=1}^{n}D_j$,为第 i 根柱的**剪力分配系数**(shear force distribution coefficient),它是第 i 根柱自身抗侧刚度与所有柱抗侧刚度总和的比值。

求得各柱的柱顶剪力后,可按独立悬臂柱计算截面弯矩。

3. 任意荷载作用时的剪力分配

当排架作用图 3.2.12a 所示的任意荷载时,采用剪力分配法计算分三个步骤:

(1) 首先在排架柱顶加上水平铰支座以阻止水平位移,如图 3.2.12b,利用附录 C.2 按一端固支一端铰支构件计算各柱的内力和柱顶支座反力;

(2) 将各柱柱顶支座反力的合力 R 反向作用于柱顶,如图 3.2.12c 所示,按前面介绍的柱顶作用水平集中荷载时的剪力分配法计算相应的内力;

(3) 将上述两个受力状态的内力叠加,即为排架的实际内力。

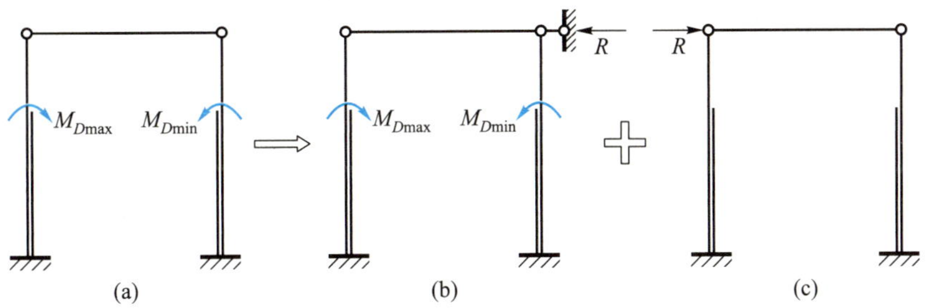

图 3.2.12 任意荷载作用时的剪力分配

三、水平位移分析

为了保证吊车的正常运行，需要控制厂房的水平位移。

单层厂房起控制作用的水平荷载为吊车横向水平荷载，规范以吊车梁顶处柱的水平位移 u_k（图 3.2.13）作为控制条件，要求满足 $u_k \leqslant 10$ mm，且

$$\left.\begin{aligned} &u_k \leqslant H_k/1\ 800 \quad (\text{轻、中级载荷状态}) \\ &u_k \leqslant H_k/2\ 200 \quad (\text{重、特重级载荷状态}) \end{aligned}\right\} \tag{3.2.13}$$

式中，H_k——自基础顶面到吊车梁顶面的距离。

当 $u_k \leqslant 5$ mm 时，可不验算相对水平位移值。

排架水平位移可采用结构力学方法计算。因属于正常使用极限状态，荷载取一台最大吊车的横向水平荷载标准值。

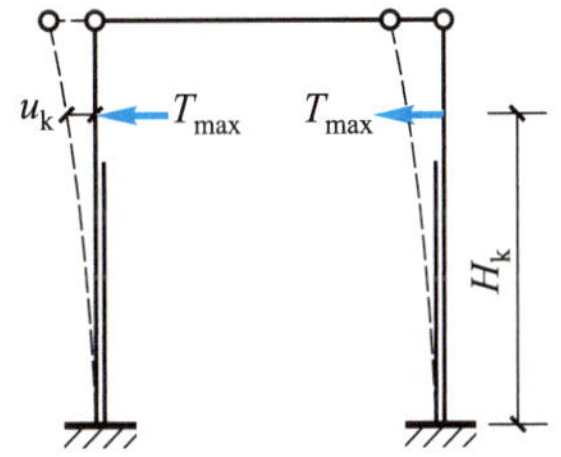

图 3.2.13 排架水平位移验算

四、排架分析模型讨论

1. 排架结构的空间作用

单层排架在柱顶水平荷载作用下，柱顶水平位移如图 3.2.14 所示。图 3.2.14a 中，各榀排架的抗侧刚度相同，所受的外荷载也相同，即厂房沿纵向结构均匀、荷载均匀。在这种情况下，从整体结构中选取一部分（图中虚线框部分），按平面排架进行分析，与整体结构的实际受力性能完全一样。

图 3.2.14b 中，各排架受的外荷载相同，但由于两端有山墙，抗侧刚度比其他部位大，即厂房沿纵向荷载均匀、结构不均匀。由于纵向构件的联系作用（即起变形协调作用），山墙将对各榀排架的侧向变形产生不同程度的约束作用，各柱顶水平位移呈曲线，$u_b<u_a$，结构的实际水平位移小于按平面排架计算的位移。

图 3.2.14c 中，各榀排架的抗侧刚度相同，但所受的外荷载不同，即厂房沿纵向结构均匀、荷载不均匀。在这种情况下，没有直接受载的排架因纵向构件的联系作用，也将产生水平位移，而直接受荷排架的水平位移将小于按平面排架计算的位移，$u_c<u_a$。

可见，在后两种情况中，计算单元（局部）内的水平荷载传递不再局限于该单元梁、柱组成的平面结构，厂房沿纵向（整体）存在明显的协同工作性能，这种协同工作性能称为**整体空间作用**（the overall space effect）。用局部的计算单元代替整体结构进行分析，忽略了整体空间作用。

单层厂房存在整体空间作用须同时具备两个条件：一是各榀横向排架之间有纵向构件将它们联系起来，屋盖有一定的整体刚度；二是厂房沿纵向或者结构不均匀或者荷载不均匀。

如要在计算中考虑上述整体空间作用，需要对平面排架模型进行修正。在图 3.2.15a 中，某

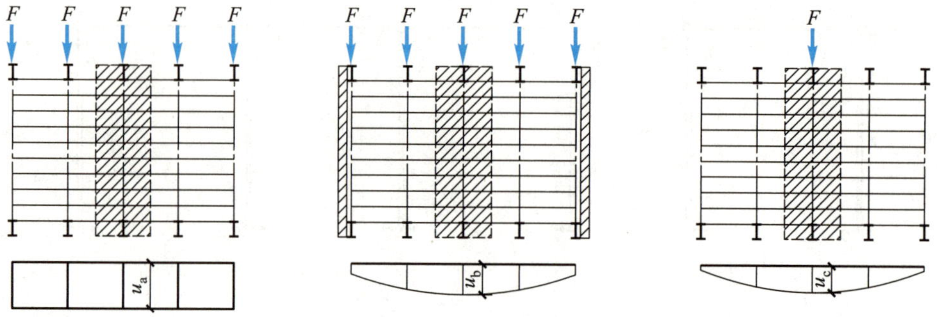

图 3.2.14 柱顶水平位移比较

一排架的柱顶作用集中荷载 F_k，由于存在空间作用，该排架柱顶的水平位移 u_k'，将小于按平面排架计算的水平位移 u_k（图 3.2.15b）。

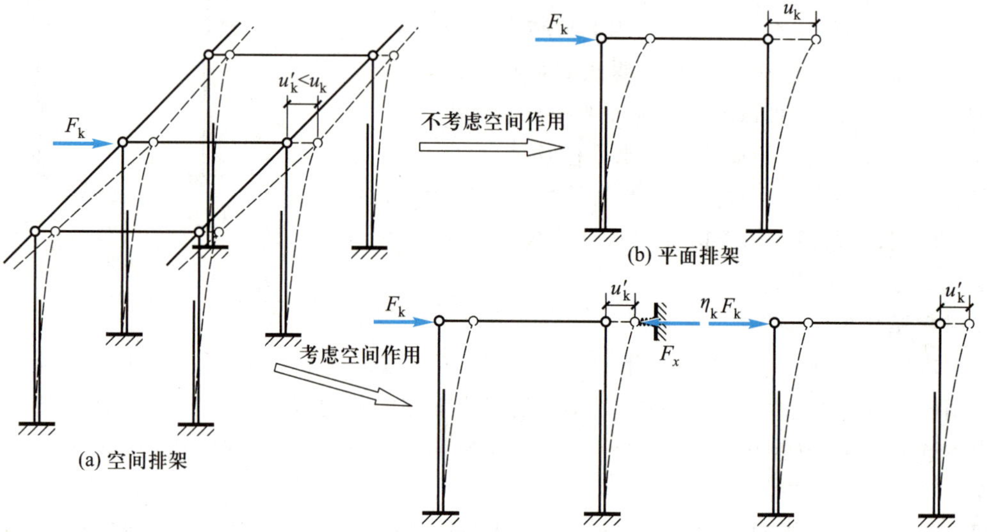

图 3.2.15 排架的空间作用分析

为了使平面排架模型模拟实际的空间作用，可在柱顶加上弹性铰支座，使平面排架的柱顶水平位移等于 u_k'，如图 3.2.15c 所示。设弹性支座反力为 F_x，定义 $\eta_k=(F_k-F_x)/F_k$，称为空间作用分配系数。对于线弹性问题，位移与荷载成正比，因而 η_k 也可以用水平位移表示，$\eta_k=u_k'/u_k$。用 $\eta_k F_k$ 代替 F_k 按普通平面排架进行分析，便可考虑厂房的空间作用。

空间作用分配系数 η_k 与屋盖类型、伸缩缝区段的厂房长度等因素有关。1974 年版《混凝土结构设计规范》曾列有系数表，1989 年版及以后的版本不再列入，需要用到时可查阅有关设计手册。

【例 3-1】 排架在吊车横向水平荷载 T_{max} 作用下，考虑空间作用对排架内力有什么影响？

【解】 考虑空间作用的计算模型是在排架的柱顶加上弹性铰支座，如图 3.2.16a 所示。首先在柱顶加上水平铰支座（此时弹性铰支座不起作用），利用附录 C.2，可以求出铰支座的支座反

力 $R=2C_2T_{\max}$，见图 3.2.16b，其中

$$C_2=\frac{2-3\alpha\lambda+\lambda^3[(2+\alpha)(1-\alpha)^2/n-(2-3\alpha)]}{2[1+\lambda^3(1/n-1)]},n=I_u/I_l,\lambda=H_u/H,\alpha=(H-H_k)/H_u;$$

然后将支座反力 R 反向作用于柱顶，考虑空间作用后，该排架仅承担 $R'=\eta_k\cdot 2C_2T_{\max}$，见图 3.2.16c；将图 3.2.16b、c 两种情况的内力叠加，即可得到考虑空间作用后的排架内力，见图 3.2.16d。

图中 $M_1=(1-\eta_k)C_2T_{\max}\alpha H_u$，比不考虑空间作用（为 0）增加；$M_2=T_{\max}H_k-(1-\eta_k)C_2T_{\max}H$，比不考虑空间作用（$T_{\max}H_k$）减小。

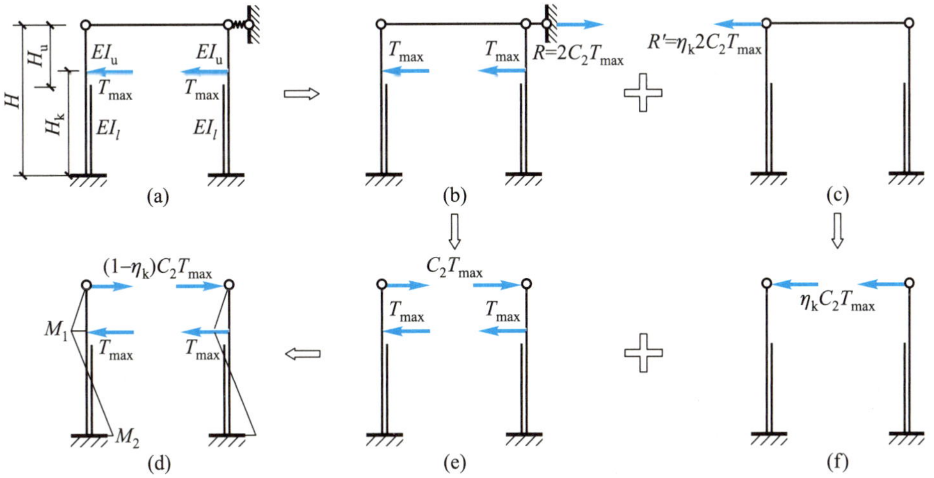

图 3.2.16　例 3-1 空间作用影响

2. 屋架刚度对排架内力的影响

排架计算模型假定横梁为没有轴向变形的刚性杆。当屋架的轴向刚度较小时，这一假定将引起较大的误差。

【例 3-2】　图 3.2.17a 所示单跨排架，横梁的截面轴向刚度为 EA，柱顶作用集中水平荷载 F。与横梁轴向刚度为无穷大相比，排架柱内力有什么变化？

【解】　柱顶切开后取隔离体（图 3.2.17b），平衡方程仍然为

$$F=V_A+V_B \tag{1}$$

排架柱的物理方程也没有变化，

$$V_A=Du_A、V_B=Du_B \tag{2}$$

横梁轴力用 x 表示，轴向变形用 u_x 表示。由图 3.2.17c，几何方程发生了变化，为

$$u_A=u_B+u_x \tag{3}$$

因增加了变量 x、u_x，上述三个方程还不足以求解。补充一个物理方程和一个平衡方程：

$$u_x=Lx/(EA) \tag{4}$$

$$x=V_B \tag{5}$$

由式(1)～式(5)，可求得

$$V_A=\frac{1+\frac{D}{EA/L}}{2+\frac{D}{EA/L}}F;V_B=\frac{1}{2+\frac{D}{EA/L}}F$$

可见，与横梁轴向刚度无限大相比，柱 B 剪力减小、柱 A 剪力增大。当横梁轴向刚度不是无穷大时，左侧柱顶作用水平荷载与右侧柱顶作用水平荷载，排架柱内力是不同的，这意味着水平荷载不再能沿横梁从一侧移动到另一侧。

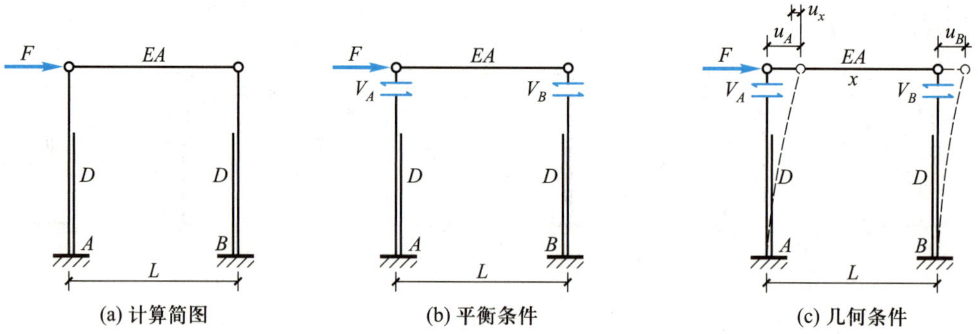

图 3.2.17　例 3-2 弹性横梁

3. 地基变形对排架内力的影响

基础产生不均匀沉降时，剪力分配法的三个方程均没有变化，因而对排架内力没有影响。这也是单层厂房采用这种结构形式的重要考虑。因为单层厂房的主要荷载——吊车竖向荷载是移动的，地基不均匀沉降无法避免。

但如果基础在荷载作用下产生转动，则对排架内力有影响。对于图 3.2.18a 所示排架，假定在荷载作用下柱 B 基础产生转动，这时柱 B 的底面应该用**弹性抗转支座**(rotational spring support)代替固定支座，如图 3.2.18b 所示。由于柱 B 的抗侧刚度下降，柱 B 的剪力下降、而柱 A 的剪力增加。

图 3.2.18　基础转动

【例 3-3】　图 3.2.19a 所示单跨排架，等截面柱的抗弯刚度为 EI；柱 A 柱底为固定支座，柱 B 柱底为弹性抗转支座，抗转刚度为 k_r。试计算柱 B 的抗侧刚度。

【解】　计算柱的抗侧刚度，可先计算柱顶单位水平力作用下的侧移。

由图 3.2.19c，柱顶侧移由两部分组成：柱底发生转动引起的刚体位移 $H\theta$ 和柱弯曲变形引起

的位移 Δu_M。

根据结构力学的图乘法（图 3.2.19b），容易求得 $\Delta u_M = H^3/(3EI)$。柱底弯矩为 H，支座的抗转刚度为 k_r，柱底转角 $\theta = M/k_r = H/k_r$。柱顶总侧移：

$$\Delta u = H\theta + \Delta u_M = H^2/k_r + H^3/(3EI)$$

根据定义，柱 B 抗侧刚度

$$D_B = 1/\Delta u = \frac{3EI/H^3}{1+\dfrac{3EI}{k_r H}}$$

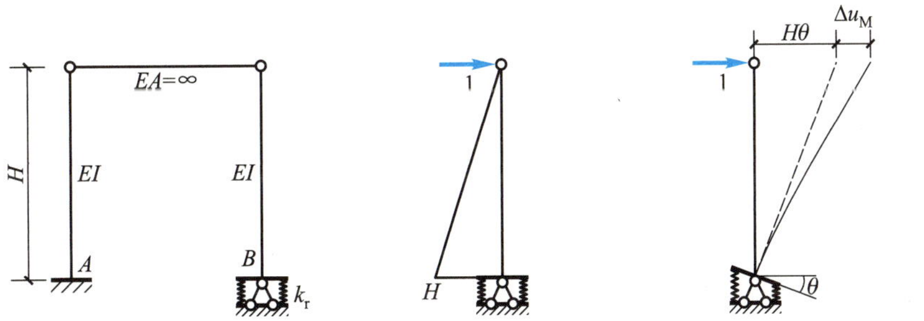

(a) 计算简图　(b) 单位力作用下弯矩分布　(c) 单位力作用下变形示意

图 3.2.19　例 3-3 弹性抗转支座排架

4. 合并排架模型

合并排架的永久荷载、风荷载等的计算方法与一般排架相同，只需注意单元计算宽度不同。图 3.2.1b 中Ⓐ、Ⓒ轴柱包含两根排架柱（1 根+2 个半根），计算吊车荷载时不能简单将单根柱的 $D_{2max,k}$、$D_{2min,k}$和 $T_{2max,k}$乘 2，应按图 3.2.20 的吊车位置同时求出 $D_{1,k}$、$D_{3,k}$，最后取合并排架的吊车竖向荷载：

$$D_{max,k} = D_{2max,k} + \frac{D_{1,k}+D_{3,k}}{2} \tag{3.2.14}$$

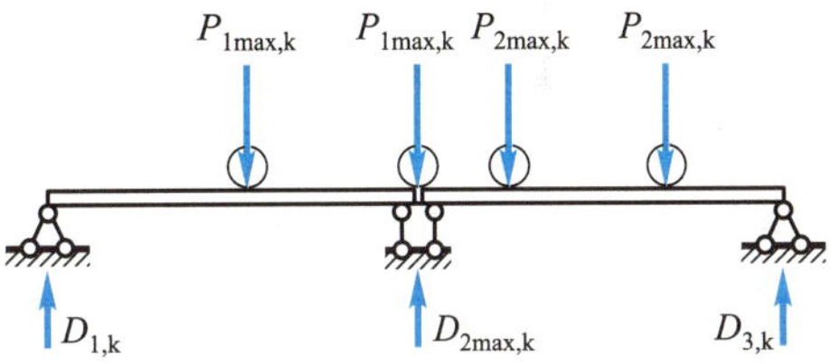

图 3.2.20　合并排架的吊车荷载计算简图

对于图 3.2.2b 中Ⓐ、Ⓒ轴柱，按合并排架计算简图和荷载求得内力后，必须进行还原，以求得单根柱的实际内力。将合并排架柱的弯矩和剪力除以 2 得到各根柱的 M、V。但对于由吊车竖向荷载 D_{max}、D_{min}产生的轴向力 N，则不能把合并排架求得的轴力除以 2，而应该按这根柱实际所承受的吊车竖向荷载（$D_{2max,k}$）来计算。

3.2.2　刚架结构

一、分析模型

单层刚架厂房计算单元的选取同排架结构。

刚架横梁的形式有钢屋架、等截面实腹梁和变截面实腹梁；立柱的形式有格构柱、等截面实腹柱和变截面实腹柱，如图 3.2.21 所示。

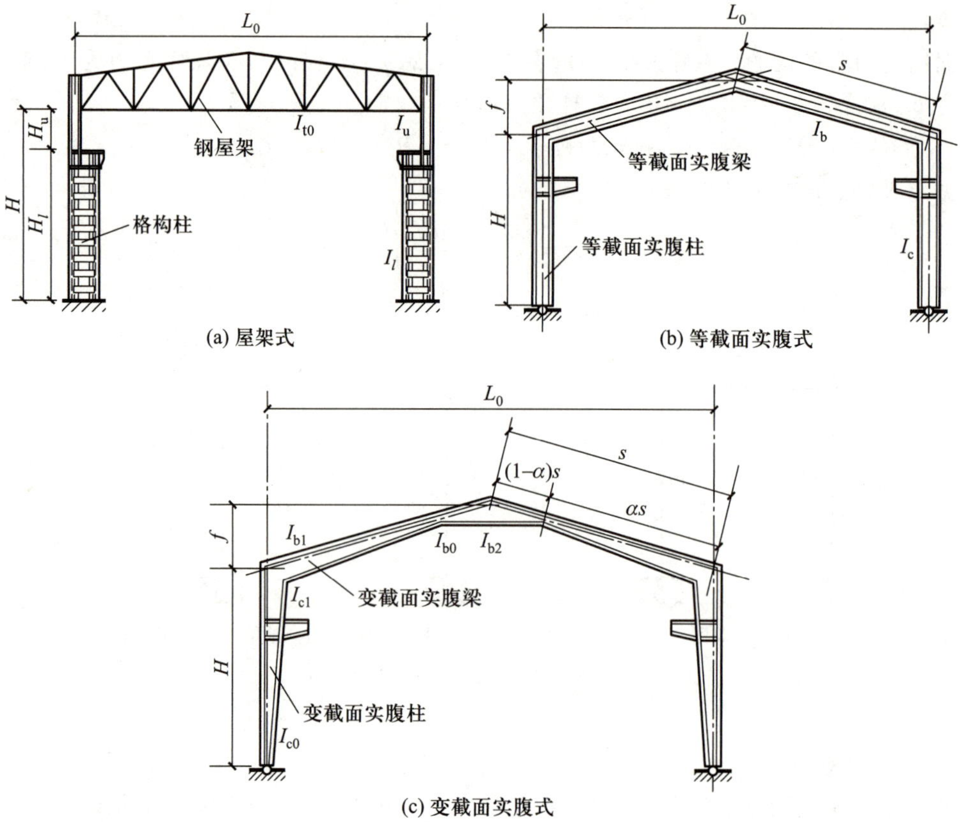

图 3.2.21 刚架形式与轴线尺寸

对于图 3.2.21a，刚架横梁计算跨度取上段柱截面形心线之间的距离，刚架柱总高取基础顶面（柱脚底面）到屋架底面的距离。对于图 3.2.21b 等截面刚架，横梁计算跨度取立柱截面形心线之间的距离，柱高取基础顶面到横梁截面形心线的距离。对于图 3.2.21c 变截面刚架，横梁轴线取从横梁顶端截面形心引出的平行于上皮的直线，立柱轴线取从柱底截面形心引出的竖直线。两轴线交点之间的距离即为横梁计算跨度，交点至柱脚底面的距离即为柱高。

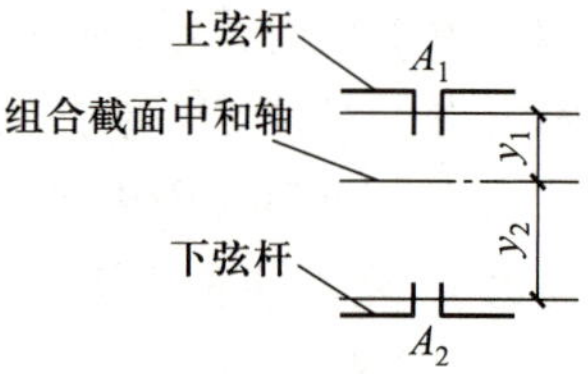

图 3.2.22 屋架截面

屋架的折算惯性矩可近似按下式计算：

$$I_{t0}=k(A_1y_1^2+A_2y_2^2) \tag{3.2.15}$$

式中，A_1、A_2——分别为屋架跨中上弦杆和下弦杆的截面面积，见图 3.2.22；

y_1、y_2——分别为屋架跨中上弦杆和下弦杆形心至组合截面中和轴的距离；

k——考虑腹杆变形和高度变化对屋架惯性矩的折减系数，按表 3-2 取用。

表 3-2 屋架惯性矩折减系数 k

屋架上弦坡度	1/8	1/10	1/12	1/15	0
k	0.65	0.7	0.75	0.8	0.9

屋架式和等截面实腹梁式刚架的计算简图见图 3.2.23。

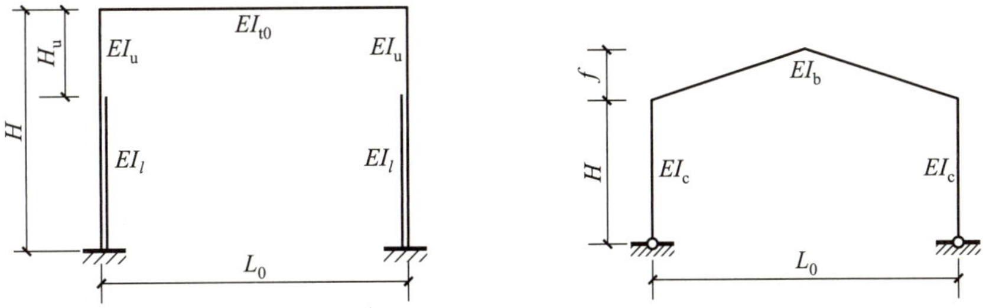

(a) 屋架式　(b) 等截面实腹梁式

图 3.2.23　单层刚架计算简图

门式刚架结构的荷载种类与排架结构相同，但荷载作用方式有所区别。通过大型屋面板或檩条传给横梁的屋面荷载简化为均布线荷载。另外对于轻钢结构，墙面自重是通过墙架梁传给立柱的，而不像混凝土排架结构那样通过基础梁直接传给基础。

二、内力分析

等截面刚架的内力分析可采用结构力学的线弹性方法，变截面刚架则需要应用程序计算。

当**横梁坡角**(beam slope angle)较小时，可近似按水平横梁计算。利用结构对称性，取半结构计算可减小超静定次数。具体计算方法可参阅《建筑结构设计(第二册)——设计示例》(第 2 版)5.3.3 节。

三、水平位移分析

图 3.2.24 所示等截面单跨刚架，横梁水平，柱顶作用单位力。采用结构力学的图乘法，可求得柱顶水平位移 $\Delta u=\dfrac{H^3}{6EI_c}+\dfrac{H^2L}{12EI_b}$；令 ξ_t 为柱线刚度与梁线刚度的比值

$$\xi_t=\frac{EI_c/H}{EI_b/L} \tag{3.2.16}$$

则

$$\Delta u=H^3(1+\xi_t/2)/(6EI_c) \tag{3.2.17}$$

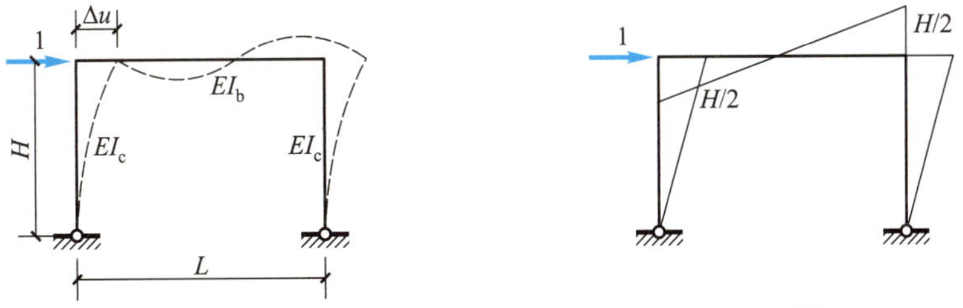

(a) 变形示意图　(b) M图

图 3.2.24　刚架侧移计算

如果横梁的线刚度与立柱线刚度相比趋于无限大，即 $\xi_t\to 0$，则 $\Delta u=H^3/(6EI_c)$。此时，立柱的支承条件为一端铰接(柱底)、一端固支(柱顶)，与排架柱相同，因而刚架具有与排架(等截面柱)相同的抗侧刚度。

对于柱脚为刚接的单跨刚架，侧移的表达式较为复杂，经简化后有

$$\Delta u=\frac{H^3}{24EI_c}\cdot\frac{3+2\xi_t}{3+\xi_t} \tag{3.2.18}$$

横梁坡度不大于 1∶5 的刚架也可以采用上述公式近似计算刚架侧移。但当坡度大于 1∶10 时，横梁跨度 L 应取沿坡面的折线长度。

对于变截面刚架，式(3.2.17)、式(3.2.18)中的 I_c、I_b 取平均惯性矩。楔形柱：$I_c=(I_{c0}+I_{c1})/2$；双楔形横梁：$I_b=[I_{b0}+\alpha I_{b1}+(1-\alpha)I_{b2}]/2$，如图 3.2.21c 所示。

当估算其他水平荷载作用下的水平位移时，可将下列规定将任意水平荷载等效为柱顶水平集中荷载。

(1) 均布风荷载，

柱脚铰接：$F=0.67W$；柱脚刚接：$F=0.45W$

其中 W 为总的均布风荷载值。

(2) 吊车横向水平荷载，

柱脚铰接：$F=1.15\eta T_{max}$；柱脚刚接：$F=\eta T_{max}$

其中 η 为吊车横向水平荷载作用高度与柱高度的比值。

四、刚架分析模型讨论

1. 横梁坡角对内力的影响

【例 3-4】 图 3.2.25a 所示等截面单跨刚架，承受竖向均布荷载 g，梁、柱截面相同。试分析横梁坡角对内力的影响。

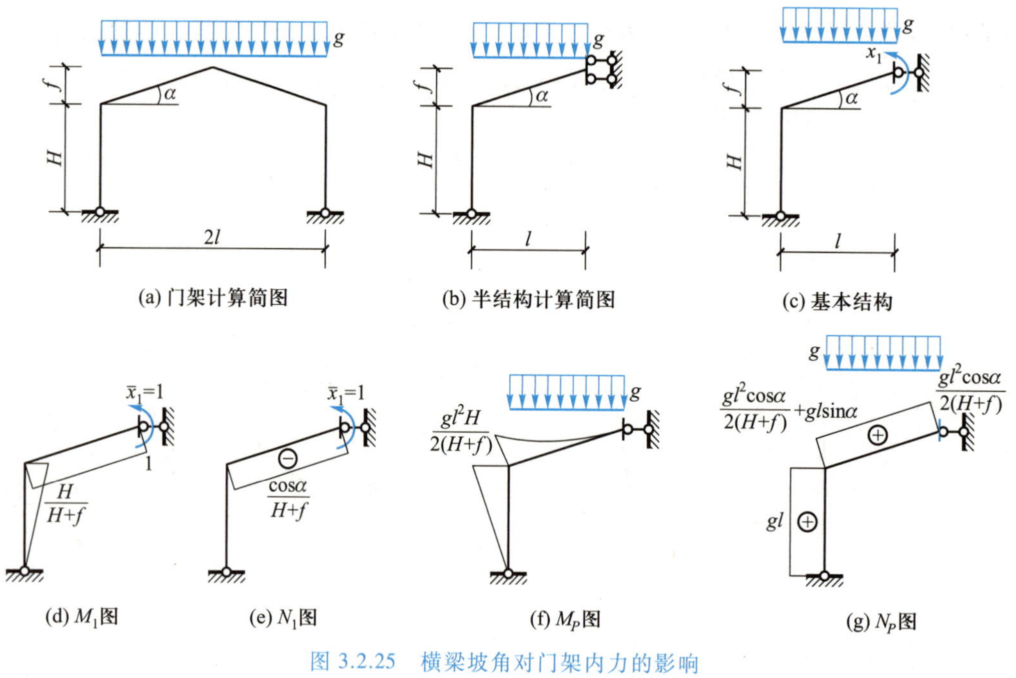

图 3.2.25 横梁坡角对门架内力的影响

【解】 因结构对称、荷载对称，取图 3.2.25b 所示半结构作为计算简图。一次超静定，取横

梁跨中弯矩作为多余力，见图 3.2.25c。

令 $\lambda=l/H$，仅考虑杆件的弯曲变形。采用结构力学的力法可求得多余力：

$$x_1=\frac{1+\lambda/\cos\alpha+0.25\lambda^2\tan\alpha/\cos\alpha}{1+(3\lambda+\lambda^3\tan^2\alpha+3\lambda^2\tan\alpha)/\cos\alpha}\cdot\frac{gl^2}{2}$$

横梁跨中弯矩：$M_{b,max}=x_1$

横梁梁端弯矩（柱顶弯矩）：$M'_{b,max}=\dfrac{gl^2-2x_1}{2(1+\lambda\tan\alpha)}$

横梁梁端轴力：$N_b=\dfrac{gl\cdot\lambda\cos\alpha}{2(1+\lambda\tan\alpha)}+gl\sin\alpha-\dfrac{x_1\cos\alpha}{H(1+\lambda\tan\alpha)}$

图 3.2.26 是取 $\lambda=2$，刚架内力（系数）随横梁坡角 α 的变化情况。横梁跨中弯矩和端部弯矩随坡角 α 的增加而减小，两者减小的幅度大致相同；横梁梁端轴力随坡角 α 的增加而增大。可见，横梁起坡可降低刚架弯矩；当刚架近似按横梁水平计算时，对于截面弯矩是偏于安全的，但横梁轴力会偏小；当坡度在 1∶10 时相差 10%左右。当横梁轴力可以忽略，按受弯构件设计时，刚架内力可近似按横梁水平计算。

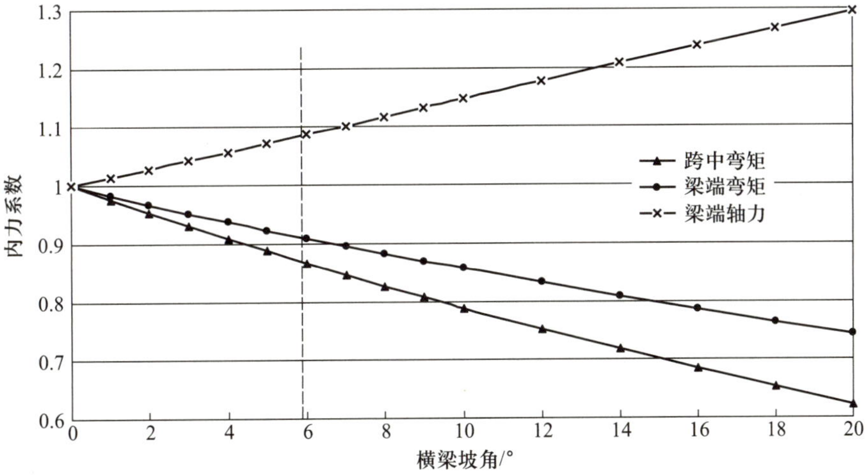

图 3.2.26 刚架内力与横梁坡角的关系

2. 地基不均匀沉降对内力的影响

【例 3-5】 图 3.2.27a 所示双跨刚架，梁、柱截面相同。由于地基原因，中柱相对于两边柱发生了向下的不均匀沉降 Δ。试分析结构由此产生的附加弯矩。

【解】 去掉中柱，在横梁中柱处作用单位力，求挠度。取半结构，横梁在中柱位置为定向支承。

横梁边端固端弯矩：$M_b^g=0.5\times18/2=4.5$

立柱弯矩分配系数：$\mu_b=\dfrac{3EI/6}{3EI/6+EI/18}=9/10$

边柱柱顶弯矩：$M_c=4.5\times9/10=4.05$

横梁中柱处弯矩：$1\times36/4-4.05=4.95$

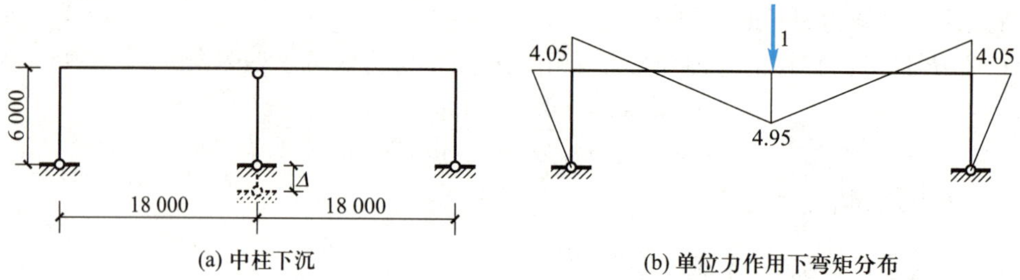

图 3.2.27 双跨刚架中柱沉降

弯矩分布见图 3.2.27b。利用图乘法计算挠度。

$$f=2\times\frac{1}{EI}\left[\frac{1}{2}\times4.05\times6\times\frac{2}{3}\times4.05+\frac{18}{6}\times2(4.95^2+4.05^2-4.95\times4.05)\right]$$
$$=315.9/EI$$

当中柱沉降量为 Δ 时，相当于在中柱处作用集中力 $\Delta EI/315.9$。将图 3.2.27b 中的数字乘该系数即为地基沉降引起的附加弯矩值。

3.3 厂房主构件设计

3.3 厂房主构件设计

本节介绍混凝土实腹排架柱、轻钢门式刚架梁、柱等厂房主体结构构件的设计方法，包括截面设计和连接设计。

3.3.1 荷载效应组合

通过结构分析获得了构件在各项荷载标准值作用下的内力，构件设计时需要根据不同的计算要求，采用相应的荷载效应组合。

一、控制截面

构件不同截面的内力不同，荷载效应组合是针对控制截面而言的。所谓**控制截面**（critical section）是指构件中那些或者荷载效应较大或者抗力较小，因而对整个构件的可靠指标起控制作用的截面。

对于阶形柱，上段柱具有相同的截面、下段柱具有相同的截面（不考虑牛腿）。在上段柱中，牛腿顶面（即上柱底截面）I-I 的内力最大，因此取 I-I 为上段柱的控制截面；在下段柱中，牛腿顶截面Ⅱ-Ⅱ和柱底截面Ⅲ-Ⅲ的内力均较大，因此取Ⅱ-Ⅱ和Ⅲ-Ⅲ为下段柱的控制截面，见图 3.3.1a。

门式刚架在屋面竖向荷载和水平风荷载作用下的最大弯矩一般出现在柱顶，故柱顶截面 I-I 应作为控制截面；因楔形刚架柱的柱底截面最小，Ⅲ-Ⅲ也作为控制截面；另外在吊车竖向荷载作用下，牛腿处截面有集中力矩作用，此截面也应作为控制截面，见图 3.3.1b。

刚架横梁的最大弯矩出现在梁端截面，取梁端Ⅳ-Ⅳ截面为控制截面；对于变截面横梁，跨中Ⅴ-Ⅴ和最小截面Ⅵ-Ⅵ也应作为控制截面，见图 3.3.1b。

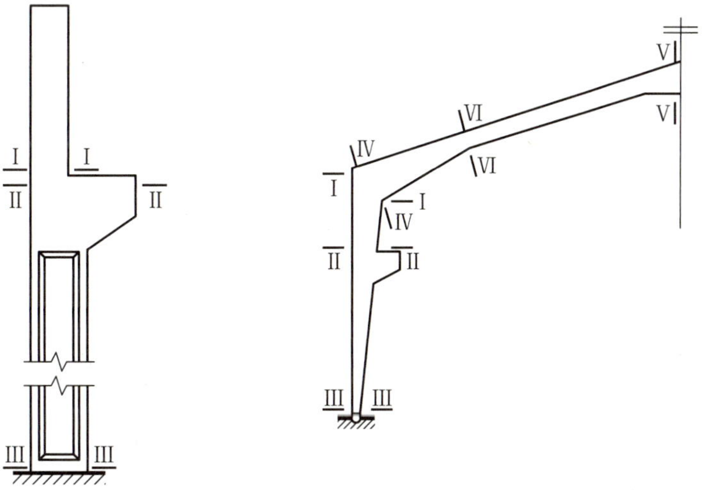

(a) 排架柱　　(b) 刚架

图 3.3.1　厂房构件的控制截面

二、内力组合

构件控制截面的内力有弯矩、剪力和轴力,内力组合要解决的问题是这三种内力如何搭配,截面最不利。立柱是压弯构件,控制内力是弯矩和轴力,因而需要组合:

(1) 最大正弯矩及对应的轴力和剪力;

(2) 最大负弯矩及对应的轴力和剪力;

(3) 最大轴力及对应的弯矩和剪力;

(4) 最小轴力及对应的弯矩和剪力(仅对于混凝土柱)。

当采用对称截面时,(1)和(2)可以合并成一种,即$|M|_{max}$及对应轴力和剪力。

刚架横梁属于受弯构件,控制内力是弯矩和剪力。对于梁端Ⅳ-Ⅳ截面,组合:

(1) 最大负弯矩及对应的剪力;

(2) 最大正弯矩及对应的剪力;

(3) 最大剪力及对应的弯矩。

梁中Ⅴ-Ⅴ和Ⅵ-Ⅵ截面组合最大正弯矩。

当横梁的坡度较大时(大于 1∶5),应考虑梁内轴力的影响,组合最大弯矩时同时组合相应的轴力。

三、荷载组合

荷载组合要解决的问题是各种荷载如何搭配才能得到最大的内力。对于承载能力和稳定计算采用荷载效应(内力)的基本组合,对于结构水平位移验算应采用荷载效应的标准组合。

荷载效应的基本组合考虑两种情况:由可变荷载效应控制的组合和由永久荷载效应控制的组合,组合方式分别见式(1.4.2)和式(1.4.3)。

四、注意事项

内力组合时应注意以下几点:

(1) 每次组合以一种内力为目标决定荷载项的取舍,其余内力必须由相同的荷载项得到,即保证一组内力是同时出现的。

（2）每次组合必须包括永久荷载项。

（3）当以 N_{max} 和 N_{min} 为组合目标时，对于轴力为零、弯矩不为零的荷载项也应该组合进去。因为在轴力不变的情况下，弯矩增大总是更不利。

（4）风荷载和吊车横向水平荷载有两种作用方向，组合时只能取其中之一。

（5）吊车横向水平荷载不可能脱离其竖向荷载而存在，因此组合吊车横向水平荷载时，必须同时组合吊车竖向荷载（D_{max} 或 D_{min}），即"有 T 必有 D"；另一方面，吊车竖向荷载却可以脱离吊车横向荷载而单独存在，因此组合吊车竖向荷载时，可以不同时组合吊车水平荷载，即"有 D 不一定有 T"。不过，由于吊车横向水平荷载可以反向，组合吊车竖向荷载时，同时组合吊车横向荷载总能使内力更大，因而更不利。

（6）参与组合的吊车台数不同，吊车荷载的折减系数是不同的。

3.3.2 构件的计算长度

压弯构件截面设计需要用到**计算长度**（effective length）。构件的计算长度是根据临界荷载确定的，与两端的支承条件有关。对于结构中的构件涉及整体结构的稳定分析，比较复杂。设计采用的数值是根据简化分析结果并考虑工程经验确定的。

一、等截面杆件

（1）边界条件

等截面杆件两端在结构中受到的约束用适当的支座模拟，如图 3.3.2a 所示。设杆件上、下端的弹性抗转刚度（发生单位转角时的约束力矩）分别为 k_r^u、k_r^l，上端的水平弹性支承刚度（发生单位水平位移时约束力）为 k。弯矩和转角的正负号规定如图 3.3.2b 所示。

设临界状态杆件下端的转角为 θ_l（为正值），则约束力矩为 $k_r^l\theta_l$；杆件上端的转角为 θ_u（为负值），则约束力矩为 $-k_r^u\theta_u$；杆件上端的水平侧移为 δ，则水平约束力为 $k\delta$。

（2）基本方程

在变形后的位置列平衡方程。在临界状态，任一截面的弯矩

$$M_x=P_{cr}(y+\delta)+k_r^u\theta_u-k\delta(H-x)$$

利用挠度曲线的近似微分方程 $EIy''=-M$，可得到

$$EIy''+P_{cr}y=-k_r^u\theta_u+\delta(kH-kx-P_{cr})$$

方程的通解为

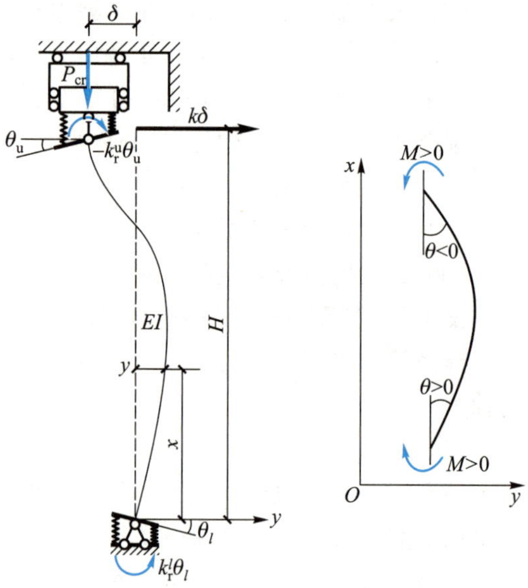

(a) 计算模型　　(b) 正负号规定

图 3.3.2　等截面杆的计算长度

$$y=A\sin\alpha x+B\cos\alpha x-\frac{\eta_u H}{(\alpha H)^2}\theta_u+\left[\frac{\eta}{(\alpha H)^2}-\frac{\eta}{H(\alpha H)^2}x-1\right]\delta$$

式中 $\alpha=(P_{cr}/EI)^{1/2}$；$\eta=kH^3/(EI)$，为水平弹性支承刚度系数；$\eta_u=k_r^u H/(EI)$，为杆件上端抗转刚度系数；$\eta_l=k_r^l H/(EI)$，为杆件下端抗转刚度系数。

由边界条件：① 在 $x=0$ 处，$y=0$，$y'=\theta_l=-M_{(x=0)}/k_r^l=\frac{\eta}{\eta_l H}\delta-\frac{(\alpha H)^2}{\eta_l H}\delta-\frac{\eta_u}{\eta_l}\theta_u$；② 在 $x=H$ 处，$y=-\delta$，$y'=\theta_u$。可得到关于未知常数 A、B、θ_u 和 δ 的线性方程组：

$$B-\frac{\eta_u H}{(\alpha H)^2}\theta_u+\left[\frac{\eta}{(\alpha H)^2}-1\right]\delta=0$$

$$\alpha A+\frac{\eta_u}{\eta_l}\theta_u+\left[\frac{(\alpha H)^2}{\eta_l H}-\frac{\eta}{\eta_l H}-\frac{\eta}{H(\alpha H)^2}\right]\delta=0$$

$$\sin(\alpha H)A+\cos(\alpha H)B-\frac{\eta_u H}{(\alpha H)^2}\theta_u=0$$

$$\alpha\cos(\alpha H)A-\alpha\sin(\alpha H)B-\theta_u-\frac{\eta}{(\alpha H)^2 H}\delta=0$$

由于 A、B、θ_u 和 δ 不能全为零，故上述方程组中的系数行列式必须为零：

$$\begin{vmatrix} 0 & 1 & -\dfrac{\eta_u H}{(\alpha H)^2} & \left[\dfrac{\eta}{(\alpha H)^2}-1\right] \\ \alpha & 0 & \dfrac{\eta_u}{\eta_l} & \left[\dfrac{(\alpha H)^2}{\eta_l H}-\dfrac{\eta}{\eta_l H}-\dfrac{\eta}{H(\alpha H)^2}\right] \\ \sin(\alpha H) & \cos(\alpha H) & -\dfrac{\eta_u H}{(\alpha H)^2} & 0 \\ \alpha\cos(\alpha H) & -\alpha\sin(\alpha H) & -1 & -\dfrac{\eta}{(\alpha H)^2 H} \end{vmatrix}=0$$

展开后得到

$$2\eta\eta_u\eta_l+\sin(\alpha H)(\alpha H)[\eta(\alpha H)^2+\eta(\eta_l+\eta_u)+\eta_u\eta_l(\alpha H)^2-(\alpha H)^4-\eta\eta_u\eta_l]$$
$$-\cos(\alpha H)[\eta(\eta_l+\eta_u)(\alpha H)^2-(\eta_l+\eta_u)(\alpha H)^4+2\eta\eta_u\eta_l]=0 \tag{3.3.1a}$$

临界荷载可统一表示为 $P_{cr}=\pi^2 EI/(\mu H)^2$，因而 $\alpha H=\pi/\mu$，其中 μ 是计算长度系数。上式可改写成

$$2\eta\eta_u\eta_l+\left(\frac{\pi}{\mu}\right)\left[\eta\left(\frac{\pi}{\mu}\right)^2+\eta(\eta_l+\eta_u)+\eta_u\eta_l\left(\frac{\pi}{\mu}\right)^2-\left(\frac{\pi}{\mu}\right)^4-\eta\eta_u\eta_l\right]\sin\left(\frac{\pi}{\mu}\right)$$
$$-\left[\eta(\eta_l+\eta_u)\left(\frac{\pi}{\mu}\right)^2-(\eta_l+\eta_u)\left(\frac{\pi}{\mu}\right)^4+2\eta\eta_u\eta_l\right]\cos\left(\frac{\pi}{\mu}\right)=0 \tag{3.3.1b}$$

或

$$2\eta_u\eta_l+\left(\frac{\pi}{\mu}\right)\left[\left(\frac{\pi}{\mu}\right)^2+(\eta_l+\eta_u)+\eta_u\eta_l\left(\frac{\pi}{\mu}\right)^2/\eta-\left(\frac{\pi}{\mu}\right)^4/\eta-\eta_u\eta_l\right]\sin\left(\frac{\pi}{\mu}\right)$$
$$-\left[(\eta_l+\eta_u)\left(\frac{\pi}{\mu}\right)^2-(\eta_l+\eta_u)\left(\frac{\pi}{\mu}\right)^4/\eta+2\eta_u\eta_l\right]\cos\left(\frac{\pi}{\mu}\right)=0 \tag{3.3.1c}$$

（3）两端均为弹性抗转支承、无线位移情况

式(3.3.1c)中令 $\eta\to\infty$，可得到

$$2\eta_u\eta_l+\left(\frac{\pi}{\mu}\right)\left[\left(\frac{\pi}{\mu}\right)^2+(\eta_l+\eta_u)-\eta_u\eta_l\right]\sin\left(\frac{\pi}{\mu}\right)-\left[(\eta_l+\eta_u)\left(\frac{\pi}{\mu}\right)^2+2\eta_u\eta_l\right]\cos\left(\frac{\pi}{\mu}\right)=0 \tag{3.3.1d}$$

图 3.3.3 中的曲线 1 是取 $\eta_u=\eta_l$，计算长度系数 μ 随两端抗转刚度系数之和($\eta_u+\eta_l$)的变化关系；曲线 2 是取 $\eta_u+\eta_l=10$，计算长度系数 μ 随两端抗转刚度系数乘积 $\eta_u\eta_l$ 的变化关系，其中 $\eta_u\eta_l$ 的横坐标值需乘以 2.5。在两端抗转刚度系数总和不变的情况下，随着抗转刚度系数乘积的增大，计算长度系数减小，这意味着两端抗转刚度越接近，计算长度系数越小。

（4）两端均为弹性抗转支承、一端水平向自由

式(3.3.1b)中令 $\eta\to 0$，可得到

$$\tan\left(\frac{\pi}{\mu}\right)=\frac{(\eta_l+\eta_u)\left(\frac{\pi}{\mu}\right)}{\left(\frac{\pi}{\mu}\right)^2-\eta_u\eta_l} \tag{3.3.1e}$$

图 3.3.3 中的曲线 3、4 分别是一端水平向自由时，计算长度系数 μ 随两端抗转刚度系数之和($\eta_u+\eta_l$)的变化关系、随两端抗转刚度系数乘积 $\eta_u\eta_l$ 的变化关系。其中纵坐标 μ 的数值需乘以 10。

（5）一端固支、另一端水平向弹性支承情况

式(3.3.1b)除以 η_l，并令 $\eta_l\to\infty$、$\eta_u\to 0$，可得到

$$\eta=\frac{(\pi/\mu)^3}{\pi/\mu-\tan(\pi/\mu)} \tag{3.3.1f}$$

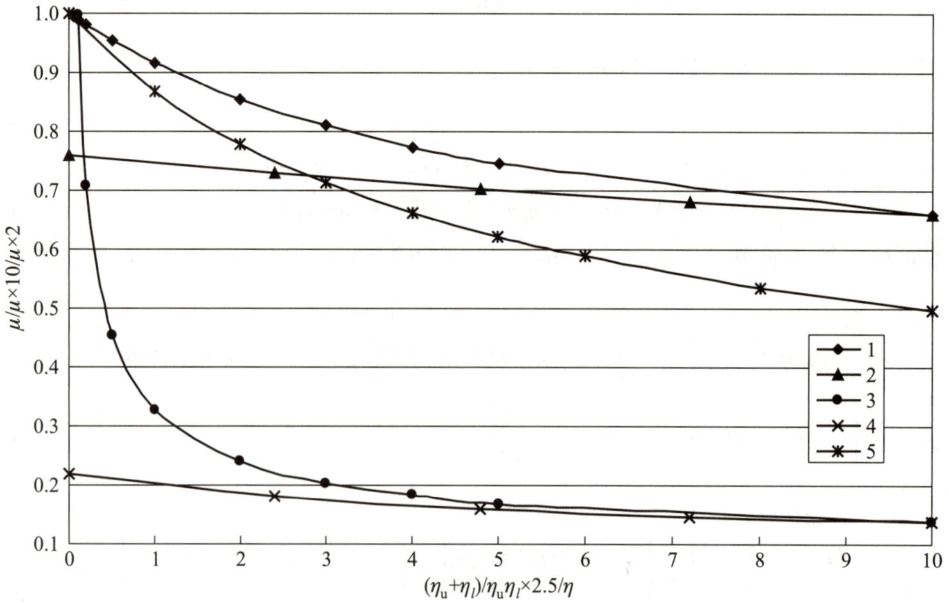

图 3.3.3 杆件计算长度系数与约束刚度的关系

计算长度系数 μ 与水平弹性支承刚度系数 η 的关系见图 3.3.3 中的曲线 5，其中纵坐标 μ 的数值需乘以 2。

(6) 一端铰支、另一端弹性抗转支承情况

式(3.3.1c)中令 $\eta\to\infty$、$\eta_u=0$，可得到

$$\eta_l=\frac{(\pi/\mu)^2\tan(\pi/\mu)}{\pi/\mu-\tan(\pi/\mu)} \tag{3.3.1g}$$

二、变截面杆件

图 3.3.4 所示单阶柱，上端为可自由水平移动的弹性抗转支座、抗转刚度为 k_r，下端固支。上阶柱的高度 H_u、抗弯刚度 EI_u，下阶柱的高度 H_l、抗弯刚度 EI_l。柱顶的集中荷载用 $P_{u,cr}$ 表示、变阶处的集中荷载用 $P_{l,cr}-P_{u,cr}$ 表示。

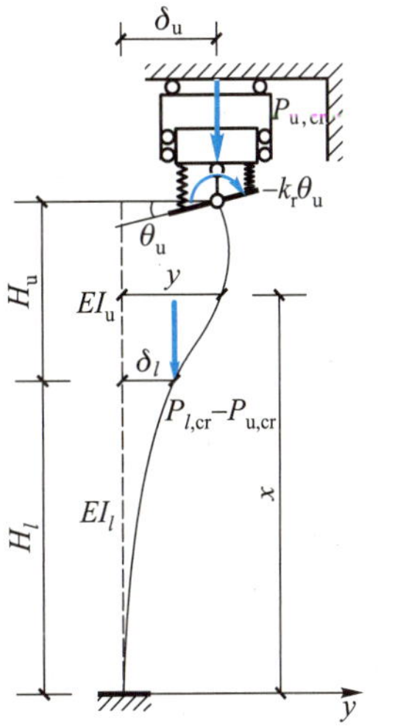

图 3.3.4 单阶柱计算长度

(1) 基本方程

通过建立临界状态的平衡方程，利用挠度曲线的近似微分方程和边界条件，可得到

$$\frac{k_r}{\alpha_u EI_u}\left[\tan(\alpha_l H_l)+\frac{1}{K\eta}\tan(\alpha_u H_u)\right]+\frac{1}{K\eta}-\tan(\alpha_l H_l)\tan(\alpha_u H_u)=0 \tag{3.3.2a}$$

式中 $K=\dfrac{EI_u/H_u}{EI_l/H_l}$；$\eta=\dfrac{H_u}{H_l}\cdot\dfrac{\alpha_u}{\alpha_l}$；$\alpha_u=\sqrt{P_{u,cr}/EI_u}$；$\alpha_l=\sqrt{P_{l,cr}/EI_l}$。

(2) 柱上端为自由端

令式(3.3.2a)中的上端抗转刚度 $k_r=0$，可以得到 $\dfrac{1}{K\eta}-\tan(\alpha_l H_l)\tan(\alpha_u H_u)=0$，即

$$\tan\left(\frac{\pi}{\mu_l}\right)\cdot\tan\left(\frac{\eta\pi}{\mu_l}\right)=\frac{1}{\eta K} \tag{3.3.2b}$$

(3) 柱上端可移动但不能转动

如果柱上端抗转刚度 $k_r\to\infty$，柱上端只能发生水平移动而不发生转动，即柱上端为水平滑动支座。式(3.3.2a)两端除以 k_r，并令 $k_r\to\infty$，得到 $\dfrac{1}{\alpha_u EI_u}\left[\tan(\alpha_l H_l)+\dfrac{1}{K\eta}\tan(\alpha_u H_u)\right]=0$，即

$$\tan\left(\frac{\eta\pi}{\mu_l}\right)+\eta K\tan\left(\frac{\pi}{\mu_l}\right)=0 \tag{3.3.2c}$$

三、钢框架柱

1. 等截面框架柱

确定平面内计算长度时，对于无侧移框架采用式(3.3.1d)对应的计算模型；对于有侧移框架采用式(3.3.1e)对应的计算模型。附表 C.3.1、C.3.2 列出了上述模型的计算结果，设计时可根据柱上、下端的抗转刚度系数 η_u 和 η_l 直接查阅。

柱端转动约束来自与之相交的左右侧梁，而左右侧梁同时约束下柱上端和上柱下端，近似将来自梁的转动约束按柱的线刚度分配给下柱上端和上柱下端。当梁柱近端铰接时，$\eta_u(\eta_l)=0$；当梁柱近端刚接、远端铰接时，左右侧梁的抗转刚度总和为 $3(i_1+i_2)$，分配给下柱上端的抗转刚

度 $k_r^u=3(i_1+i_2)\times i_c/(i_c+i_{c1})$（其中 i_1、i_2 分别为左右侧梁的线刚度，i_c、i_{c1} 分别为下柱和上柱的线刚度），抗转刚度系数 $\eta_u=k_r^u/i_c=3(i_1+i_2)/(i_c+i_{c1})$。当梁柱近端和远端均为刚接时，无侧移框架假定横梁两端节点发生反向转角（图 3.3.5a）、有侧移框架假定横梁两端节点发生同向转角（图 3.3.5b），$\eta_u(\eta_l)$ 计算方法详见附录 C.3.3 。

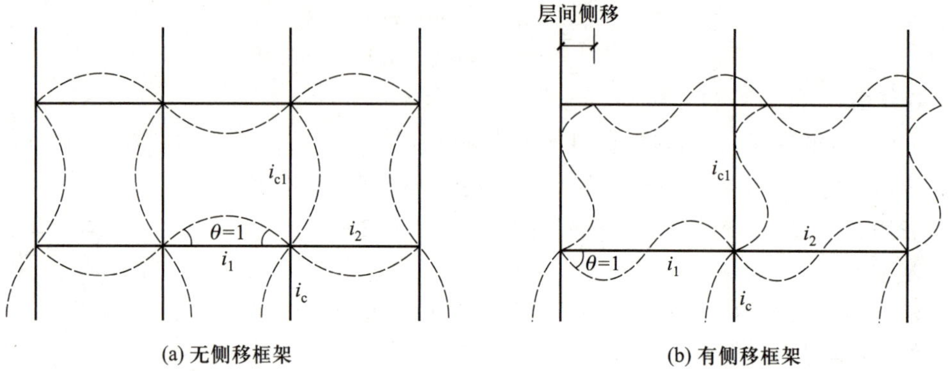

图 3.3.5 刚接框架变形状态

2. 阶形框架柱

阶形框架柱考虑两种支承条件。当柱与横梁铰接时，柱上端简化为自由端，即既能自由侧移又能自由转动，采用式(3.3.2b)所对应的计算模型，分别确定上段柱和下段柱的计算长度系数；当柱与横梁（通常为屋架）刚接时，考虑到横梁的线刚度（屋架的等效线刚度）比柱大得多，近似假定柱上端仅能自由侧移、不能转动，采用式(3.3.2c)所对应的计算模型，分别确定上段柱和下段柱的计算长度系数。设计时可直接查阅附表 C.3.5 和 C.3.6。

为了考虑各横向框架之间的空间作用，《钢结构设计规范》允许根据不同的厂房布置情况对下段柱的计算长度乘以折减系数，见附表 C.3.8。

3. 门式刚架柱

等截面门式刚架柱平面内计算长度系数，当采用一阶弹性分析（first order elastic analysis）方法计算内力时，按有侧移底层框架柱确定。当附有摇摆柱时，摇摆柱需要框架柱提供的支撑作用才能维持侧向稳定，从而使框架柱的计算长度增大。《钢结构设计规范》取摇摆柱的计算长度系数为 1，而刚架柱的计算长度系数则乘以下列增大系数 η

$$\eta=\sqrt{1+\frac{\sum(N_1/H_1)}{\sum(N_f/H_f)}} \tag{3.3.3}$$

式中，$\sum(N_1/H_1)$——各摇摆柱轴心压力基本组合值与柱子高度比值之和；

$\sum(N_f/H_f)$——各刚架柱轴心压力基本组合值与柱子高度比值之和。

楔形刚架柱的平面内计算长度可查阅《门式刚架轻型房屋钢结构技术规范》（GB 51022—2015）。

所有框架柱的平面外计算长度均取侧向支承点的距离。

四、混凝土排架柱

确定混凝土排架柱的计算长度时，对于无吊车厂房，横向排架柱以图 3.3.6a 作为分析模型，考虑同一榀排架其他柱对它的水平约束作用。水平弹性支承刚度 k 等于同一榀排架其他柱的抗侧刚度 D。单跨排架 $k=3EI/H^3$；双跨排架 $k=2\times3EI/H^3$。于是，单跨的水平弹性支承刚度系数 $\eta=3$、双跨 $\eta=6$，可分别求得 $\mu=1.43$ 和 $\mu=1.18$。为便于记忆，并偏于安全，《混凝土结构设计规范》对无吊车单跨排架柱和双跨排架柱的计算长度分别取 $l_0=1.5H$ 和 $l_0=1.25H$。

对于有吊车厂房，考虑房屋的空间作用，即不仅考虑同一排架内各柱参与工作，而且还考虑相邻排架的协同工作。近似将柱上端简化为固定铰支座，见图 3.3.5b，并将上段柱和下段柱分开考虑。下段柱的柱顶忽略上段柱对它的转动约束，但考虑上段柱对它的侧向位移约束，取水平弹性支承刚度 $k=3EI_u/H_u^3$，即 $\eta=3I_u/I_l\times(H_l/H_u)^3$。当 $H_l/H_u=3$、$I_u/I_l=0.12$ 时，由图 3.3.3 中的曲线 5 可得到 $\mu=1.0$。

混凝土排架柱的计算长度列于附表 C.3.7。

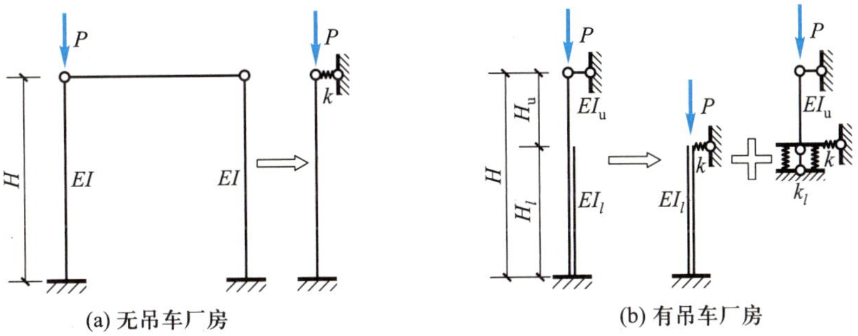

图 3.3.6 混凝土排架柱计算长度分析模型

3.3.3 混凝土排架柱截面设计

一、柱的计算要点

预制混凝土排架柱应分别进行使用阶段和施工阶段计算。使用阶段根据最不利内力的基本组合值按偏心受压构件进行正截面承载力计算和斜截面承载力计算（斜截面承载力一般可不计算，按构造配置箍筋）；对于 $e_0/h_0>0.55$ 的偏心受压构件尚应根据最不利内力的准永久组合值进行裂缝宽度验算。

施工阶段应进行吊装验算，包括正截面承载力和裂缝宽度计算。对于单点起吊，可按图 3.3.7 所示的简图计算自重下的弯矩。考虑起吊时的动力效应，荷载乘 1.5 的动力系数。因吊装系临时性的，结构的重要性系数 γ_0 取 0.9。材料强度取值时应注意，一般在混凝土强度达到设计等级的 70%时即吊装，所以应取设计等级的 0.7。当要求混凝土强度达到 100%设计等级方可起吊时应在施工说明中特别注明。

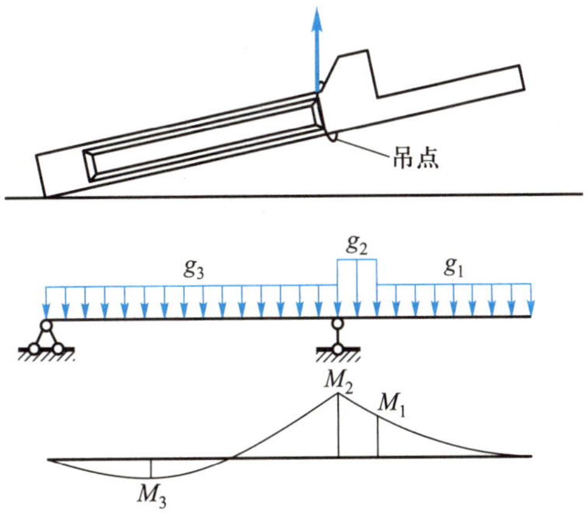

图 3.3.7 柱吊装验算简图

二、柱的构造要求

纵向受力钢筋直径不宜小于 12 mm，全部纵向受力钢筋的配筋率不宜超过 5%；全部纵向受力钢筋的配筋率，当采用 500 MPa 级钢筋时不应小于 0.5%、采用 400 MPa 级钢筋时不应小于 0.55%、采用 300 MPa 或 335 MPa 级钢筋时不应小于 0.6%；柱截面每边纵向钢筋的配筋率不应小于 0.2%。当柱截面高度 $h \geqslant 600$ mm 时，在侧面应设置直径为(10~16)mm 的纵向构造钢筋，并相应地设置复合箍筋或拉结筋。柱内纵向钢筋的净距不应小于 50 mm；对水平浇筑的预制柱，其最小净距不应小于 25 mm 和纵向钢筋的直径。垂直于弯矩作用平面的纵向受力钢筋的中距不应大于 300 mm。

箍筋直径不应小于最大纵筋直径的四分之一，且不小于 6 mm；箍筋间距不应大于 400 mm 及构件的短边尺寸，且不应大于 15 倍最小纵筋直径。当柱中全部纵向受力钢筋的配筋率大于 3%时，箍筋直径不应小于 8 mm；箍筋间距不应大于 200 mm，且不应大于 10 倍最小纵筋直径。当柱截面的短边尺寸大于 400 mm 且各边纵向钢筋多于 3 根时，或者各边纵向钢筋多于 4 根时，应设置复合箍筋。

三、牛腿设计

牛腿是支承梁等水平构件的重要部件。根据牛腿竖向力 F_v 的作用点至下柱边缘的水平距离 a 的大小，把牛腿分成两类：$a \leqslant h_0$ 时为短牛腿；$a > h_0$ 时为长牛腿。此处 h_0 为牛腿与下柱交接处的牛腿竖直截面的有效高度，见图 3.3.8。长牛腿的受力特点与悬臂梁相似，可按悬臂梁设计；短牛腿的受力性能与普通悬臂梁不同。在了解试验研究结果的基础上，介绍短牛腿的设计方法。

1. 试验研究结果

包括弹性阶段的应力分布、裂缝的出现与发展以及破坏形态。

图 3.3.9 是对 $a/h_0 = 0.5$ 的环氧树脂牛腿模型进行光弹试验得到的主应力迹线示意图。其中实线代表主拉应力方向、虚线代表主压应力方向，迹线的疏密反映应力值的相对大小。

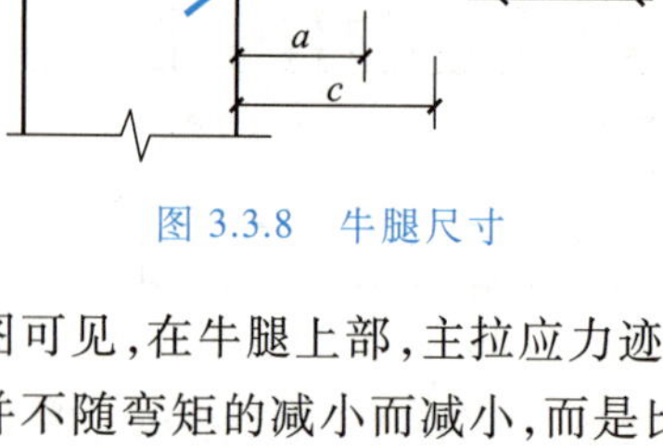

图 3.3.8 牛腿尺寸

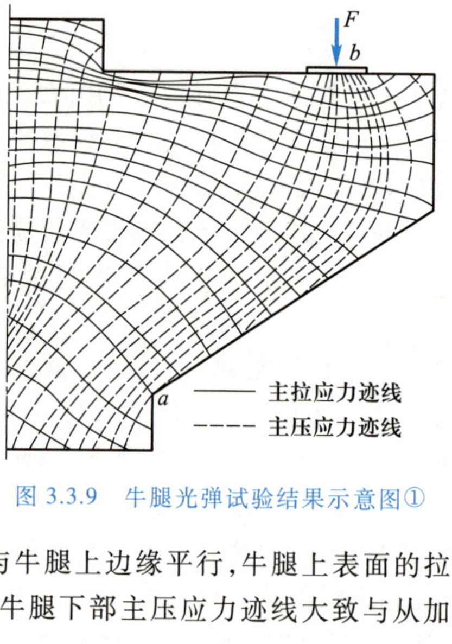

图 3.3.9 牛腿光弹试验结果示意图①

由图可见，在牛腿上部，主拉应力迹线基本上与牛腿上边缘平行，牛腿上表面的拉应力沿长度方向并不随弯矩的减小而减小，而是比较均匀。牛腿下部主压应力迹线大致与从加载点到牛

① 插图来源于东南大学、同济大学、天津大学合编的《混凝土结构》。

腿下部转角的连线 ab 相平行。牛腿中下部的主拉应力迹线倾斜，因而该部位出现的裂缝将是倾斜的。

钢筋混凝土实物牛腿在竖向力作用下的试验发现：当荷载加到破坏荷载的 20%～40%时首先出现竖向裂缝①，但其开展很小，对牛腿的受力性能影响不大；当荷载继续加大至破坏荷载的 40%～60%时，在加载板内侧附近出现第一条斜裂缝②，见图 3.3.10；此后，随着荷载的增加，除这条倾斜裂缝不断发展及可能出现一些微小的短小裂缝外，几乎不再出现另外的斜裂缝；直到约破坏荷载的 80%，突然出现第二条斜裂缝③，预示牛腿即将破坏。

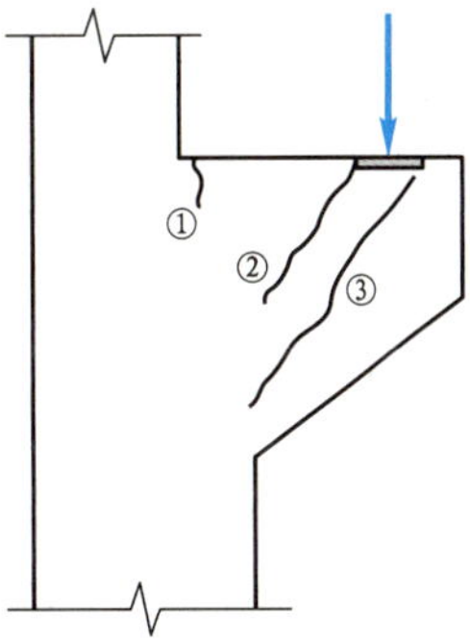

图 3.3.10 牛腿裂缝示意图

牛腿的破坏形态与 a/h_0 的值有很大关系，主要有以下三种破坏形态：**弯曲破坏**（flexural failure）、**剪切破坏**（shear failure）和**局部受压破坏**（local compression failure）。

当 $a/h_0>0.75$ 和纵向受力钢筋配筋率较低时，一般发生弯曲破坏。其特征是当出现裂缝②后，随荷载增加，该裂缝不断向受压区延伸，水平纵向钢筋应力也随之增大并逐渐达到屈服强度，这时裂缝②外侧部分绕牛腿下部与柱的交接点转动，致使受压区混凝土压碎而引起破坏，见图 3.3.11a。

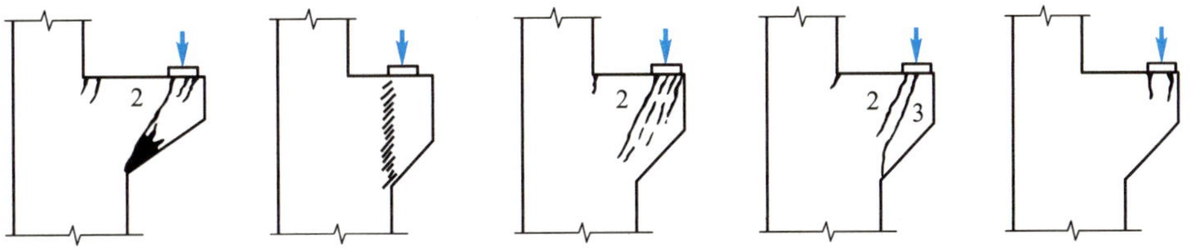

(a) 弯曲破坏　(b) 直剪破坏　(c) 斜压破坏　(d) 斜拉破坏　(e) 局部受压破坏

图 3.3.11 牛腿破坏形态①

剪切破坏分直接剪切破坏和斜压破坏。直剪破坏是当 a/h_0 值很小（$\leqslant 0.1$）或 a/h_0 值虽较大但边缘高度 h_1 较小时，可能发生沿加载板内侧接近竖直截面的剪切破坏。其特征是在牛腿与下柱交接面上出现一系列短斜裂缝，最后牛腿沿此裂缝从柱上切下而破坏，见图 3.3.11b。这时牛腿内纵向钢筋应力较低。

斜压破坏大多发生在 $a/h_0=0.1\sim0.75$ 的范围内，其特征是首先出现斜裂缝②，加载至极限荷载的 70%～80%时，在这条斜裂缝外侧整个压杆范围内出现大量短小斜裂缝，最后压杆内混凝土剥落崩出，牛腿即告破坏，见图 3.3.11c；有时在出现斜裂缝②后，随着荷载的增大，突然在加载板内侧出现一条通长斜裂缝③，然后牛腿沿此裂缝破坏迅速，如图 3.3.11d。

当垫板过小或混凝土强度过低，由于很大的局部压应力而导致垫板下混凝土局部压碎破坏，见图 3.3.11e。

2. 截面设计

以上的各种破坏类型，设计中是通过不同的途径解决的。其中按计算确定纵向钢筋面积针

① 插图来源于东南大学、同济大学、天津大学合编的《混凝土结构》。

对弯曲破坏；通过局部受压承载力计算避免发生垫板下混凝土的局部受压破坏；通过斜截面抗裂计算以及按构造配置箍筋和弯起钢筋避免发生牛腿的剪切破坏。

牛腿设计内容包括：确定牛腿截面尺寸、配筋计算和构造要求。

（1）截面尺寸的确定

牛腿的截面宽度取与柱同宽；长度由吊车梁的位置、吊车梁在支承处的宽度以及吊车梁外边缘至牛腿外边缘距离等构造要求确定；高度由斜截面抗裂控制，要求满足：

$$F_{vk} \leqslant \beta\left(1-0.5\frac{F_{hk}}{F_{vk}}\right)\frac{f_{tk}bh_0}{0.5+\dfrac{a}{h_0}} \tag{3.3.4}$$

式中，F_{vk}、F_{hk}——分别为作用于牛腿顶部的竖向力和水平拉力标准组合值；

f_{tk}——混凝土抗拉强度标准值；

β——裂缝控制系数：对支承吊车梁的牛腿，取 $\beta=0.65$；对其他牛腿，取 $\beta=0.8$；

a——竖向力的作用点至下柱边缘的水平距离，应考虑安装偏差 20 mm，$a<0$ 时取 $a=0$；

b、h_0——分别为牛腿宽度和牛腿截面有效高度，取 $h_0=h_1-a_s+c\times\tan\alpha$，当 $\alpha>45°$时，取 $\alpha=45°$，参见图 3.3.8。

牛腿外边缘高度 h_1 不应小于 $h/3$，且不小于 200 mm；牛腿底面倾斜角 α 不应大于 45°（一般即取 45°）。

为了防止牛腿顶面垫板下的混凝土局部受压破坏，垫板尺寸应满足下式要求：

$$F_{vk} \leqslant 0.75f_cA \tag{3.3.5}$$

式中，A——牛腿支承面上的局部受压面积。

若不满足上式，应采取加大受压面积，提高混凝土强度等级或设置钢筋网等有效措施。

（2）截面配筋计算

对压区中心点取矩，抵抗竖向力产生的弯矩所需的纵向钢筋面积为

$$A_{s1}=F_va/(\gamma_sh_0f_y)$$

抵抗水平力所需的纵向钢筋面积为

$$A_{s2}=(a_s+\gamma_sh_0)F_h/(\gamma_sh_0f_y)$$

近似取 $\gamma=0.85$、$a_s/(\gamma h_0)=0.2$，得到竖向和水平力同时作用时纵向钢筋面积：

$$A_s \geqslant \frac{F_va}{0.85h_0f_y}+1.2\frac{F_h}{f_y} \tag{3.3.6}$$

式中，a——竖向力作用点至下柱边缘的水平距离，应考虑 20 mm 的安装偏差，当 $a<0.3h_0$ 时，取 $a=0.3h_0$；

F_v、F_h——分别为作用在牛腿顶部的竖向力和水平拉力的基本组合值。

（3）配筋构造

牛腿截面高度满足式（3.3.4）的抗裂条件后，一般不再需要进行斜截面的受剪承载力计算，只需按构造要求配置水平箍筋和弯起钢筋，见图 3.3.12。

水平箍筋的直径取 6~12 mm，间距取 100~150 mm，且在上部 $2h_0/3$ 范围内的水平箍筋总截面面积不应小于承受竖向力的水平纵向受拉钢筋截面面积 A_{s1}的二分之一。

当 $a/h_0 \geq 0.3$，宜设置弯起钢筋。由于拉应力沿牛腿上部受拉边全长基本相同，因此不能由纵向受拉钢筋下弯兼作弯起钢筋，而必须另行配置。弯起钢筋宜采用 HRB400 级或 HRB500 级钢筋，直径不宜小于 12 mm，并布置在牛腿上部 $l/6$ 至 $l/2$ 之间的范围内，见图 3.3.12；其截面面积不应少于承受竖向力的纵向受拉钢筋截面面积 A_{s1} 的一半，根数不应少于 2 根。

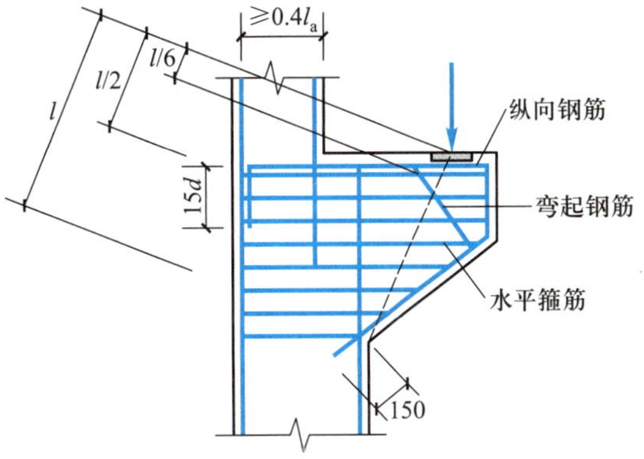

图 3.3.12　牛腿配筋构造

牛腿纵向受拉钢筋宜采用 HRB400 级或 HRB500 级钢筋，其直径不应小于 12 mm。承受竖向力所需的纵向受拉钢筋配筋率（按全截面计算）不应小于 0.2%，也不宜大于 0.6%，且根数不宜少于 4 根。承受水平拉力的锚筋应焊在预埋件上，且不应少于 2 根。

全部纵向钢筋和弯起钢筋沿牛腿外边缘向下伸入下段柱内 150 mm；伸入上段柱的锚固长度不应小于受拉钢筋的锚固长度 l_a，当上段柱尺寸小于 l_a 时，可向下弯折，但水平投影长度不应小于 $0.4l_a$，竖直投影长度取 $15d$。

3.3.4　钢门式刚架梁、柱截面设计

一、刚架梁

水平刚架梁或坡度不大于 1∶5 的刚架梁可不考虑轴力的影响，按受弯构件进行承载能力极限状态的强度、整体稳定和局部稳定计算，以及正常使用极限状态的挠度验算。

当横梁坡度大于 1∶5 时，应考虑轴力的影响，按压弯构件进行强度、整体稳定和局部稳定计算。横梁不需计算整体稳定性的侧向支承点最大长度，可取横梁下翼缘宽度 $16(235/f_y)^{1/2}$ 倍。

二、刚架柱

门式刚架柱属于典型的压弯构件，按压弯构件进行强度、整体稳定、局部稳定计算以及刚度验算。

楔形柱在刚架平面内的整体稳定按下式计算：

$$\frac{N_0}{\varphi_{x\gamma}A_{e0}}+\frac{\beta_{mx}M_1}{[1-(N_0/N'_{Ex0})\varphi_{x\gamma}]W_{e1}}\leqslant f \tag{3.3.7}$$

式中，N_0、A_{e0}——分别为小头的轴向压力设计值和有效截面面积；

M_1、W_{e1}——分别为大头的弯矩设计值和有效截面最大受压纤维的截面模量；

$\varphi_{x\gamma}$——杆件轴心受压稳定系数，计算长细比时取小头的回转半径；

β_{mx}——等效弯矩系数，对于有侧移单层刚架柱取 1.0；

N'_{Ex0}——参数，计算回转半径时以小头为准，$N'_{Ex0}=\pi^2EA_{e0}/(1.1\lambda^2)$。

楔形柱在刚架平面外的整体稳定应分段按下式计算：

$$\frac{N_0}{\varphi_y A_{e0}}+\frac{\beta_t M_1}{\varphi_{b\gamma}W_{e1}}\leqslant f \tag{3.3.8}$$

式中，φ_y——轴心受压杆件弯矩作用平面外的稳定系数，以小头为准；

β_t——等效弯矩系数，对两端弯曲应力基本相等的区段 $\beta_t=1$；对一端弯矩为零的区段，$\beta_t=1-N/N'_{Ex0}+0.75(N/N'_{Ex0})^2$；

$\varphi_{b\gamma}$——均匀弯曲楔形受弯构件的整体稳定系数，对称双轴的工字形截面杆件按下列公式计算：

$$\varphi_{b\gamma}=\frac{4320}{\lambda_{y0}^2}\frac{A_0h_0}{W_{x0}}\sqrt{\left(\frac{\mu_s}{\mu_w}\right)^2+\left(\frac{\lambda_{y0}t_0}{4.4h_0}\right)^2}\left(\frac{235}{f_y}\right) \tag{3.3.9a}$$

$$\lambda_{y0}=\mu_s l/i_{y0} \tag{3.3.9b}$$

$$\mu_s=1+0.023\gamma\sqrt{lh_0/A_f} \tag{3.3.9c}$$

$$\mu_w=1+0.003\ 85\gamma\sqrt{l/i_{y0}} \tag{3.3.9d}$$

其中，A_0、h_0、W_{x0}、t_0 分别为构件小头的截面面积、截面高度、截面模量和受压翼缘的截面厚度；A_f 为受压翼缘的截面面积；i_{y0}为受压翼缘与受压区腹板 1/3 高度组成的截面绕 y 轴的回转半径；l 为构件计算区段的平面外计算长度，取支撑点的距离。

其余符号同式(3.3.7)。

变截面柱下端铰接时，应验算柱端的受剪承载力。

3.3.5 刚架连接设计

一、梁-柱节点

门式刚架的梁柱节点通常采用梁端板通过高强螺栓连接(high-strength bolt connection)。端板有竖放、斜放和平放三种形式，见图 3.3.13。端板与梁、柱翼缘和腹板间的连接采用全熔透对接焊(full penetration butt weld)。

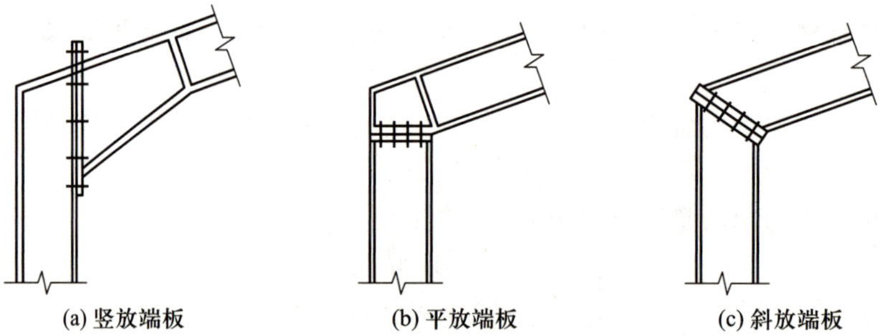

图 3.3.13 门架梁柱节点的形式

节点连接螺栓一般成对布置，受拉和受压翼缘的内外两侧均应设置，且尽可能使每个翼缘螺栓群的形心与翼缘的中心线重合，因此常采用图 3.3.13a 所示的外伸式端板。螺栓的排列及距离应满足规范构造要求。受压翼缘和受拉翼缘的螺栓不宜小于两排，如受拉翼缘的两侧各设一排螺栓不能满足受力要求时，可在翼缘内侧增设螺栓，螺栓间距 a 一般取 75～80 mm，且不小于 3 倍螺栓孔直径 d_0。

节点的设计内容包括确定端板厚度、螺栓强度验算、梁柱节点域(panel zone) 的剪应力验算和螺栓处腹板强度验算。

横梁端板的厚度可根据端板支承条件，按图 3.3.14 确定，取较大值，且不宜小于 16 mm，其中，N_t 为单个高强螺栓的受拉承载力；f 为端板钢材的抗拉强度设计值。

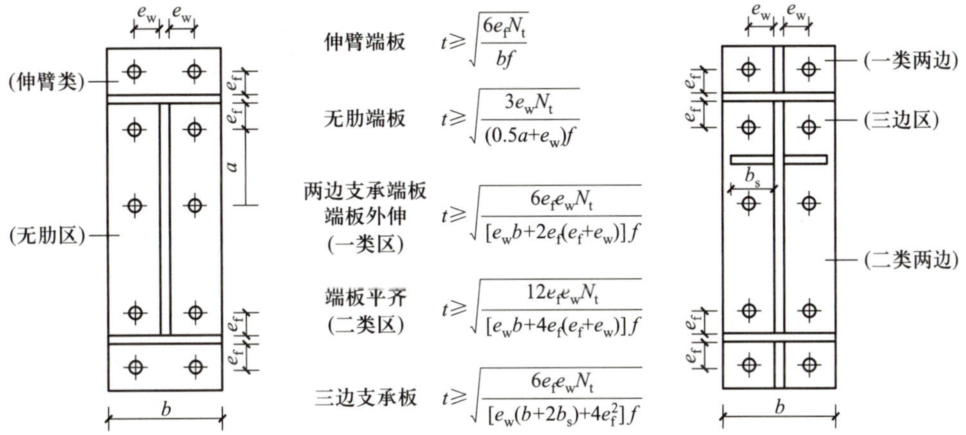

图 3.3.14　端板的厚度要求

螺栓按同时承受剪力和拉力验算强度。

梁柱节点中梁与柱相交的节点域（更详细的介绍参阅 4.3.3 节）按下式验算剪应力：

$$\tau=1.2M/(d_bd_ct_c)\leqslant f_v \tag{3.3.10}$$

式中，M——节点的弯矩设计值；

d_c、t_c——分别为节点域的宽度和厚度；

d_b——梁端部高度或节点域高度；

f_v——节点域抗剪强度的设计值。

在端板设置螺栓处，梁、柱腹板的强度应满足下式要求：

$$\begin{cases}\dfrac{0.4P}{e_wt_w}\leqslant f & \text{当 } N_{t2}\leqslant 0.4P\\[2ex] \dfrac{N_{t2}}{e_wt_w}\leqslant f & \text{当 } N_{t2}>0.4P\end{cases} \tag{3.3.11}$$

其中，P 为高强螺栓预拉力；N_{t2}为翼缘内第二排单个螺栓承受的轴向拉力；t_w 为腹板厚度。

二、柱脚节点

1. 柱脚形式

柱与基础的连接节点通常称为柱脚节点。基础一般由钢筋混凝土做成，其强度比钢材低，为此需要将柱身底端放大，以增加与基础顶面的接触面积，满足混凝土局部抗压承载力要求。

柱脚按其传递荷载的能力分为铰接和刚接两大类，铰接柱脚用于轴心受力柱；刚接柱脚用于偏心受力柱。按布置方式可以分为整体式柱脚和分离式柱脚。整体式柱脚用于实腹柱和肢距较小（如小于 1.5 m）的格构柱；肢距较大的格构柱采用分离式柱脚，每个分肢下的柱脚相当于一个轴心受力铰接柱脚，两柱脚之间用隔板相联系。

图 3.3.15 是几种常用的铰接柱脚形式。其中图 3.3.15a 中的柱下端直接与底板焊接，柱子轴

力由焊缝传给底板,由底板扩散并传给基础。由于底板在各个方向均为悬臂,底板的抗弯刚度较弱,压力的扩散范围受到限制,所以这种柱脚形式仅适用于柱轴力较小的情况。当柱轴力较大时,一般采用图 3.3.15b、c 的柱脚形式。在柱翼缘两侧设置靴梁,在靴梁之间设置隔板,以增加靴梁的侧向刚度。柱子轴力通过竖向焊缝传给靴梁和隔板(柱下端与底板之间留有空隙,仅采用构造焊缝相连),再由水平焊缝传给底板。图 3.3.15c 中,在靴梁外侧设置了肋板,使柱轴力向两个方向扩散。通常在一个方向采用靴梁、另一个方向设置肋板。靴梁、隔板和肋板构成了底板的支座,改善了其支承条件,大大提高了底板的抗弯刚度。

柱脚通过预埋在基础上的锚栓来固定。铰接柱脚锚栓设置在一条轴线上,对柱端转动的约束很小,符合铰接的假定。底板上锚栓孔的直径应比锚栓直径大 0.5~1.0 倍,并做成 U 形缺口,待柱子就位并调整到设计位置后,再用垫板套住锚栓并与底板焊牢。铰接柱脚的锚栓不需要计算。

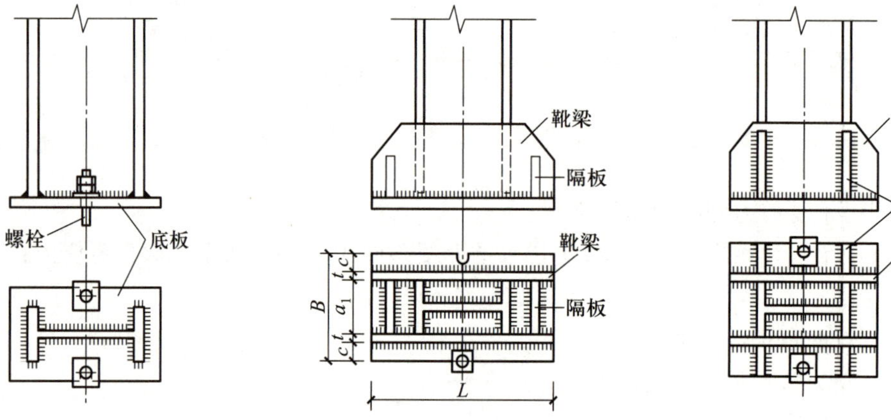

(a) 无靴梁　　(b) 有靴梁　　(c) 有靴梁和肋板

图 3.3.15 铰接柱脚

刚接柱脚按其构造形式分为露出式(图 3.3.16a)、外包式(图 3.3.16b)和埋入式(图 3.3.16c)三种。

露出式刚接柱脚的轴力传递方式与铰接柱脚相同,通过靴梁传给底板,再由底板传给基础;剪力主要依靠底板与基础之间的摩擦力传递(摩擦系数可取 0.4),当摩擦力不足以承受剪力时,由焊于底板的方钢、T 型钢等抗剪键传递;弯矩由底板(压力)和锚栓(拉力)共同承担,锚栓固定在由靴梁挑出的承托上。

外包式刚接柱脚是用钢筋混凝土将柱脚包裹起来,外侧的钢筋混凝土可以很好地保护柱脚,并大大提高柱脚的刚度。

埋入式刚接柱脚是直接将钢柱埋入钢筋混凝土基础中。有两种埋入方式,一种是钢柱安装到位后浇筑钢筋混凝土基础;另一种是将基础做成杯口,钢柱插入后通过二次浇筑混凝土形成整体,其插入深度不小于 1.5 倍的实腹式柱截面高度,且不小于 500 mm 和柱高的 5%。

为了增强钢柱与混凝土之间的黏结,无论是外包式柱脚还是埋入式柱脚,被包部分的翼缘上一般要设置直径不小于 16 mm,间距不大于 200 mm 的圆柱头焊钉;混凝土保护层厚度不小于 180 mm。

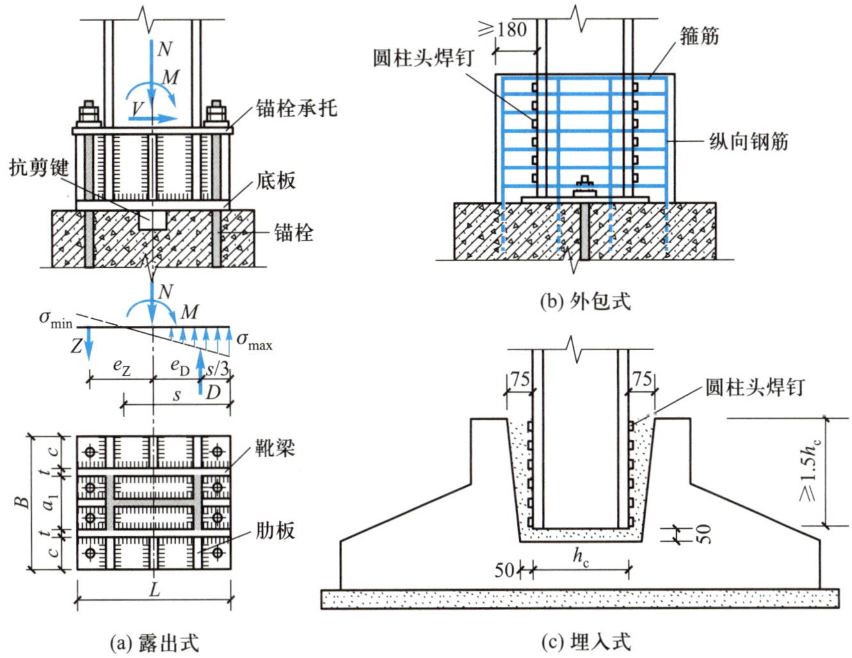

图 3.3.16 刚接柱脚

2. 设计要点

下面以露出式刚接柱脚为例，介绍柱脚的设计要点。露出式刚接柱脚设计内容包括底板、靴梁、隔板、肋板和锚栓。

柱脚底板的平面尺寸取决于基础材料的抗压强度。一般先根据构造确定底板宽度 B（参见图 3.3.16a，其中 c 为底板悬伸宽度，通常取锚栓直径的 3~4 倍，锚栓直径一般为 20~24 mm），然后根据底板与基础接触面的最大压力（假定底板反力为线性分布）不超过混凝土的抗压强度设计值确定底板长度 L。底板厚度由以柱身、靴梁、隔板和肋板等为支座的各区格板的抗弯承载力确定。计算板的弯矩时，可以近似认为底板反力为均匀分布并取该区格板的最大反力。为保证底板具有足够的刚度，厚度一般为 20~40 mm，最小厚度不小于 14 mm。

靴梁的高度根据传递柱翼缘压力（可近似取 $N/2+M/h$）所需要的靴梁与柱身之间的竖向焊缝长度确定，并不宜小于 450 mm，每条竖向焊缝的计算长度不应大于 $60h_f$；并按在底板反力作用下、支承于柱侧边的双外伸梁验算抗弯和抗剪强度。靴梁厚度取略小于柱翼板厚度。靴梁与底板的连接焊缝按靴梁负荷范围内的底板反力计算，因柱身范围内靴梁内侧不易施焊，故仅在外侧布置焊缝。

隔板按支承于靴梁的简支梁验算抗弯、抗剪强度，荷载取隔板负荷范围内的底板反力。为保证具有一定刚度，厚度不得小于长度的 1/50，且不小于 10 mm。隔板高度由其与靴梁的竖向连接焊缝长度决定；隔板与底板的连接焊缝仅布置在外侧。

肋板按悬臂梁计算，计算内容及方法同隔板。

当底板与基础接触面的最小压力出现负值时（以压为正），需要由锚栓来承担拉力。根据力矩平衡条件（参见图 3.3.16a），锚栓总拉力 Z 为

$$Z=(M-Ne_D)/(e_z+e_D) \tag{3.3.12}$$

式中，M、N——弯矩、轴力基本组合值；

e_z——锚栓位置到底板中心的距离；

e_D——压应力合力作用点到底板中心的距离，$e_D=L/2-s/3$，$s=L\times\sigma_{max}/(\sigma_{max}+|\sigma_{min}|)$。

根据选定的锚栓直径，即可确定所需的锚栓数量。锚栓下端在混凝土基础中的深度应满足锚固长度，如埋置深度受到限制，锚栓应固定在锚板或锚梁上。

3.4 柱间支撑设计

3.4 柱间支撑设计

柱间支撑是纵向排架的重要组成部分，能有效承受厂房的纵向水平荷载，大大增强结构的纵向刚度。对于钢框架，柱间支撑还为柱子提供平面外的支撑点，减小柱平面外计算长度。

3.4.1 内力分析

一、计算简图

上柱支撑的水平杆一般由柱顶的通长水平系杆代替；下柱支撑的水平杆由吊车梁代替。柱间支撑与柱的连接为铰接，见图 3.4.1a；为了简化计算，可以将柱与基础的连接以及上、下段柱的交接处也视为铰接，见图 3.4.1b。交叉腹杆可以按压杆体系设计，也可以按拉杆体系设计。当按拉杆体系设计时，假定腹杆只承受拉力，一旦受压即失去稳定而退出工作，如图 3.4.1b 中的虚线所示。

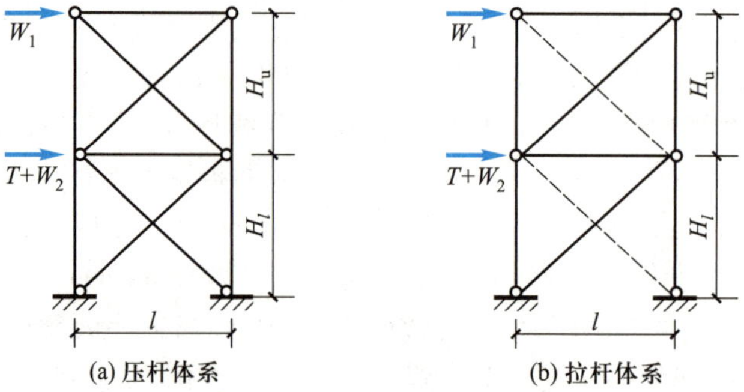

图 3.4.1 柱间支撑计算模型

二、荷载

柱间支撑的荷载包括由房屋两端或一端（设有中间伸缩缝）的山墙传来的纵向风荷载、吊车纵向水平荷载和保证柱子平面外稳定的**支撑力**（nodal bracing force）（对于钢结构）。

山墙上的风荷载 W 首先传给抗风柱（墙柱），其中一半的风荷载直接由抗风柱传到基础、另一半通过抗风柱与屋架的连接传到屋架上弦，由屋架传到柱顶，最后由柱顶水平系杆传到柱间支撑（图 3.4.1b 中的 W_1）。当设有抗风桁架时，抗风桁架是抗风柱的中间支点，一部分风荷载通过抗风桁架传给柱间支撑（图 3.4.1b 中的 W_2）。

吊车纵向水平荷载通过吊车梁传递到柱间支撑(图 3.4.1b 中的 T),荷载值的计算见 1.2.6 小节。

当支撑构件轴线通过被支撑构件的**截面剪心**(shear centers of sections)时,支撑系统所受的支撑力设计值按下列公式计算:

$$F_{bn}=\frac{\sum_{i=1}^{n}N_i}{60}\left(0.6+\frac{0.4}{n}\right) \tag{3.4.1}$$

式中,n——被支撑柱的根数;

N_i——被支撑柱的轴力设计值。

支撑力可不和其他荷载同时考虑。

当同一列柱沿纵向设有多道支撑时,纵向水平荷载可在各道支撑中平均分配。

3.4.2 截面计算与连接构造

一、计算内容

支撑构件为轴心受力构件,截面计算内容包括强度、整体稳定和刚度。一般先根据长细比的构造要求(刚度条件)初选截面,然后进行强度和稳定验算。

二、计算长度

确定交叉腹杆的长细比时,平面内计算长度取节点中心到交叉点间的距离;平面外计算长度考虑交叉杆的相互约束作用,即计算某个方向腹杆的计算长度时,另一个方向的腹杆提供侧向(平面外)的弹性支承刚度。

对于图 3.4.2a 所示在交叉点均连续的交叉腹杆体系,受压腹杆平面外屈曲时,将受到另一个方向受拉腹杆的横向约束,如图 3.4.2b 所示;确定计算长度时,可以取图 3.4.2c 所示的计算模型,另一方向的腹杆在交叉点为所计算斜杆提供侧向弹性支承。

【例 3-6】 求图 3.4.2b 所示横向有弹性支承的两端铰支杆件的计算长度系数。

【解】

临界状态的微分方程为 $EIy''+N_{cr}y=0.5k\delta x$,其通解

$$y=A\sin\ \alpha x+B\cos\ \alpha x+\frac{k\delta}{2N_{cr}}x$$

式中 $\alpha=(N_{cr}/EI)^{1/2}$。

由边界条件 $x=0,y=0;x=l/2,y'=0$,可得 $B=0,A=-k\delta/[2N_{cr}\alpha\cos(\alpha l/2)]$。于是挠曲线

$$y=-\frac{k\delta}{2N_{cr}\alpha\cos(\alpha l/2)}\sin(\alpha x)+\frac{k\delta}{2N_{cr}}x$$

利用边界条件 $x=l/2,y=\delta$,可得到稳定方程:

$$\frac{0.5\pi/\mu}{0.5\pi/\mu-\tan(0.5\pi/\mu)}=\frac{kl}{4N_{cr}} \tag{3.4.2}$$

计算长度系数 μ 与 k 有关。下面讨论侧向弹性支承刚度 k 的确定方法。

【例 3-7】 求图 3.4.2d 所示在交叉点连续的拉杆,对受压腹杆提供的侧向弹性支承刚度。

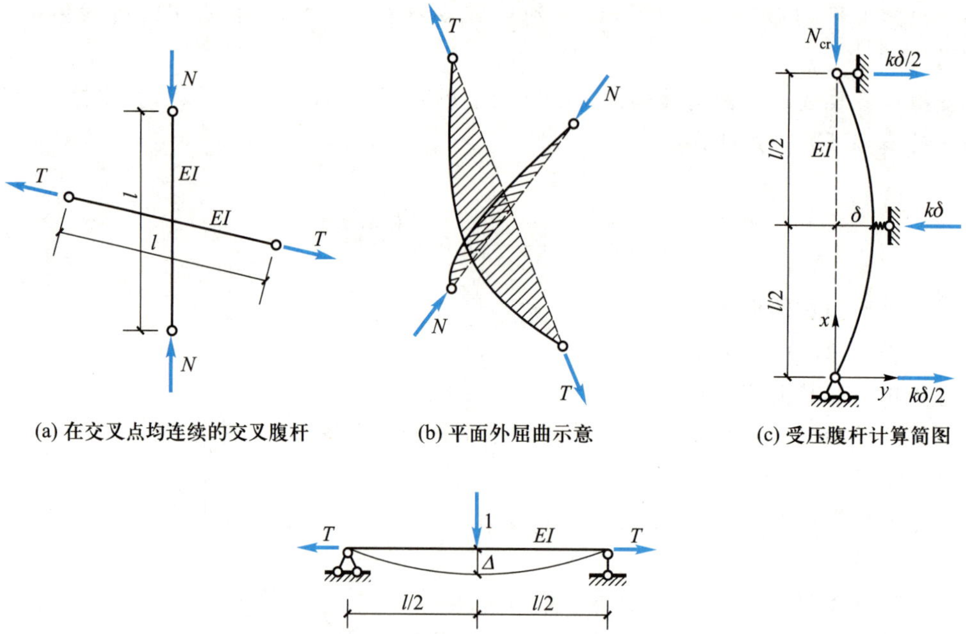

(a) 在交叉点均连续的交叉腹杆　(b) 平面外屈曲示意　(c) 受压腹杆计算简图

(d) 受拉腹杆提供的弹性约束刚度

图 3.4.2　交叉腹杆的计算长度

【解】 先计算在跨中单位力作用下的挠度。

任一截面的弯矩 $M_x=x/2-Ty$，挠度曲线的微分方程为 $EIy''-Ty=-\dfrac{x}{2}$，其通解

$$y=A\sin\text{h}(\alpha x)+B\cos\text{h}(\alpha x)+\frac{x}{2T}$$

式中 $\alpha=\sqrt{T/EI}$。

由边界条件 $x=0, y=0; x=l/2, y'=0$，可得 $B=0, A=-1/[2T\alpha\cos\text{h}(\alpha l/2)]$。于是挠曲线

$$y=\frac{x}{2T}-\frac{\sinh(\alpha x)}{2T\alpha\cosh(\alpha l/2)}$$

跨中挠度

$$\Delta=y(l/2)=\frac{\alpha l/2-\tanh(\alpha l/2)}{2T\alpha}$$

根据定义，侧向弹性支承刚度为发生单位侧向位移时所需施加的集中力，即 $k=1/\Delta$。对于图 3.4.2d 所示的连续受拉支承杆，侧向弹性支承刚度

$$k=\frac{4T}{l}\frac{\mu_1}{\mu_1-\tanh\mu_1} \tag{3.4.3}$$

式中 $\mu_1=\sqrt{T/EI}\cdot l/2$。

将式(3.4.3)代入式(3.4.2)，求解超越方程即可得到例 3-6 斜腹杆的平面外计算长度系数。同理可求得图 3.4.3a 所示连续受压支承杆提供的侧向弹性支承刚度：

$$k=\frac{4T}{l}\frac{\mu_1}{\tan\mu_1-\mu_1} \tag{3.4.4}$$

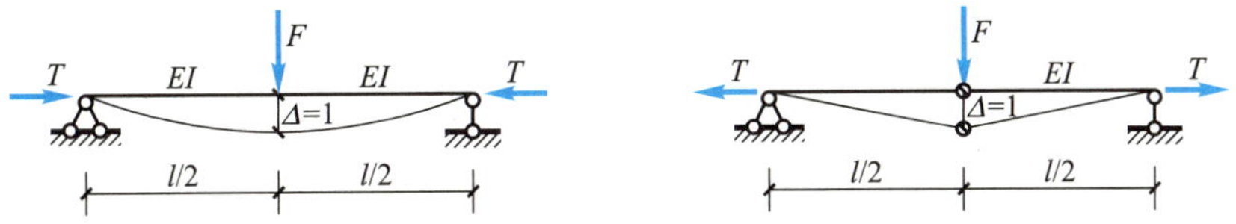

(a) 在交叉点连续的受压支承杆　(b) 在交叉点断开的受拉支承杆

图 3.4.3　支承杆的弹性约束刚度

对于图 3.4.3b 所示在交叉点断开的拉杆，根据中央节点力三角形和变形后几何图形的相似性，容易得到支承刚度

$$k=4T/l \tag{3.4.5}$$

因求解超越函数较复杂，《钢结构设计规范》对计算公式进行了简化，近似取：

$$\frac{\mu_1}{\mu_1-\tanh\mu_1}=1+\frac{\pi^2}{3\mu_1^2};\frac{\mu_1}{\tan\mu_1-\mu_1}=\frac{\pi^2}{3\mu_1^2}-\frac{4}{3}$$

得到交叉腹杆平面外计算长度较为简便的表达式，见附表 C.3.4。

三、连接与构造

柱间支撑采用角钢时，其截面尺寸不宜小于 ∟75×6；采用槽钢时不宜小于[12。上柱柱间支撑一般采用单片，设在柱截面的中心位置；下柱柱间支撑一般采用双片，两片支撑之间用缀条相连。

支撑与钢柱的连接可采用焊接或高强螺栓（图 3.4.4a）；支撑与混凝土柱通过由锚板和锚筋组成的预埋件连接，如图 3.4.4b 所示。

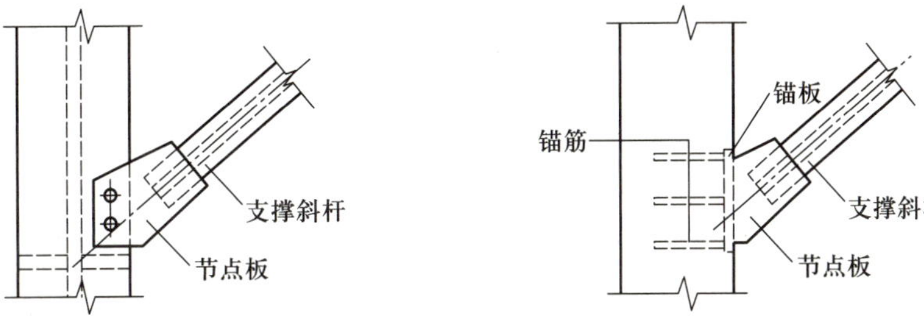

(a) 支撑与钢柱的连接　(b) 支撑与混凝土柱的连接

图 3.4.4　支撑与柱的连接

3.5 柱下独立基础设计

3.5 柱下独立基础设计

3.5.1 概述

单层厂房一般采用柱下钢筋混凝土独立基础，属**扩展基础**（spread foundation），即通过向侧边扩展成一定底面积，使基底的压力满足地基土的承载要求。柱下独立基础的形式有台阶形

(图 3.5.1a)和锥形(图 3.5.1b)两种。为了与预制的混凝土柱连接或满足埋入式钢柱柱脚要求,基础上部做成杯口,称杯形基础,见图 3.5.1c。

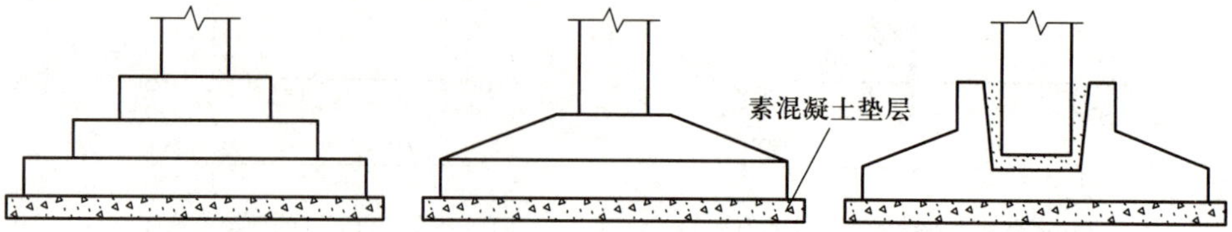

图 3.5.1 独立基础形式

图 3.5.2 是独立基础的主要破坏形式。当基础的底板过小时,将发生图 3.5.2a 所示的地基破坏;当基础的高度不够时将发生图 3.5.2b 所示的基础受**冲切破坏**(punching shear failure);当基础底板配筋不足时会发生图 3.5.2c 所示的底板受弯曲破坏。

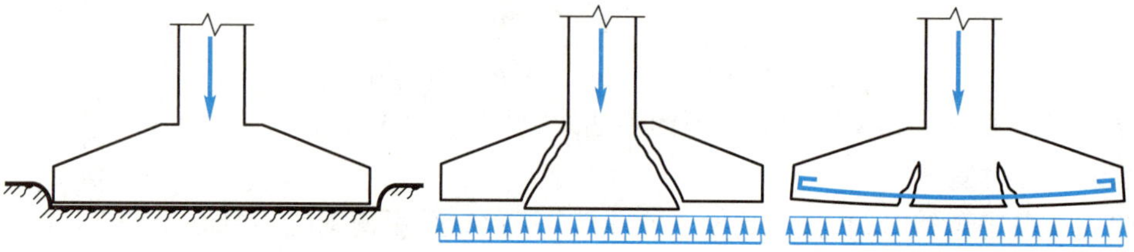

图 3.5.2 独立基础破坏形式

独立基础的设计内容包括:地基计算,以确定基础底面尺寸;基础抗冲切承载力计算,以确定基础高度;基础抗弯承载力计算,以确定底板配筋;以及构造。

3.5.2 地基计算

基础的底面尺寸应满足地基承载力和地基变形(符合一定条件的丙级建筑可不作地基变形计算)的要求。进行地基承载力计算时,上部结构传来的荷载取标准组合值;地基变形计算时,上部结构传来的荷载取准永久组合值。

假定基底反力为线性分布,对于图 3.5.3 所示的偏心受力基础,可求得基底压力

$$\left.\begin{aligned} p_{\text{kmax}} &= \frac{F_{\text{k}}+G_{\text{k}}}{A}+\frac{M_{\text{k}}}{W} \\ p_{\text{kmin}} &= \frac{F_{\text{k}}+G_{\text{k}}}{A}-\frac{M_{\text{k}}}{W} \end{aligned}\right\} \tag{3.5.1}$$

式中,F_{k}——上部结构传至基础顶面的竖向力标准组合值;

M_{k}——作用在基础顶面的力矩标准组合值;

A——基础的底面积,$A=b\times l$;

W——基础底面的抵抗矩,$W=l\times b^2/6$;

G_k——基础及基础范围覆土的重力标准值，可近似取 $G_k=20dA$，d 为基础埋深，单位 m。

由于基础底面与地基的接触面之间不能承受拉力，当按上式计算的 $p_{kmin}<0$ 时[当 $M_k/(N_k+G_k)>b/6$ 时出现这种情况]，需要重新计算。按下式确定基底最大压力：

$$p_{kmax}=\frac{2(F_k+G_k)}{3la} \tag{3.5.2}$$

式中，a——合力作用点至基础底面最大压力边缘的距离，见图 3.5.3c。

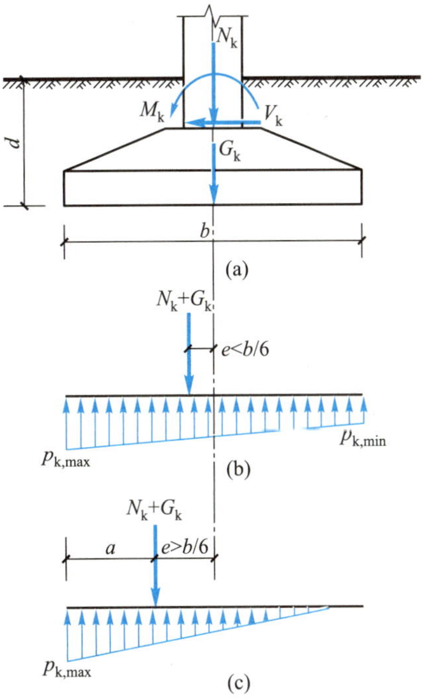

图 3.5.3　偏心受力基础的基底压力

地基承载力要求满足：

$$\left.\begin{aligned}\frac{p_{kmax}+p_{kmin}}{2}&\leqslant f_a\\ p_{kmax}&\leqslant 1.2f_a\end{aligned}\right\} \tag{3.5.3}$$

式中，f_a——修正后的地基承载力特征值，按下式修正

$$f_a=f_{ak}+\eta_b\gamma(b-3)+\eta_d\gamma_m(d-0.5) \tag{3.5.4}$$

其中，f_{ak}——地基承载力特征值，由地质勘察报告提供；

b——基础底面宽度，单位 m，小于 3 m 按 3 m 取值，大于 6 m 按 6 m 取值；

d——基础埋置深度，单位 m，自室外地面标高算起；

γ——基础底面以下土的重度，地下水位以下取浮重度；

γ_m——基底以上土以层厚为权重系数的加权平均重度，地下水位以下土层取浮重度；

η_b、η_d——基础宽度和埋深的地基承载力修正系数，根据基底下土类别按表 3-3 取值。

表 3-3　地基土承载力修正系数

土的类别		η_b	η_d
淤泥和淤泥质土		0	1.0
人工填土		0	1.0
e 或 I_L 大于等于 0.85 的黏性土			
红黏土	含水比 $a_w>0.8$	0	1.2
	含水比 $a_w\leqslant 0.8$	0.15	1.4
大面积压实填土	压实系数大于 0.95、黏粒含量 $\rho_c\geqslant 10\%$的粉土	0	1.5
	最大干密度大于 2 100 kg/m^3 的级配砂石	0	2.0
粉土	黏粒含量 $\rho_c\geqslant 10\%$的粉土	0.3	1.5
	黏粒含量 $\rho_c<10\%$的粉土	0.5	2.0
e 或 I_L 均小于 0.85 的黏性土		0.3	1.6
粉砂、细砂（不包括很湿与饱和时的稍密状态）		2.0	3.0
中砂、粗砂、砾砂和碎石土		3.0	4.4

地基变形计算一般采用分层总和法，要求沉降量和相邻柱基的沉降差满足限值，具体可查阅《建筑地基基础设计规范》(GB 50007—2011)。

当基础为轴心受力时，只需取式(3.5.1)中的 $M_k=0$。

设计时一般先预估底面尺寸，然后验算地基承载力和地基变形。

3.5.3 基础受冲切承载力计算

基础冲切破坏面是大致呈 45°的锥体，见图 3.5.4。抗冲切承载力与冲切破坏面的面积有关，由于冲切破坏面与水平面是 45°的固定关系，所以可以用冲切破坏面的水平投影面积(图 3.5.4b 中的▨部分)来反映；而冲切破坏面以外部分 A_l(图 3.5.4b 中用▩表示的部分)基底反力构成冲切荷载。

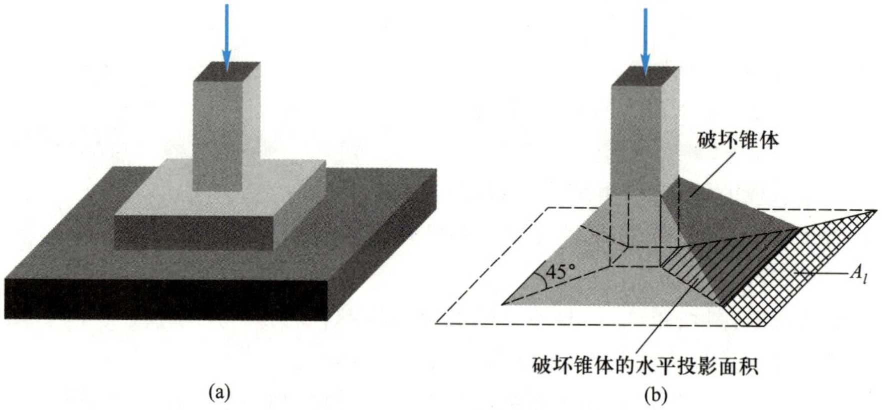

图 3.5.4 基础沿柱边的冲切破坏

为了防止基础的冲切破坏，要求

$$F_l \leqslant 0.7\beta_{hp} f_t a_m h_0 \tag{3.5.5}$$

式中，F_l——冲切荷载设计值，$F_l=p_jA_l$，其中 p_j 是由上部结构荷载效应的基本组合值引起的基底反力，不包括基础及覆土的重力，对于偏心受力基础可取用最大值；A_l 是计算冲切荷载取用的多边形面积，见图 3.5.5 中的 $ABCDEF$；

β_{hp}——截面高度影响系数，当基础高度 $h\leqslant 800$ mm 时，取 $\beta_{hp}=1.0$；当 $h\geqslant 2\ 000$ mm 时，取 $\beta_{hp}=0.9$，其间按线性插入；

f_t——基础的混凝土抗拉强度设计值；

a_m——冲切破坏锥体的平均边长，$a_m=(a_t+a_b)/2$，其中 a_t 是冲切破坏锥体的上边长，当计算柱与基础交接处的受冲切承载力时，取柱宽(图 3.5.5a)，当计算基础变阶处的受冲切承载力时，取上阶宽(图 3.5.5b)；a_b 是冲切破坏锥体的下边长，$a_b=a_t+2h_0\leqslant l$；

h_0——柱与基础交接处或基础变阶处的截面有效高度，取两个配筋方向截面有效高度的平均值。

设计时，一般先根据构造要求(见 3.5.5 节)假定基础高度，然后按式(3.5.5)验算，如不满足，则增加基础高度，直到满足。当冲切破坏锥体的底线落在基础之外(即 $A_l<0$)时，不必进行受冲

切计算。

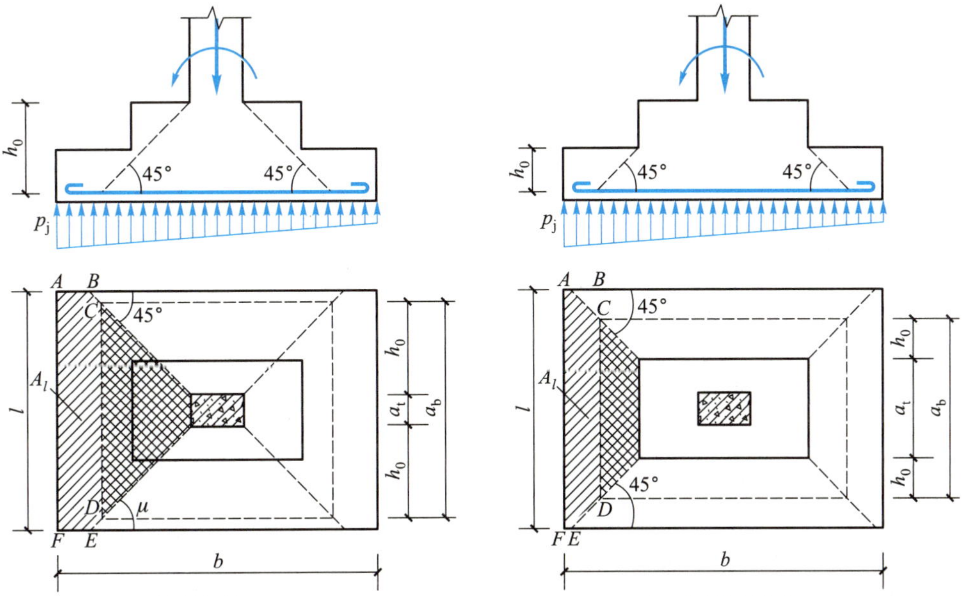

(a) 沿柱边冲切　　(b) 沿变阶处冲切

图 3.5.5　基础受冲切承载力计算图形

3.5.4　基础受弯承载力计算

基础相当于固支在柱子上、四面挑出的倒置悬臂板，在不包括基础及覆土重力的基底净反力 p_j 作用下，两个方向均存在弯矩，因而在两个方向均需要配置受力钢筋。为了简化，计算弯矩时，将底板划分为四块独立的悬臂板，如图 3.5.6 所示。

容易得到沿长边 b 方向 Ⅰ－Ⅰ 截面和沿短边 l 方向 Ⅱ－Ⅱ 截面的弯矩分别为

$$\left.\begin{aligned} M_{\mathrm{I}} &= \frac{p_j}{24}(b-b_c)^2(2l+l_c) \\ M_{\mathrm{II}} &= \frac{p_j}{24}(l-l_c)^2(2b+b_c) \end{aligned}\right\} \qquad (3.5.6)$$

式中，p_j——由上部结构荷载效应的基本组合值引起的基底净反力，不包括基础及覆土的重力。对于偏心受力基础，计算 M_{I} 时取 $p_j=(p_{j,\max}+p_{j\mathrm{I}})/2$；计算 M_{II} 时取 $p_j=(p_{j,\max}+p_{j,\min})/2$。

计算受力钢筋面积时，可近似取内力臂系数 $\gamma_s=0.9$。

长边方向的截面有效高度取 $h_0=h-a_s$，其中 a_s：当

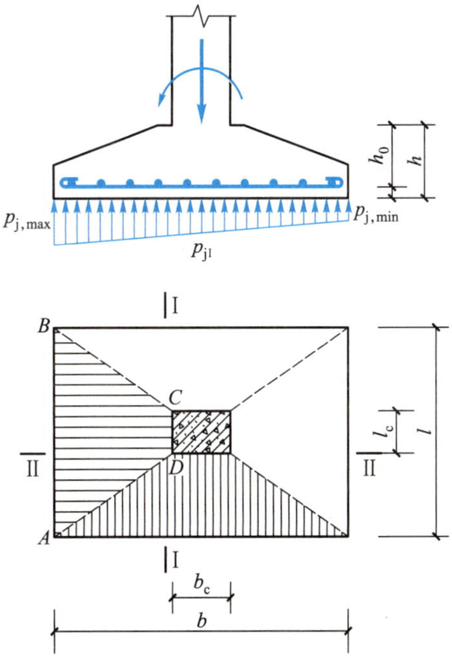

图 3.5.6　基础受弯承载力计算图形

基础下有素混凝土垫层时取 $a_s=45$ mm；当没有素混凝土垫层时取 $a_s=75$ mm；短边方向的截面有效高度取 $h_0=h-a_s-d$，d 为纵向钢筋的直径。

对于阶形基础，尚应验算变阶处截面的受弯承载力。

3.5.5 基础构造

轴心受压基础的底面一般采用正方形。偏心受压基础的底面应采用矩形，长边与弯矩作用方向平行，长、短边长的比值在 1.5~2.0 之间，不宜超过 3.0。锥形基础的边缘高度 a_2 不宜小于 200 mm；阶形基础的每阶高度宜为 300~500 mm。

混凝土强度等级不应低于 C20。基础下通常要做素混凝土（一般为 C10）垫层，厚度一般采用 100 mm，垫层每端伸出基础边 100 mm。

底板受力钢筋的配筋率不应小于 0.15%；直径不应小于 10 mm，间距不应大于 200 mm。当有垫层时，受力钢筋的保护层厚度不小于 40 mm，无垫层时不小于 70 mm。

基础底板的宽度 b 大于 2.5 m 时，沿此方向的钢筋长度可减短 10%，但应交错布置，见图 3.5.7。

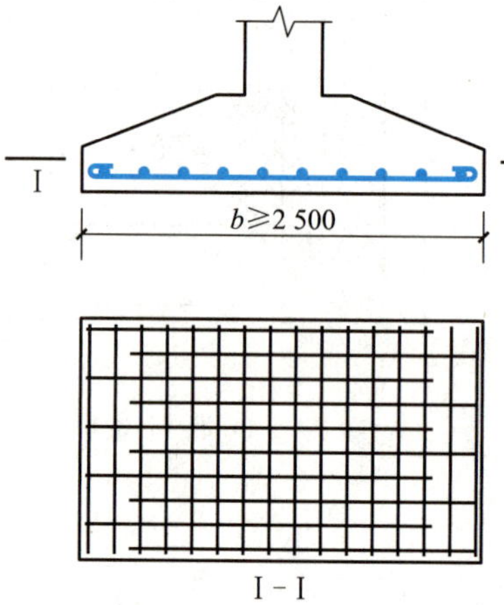

图 3.5.7 基础底板受力钢筋布置

对于现浇混凝土柱基础，如与柱不同时浇灌，其插筋的根数与直径应与柱内纵向受力钢筋相同。插筋的锚固及与柱内纵向受力钢筋的搭接长度，应符合《混凝土结构设计规范》的规定。

杯形基础的杯口应有足够的深度，使柱可靠地嵌固在基础中。插入深度 h_l 应满足表 3-4 的要求；同时应满足柱吊装时稳定性的要求，即应使 $h_l\geq5\%$ 柱长（指吊装时的柱长）；对于混凝土柱基础，还应满足柱纵向受力钢筋的锚固长度要求。

表 3-4 柱的插入深度 h_l　　mm

柱的类型	混凝土柱					钢柱	
	矩形或工字形柱				双肢柱	实腹柱	双肢格构柱
	$h_c<500$	$500\leq h_c<800$	$800\leq h_c\leq1\ 000$	$h_c>1\ 000$			
插入深度	h_c~$1.2h_c$	h_c	$0.9h_c$ 且 ≥800	$0.9h_c$ 且 ≥900	$(1/3\sim2/3)h_c$ $(1.5\sim1.8)b_c$	$1.5h_c$ 或 $1.5d_c$	$0.5h_c$ 和 $1.5b_c$（或 d_c）的大值

注：h_c 为柱截面长边尺寸（双肢柱为整个截面长边尺寸）；h_b 为双肢柱整个截面短边尺寸；d_c 为圆形柱直径。

基础的杯底厚度 a_1 和杯壁厚度 t 可按表 3-5 选用。

当柱为轴心或小偏心受压且 $t/h_2\geq0.65$ 时，或大偏心受压且 $t/h_2\geq0.75$ 时，杯壁可不配筋；当柱为轴心或小偏心受压且 $0.5\leq t/h_2<0.65$ 时，杯壁可按下列要求构造配筋：焊接钢筋网置于杯口顶部，见图 3.5.8，当柱截面长边尺寸 $h_c<1\ 000$ mm 时，钢筋网直径 8~10 mm；当 $1\ 000\leq h_c<1\ 500$ mm时，钢筋网直径 10~12 mm；当 $1\ 500\leq h_c<2\ 000$ mm 时，钢筋网直径 12~16 mm；在其他情况下，应按计算配筋。

表 3-5 基础的杯底厚度和杯壁厚度 mm

柱截面长边尺寸 h_c	杯底厚度 a_1	杯壁厚度 t
$h_c<500$	≥150	150~200
$500\leqslant h_c<800$	≥200	≥200
$800\leqslant h_c<1\ 000$	≥200	≥300
$1\ 000\leqslant h_c<1\ 500$	≥250	≥350
$1\ 500\leqslant h_c<2\ 000$	≥300	≥400

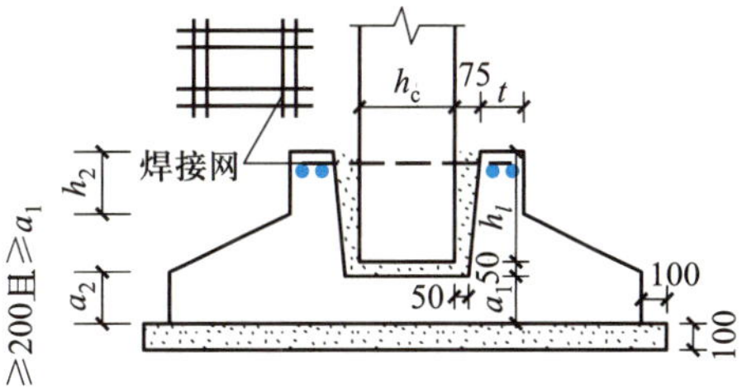

图 3.5.8 杯形基础构造要求

3.6 厂房屋盖设计

3.6 厂房屋盖设计

3.6.1 概述

单层厂房的屋盖结构分无檩体系和有檩体系两大类。

无檩体系屋盖一般包括钢筋混凝土大型屋面板、屋架(或屋面梁)和屋盖支撑。有时为了满足采光和通风要求,需要在屋面布置天窗,在屋架上设置天窗架,如图 3.6.1 所示。当厂房采用扩大柱距时,采用托架来支承缺柱位置的屋架。无檩体系屋盖的构件种类和数量少,构造简单,安装方便,施工速度快,并且屋盖的刚度大、整体性好。

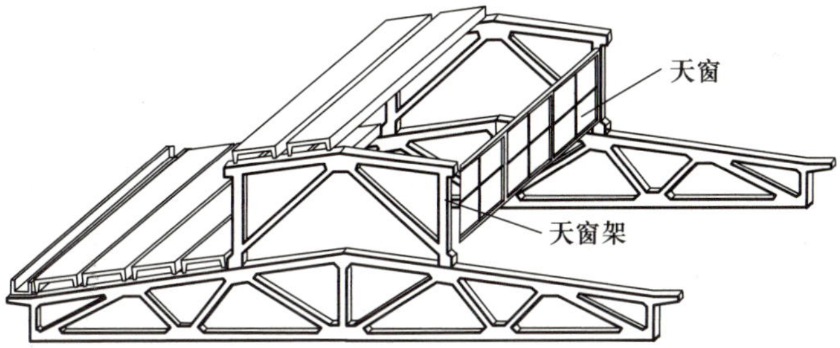

图 3.6.1 带有天窗架的屋架

有檩体系屋盖中采用檩条和瓦代替无檩体系中的大型屋面板,屋架间距和屋面布置相对较灵活,当采用轻型屋面材料时可减轻自重,但构件的种类增加,构造较复杂。

3.6.2 屋架设计

一、屋架种类

单层厂房的屋架按材料可以分为混凝土屋架、钢屋架、钢-混凝土组合屋架和钢-木组合屋架。在钢-混凝土组合屋架中,受压杆件采用混凝土,而受拉杆件采用型钢或钢筋;在钢-木组合屋架中受拉杆件采用钢材。

混凝土屋架按是否施加预应力，分为普通钢筋混凝土屋架和预应力钢筋混凝土屋架两类；按屋架的外形可分为三角形屋架、折线形屋架和梯形屋架等。当跨度在 15~30 m 时，一般应优先选用预应力混凝土折线形屋架；当跨度在 9~15 m 时，可采用钢筋混凝土屋架；对预应力结构施工有困难的地区，跨度为 15~18 m 时，也可选用钢筋混凝土折线形屋架；当采用轻型屋面材料且跨度不大时，可选用三角形屋架。

钢屋架按其外形可分为三角形屋架（triangle roof truss）、梯形屋架（trapezoidal roof truss）、平行弦屋架（parallel chord roof truss）和拱形屋架（arched roof truss）等几种。

三角形屋架适用于屋面坡度较大（1∶3~1∶2）的有檩屋盖体系，屋架与柱只能做成铰接，故房屋的横向刚度差些。弦杆的内力变化比较大，当弦杆采用同一规格截面时，材料不能得到充分利用。三角形屋架的腹杆有单斜式（图 3.6.2a）、人字式（图 3.6.2b）和芬克式（图 3.6.2c）等几种。其中单斜式中较长的斜杆受拉，较短的竖杆受压，受力比较合理，但腹杆和节点的数目均较多，比较适合下弦需要设置天棚的屋架；人字式腹杆的节点数量较少，但受压腹杆较长，适合跨度较小的情况；芬克式的腹杆受力合理，还可以分成左右两榀较小的屋架，便于运输。

梯形屋架适用于屋面坡度较为平缓（1∶16~1∶8）的无檩屋盖体系，屋架与柱（钢柱）可以做成刚接，提高房屋的横向刚度。因外形接近于均布荷载下简支构件的弯矩图，弦杆内力较为均匀，优于三角形屋架。梯形屋架的腹杆可采用人字式（图 3.6.2d）和再分式（图 3.6.2e）。人字式布置方式不仅可以使受压上弦的自由长度比受拉下弦小，还能使大型屋面板的支撑点搁置在节点上，避免产生局部弯矩；若人字式节间过长，可采用再分式布置形式。

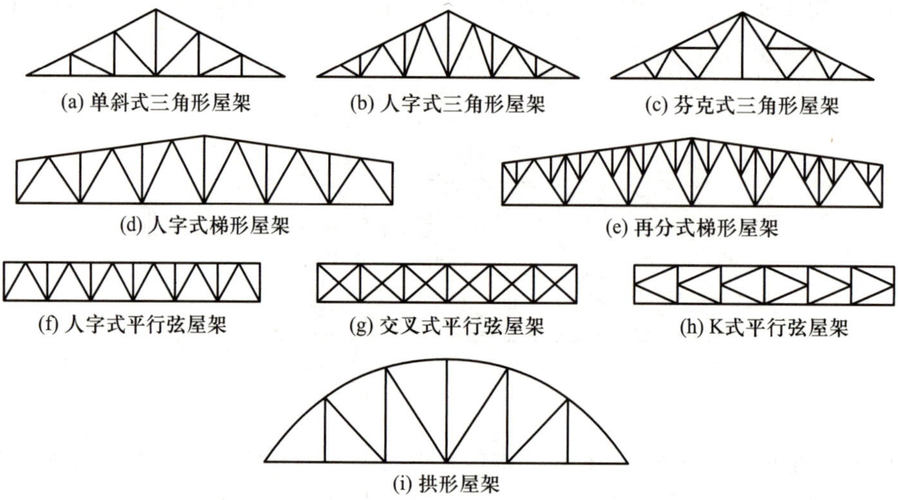

图 3.6.2 钢屋架的形式

平行弦屋架顾名思义上、下弦相平行，具有杆件规格、节点构造统一、便于制造等优点，多用于单坡屋盖或双坡屋盖，以及托架和支撑体系中。腹杆形式有人字式（图 3.6.2f）、交叉式（图 3.6.2g）和 K 式（图 3.6.2h）。人字式腹杆数量少节点简单；交叉式常用于受反复荷载的桁架中，有时斜杆可用柔性杆；K 形腹杆用于桁架较高时，可减少竖杆的计算长度。

拱形屋架（图 3.6.2i）外形与均布荷载下简支构件的弯矩图最接近，因此受力最合理，但是弯曲弦杆的施工难度较大。

混凝土屋架和钢屋架均有相应的标准图集。

二、屋架的几何尺寸

1. 跨度

屋架的标志跨度 L 是指纵向定位轴线的距离；屋架的计算跨度 L_0 是两端支承点之间的距离。当屋架与柱铰接时，$L_0=L-2\times150$ mm；当屋架与柱（钢柱）刚接时，计算跨度取钢柱内侧之间的距离。

2. 高度

三角形屋架的高跨比一般采用 1/6～1/4，梯形和折线形屋架的高跨比一般采用 1/10～1/6。双坡折线形屋架的上弦坡度可采用 1∶5（端部）和 1∶15（中部），单坡折线形屋架的上弦坡度可采用 1∶7.5。梯形屋架的上弦坡度可采用 1∶7.5（用于非卷材防水屋面）或 1∶10（用于卷材防水屋面）。混凝土折线形屋架和梯形屋架的端部高度一般取 1 180 mm。钢梯形屋架的端部高度，当与柱铰接时取 1.6～2.2 m；当与柱刚接时取 1.8～2.4 m。

当屋架的高跨比符合上述要求时，一般可不验算挠度。

跨度≥15 m 的三角形屋架和跨度≥24 m 的梯形屋架，跨中宜起拱，即制作时形成一个向上的反挠度。起拱值：钢屋架可采用 $L/500$；钢筋混凝土屋架可采用 $L/700$～$L/600$；预应力屋架可采用 $L/1\,000$～$L/900$。

3. 节间长度

屋架节间长度要有利于改善杆件受力条件和便于布置天窗架及支撑。

混凝土屋架的上弦节间长度一般采用 3 m、4.5 m；下弦节间长度一般采用 4.5 m 和 6 m，个别的采用 3 m，第一节间长度宜一律采用 4.5 m。

钢屋架的上弦节间长度一般采用 1.5 m 或 3.0 m，对于有檩体系根据檩条间距取 0.8～3 m；下弦一般取 3 m。

4. 杆件尺寸

混凝土屋架的上弦截面不小于 200 mm×180 mm，下弦不小于 200 mm×140 mm，腹杆不小于 100 mm×100 mm。受拉杆件的长细比不大于 40，受压杆件的长细比不大于 35。

钢屋架杆件一般采用双角钢拼成的 T 形截面，对于正中竖杆为了布置垂直支撑，常采用双角钢十字形截面。角钢规格不宜小于 ∟50×5 或 ∟75×50×5。有螺栓孔时，角钢的肢宽须满足螺栓线距要求；需搁置屋面板时，上弦角钢的水平肢宽应满足屋面板的搁置尺寸要求。上、下弦杆通常采用等截面，仅当梯形和平行弦屋架跨度大于 30 m、三角形屋架跨度大于 24 m 时才在半跨内改变一次截面，一般改变角钢的宽度而保持厚度不变。所有受压和压弯杆件的长细比不应大于 150；受拉和拉弯杆件的长细比不应大于 350，有重级工作制吊车的厂房不应大于 250。

三、屋架内力分析

1. 计算简图

无论是混凝土屋架，还是钢屋架，腹杆与弦杆并非理想铰接。为了计算方便，按铰接桁架计算杆件轴力，按折线连续梁计算上弦的弯矩。连续梁的支座反力 R 反向作用在铰接桁架的上弦节点，见图 3.6.3。

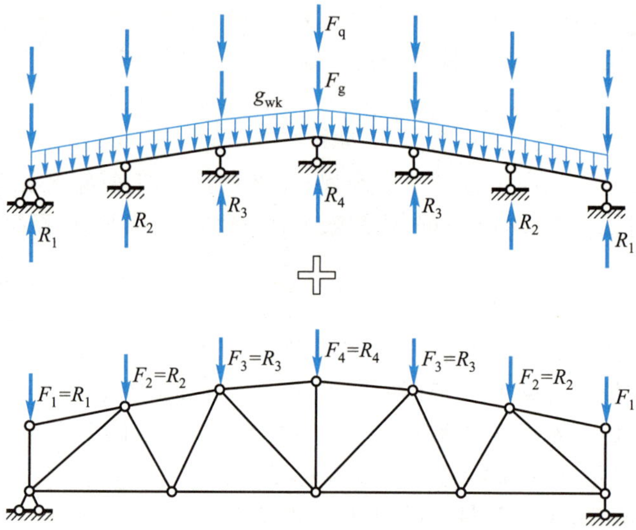

图 3.6.3 屋架分析模型

2. 荷载

作用在屋架上的荷载包括屋架及屋盖支撑自重、通过屋面板或檩条传来的屋面荷载以及天窗架立柱传来的集中荷载、悬挂吊车或其他悬挂设备的重力等。

屋架和支撑自重水平投影面的分布荷载 g_{wk}（单位 kN/m^2）可近似按下列经验式估计：钢屋架 $g_{wk}=0.12+0.011L$；混凝土屋架 $g_{wk}=0.25+(0.025\sim0.03)L$，其中 L 为屋架标志跨度，单位 m。

屋架和支撑自重可全部以均布线荷载的形式作用在屋架上弦。

屋面板或檩条传来的集中荷载包括屋面永久荷载 F_g 和屋面可变荷载 F_q，其中屋面永久荷载按斜面分布，需换算成按水平投影面分布；屋面可变荷载按水平投影面分布，计算方法见 3.2.1 节。

3. 荷载组合

荷载的最不利组合考虑使用和施工两个阶段。由于在半跨荷载下尽管杆件内力的绝对值减小，但腹杆内力可能变号，从而使某些杆件更为不利（混凝土杆件从受压变为受拉、钢杆件从受拉变为受压），因而需考虑半跨可变荷载作用。屋架计算考虑以下三种荷载组合：

(1) 全跨永久荷载+全跨可变荷载；

(2) 全跨永久荷载+半跨可变荷载；

(3) 全跨屋架、支撑自重+半跨屋面板自重+半跨屋面施工荷载。

永久荷载的分项系数取 1.2，可变荷载的分项系数取 1.4。

4. 内力计算方法

上弦的弯矩可采用力矩分配法计算，对于等跨连续梁还可以直接查附表 B.1。

铰接桁架的轴力可采用截面法或节点法计算。

5. 分析模型讨论

上述计算模型与实际结构存在两个方面的差异：一是节点之间将产生相对位移（相当于连续梁的支座沉降），从而在上弦杆中产生附加弯矩；二是因节点非理想铰接，各杆件中存在节点的分配弯矩。一般把这些附加内力称为"次内力"(secondary internal forces),而把按计算模型得到的内力称为"主内力"(main internal forces)。

次内力一般不计算,而在截面设计时适当考虑这种影响,将上弦杆和支座斜杆的截面(对钢屋架)或配筋(对混凝土屋架)适当增大。

四、钢屋架杆件设计

受拉腹杆和下弦杆按轴心受拉构件进行强度计算;受压腹杆按轴心受压构件进行强度和稳定计算,并验算其刚度(长细比限值);上弦杆按压弯构件进行强度、平面内稳定和平面外稳定计算,并验算其刚度。可采用以下计算步骤:假定长细比(弦杆可取 $\lambda=60\sim100$,腹杆可取 $\lambda=80\sim120$);由 λ 查 φ 值计算截面面积 A 以及回转半径 i_x、i_y;由 A、i_x、i_y 选择角钢;按实际的 A、i_x、i_y 进行强度、刚度和稳定计算。

1. 计算长度

屋架节点非理想铰,节点板具有一定的刚度,杆件在节点受到转动约束。这种约束对杆件的稳定承载力是有利的,可以加以利用。考虑到弦杆和支座斜杆、支座竖杆受到的约束较小,平面内计算长度取节点间的轴线长度,即 $l_{0x}=l$。

对于其他单系腹杆(即并非交叉的腹杆),计算平面内计算长度时取图 3.6.4a 所示的计算模型。考虑到上弦杆受压失稳会失去对腹杆的转动约束作用,腹杆上端取为铰接;只考虑下弦杆的转动约束作用,并假定相邻节点为铰接。图 3.6.4a 的计算模型可以用图 3.6.4b 所示的计算模型代替。由结构力学中等直杆的转角位移关系,$k_r=6i_1$,其中 $i_1=EI_1/l_1$。将 $6i_1/i$ $(i=EI/l)$ 代替式(3.3.1g)中的 η_l,可以得到

$$\frac{\pi/\mu-\tan(\pi/\mu)}{(\pi/\mu)^2\tan(\pi/\mu)}=\frac{i}{6i_1}$$

图 3.6.4c 是按上式算得的单系腹杆计算长度系数 μ 与杆件线刚度比 i/i_1 的关系。实际工程中,受拉弦杆的线刚度常大于受压腹杆的线刚度,即 $i/i_1<1.0$,所以 μ 通常略小于 0.8。为使用方便,《钢结构设计规范》将桁架中部单系受压腹杆的平面内计算长度系数取为常数 0.8。

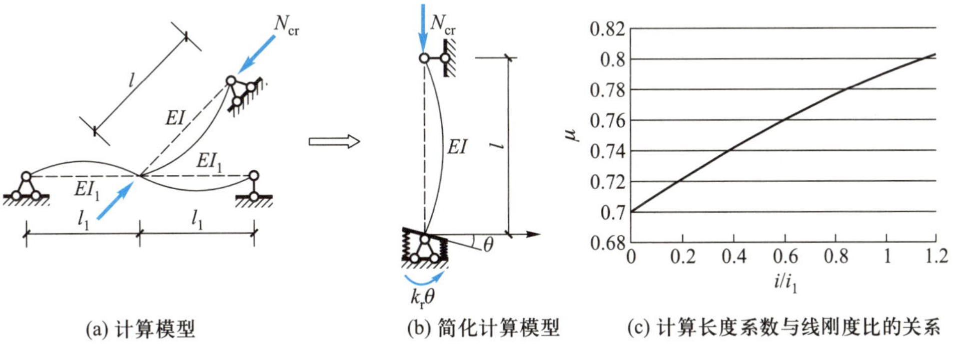

(a) 计算模型　(b) 简化计算模型　(c) 计算长度系数与线刚度比的关系

图 3.6.4 单条腹杆的计算长度

由于节点板平面外的刚度很小,杆件的转动约束可以忽略不计,杆件平面外的计算长度均取侧向支承点之间的距离,$l_{0y}=l_1$。

上弦杆侧向支承点距离的取值：有檩体系中，檩条与横向水平支撑的交点由节点板相连时，可取檩条间距，否则应取支撑节点间的距离，见图 3.6.5；无檩体系中，能保证大型屋面板与上弦三点相焊时，可取两块屋面板宽度，否则应取支撑节点间的距离。

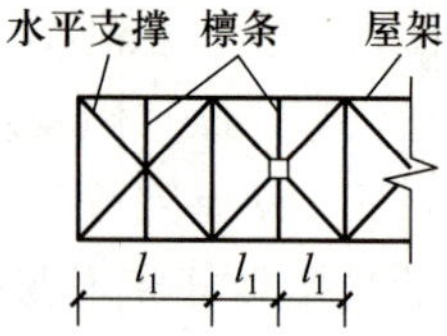

图 3.6.5 弦杆侧向支撑点距离

下弦杆侧向支撑点的距离取纵向水平系杆的间距。

单系腹杆的侧向支撑点距离取节间长度。

对于双角钢组成的十字形截面和单角钢截面腹杆，截面主轴不在屋架平面内，杆件可能发生绕较小主轴的斜平面内失稳。腹杆斜平面的计算长度取平面内和平面外计算长度的平均值，即 $l_0=0.9l$。

对于侧向支撑点距离为节间长度的 2 倍的上弦杆（图 3.6.6a），以及再分式腹杆体系的受压主斜杆（图 3.6.6b）、K 形腹杆体系的竖杆（图 3.6.6c），当内力不等时，其平面外计算长度可按图 3.6.6d 所示的模型确定。可求得稳定方程：

$$\frac{\beta-2+1/\beta}{1+\beta}=\frac{0.5\pi/\mu}{\tan(0.5\pi/\mu)}+\frac{0.5\sqrt{\beta}\,\pi/\mu}{\beta\tan(0.5\sqrt{\beta}\,\pi/\mu)}$$

式中 $\beta=N_2/N_1$，N_1 是较大的压力，N_2 是较小的压力。

上式较为复杂，《钢结构设计规范》采用了下列近似公式：

$$l_0=l_1(0.75+0.25N_2/N_1) \tag{3.6.1}$$

如果 N_2 为拉力，取负值，也可近似用式(3.6.1)计算。当算得的 $l_0<0.5l_1$ 时，应取 $l_0=0.5l_1$。

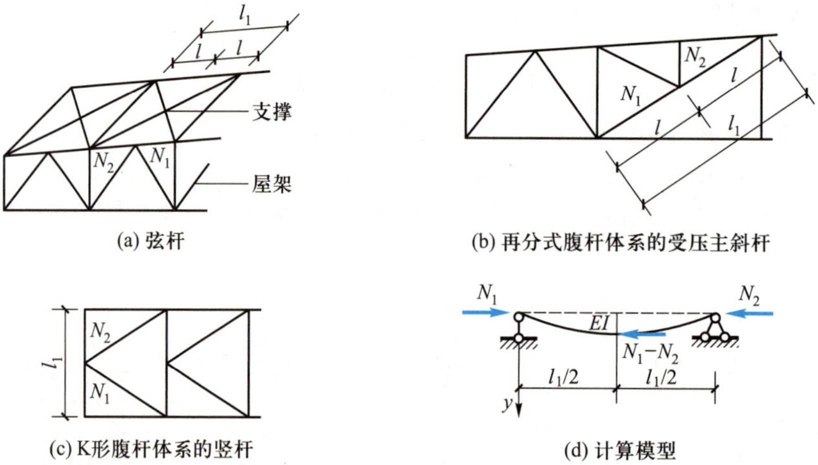

图 3.6.6 侧向支撑点间内力有变化杆件平面外计算长度

2. 截面形式和填板要求

为节省材料，两个角钢的拼接形式应尽量使屋架杆件在平面内和平面外具有相近的长细比。

对于上弦杆，平面外计算长度一般是平面内计算长度的 2 倍，如无局部弯矩（无节间荷载），则宜采用短肢相拼的 T 形截面，$i_y/i_x=2.6\sim2.9$；当有较大的局部弯矩时，可采用两个等肢角钢拼成的 T 形截面（$i_y/i_x=1.3\sim1.5$）或长肢相拼的 T 形截面（$i_y/i_x=0.75\sim1.0$），以提高平面内的抗弯能力。

因支座斜杆的平面内和平面外计算长度相等，采用长肢相拼的T形截面比较合理。其他腹杆因 $l_{0y}=1.25l_{ox}$，宜采用等肢角钢拼成的T形截面。连接垂直支撑的竖腹杆为了使节点连接不偏心，宜采用等肢角钢拼成的十字形截面。

下弦杆平面外的计算长度一般很大，为增加其侧向刚度，宜采用短肢相拼的T形截面。

为保证两个角钢组成的杆件能够共同工作，应在两个角钢之间设置填板，并用焊缝连接，如图3.6.7所示。填板厚度同节点板厚，宽度一般取40～60 mm，长度每边比角钢肢宽大10～15 mm。填板间距 l_d：对于压杆不大于40i，对于拉杆不大于80i，此处的i，对T形截面，为一个角钢对平行于填板的自身形心轴的回转半径；对十字形截面，为一个角钢的最小回转半径。计算长度范围内的填板数量不少于2块。

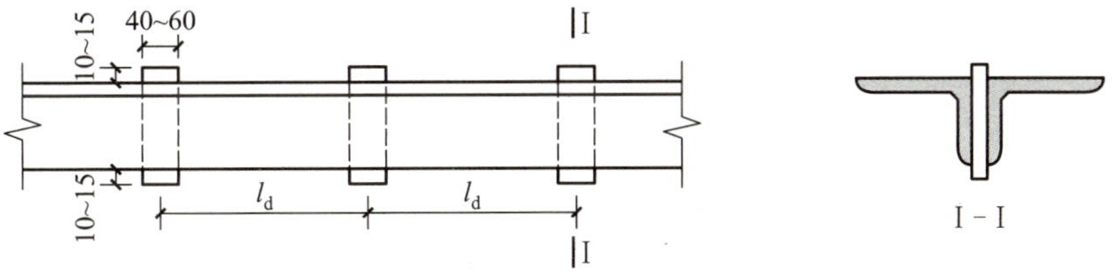

图3.6.7 填板设置

五、钢屋架节点设计

1. 一般要求

节点设计时应按以下原则和步骤进行。

布置杆件时，应使杆件形心线尽量与屋架的几何轴线重合，并交汇于节点中心。考虑到施工方便，肢背到轴线的距离可取5 mm的倍数。螺栓连接的屋架可采用靠近杆件重心线的螺栓准线为轴线。

对变截面弦杆，宜采用肢背平齐的连接方式，以便于搁置屋面构件。变截面的两部分形心线的中线应与屋架的几何轴线重合，见图3.6.8。如轴心线引起的偏心 e 不超过较大弦杆截面高度的5%，计算时可不考虑由此引起的偏心影响。

为避免因焊缝过分密集而使该处节点板过热变脆，杆件之间空隙不应小于20 mm（图3.6.11）。

杆端的切割面一般宜与杆件轴线垂直（图3.6.9a）。有时为了减小节点板尺寸而采用斜切时，可以采用图3.6.9b所示切法，但不可采用图3.6.9c所示的切割方法。

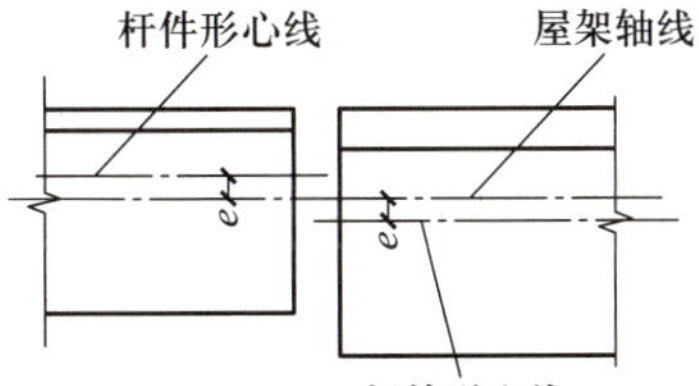

图3.6.8 变截面弦杆的轴线

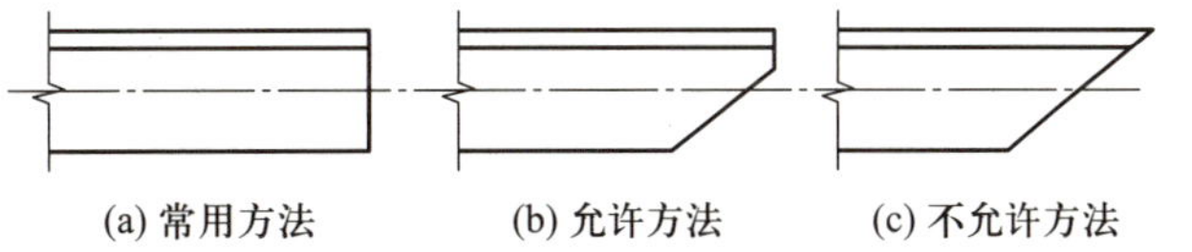

图3.6.9 角钢端部切割形式

节点板的形状力求简单规则，优先采用矩形、梯形、平行四边形或至少有一直角的四边形。避免出现凹角，以防止产生应力集中。节点板的尺寸应使连接焊缝中心受力，外边缘与斜杆轴线应保持不小于30°的坡度；焊缝长度方向应预留2倍焊脚高度 h_f 的长度以考虑施焊时的焊口，垂直于焊缝长度方向应预留10～15 mm的焊缝位置，见图3.6.10。

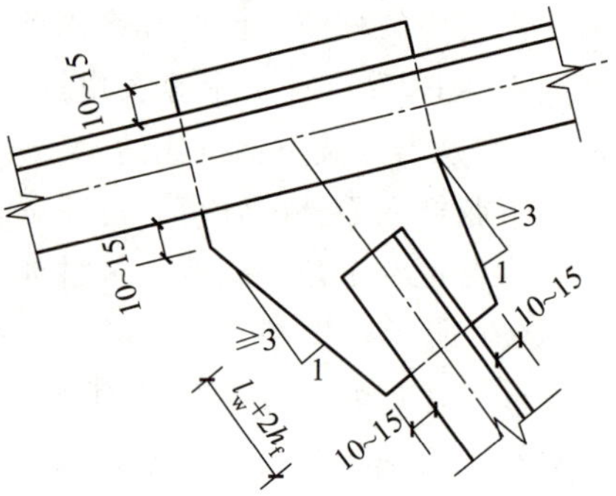

图3.6.10 单斜杆的节点构造

节点的设计步骤为：选定节点板厚度、计算焊缝长度、确定节点板大小。节点板厚度可根据弦杆最大内力参考表3-6取用。

表3-6 节点板厚度

梯形屋架腹杆最大轴力或三角形屋架弦杆最大轴力/kN	<170	171～290	291～510	511～680	681～910	911～1 290	1 291～1 770	1 771～3 090
中间节点板厚度/mm	6	8	10	12	14	16	18	20
支座节点板厚度/mm	8	10	12	14	16	18	20	22

注：表列厚度系按Q235钢材考虑的，当节点板为Q345钢时，可适当减小。

下面介绍各类节点的设计要点。

2. 一般节点

对于图3.6.11所示无集中荷载的一般节点，腹杆全部内力（N_3、N_4、N_5）通过焊缝传给节点板，所以应取杆件的最大内力来计算腹杆与节点板之间的连接焊缝；而弦杆在节点板处是贯通的，只需取二节间的最大内力差（N_1-N_2）来计算弦杆与节点板之间的连接焊缝。杆件内力按分配系数分配给肢背焊缝和肢尖焊缝。

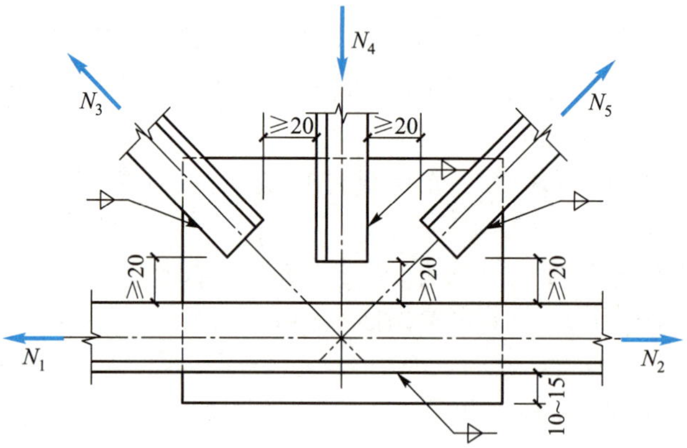

图3.6.11 一般节点

3. 有集中荷载的节点

上弦节点一般有大型屋面板或檩条传来的集中荷载 F，如图3.6.12所示。为了放置屋面构件，常常将节点板缩入角钢肢背（0.6～1.0 t）（t 为节点板厚度），并采取塞焊连接。塞焊缝按两条

$h_f = t/2$ 的角焊缝对待，这种焊缝质量不宜保证，其强度设计值乘以 0.8 的折减系数。计算弦杆与节点板的连接焊缝时，可假定集中荷载 F 由塞焊缝承担；上弦角钢肢尖焊缝承担弦杆内力差 ΔN $(=N_1-N_2)$ 和由此产生的偏心力矩 ΔNe，此处 e 是上弦角钢肢尖到弦杆轴线的距离。腹杆与节点板的连接焊缝计算方法同一般节点。

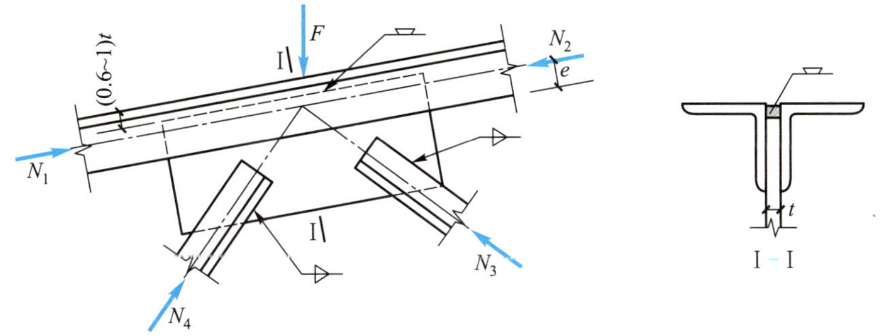

图 3.6.12 有集中荷载的节点

4. 弦杆的拼接节点

图 3.6.13 所示拼接节点，左右两弦杆是断开的，需要用拼接件在现场连接，拼接件通常采用与弦杆相同的角钢截面。为了使拼接角钢与弦杆角钢贴紧，需要将拼接角钢的棱角截去 r（r 为角钢内圆弧半径），并把竖向肢截去 h_f+t+5 mm，以便施焊。

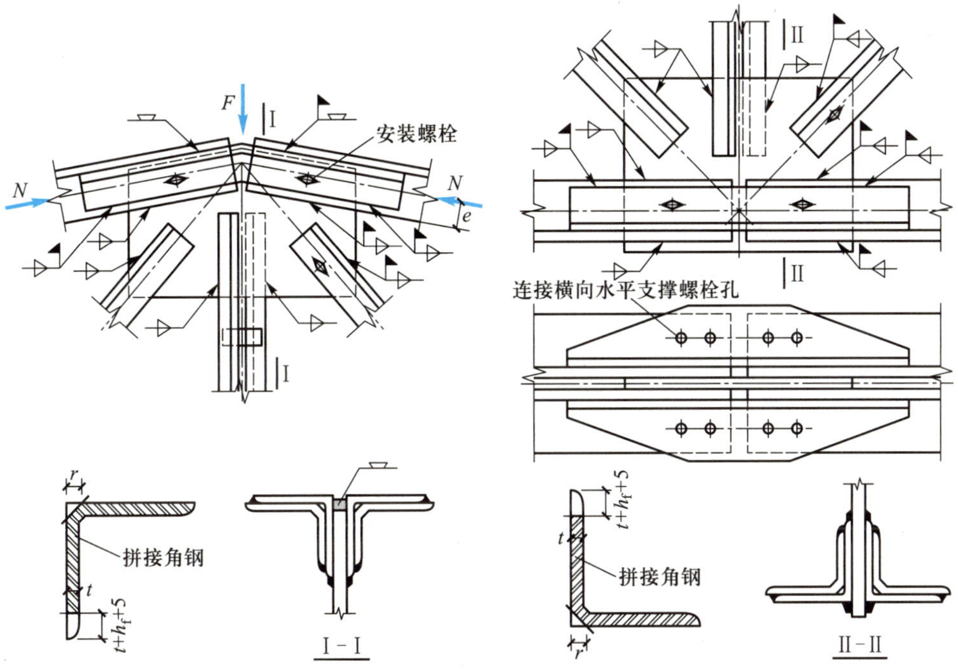

(a) 上弦拼接节点　　(b) 下弦拼接节点

图 3.6.13 拼接节点

屋面坡度较小的梯形屋架屋脊处，拼接角钢可热弯成型；对屋面坡度较大的三角形屋架，宜将竖肢切口后冷弯对焊。为使拼接节点能正确定位，焊接前需用安装螺栓将节点夹紧固定。

计算拼接角钢与弦杆的连接焊缝（一侧共四条，均为肢尖焊缝）长度 l_w 时，上弦杆按最大内力计算，下弦杆按截面的抗拉强度（fA）计算。拼接角钢的长度 l 应按焊缝长度 l_w 确定，$l \geq 2(l_w + 2h_f)$ +弦杆杆端空隙，其中弦杆杆端空隙对下弦杆取 10～20 mm，对上弦杆取 30～50 mm。

计算上弦杆与节点板的焊缝时，假定节点荷载 F 由上弦角钢肢背处的塞焊承担，角钢肢尖与节点板的连接焊缝按照上弦杆内力的 15%计算，且考虑它产生的偏心力矩。计算下弦杆与节点板的连接焊缝时，可按两侧下弦较大内力的 15%和两侧下弦内力差中的较大值计算。

5. 支座节点

屋架与柱的连接分铰接和刚接两种形式。图 3.6.14 是铰接支座节点，包括节点板、加劲肋、底板和锚栓等。支座节点的传力路线为屋架杆件的内力通过连接焊缝传给节点板，然后经节点板和加劲肋传给底板，最后传给柱子等竖向支承构件。

支座底板所需净面积的确定方法同柱脚底板。当采用混凝土排架柱时，底板的尺寸由混凝土局部受压承载力确定，厚度一般取为 20 mm。

节点板的大小由杆件与节点板的连接焊缝长度确定。为了便于节点施焊，下弦杆和支座底板间应留有不小于下弦水平肢宽且不小于 130 mm 的距离 h。

加劲肋的作用是加强支座底板刚度，以便均匀传递支座反力并增强节点板的侧向刚度，它需设置在支座节点中心处。加劲肋与节点板的垂直焊缝可按假定其承担支座反力的 25%计算，并考虑焊缝为偏心受力；加劲肋与底板的水平焊缝可按均匀传递支座反力计算。

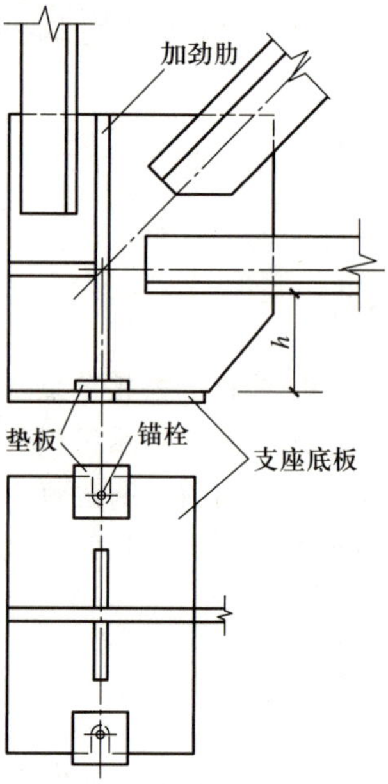

图 3.6.14 支座节点

锚栓预埋于支承构件的混凝土中，常用 M20～M24。为便于安装时调整位置，底板上的锚栓孔直径一般为锚栓直径的 2～2.5 倍，或开成 U 形缺口，待屋架调整到设计位置后，用孔径比锚栓直径大 1～2 mm 的垫板套住锚栓，并与底板焊牢。螺栓不需要进行计算。

3.6.3 屋盖其他构件

一、屋面板

无檩体系中最常用的屋面板是 1.5 m 宽、6 m 长的预应力钢筋混凝土屋面板，有专门的标准图集，设计时可根据屋面荷载的大小直接选用。

有檩体系中目前最常用的屋面板是压型钢板。生产厂家一般提供按强度和刚度条件进行选用的表格，设计时可根据檩条间距、屋面荷载大小以及支承条件（悬臂、简支还是连续）等，直接选用合适的型号。

二、檩条

檩条有混凝土檩条、钢檩条和木檩条，也有采用上弦为混凝土、腹杆和下弦为钢材的组合式檩条。其中钢檩条有实腹式（图 3.1.19）和桁架式两大类。一般通过檩托与屋架连接，可正置和斜置，见图 3.6.15。前者檩条仅在竖直截面内受弯，但与屋面板的连接较为困难；后者檩条将双向受弯。

檩条的荷载包括屋面板及建筑层自重、檩条自重和屋面可变荷载，均为竖向荷载。当檩条斜置时，需将竖向荷载分解为檩条两个主轴方向的作用，按简支构件分别计算两个方向的弯矩。当钢檩条侧向设置拉条时，则侧向应按以拉条为支承点的多跨连续梁计算弯矩。

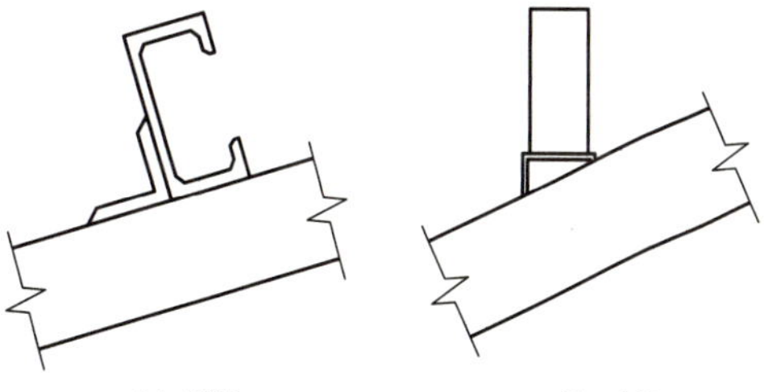

图 3.6.15　檩条的放置方式

如果竖向荷载偏离截面的弯曲中心，檩条还将受到扭矩的作用，但由于屋面板能起到一定的阻止檩条扭转的作用，故计算时可不考虑扭矩的影响。

确定实腹式钢檩条的截面高度时考虑跨度、檩距、屋面荷载等因素，一般取跨度的 1/45～1/35。设计内容包括强度、整体稳定和挠度。当檩条之间设有拉条时，整体稳定可不验算，挠度可只验算垂直于屋面方向的挠度；当不设拉条时，需对整体稳定进行验算，并分别计算沿两个主轴方向的分挠度 Δ_x、Δ_y，然后按 $\Delta=\sqrt{\Delta_x^2+\Delta_y^2}$ 计算竖直方向的总挠度。檩条的允许挠度见附表 A.9。

三、拉条与撑杆

在实腹式钢檩条之间一般要设置拉条和撑杆。屋架两坡面的脊檩须在拉条连接处相互联系，或设斜拉条和撑杆。

拉条一般采用直径 10～16 mm 的圆钢，与檩条的连接见图 3.6.16。拉条的位置应靠近檩条的上翼缘 30～40 mm，并用位于腹板两侧的螺母加以固定。拉条承受各檩条的侧向支承反力，算得单个檩条的支承反力后乘一根拉条连接的檩条数量，必要时对其强度进行验算。

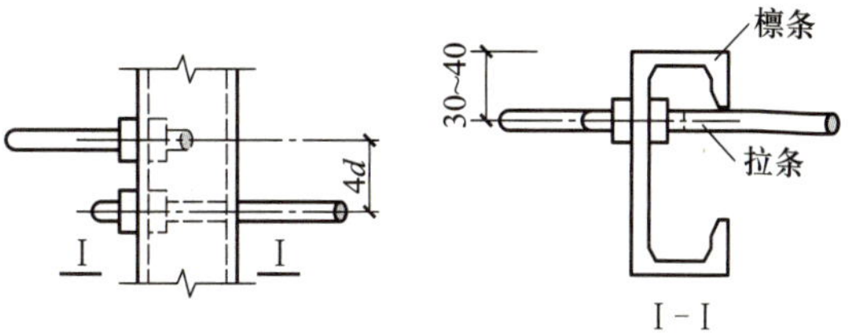

图 3.6.16　拉条与檩条的连接

撑杆的作用是限制檐檩的侧向弯曲，常用角钢，按压杆的长细比限值 200 选择截面。

四、隅撑

隅撑应按轴心受压构件设计，轴力设计值按下式确定：

$$N=\frac{Af}{60\cos\theta}\sqrt{f_y/235} \tag{3.6.2}$$

式中，A——实腹式横梁被支撑翼缘的截面面积；

f、f_y——分别为实腹式横梁钢材的强度设计值和屈服强度值；

θ——隅撑与檩条轴线间的夹角。

当隅撑成对布置时，每根隅撑的计算轴压力取上式的一半。

隅撑宜采用单角钢制作。隅撑与刚架构件腹板夹角不宜小于 45°。

思考题

3-1　单层厂房有哪些常用结构类型？

3-2 混凝土排架结构厂房和轻型门式刚架厂房由哪几部分组成，各自的作用是什么？

3-3 何谓厂房纵向定位轴线的封闭结合？什么情况下需采用非封闭结合？

3-4 厂房横向定位轴线与排架柱的关系有几种情况？

3-5 如何根据轨顶标高确定牛腿顶标高和柱顶标高？

3-6 混凝土排架结构屋盖系统的支撑有哪些，各自的作用和布置原则是什么？

3-7 柱间支撑的作用是什么，其布置原则是什么？

3-8 抗风柱、圈梁、连系梁和基础梁的作用和布置原则？

3-9 轻型门式刚架的支撑布置有哪些要求？

3-10 单层厂房结构上的荷载主要有哪些？

3-11 单层厂房的竖向荷载、横向水平荷载和纵向水平荷载是如何传递的？

3-12 平面排架模型的基本假定有哪些？什么情况下这些假定的符合程度较好？

3-13 排架柱“抗侧刚度”的物理意义是什么？任意荷载作用下，等高排架的剪力分配法如何进行？

3-14 厂房空间作用的条件是什么？

3-15 排架横梁的轴向变形对排架内力有什么影响？

3-16 横梁坡角对门式刚架的内力有什么影响？

3-17 基础不均匀沉降对排架结构和刚架结构内力分别有什么影响？

3-18 如何选取排架柱和刚架梁、柱的控制截面？

3-19 立柱和横梁分别需要考虑哪几种内力组合？

3-20 内力组合时需注意哪些问题？

3-21 构件的计算长度与哪些因素有关？

3-22 确定单层排架柱和刚架柱的计算长度时，两端的支承条件是如何模拟的？

3-23 混凝土牛腿有哪几种破坏形态，其截面高度是根据什么条件确定的？

3-24 为什么牛腿的纵向钢筋不能兼作弯起钢筋？

3-25 钢构件整体稳定计算中等效弯矩系数的物理意义是什么？

3-26 钢门式刚架的梁、柱节点有哪几种形式？端板的厚度如何确定？

3-27 刚架的柱脚有哪几种类型？露出式刚接柱脚的计算内容包括哪些？

3-28 柱间支撑的荷载有哪些？柱间支撑腹杆的计算长度是如何确定的？

3-29 柱下独立基础有哪几种破坏形式？

3-30 为什么在进行基础的抗弯和抗冲切承载力计算中，地基反力可采用不包括基础及覆土重力的净反力？

3-31 钢屋架有哪些常用的形式？各有什么特点？

3-32 屋架的计算简图是什么样的，作了哪些近似假定？

3-33 屋架需要考虑哪几种荷载组合？

3-34 钢屋架腹杆的计算长度是如何确定的？

3-35 钢屋架有哪几种节点类型，节点设计包括哪几个步骤？

第3章单层厂房结构思考题注释

作业题

3-1　某单跨金工车间(不设天窗)长度为 60 m,跨度为 15 m。厂房设有 10 t 和 16 t、工作级别 A5 的桥式吊车各一台。轨顶标高为 7.2 m,天然地面标高为-0.35 m,基底标高为-1.8 m,修正后的地基土承载力特征值 f_a = 180 kN/m^2。采用钢屋架、钢筋混凝土排架柱。试进行:

(1) 已知 16 t 吊车 B_1 = 230 mm,H_B = 2 095 mm。假定基础高度为 1 m,吊车梁高度为 1.2 m,吊车轨道及垫层高度为 200 mm,排架柱采用矩形截面,上柱截面尺寸 400 mm×400 mm,下柱截面尺寸 400 mm×600 mm。试进行厂房的平、剖面设计(画出平面布置图和剖面布置图),并画出计算简图。

(2) 已知厂房所在地的基本风压值为 w_0 = 0.7 kN/m^2,地面粗糙度为 A 类。梯形钢屋架的端部高度 1 600 mm,屋脊高度 2 370 mm。10 t 吊车的桥架宽度 B_1 = 5 700 mm,轮距 K_1 = 4 050 mm,最大轮压 P_{1max} = 109 kN,小车重量 g_1 = 33.56 kN,吊车总重量 g_1+G_1 = 158.28 kN;16 t 吊车的桥架宽度 B_2 = 5 940 mm,轮距 K_2 = 4 000 mm,最大轮压 P_{2max} = 148 kN,小车重量 g_2 = 61.02 kN,吊车总重量 g_2+G_2 = 199.27 kN。试计算风荷载 $\overline{W}_k$、q_{1k}、q_{2k} 和吊车荷载 $D_{max,k}$、$D_{min,k}$、$T_{max,k}$ 的标准值。

(3) 分别计算风荷载、吊车竖向荷载标准值下的内力,并绘制弯矩、轴力图。

(4) 牛腿承受的竖向永久荷载标准值为 43.5 kN,可变荷载标准值即为 $D_{max,k}$。混凝土采用 C30,纵向钢筋采用 HRB400、箍筋采用 HPB300。试设计该牛腿。

(5) 经荷载效应组合,作用在基础顶面的控制内力为轴向力基本组合值 F = 506 kN,标准组合值 F_k = 404.8 kN;弯矩基本组合值 M = 210 kN·m,标准组合值 M_k = 166.7 kN·m;剪力基本组合值 V = 24 kN,标准组合值 V_k = 10 kN。采用 C25 混凝土,HPB300 钢筋,垫层厚 100 mm。试设计该基础。

3-2　如图所示单层厂房,采用钢门式刚架,柱距 6 m、跨度 18 m、高度 7.5 m。立柱和横梁初步选择 600 mm×200 mm×8 mm×10 mm 工字形截面,钢材采用 Q235,焊条用 E43××型。厂房所在地的地面粗糙度类别为 B,基本风压 w_0 = 0.5 kN/m^2。已求得横梁上的均布永久荷载标准值 g_k = 4.8 kN/m(沿水平分布),均布可变荷载标准值 q_k = 3.0 kN/m(沿水平分布),组合值系数 ψ_c = 0.7;墙面、柱及支撑等自重标准值为 0.4 kN/m^2(按墙面面积分布)。柱顶(B、D)及柱高的 1/2 处设有侧向支撑。要求:

(1) 计算风荷载;

(2) 画出门架在竖向和水平荷载标准值下的内力图,并标出 B、C、D 点处的内力值;

(3) 进行柱 AB 的强度、平面内稳定和平面外稳定验算;

(4) 验算刚架的水平侧移是否满足要求。

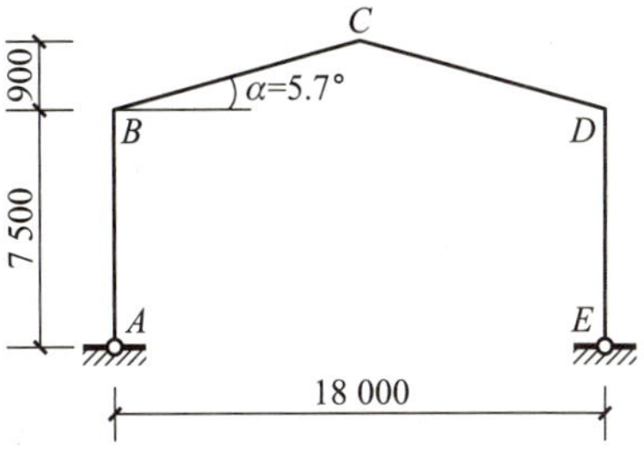

作业题 3-2 图

3-3　试确定图示等截面柱的计算长度系数 μ。

3-4　试确定图示受压杆所能提供的侧向弹性支承刚度 k,即 F 为多大时,跨中挠度 Δ=1。

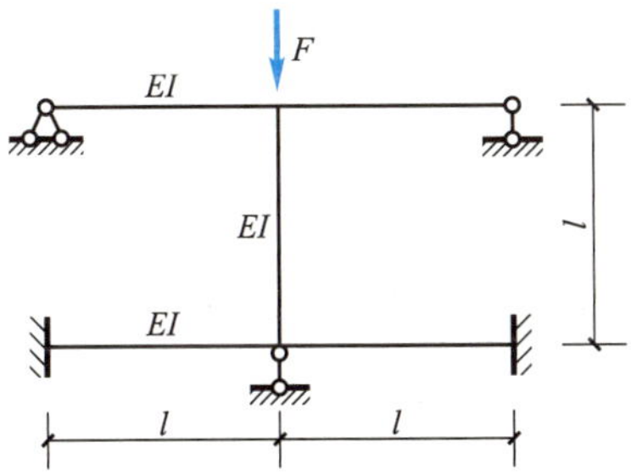

作业题 3-3 图

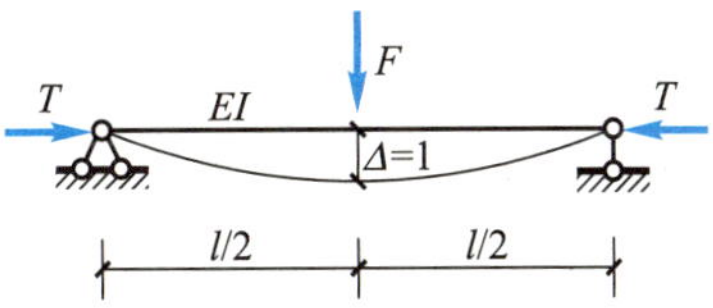

作业题 3-4 图

第 3 章单层厂房结构作业题指导

测试题

3-1　厂房端部排架柱缩进 600 mm 是为了(　　)。

(A) 布置排架柱　(B) 安装屋架　(C) 安装吊车梁　(D) 布置抗风柱

3-2　混凝土大型屋面板与钢屋架之间满足三点相焊时,屋架上弦的平面外计算长度取(　　)。

(A) 1.5 m　(B) 3.0 m　(C) 4.5 m　(D) 6.0 m

3-3　如果采用大型屋面板且满足一定的焊接要求,则哪一种屋盖支撑可省去?(　　)

(A) 垂直支撑　(B) 纵向水平支撑　(C) 上弦横向水平支撑　(D) 下弦横向水平支撑

3-4　排架结构的单厂一般不设沉降缝,这是因为(　　)。

(A) 沉降很小　(B) 不均匀沉降很小

(C) 不均匀沉降对结构的影响很小　(D) 计算中考虑了不均匀沉降的影响

3-5　抗风柱与屋架的连接应满足(　　)。

(A) 水平向和竖直向均有足够的刚度　(B) 水平向有足够的刚度;竖直向有良好的弹性

(C) 水平向有良好的弹性;竖直向有足够的刚度　(D) 水平向和竖直向均有良好的弹性

3-6　即使屋盖有一定的整体空间刚度,在下列哪些情况下不存在整体空间作用?(　　)

(A) 荷载不均匀,结构均匀　(B) 荷载均匀,结构不均匀

(C) 荷载均匀,结构均匀　(D) 荷载不均匀,结构不均匀

3-7　单跨等高排架,如果横梁刚度不是无限大,在 A 柱(左侧)顶作用一向右的水平力,则(　　)。

(A) A 柱底弯矩增大、B 柱减小　(B) A 柱底弯矩不变、B 柱减小

(C) A、B 柱弯矩均不变　(D) A 柱底弯矩增大、B 柱弯矩不变

3-8　单跨等高排架,如果 B 柱地基较差,相对 A 柱有不均匀沉降,在柱顶水平荷载作用下(　　)。

(A) A 柱底弯矩增大、B 柱减小　(B) A 柱底弯矩不变、B 柱减小

(C) A、B 柱底弯矩均不变　(D) A 柱底弯矩增大、B 柱弯矩不变

3-9　单跨排架在吊车横向水平荷载作用下,考虑空间作用与不考虑空间作用相比(　　)。

(A) 吊车梁顶面处和柱底弯矩均减小　(B) 吊车梁顶面处弯矩不变,柱底弯矩减小

(C) 吊车梁顶面处弯矩减小,柱底弯矩增大　(D) 吊车梁顶面处弯矩增加,柱底弯矩减小

3-10　单层厂房吊车竖向荷载的传递路线为(　　)。

(A) 小车→大车→吊车梁→排架柱→基础　(B) 大车→吊车梁→排架柱→基础

(C) 小车→大车→排架柱→基础　(D) 大车→排架柱→基础

3-11　一单层单跨刚架,柱与基础铰接,梁、柱线刚度相等,层高 H、跨度 L,柱顶受水平集中荷载 F,则横梁剪力等于(　　)。

(A) $F\times H/L$　(B) $0.5F\times H/L$　(C) $F\times L/H$　(D) $0.5F\times L/H$

3-12　一单层单跨刚架,柱与基础刚接,层高 H、跨度 L,梁上受竖向均布线荷载 q,当横梁线刚度相对于立柱趋于无限大时,横梁跨中弯矩等于(　　)。

(A) $q\times L^2/8$　(B) $q\times L^2/12$　(C) $q\times L^2/24$　(D) 0

3-13　一单层单跨刚架,柱与基础刚接,层高 H、跨度 L,梁上受竖向均布线荷载 q,当横梁线刚度相对于立柱趋于无限大时,横梁支座弯矩等于(　　)。

(A) $q\times L^2/8$　(B) $q\times L^2/12$　(C) $q\times L^2/24$　(D) 0

3-14　柱与基础铰接的单层、单跨刚架与截面尺寸、跨度、层高均相同的排架相比,当横梁刚度为无限大时,其抗侧刚度的比值为(　　)。

(A) 1　(B) 2　(C) 3　(D) 4

3-15 门式刚架横梁起坡与水平相比，在竖向荷载作用下，横梁跨中弯矩和端部弯矩(　　)。

(A) 均增大　(B) 均减小

(C) 跨中弯矩增大、端部弯矩减小　(D) 跨中弯矩减小、端部弯矩增大

3-16 为轻钢门式刚架横梁下翼缘提供侧向支撑的构件是(　　)。

(A) 隅撑　(B) 直拉条　(C) 斜拉条　(D) 撑杆

3-17 柱脚铰接的单跨、等截面轻钢门式刚架(横梁水平)，跨度 18 m、高度为 6 m，横梁和立柱的截面弯曲刚度相等，则立柱的平面内计算长度系数 μ 为(　　)。

(A) 0.699 2　(B) 0.874 9　(C) 2.0　(D) 2.917 3

3-18 屋架计算中的次弯矩是由(　　)。

(A) 各杆件截面尺寸不同引起　(B) 材料不同引起

(C) 计算假定引起　(D) 受非结点荷载引起

3-19 对于无节点荷载的钢屋架节点，计算腹杆与节点板、弦杆与节点板之间的焊缝时(　　)。

(A) 均采用杆件最大内力

(B) 均采用最大杆件内力差

(C) 前者采用杆件最大内力；后者采用最大杆件内力差

(D) 前者采用最大杆件内力差；后者采用杆件最大内力

3-20 屋架荷载组合需考虑半跨荷载，这是为了考虑下列哪种不利情况？(　　)

(A) 腹杆从拉杆变为压杆

(B) 腹杆从压杆变为拉杆

(C) 钢屋架腹杆从拉杆变为压杆；混凝土屋架腹杆从压杆变为拉杆

(D) 钢屋架腹杆从压杆变为拉杆；混凝土屋架腹杆从拉杆变为压杆

3-21 柱下独立基础的底板配筋(　　)。

(A) 由基础受弯承载力计算确定　(B) 由基础受冲切承载力计算确定

(C) 由地基变形计算确定　(D) 由地基承载力计算确定

3-22 独立基础进行底板受弯承载力和受冲切承载力计算时，采用扣除基础自重和覆土的净反力，这是因为(　　)。

(A) 基础自重和覆土不产生内力　(B) 基础自重和覆土较小，可略去

(C) 作了刚性基础的假定　(D) 认为基础自重和覆土不产生弯矩和剪力

3-23 一等厚度的柱下圆形独立基础，如增大基础的直径，则对基础的(　　)。

(A) 受弯和受冲切均有利　(B) 受弯和受冲切均不利

(C) 受弯有利、受冲切不利　(D) 受弯不利、受冲切有利

3-24* 两承受均匀荷载的圆形独立基础直径不同、承受的上部结构荷载不同，但基底压力相同、土层相同，则(　　)。

(A) 两个基础的沉降相同　(B) 直径大的基础沉降大

(C) 直径小的基础沉降大　(D) 何者大无法判断

3-25 图示等截面杆上、下端的弹性抗转刚度系数、水平弹性支承刚度系数分别为(　　)。

(A) $\eta_l=0$、$\eta_u=\infty$、$\eta=\infty$　(B) $\eta_l=\infty$、$\eta_u=\infty$、$\eta=0$

(C) $\eta_l=\infty$、$\eta_u=0$、$\eta=0$　(D) $\eta_l=0$、$\eta_u=0$、$\eta=\infty$

3-26 图示等截面杆上、下端的弹性抗转刚度系数、水平弹性支承刚度系数分别为(　　)。

(A) $\eta_l=0$、$\eta_u=\infty$、$\eta=\infty$　(B) $\eta_l=\infty$、$\eta_u=\infty$、$\eta=0$

(C) $\eta_l=\infty$、$\eta_u=0$、$\eta=0$　(D) $\eta_l=0$、$\eta_u=0$、$\eta=\infty$

第 3 章单层厂房结构测试题解答

测试题 3-25 图

测试题 3-26 图

第 4 章　多层框架结构

框架结构是最常用的竖向结构体系,除了单独用于单层和多层房屋外,还常常与其他竖向结构体系(如墙结构、筒结构、竖向桁架结构)组成框架-剪力墙结构、框架-筒体结构、框架支撑结构等复合框架结构。单层框架结构在第 2 章已介绍,本章介绍多层框架结构,复合框架结构将在第 5 章介绍。

4.1　多层框架结构的种类及布置

4.1　多层框架结构的种类及布置

4.1.1　多层框架结构的种类

框架结构按结构材料可分为混凝土框架(concrete frame)、钢框架(steel frame)和钢-混凝土组合框架(composite steel and concrete frame)。

钢框架结构在工厂预制钢梁、钢柱,运送到施工现场再拼装连接成整体框架。它具有自重轻,抗震性能好,施工速度快,机械化程度高等优点,但耐腐和耐火性能差,后期维修费用高,造价高于混凝土框架。

混凝土框架结构的可模性好,能适应不同的平面形状要求,造价相对较低,耐久性好,在我国得到了广泛的应用。其缺点是现场施工的工作量大,工期长,并需要大量的模板。

钢-混凝土组合框架的梁、柱由钢和混凝土组合而成,其中梁有两种组合形式:一种是内置型钢的混凝土构件,称为型钢混凝土梁,也叫钢骨混凝土梁;另一种是第 2 章介绍过的混凝土翼板与钢梁组合而成的构件。组合柱也有两种形式:一种是型钢混凝土柱;另一种是在钢管(可以是圆形,也可以是方形)内灌注混凝土形成的钢管混凝土柱。

型钢混凝土结构与普通混凝土结构相比,延性好,可以减小构件截面尺寸;由于型钢在施工阶段能承受荷载,可以减少脚手架。与钢结构相比,提高了钢件的稳定性,一般不需要进行稳定计算;克服了钢结构防火和防锈性能差的弱点,可以减少后期维护费用。型钢混凝土的造价一般介于混凝土结构与钢结构之间。

在钢管混凝土柱中,钢管的主要作用是约束混凝土,承受环向拉应力,由于钢管内充填有混凝土,大大提高了钢管的稳定性能,有利材料强度的发挥;而充填的混凝土由于受到环向约束,处于三向受压状态,抗压强度大大提高。因钢管混凝土柱主要利用强度很好的混凝土受压,所以适用于轴心受压或小偏心受压构件,一般用作高层建筑的底部柱子。

框架结构按梁、柱的连接方式可以分为梁、柱刚接的刚架(图 4.1.1b、d)和梁、柱铰接的排架(图 4.1.1a、c)。刚接和铰接的区别在于节点能否传递弯矩。对于混凝土框架,承受弯矩必须依赖纵向钢筋,因而刚接框架的梁、柱纵向钢筋必须贯穿节点区,或在节点区进行可靠的锚固,如图 4.1.1b 所示;对于钢框架,弯矩主要由翼缘承担,因而刚接框架梁、柱的翼缘之间必须有可靠的连接，如图 4.1.1d 所示。

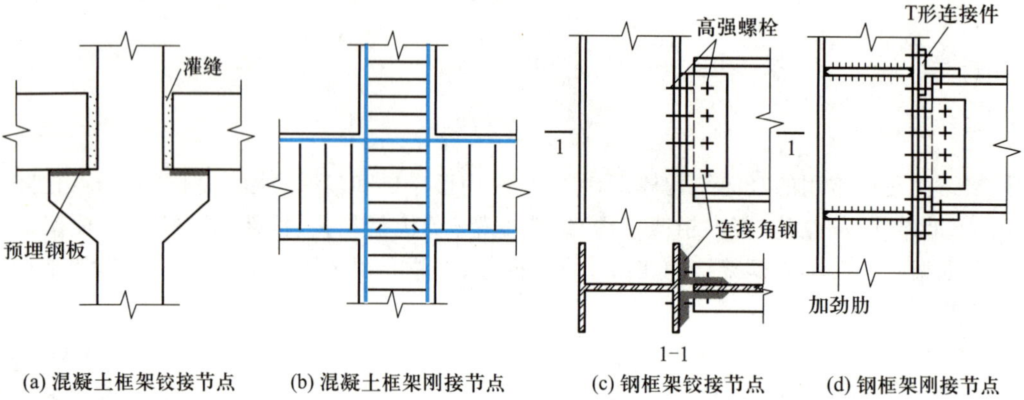

图 4.1.1 框架节点类型

混凝土框架按施工方法分为**现浇框架**(cast-in-situ frame)、**装配式框架**(precast frame)和**装配整体式框架**(assembled monolithic frame)。

现浇框架的梁、柱均为现场浇筑，整体性和抗震性能好。装配式框架的梁、柱为预制构件，通过焊接拼装连接成整体，节点一般为铰接。由于均为预制构件，可实现标准化、工厂化、机械化生产，但结构的整体性较差，抗震能力弱，不宜在抗震设防区应用。

装配整体式框架的部分梁、柱为预制构件，在吊装就位后，焊接或绑扎节点区钢筋，通过浇捣混凝土，将梁、柱连成整体结构，形成刚接节点。它兼有现浇式框架和装配式框架的优点，既具有良好的整体性和抗震能力，又可部分采用预制构件，减少现场浇捣混凝土工作量。施工相对复杂是其缺点。

图 4.1.2 是几种常用的装配整体式框架节点形式。其中图 4.1.2a 采用带榫头(以增强接头处的抗剪能力)的预制短柱，一层一根。施工时叠合梁先搁置在柱子上；梁底部的纵向钢筋伸入柱中并相互搭焊，上、下两根预制柱内的纵向钢筋也相互搭焊；梁上部钢筋与叠合梁箍筋及节点部位柱箍筋绑扎后浇注混凝土，形成刚节点。图 4.1.2b 中梁采用叠合梁，而柱是现浇的，施工时叠合梁先搁置在柱的钢模板上。图 4.1.2c 采用节点部位带空腔的预制长柱(与房屋同高)，空腔处用粗钢筋或角钢加强，以满足吊装的要求；叠合梁端部伸出的纵筋加斜撑组成构架式支承，以满足施工阶段抗剪承载力的要求。

4.1.2 框架结构布置

一、柱网布置

柱网布置既要满足建筑功能要求，又应使结构受力合理，方便施工。

不同用途的建筑物具有不同的使用功能要求，需要选择不同的柱网。例如，在多层轻工厂房中，常在中间设交通区将两个工作区分开，这时可以采用图 4.1.3a 所示的内廊式柱网。旅馆、办公楼、实验楼等民用建筑也常采用这种柱网。而对于仓库、商场等需要大空间的建筑可采用图 4.1.3b所示的等跨式柱网。

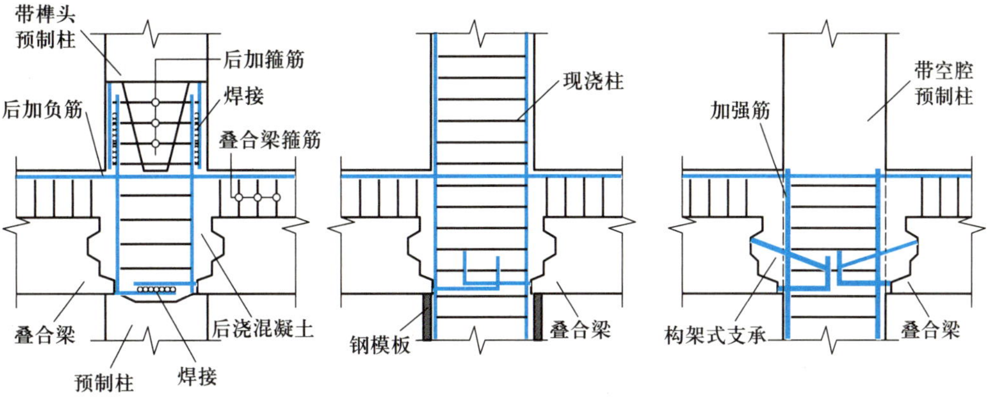

(a) 短柱方案　　(b) 现浇柱方案　　(c) 长柱力案

图 4.1.2　装配整体式框架刚接节点

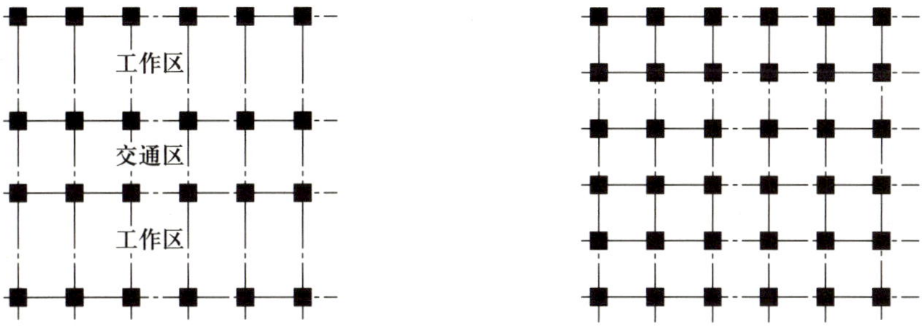

(a) 内廊式　　(b) 等跨式

图 4.1.3　柱网类型

柱网均匀、对称,对结构受力有利。柱网均匀可以使框架梁的跨度均匀、从而在竖向荷载下的内力较为均匀,充分发挥材料强度。例如在旅馆建筑中,建筑平面一般布置成两边为客房(带卫生间)、中间为走道。柱网布置有两种方案可以选择:一种是将柱布置在走道两侧,即客房和卫生间为一跨,走道为一跨;另一种是将柱子布置在客房与卫生间之间,即走道与两侧卫生间并为一跨,客房单独为一跨。从结构受力角度,后者更合理,见图 4.1.4a。当中间走道较小时,抽去一排柱,如图 4.1.4b 所示,受力更好。

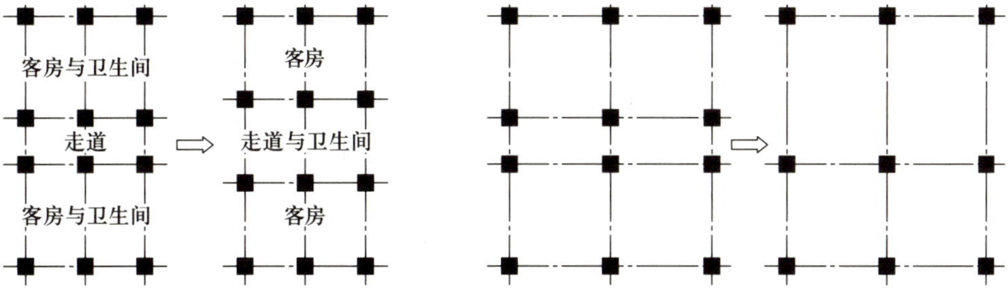

(a)　　(b)

图 4.1.4　柱网的优化

柱网布置还应考虑到构件尺寸的模数化、标准化,并尽量减少规格种类,以满足工业化生产的要求,提高生产效率,方便施工。对于装配式结构,要考虑构件的最大长度和最大重量,使之满足吊装、运输装备的限制条件。

二、承重框架布置

对于多层房屋,竖向荷载是主要荷载,因而如何承受竖向荷载是结构布置时重点考虑的问题。根据重力荷载的传递路线,框架结构有横向框架承重(图 4.1.5a),纵向框架承重(图 4.1.5b)和纵横向框架混合承重(图 4.1.5c)三种布置方案。

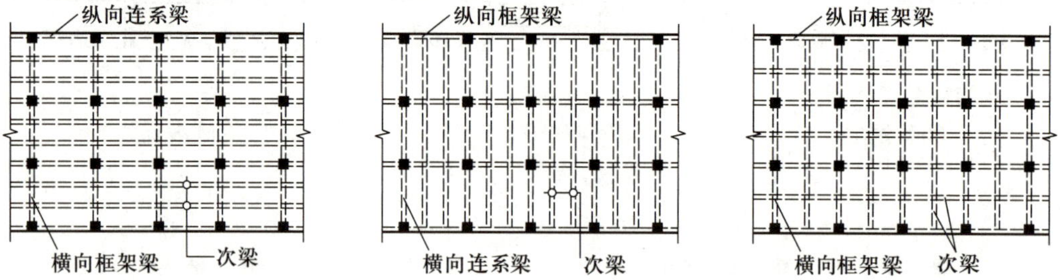

(a) 横向框架承重 (b) 纵向框架承重 (c) 纵横向框架承重

图 4.1.5 框架承重方案

横向框架承重方案的楼面荷载首先传递到横向框架梁上,再由横向框架梁传给框架柱。因纵向梁不承受竖向荷载,可布置截面较小的连系梁。在钢框架中,为了简化节点构造,纵向连系梁与柱之间常采用铰接。横向往往跨数少(与纵向相比),抗侧刚度差,采用横向框架承重方案可以提高建筑物的横向抗侧刚度。纵向较小的连系梁有利房屋室内的采光与通风。

纵向框架承重方案在纵向布置框架主梁,在横向布置连系梁。因为楼面荷载由纵向梁传至柱子,所以横向梁的高度较小,有利于设备管线的穿行;当在房屋开间方向需要较大空间时,可获得较高的室内净高。纵向框架承重方案的缺点是房屋的横向抗侧刚度较差。

纵横向框架混合承重方案在两个方向均布置框架主梁以承受楼面荷载。该方案可以使房屋在两个方向均有较大的抗侧刚度,整体工作性能好。

承重框架的布置与楼盖的布置方案是密切相关的。如果采用装配式楼盖,则预制板两端搁置在框架梁上;如果采用整体式楼盖,框架梁方向是单向板的短跨方向或框架梁方向与次梁垂直。

三、框架的规则性

当框架结构存在图 4.1.6 所示的缺梁、缺柱、凹凸等情况时称为平面不规则框架;当高度方向有图 4.1.7 所示的错层、内收、外挑等情况时称为竖向不规则框架。而与之相对应的是平面规则框架和竖向规则框架。框架的不规则对受力是不利的,特别是在水平荷载作用下。因此,在以水平荷载为主的高层建筑中,对**结构的规则性**(regularity of structures)有定量的描述,参见第5章。

四、变形缝设置

在第1章简要介绍了房屋设置变形缝的原则,多层框架的具体设置要求参见第5章高层建筑结构。

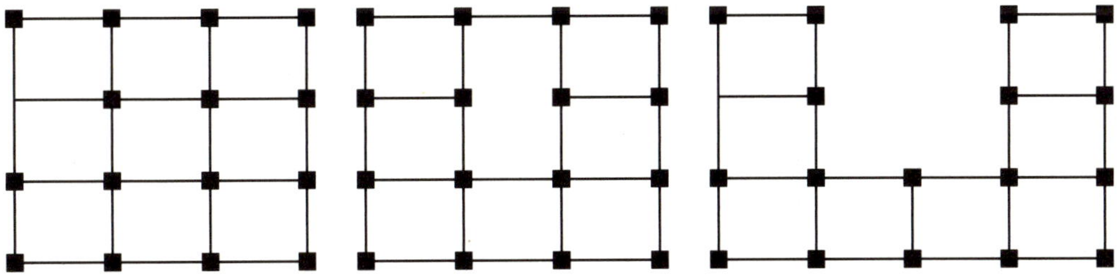

(a) 缺柱　(b) 缺梁　(c) 凹凸

图 4.1.6 平面不规则框架

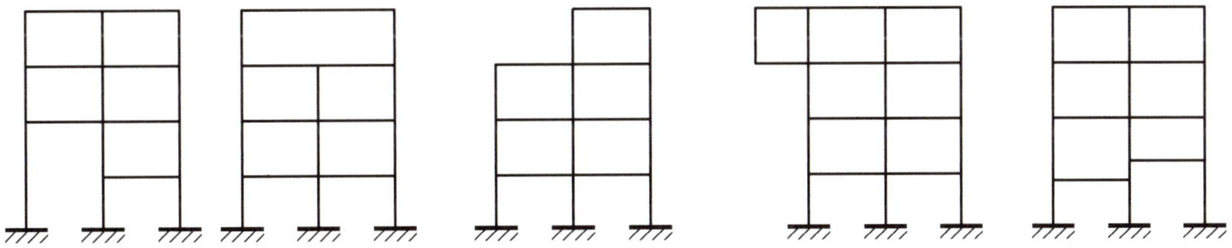

(a) 抽梁　(b) 抽柱　(c) 内收　(d) 外挑　(e) 错层

图 4.1.7 竖向不规则框架

4.1.3 框架构件选型与截面尺寸估算

一、框架柱选型

混凝土框架柱的截面常为矩形或正方形，有时由于建筑上的要求做成圆形或八角形。在多层框架结构住宅中，由于不希望柱突出墙面，采用 T 形、十字形等异形柱，见图 4.1.8。

钢框架柱最常用的截面有工字形和箱形，其中工字形柱适用于一个方向刚接、另一个方向铰接的框架；箱形截面柱则在两个方向都容易做成刚接。当要求柱有很大的侧向刚度时，可以采用格构式柱。

图 4.1.8 多层住宅中的异形框架柱

型钢混凝土柱的外形常采用矩形，内置型钢常用的截面有 H 形、十字形、箱形、圆形等实腹式型钢以及由角钢或槽钢组成的格构式型钢，如图 4.1.9 所示。

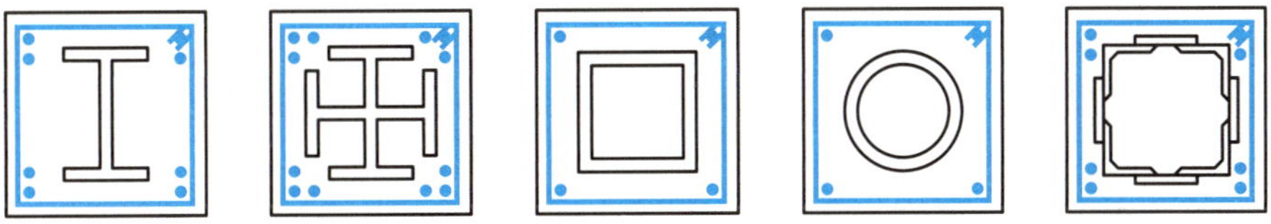

图 4.1.9 型钢混凝土柱截面形式

二、框架梁选型

混凝土框架梁常用的是矩形。在现浇混凝土楼盖中，混凝土板构成梁的翼缘，框架梁呈 T 形或倒 L 形；在装配式楼盖中，为减小楼盖结构高度、增加建筑净空，预制板常常搁置在梁侧而不是梁顶，框架梁设计成十字形或花篮形，如图 4.1.10 所示。

钢框架梁最常用的截面是 H 形或工字形，边梁或较小的梁也有采用槽形的；当存在较大扭矩时，箱形截面较为合适。

型钢混凝土梁内置型钢常用实腹式 H 形型钢以及由角钢组成的空腹式型钢，见图 4.1.11。

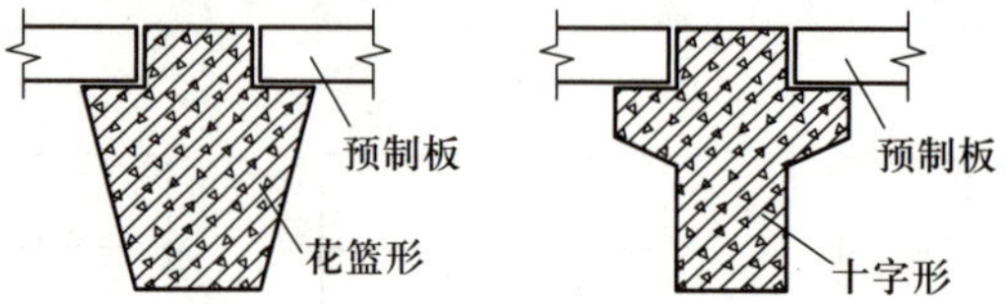

图 4.1.10　装配式楼盖中梁的形式

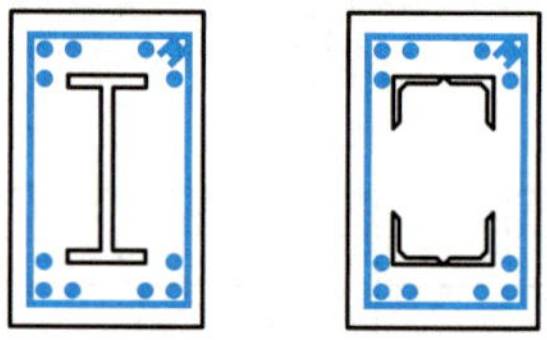

图 4.1.11　型钢混凝土梁截面形式

三、混凝土构件的截面尺寸估算

与第 2 章梁板结构中的主梁相比，框架梁除了承受竖向荷载外，还需承受水平荷载。因而，确定框架梁的截面高度除了考虑跨度、间距、竖向荷载的大小、材料强度等因素外，还要考虑水平荷载的大小。一般情况下，截面高度 h_b 可以取跨度的 1/12～1/8；截面宽度 b_b 可以取截面高度的 1/3～1/2，且不宜小于 200 mm。

框架梁的截面尺寸也可根据竖向荷载来估算。首先取 $M_{max}=(0.6\sim0.8)M_0$、$V_{max}=V_0$，其中 M_0、V_0 分别为受相同竖向荷载简支梁的跨中弯矩设计值和支座剪力设计值；然后验算下列条件：

$$M_{max}\leqslant\alpha_s f_c bh_0^2$$

$$V_{max}\leqslant0.235f_c bh_0$$

其中 α_s 对于一级抗震等级取 0.22；对二、三级抗震等级取 0.29。

混凝土矩形截面框架柱的截面尺寸 b_c 可近似取层高 1/18～1/12，$h_c=(1\sim2)\ b_c$；也可按下列步骤估算：首先根据从属面积，估算柱在竖向荷载下的轴力 N_c（可近似取荷载基本组合值 12～18 kN/m^2）；然后取 $N=(1.2\sim1.4)N_c$，按 $N=A_c f_c+\rho A_c f_y$（ρ 为配筋率，可取 1%）估算截面面积。

对于抗震设防区，柱的截面面积一般由轴压比限值控制。对于抗震等级为一、二、三、四级的框架，轴压比要求满足：

$$\frac{N}{f_c A}\leqslant\begin{cases}0.65 & (\text{一级抗震等级})\\0.75 & (\text{二级抗震等级})\\0.85 & (\text{三级抗震等级})\\0.90 & (\text{四级抗震等级})\end{cases}$$

柱的截面宽度和高度均不宜小于 300 mm，截面高度与宽度的比值不宜大于 3；圆柱的直径不宜小于 350 mm。

四、钢构件的截面尺寸估算

钢框架梁的截面尺寸估算方法可参考第 2 章。

钢框架柱的截面尺寸可根据从属面积估算的轴力乘以 1.2～1.3 后按轴心受力构件估算：① 确定计算长度，假定长细比 λ（一般可取 60～100）；② 计算回转半径 $i_x=l_x/\lambda$、$i_y=l_y/\lambda$；③ 根据

近似关系 $i_x=\alpha_1 h$、$i_y=\alpha_2 b$，确定截面轮廓高度和轮廓宽度；④ 根据钢材类别、截面类别和 λ 查表得稳定系数 φ；⑤ 由公式 $A=N/f\varphi$ 确定截面积 A；由 A、b、h 选择截面尺寸。

钢框架柱的截面轮廓高度一般在层高的 1/22～1/18。

与混凝土构件截面尺寸确定后还可以调整配筋不同，钢构件截面尺寸一旦选定后，其强度、刚度和稳定性均已确定（在结构布置确定的情况下）。所以，为了获得经济、合理的截面尺寸，常常需要在截面设计时再作调整。

4.2　多层框架结构内力与侧移的近似分析方法

多层框架属多次超静定结构，用结构力学的力法和位移法进行分析比较烦琐。本节介绍工程中常用的简化分析方法，包括竖向荷载下的**分层法**（separated-layers algorithm）、水平荷载下的**反弯点法**（reverse bending point method）和水平荷载下的**修正反弯点法**（improved reverse bending point method），又称 D 值法。这些方法主要针对梁、柱刚接的刚架结构。

4.2　多层框架内力与侧移的近似分析方法

4.2.1　框架分析模型

一、计算单元

对于两个方向正交的多层框架结构，水平荷载可以分为纵向水平荷载和横向水平荷载，分别进行分析。

在第 3.2 节曾讨论过单层排架结构在水平荷载作用下的整体空间作用。当满足结构均匀、荷载均匀时，结构不存在空间作用，可以按平面结构进行分析。对于图 4.2.1 所示的规则框架，近似认为结构和荷载沿纵向和横向都是均匀的，于是可以取图示阴影部分的面积作为计算单元，即取两侧跨距的一半。

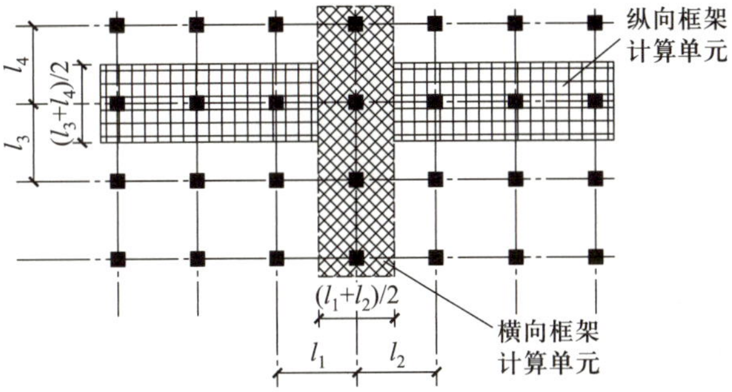

图 4.2.1　框架计算单元

二、计算简图

计算简图包括结构形式、轴线尺寸和截面特征。

1. 结构形式

多层框架柱与基础一般采用刚接，即柱固接于基础顶面；梁、柱节点根据结构布置的情况，分别取为刚接和铰接。

2. 轴线尺寸

在结构计算简图中，杆件是用其轴线表示的。相邻柱轴线之间的距离决定了框架的跨度 l_i，上下层横梁轴线之间的距离决定了框架的层高 h_i。等截面柱的轴线与截面形心线重合，当柱截面尺寸沿高度有变化时，柱轴线一般与较小截面的形心线重合；梁的轴线与梁的截面形心线重合，当各楼层高度相同，横梁截面高度相同时，框架层高等于楼层高度。

3. 截面特征

框架柱的截面抗弯刚度可直接根据截面形状和尺寸进行计算，其中钢-混凝土组合柱的截面抗弯刚度可以近似取混凝土部分的抗弯刚度与型钢部分的抗弯刚度之和。

计算框架梁的截面抗弯刚度时应该考虑楼板的影响。当楼板与框架梁形成整体时，楼板构成梁的翼缘。

对于混凝土框架和型钢混凝土框架梁，当采用现浇混凝土楼板时，中框架(即两侧有楼板的框架)取 $EI=2EI_0$，边框架(仅一侧有楼板的框架)取 $EI=1.5EI_0$；对装配整体式楼盖，中框架取 $EI=1.5EI_0$，边框架取 $EI=1.2EI_0$；对装配式楼盖，则取 $EI=EI_0$，这里 I_0为梁的截面惯性矩。

对于钢框架梁，当采用现浇混凝土楼板时，中框架取 $EI=1.5EI_0$，边框架取 $EI=1.2EI_0$。

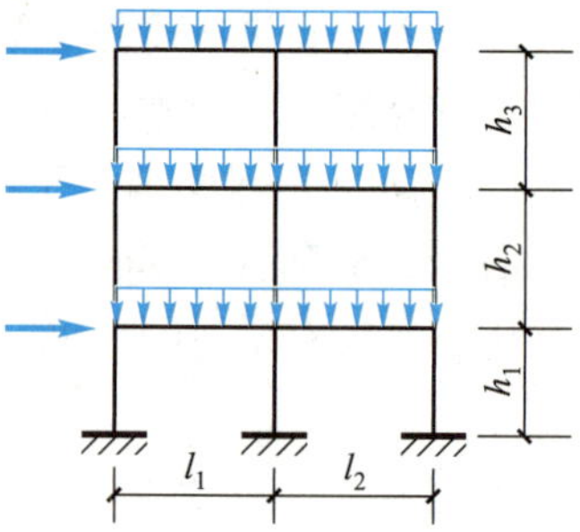

图 4.2.2 框架结构计算简图

框架结构的计算简图见图 4.2.2。

三、荷载

作用于框架结构上的荷载有竖向荷载和水平荷载两种。

1. 竖向荷载

竖向荷载包括永久荷载和可变荷载。梁、板、柱、墙以及固定设备的自重属于永久荷载，楼、屋均布可变荷载、屋面雪荷载和屋面积灰荷载属于可变荷载。

由楼(屋)面板传给框架梁的荷载(包括板自重及板面均布荷载)计算方法同第 2 章梁板结构中的主梁，与楼盖的布置方案有关。当设有次梁时，承受集中荷载；不设次梁时，如果是单向板，则支承梁承受均布线荷载，如果是双向板，则短跨方向框架梁承受三角形分布荷载，长跨方向框架梁承受梯形分布荷载。

框架梁和梁上填充墙自重以线分布荷载的形式直接作用在框架梁上；框架柱自重取上、下楼层高度的一半以集中荷载的形式作用在梁、柱节点上(此荷载仅产生柱轴力)。

2. 水平荷载

水平荷载包括风荷载和水平地震作用。风荷载的计算方法同单层厂房，对于高度不大于 30 m，或高宽比小于 1.5 的房屋，也可以不考虑风的脉动效应，取 $\beta_z=1$。多层框架结构的水平风荷载需等效成作用在节点的集中荷载。

水平地震作用一般采用**振型分解反应谱法**(mode-superposition response spectrum method)计算；对于高度不超过 40 m，且质量和刚度沿高度分布比较均匀的多层框架结构，也可采用**底部剪力法**(bottom shear method)计算水平地震作用，详见《建筑抗震设计规范》(GB 50011—2010)。

4.2.2 竖向荷载作用下多层刚架的分层法

一、基本假定

刚架结构在竖向荷载作用下的侧移一般较小，当这种侧移可以忽略时，可近似按无侧移刚架进行内力分析。对于图 4.2.3 所示的规则刚架结构，由结构力学的**力矩分配法**（moment distribution method），当某层梁上作用竖向荷载时，梁两端的固端弯矩构成节点 i、j 的**不平衡弯矩**（unbalanced moment）M_i、M_j；根据力矩分配系数可分别得到柱端的分配弯矩 M_{ik}、M_{im}、M_{jl} 和 M_{jn}；柱端弯矩向远端传递，传递系数为 1/2，即 $M_{ki}=M_{ik}/2$、$M_{mi}=M_{im}/2$、$M_{lj}=M_{jl}/2$、$M_{nj}=M_{jn}/2$；这些远端弯矩又构成了节点 k、l、m、n 的不平衡弯矩；进一步可以得到上、下层梁端的分配弯矩。在经过柱子传递和节点分配后，其值比直接受荷层的梁端弯矩要小得多，并随着传递和分配次数的增加而衰减。可见，当刚架某一层梁上作用竖向荷载时，其他层的弯矩很小。

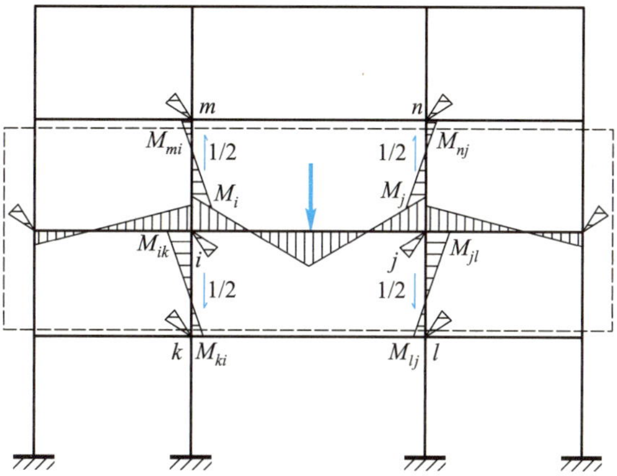

图 4.2.3 某层刚架梁受竖向荷载时的弯矩分配与传递

在上述分析的基础上，对于竖向荷载下刚架结构的内力分析作如下基本假定：

（1）刚架没有侧移。

（2）每一层刚架梁上的竖向荷载只对本层的梁及与本层梁相连的刚架柱产生弯矩和剪力，忽略对其他各层梁、柱的影响。

二、简化计算模型

根据上述两个假定，对于图 4.2.3 所示的刚架，只需取出虚框部分的结构（开口刚架）进行分析，这可以使计算工作量大大减少。

虚框部分从整体结构取出后需分析其边界条件，用适当的支座进行模拟。对于一般的刚架结构，可忽略柱子的轴向变形，因而边界处没有竖向位移；注意到前面的假定（1），边界处也没有水平位移；上、下层梁对柱端的转动约束并不是绝对固接。所以，支座形式为弹性抗转支座（图 4.2.4a），即介于铰支和固支之间。其中弹性抗转刚度取决于横梁对柱子的转动约束能力，是未知的，这给结构分析带来困难，需要进行进一步简化。

近似将支座取为固支，如图 4.2.4b 所示。将柱端边界从实际情况的弹性抗转支座改为固支，对节点的力矩分配和柱弯矩的传递有一定影响。为此，对柱的线刚度和传递系数进行修正。计算节点力矩分配系数时，两端固支杆件的刚度系数为 $4i$，一端固支、一端铰支杆件的刚度系数为 $3i$。现对柱的线刚度乘以折减系数 0.9，这相当于取柱的刚度系数为 $0.9\times4i=3.6i$，介于远端为固支和远端为铰支杆件刚度系数之间。两端固支杆件的传递系数为 1/2，一端固支、一端铰支杆件的传递系数为 0。现取柱的传递系数为 1/3。

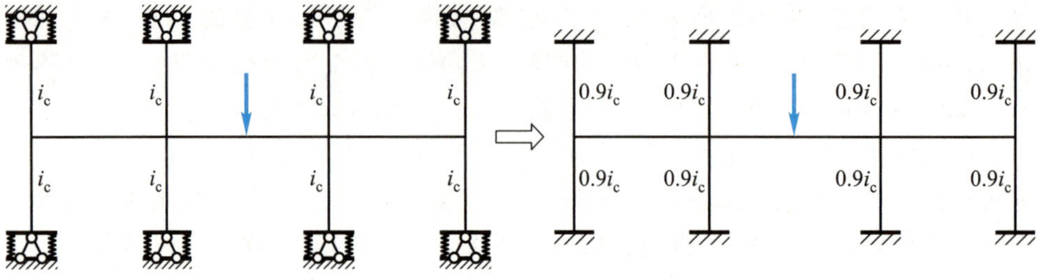

图 4.2.4　开口刚架计算模型

多层刚架在各层竖向荷载同时作用下的内力，可以看成是各层竖向荷载单独作用下内力的叠加；每种工况下的刚架可以分解为一系列开口刚架，如图 4.2.5 所示。除底层柱子外，其余各层柱的线刚度乘以 0.9 的折减系数，弯矩传递系数取为 1/3。这种将整刚架分解为一系列开口刚架计算的方法称为分层法。

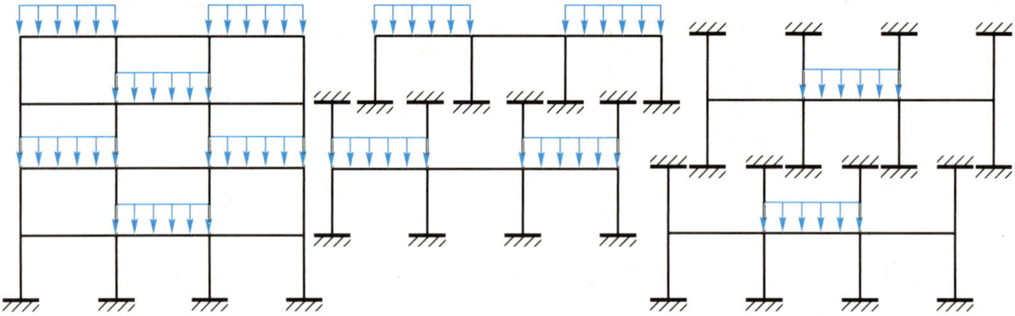

图 4.2.5　整体刚架分解为系列开口刚架

三、计算方法

1. 梁、柱弯矩

用力矩分配法计算图 4.2.5 各开口刚架的弯矩，开口刚架梁的弯矩即为原刚架相应层梁的弯矩；原刚架柱的弯矩需将相邻两个开口刚架中相同柱的弯矩叠加。弯矩叠加后节点弯矩一般不等于零，为减小误差，对于不平衡弯矩较大的节点，可再作一次分配，但不传递。

2. 梁剪力

求得刚架结构的弯矩后，将横梁逐个取隔离体，如图 4.2.6 所示，根据力矩平衡条件可求得梁两端的剪力：

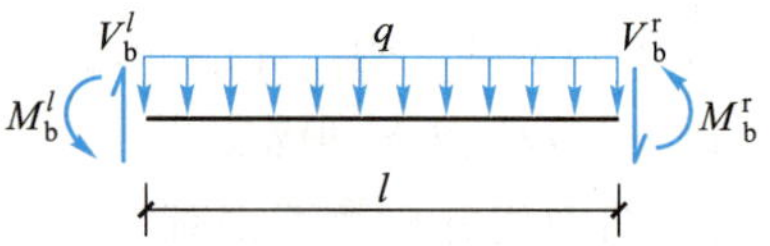

图 4.2.6　横梁隔离体

$$\left.\begin{aligned} V_{\mathrm{b}}^{\mathrm{r}}&=\frac{M_{\mathrm{b}}^{\mathrm{r}}+M_{\mathrm{b}}^{l}}{l}-\frac{ql}{2}\\ V_{\mathrm{b}}^{l}&=\frac{M_{\mathrm{b}}^{\mathrm{r}}+M_{\mathrm{b}}^{l}}{l}+\frac{ql}{2}\end{aligned}\right\}\tag{4.2.1}$$

3. 柱轴力

某层柱的轴力=上层柱轴力+本层两个方向框架梁梁端剪力之和+本层柱自重。第 2 章曾讨论过梁的负荷范围,与此相仿,如果假定框架梁的最大正弯矩出现在跨中,则柱的负荷范围为相邻柱中线围成的区域,如图 4.2.7 所示。对于板面荷载引起的柱轴力,只需将板上面分布荷载值乘以该柱的从属面积。

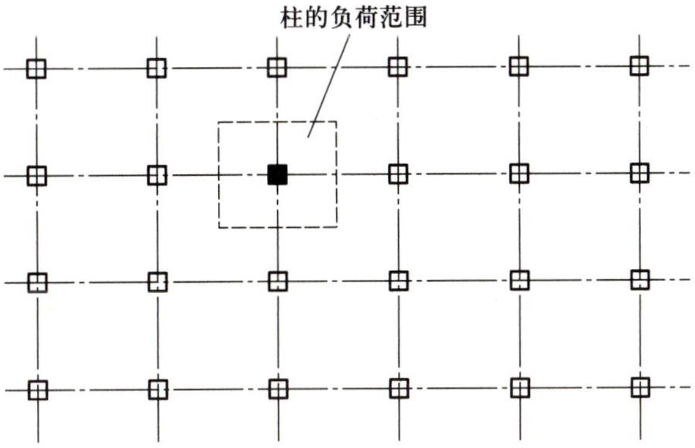

图 4.2.7 柱的负荷范围

4.2.3 水平荷载下多层刚架的反弯点法

一、简化计算模型

多层刚架结构的水平荷载,如风荷载和地震作用,都简化为节点荷载。在节点水平荷载作用下,刚架节点将产生水平线位移(horizontal line displacement)和转角位移(corner displacement)。如果假定:刚架梁的线刚度相对刚架柱的线刚度为无限大,则在忽略柱子轴向变形的情况下,节点转角为零。一般认为,当梁柱线刚度之比大于 3 时,由上述假定引起的误差即能满足工程设计的精度要求。

在这一假定下,刚架结构在节点水平荷载下的变形曲线如图 4.2.8a 所示。从刚架中任意取出一根柱,其边界条件、变形情况和弯矩分布如图 4.2.8b 所示。由结构力学的转角位移方程,柱上、下端的弯矩为

$$\begin{cases} M_{AB}=-6i\dfrac{\Delta u_{AB}}{h}\\ M_{BA}=-6i\dfrac{\Delta u_{AB}}{h}\end{cases}\tag{4.2.2}$$

柱子高度中点的弯矩为零。这一弯矩为零的点称反弯点(reverse bending point)。利用这一

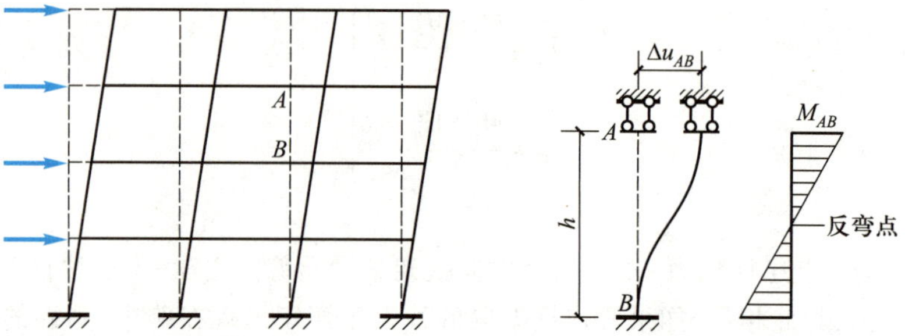

图 4.2.8 刚架受节点水平荷载作用

特性,可以使刚架在节点水平荷载下的内力分析得以简化,其分析方法称为反弯点法。

需要指出的是,当柱两端的转角不为零,但转角相等时,柱两端弯矩的数值仍相等,因而反弯点仍在中点;但当柱两端的转角位移不等时,反弯点将偏向转角大的一侧。

在工程设计中,底层柱的反弯点取为距基础顶面 2/3 柱高处;其余各层柱的反弯点取为柱高的中点。

二、计算方法

1. 柱剪力

图 4.2.9a 所示的刚架结构共有 n 层、$m-1$ 跨。从 j 层的反弯点处切开,取出上半部分,见图 4.2.9b。反弯点处没有弯矩,其剪力分别用 V_{j1}、…、V_{jm} 表示。设 j 层各柱的**层间位移**(storey drift)分别为 Δu_{j1}、…、Δu_{jm}。

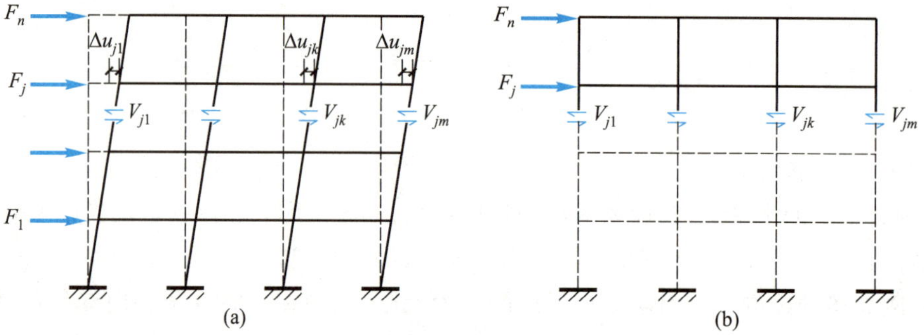

图 4.2.9 水平荷载下的反弯点法

由水平力平衡条件,有

$$\sum_{i=j}^{n} F_i = \sum_{k=1}^{m} V_{jk} \tag{1}$$

当忽略梁的轴向变形时,有几何条件

$$\Delta u_{j1} = \Delta u_{j2} = \cdots = \Delta u_{jk} = \Delta u_j \tag{2}$$

在第 3 章的排架结构分析中,将柱顶产生单位水平位移,需要在柱顶施加的力称为柱的抗侧刚度。在此,给出杆件抗侧刚度更一般的定义:当杆件两端发生单位侧移时,杆件内的剪力称为抗侧刚度,用 D 表示。如果杆件两端没有转角,由式(4.2.2),杆件内的剪力为 $V_{AB} = -(M_{AB}+$

$M_{BA})/h=\frac{12i}{h^2}\Delta u_{AB}$,因而柱的抗侧刚度可以表示为

$$D=12i_c/h^2 \tag{4.2.3}$$

式中,i_c为柱的**线刚度**(line stiffness)。

对于j层第k柱,其侧移为Δu_{jk},相应的剪力可表示为

$$V_{jk}=D_{jk}\times\Delta u_{jk} \tag{3}$$

注意到同一层各柱的高度相等,利用式(1)、(2)、(3),可求得j层各柱的剪力

$$V_{jk}=\frac{D_{jk}}{\sum_{l=1}^{m}D_{jl}}V_{Fj}=\frac{i_{jk}}{\sum_{l=1}^{m}i_{jl}}V_{Fj}=\eta_{jk}V_{Fj} \tag{4.2.4}$$

式中,η_{jk}为j层k柱的剪力分配系数;$V_{Fj}=\sum_{i=j}^{n}F_i$,称水平荷载在j层产生的**层间剪力**(storey shear)。

层间位移:

$$\Delta u_j=\frac{V_{jk}}{D_{jk}}=\frac{V_{Fj}}{\sum_{l=1}^{m}D_{jl}} \tag{4.2.5}$$

2. 柱端弯矩

逐层取隔离体,利用上式求得各柱剪力后,根据各层反弯点位置,可以求出柱上、下端的弯矩(图 4.2.10):

对于底层柱,有

$$\left.\begin{aligned}M_{c1k}^{t}&=V_{1k}\cdot\frac{h_1}{3}\\M_{c1k}^{b}&=V_{1k}\cdot\frac{2h_1}{3}\end{aligned}\right\} \tag{4.2.6a}$$

对于上部各层柱,有

$$M_{cjk}^{t}=M_{cjk}^{b}=V_{jk}\cdot\frac{h_j}{2} \tag{4.2.6b}$$

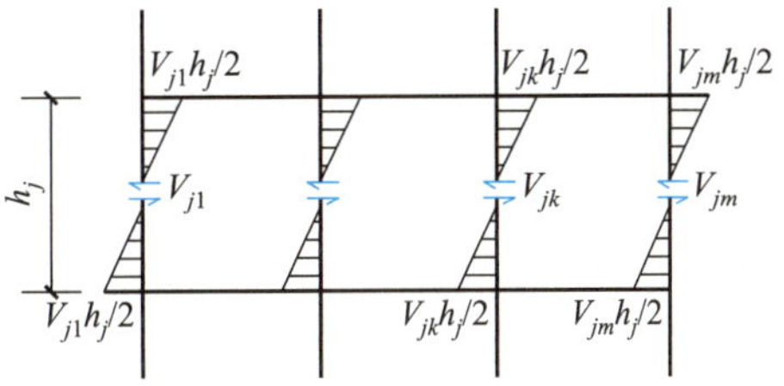

图 4.2.10 求柱端弯矩

上式中的上标t和下标b分别表示柱的上端和下端。

3. 梁端弯矩和剪力

图 4.2.11a 所示的节点,上、下柱端的弯矩M_c^t、M_c^b由上述公式已求得,节点左右的梁端弯矩分别用M_b^l、M_b^r表示。杆端弯矩是按杆件的刚度系数进行分配的,因而有

$$M_b^l:M_b^r=4i_b^l:4i_b^r$$

根据节点的力矩平衡条件,有

$$M_b^l+M_b^r=M_c^t+M_c^b$$

由上面两式,可求得梁端弯矩

$$\left.\begin{aligned}M_b^l&=\frac{i_b^l}{i_b^l+i_b^r}(M_c^b+M_c^t)\\M_b^r&=\frac{i_b^r}{i_b^l+i_b^r}(M_c^b+M_c^t)\end{aligned}\right\} \tag{4.2.7}$$

以梁为隔离体(图 4.2.11b),根据力矩平衡可得到梁的剪力:

$$V_b = (M_b^l + M_b^r)/l \tag{4.2.8}$$

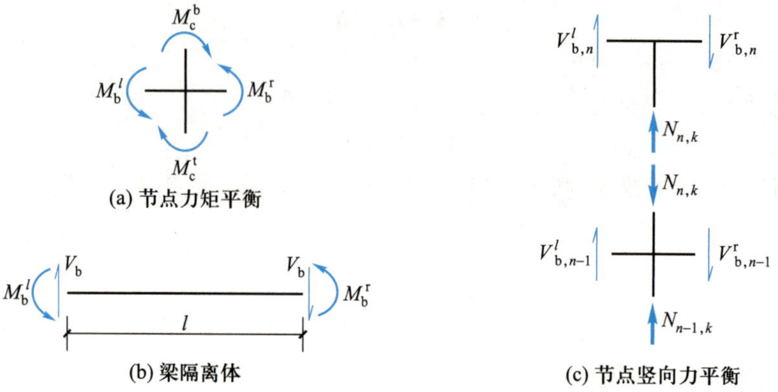

图 4.2.11　梁端弯矩、剪力和柱轴力的计算

4. 柱轴力

已知梁的剪力,从上到下利用节点的竖向力平衡条件,可求得柱的轴力(图 4.2.11c)。

三、计算步骤

上述反弯点法的计算过程可归纳如下:

在各层反弯点处切开$\xrightarrow{\text{剪力分配}}$柱反弯点处的剪力$\xrightarrow{V_{jk}\times\frac{h_j}{2}\left(\frac{h_1}{3}、\frac{2h_1}{3}\right)}$柱端弯矩$\xrightarrow{\text{节点力矩平衡}}$梁端弯矩$\xrightarrow{V_b=\frac{M_b^l+M_b^r}{l}}$梁剪力$\xrightarrow{\text{节点竖向力平衡}}$柱轴力。

4.2.4　水平荷载下多层刚架的 D 值法

反弯点法假定梁、柱线刚度比为无限大,从而得出各层柱的反弯点高度是一定值,各柱的抗侧刚度只与柱本身的刚度有关。如果刚架梁的线刚度并不比柱的线刚度大很多,节点转角位移为零的假定将会引起较大的误差。

实际上,对于两端同时存在转角位移和相对线位移的杆件,其转角位移方程为

$$\left.\begin{aligned} M_{AB} &= 4i\theta_A + 2i\theta_B - 6i\frac{\Delta u}{h} \\ M_{BA} &= 4i\theta_B + 2i\theta_A - 6i\frac{\Delta u}{h} \end{aligned}\right\} \tag{4.2.9}$$

可见:反弯点位置与柱上下节点的转角 θ_A、θ_B有关。当 $\theta_A=\theta_B$时,反弯点在中点;如果 $\theta_A>\theta_B$,则反弯点偏向 A 端;反之,偏向 B 端。而 θ_A、θ_B与梁柱刚度比、上下层梁的刚度、柱 AB 所处位置等因素有关。同样柱的抗侧刚度也与 θ_A、θ_B有关。

1933 年日本学者武藤清教授提出了修正柱的抗侧刚度和调整反弯点高度的一种方法,该方法称为修正反弯点法或 D 值法。

一、修正抗侧刚度 D

从图 4.2.12a 所示的刚架结构中,围绕柱 AB 选取对该柱抗侧刚度影响最大的一部分杆件来分析,如图 4.2.12b 所示。柱 AB 除了发生层间位移Δu 外,还存在转角位移 θ。

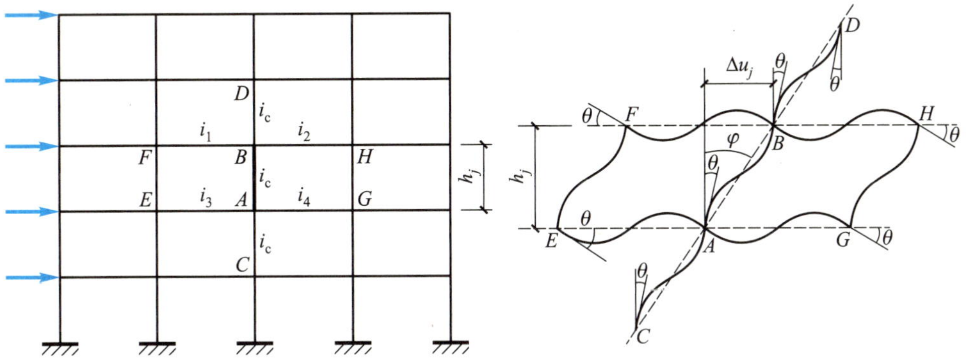

图 4.2.12 对柱 AB 抗侧刚度影响最大的相邻杆件

作如下简化假定:

(1) 柱 AB 两端节点及上下、左右相邻节点的转角均为 θ;

(2) 柱 AB 及与其上下相邻柱的弦转角均为 $\varphi=\Delta u_j/h_j$;

(3) 柱 AB 及与其上下相邻柱的线刚度均为 i_c。

根据式(4.2.9)转角位移方程,并利用上面 3 个假定,可以得到

$$\begin{cases}M_{AB}=4i_c\theta+2i_c\theta-6i_c\varphi=6i_c(\theta-\varphi)\\M_{BA}=6i_c(\theta-\varphi)\\M_{AC}=6i_c(\theta-\varphi)\\M_{BD}=6i_c(\theta-\varphi)\end{cases};\quad\begin{cases}M_{BF}=4i_1\theta+2i_1\theta=6i_1\theta\\M_{BH}=6i_2\theta\\M_{AE}=6i_3\theta\\M_{AG}=6i_4\theta\end{cases}$$

对节点 A、节点 B 分别取力矩平衡,有

$$\begin{cases}M_{AE}+M_{AB}+M_{AG}+M_{AC}=0\\M_{BF}+M_{BA}+M_{BH}+M_{BD}=0\end{cases}\Rightarrow\begin{cases}6\theta(i_3+i_4+2i_c)-12i_c\varphi=0\\6\theta(i_1+i_2+2i_c)-12i_c\varphi=0\end{cases}$$

将以上两式相加,化简后得到 θ 的表达式:$\theta=\dfrac{4i_c}{i_1+i_2+i_3+i_4+4i_c}\varphi=\dfrac{2}{2+K}\varphi$,其中

$$K=(i_1+i_2+i_3+i_4)/(2i_c) \tag{4.2.10}$$

柱 AB 的剪力 $V_{AB}=(M_{AB}+M_{BA})/h_j=12i_c(\varphi-\theta)/h_j$,将 θ 表达式代入后,得到

$$V_{AB}=\frac{12i_c}{h_j}\left(\varphi-\frac{2}{2+K}\varphi\right)=\frac{12i_c}{h_j}\frac{\Delta u_j}{h_j}\left(\frac{2+K-2}{2+K}\right)=\alpha_c\frac{12i_c}{h_j^2}\Delta u_j$$

式中 $\alpha_c=K/(2+K)$。

根据定义,柱 AB 的修正抗侧刚度

$$D_{AB}=\frac{V_{AB}}{\Delta u_j}=\alpha_c\frac{12i_c}{h_j^2} \tag{4.2.11}$$

上式与式(4.2.3)比较,其中的 α_c 反映了梁、柱线刚度比对柱抗侧刚度的影响,它是小于 1 的一个系数。当 $K\to\infty$ 时,$\alpha_c\to 1$,修正抗侧刚度退化为反弯点法采用的抗侧刚度,即两端没有转角时的柱抗侧刚度。

同理可推出底层柱的修正抗侧刚度。表 4-1 列出了各种情况下 α_c 值和 K 值的计算公式。

表 4-1 抗侧刚度修正系数 α_c 的计算公式

楼层		简图	K	α_c
一般层		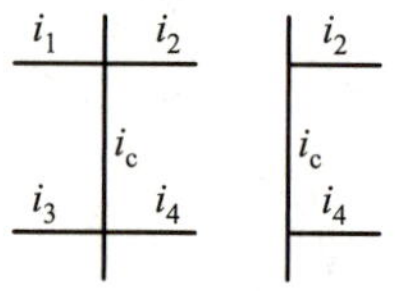	$K=\dfrac{i_1+i_2+i_3+i_4}{2i_c}$	$\alpha_c=\dfrac{K}{2+K}$
底层	固接	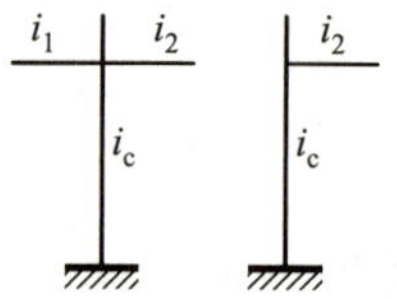	$K=\dfrac{i_1+i_2}{i_c}$	$\alpha_c=\dfrac{0.5+K}{2+K}$
	铰接	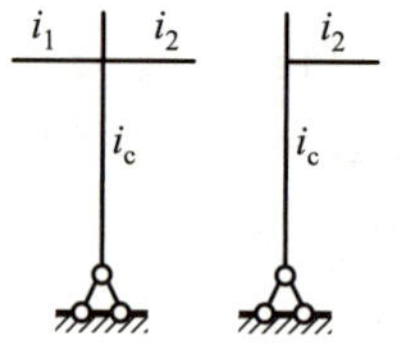	$K=\dfrac{i_1+i_2}{i_c}$	$\alpha_c=\dfrac{0.5K}{1+2K}$

注:边柱情况下,式中 i_1、i_3 取 0 值。

二、修正反弯点高度

对图 4.2.13a 所示受节点水平荷载作用的多层刚架,作如下假定:

(1) 同层各节点的转角相等;

(2) 横梁中点无竖向位移。

由假定(1),横梁的反弯点在梁的中点,因而此处可以简化为一个铰;再由假定(2),无竖向位移。因而此处可以简化为可动铰支座,图 4.2.13a 所示的整体结构可以拆分为图 4.2.13b 所示的部分结构。

各柱的反弯点高度与该柱上、下端的转角比值有关。影响转角的因素有:层数、柱子所在层次、梁柱线刚度比及上下层层高变化。上述影响因素可逐一考虑。

1. 梁柱线刚度比及层数、层次对反弯点高度的影响

考虑梁柱线刚度比、层数、层次对反弯点高度的影响时,假定刚架横梁的线刚度、刚架柱的线刚度和层高沿刚架高度不变,计算简图如图 4.2.14a 所示。采用结构力学中的无剪力分配法,可

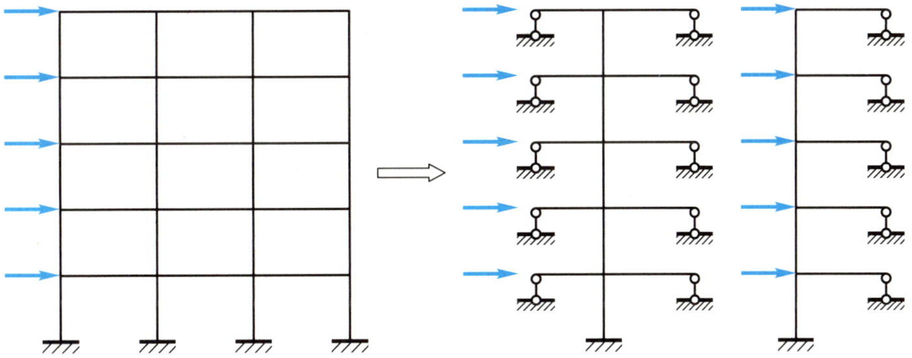

图 4.2.13 刚架在节点水平荷载下的简化计算简图

以求得各层柱的反弯点高度 y_0h，y_0称为标准反弯点高度比。为了方便使用，已制成专门的表格（见附录 D）可供查用。

2. 上下横梁线刚度比对反弯点高度的影响

考虑上下层横梁线刚度比对反弯点影响的计算简图如图 4.2.14b 所示，假定上层的横梁线刚度均为 i_2（如果是中柱，左右侧横梁分别为 i_1、i_2）；下层的横梁线刚度均为 i_4（如果是中柱，左右侧横梁分别为 i_3、i_4）。当上层横梁线刚度比下层小时，反弯点上移；反之下移。反弯点高度的变化值用 y_1h 表示，正号代表向上移动。y_1可根据上下横梁线刚度比 I 和 K 查附录，其中 $I=(i_1+i_2)/(i_3+i_4)$。当 $I>1$ 时，取 $1/I$ 查表，并将查得的 y_1冠以负号。对于底层柱，没有修正值 y_1，即取 $y_1=0$。

3. 层高变化对反弯点高度的影响

如果上、下层层高与某柱所在层的层高不同时，该柱的反弯点位置将不同于标准反弯点高度。上层层高发生变化反弯点位置的变动量用 y_2表示，下层层高发生变化反弯点位置的变动量用 y_3表示，计算简图分别见图 4.2.14c、图 4.2.14d。对于顶层柱，没有修正值 y_2；对于底层柱，没有修正值 y_3。

经过各项修正后，柱底到反弯点的高度 yh 为

$$yh=(y_0+y_1+y_2+y_3)\,h \tag{4.2.12}$$

按式(4.2.11)求得各柱的抗侧刚度、按式(4.2.12)求得各柱的反弯点高度后，即可按反弯点法的步骤求出各柱的剪力、弯矩和轴力，梁的弯矩和剪力。

4.2.5 刚架结构侧移的近似分析及限值

刚架结构的侧向位移主要由水平荷载引起，故一般仅进行水平荷载下的侧移计算。

由结构力学知识，结构的位移由各杆件的弯曲变形、轴向变形和剪切变形引起（如果存在支座沉降和温度变化，这两者也将产生结构位移）。刚架结构属于杆系结构，可以不考虑剪切变形的影响（对于剪力墙一类的构件，位移计算则必须考虑剪切变形的影响）。

一、由梁柱弯曲变形引起的侧移

由梁柱弯曲变形引起的侧移如图 4.2.15a 所示。顶点侧移 u_M为各层层间侧移之和，即

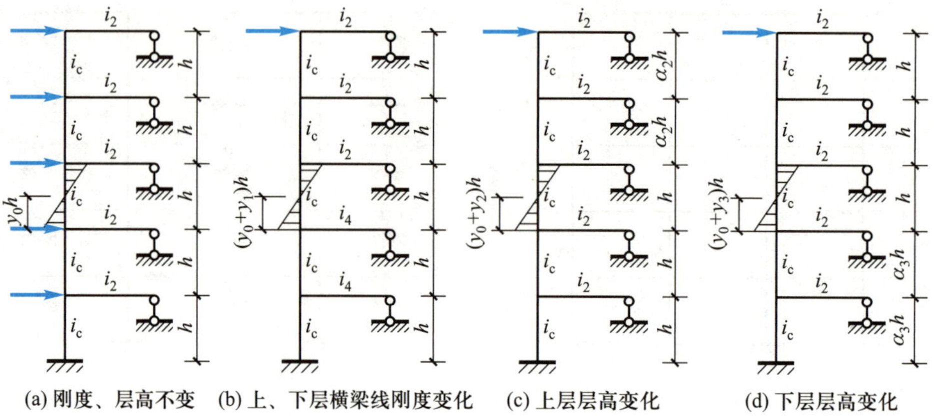

图 4.2.14 确定修正反弯点高度的计算简图

$$u_M = \sum_{j=1}^{n} \Delta u_j \tag{4.2.13}$$

其中层间位移 Δu_j 见式(4.2.5)。

二、由柱轴向变形引起的侧移

杆件轴向变形引起的位移计算公式为

$$u_N = \sum \int_0^H \frac{N_1 N_F}{EA} \mathrm{d}z \tag{1}$$

式中，$\sum$ 代表对所有柱子求和；N_1 为顶点作用单位水平力时柱子轴力；N_F 为水平外荷载作用下的柱子轴力；A 为柱子的截面面积；E 为弹性模量；H 为柱子总高度。

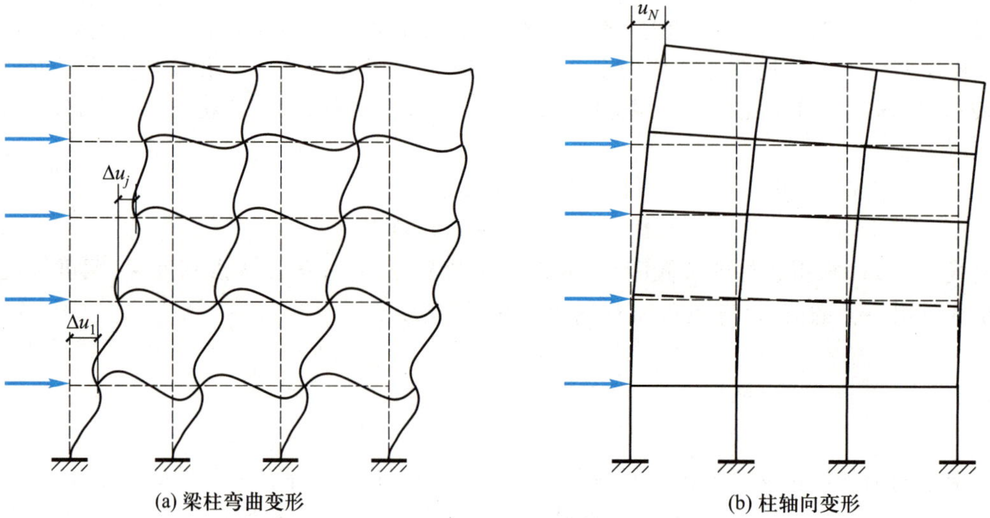

图 4.2.15 多层刚架在节点水平荷载下的变形

刚架在水平荷载作用下，一侧的柱子产生轴向拉力，另一侧的柱子产生轴向压力；外侧柱子的轴力大，内侧柱子的轴力小。为了简化，忽略内柱的轴力，并近似取外侧柱轴力为

$$N_z = \pm M_z / B$$

式中，M_z为上部水平荷载在任一高度 z 产生的力矩；B 为外侧柱之间的距离，即刚架宽度。

将节点水平荷载化为分布荷载 $q(y)$，在高度 z 处，有

$$\left.\begin{aligned} N_1 &= \pm \frac{1 \times (H - z)}{B} \\ N_F &= \pm \int_z^H \frac{q(y)(y - z)\mathrm{d}y}{B} \end{aligned}\right\} \tag{2}$$

将式(2)代入式(1)可得到由柱轴向变形引起的顶点侧移，与 $q(y)$ 的形式有关。假定柱截面沿高度不变化，则对于刚架受均匀分布水平荷载、倒三角形分布水平荷载和顶点集中水平荷载作用，刚架柱轴向变形引起的顶点侧移分别为

$$u_N = \begin{cases} \dfrac{1}{4}\dfrac{V_0 H^3}{EAB^2} & \text{（均匀分布荷载）} \\ \dfrac{11}{30}\dfrac{V_0 H^3}{EAB^2} & \text{（倒三角形荷载）} \\ \dfrac{2}{3}\dfrac{V_0 H^3}{EAB^2} & \text{（顶点集中荷载）} \end{cases} \tag{4.2.14}$$

式中，V_0是水平外荷载在刚架底面产生的总剪力。

从上式可以看出，房屋高度越高（H 越大）、宽度越窄（B 越小），由柱轴向变形引起的顶点侧移 u_N越大。计算表明，对于高度不大于 50 m 或高宽比 $H/B \leqslant 4$ 的钢筋混凝土刚架办公楼，柱轴向变形引起的顶点位移约占刚架梁柱弯曲变形引起的顶点侧移的 5%～11%。当高度和高宽比大于上述数值时，应考虑轴向变形的影响。

三、侧移限值

框架结构除了要保证梁的挠度不超过规定值外，尚应验算结构的侧向位移。结构侧向位移的验算包括层间位移和顶点位移，要求分别满足：

$$\left.\begin{aligned} u/H &\leqslant [u/H] \\ \Delta u/h &\leqslant [\Delta u/h] \end{aligned}\right\} \tag{4.2.15}$$

式中，　u、Δu——分别为按弹性方法计算所得结构顶点位移和最大层间位移；

h、H——分别为结构的层高和总高；

$[u/H]$、$[\Delta u/h]$——分别为框架结构顶点位移和层间位移限值，见表 1-11。

4.2.6　框架分析模型讨论

一、框架结构的侧移特性

【例 4-1】　图 4.2.16 a 所示两跨 8 层刚架，所有柱的截面抗弯刚度 EI_c相等、所有梁的截面抗弯刚度 EI_b相等，承受均匀的节点集中荷载 F。假定 $EI_b/EI_c = 4$、$l/h = 2$，计算各层的层间位移和侧向位移，比较梁、柱弯曲变形引起的侧移和柱轴向变形引起的侧移的特性。

【解】

(1) 楼层抗侧刚度

由式(4.2.11)，单根柱抗侧刚度：$D_{ji}=\alpha_c\dfrac{12EI_c}{h^3}$，其中 α_c 按表 4-1 计算。楼层抗侧刚度为该层各柱抗侧刚度之和。计算过程列于表 4-2。

表 4-2　楼层抗侧刚度

楼层	底层		2~8 层	
	中柱	边柱	中柱	边柱
K	$\dfrac{2\times EI_b/l}{EI_c/h}=4$	$\dfrac{EI_b/l}{EI_c/h}=2$	$\dfrac{4\times EI_b/l}{2\times EI_c/h}=4$	$\dfrac{2\times EI_b/l}{2\times EI_c/h}=2$
α_c	$\dfrac{0.5+4}{2+4}=0.75$	$\dfrac{0.5+2}{2+2}=0.625$	$\dfrac{4}{2+4}=2/3$	$\dfrac{2}{2+2}=0.5$
楼层抗侧刚度 D_j	$(0.75+2\times0.625)\times12EI_c/h^3=24EI_c/h^3$		$(2/3+2\times0.5)\times12EI_c/h^3=20EI_c/h^3$	

(2) 梁、柱弯曲变形引起的侧移

第 j 层层间剪力：$V_{Fj}=\sum\limits_{i=j}^{8}F_i=(9-j)F$

由式(4.2.5)，第 j 层梁、柱弯曲变形引起的层间侧移：$\Delta u_{Mj}=V_{Fj}/D_j$

j 层梁、柱弯曲变形引起的侧向位移：$u_{Mj}=\sum\limits_{i=1}^{j}\Delta u_i$

具体计算过程列于表 4-3。

(3) 柱轴向变形引起的侧移

式(4.2.14)仅给出了柱轴向变形引起的顶点侧移。为了了解其沿高度的变化情况，现计算各层侧移。

要计算 j 层与 $j-1$ 层的相对位移，即 j 层层间位移，可在 j 层和 $j-1$ 层作用一对单位力，如图 4.2.16b 所示。单位力作用下 j 层及以下各层边柱的轴力(j 层以上柱轴力为 0)：

$$N_1=1\times h/B$$

水平荷载 F 作用下，i 层倾覆力矩：$M_{Fi}=(9-i)(10-i)Fh/2$

i 层边柱的轴力：$N_{Fi}=M_{Fi}/B$

j 层层间侧移：$\Delta u_{Nj}=2\sum\limits_{i=1}^{j}\dfrac{N_1N_{Fi}h}{EA}$

j 层柱轴向变形引起的侧向位移：$u_{Nj}=\sum\limits_{i=1}^{j}\Delta u_{Ni}$

具体计算过程列于表 4-3。

表 4-3 侧移计算

楼层	梁、柱弯曲变形引起的侧移				柱轴向变形引起的侧移		
	楼层剪力 V_{Fj} (F)	楼层刚度 D_j (EI_c/h^3)	层间侧移 Δu_{Mj} [$Fh^3/(EI_c)$]	侧向位移 u_{Mj} [$Fh^3/(EI_c)$]	倾覆力矩 M_{Fi} (Fh)	层间侧移 Δu_{Nj} [$Fh^3/(EAB^2)$]	侧向位移 u_{Nj} [$Fh^3/(EAB^2)$]
1	8	24	0.333	0.333	36	72	72
2	7	20	0.35	0.683	28	128	200
3	6		0.30	0.983	21	170	370
4	5		0.25	1.233	15	200	570
5	4		0.20	1.433	10	220	790
6	3		0.15	1.583	6	232	1 022
7	2		0.10	1.683	3	238	1 260
8	1		0.05	1.733	1	240	1 500

(4) 侧移特性比较

设正方形柱的截面高度为 h_c，假定 $h/h_c=6$，则 $I_c=h_c^4/12$，$AB^2=576h_c^4$。柱轴向变形在顶点位移中所占比值 $u_N/(u_M+u_N)=0.11$。

从表 4-3 可以发现，由梁、柱弯曲变形引起的层间侧移（侧移增量）自下向上越来越小，这与悬臂构件剪切变形引起的侧移类似，故称“**剪切型**”（shear-type）**侧移曲线**（lateral displacement curve）；而由柱轴向变形引起的层间侧移自下向上越来越大，这与悬臂构件弯曲变形引起的侧移类似，故称“**弯曲型**”（flexure-type）侧移曲线。由于梁、柱弯曲变形在总侧移曲线中占大部分，所以刚架结构的总侧移曲线呈“剪切型”，见图 4.2.16c。

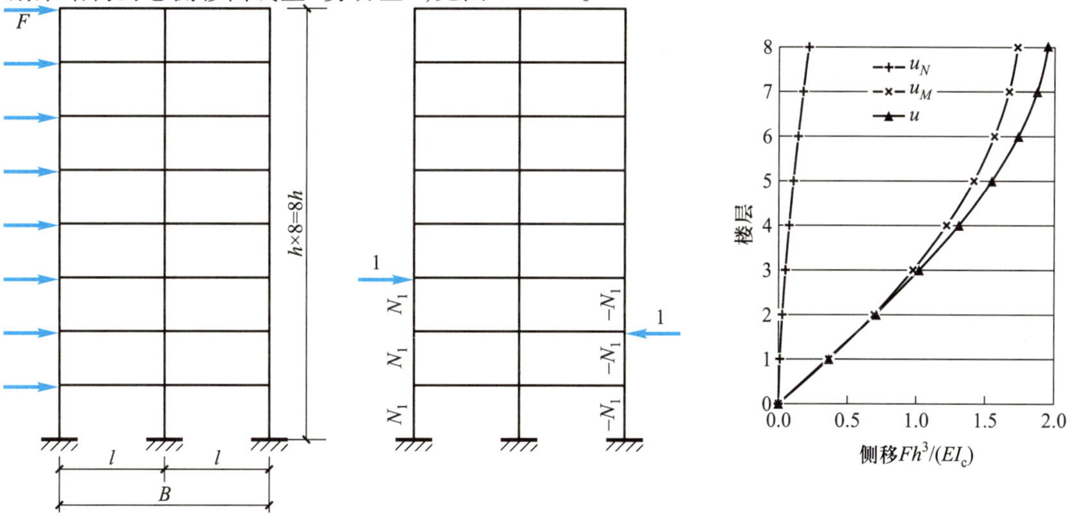

(a) 计算简图 (b) N_1图 (c) 侧移曲线

图 4.2.16 多层规则框架侧移特性

二、复式框架

D 值法一般仅适用于规则框架,但对于某些复式框架(compound frame),也可以用 D 值法计算。

【例 4-2】 图 4.2.17a 所示复式框架,横梁刚度无限大。求顶部水平荷载 F 作用下柱 5 的剪力。

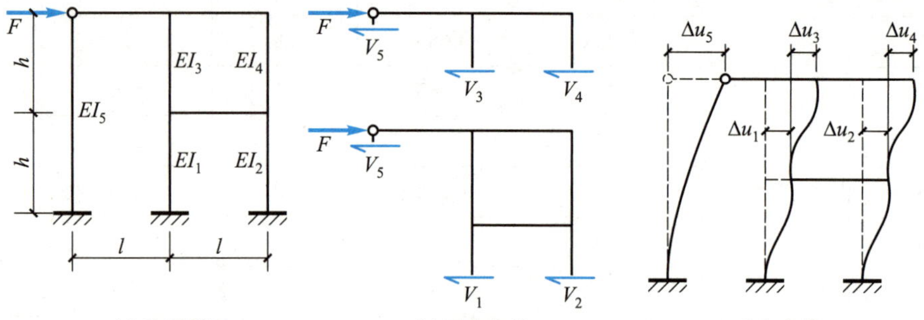

图 4.2.17 复式框架水平荷载下的分析

【解】 与规则框架一样,需要利用平衡条件、物理条件和几何条件。

(1) 平衡方程

当横梁刚度为无限大时,刚架柱(柱 1~柱 4)的反弯点在柱子高度的中点;排架柱(柱 5)的反弯点在柱顶。在反弯点处切开,取隔离体如图 4.2.17b 所示,柱 1~柱 5 的剪力分别用 V_1~ V_5 表示。利用水平力平衡条件可以得到平衡方程:

$$\left.\begin{aligned}V_3+V_4+V_5=F\\V_1+V_2+V_5=F\end{aligned}\right\} \tag{1}$$

(2) 几何方程

水平荷载作用下框架的变形如图 4.2.17c 所示,不考虑横梁的轴向变形时,有几何方程

$$\left.\begin{aligned}\Delta u_1=\Delta u_2\\\Delta u_3=\Delta u_4\\\Delta u_1+\Delta u_4=\Delta u_5\end{aligned}\right\} \tag{2}$$

(3) 物理方程

柱 1~柱 4 为两端固接的杆件,其抗侧刚度为 $D_i=12EI_i/h^3$,$i=1,2,3,4$;柱 5 为一端固接另一端铰接的杆件,抗侧刚度 $D_5=3EI_5/(2h)^3$。物理方程为

$$\left.\begin{aligned}V_i=D_i\cdot\Delta u_i\quad(i=1,2,3,4)\\V_5=D_5\cdot\Delta u_5\end{aligned}\right\} \tag{3}$$

(4) 柱剪力

联列方程(1)、(2)、(3),可求得柱 5 的剪力

$$V_5=\frac{D_5}{D_5+D_{1234}}F$$

其中$\dfrac{1}{D_{1234}}=\dfrac{1}{D_{12}}+\dfrac{1}{D_{34}}$；$D_{12}=D_1+D_2$；$D_{34}=D_3+D_4$。

从该例题可以看出，当集中荷载作用在柱顶时，两根并列柱的合并抗侧刚度是两者抗侧刚度之和，而两根串联柱的合并抗侧刚度的倒数是两者抗侧刚度的倒数之和。

三、框架结构的二阶效应

1. 二阶效应含义

在框架结构的线弹性分析方法中，结构变形后的平衡方程仍然用结构变形前的轴线尺寸，忽略了变形对内力的影响。在此前提下，结构的内力和变形与荷载呈线性关系，可以运用叠加原理。

对于图 4.2.18a 所示框架，按线弹性分析，水平荷载和竖向荷载下内力可以分别计算，其中竖向荷载 P 仅在柱中产生轴力。实际上由于水平荷载下结构产生侧向位移 Δ，竖向荷载（重力荷载）P 将引起附加内力，从而使结构的内力和变形增大。对于图 4.2.18b 所示偏心受压构件，由于发生挠曲变形 δ，轴压力 P 将产生附加弯矩和变形。这种因作用在结构上的重力或构件中的轴压力在变形后的结构或构件中引起的附加内力和附加变形称为**二阶效应**（second-order effects），前者称为**侧移二阶效应**（lateral second-order effects）或 $P-\Delta$ 效应，在结构分析时考虑；后者称为**挠曲二阶效应**（deflection second-order effects）或 $P-\delta$ 效应，在构件设计时考虑。考虑二阶效应的分析方法称为**二阶分析方法**（second-order analysis method），而把不考虑二阶效应的分析方法称为**一阶分析方法**（first-order analysis method）。

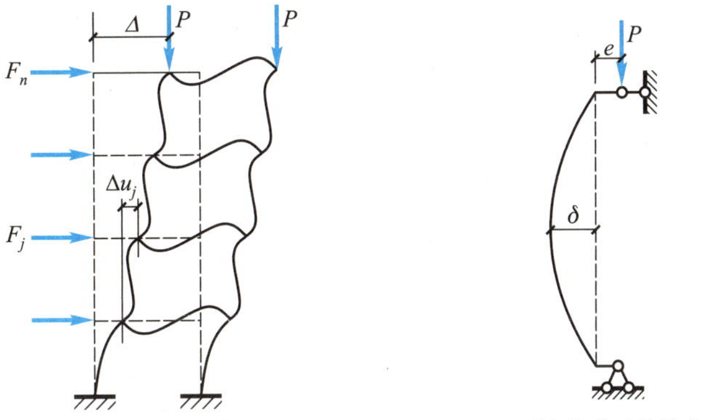

图 4.2.18　结构的重力二阶效应

二阶分析属几何非线性问题，相当复杂，体现在：第一，内力和变形与加载次序有关，叠加原理不再适用；第二，非线性方程组的求解需要迭代。下面介绍规范所推荐的近似分析方法。

2. 理想剪切型框架 $P-\Delta$ 效应分析方法

节点转角为零的框架称**理想剪切型框架**（ideal shear-type frame）。节点转角为零，意味着梁、柱线刚度比无限大，柱上、下端的弹性抗转刚度无限大，柱的边界约束情况如图 4.2.19 所示。设第 j 柱的轴向压力为 N_j，受到的水平剪力为 F_j，层间侧移用 Δu_j表示，柱上端弯矩用 M_c^t 表示。

在变形后的位置列平衡方程。距离柱底 x 截面的弯矩：

$$M(x)=M_c^t-F_j(h_j-x)-N_j(\Delta u_j-y)$$

利用挠度曲线的近似微分方程 $EI_j y''=-M(x)$，得到

$$y''+\alpha^2 y=\frac{F_j(h_j-x)}{EI_j}+\alpha^2\Delta u_j-\frac{M_c^t}{EI_j'}$$

式中 $\alpha^2=N_j/EI_j$。

微分方程的解：

$$y=A\sin(\alpha x)+B\cos(\alpha x)+\Delta u_j+\frac{F_j h_j(1-x/h_j)}{\alpha^2 EI_j}-\frac{M_c^t}{\alpha^2 EI_j}$$

包含 A、B 等 2 个待定常数和 Δu_j、M_c^t 等 2 个未知量。

根据边界条件：$x=0,y=0$、$y'=0$；$x=h_j,y=\Delta u_j$、$y'=0$。可求得

$$\begin{cases}A=\dfrac{F_j}{\alpha^3 EI_j}\\[2ex] B=\dfrac{M_c^t}{\alpha^2 EI_j}-\Delta u_j-\dfrac{F_j h_j}{\alpha^2 EI_j}\end{cases};$$

$$\begin{cases}M_c^t=\dfrac{F_j h_j[1-\cos(\alpha h_j)]}{(\alpha h_j)^2\sin(\alpha h_j)/(\alpha h_j)}\\[2ex] \Delta u_j=\dfrac{2[1-\cos(\alpha h_j)]/(\alpha h_j)^2-\sin(\alpha h_j)/(\alpha h_j)}{(\alpha h_j)^2\sin(\alpha h_j)/(\alpha h_j)}\dfrac{F_j h_j^3}{EI_j}\end{cases}$$

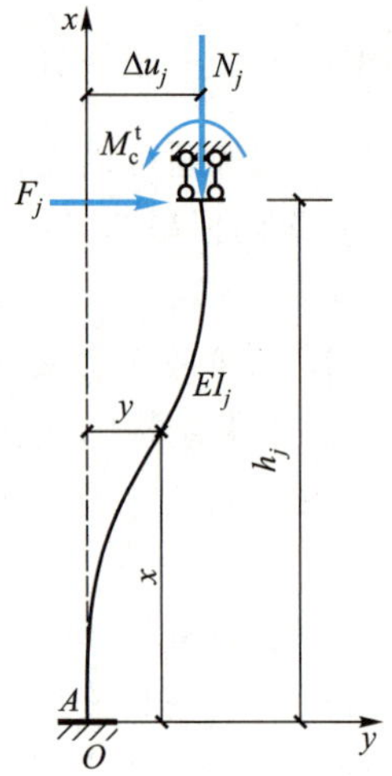

图 4.2.19 剪切型框架 P-Δ 效应分析模型

容易发现 $M_c^b=M_c^t-F_j h_j-N_j\Delta u_j=-M_c^t$，即柱上、下端的弯矩值相等。

将考虑二阶效应的柱端弯矩与一阶分析的柱端弯矩的比值定义为**弯矩增大系数**(moment amplification factor)，考虑二阶效应的层间位移与一阶分析的层间位移的比值定义为**侧移增大系数**(drift amplification factor)。

由反弯点法，一阶分析的柱端弯矩和层间侧移分别为 $M_{c0}^t=F_j h_j/2$；$\Delta u_{j0}=F_j h_j^3/(12EI_j)$。所以弯矩增大系数 η_M 和侧移增大系数 η_Δ 分别为

$$\eta_M=\frac{2[1-\cos(\alpha h_j)]/(\alpha h_j)^2}{\sin(\alpha h_j)/(\alpha h_j)};\eta_\Delta=12\frac{2[1-\cos(\alpha h_j)]/(\alpha h_j)^2-\sin(\alpha h_j)/(\alpha h_j)}{(\alpha h_j)^2\sin(\alpha h_j)/(\alpha h_j)}$$

为便于应用，规范对增大系数进行了简化。将弯矩增大系数中的三角函数级数展开，取前几项。近似取

$$\frac{\sin(\alpha h_j)}{\alpha h_j}\approx\frac{\alpha h_j-(\alpha h_j)^3/6}{\alpha h_j}=1-\frac{(\alpha h_j)^2}{6};\frac{1-\cos(\alpha h_j)}{(\alpha h_j)^2}\approx\frac{(\alpha h_j)^2/2-(\alpha h_j)^4/24}{(\alpha h_j)^2}=\frac{1}{2}-\frac{(\alpha h_j)^2}{24}$$

于是有

$$\eta_s=\frac{1-(\alpha h_j)^2/12}{1-(\alpha h_j)^2/6}=\frac{[1-(\alpha h_j)^2/12][1+(\alpha h_j)^2/12]}{[1-(\alpha h_j)^2/6][1+(\alpha h_j)^2/12]}$$

上式略去高阶项 $(\alpha h_j)^4$ 后有

$$\eta_s=\frac{1}{1-(\alpha h_j)^2/12} \tag{4.2.16a}$$

注意到 $\alpha^2=N_j/EI_j$、理想剪切型框架的抗侧刚度 $D_j=12EI_j/h_j^3$，上式可以表示为

$$\eta_s=\frac{1}{1-N_j/(D_jh_j)} \tag{4.2.16b}$$

3. 钢框架结构 $P\text{-}\Delta$ 效应的近似分析方法

对于钢框架，当 $\sum_{i=1}^{m} N_{ji}/V_{Fj}\cdot\Delta u_j/h_j>0.1$ 时宜采用二阶弹性分析方法。按下式计算各杆件的杆端弯矩（图 4.2.20）：

$$M_{\mathrm{II}}=M_{\mathrm{Ib}}+\alpha_{2j}M_{\mathrm{Is}} \tag{4.2.17a}$$

$$\alpha_{2j}=\left[1-\frac{\sum_{i=1}^{m}N_{ji}}{V_{Fj}}\cdot\frac{\Delta u_j}{h_j}\right]^{-1} \tag{4.2.17b}$$

式中，M_{Ib}——按无侧移框架用一阶弹性分析方法求得的杆端弯矩（图 4.2.20b）；

M_{Is}——水平荷载下用一阶弹性分析方法求得的杆端弯矩（图 4.2.20c）；

α_{2j}——考虑二阶效应第 j 层各杆件的侧移、弯矩增大系数；

N_{ji}——第 j 层第 i 根柱（共 m 根）的轴向压力基本组合值；

h_j、Δu_j——第 j 层的层高和层间位移；

V_{Fj}——第 j 层的层间剪力，除了考虑水平荷载 F_j，在每层节点还有假想水平力（hypothetical horizontal force）H_{nj}，按下式计算

$$H_{nj}=\frac{Q_j}{250}\sqrt{0.2+1/n}\sqrt{\frac{f_{yk}}{235}} \tag{4.2.17c}$$

其中 Q_j 为第 j 层的总重力荷载设计值；f_{yk} 为钢材屈服强度标准值，（Q235 钢取 1.0，Q345、Q390 钢取 1.2），Q420 钢取 1.25；n 为框架的总层数，≥1。

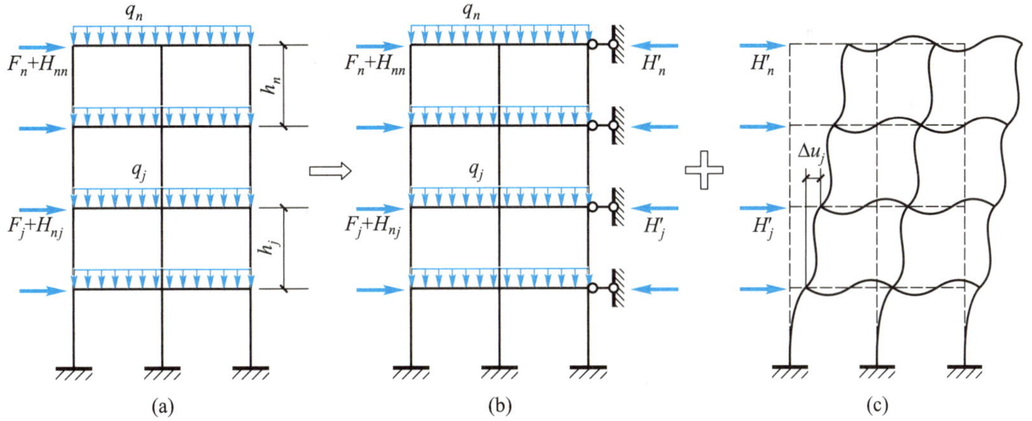

图 4.2.20　钢框架结构的近似二阶分析

4. 混凝土框架结构 P—Δ 效应的近似分析方法

对于混凝土框架，当第 j 层 $\sum_{i=1}^{m} N_{ji}/(D_jh_j)>0.05$ 时，应考虑 $P\text{-}\Delta$ 效应。对未考虑 $P\text{-}\Delta$ 效应的一阶弹性分析所得的柱端弯矩、梁端弯矩以及层间位移按下式乘以增大系数 η_s：

$$M=M_{ns}+\eta_sM_s \tag{4.2.18a}$$

$$\Delta=\eta_s\Delta_1 \tag{4.2.18b}$$

$$\eta_s=\left[1-\frac{\sum_{i=1}^{m}N_{ji}}{D_jh_j}\right]^{-1} \tag{4.2.18c}$$

式中，M_s——引起结构侧移的荷载或作用所产生的一阶弹性分析构件端弯矩基本组合值；

M_{ns}——不引起结构侧移荷载产生的一阶弹性分析构件端弯矩基本组合值；

Δ_1——一阶弹性分析的层间位移；

D_j——第 j 层的楼层抗侧刚度；其余符号同上。

4.3 框架结构构件设计

4.3.1 设计内力

4.3 框架结构构件设计

一、控制截面

在层高范围内框架柱是等截面的，每个截面具有相同的抗力；而框架柱的弯矩、轴力等内力沿柱高为线性变化，因此可取各层柱的上、下端截面作为控制截面。

框架梁在一跨范围内也是等截面的。两端的剪力和负弯矩最大，跨中的正弯矩最大，因而控制截面有三个：左、右端截面和跨中截面。

二、竖向可变荷载的最不利布置

为了得到控制截面的最不利内力，需要考虑可变荷载的最不利布置。可变荷载的最不利作用位置可以借助影响线确定。

对于图 4.3.1 所示的多层框架，欲求某跨梁 AB 的跨中 C 截面最大正弯矩荷载最不利位置，可先作 M_C 的影响线。去掉与 M_C 相应的约束（即将 C 点改为铰），使结构沿约束力的正向产生单位虚位移 $\theta_C=1$，由此可得到整个结构的虚位移图，如图 4.3.1a 所示。为求梁 AB 跨内最大正弯矩，只须在产生正向虚位移的跨间均布置可变荷载，亦即除该跨布置可变荷载外，其他各跨应相间布置，同时在竖向亦相间布置，形成棋盘形间隔布置，如图 4.3.1b 所示。可以看出，AB 跨达到跨内弯矩最大时的可变荷载最不利布置，也正好使其他布置可变荷载跨的跨内弯矩达到最大值。因此，只要进行二次棋盘形可变荷载布置，便可求得整个框架中所有梁的跨内最大正弯矩。

梁端或柱端最大弯矩的可变荷载最不利布置亦可用上述方法得到，但稍复杂。

显然，柱最大轴向力的可变荷载最不利布置，是在该柱以上的各层中、与该柱相邻的梁跨内都布满可变荷载。

当竖向荷载下内力采用分层法计算时，对于梁只需考虑可变荷载在本层的不利布置，其布置方法与连续梁相同；对于柱端弯矩，只需考虑柱相邻上下层的可变荷载的不利布置。如果跨数不是很多，可将可变荷载逐跨单独作用在开口框架上，分别计算结构的内力，然后根据所设计构件的某个截面组合出最不利内力。

当竖向可变荷载产生的内力小于永久荷载及水平荷载所产生的内力时，可不考虑可变荷载

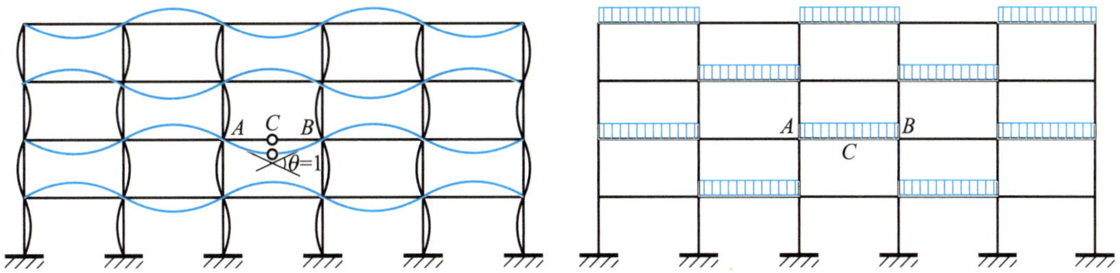

(a) 跨中弯矩影响线　　(b) 跨中最大弯矩荷载最不利布置

图 4.3.1 多层框架梁跨内最大弯矩的最不利可变荷载布置

的最不利布置，而把竖向可变荷载同时作用于所有的框架梁上。这样求得的内力在支座处与按最不利荷载位置法求得的内力极为相近，可直接进行内力组合。但求得的梁跨中弯矩比最不利荷载位置法的计算结果要小，因此对梁跨中弯矩应乘以 1.1~1.2 的系数予以增大。

三、设计内力的修正

弹性内力分析所得到的梁端弯矩、剪力是轴线处的内力，截面设计时可取梁端柱边的弯矩和剪力。由图 4.3.2，梁端柱边的弯矩和剪力可近似按下式计算：

$$\left.\begin{aligned}M&=M_0-V_0\frac{h_c}{2}\\V&=V_0-(g+q)\frac{h_c}{2}\end{aligned}\right\}\qquad(4.3.1)$$

式中，M、V——柱边截面的弯矩和剪力；

M_0、V_0——内力分析得到的轴线处的弯矩和剪力；

g、q——作用在梁上的竖向分布永久荷载和可变荷载；

h_c——柱的截面高度。

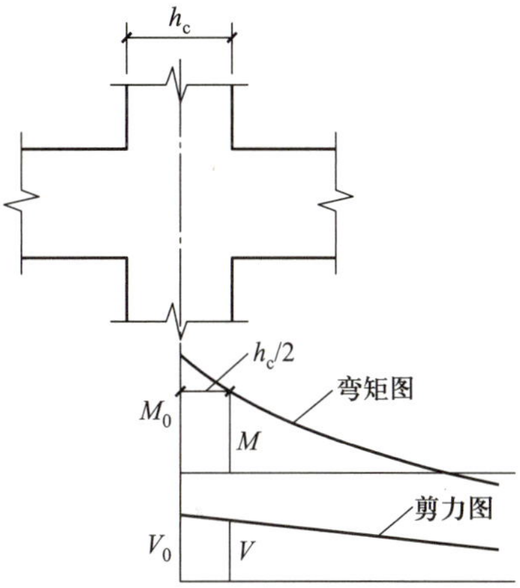

图 4.3.2 梁柱边截面的弯矩和剪力

当计算水平荷载或竖向集中荷载产生的内力时，则 $V=V_0$。

四、梁端弯矩调幅

前面介绍的框架结构内力分析采用的是弹性理论，并且假定梁、柱节点是完全刚性的。实际上，当梁端截面首先出现塑性后，将发生与连续梁类似的内力重分布；另外，对于混凝土装配式框架和装配整体式框架，节点并非完全刚性，梁端实际弯矩将小于其弹性计算值。因此，在进行框架结构设计时，一般对梁端弯矩进行调幅，以使内力分布更符合实际情况，并方便施工和简化支座处的节点构造。

设某框架梁 AB 在竖向荷载作用下，梁端最大负弯矩分别为 M_{A0}、M_{B0}，梁跨内最大正弯矩为 M_{C0}，则调幅后梁端弯矩可取

$$\left.\begin{aligned}M_A&=(1-\beta)M_{A0}\\M_B&=(1-\beta)M_{B0}\end{aligned}\right\}\qquad(4.3.2)$$

式中，β 为弯矩调幅系数，对于现浇混凝土框架，可取 $\beta=0.1\sim0.2$；对于装配整体式框架，一般取

$\beta=0.2\sim0.3$。

梁端弯矩调幅后，在相应荷载作用下的跨内弯矩必将增加，这时应校核该梁的静力平衡条件，即调幅后梁端弯矩 M_A、M_B 的平均值与跨内最大正弯矩 M_{C0} 之和应大于按简支梁计算的跨中弯矩值 M_0。

$$\frac{|M_A+M_B|}{2}+M_{C0}\geqslant M_0 \tag{4.3.3}$$

弯矩调幅只对竖向荷载作用下的内力进行，即水平荷载作用下产生的弯矩不参加调幅。因此，弯矩调幅应在内力组合之前进行。同时还要注意，梁截面设计时所采用的跨中设计弯矩不应小于简支梁跨中弯矩的一半。

五、内力组合

多层框架柱属压弯（偏心受力）构件，控制内力为弯矩和轴力，其最不利内力组合与单层排架柱相同。对钢柱组合最大弯矩及相应的轴力、最大轴力及相应的弯矩；对钢筋混凝土柱和型钢混凝土柱尚需组合最小轴力及相应的弯矩。

框架梁属受弯构件，控制内力为弯矩和剪力，最不利内力组合有：梁端截面的最大弯矩及最大剪力、跨中截面的最大弯矩。

六、荷载组合

多层框架结构的荷载组合方法与单层框架结构（单层排架和单层刚架）相同。因可变荷载仅风荷载和楼面可变荷载 2 项，共有三种组合方式：

（1）1.2×永久荷载标准值产生的内力+1.4×楼面可变荷载标准值产生的内力+1.4×风荷载组合值产生的内力

（2）1.2×永久荷载标准值产生的内力+1.4×风荷载标准值产生的内力+1.4×楼面可变荷载组合值产生的内力

（3）1.35×永久荷载标准值产生的内力+1.4×（风荷载组合值产生的内力+楼面可变荷载组合值产生的内力）

对于抗震设防区尚需考虑水平地震作用效应组合：

1.2×重力荷载标准值产生的内力+1.3×水平地震作用标准值产生的内力

4.3.2 钢筋混凝土构件设计

一、框架梁、柱

框架梁截面计算内容包括：承载能力极限状态的正截面承载力和斜截面承载力计算；正常使用极限状态的裂缝宽度和挠度验算。对于非抗震，钢筋混凝土框架梁的截面计算方法及构造要求与第 2 章梁板结构中的主梁基本相同。

框架柱截面计算内容包括：承载能力极限状态的正截面受压承载力和斜截面承载力计算；正常使用极限状态的裂缝宽度验算（对 $e_0/h_0\leqslant0.55$ 的偏心受压柱可不验算裂缝宽度）。

框架柱的斜截面承载力按下式计算：

$$V\leqslant\frac{1.75}{\lambda+1}f_tbh_0+f_{yv}\frac{A_{sv}}{s}h_0+0.07N \tag{4.3.4}$$

式中，λ——计算截面的剪跨比，当反弯点在层高范围内时可以取 $\lambda=H_n/(2h_0)$，其中 H_n 为柱净高；$1\leqslant\lambda\leqslant3$；

N——与剪力设计值相对应的轴向力设计值，当 $N\geqslant0.3f_cA$ 时，取 $N=0.3f_cA$。

二、框架节点

节点是保证框架结构整体工作的重要部位。对于非抗震设防区，框架节点的承载能力一般通过采取适当的构造措施来保证，不必专门计算。

1. 一般要求

框架节点区的混凝土强度等级：对于现浇框架一般与柱的混凝土强度等级相同；对于装配整体式框架则要求比预制构件的混凝土强度等级提高一级。

节点的截面尺寸一般与柱相同。对于顶层边节点，梁的截面尺寸应满足下式要求：

$$0.35\beta_c f_c b_b h_0 \geqslant A_s f_y \tag{4.3.5}$$

式中，A_s——顶层端节点处梁上部纵向钢筋的截面面积；

b_b、h_0——分别为梁腹板宽度和截面有效高度；

β_c——混凝土强度影响系数，当混凝土强度等级不超过 C50 时，取 $\beta_c=1.0$；当混凝土强度等级为 C80 时，取 $\beta_c=0.8$；其间按线性内插法确定。

节点内应设置水平箍筋，其要求与柱相同，但间距不宜大于 250 mm。当顶层端节点内设有梁上部纵向钢筋和柱外侧纵向钢筋的搭接接头时，节点内水平箍筋应满足纵筋搭接范围内的箍筋设置要求。

2. 柱纵筋的连接以及在节点区的锚固

为了施工方便，柱纵向钢筋的连接接头一般设在楼层处。连接接头应相互错开，同一连接区段内纵向受拉钢筋的接头面积百分比不宜超过 50%。其中连接区段长度按下列规定确定：对绑扎搭接取 1.3 倍**搭接长度**(splicing length)，而搭接长度 l_l 与接头面积百分比有关，当接头面积百分比小于 25%时为 $1.2l_a$(l_a 为纵向受拉钢筋的锚固长度)，当接头面积百分比为 50%时为 $1.4l_a$；对机械连接接头和焊接接头取 $35d$(d 为纵向钢筋的最大直径)。

纵向受力钢筋绑扎搭接长度 l_l 范围内的箍筋间距：当钢筋受拉时，不大于较小纵筋直径的 5 倍，且不大于 100 mm；当钢筋受压时，不大于较小纵筋直径的 10 倍，且不大于 200 mm，见图 4.3.3a。对于变截面柱，当斜度不大于 1∶6 时，下柱纵筋直接弯折与上柱纵筋搭接，见图 4.3.3b；否则应将上柱纵筋锚入下柱内，见图 4.3.3c。

柱纵向钢筋锚入顶层节点的长度自梁底算起不应小于锚固长度 l_a，并必须伸至柱顶，见图 4.3.4a；当顶层梁高小于 l_a 时，柱纵筋伸至柱顶后可向内水平弯折，弯折前的竖直段长度不应小于 $0.5l_{ab}$(l_{ab} 是受拉钢筋基本锚固长度)，弯折后水平段长度不宜小于 $12d$，见图 4.3.4b；当顶层为现浇混凝土板且厚度不小于 80 mm 时，柱纵筋也可以向外水平弯折，见图 4.3.4c。

3. 梁纵筋在节点区的锚固

框架梁上部纵向钢筋在中间节点一般是贯通的，当需要在节点处锚固时，伸入节点的长度不应小于 l_a，且应伸过柱中心线 $5d$，见图 4.3.5a；当柱截面尺寸不足时，可伸至节点对边后向下弯折，弯折前的水平段长度不小于 $0.4l_{ab}$，弯折的竖直段不小于 $15d$，见图 4.3.5b、c。

框架梁下部纵向钢筋当计算中不利用该钢筋的强度时，或利用其抗压强度时，按梁板结构中的主梁处理；当计算中需利用该钢筋的抗拉强度时(即支座处下面受拉)，伸入节点的长度不小

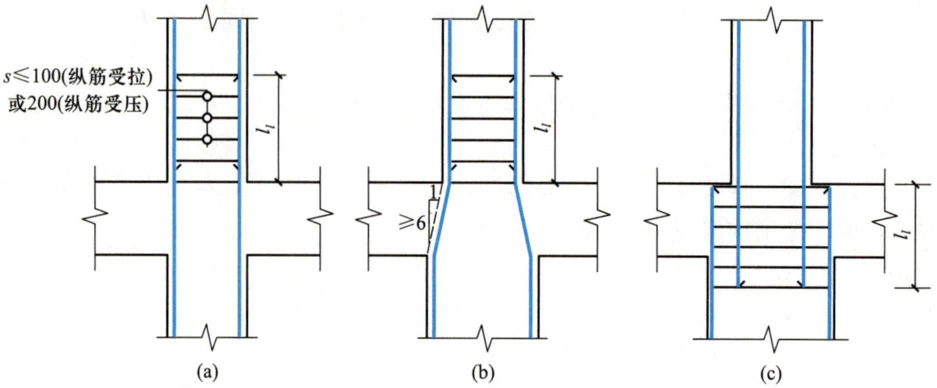

图 4.3.3　柱纵向钢筋的搭接

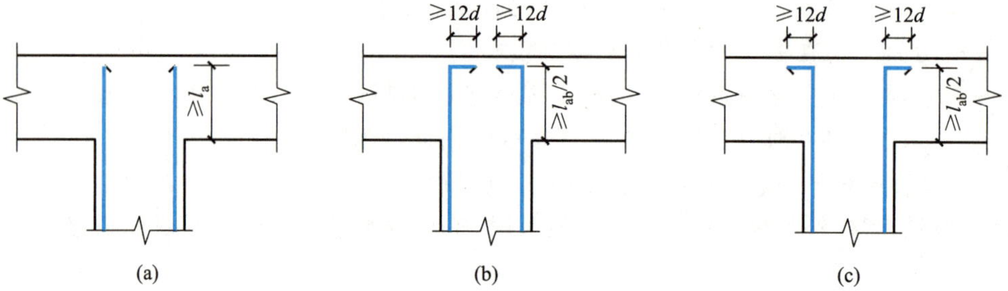

图 4.3.4　柱纵向钢筋在顶层节点的锚固

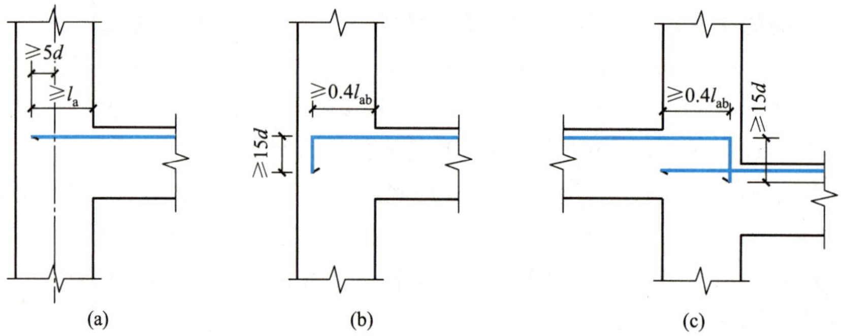

图 4.3.5　梁上部纵向钢筋的锚固

于 l_a，如图 4.3.6a 所示；当柱子截面尺寸不足时，可向上弯折，弯折前的水平段长度不小于 $0.4l_{ab}$，弯折的竖直段不小于 $15d$，见图 4.3.6b、c。

4. 梁上部纵筋与柱外侧纵筋在顶层边节点的搭接

顶层边节点梁上部纵向与柱外侧纵向钢筋的搭接可采用两种方案。一种是将柱外侧纵向钢筋伸入梁内，其搭接长度不小于 $1.5l_{ab}$；对于无法伸入梁内的梁宽范围以外的柱角筋，可伸至柱内边后向下弯折，弯折长度不小于 $8d$，但其数量不宜超过全部外侧纵向钢筋的 35%，见图 4.3.7a。另一种方案是柱外侧纵向钢筋伸至柱顶，将梁上部纵向钢筋伸入柱内，竖直段搭接长度不小于 $1.7l_{ab}$，见图 4.3.7b。

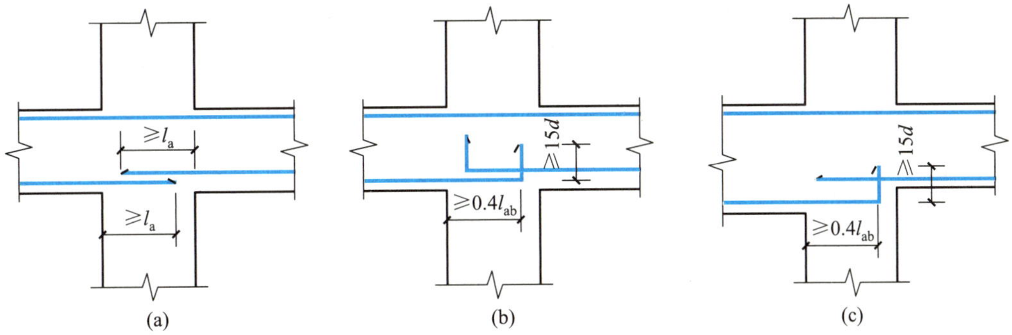

图 4.3.6 梁下部纵向钢筋的锚固

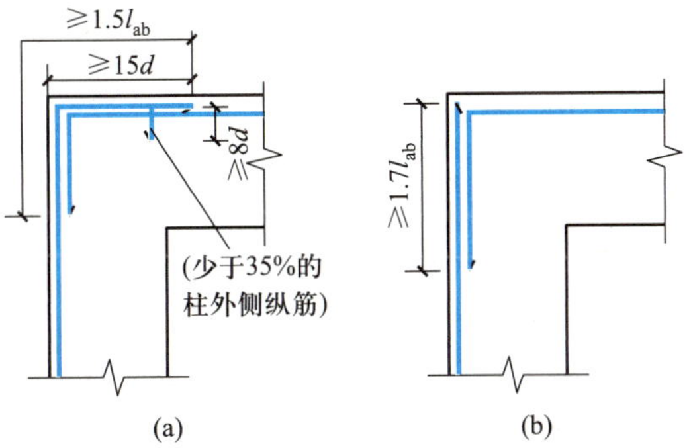

图 4.3.7 顶层边节点纵筋的搭接

4.3.3 钢构件设计

一、框架梁、柱

当多层框架采用混凝土楼板(钢筋混凝土楼板或压型钢板组合楼板),并与钢梁有可靠连接时,可不考虑轴力的影响,按受弯构件设计钢梁。由于楼板能阻止梁受压翼缘的侧向变形,钢梁可不计算整体稳定性,仅进行承载能力极限状态的强度计算、局部稳定计算和正常使用极限状态的挠度验算。

框架柱按压弯构件,进行承载能力极限状态的强度、整体稳定和局部稳定计算。多层框架柱平面内的计算长度取值与框架类型和分析方法有关。

对于无支撑的纯框架(unbraced frame),当采用一阶弹性分析方法时,框架柱的计算长度系数按有侧移框架的附表 C.3.2 确定;当采用二阶弹性分析方法,且在每层柱节点加上式(4.2.17c)的假想水平力时,框架柱的计算长度系数取 1.0。

当框架设有竖向桁架、剪力墙、筒体等抗侧力结构时,称为支撑框架。支撑框架根据其侧移刚度 S_b 的大小又分为强支撑框架(frame braced with strong bracing system)和弱支撑框架(frame braced with weak bracing system)。当支撑框架的侧移刚度满足下式时称为强支撑框架,否则为弱支撑框架。

$$S_b \geqslant 3(1.2\sum N_{bj}-\sum N_{0j}) \tag{4.3.6}$$

式中，$\sum N_{bj}$、$\sum N_{0j}$——分别为第 j 层所有柱按无侧移框架和有侧移框架柱算得的轴压杆稳定承载力之和；

S_b——第 j 层产生单位层间位移角（层间位移 Δu 与层高 h 的比值）所施加的水平力。

对于强支撑框架，框架柱的计算长度系数按无侧移框架的附表 C.3.1 确定；对于弱支撑框架，框架柱的轴压杆稳定系数 φ 按下式计算：

$$\varphi=\varphi_0+(\varphi_1-\varphi_0)\ S_b/[3(1.2\sum N_{bj}-\sum N_{0j})] \tag{4.3.7}$$

式中 φ_1、φ_0 分别为按有侧移框架和无侧移框架计算柱算得的轴压杆稳定系数。

二、框架节点

1. 梁与柱的连接

多层框架节点一般采用柱贯通型。梁与柱的铰接连接在第 2 章已介绍过，下面主要介绍梁与柱的刚性连接。

框架结构梁与柱的连接可采用焊接、高强螺栓连接或栓焊混合连接。当框架梁与柱翼缘刚性连接时，需要进行连接部位在弯矩和剪力作用下的承载力、节点域抗剪强度计算以及梁上下翼缘标高处柱水平加劲肋（对 H 形截面柱）或隔板（对箱形或圆管形截面柱）的厚度验算。

梁、柱连接部位的承载力计算有精确法和近似法两种。精确法计算时，梁翼缘连接承担按翼缘惯性矩与腹板惯性矩比值进行分配的部分梁端弯矩；梁腹板连接承担全部梁端剪力和剩余的梁端弯矩。近似法计算时假定梁端弯矩全部由梁翼缘连接承担；梁腹板连接仅承担全部梁端剪力，并要求连接强度不小于腹板净截面受剪承载力的一半或梁端弯矩下的剪力值。

由柱翼缘和水平加劲肋包围的节点域（图 4.3.8a），在周边弯矩和剪力作用下，其抗剪强度应满足下式要求：

$$\tau=\frac{M_{b1}+M_{b2}}{V_P}\leqslant\frac{4}{3}f_v \tag{4.3.8}$$

式中，M_{b1}、M_{b2}——分别为节点两侧梁端弯矩设计值，其中 M_{b2} 与 M_{b1} 同向时为正、反向时为负；

f_v——节点域钢材的抗剪强度设计值；

V_P——节点域体积，对于工字形截面柱、箱形截面柱和十字形截面柱分别见图 4.3.8b、图 4.3.8c 和图 4.3.8d。

当节点域厚度不满足式(4.3.8)要求时，对工字形组合柱宜将柱腹板在节点域局部加厚；对 H 形钢柱可在节点域加焊贴板，贴板上下边缘应伸出加劲肋以外不少于 150 mm，并用不少于 5 mm的角焊缝连接贴板和柱翼缘。

柱腹板厚度尚应满足

$$t_{cw}\geqslant(h_{cf}+h_{bf})/90 \tag{4.3.9a}$$

当梁受压翼缘处柱腹板厚度 t_{cw} 和梁受拉翼缘处柱翼缘板厚度 t_{cf} 不能满足下列条件时，在梁翼缘对应位置应设置柱水平加劲肋

$$t_{cw}\geqslant\begin{cases}A_{fc}f_b/(b_e f_c)\\ \dfrac{h_c}{30}\sqrt{f_{yc}/235}\end{cases} \tag{4.3.9b}$$

$$t_{cf}\geqslant 0.4\sqrt{A_{ft}f_b/f_c} \tag{4.3.9c}$$

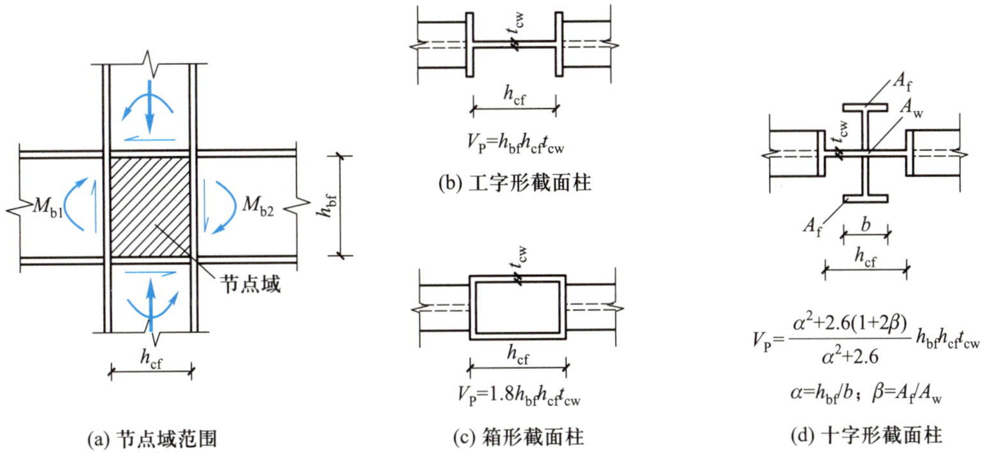

图 4.3.8 节点域抗剪强度计算

式中，A_{fc}、A_{ft}——分别为梁受压、受拉翼缘面积；

f_b、f_c——分别为梁、柱钢材抗拉、抗压强度设计值；

f_{yc}——柱钢材强度屈服点；

h_c——柱腹板的宽度；

b_e——集中荷载作用下，柱腹板计算高度边缘处压应力的假定分布长度，$b_e=t_{bf}+5t_{cf}$，其中 t_{bf}为梁的受压翼缘厚度。

水平加劲肋应能有效传递梁翼缘的集中力，其中心线与梁翼缘中心线对准，厚度应为梁翼缘厚度的 0.5~1 倍，并应符合板件宽厚比限值。当柱两侧的梁高不等时，每个梁翼缘对应位置均应设置柱水平加劲肋，加劲肋间距不应小于 150 mm，且不应小于水平加劲肋的宽度（图 4.3.9a）。当无法满足此条件时，可调整截面高度较小的梁的端部高度（图 4.3.9b）。当与柱相连的两个互相垂直方向的梁高不等时，也应分别设置水平加劲肋（图 4.3.9c）。

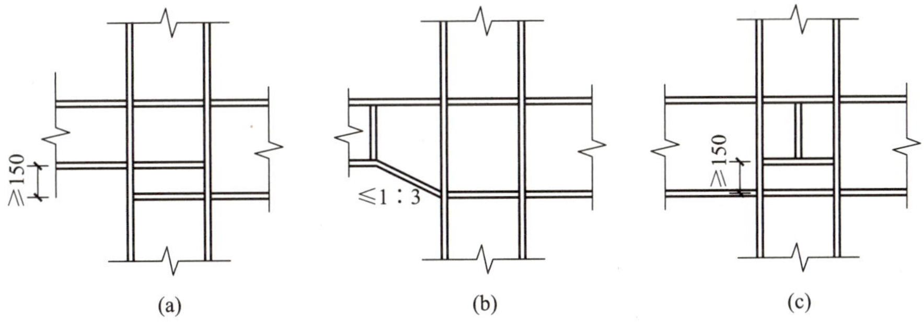

图 4.3.9 梁柱连接处柱水平加劲肋的设置

【例 4-3】 某钢框架边节点如图 4.3.10a 所示，H 形截面梁采用 HM500×300，H 形截面柱采用 HW400×400，梁、柱及连接板均采用 Q235 钢。已求得节点弯矩基本组合值 $M=300$ kN·m，剪力基本组合值 $V=170$ kN。梁翼缘采用完全焊透的坡口对接焊缝连接；梁腹板采用 10.9 级 M22 摩擦型高强螺栓单剪连接，接触面采用喷砂处理，节点板与柱采用双面角焊缝连接。焊缝质量等级为二级。试进行节点设计。

【解】 采用简化设计方法，梁端弯矩全部由翼缘承担、梁端剪力全部由腹板承担。

（1）基本参数

HM500×300 梁截面高度 $h_b=482$ mm，翼缘厚度 $t_{bf}=15$ mm，腹板厚度 $t_{bw}=11$ mm；HW400×400 柱截面高度 $h_c=400$ mm，翼缘厚度 $t_{cf}=21$ mm，腹板厚度 $t_{cw}=13$ mm。Q235 钢材抗剪强度设计值 $f_v=125$ MPa，抗拉强度设计值 $f=215$ MPa；对接焊缝抗拉强度设计值 $f_t^w=215$ MPa；角焊缝强度设计值 $f_f^w=160$ MPa；10.9 级 M22 摩擦型高强螺栓的预拉力 $P=190$ kN，抗滑移系数 $\mu=0.45$；孔径 24 mm。

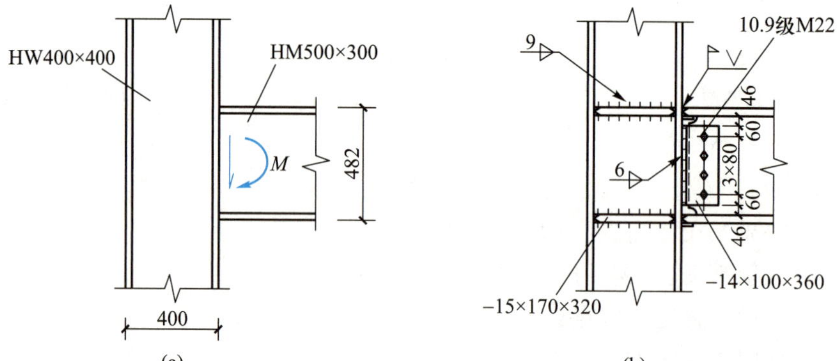

图 4.3.10 例 4-3 图

（2）连接部位的承载力计算

连接部位的承载力计算包括梁翼缘对接焊缝的强度计算、高强螺栓连接强度计算、腹板连接件强度和角焊缝强度计算。

梁翼缘对接焊缝的强度计算：

$$\sigma=\frac{M}{(h_b-t_{bf})b_b t_{bf}}=\frac{300\times10^6}{(482-15)\times300\times15}\ \text{N/mm}^2=142.8\ \text{N/mm}^2<f_t^w(215\ \text{MPa})\text{，满足要求。}$$

高强螺栓连接计算：

一个单剪高强螺栓的抗剪承载力

$$N_v^b=0.9n_f\mu P=0.9\times1\times0.45\times190\ \text{kN}=76.95\ \text{kN}$$

翼缘为焊接、腹板为摩擦型高强螺栓，采用先栓后焊施工工艺时，计算中应考虑翼缘施焊温度对腹板连接螺栓预拉力的损失，其螺栓承载力乘以 0.9 的折减系数。

所需螺栓个数

$$V/N_v^b=170/(0.9\times76.95)=2.5\text{，取 4。}$$

按腹板净截面受剪承载力的一半进行复核。

$$0.5A_n f_v/N_v^b=0.5\times(482-2\times15-4\times22)\times11\times125/(0.9\times76950)=3.6<4\text{，可以。}$$

腹板连接件强度和角焊缝的强度计算：

高强螺栓的中距要求不小于 $3d_0=3\times24$ mm $=72$ mm，现取 80 mm；端距要求不小于 $2d_0$，现取 60 mm。连接板高度 $h=3\times80$ mm$+2\times60$ mm $=360$ mm，见图 4.3.10b。

连接板厚度按等强度确定，且板厚宜取梁腹板的 1.2~1.4 倍，并不宜小于 8 mm。

$t=t_{bw}h_{tw}/h=11\ \text{mm}\times(482-2\times15)\ \text{mm}/360\ \text{mm}=13.8\ \text{mm}$；$(1.2\sim1.4)\ t_{bw}=13.2\sim15.4\ \text{mm}$，采用 $t=14\ \text{mm}$。

设双面角焊缝的焊脚尺寸 $h_f=6\ \text{mm}$，则

$$\tau=\frac{V}{2\times0.7h_f l_w}=\frac{170\times10^3}{2\times0.7\times6\times360}\ \text{N/mm}^2=56.2\ \text{N/mm}^2<f_f^w(=160\ \text{MPa})$$，满足要求。

按腹板净截面受剪承载力的一半进行复核。

$$\tau=\frac{0.5A_n f_v}{2\times0.7h_f l_w}=\frac{0.5\times(482-2\times15-4\times22)\times11\times125}{2\times0.7\times6\times360}\ \text{N/mm}^2=82.8\ \text{N/mm}^2<f_f^w(=160\ \text{MPa})$$，满足要求。

（3）柱腹板厚度验算

由式(4.3.9a)有

$(h_{cf}+h_{bf})/90=(358+452)\ \text{mm}/90=9.0\ \text{mm}<t_{cw}(=13\ \text{mm})$，满足要求。

（4）水平加劲肋验算

由式(4.3.9b)，有

$A_{fc}f_b/(b_e f_c)=300\times15\times215/[(15+5\times21)\times215]\ \text{mm}=37.5\ \text{mm}$，大于梁受压翼缘处柱腹板厚度 $t_{cw}(=13\ \text{mm})$。

由式(4.3.9c)，有

$0.4\sqrt{A_{ft}f_b/f_c}=0.4\times\sqrt{300\times15\times215/215}\ \text{mm}=26.8\ \text{mm}$ 大于梁受拉翼缘处柱翼缘板厚度 $t_{cf}(=21\ \text{mm})$。所以，在梁受拉、受压翼缘处，均应设置柱水平加劲肋。

水平加劲肋一般按与梁翼缘截面积的等强度条件确定。

$$A_s=(A_{fc}f_b-b_e t_{cw}f_c)/f_s=(4\,500\times215-120\times13\times215)215\ \text{mm}^2=2\,940\ \text{mm}^2$$

取单侧宽度 $b_s=170\ \text{mm}$，所需厚度 $t_s=A_s/(2b_s)=2\,940/(2\times170)\ \text{mm}=8.6\ \text{mm}$。按构造要求水平加劲肋厚度一般取 $(0.5\sim1)t_{bf}=(7.5\sim15)\ \text{mm}$，且不宜小于 10 mm；其自由外伸宽度与厚度之比应满足 $b_s/t_s\leqslant13\sqrt{235/f_y}$ 板件宽厚比要求。根据以上要求取 $t_s=15\ \text{mm}$。

加劲肋与柱翼缘采用全焊透的对接焊缝，不必进行强度验算。与柱腹板采用双面角焊缝，近似按水平加劲肋截面积承载力的一半计算焊缝强度。所需焊脚尺寸

$$h_f\geqslant\frac{b_s t_s f/2}{2\times0.7l_w f_f^w}=\frac{170\times15\times215/2}{2\times0.7\times(400-2\times21-2\times24-2\times10)\times160}\ \text{mm}=4.2\ \text{mm}$$

焊脚尺寸不宜小于 $0.7t_{cw}=9\ \text{mm}$，取 $h_f=9\ \text{mm}$。

（5）节点域抗剪强度计算

对工字形截面柱，节点域体积为(图 4.3.8b)

$$V_P=h_{bf}h_{cf}t_{cw}=(482-2\times15)\ \text{mm}\times(400-2\times21)\ \text{mm}\times13\ \text{mm}=2.1\times10^6\ \text{mm}^3$$

由式(4.3.8)有

$\tau=(M_{b1}+M_{b2})/V_P=300\times10^6/(2.1\times10^6)\ \text{N/mm}^2=142.9\ \text{N/mm}^2<4f_v/3=166.7\ \text{N/mm}^2$，满足要求。

2. 柱与柱的拼接

柱与柱的拼接节点，一般若干层设一个，理想位置应该选择内力较小处，如反弯点处。但为了方便施工，常将拼接节点设置在离楼面 1.1～1.3 m 处。

对 H 形柱，其翼缘通常采用全焊透的对接焊缝，腹板可以采用高强螺栓连接；对于箱形截面和管形截面，则全部采用全焊透的对接焊缝。

当拼接处柱的弯矩较小、不产生拉力，且被连接柱端面磨平顶紧时，可考虑通过上下柱接触面直接传递 25%的轴力和弯矩，剩余的轴力和弯矩以及全部剪力由连接传递。

柱拼接连接有等强度设计法和实用设计法两种。等强度设计法是按被连接的柱翼缘和腹板净截面面积的等强条件来进行拼接连接的设计。当柱的拼接连接采用焊接时，通常采用完全焊透的坡口对接焊缝，并采用引弧板施焊。此时可以认为焊缝与被连接的柱翼缘或腹板是等强的，因而不必进行焊缝的强度计算。它多用于抗震设计或按弹塑性设计结构中柱的拼接连接，以确保结构的连续性、强度和刚度。

实用设计法假定柱翼缘同时承受分担的轴向压力 N_f（$N_f = NA_f/A$）和绕强轴的全部弯矩 M，而腹板同时承受分担的轴向压力 N_w（$N_w = NA_w/A$）和全部剪力 V。

在轴向压力 N_f和弯矩 M 共同作用下，柱单侧翼缘连接所需的高强度螺栓数目为

$$n_{f1} = \left[N_f + \frac{M}{(H-t)}\right] / N_v^b \tag{4.3.10a}$$

在轴向压力 N_w和剪力 V 的共同作用下，柱腹板连接所需的高强度螺栓数目为

$$n_w = \sqrt{N_w^2 + V^2} / N_v^b \tag{4.3.10b}$$

式中，　A——柱的毛截面面积；

N、V、M——分别为拼接连接处的轴向压力、剪力和绕强轴的弯矩设计值；

N_v^b——单个螺栓的抗剪承载力。

当柱截面需要随高度变化时，优先考虑保持截面高度不变，而改变板件厚度或翼缘宽度。如果需要改变截面高度，对边柱可采用图 4.3.11a 所示的做法，但应考虑上下柱偏心引起的附加弯矩；对中柱宜采用图 4.3.11b 所示的做法。变截面的上下端均应设置横隔板。变截面段设置在梁柱接头时，变截面两端距离梁翼缘不小于 150 mm，见图 4.3.11c。

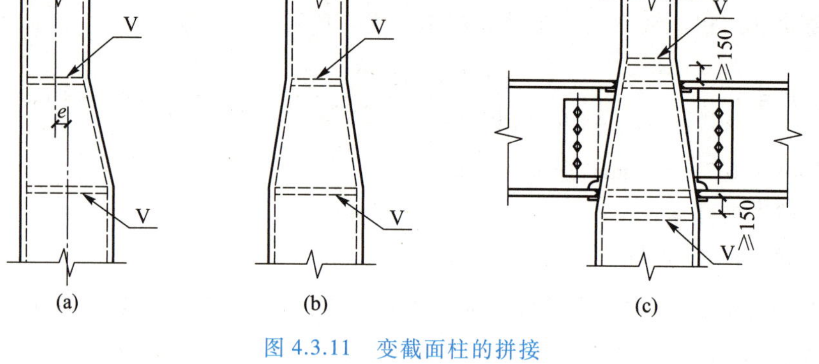

图 4.3.11　变截面柱的拼接

3. 梁与梁的拼接

框架梁在工地的拼接主要用于柱带悬臂梁段与梁的连接，有三种接头形式：翼缘和腹板均采用全焊透焊缝连接；翼缘采用全焊透焊缝连接，腹板采用摩擦型高强螺栓连接；翼缘和腹板均采用摩擦型高强螺栓连接。

梁拼接节点的计算与梁柱节点类似，也有精确法和近似法两种。当接头处内力较小时，接头承载力不应小于梁截面承载力的 50%。

4.3.4 型钢混凝土构件设计

一、框架梁

实腹式型钢混凝土梁根据型钢的配置方式分为充满型和非充满型，充满型是指型钢贯穿截面的受拉区和受压区；非充满型是仅在截面受拉区配置型钢。充满型型钢混凝土梁一般能保证型钢与混凝土的共同工作，下面讨论的内容都是针对充满型型钢混凝土梁的。

型钢混凝土梁的承载能力极限状态计算包括正截面受弯承载力和斜截面承载力；正常使用极限状态的验算包括挠度和裂缝宽度。

1. 正截面受弯承载力计算

图 4.3.12a 所示型钢混凝土梁，截面宽度为 b，截面高度为 h，截面有效高度为 h_0；型钢的受压翼缘面积用 A'_{af}表示，受拉翼缘面积用 A_{af}表示；腹板的厚度用 t_w表示，腹板顶离截面顶面的距离用 $\delta_1 h_0$表示，腹板底离截面顶面的距离用 $\delta_2 h_0$表示。

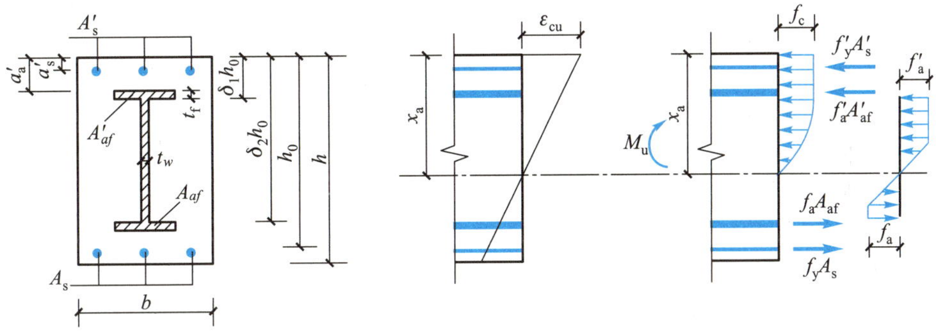

图 4.3.12 型钢混凝土梁截面

试验表明：型钢和钢筋配置适当时，充满型型钢混凝土梁的破坏与一般的钢筋混凝土适筋梁非常相似。型钢受拉翼缘和受拉钢筋首先达到屈服，然后受压翼缘和受压钢筋屈服，最后受压混凝土压碎；在极限状态，截面混凝土、钢筋和型钢的应变基本能保持平面。

基于上述结果，《组合结构设计规范》（JGJ 138—2016）在正截面承载力计算中采用了如下基本假定：

（1）截面应变保持平面；

（2）不考虑受拉混凝土的作用；

（3）钢筋和型钢的应力取应变乘以弹性模量，但不大于其强度设计值；钢的极限拉应变 ε_{su}

取 0.01；

(4) 受压混凝土的极限压应变 ε_{cu} 取 0.003，相应的最大应力取混凝土轴心抗压强度设计值 f_c。

根据假定(1)和(4)，可得到截面的应变分布，如图 4.3.12b 所示；根据假定(2)、(3)和(4)可以进一步得到截面的应力分布，如图 4.3.12c 所示。图中 f_y、f'_y 分别为受拉和受压钢筋的强度设计值，f_a、f'_a 分别为型钢受拉和受压翼缘的强度设计值。

为了计算方便，受压混凝土应力采用等效矩形分布，矩形应力图形的受压区高度 x 取按平截面假定所确定的中和轴高度 x_a 乘以系数 β_1，其中 β_1 按以下规定取：混凝土强度等级不超过 C50 时取 $\beta_1=0.8$；混凝土强度等级为 C80 时取 $\beta_1=0.74$，其间按线性内插法确定。矩形应力图形的应力值取为混凝土的轴心抗压强度设计值 f_c 乘以系数 α_1。型钢腹板的轴向合力用 N_{aw} 表示；型钢腹板轴向合力对受拉钢筋和型钢受拉翼缘合力点的力矩用 M_{aw} 表示，如图 4.3.13 所示。

由水平力和力矩平衡条件，可得到

$$\alpha_1 f_c bx+f'_y A'_s+f'_a A'_{af}-f_y A_s-f_a A_{af}+N_{aw}=0 \tag{4.3.11}$$

$$M_u=\alpha_1 f_c bx(h_0-x/2)+f'_y A'_s(h_0-a'_s)+f'_a A'_{af}(h_0-a'_a)+M_{aw} \tag{4.3.12}$$

式中符号的含义见图 4.3.13。

如果 $x_a>\delta_1 h_0$，或 $x/\beta_1>\delta_1 h_0$；$x_a<\delta_2 h_0$，或 $x/\beta_1<\delta_2 h_0$，说明实际中和轴位于型钢腹板内，腹板的应力图形如图 4.3.14a 所示。在确定型钢腹板的轴向合力 N_{aw} 和型钢腹板轴向合力对受拉钢筋和型钢受拉翼缘合力点的力矩 M_{aw} 时，对腹板的应力分布进行了简化，用矩形应力分布代替梯形应力分布，如图 4.3.14b 所示。

容易得到型钢腹板的轴向合力

$$N_{aw}=[(x_a-\delta_1 h_0)-(\delta_2 h_0-x_a)]t_w f_a$$

其中 $x_a=x/\beta_1=\xi h_0/\beta_1$，代入上式整理后有

$$N_{aw}=[2\xi/\beta_1-(\delta_1+\delta_2)]t_w h_0 f_a \tag{4.3.13a}$$

型钢腹板轴向合力对受拉钢筋和型钢受拉翼缘合力点的力矩

$$M_{aw}=(x_a-\delta_1 h_0)t_w f_a\left[h_0-\frac{1}{2}(x_a+\delta_1 h_0)\right]-(\delta_2 h_0-x_a)t_w f_a\left[h_0-\frac{1}{2}(x_a+\delta_2 h_0)\right]$$

整理后有

$$M_{aw}=\left[\frac{1}{2}(\delta_1^2+\delta_2^2)-(\delta_1+\delta_2)+\frac{2\xi}{\beta_1}-\left(\frac{\xi}{\beta_1}\right)^2\right]t_w h_0^2 f_a \tag{4.3.13b}$$

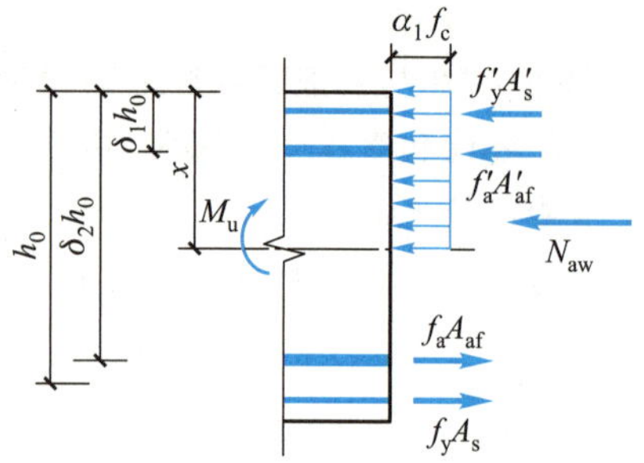

图 4.3.13 型钢混凝土梁的等效应力图形

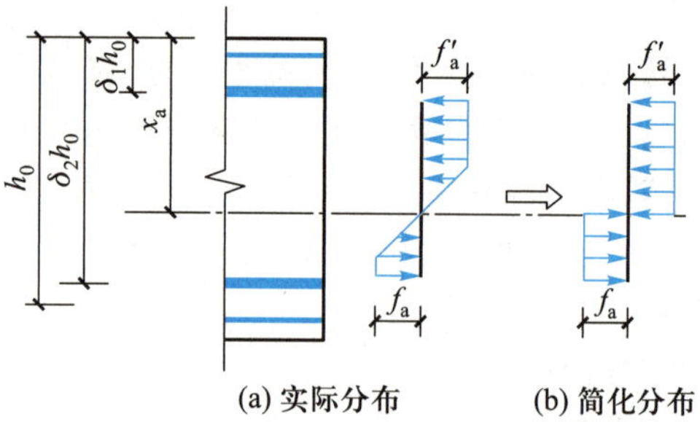

图 4.3.14 型钢腹板应力的简化

式(4.3.11)、式(4.3.12)是建立在受拉钢筋和型钢受拉翼缘屈服基础上的,因而受压区高度应满足

$$x \leqslant \xi_b h_0 \tag{4.3.14a}$$

其中,界限相对受压区高度 ξ_b 按下式计算:

$$\xi_b = \frac{\beta_1}{1+\dfrac{f_y+f_a}{2\times 0.003E_s}} \tag{4.3.14b}$$

为了保证型钢受压翼缘屈服,受压区高度尚应满足

$$x \geqslant a_a' + t_f \tag{4.3.15}$$

2. 斜截面承载力计算

型钢混凝土梁的斜截面破坏,随着剪跨比的不同主要有两种形态:剪压破坏和斜压破坏,其中斜压破坏由截面控制条件来保证;剪压破坏通过斜截面承载力计算来保证。

型钢混凝土梁的斜截面承载力与普通钢筋混凝土梁相比,增加了型钢的抗剪作用,而型钢部分对受剪承载力的贡献主要是腹板部分。

规范采用了如下假定:型钢混凝土梁的斜截面承载力等于钢筋混凝土部分的承载力与型钢部分的承载力之和;型钢部分仅考虑腹板部分的作用,并假定腹板全截面处于纯剪状态(因而屈服剪应力为 $\tau_y=f_a/\sqrt{3}$)。

对一般梁和承受集中荷载为主的独立梁,其斜截面承载力分别按下式计算:

$$V_u=\begin{cases}0.8f_t bh_0+f_{yv}\dfrac{A_{sv}}{s}h_0+0.58f_a t_w h_w & (一般梁)\\[2ex] \dfrac{1.75}{\lambda+1}f_t bh_0+f_{yv}\dfrac{A_{sv}}{s}h_0+\dfrac{0.58}{\lambda}f_a t_w h_w & (受集中荷载梁)\end{cases} \tag{4.3.16}$$

式中,f_a——型钢腹板的强度设计值;

t_w、h_w——分别为型钢腹板的厚度和高度;

0.58——剪切强度系数;其余符号含义同普通钢筋混凝土梁。

为避免发生斜压破坏,截面尺寸应满足

$$V \leqslant 0.45\beta_c f_c bh_0 \tag{4.3.17}$$

式中,V——截面的剪力设计值;

β_c——混凝土强度影响系数,同式(4.3.5)。

3. 变形验算

型钢混凝土框架梁挠度的计算方法与普通混凝土连续梁相同:假定同号弯矩区段内的刚度相等,并取用该区段内最大弯矩处的刚度;按荷载效应的准永久组合值计算,并在刚度公式中用 θ 考虑荷载长期作用影响:

$$B=\frac{B_s-E_a I_a}{\theta}+E_a I_a$$

其中型钢混凝土梁的短期刚度 B_s 按下式计算:

$$B_s=\left(0.22+3.75\frac{E_s}{E_c}\rho_s\right)E_c I_c+E_a I_a \tag{4.3.18}$$

式中，E_s、E_c、E_a——分别为钢筋、混凝土和型钢的弹性模量；

I_c、I_a——分别为混凝土截面惯性矩和型钢截面惯性矩；

ρ_s——受拉纵向钢筋的配筋率。

4. 裂缝宽度验算

型钢混凝土梁的裂缝宽度计算是将型钢翼缘和部分腹板等效为纵向受拉钢筋，采用普通混凝土梁的裂缝计算公式：

$$w_{max}=1.9\psi\frac{\sigma_{sa}}{E_s}\left(1.9c+0.08\frac{d_e}{\rho_{te}}\right)$$

其中有效配筋率 ρ_{te}、钢筋应力 σ_{sa}、受拉纵向钢筋的等效直径 d_e 以及纵向受拉钢筋和型钢受拉翼缘与部分腹板的周长之和分别按下式计算：

$$\rho_{te}=(A_s+A_{af}+kA_{aw})/(0.5bh) \tag{4.3.19a}$$

$$\sigma_{sa}=\frac{M_k}{0.87(A_sh_{0s}+A_{af}h_{0f}+kA_{aw}h_{0w})} \tag{4.3.19b}$$

$$d_e=4(A_s+A_{af}+kA_{aw})/u \tag{4.3.19c}$$

$$u=n\pi d_s+(2b_f+2t_f+2kh_{aw})\times 0.7 \tag{4.3.19d}$$

式中，k——型钢腹板影响系数，其值取梁受拉侧 1/4 梁高范围内的腹板高度与整个腹板高度的比值，见图 4.3.15；

h_{0s}、h_{0f}、h_{0w}——分别为纵向受拉钢筋、型钢受拉翼缘、部分型钢腹板截面重心至混凝土截面受压边缘的距离，见图 4.3.15；

b_f、t_f——分别为型钢受拉翼缘的宽度和厚度；

n、d_s——分别为纵向受拉钢筋的数量和直径；其余符号同前。

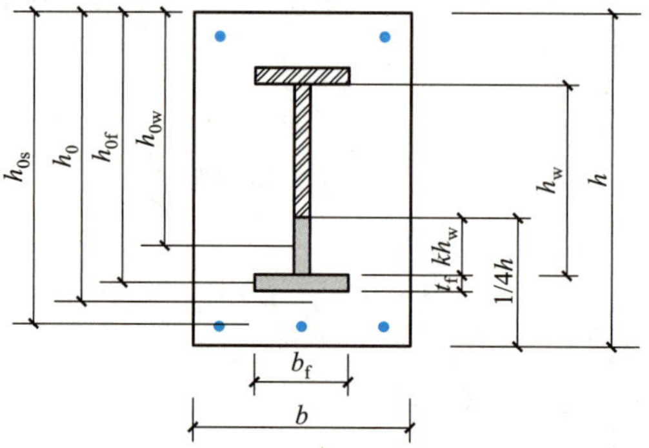

图 4.3.15 型钢混凝土梁裂缝宽度计算的截面参数

5. 构造要求

型钢混凝土梁的截面宽度不宜小于 300 mm，截面高度与截面宽度的比值不宜大于 4。混凝土强度等级不宜小于 C30，钢筋的保护层厚度要求与普通混凝土梁相同；型钢的保护层厚度不宜小于 100 mm，且型钢翼缘离两侧的距离之和（b_1+b_2）不宜小于梁截面宽度的 1/3。纵向钢筋的直径宜大于 16 mm，配筋率宜大于 0.3%；最小配箍率的要求同普通混凝土梁；型钢腹板的配置量应满足

$$f_a t_w h_w/(f_c b h_0) \geqslant 0.1 \tag{4.3.20}$$

梁高超过 500 mm 时，在两侧沿高度方向每隔 200 mm 应配置一道纵向构造钢筋，并设拉结筋。

型钢的钢板厚度不宜小于 6 mm。当型钢的板件宽厚比满足表 4-4 要求时，不需要进行局部稳定验算。

表 4-4 型钢钢板宽厚比限值

钢号	梁		柱	
	b_{af}/t_f	h_w/t_w	b_{af}/t_f	h_w/t_w
Q235	<23	<107	<23	<96
Q345	<19	<91	<19	<81

【例 4-4】 一型钢混凝土框架梁，截面尺寸为 450 mm×850 mm。在均布荷载下负弯矩基本组合值 $M=-1\ 600$ kN · m，剪力基本组合值 $V=1\ 650$ kN。混凝土强度等级为 C30，纵向钢筋采用 HRB500，箍筋采用 HPB300，型钢采用 Q345。

试设计型钢、纵向钢筋和箍筋。

【解】 在进行型钢混凝土构件设计时，通常先根据截面的构造要求选定型钢截面，然后再根据计算确定钢筋面积。

(1) 选择型钢、计算有关参数

型钢选用焊接工字钢 I 600×200×10×20。纵向钢筋和受拉翼缘的合力位置取（离梁顶）125 mm，见图 4.3.16，则

$h_0=850\ \text{mm}-125\ \text{mm}=725\ \text{mm}$；$\delta_1=(125+20)/725=0.2$；$\delta_2=(850-125-20)/725=0.972$

型钢翼缘面积：$A'_{af}=A_{af}=200\times20\ \text{mm}^2=4\ 000\ \text{mm}^2$。因钢板厚度在 16～35 mm 之间，$f_a=295$ MPa。

假定 $x/\beta_1>\delta_1 h_0$、$x/\beta_1<\delta_2 h_0$，由式(4.3.13a)有

$$N_{aw}=[2\xi/0.8-(0.2+0.972)]\times10\times725\times295\ \text{N}=5\ 346\ 875\xi-2\ 506\ 615\ \text{N} \tag{1}$$

由式(4.3.13b)有

$$\begin{aligned}M_{aw}&=[0.5\times(0.2^2+0.972^2)-(0.2+0.972)+2.5\xi-1.5625\xi^2]\times10\times725^2\times295\ \text{N}\cdot\text{mm}\\&=3.88\times10^9\ \text{N}\cdot\text{mm}\ \xi-2.42\times10^9\ \text{N}\cdot\text{mm}\ \xi^2-1.05\times10^9\ \text{N}\cdot\text{mm}\end{aligned} \tag{2}$$

由式(4.3.14b)有

$$\xi_b=\frac{0.8}{1+\dfrac{435+295}{2\times0.003\times2\times10^5}}=0.50$$

(2) 判别是否需要采用双筋

将 $\xi=\xi_b=0.50$ 代入式(2)有 $M_{aw}=278.75\times10^6$ N · mm。

由式(4.3.12)，当 $\xi=\xi_b$ 时

$$\begin{aligned}M_{umax}&=\alpha_1 f_c b h_0^2\xi_b(1-\xi_b/2)+f'_a A'_{af}(h_0-a'_a)+M_{aw}\\&=1\times14.3\times450\times725^2\times0.50\times(1-0.50/2)+295\times\\&\quad 4\ 000\times(725-135)+278.75\times10^6\ \text{N}\cdot\text{mm}\end{aligned}$$

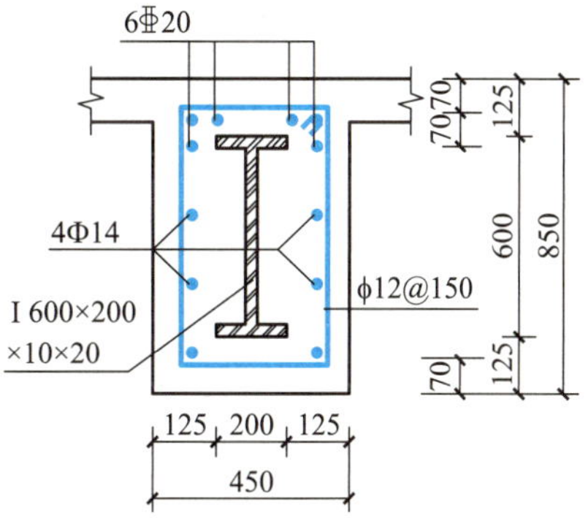

图 4.3.16 例 4-4 图

$=2\ 243\times10^6$ N · mm>1 600 kN · m,不需要采用双筋。

(3) 计算受压区高度

将 $M=1\ 600\times10^6$ N · mm 和式(2)代入下式

$$M=\alpha_1 f_c b h_0^2 \xi(1-\xi/2)+f_a' A_{af}'(h_0-a_a')+M_{aw}$$

得到

$$4.11\times10^9\xi^2-7.26\times10^9\xi+1.96\times10^9=0$$

解得 $\xi=0.33<\xi_b$,满足式(4.3.14a)适用条件;$x=\xi h_0=239$ mm$>a_a'+t=145$ mm,满足式(4.3.15)适用条件;$\xi/\beta_1=0.41>\delta_1$、$<\delta_2$,符合中和轴位置的假定。

(4) 计算所需纵向受拉钢筋

由式(4.3.11)[取 $A_s'=0$,N_{aw} 按式(1)计算]有

$$A_s=(\alpha_1 f_c bx+N_{aw})/f_y=(1\times14.3\times450\times239+5\ 346\ 875\times0.33-2\ 506\ 615)/435\ \text{mm}^2=1\ 829\ \text{mm}^2$$

配置 6 Φ 20($A_s=1\ 885$ mm²)。

(5) 计算箍筋

$0.45\beta_c f_c b h_0=0.45\times1\times14.3\times450\times725$ N$=2\ 099\ 419$ N$>1\ 650$ kN,截面尺寸满足要求。

由式(4.3.16)有

$$\frac{A_{sv}}{s}\geqslant\frac{V-0.08f_t b h_0-0.58f_a t_w h_w}{f_{yv}h_0}$$

$$=\frac{1\ 650\times10^3-0.08\times14.3\times450\times725-0.58\times295\times10\times600}{270\times725}=1.28$$

配置 ϕ12 双肢箍,$A_{sv}=226$ mm²;$s\leqslant226/1.28=177$ mm,取 $s=150$ mm。

截面配筋见图 4.3.16。

二、框架柱

型钢混凝土柱需进行承载能力极限状态的正截面承载力和斜截面承载力计算。

1. 正截面承载力计算

型钢混凝土柱的正截面承载力计算采用与梁正截面计算相同的基本假定,截面的计算应力图形见图 4.3.17。

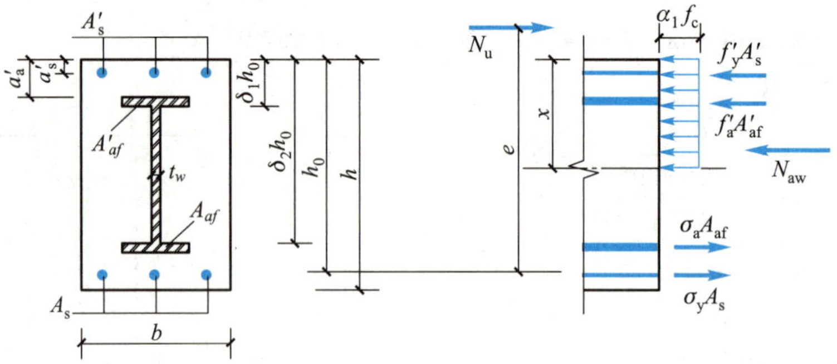

图 4.3.17　型钢混凝土柱截面计算应力图形

由水平力平衡条件和力矩平衡条件,容易得到

$$N_u=\alpha_1 f_c bx+f'_y A'_s+f'_a A'_{af}-\sigma_s A_s-\sigma_a A_{af}+N_{aw} \tag{4.3.21}$$

$$N_u e=\alpha_1 f_c bx(h_0-x/2)+f'_y A'_s(h_0-a'_s)+f'_a A'_{af}(h_0-a'_a)+M_{aw} \tag{4.3.22}$$

式中，e——轴向压力作用点至纵向受拉钢筋和型钢受拉翼缘合力点的距离，计算方法同普通混凝土柱；

σ_s、σ_a——分别为纵向受拉钢筋和型钢受拉翼缘的应力，当 $x\leqslant\xi_b h_0$时，属大偏压，取 $\sigma_s=f_y$、$\sigma_a=f_a$；当 $x>\xi_b h_0$时，属小偏压，按下式计算

$$\left.\begin{aligned}\sigma_s&=\frac{f_y}{\xi_b-\beta_1}\left(\frac{x}{h_0}-\beta_1\right)\\ \sigma_a&=\frac{f_a}{\xi_b-\beta_1}\left(\frac{x}{h_0}-\beta_1\right)\end{aligned}\right\} \tag{4.3.23}$$

其中 ξ_b按(4.3.14b)计算；

N_{aw}、M_{aw}——分别为型钢腹板的轴向合力 N_{aw}和型钢腹板轴向合力对受拉钢筋和型钢受拉翼缘合力点的力矩 M_{aw}，当 $x/\beta_1>\delta_1 h_0$、$x/\beta_1<\delta_2 h_0$时，中和轴在型钢腹板内，按式(4.3.13a)、(4.3.13b)计算；当 $x/\beta_1>\delta_2 h_0$时，中和轴在型钢腹板外，N_{aw}、M_{aw}分别按下式计算：

$$N_{aw}=(\delta_2-\delta_1)t_w h_0 f_a \tag{4.3.24a}$$

$$M_{aw}=[(\delta_2-\delta_1)-0.5(\delta_2^2-\delta_1^2)]t_w h_0^2 f_a \tag{4.3.24b}$$

2. 斜截面承载力计算

轴向压力能抑制斜裂缝开展，提高斜截面承载力；但有一定限度，当轴压比 $N/(f_c bh)$达到0.3~0.5 时，受剪承载力达到最大值；再增加轴向压力破坏形态将发生变化，由受压破坏控制。

型钢混凝土柱的斜截面受剪承载力按下式计算：

$$V_u=\frac{1.75}{1.0+\lambda}f_t bh_0+f_{yv}\frac{A_{sv}}{s}h_0+\frac{0.58}{\lambda}f_a t_w h_w+0.07N \tag{4.3.25}$$

式中，λ——计算截面的剪跨比，当反弯点在层高范围内时可以取 $\lambda=H_n/(2h_0)$，其中 H_n为柱净高；$1\leqslant\lambda\leqslant3$；

N——与剪力设计值相对应的轴向力设计值，当 $N\geqslant0.3f_c A_c$时，取 $N=0.3f_c A_c$。

型钢混凝土柱的斜截面限制条件同型钢混凝土梁[式(4.3.17)]。

3. 构造要求

型钢混凝土柱的强度等级、型钢的板件宽厚比等要求同型钢混凝土梁。型钢的保护层厚度不宜小于120 mm。全部纵向钢筋的配筋率不宜小于0.8%，净距不宜小于60 mm；型钢的含钢率不宜小于4%。

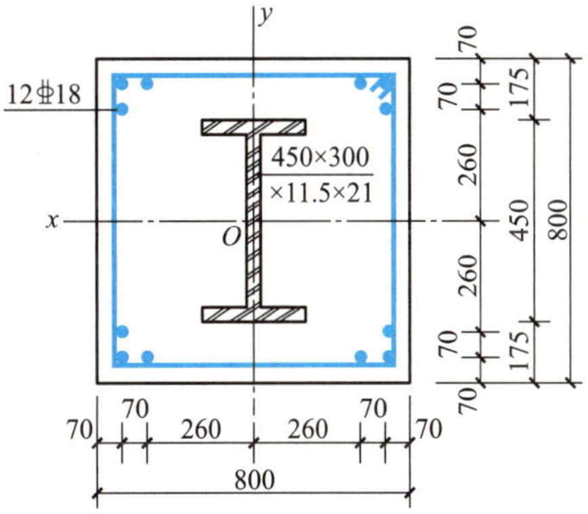

图 4.3.18 例 4-5 图

【例 4-5】 图 4.3.18 所示型钢混凝土柱，截面尺寸为 800 mm×800 mm，已配置纵向钢筋 12 ⌀ 18，HZ450 型钢。混凝土强度等级为 C40、型钢采用 Q345、钢筋采用 HRB400。柱计算长度 6 m。已知绕强轴 x 的弯矩基本组合值 $M=2\ 000$ kN · m。求该柱所能承受的轴压力设计值(不需考虑挠曲二阶效应)。

【解】 此题属于承载力复核,已知截面弯矩求轴力。此时,轴力有两个值:大偏压破坏的轴力值和小偏压破坏的轴力值,需分别计算。

(1) 计算参数

型钢翼缘面积:$A'_{af}=A_{af}=300\times21\ \text{mm}^2=6\ 300\ \text{mm}^2$;因钢板厚度在16~35 mm之间,$f_a=$ 295 MPa。

纵向钢筋和型钢受拉翼缘的合力位置:

$$a=\frac{(1\ 018\times70+509\times140)\times360+6\ 300\times185\times295}{(1\ 018+509)\times360+6\ 300\times295}\ \text{mm}=163\ \text{mm}$$

截面有效高度:$h_0=800-163\ \text{mm}=637\ \text{mm}$

型钢腹板位置:$\delta_1=(175+21)/637=0.31$;$\delta_2=(800-175-21)/637=0.95$。

相对界限受压区高度:

$$\xi_b=\frac{0.8}{1+\dfrac{360+295}{2\times0.003\times2\times10^5}}=0.52$$

附加偏心距 $e_a=800/30\ \text{mm}=26.7\ \text{mm}$。

(2) 计算大偏心受压破坏的轴力值

假定 $x/\beta_1>\delta_1h_0$、$x/\beta_1<\delta_2h_0$,由式(4.3.13a)有

$$N_{aw}=[2.5\xi-(0.31+0.95)]\times11.5\times637\times295\ \text{N}=5.4\times10^6\ \text{N}\ \xi-2.72\times10^6\ \text{N}\tag{1}$$

由式(4.3.13b)有

$$\begin{aligned}M_{aw}&=[0.5\times(0.31^2+0.95^2)-(0.31+0.95)+2.5\xi-1.562\ 5\xi^2]\times11.5\times637^2\times295\ \text{N}\cdot\text{mm}\\&=3.44\times10^9\ \text{N}\cdot\text{mm}\times\xi-2.15\times10^9\ \text{N}\cdot\text{mm}\times\xi^2-1.05\times10^9\ \text{N}\cdot\text{mm}\end{aligned}\tag{2}$$

将式(1)及有关参数代入下式,并注意到大偏心受压 $\sigma_s=f_y$、$\sigma_a=f_a$

$$N_u=\alpha_1f_cbx+f'_yA'_s+f'_aA'_{af}-\sigma_sA_s-\sigma_aA_{af}+N_{aw}$$

可得到

$$N_u=1\times19.1\times800\times637\xi+5.4\times10^6\xi-2.72\times10^6\ \text{N}=15.13\times10^6\ \text{N}\times\xi-2.72\times10^6\ \text{N}\tag{3}$$

由式(4.3.22)有

$$N_ue=\alpha_1f_cbx(h_0-x/2)+f'_yA'_s(h_0-a'_s)+f'_aA'_{af}(h_0-a'_a)+M_{aw}$$

$$N_u[e_0+e_a+h/2-a]=\alpha_1f_cbx(h_0-x/2)+f'_yA'_s(h_0-a'_s)+f'_aA'_{af}(h_0-a'_a)+M_{aw}$$

注意到 $N_ue_0=M=2\ 000\ \text{kN}\cdot\text{m}$,连同式(2)、式(3)及有关参数代入上式后有

$$\begin{aligned}&2.0\times10^9+(26.7+800/2-163)(15.13\times10^6\xi-2.72\times10^6)\\&=1\times19.1\times800\times637^2\xi(1-0.5\xi)+360\times1\ 527\times(637-105)+295\times6\ 300\times(637-185)+\\&\quad3.44\times10^9\xi-2.15\times10^9\xi^2-1.05\times10^9\end{aligned}$$

整理后得到

$$5.25\times10^9\xi^2-5.65\times10^9\xi+1.20\times10^9=0$$

求解后得到:$\xi_1=0.78$(舍去);$\xi_2=0.29<\xi_b$,属大偏压,且满足 $0.8\delta_1<\xi<0.8\delta_2$。

由式(3)有

$$N_{u1}=15.13\times10^6\times0.29-2.72\times10^6\ \text{N}=1\ 667.7\times10^3\text{N}=1\ 667.7\ \text{kN}$$

(3) 计算小偏心受压破坏的轴力值

由式(4.3.23),

$$\left.\begin{aligned}\sigma_s&=\frac{360\ \text{MPa}}{0.52-0.8}(\xi-0.8)=1\ 028.6\ \text{MPa}-1\ 285.7\ \text{MPa}\times\xi\\ \sigma_a&=\frac{295\ \text{MPa}}{0.52-0.8}(\xi-0.8)=842.9\ \text{MPa}-1\ 053.6\ \text{MPa}\times\xi\end{aligned}\right\}\tag{4}$$

近似取:

$$N_{aw}=(\delta_2-\delta_1)t_w h_0 f_a=(0.95-0.31)\times11.5\times637\times295\ \text{N}=1.38\times10^6\ \text{N}\tag{5}$$

$$\begin{aligned}M_{aw}&=[(\delta_2-\delta_1)-0.5(\delta_2^2-\delta_1^2)]t_w h_0^2 f_a\\&=[0.95-0.31-0.5\times(0.95^2-0.31^2)]\times11.5\times637^2\times295\ \text{N}\cdot\text{mm}=325.97\times10^6\ \text{N}\cdot\text{mm}\end{aligned}\tag{6}$$

将式(4)、式(5)及有关参数代入下式

$$\begin{aligned}N_u&=\alpha_1 f_c bx+f_y'A_s'+f_a'A_{af}'-\sigma_s A_s-\sigma_a A_{af}+N_{aw}\\&=1\times19.1\times800\times637\ \text{N}\times\xi+(360\ \text{MPa}-1\ 028.6\ \text{MPa}+1\ 285.7\ \text{MPa}\times\xi)\times1\ 527\ \text{mm}^2\\&\quad+(295\ \text{MPa}-824.9\ \text{MPa}+1053.6\ \text{MPa}\times\xi)\times6\ 300\ \text{mm}^2+1.38\times10^6\ \text{N}\end{aligned}$$

整理后得到

$$N_u=18.33\times10^6\ \text{N}\times\xi-2.98\times10^6\ \text{N}\tag{7}$$

将式(6)、式(7)及有关参数代入式(4.3.22),有

$$2.0\times10^9+263.7\times(18.33\times10^6\xi-2.98\times10^6)=6.2\times10^9\times(\xi-0.5\xi)+0.29\times10^9+0.84\times10^9+0.33\times10^9$$

$$3.1\times10^9\xi^2-1.37\times10^9\xi-0.25\times10^9=0$$

求解后得到 $\xi=0.58>\xi_b$,属小偏压。

由式(7)有

$$N_{u2}=18.33\times10^6\times0.58-2.98\times10^6\ \text{N}=7\ 651.4\times10^3\ \text{N}=7\ 651.4\ \text{kN}$$

所以该柱所能承受的轴力设计值为 1 667.7 kN≤N≤7 651.4 kN。

三、框架节点

型钢混凝土框架节点采用刚性连接,节点承载力对于非抗震设防区,是通过采取适当的构造措施来保证的。

在节点处,柱型钢和全部柱纵向钢筋应贯通,梁型钢焊于柱型钢。对应于梁型钢上、下翼缘处,在柱内型钢上应设置水平加劲肋,水平加劲肋与梁型钢翼缘等厚,并不小于 12 mm。

柱型钢截面形式的选择应便于梁纵向钢筋的贯穿。梁纵向钢筋应优先考虑从柱型钢翼缘外侧通过,尽量减少梁纵向钢筋穿过柱内型钢的数量,且不宜穿过柱型钢翼缘,也不应与柱型钢直接焊接连接;当必须穿过柱型钢腹板时,腹板截面损失率宜小于 25%。

梁纵向钢筋在节点的锚固应满足钢筋混凝土框架节点的要求;柱型钢和梁型钢的拼接应满足钢框架结构的连接要求。

图 4.3.19 是节点的示意图。

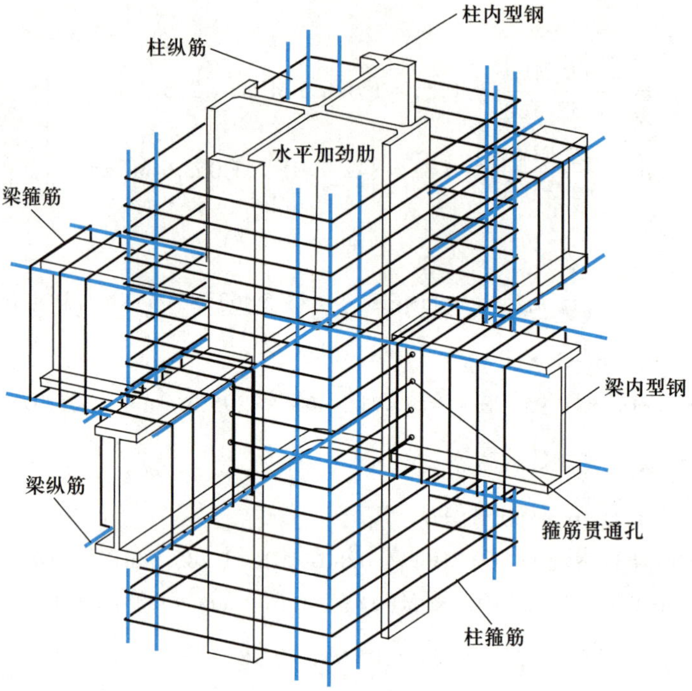

图 4.3.19 型钢混凝土框架节点

4.4 多层房屋基础设计

4.4.1 基础的种类与选型

4.4 多层房屋基础设计

多层房屋常用的基础类型有柱下独立基础、墙下和柱下条形基础、十字形基础、筏形基础、箱形基础和桩基础，见图 4.4.1。前 5 种基础为浅基础，一般采用钢筋混凝土；桩基础属于深基础，常采用钢筋混凝土或型钢。

当层数不多、荷载不大而场地土地质条件较好（地基承载力较高，土层分布均匀）时，多层框架结构也可采用柱下独立基础（图 4.4.1a）。当柱距、荷载较大或地基承载力不是很高时，单个基础的底面积将很大，这时可以将单个基础在一个方向连成条形，做成柱下条形基础，见图 4.4.1c。条形基础与独立基础相比可以适当调节地基可能产生的不均匀沉降，减轻不均匀沉降对上部结构产生的不利影响。为了既保证一定的底板面积，又增加基础的刚度和调节地基不均匀沉降的能力，柱下条形基础常做成肋梁式的。条形基础的布置方向应与承重框架方向一致，即对于横向框架承重方案，在横向布置条形基础，纵向则布置构造连系梁；对于纵向框架承重方案，在纵向布置条形基础，横向则布置构造连系梁。对于纵横向框架承重方案，需要在两个方向布置条形基础，成十字形基础，见图 4.4.1d。

随着上部荷载的增加，所要求的底板面积相应增大，当底板连成一片时即成为筏形基础（又

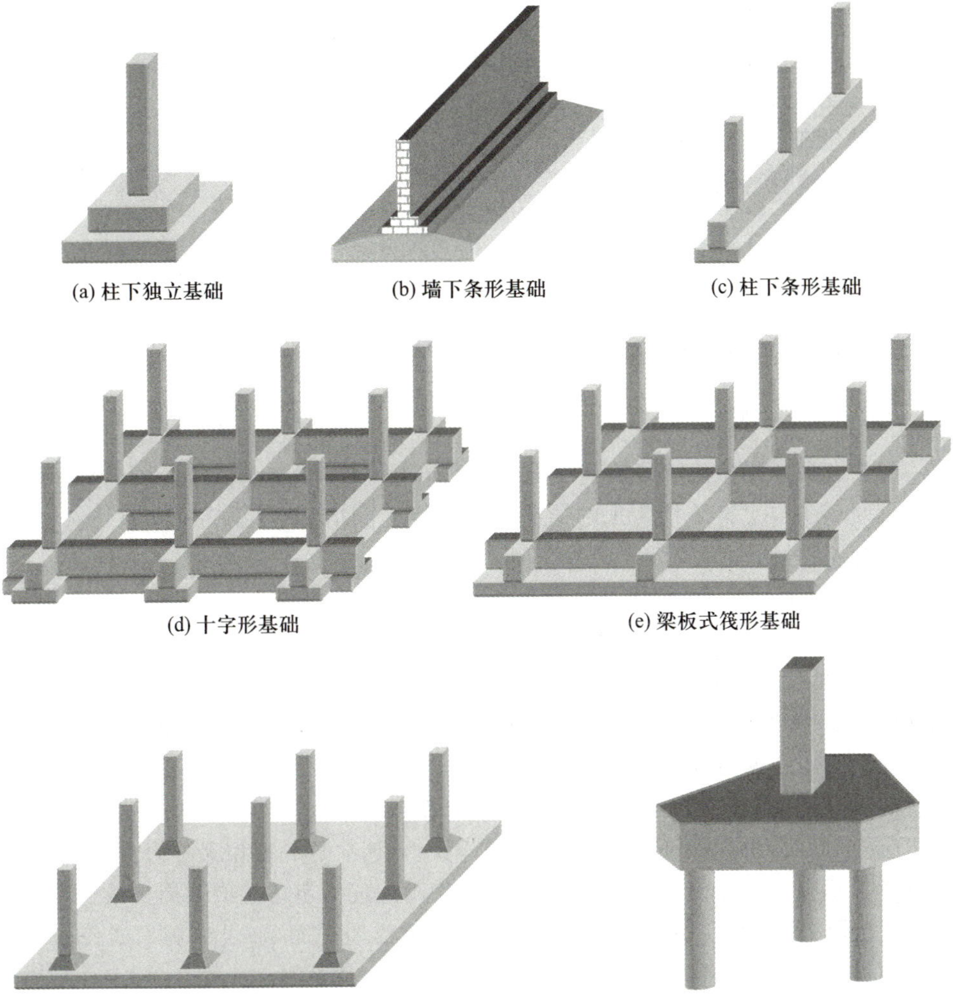

(a) 柱下独立基础　(b) 墙下条形基础　(c) 柱下条形基础

(d) 十字形基础　(e) 梁板式筏形基础

(f) 平板式筏形基础　(g) 桩基础

图 4.4.1　基础类型

称片筏基础)。筏形基础有梁板式(图 4.4.1e)和平板式(图 4.4.1f)两种形式。平板式筏形基础施工简单方便,但混凝土用量大;梁板式筏形基础通过布置肋梁增加基础的刚度,可以减小板的厚度,但施工相对复杂。

当房屋设有地下室时,可以将地下室底板、侧板和顶板连成整体,并设置一定数量的隔板,形成箱形基础。箱形基础的整体刚度很大,调节地基不均匀沉降的能力很强。箱形基础常用于高层建筑。需要说明的是,为了形成整体工作,箱形基础的隔墙是必不可少的。如果没有隔墙,则地下室底板按一般筏形基础设计;顶板按一般楼盖设计;侧板则按承受土压力的竖板设计。

采用筏形基础后地基的承载力和变形仍不能满足要求时,需要采用桩基础(图 4.4.1g)将上部荷载传至较深的持力层。桩基础是高层建筑的主要基础形式,有时还结合地下室采用桩-箱复合基础。

基础类型的选择需考虑场地土的工程地质情况、上部结构对地基不均匀沉降的敏感程度、上部结构荷载的大小以及现场施工条件等因素。一般来说，浅基础的工程造价比深基础低，应优先采用浅基础。当天然浅土层的工程地质条件无法满足基础承载要求时，还可通过碾压夯实、换土填层、排水固结、化学加固等地基处理方法改善其性能，满足浅基础的要求。

柱下独立基础在第3章已作过介绍，下面重点介绍条形基础的设计方法，并对十字形基础和筏形基础的设计要点作一简单介绍。

4.4.2　基础分析模型

上部结构、基础和地基是相互联系、相互作用的整体，所以理想的方法是对三者组成的整体模型进行分析。由于地基土的复杂性，目前尚没有成熟的整体分析模型。工程中常常采用简化分析模型，将上部结构与地基基础分开分析。

任何一种简化分析模型都必须满足上部结构与基础、基础与地基之间的力的平衡和变形协调条件。基础受到来自上部结构传来的荷载和地基反力（即基底压力）的作用。前者可以通过上部结构内力分析得到；而后者涉及地基模型。

一、地基模型

地基模型（ground model）是对地基变形（沉降）与基底压力之间关系的描述。地基模型很多，常用的有文克勒模型、半空间地基模型和压缩层地基模型。

文克勒模型是1876年捷克工程师E·Winkler在计算铁路钢轨时提出的。该模型假定地基上某一点所受到的压强p与该点的地基沉降s成正比，其比例系数k称为基床系数：$p=ks$。这一假定认为，任一点的沉降仅与该点受到的压强有关，而与其他点的压强无关。这实际上是忽略了地基土的切应力，相当于地基是由一根根单独的弹簧组成，故这一模型又称为弹簧地基模型。

由于忽略了切应力的存在，根据该模型地基中的附加应力不可能向四周扩散分布，使基底以外的地表发生沉降，这显然不太符合实际情况。但由于模型的简单，目前仍相当普遍地被使用。对于厚度不超过基础宽度一半的薄压缩层地基较适用于这种模型。

另一种较为常用的地基模型是半空间地基模型。弹性半空间表面作用竖向集中荷载P时，任一点地基表面的沉降可表示为

$$s=w(x,y,0)=\frac{P(1-\nu^2)}{\pi E\sqrt{x^2+y^2}}$$

其中E为土的弹性模量；ν为泊松比；x、y为任一点离开集中荷载作用点的距离。

该模型将地基假定为半无限空间匀质弹性体，地基上任意一点的沉降与整个基底反力的分布有关。弹性半空间模型虽然具有能够考虑应力和变形的扩散，但计算所得的沉降量和地表的沉降范围常常超过实测结果。一般认为这是由于实际地基的压缩层厚度都是有限的缘故。此外，即使是同种土层组成的地基，其力学指标也是随深度变化的，并非匀质体。

压缩层地基模型假定地基沉降等于压缩层范围内各计算分层在完全侧限条件下的压缩量之和。该模型能较好地反映地基土扩散应力和变形能力，容易考虑土层沿深度和平面上的变化以及非匀质性。但由于它只能计及土的压缩变形，所以仍无法考虑地基反力的塑性重分布。

为了了解实际地基反力与沉降的关系，一些典型工程进行了现场实测，在实测数据的基础上提出基底反力的经验计算公式。

二、基础模型

目前基础的解析分析都是建立在文克勒地基模型上的，在对上部结构、基础和地基进行整体数值分析时，也有采用其他地基模型的。

基础分析模型除了与地基模型有关外，还与基础和上部结构有关。建立在文克勒地基模型上的基础分析模型可以分为两大类：**刚性基础模型**（rigid foundation model）和**弹性基础模型**（elastic foundation model）。对于条形基础，弹性基础模型又称为弹性地基梁模型。

1. 刚性基础模型

刚性基础模型假定基础刚度相对于地基为无限大，因而地基发生变形时，基础仅发生刚体位移，即基础的沉降沿水平方向线性分布。由于总是假定基础与地基保持接触，即满足变形协调条件，所以地基沉降沿水平方向也应该是线性分布的。而根据文克勒地基假定，基底反力必定是线性分布，这时就可以完全由静力平衡条件确定地基反力分布。

对于条形基础，刚性基础模型根据上部结构的刚度大小有静力法和**倒梁法**（inverted beam method）两种计算方法。

图 4.4.2a 是一框架结构条形基础，根据前面的模型假定，地基反力已获得。为了得到基础梁的单独分析模型，需将基础从整体结构中分离出来。将柱端切开后，需要研究此处的边界条件。假定柱的抗弯刚度相对于基础梁可以忽略不计，即认为柱子对基础梁没有转动约束（这一假定与分析上部结构时假定柱子固接于基础顶面是一致的）。这时，上部结构的作用可以用竖向弹性（弹簧）铰支座代替，而将柱端弯矩直接反作用于基础梁（因铰支座无法传递弯矩），如图4.4.2b所示。

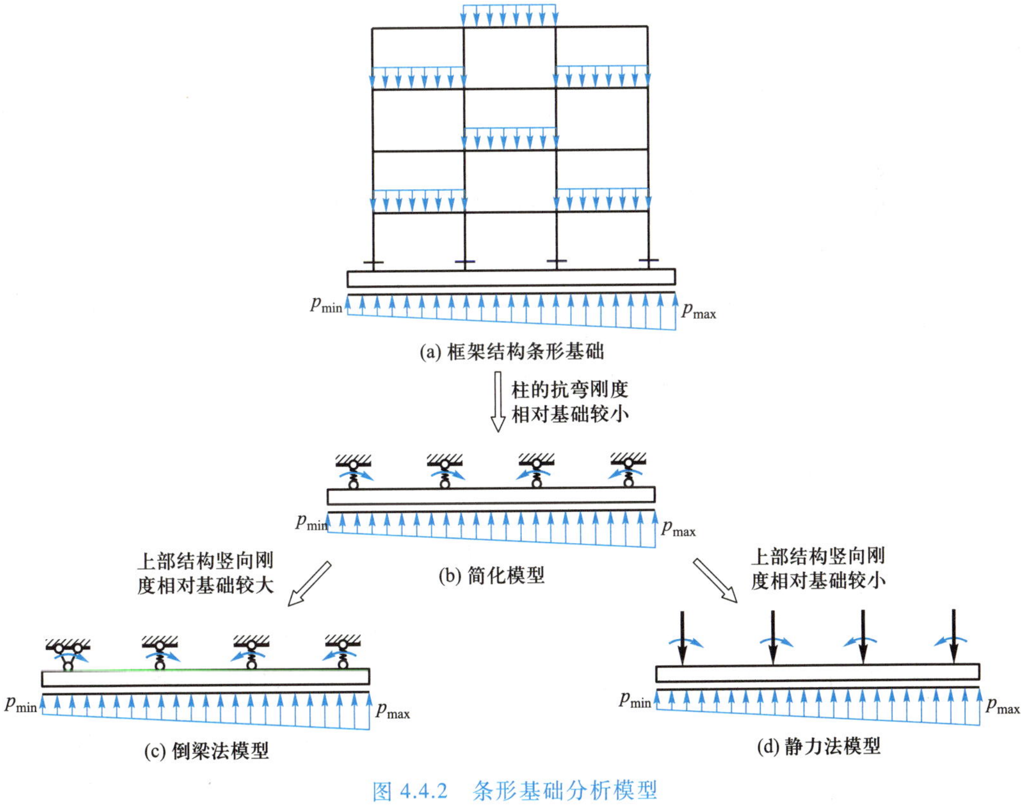

图 4.4.2　条形基础分析模型

当上部结构抵抗竖向位移的刚度很大时(相对于基础),可以认为基础梁在与柱子的连接处没有相对竖向位移,即上部结构绝对刚性,因而柱子可以看成是基础梁的固定铰支座,如图 4.4.2c 所示,基础梁相当于倒置的连续梁,受到地基反力的作用,称为倒梁法。

当上部结构抵抗竖向位移的刚度很小、可忽略时,柱子对基础梁的竖向变形没有任何约束作用,即上部结构绝对柔性,柱子仅起传递荷载的作用。这时,基础梁成为图 4.4.2d 所示的计算模型。根据静力平衡条件可以求出任一截面的内力,称为静力法。

2. 弹性基础模型

如果基础的变形不可忽略,地基的沉降是基础刚体位移与基础弹性变形的总和,一般沿水平方向不再是线性分布,地基反力无法仅根据静力平衡条件确定,需要利用基础与地基的变形协调条件。目前比较成熟的计算方法有**地基系数法**(ground coefficient method)、**链杆法**(rigid bar method)和**有限差分法**(finite difference method)。

地基系数法是根据基础梁的挠度等于地基沉降以及地基沉降与基底反力之间的关系建立基础梁的弹性挠曲线微分方程。

对于图 4.4.3 所示中间作用集中荷载 P_0 的弹性基础梁,由基础梁和地基的变形协调条件,地基沉降 s 等于梁的挠度;又根据文克勒地基模型,基础梁受到的地基线反力为 Bks,其中 B 为基础梁的宽度。根据材料力学的弯矩-曲率公式以及弯矩、剪力、荷载之间的导数关系可以得到基础梁的挠度微分方程

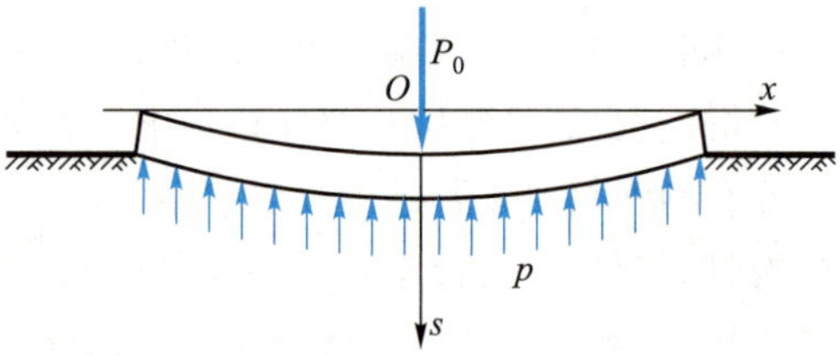

图 4.4.3 作用集中荷载的弹性基础梁

$$\frac{d^4s}{dx^4}+4\lambda^4 s=0 \tag{4.4.1}$$

其中 $\lambda=\sqrt[4]{\frac{Bk}{4EI}}$,称为基础梁的刚度特征值;$EI$ 为基础梁的截面抗弯刚度。

方程(4.4.1)的解为

$$s=e^{\lambda x}(C_1\cos\lambda x+C_2\sin\lambda x)+e^{-\lambda x}(C_3\cos\lambda x+C_4\sin\lambda x) \tag{4.4.2}$$

式中的 C_1、C_2、C_3、C_4 为积分常数,根据边界条件确定。

求得基础梁的挠度后,利用挠度与截面弯矩、剪力的关系 $M=-EI\mathrm{d}^2s/\mathrm{d}x^2$、$V=\mathrm{d}M/\mathrm{d}x$,可得到基础梁截面的弯矩、剪力。

集中力 P_0 作用于无限长梁时,作用点的沉降为

$$s_{x=0}=\frac{P_0\lambda}{2Bk} \tag{4.4.3}$$

链杆法是将梁底接触面等分成若干个段落,每个段落的中点设置一根链杆,段落范围内基底反力的合力用链杆的内力代替;将链杆内力作为未知数,用结构力学方法求解。

有限差分法是用差分方程代替微分方程的一种数值分析方法,可以用来分析板式基础。

链杆法和有限差分法参阅《基础工程》,下面介绍的基础设计方法均采用刚性基础模型。

4.4.3 柱下条形基础设计

一、内力分析

1. 确定基底反力和基础底面尺寸

基础的底面尺寸根据地基承载力和地基变形限值确定。

采用文克勒地基模型，加上刚性基础假定，可以推出基底反力为线性分布。设条形基础长为 L，宽为 B，见图 4.4.4。

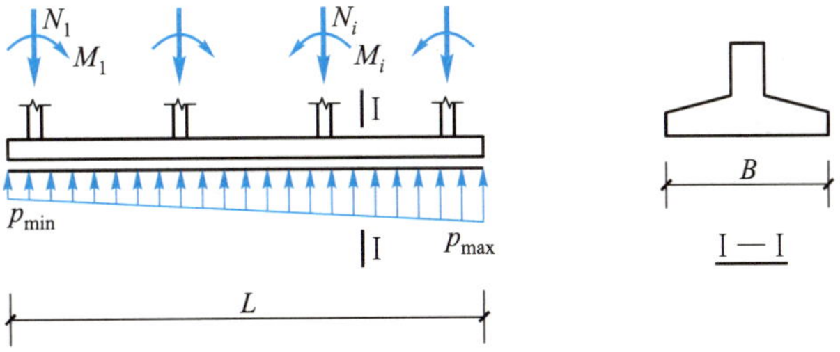

图 4.4.4 条形基础基底反力

根据基础的平衡条件：基底反力的合力和合力点位置必须与上部荷载相同，得到基底反力的最大值和最小值为

$$\left.\begin{matrix} p_{\max} \\ p_{\min} \end{matrix}\right\} = \frac{\sum N}{BL} \pm \frac{6\sum M}{BL^2} \tag{4.4.4}$$

式中，$\sum N$——竖向荷载总和，包括上部荷载传至基础顶面的标准组合值、基础自重和覆土的标准值；

$\sum M$——荷载对基底形心产生的偏心力矩总和。

基础长度由轴线尺寸和两端的悬挑长度确定；根据地基承载力要求①，可确定基础宽度 B：

$$\begin{cases} \dfrac{p_{\max}+p_{\min}}{2} \leqslant f_a \\ p_{\max} \leqslant 1.2 f_a \end{cases} \tag{4.4.5}$$

式中 f_a 为修正后的地基承载力特征值。

2. 静力法计算内力

对于沿长度方向等截面的基础梁，其自重和覆土重并不会在梁内产生弯矩和剪力，因而进行基础内力分析时，基底反力采用不包括基础自重和覆土重的净反力，而传至基础顶面的上部荷载采用基本组合值。

基础梁在基底净反力和柱子传来的竖向力、力矩作用下，任一截面的弯矩和剪力可利用理论力学中的截面法方便地求出。一般可选取若干个截面进行计算，然后绘制弯矩、剪力图。

---

① 对于甲、乙级和部分丙级地基基础的建筑物尚应满足地基变形的要求。

3. 倒梁法计算内力

倒梁法将基础梁作为以柱子为铰支座的连续梁,可以用结构力学的方法计算内力。用倒梁法算得的支座反力一般并不等于上部柱子传来的竖向荷载(即柱子轴力),即在上部结构与基础之间不满足力的平衡条件,计算结果需要进行调整。在实用中,通过调整局部基底反力来消除这种差异。将支座反力与轴力间的差值(正或负)均匀分布在相应支座两侧各三分之一跨度范围内,如图 4.4.5 所示,作为基底反力的调整值,然后再进行一次连续梁分析。如果调整后柱子轴力与支座反力的差异仍较大,可继续调整,直至两者基本吻合。

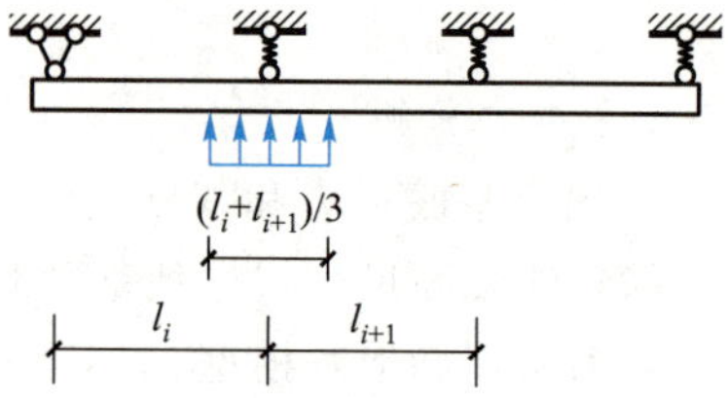

图 4.4.5 倒梁法支座反力的调整

4. 静力法与倒梁法计算模型的讨论

对于同一根基础梁,采用静力法和倒梁法计算的结果一般是不同的,除非用倒梁法算出的支座反力未经调整刚好等于柱轴力时,两者的结果才会一致。

一般说来,当层数较少,楼盖刚度较小时,上部结构的竖向刚度较小,静力法比较适用;反之,当层数较多,楼盖刚度较大时,上部结构的竖向刚度较大,倒梁法比较适用。实际工程中的上部结构刚度既不是绝对柔性,也不是绝对刚性,必要时可参考上述两种计算结果的内力包络图进行截面设计。

前面讲过,任何基础分析模型都必须满足基础与上部结构之间力的平衡和变形协调条件,静力法和倒梁法采用了不同的途径来满足这一条件。静力法通过将柱端内力直接作用于基础,来满足力的平衡;根据上部结构柔性假定,柱子自动具有与接触点基础梁相同的变形。倒梁法的柱与基础铰接,使基础在铰接点具有与柱相同的变形;而力的平衡是通过不断调整局部基底反力来满足的。

二、截面计算

柱下条形基础的截面计算包括肋梁和翼板两部分,其中肋梁需进行受弯承载力、受剪承载力和抗冲切承载力计算;翼板需进行受弯承载力和抗冲切承载力计算。肋梁的弯矩和剪力由上面的基础内力分析得到,翼板的弯矩按固支在肋梁的悬臂板计算。抗冲切计算时,肋梁和翼板冲切破坏面见图 4.4.6。

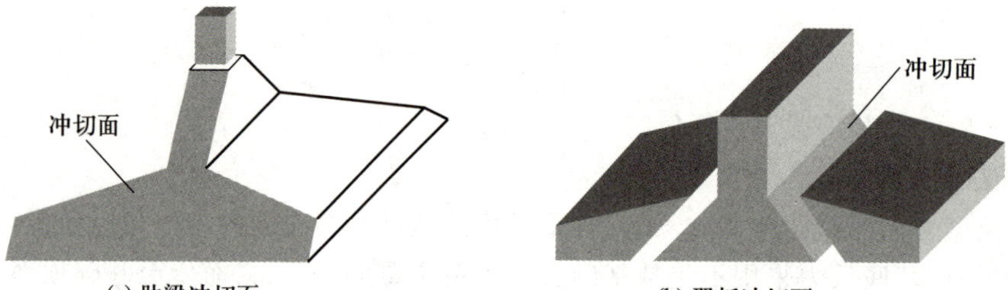

(a) 肋梁冲切面 (b) 翼板冲切面

图 4.4.6 条形基础的冲切面

三、构造要求

柱下条形基础的梁高宜为柱距的 1/8 ~ 1/4。翼板厚度不宜小于 200 mm。当翼板厚度为 200 ~ 250 mm 时,宜用等厚度翼板;当翼板厚度大于 250 mm 时,可用变厚度翼板,其坡度≤1 : 3。

为减小边跨跨中的弯矩，条形基础的端部应向外伸出，其长度宜为边跨跨距的 0.25 倍。

基础梁的肋宽宜比柱子的截面边长至少大 100 mm。不满足时，应在柱子与基础的相交处，将基础肋梁局部放大，满足图 4.4.7 所示的尺寸要求。

基础梁顶面的纵向受力钢筋应全部贯通；底面通长钢筋不少于受力钢筋面积的 1/3。肋中受力钢筋的直径不应小于 10 mm；翼板受力钢筋的直径不小于 8 mm，间距 100 ~ 200 mm。当翼板的悬伸长度 l_f > 750 mm 时，翼板受力钢筋的一半可在距翼板边 $(0.5l_f-20d)$ 处切断。

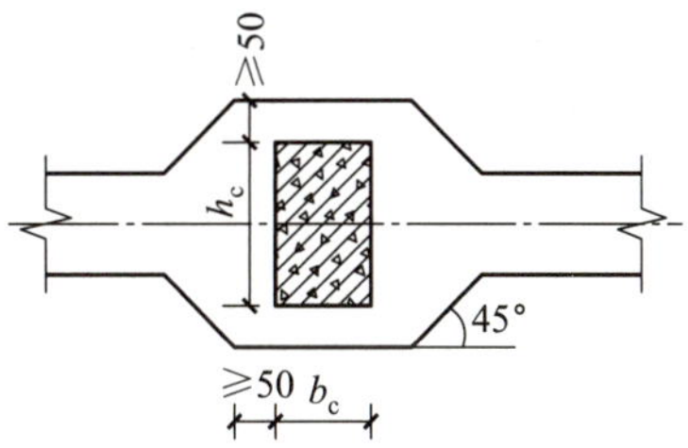

图 4.4.7　条形基础宽度与柱截面尺寸的关系

箍筋直径不应小于 8 mm。当肋宽 $b\leqslant 350$ mm 时可用双肢箍；当 350 mm$<b\leqslant$800 mm 时采用四肢箍；$b>$800 mm 时用六肢箍。

4.4.4　十字形基础的内力分析

十字形基础的内力分析方法，根据上部结构竖向刚度的大小，分为两种情况。

一、上部结构刚度很大

当上部结构竖向刚度很大时，可以对上部结构作刚性假定，柱子作为交叉梁的固定铰支座，见图 4.4.8a，基础受到基底反力 p 和交叉节点处的力矩作用。在节点力矩作用下，一个方向的梁受弯，而另一个方向的梁受扭。如果忽略基础梁承受的扭矩，即力矩完全由作用方向的基础梁承担，则十字形基础可以分解成两组倒置的连续梁，如图 4.4.8b、c 所示，分别用倒梁法进行计算。

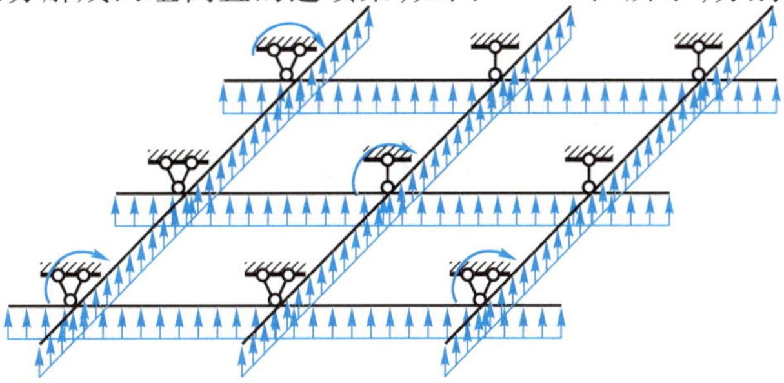

(a)

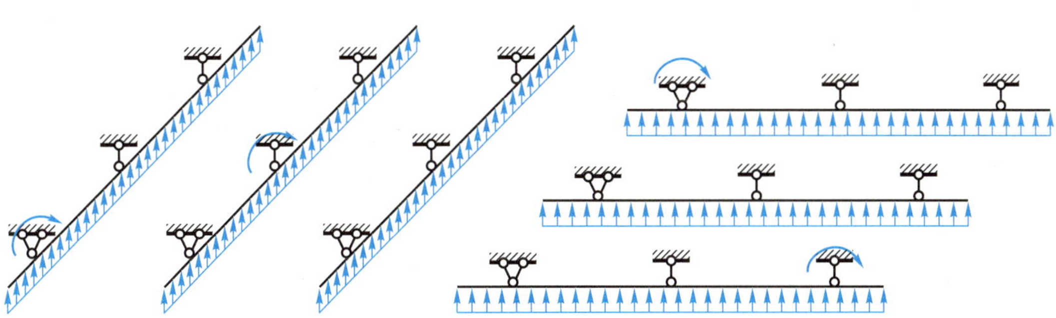

(b)　(c)

图 4.4.8　上部结构刚度很大时十字形基础的简化计算模型

二、上部结构刚度很小

当上部结构竖向刚度很小时，可对上部结构作柔性假定，将柱子的轴向力和力矩直接作用在十字形基础的交叉节点处，见图4.4.9。如果能将节点处的集中力和力矩在纵横两个方向的基础梁上进行分配，则十字形基础可以分解为两组基础梁，用静力法进行计算截面内力。对于力矩，假定完全由作用方向的基础梁承担；对于集中力，则根据静力平衡条件和变形协调条件确定。

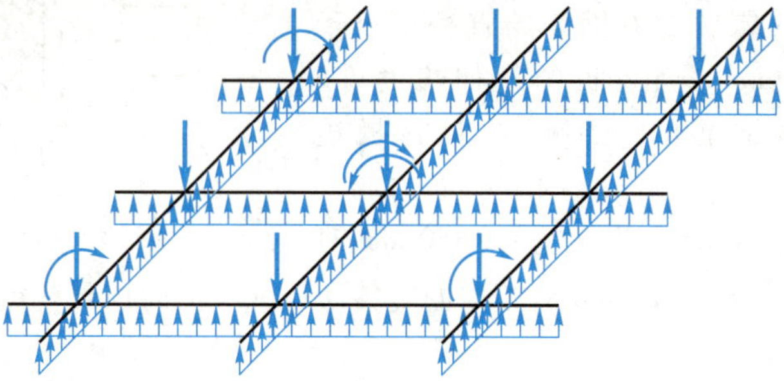

图4.4.9 上部结构刚度很小时十字形基础的简化计算模型

设第 i 节点作用有集中力 N_i，其中 x 方向基础梁承担的集中力为 N_{ix}，y 方向基础梁承担的集中力为 N_{iy}，则根据节点的静力平衡条件，有

$$N_i = N_{ix} + N_{iy} \tag{4.4.6}$$

根据变形协调条件，x 方向基础梁在交叉点处的竖向位移 Δ_{ix} 应该等于 y 方向基础梁在交叉点的竖向位移 Δ_{iy}，即

$$\Delta_{ix} = \Delta_{iy} \tag{4.4.7}$$

基础梁在节点集中力 N_{ix}（或 N_{iy}）、力矩 M_{ix}（或 M_{iy}）和基底反力作用下，各节点的竖向位移可以用结构力学方法表示为集中力的函数。这样，当十字形基础有 n 个节点时，就有 $2n$ 个未知数，即 N_{ix}、N_{iy}（$i=1,\cdots,n$）。对于每个节点可以列出式（4.4.6）、式（4.4.7）的方程，共 $2n$ 个，联立方程可以得到 $2n$ 个未知数。

三、近似方法

考虑到相邻荷载对地基沉降（即基础的竖向位移）的影响随距离的增大而迅速减小，当十字形基础的节点间距离较大，且各节点荷载差别不显著时，可不考虑相邻荷载的影响。这样，节点荷载的分配计算将大大简化。

1. 中柱节点

作用在中节点 i 的集中力 N_i 分成两个集中力 N_{ix} 和 N_{iy}，分别作用在纵、横两条基础梁上。计算纵、横基础梁在该节点处的竖向位移时，仅考虑 N_{ix} 或 N_{iy} 的作用（即略去其他节点荷载对该节点处位移的影响），并将纵、横两向的条形基础视作文克勒地基上的无限长梁，见图4.4.10a。由式（4.4.3），

$$\Delta_{ix} = N_{ix}\lambda_x/(2B_x k); \quad \Delta_{iy} = N_{iy}\lambda_y/(2B_y k)$$

则式（4.4.7）可以表示为

$$\frac{N_{ix}}{8\lambda_x^3 EI_x} = \frac{N_{iy}}{8\lambda_y^3 EI_y} \tag{4.4.8}$$

求解方程(4.4.6)、方程(4.4.8)得到

$$\left.\begin{aligned} N_{ix}&=\frac{I_x\lambda_x^3}{I_x\lambda_x^3+I_y\lambda_y^3}N_i \\ N_{iy}&=\frac{I_y\lambda_y^3}{I_x\lambda_x^3+I_y\lambda_y^3}N_i \end{aligned}\right\} \tag{4.4.9a}$$

式中,I_x、I_y——分别为纵、横向基础梁的截面惯性矩;

λ_x、λ_y——分别为纵、横向基础梁的刚度特征值;

B_x、B_y——分别为纵、横向基础梁的宽度;其余符号同前。

2. 边柱节点

对于边柱节点 i,见图 4.4.10b,集中力 N_i可以分成作用于无限长梁上的集中力 N_{ix}和作用于半无限长梁上的 N_{iy}。利用静力平衡条件和变形协调条件,与中节点一样,可推导出

$$\left.\begin{aligned} N_{ix}&=\frac{4I_x\lambda_x^3}{4I_x\lambda_x^3+I_y\lambda_y^3}N_i \\ N_{iy}&=\frac{I_y\lambda_y^3}{4I_x\lambda_x^3+I_y\lambda_y^3}N_i \end{aligned}\right\} \tag{4.4.9b}$$

3. 角柱节点

角柱节点集中力分配时(图 4.4.10c),纵、横两向的条形基础均视作文克勒地基上的半无限长梁,同理可以得到

$$\left.\begin{aligned} N_{ix}&=\frac{I_x\lambda_x^3}{I_x\lambda_x^3+I_y\lambda_y^3}N_i \\ N_{iy}&=\frac{I_y\lambda_y^3}{I_x\lambda_x^3+I_y\lambda_y^3}N_i \end{aligned}\right\} \tag{4.4.9c}$$

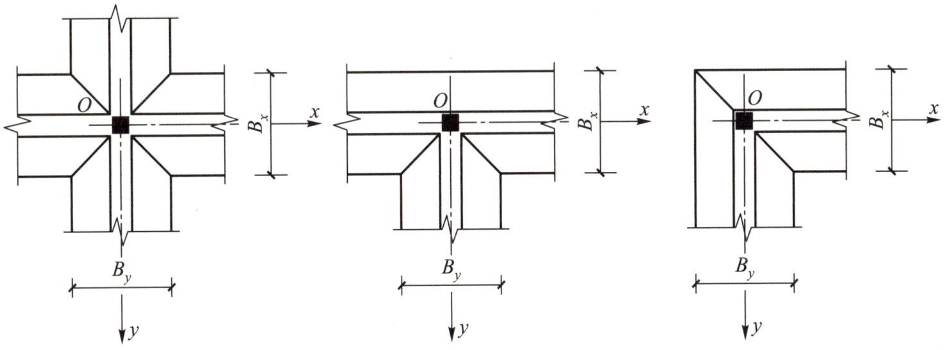

(a) 中柱节点 (b) 边柱节点 (c) 角柱节点

图 4.4.10 十字形基础节点

4.4.5 筏形基础内力分析要点

上部结构竖向刚度较小时，类似条形基础，可直接将柱子的轴向力和弯矩作用于基础。对于平板式基础可以采用地基系数法、有限差分法等确定基底反力和进行板的内力分析。梁板式基础尚无实用的简化计算方法。

上部结构竖向刚度较大时，可将筏形基础作为倒置的楼盖，以柱子为支座，基底净反力为荷载，按普通楼盖进行内力分析。梁板式基础按肋梁楼盖计算，平板式基础按无梁楼盖计算。

采用文克勒地基模型，当假定基础为刚性时，基底反力为线性分布，按下式计算

$$\left.\begin{matrix} p_{\max} \\ p_{\min} \end{matrix}\right\} = \frac{\sum N}{BL} \pm \frac{6\sum M_x}{BL^2} \pm \frac{6\sum M_y}{B^2 L} \tag{4.4.10}$$

式中，M_x、M_y——分别为上部结构传来的荷载对基底中心在 x、y 方向的偏心力矩。

为避免建筑物发生较大的倾斜，并改善基础的受力状况，必要时可调整底板各边的外挑尺寸，使基础接近中心受荷状态，这时基底反力为均匀分布。

思考题

4-1 多层框架结构有哪些种类？

4-2 如何从构造上区分混凝土框架和钢框架梁、柱节点是铰接还是刚接？

4-3 承重框架有哪几种布置方案？框架承重方案与楼盖布置方案存在怎样的对应关系？

4-4 框架梁、柱有哪些常用的截面形式？

4-5 竖向荷载作用下多层刚架结构的分层法有哪些基本假定？这些假定的合理性如何？

4-6 分层法将某一层从整体结构中取出后是如何模拟其边界（支座）条件的？

4-7 试比较单层排架柱、一般刚架柱和横梁刚度无限大的刚架柱的抗侧刚度。

4-8 水平荷载作用下多层刚架结构的反弯点法有哪些基本假定？其合理性如何？

4-9 反弯点法计算多层刚架结构内力的步骤是怎样的？

4-10 *D* 值法在反弯点法的基础上作了哪些修正？

4-11 多层刚架结构由梁、柱弯曲变形引起的侧移曲线和由柱轴向变形引起的侧移曲线各有什么特点？

4-12 何谓框架结构的二阶效应？如何考虑侧移二阶效应？

4-13 混凝土框架梁、柱纵向钢筋在节点区的锚固有哪些要求？

4-14 多层钢框架柱的计算长度如何确定？

4-15 钢框架节点的计算内容包括哪些？

4-16 钢框架柱拼接节点的强度如何计算？

4-17 型钢混凝土框架梁、柱正截面承载力计算采用了哪些基本假定？

4-18 型钢混凝土梁、柱中型钢腹板的应力是如何简化的？

4-19 多层房屋有哪些常用的基础类型？如何选择基础方案？

第4章多层框架结构思考题注释

4-20 有哪些常用的基础分析模型?

4-21 柱下条形基础的倒梁法和静力法分别对上部结构作了怎样的假定?什么情况下这些假定较为符合?

4-22 设计基础时,在哪两个假定下,地基反力为线性分布?

作业题

4-1 如图所示钢框架结构,框架梁的截面抗弯刚度均为 $3EI$,框架柱的截面抗弯刚度均为 EI。

(1) 试用 D 值法计算在节点水平荷载下的内力,画出结构的弯矩图和柱轴力图。

(2) 分别确定底层和二层中柱、边柱的计算长度。

4-2 图示钢框架节点,H 形截面梁采用 HM500×300,H 形截面柱采 HW400×400,梁、柱及连接板均采用 Q235 钢。在荷载标准值下的弯矩和剪力见作业题 4-2 表。梁翼缘采用完全焊透的坡口对接焊缝连接;梁腹板采用 10.9 级 M20 摩擦型高强螺栓单剪连接,接触面采用喷砂处理,节点板与柱采用双面角焊缝连接。焊缝质量等级为二级。试进行节点设计。

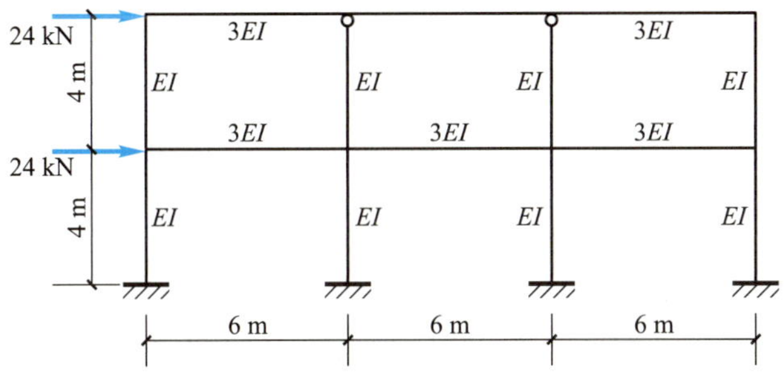

作业题 4-1 图

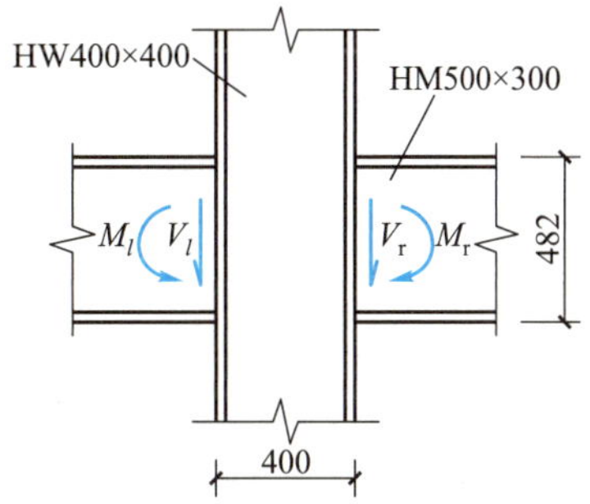

作业题 4-2 图

作业题 4-2 表 题 4-2 荷载标准值下内力

内力		① 永久荷载		② 楼面可变荷载		③ 风荷载	
		M/(kN·m)	V/N	M/(kN·m)	V/N	M/(kN·m)	V/N
截面	左侧梁	125	71	80	45	±42	±24
	右侧梁	130	74	85	48	∓40	∓23

4-3 简支型钢混凝土梁跨度为 10 m,受均布荷载。图示截面尺寸 $b=450$ mm,$h=850$ mm;混凝土采用 C30,HZ600×220×12×19 型钢采用 Q345 钢,钢筋采用 HRB500,梁顶配置 2 Φ 20,梁底配置 4 Φ 20,箍筋采用 HPB300。

(1) 计算该梁所能承受的弯矩设计值和均布荷载设计值。

(2) 配置箍筋。

(3) 分别计算相同条件的钢筋混凝土梁和型钢梁的抗弯承载力,并与型钢混凝土梁加以比较。

4-4 型钢混凝土柱计算长度 6 m,图示截面尺寸 $b=h=800$ mm,混凝土采用 C35,型钢采用 Q345 钢,钢筋采用 HRB400。该柱承受的轴力设计值 $N=4\ 000$ kN。求绕强轴 x 所能承受的弯矩设计值(不需考虑挠曲二阶效应)。

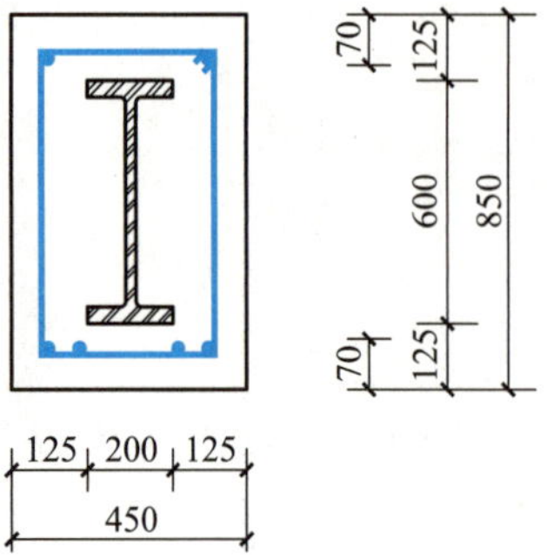

作业题 4-3 图

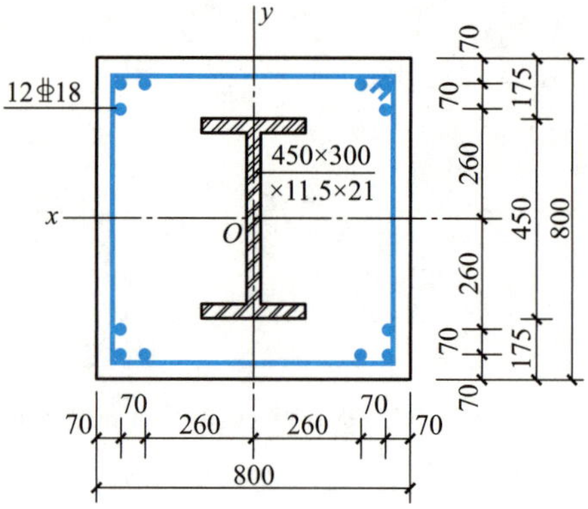

作业题 4-4 图

4-5* 作业题 3-1 单层混合结构排架厂房（图 a、b），因工厂搬迁，现打算拆除吊车（及相应轨道、吊车梁）、室内加层，改作民用。加层方案采用钢梁、钢柱、现浇混凝土楼板，见图 c、d。混凝土楼板厚 80 mm，楼面建筑层重量 1.3 kN/m^2。钢构件均为 Q235-B.F，其中钢框架梁采用 I40 热轧轻型工字钢，端部搁置在原混凝土牛腿上，并保持支座反力合力点位置在原轨道中心线；钢柱采用 HW200×200，与基础铰接，与钢框架梁刚接；钢次梁采用 I20a 热轧轻型工字钢，与钢框架梁铰接。结构安全等级为二级。

（1）已求得屋盖均布永久荷载标准值 $g_k = 16$ kN/m，分别画出结构改造前后在屋盖均布永久荷载作用下的弯矩图，并标出控制截面的弯矩标准值。

（2）改造后楼面的可变荷载标准值 $q_k = 3.5$ kN/m^2，组合值系数 $\psi_c = 0.7$，频遇值系数 $\psi_f = 0.6$，准永久值系数 $\Psi_q = 0.5$。楼板采用 C30 混凝土，钢筋采用 HRB400。按承载力要求用弹性方法配置楼板边跨跨中和第一内支座的纵向钢筋（提示：按单向板考虑）。

（3）钢次梁与混凝土板之间采用完全抗剪连接，内次梁的承载力是否满足要求？

第 4 章多层框架结构作业题指导

（4）画出在楼盖永久荷载标准值作用下，改造后整体结构的弯矩图和轴力图，并标出控制截面的内力值（提示：框架梁不考虑混凝土翼板的作用）。

（5）钢柱的平面内和平面外稳定是否满足要求。（提示：考虑混凝土柱的作用按无侧移框架考虑）？

（6）如果新加钢柱基础发生沉降 Δ，计算改造后整体结构由此引起的附加弯矩。

（7）改造后原排架柱牛腿是否满足要求（提示：可分别比较改造前后作用在牛腿顶面的竖向荷载基本组合值和标准组合值）？

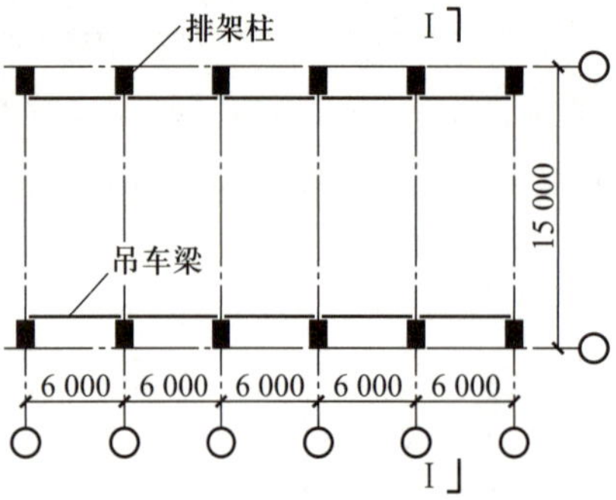

(a) 改造前局部平面

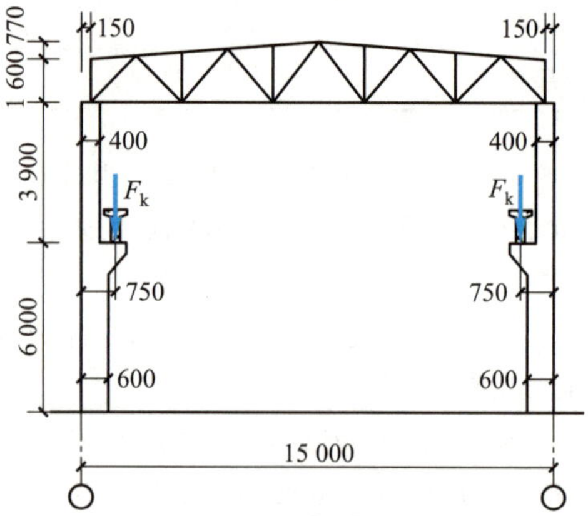

(b) Ⅰ－Ⅰ

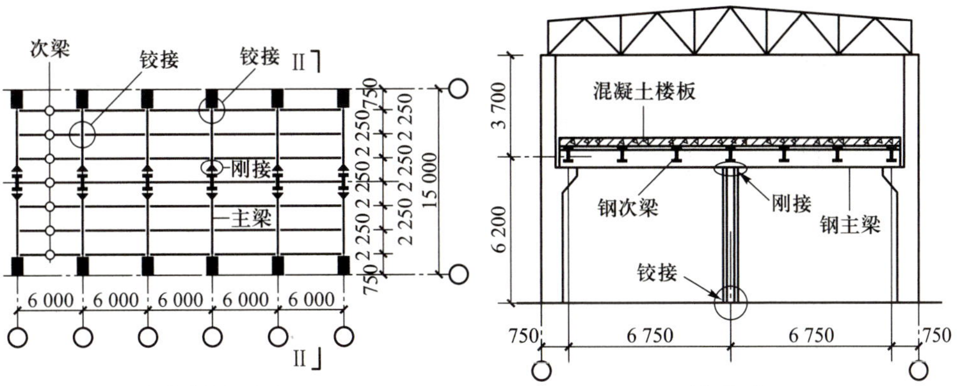

(c) 改造后局部平面　　(d) Ⅱ-Ⅱ

作业题 4-5 图

测试题

4-1　有哪些结构材料采用刚架结构形式？（　　）

（A）混凝土、钢、钢-混凝土组合　（B）钢、钢-混凝土组合、砌体-混凝土混合

（C）钢-混凝土组合、砌体-混凝土混合、混凝土　（D）砌体-混凝土混合、混凝土、钢

4-2　框架结构的竖向刚度将随（　　）而增加。

（A）层数增加，跨度增加　（B）层数增加，跨度减小

（C）层数减少，跨度增加　（D）层数减少，跨度减小

4-3　多层刚架结构在竖载下采用分层法计算时，忽略了本层荷载对其他层梁柱内力的影响。（　　）

（A）梁、柱刚度比越大，误差越小　（B）梁、柱刚度比越大，误差越大

（C）误差与梁、柱刚度比无关，与梁的刚度有关　（D）误差与梁、柱刚度比无关，与柱的刚度有关

4-4　刚架结构在节点水平荷载作用下（　　）。

（A）由梁柱弯曲变形和柱轴向变形引起的侧移均呈剪切型

（B）由梁柱弯曲变形和柱轴向变形引起的侧移均呈弯曲型

（C）由梁柱弯曲变形引起的侧移呈剪切型；由柱轴向变形起的侧移呈弯曲型

（D）由梁柱弯曲变形引起的侧移呈弯曲型；由柱轴向变形起的侧移呈剪切型

4-5　由分层法概念可知，多层刚架按相同结构布置增加一层后，在竖向荷载作用下底层（　　）。

（A）梁、柱的内力基本不变

（B）梁、柱的弯矩、剪力大致呈线性增加

（C）梁的内力基本不变，柱的内力大致呈线性增加

（D）梁、柱的弯矩、剪力基本不变

4-6　用反弯点法计算规则框架水平荷载下内力时，假定同层各节点（　　）。

（A）水平位移和转角位移均为 0　（B）水平位移为 0；转角位移相等，但不为 0

（C）水平位移和转角位移相等，均不为 0　（D）转角位移为 0；水平位移相等，但不为 0

4-7　结构的弹性二阶分析属于（　　）。

（A）材料线性、几何线性问题　（B）材料线性、几何非线性问题

（C）材料非线性、几何线性问题　（D）材料非线性、几何非线性问题

4-8 多层刚架结构在节点水平荷载作用下的侧移曲线(　　)。

(A) 仅包含"剪切型"成分　　(B) 仅包含"弯曲型"成分

(C) 以"剪切型"成分为主　　(D) 以"弯曲型"成分为主

4-9 理想剪切型框架的侧移二阶效应增大系数(　　)。

(A) 随轴力水平、抗侧刚度的增大而增大

(B) 随轴力水平、抗侧刚度的增大而减小

(C) 随轴力水平的增大而增大、随抗侧刚度的增大而减小

(D) 随轴力水平的增大而减小、随抗侧刚度的增大而增大

4-10* 下列哪个措施并不能提高结构抵抗侧移的能力?(　　)

(A) 竖向构件采用弯曲刚度大的截面形式

(B) 将大柱子布置在外侧、小柱子布置内部

(C) 采用大柱网、大柱子代替小柱网、小柱子

(D) 竖向构件外倾

4-11* 框架结构挠曲二阶效应的弯矩增大系数(　　)。

(A) 随轴力水平、柱端弯矩比值的增大而增大

(B) 随轴力水平、柱端弯矩比值的增大而减小

(C) 随轴力水平的增大而增大、随柱端弯矩比值的增大而减小

(D) 随轴力水平的增大而减小、随柱端弯矩比值的增大而增大

4-12 进行型钢混凝土构件正截面承载力计算时,型钢腹板的应力分布简化为(　　)。

(A) 单个矩形分布

(B) 当中和轴位于腹板之外时采用单个矩形分布

(C) 两个应力方向相反的矩形分布

(D)当中和轴位于腹板之内时采用单个矩形分布

4-13 进行型钢混凝土构件的承载力计算时,对型钢翼缘(　　)。

(A) 抗弯承载力和抗剪承载力均考虑其作用

(B)抗弯承载力和抗剪承载力均不考虑其作用

(C) 抗剪承载力考虑其作用、抗弯承载力不考虑其作用

(D) 抗剪承载力不考虑其作用、抗弯承载力考虑其作用

4-14 基础设计时常常认为地基反力为线性分布,这在下列哪两个假定下才成立?(　　)

(A) 地基为文克勒地基;基础为弹性

(B) 地基为半无限空间地基;基础为刚性

(C) 地基为文克勒地基;基础为刚性

(D) 地基为半无限空间地基;基础为弹性

4-15 选择浅基础的类型时,主要依据(　　)。

(A) 上部结构荷载大小、上部结构对地基不均匀沉降的敏感性

(B) 上部结构对地基不均匀沉降的敏感性、土层的均匀性

(C) 土层的均匀性、地基的承载力

(D) 地基的承载力、上部结构荷载大小

4-16 柱下条形基础的静力法和柱下条形基础的弹性地基梁法属于(　　)。

(A) 基础和地基组合模型

(B) 上部结构、基础和地基整体模型

(C) 前者为基础和地基组合模型;后者为基础分离模型

(D) 前者为基础分离模型;后者为基础和地基组合模型

4-17* 中点受集中荷载作用的文克勒地基上的弹性基础梁,基础梁刚度越大,则(　　)。

(A) 基础梁截面的最大弯矩增大、基底反力越均匀

(B) 基础梁截面的最大弯矩增大、基底反力越不均匀

(C) 基础梁截面的最大弯矩减小、基底反力越均匀

(D) 基础梁截面的最大弯矩减小、基底反力越不均匀

第4章多层框架结构测试题解答

第 5 章 高层建筑结构

由多层刚架结构分层法的概念可知，随着层数的增加，由竖向荷载引起的梁、柱弯矩、剪力基本不变，柱轴力大致呈线性增加；由反弯点法的概念可知，随着层数的增加，由水平荷载引起的内力和侧移呈非线性增加。所以，对高层建筑，水平荷载将起控制作用，本章的重点是水平荷载下的结构分析。

5.1 高层建筑结构体系及其布置原则

5.1 高层建筑结构体系及其布置原则

高层建筑水平结构体系常用的是第 2 章介绍的梁板结构，下面要讨论的是高层建筑的竖向结构体系。

5.1.1 高层结构体系

一、高层结构基本受力单元

高层结构体系由基本的受力单元构成，高层结构的基本受力单元包括框架、剪力墙、竖向桁架、筒体。框架由梁、柱构成，在第 4 章已作过介绍。

1. 剪力墙

墙与柱的几何形状差别是其截面高度比其厚度大得多。《高层建筑混凝土结构技术规程》(JGJ 3—2010)将一般墙的截面高度与厚度之比规定为≥8，介于 5~8 之间的称为短肢墙。

墙根据受力特点可以分为承重墙和剪力墙，前者以承受竖向荷载为主，如砌体墙；后者以承受水平荷载为主。在抗震设防区，水平荷载主要由水平地震作用产生，因此剪力墙有时也称为抗震墙。

一般剪力墙的长度(即截面高度)从几米到几十米，而其厚度仅仅几百毫米。所以剪力墙在其平面内有很大的刚度，而在平面外的刚度很小，一般可以忽略不计。

由于纵、横墙相交，故剪力墙的截面形成 I 形、Z 形、T 形和[形等。剪力墙上常常因建筑要求开设门窗洞，洞口应尽量上下对齐、布置规则。规则洞口将剪力墙划分为水平向构件和竖向构件，其中竖向构件称为墙肢，水平向构件称为连梁。

剪力墙按结构材料分为钢筋混凝土剪力墙(reinforced concrete shear wall)、钢板剪力墙(steel plate shear wall)(图 5.1.1a)、型钢混凝土剪力墙(steel reinforced concrete shear wall)和配筋砌块砌体剪力墙(reinforced concrete masonry shear wall)(图 5.1.1b)，其中钢筋混凝土剪力墙最为常用。

有时在旅馆和住宅等建筑中，底部需要大开间用作门厅、餐厅、商场或车库等，部分剪力墙无法延伸至基础，该部分剪力墙在底部支承在框架上，形成框支剪力墙(frame supported shear wall)，如图 5.1.2 所示。相对应，一直能延伸至基础的剪力墙称为落地剪力墙。

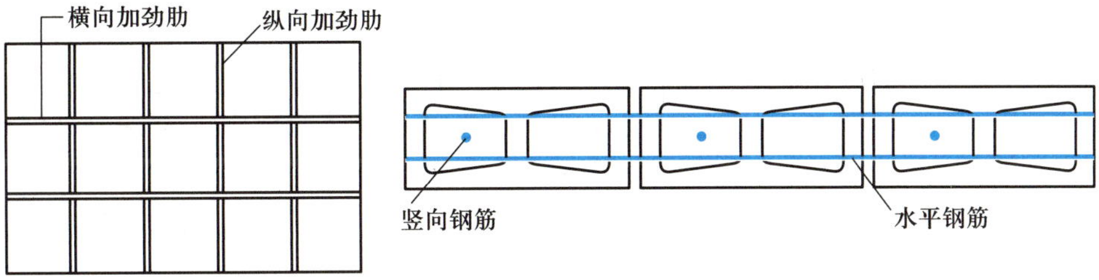

(a) 钢板剪力墙　　(b) 配筋砌块砌体剪力墙

图 5.1.1 不同材料的剪力墙

2. 竖向桁架

在框架内设置支撑斜杆，形成竖向桁架（vertical truss），如图 5.1.3 所示。其中原框架柱构成桁架的弦杆、原框架梁构成桁架的水平腹杆、支撑杆构成桁架的斜腹杆。与框架主要依靠柱的弯曲抵抗水平荷载产生的倾覆力矩不同，桁架主要依靠弦杆轴力抵抗倾覆力矩。与框架相比，抗侧刚度大大提高。

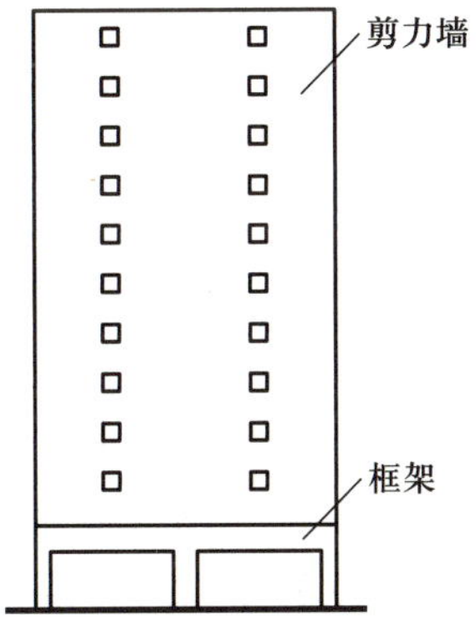

图 5.1.2 框支剪力墙

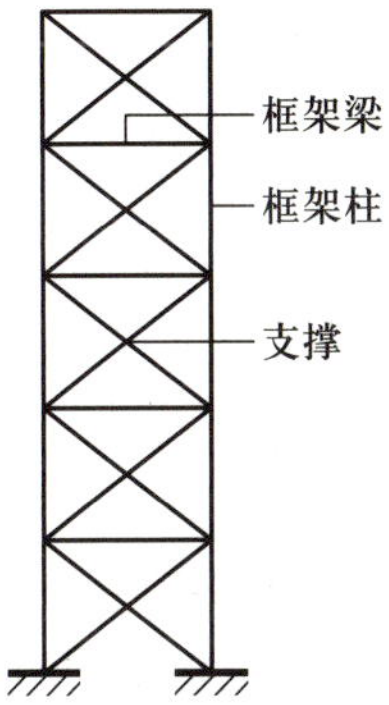

图 5.1.3 竖向桁架

3. 筒体

筒是由若干片墙或竖向桁架组成的封闭环形截面构件，其外形以矩形居多。筒体在两个水平方向均有很大的刚度，属于空间结构。

在建筑平面布置中，为了充分利用建筑物四周的景观和采光、通风，电梯间等服务性用房常设置在房屋的中央，而由电梯间或设备管线井道周围的混凝土墙组成的筒则称为核心筒（core tube）。因筒壁上仅开有少量洞口，又称为"实腹筒"，见图 5.1.4a。

框筒是由布置在房屋四周的密集立柱与高跨比很大的裙梁（spandrel beam）所组成的空腹筒体，犹如四榀平面框架在角部连接而成，故称为框筒（framed tube），如图 5.1.4b 所示。与框架结构不同的是，框筒结构在水平荷载作用下，不仅与水平荷载相平行的两榀框架（称为腹板框架）受力，而且与水平荷载相垂直的两榀框架（称为翼缘框架）也参与工作，构成一个空间受力结构。

桁架筒（trussed tube）是由布置在房屋四周的稀柱、浅梁和支撑斜杆组成的空腹筒体，如图 5.1.4c所示。其受力与平面竖向桁架的区别类似框架与平面框架的区别。

高层结构的竖向结构体系分为三大类：第一类是单一结构体系，如框架结构体系、剪力墙结

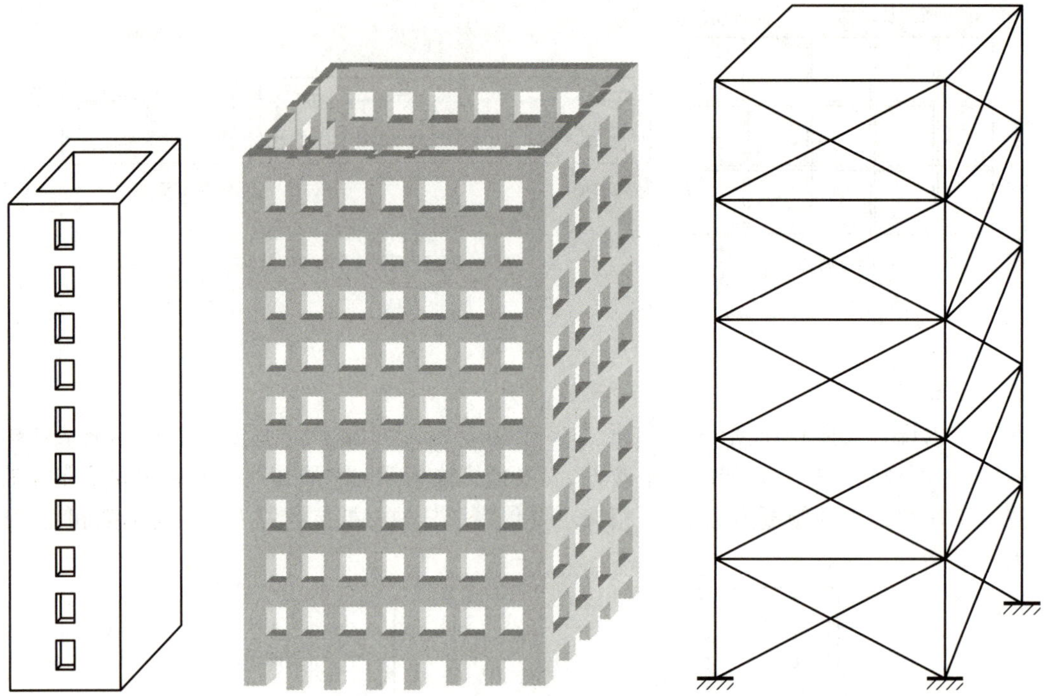

(a) 核心筒　(b) 框筒　(c) 桁架筒

图 5.1.4 筒体

构体系、筒体结构体系；第二类是平面复合结构体系，即在同一平面采用了两种或两种以上基本受力单元，如框架-剪力墙结构体系、框架-支撑结构体系、框架-筒体结构体系等；第三类是竖向复合结构体系，在高度方向采用了两种或两种以上基本受力单元，如上部剪力墙、下部框架。为了使上部水平力能有效地传递到下部结构，需设置过渡层，一般称为**转换层**（transfer story）。较小的转换层可采用厚板，较大的转换层则采用梁或桁架。

二、框架结构体系

高层建筑中的**框架结构体系**（frame structure system）由纵、横向刚接框架组成，框架既承受竖向荷载，又承受两个方向的水平荷载。框架结构具有布置灵活的优点，容易满足各种不同的建筑功能和造型要求。但抗侧刚度相对较小，总高度受到限制。

为了提高框架结构的抗侧刚度，将柱子做成小筒体（即呈箱形截面）或格构柱，在筒体与筒体之间每隔若干层（几层或十几层）设置巨型梁或桁架，形成主框架结构；其余楼层设置次框架，次框架可以落在巨型梁上或悬挂在巨型梁上，次框架上的竖向荷载和水平荷载全部传递给主框架，如图 5.1.5 所示。这种框架称**巨型框架**（mega frame）。

三、剪力墙结构体系

剪力墙结构体系（shear wall structure system）由纵、横向剪力墙和楼盖构成，抗侧刚度较大，因而可以建造的高度比框架结构体系大。剪力墙既承受两个方向的水平荷载，又承受全部的竖向荷载。由于竖向荷载直接由楼盖传递至剪力墙，剪力墙的间距决定了楼板的跨度，一般为 3~8 m，因而剪力墙结构体系的平面布置受到很大限制，适用于墙体位置固定，平面布置比较规则的住

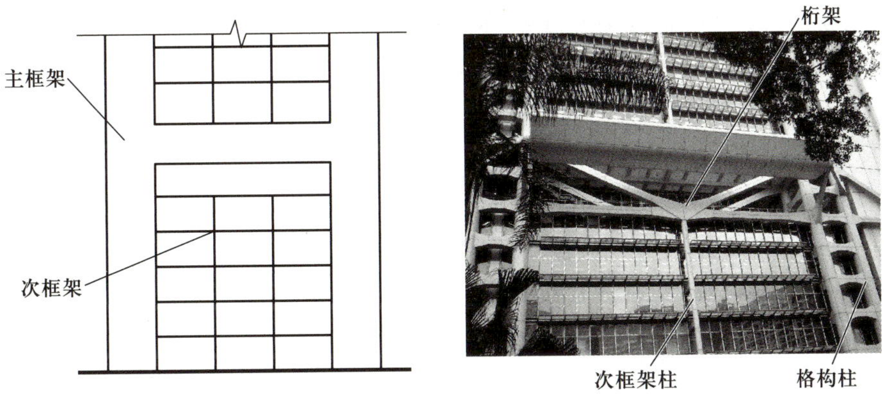

图 5.1.5 巨型框架结构

（照片来源：计学闰、计锋、王力编著《结构概念和体系》）

宅、旅馆等建筑。1976 年建成的 33 层广州白云宾馆采用的就是剪力墙结构体系，是我国内地首栋百米高层，总高 114.05 m，结构平面布置见图 5.1.6。

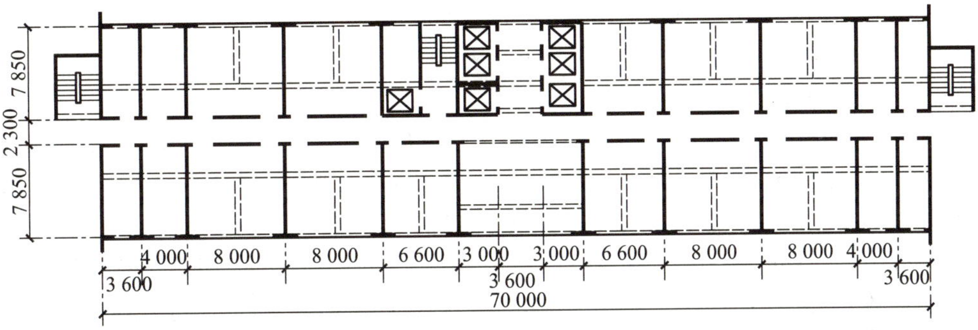

图 5.1.6 广州白云宾馆结构平面

四、框架-剪力墙结构体系

框架-剪力墙结构体系（frame-shear wall structure system）是由框架和剪力墙组成的平面复合结构体系，它克服了框架结构抗侧刚度小和剪力墙结构开间小的缺点，发挥了两者的优势：既可使建筑平面灵活布置，又能对层数不是太多（30 层以下）的高层建筑提供足够的抗侧刚度。

楼盖在自身平面内的巨大刚度能保证水平荷载在竖向结构中按抗侧刚度进行分配，而剪力墙的刚度比框架大得多，因而剪力墙承担大部分剪力。负荷范围内的竖向荷载则由框架或剪力墙各自承担。图 5.1.7 是 1959 年建成的北京民族饭店结构平面，系 12 层混凝土框架-剪力墙结构体系。

五、框架-支撑结构体系

框架-支撑结构体系（frame-braced structure system）是在部分框架柱之间设置斜支撑构成竖向桁架，形成框架+竖向桁架的平面复合结构体系，如图 5.1.8 所示，整体结构的抗侧刚度大大提高。因竖向桁架的抗侧刚度比框架大得多，水平荷载大部分由竖向桁架承担。由于钢框架结构的抗侧刚度比混凝土框架结构小，并且钢结构的节点连接较易实现，框架-支撑结构体系多用于钢结构。

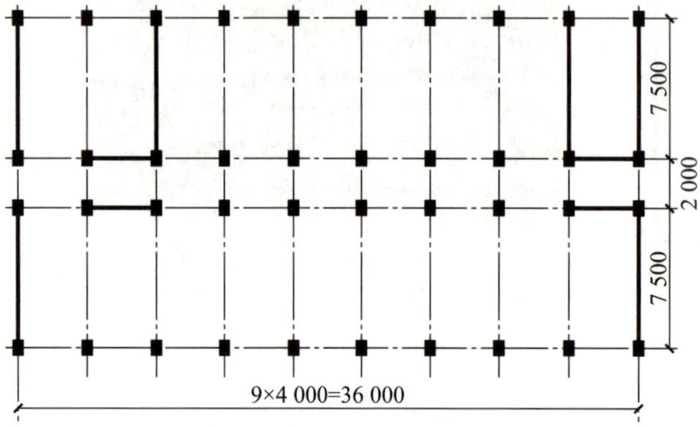

图 5.1.7　北京民族饭店结构平面

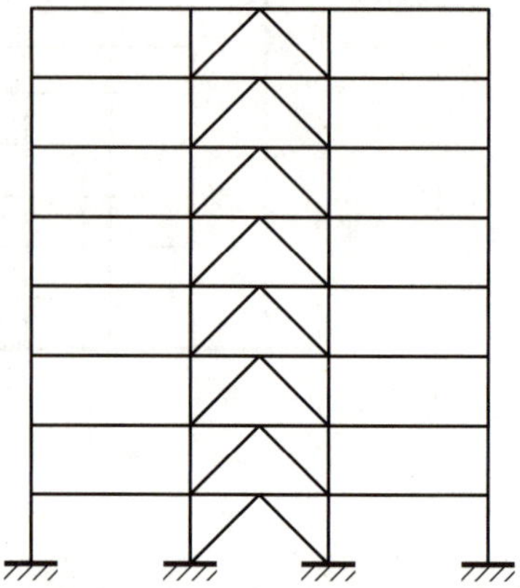

图 5.1.8　框架-支撑结构

六、筒体结构体系

筒体结构体系的主要形式有框筒结构、筒中筒结构、成束筒结构和核心筒结构体系。

典型的**框筒结构体系**(framed tube structure system)如图 5.1.4b 所示。为减小楼面结构的跨度，中间往往设置一些承受竖向荷载的柱子，而水平荷载全部由框筒结构承担。

筒中筒结构体系(tube-in-tube structure system)由建筑物四周的框筒和内部的核心筒组成。当内、外筒之间的距离超过 12 m 时，一般另设承受竖向荷载的内柱，以减小楼面结构的跨度。筒中筒结构体系的抗侧刚度非常大，是目前超高层建筑的主要结构形式。

1990 年建成的广东国际贸易大厦，63 层，总高 200.18 m，是当时内地最高的建筑。外筒平面尺寸 35.1 m×37 m，由 24 根中柱和 4 根异形角柱组成；内筒为 16.8 m×22.8 m 的矩形平面，壁厚从底部的 700 mm 变化到顶部的 300 mm，见图 5.1.9。

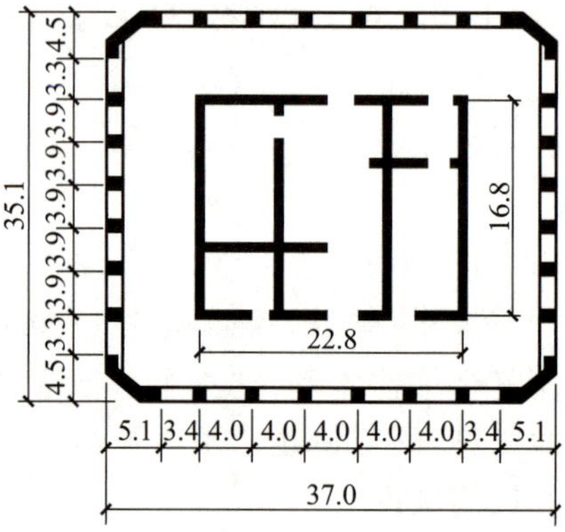

图 5.1.9　广东国际贸易大厦结构平面
（尺寸单位：m）

在内外筒之间还可以再设筒，形成三重筒结构。

当筒的高宽比过小时（≤3），将存在严重的**剪力滞后**(shear lag)现象（详见 5.6 节），影响框筒空间作用的发挥。解决方案之一是将单个筒划分为若干个并列的筒，减小筒的宽度。

1974 年建成的美国西尔斯大厦，110 层，高 443 m，曾是世界最高建筑，采用了**束筒结构体系**(bundled tube structure system)，底部由 9 个 22.85 m×22.85 m 钢框筒组成，见图 5.1.10。

七、框架-筒体结构体系

常见的**框架-筒体结构体系**(frame-tube structure system)是在核心筒周围布置框架，以满足建筑功能要求。这种平面复合结构体系的受力特点与框架-剪力墙结构体系类似，发挥了框架和筒体各自的优点。

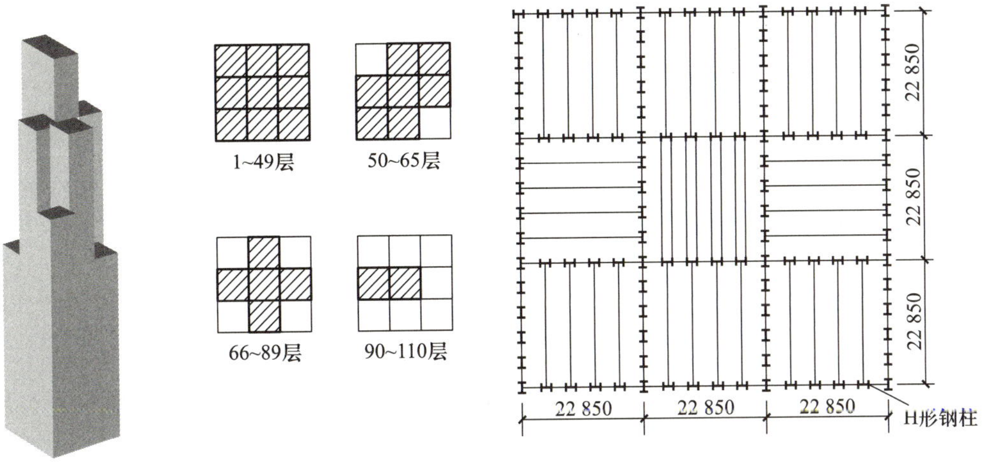

图 5.1.10　美国西尔斯大厦

1983 年建成的南京金陵饭店，总高 110.75 m，37 层，为当时内地层数最多的高层建筑，其标准层平面如图 5.1.11 所示，四周由 28 根外柱、20 根内柱以及四个突出角筒（2.9 m×5.24 m）组成框架，平面尺寸 31.5 m×31.5 m；中间为 12.5 m×12.5 m 的正方形内筒，属框架-筒体结构。

有时在建筑物四周布置多个实腹筒体，而中间为框架结构，这也是一种框架-筒体结构形式，一般称为框架-多筒体结构体系。

八、核心筒结构体系

核心筒结构体系四周的柱子不落地，四周结构的水平和竖向荷载通过由核心筒外伸的大梁（或桁架）全部传递给核心筒，也称为筒体外伸结构体系，见图 5.1.12。这种结构体系占地面积小，可在四周留出空间满足绿化、交通、保护古迹等城市规划要求；由于四周的柱子仅承担若干层楼面荷载，截面尺寸较小，可开较大的窗户，立面布置灵活。

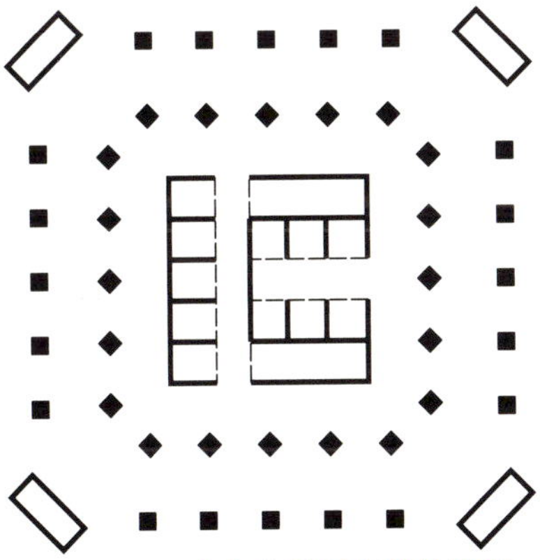

图 5.1.11　南京金陵饭店结构平面

图 5.1.12　筒体外伸结构

5.1.2 高层结构的规则性

由于建筑功能的要求,高层建筑的平面形态各异、竖向也会出现较多变化,这对结构的受力性能不利。《高层建筑混凝土结构技术规程》和《高层民用建筑钢结构技术规程》(JGJ 99—2015)对高层结构的规则性提出了定量的指标,包括平面规则性和竖向规则性。

一、平面规则性

高层结构出现下列情况之一时,属于平面不规则结构:

(1) 图 5.1.13 中建筑的平面长度、局部突出部分尺寸超过附表 E.1 限值;

(2) 对于钢结构,楼面开洞面积超过该层总面积的 50%;对于混凝土结构,楼面凹入或开洞尺寸超过楼面宽度的一半,或楼面总开洞面积超过该层总面积的 30%,或扣除凹入、洞口后楼板在任一方向的最小净宽度小于 5 m,洞口每边的楼板净宽度小于 2 m;

(3) 混凝土结构任一层竖向构件的最大水平位移和层间位移超过该层平均位移的 1.2 倍,以扭转为主第一自振周期 T_t 与以平动为主的第一自振周期 T_1 的比值超过 0.9;钢结构任一层的偏心率大于 0.15。

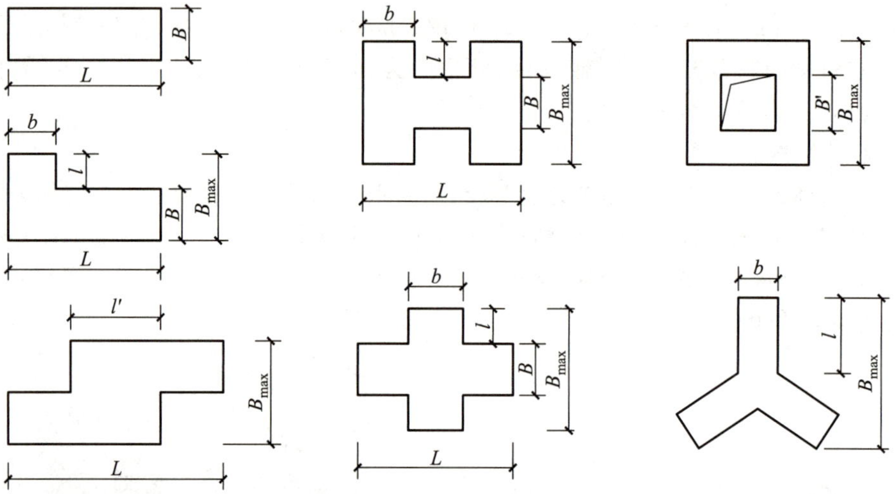

图 5.1.13 建筑平面尺寸

二、竖向规则性

在竖向布置上,出现下列情况时,为竖向不规则结构:

(1) 下层楼层抗侧刚度小于其相邻上层的 70%,或其上相邻三层平均抗侧刚度的 80%;

(2) 任一楼层抗侧力构件的总受剪承载力小于其相邻上层的 80%;

(3) 抗侧力构件竖向不连续;

(4) 上部楼层有内收时,收进后的水平尺寸小于下部楼层水平尺寸的 0.75;混凝土结构上部楼层外挑时,外挑水平尺寸超过下部楼层水平尺寸的 10%,或外挑超过 4 m;

(5) 相邻楼层质量之比超过 1.5。

5.1.3 高层结构布置原则

一、平面布置

高层建筑的平面宜简单、规则、对称,选择风荷载效应较小的平面形状。尽量不使用平面不规则结构,不应采用严重不规则的平面布置。各层的**抗侧刚度中心**(lateral stiffness center)(定义见 5.3 节)应基本与水平荷载合力中心重合,减少**扭转效应**(torsion effect)。在抗震设防区,应尽量使结构两个主轴方向的抗侧刚度大致相同。

为了保证房屋的整体稳定性和舒适性,总高度与宽度的比值宜满足附表 E.2 的要求。

高层建筑应优先采用现浇钢筋混凝土楼盖(对混凝土结构)或压型钢板现浇混凝土楼盖(对钢结构),并保证楼盖具有足够的刚度。

框架结构体系应采用双向刚接方案,梁、柱中心线宜重合。在抗震设防区,不应采用单跨框架。

在剪力墙结构体系中,剪力墙应双向或多向布置,并对直拉通。房屋转角、周边、楼电梯处需布置剪力墙,内部剪力墙间距应满足支承水平构件的需要,构成盒状。

在框架-剪力墙结构体系中,剪力墙应尽可能均匀布置在房屋的周边附近、电梯间、楼梯间;应避免集中布置,单榀剪力墙底部承担的水平剪力不宜超过底部总水平剪力的 30%;对长方形建筑,横向剪力墙沿长方向的间距宜满足附表 E.3 的要求,当楼面有较大开洞时,间距应适当减小。

框架-核心筒结构体系中的核心筒宽度不宜小于筒体总高度的 1/12;筒中筒结构体系的内筒边长可取高度的 1/15~1/12。矩形平面框筒的长宽比,对混凝土框筒不宜大于 2,对钢框筒不宜大于 1.5。混凝土框筒的柱距不宜大于 4 m,框筒梁(裙梁)的截面高度可取柱净距的 1/4,框筒的孔洞面积不宜大于墙面面积的 60%。核心筒或内筒与外框柱的距离,对非抗震设计不宜大于 15 m;对抗震设计不宜大于 12 m。

二、竖向布置

高层建筑的竖向体型应力求规则、均匀,避免有过大的外挑和内收。结构的抗侧刚度宜下大上小,沿高度逐渐变化,没有突变。各层的抗侧刚度中心应接近在同一竖直线上。尽量不使用竖向不规则结构,不应采用竖向严重不规则结构。建筑的总高度,一般情况下不宜超过附表 E.4 的限值。

三、变形缝设置

由于变形缝的设置会给建筑带来一系列的困难,如屋面防水、地下室渗漏、立面处理等;在抗震设防区,变形缝两侧的结构单元容易发生碰撞,从而加大地震震害,因此在设计中宜通过调整平面形状和尺寸,采取构造和施工措施,尽量少设缝和不设缝。

当需要设缝时,应将结构划分为独立的结构单元。当房屋长度超过附表 A.1 的限值,又未采取可靠措施时,应设置伸缩缝。当屋面无隔热或保温措施时,或位于气候干燥地区、夏季炎热且暴雨频繁地区的结构,应适当减少伸缩缝间距。当混凝土的收缩较大,或室内结构因施工外露时间较长,伸缩缝间距也应减小。

当采取下列构造和施工措施时,伸缩缝间距可以增大:

(1) 在顶层、底层、山墙、内纵墙端开间等温度影响较大的部位提高配筋率；

(2) 顶层加强保温隔热措施或采用架空通风屋面；

(3) 顶部楼层改为刚度较小的结构形式或顶部设局部温度缝，将结构划分为长度较短的区段；

(4) 每 30~40 m 设 800~1 000 mm 宽的后浇带；

(5) 采用收缩小的水泥，减少水泥用量，在混凝土中加入适宜的外加剂；

(6) 提高每层楼板的构造配筋率或采用部分预应力结构。

在下列情况下，一般应考虑设置沉降缝：

(1) 在建筑高度差异或荷载差异较大处；

(2) 地基土的压缩性有显著差异处；

(3) 上部结构类型和结构体系不同，其相邻交接处；

(4) 基底标高相差过大，基础类型或基础处理不一致处。

采用以下措施后，主楼与裙房之间可以不设沉降缝：

(1) 采用桩基，桩支承在基岩上；采取减少沉降的有效措施并经计算，沉降差在允许范围内；

(2) 主楼与裙房采用不同的基础形式，先施工主楼，后施工裙房，通过调整土压力使后期沉降基本接近；

(3) 当沉降计算较为可靠时，主楼与裙房的标高预留沉降差，使最后两者标高基本一致。

当建筑物平面形状复杂而又无法调整其平面形状和结构布置使之成为较规则的结构时应设置防震缝将其划分为较简单的若干个结构单元。防震缝沿房屋全高设置，地下室和基础可不设防震缝。防震缝的宽度应满足附表 A.2 的要求。

抗震设防区设置的伸缩缝和沉降缝宽度均应满足防震缝的宽度要求。

四、侧向刚度要求

高层结构的侧移二阶效应比多层结构大得多。为了控制重力二阶效应程度，保证结构的整体稳定性，对于高层混凝土框架结构，第 j 层侧向刚度与重力荷载的比值（简称刚重比）应满足：

$$\frac{D_j h_j}{\sum\limits_{i=j}^{n} G_i} \geqslant 10 \tag{5.1.1}$$

式中，D_j、h_j——第 j 层楼层侧向刚度和层高；

n——结构总层数；

G_i——第 i 层重力荷载基本组合值，取 1.2 倍永久荷载标准值与 1.4 倍楼面可变荷载标准值之和；$\sum\limits_{i=j}^{n} G_i$ 即为式(4.2.18c)中的 $\sum\limits_{i=1}^{m} N_{ji}$。

对于混凝土剪力墙结构、框架-剪力墙结构和筒体结构，要求弹性等效弯曲刚度与重力荷载的比值满足：

$$\frac{E_c I_d / H^2}{\sum\limits_{i=1}^{n} G_i} \geqslant 1.4 \tag{5.1.2}$$

式中，$E_c I_d$——与所设计结构等效的竖向等截面悬臂受弯构件的弯曲刚度，可按该悬臂构件与所设计结构在倒三角形分布水平荷载下顶点侧移相等的原则计算；

H——结构总高度。

5.1.4 混凝土剪力墙截面尺寸要求

非抗震设计时，混凝土剪力墙的厚度不宜小于 140 mm（高层剪力墙不应小于 160 mm）；对剪力墙结构，墙的厚度尚不宜小于楼层高度或无支承长度的 1/25；对框架-剪力墙结构，墙的厚度尚不宜小于楼层高度或无支承长度的 1/20。

剪力墙墙肢长度由侧向刚度要求控制。由于低矮剪力墙容易发生脆性的剪切破坏，较长的剪力墙可通过开洞分为长度较为均匀的若干墙段，用跨高比较大的连梁连接，各墙段的高度与长度之比不宜小于 3，墙段长度不宜大于 8 m。

对于抗震设防区，剪力墙截面尚需满足轴压比要求：一级抗震等级剪力墙，设防烈度为 9 度时不宜大于 0.4；7 度和 8 度时不宜大于 0.5；二、三级抗震等级剪力墙不宜大于 0.6。

5.2 单榀剪力墙的受力性能

5.2 单榀剪力墙的受力性能

单榀剪力墙是高层结构中的基本受力单元。剪力墙的厚度远小于其长度和高度，属于**薄壁结构**（thin-walled structure）；另外，剪力墙上还常常开有洞口。这些与熟知的杆系结构完全不同，有必要首先来分析单榀剪力墙在水平荷载作用下的受力性能。

5.2.1 无洞口剪力墙的受力性能

一般的杆系结构进行内力和位移计算时不考虑剪切变形的影响，仅考虑弯曲变形。而剪力墙的宽度（通常讲的构件截面高度）较大，弯曲刚度大，弯曲变形相对较小，剪切变形所占比重相对增大，剪切变形的影响不可忽略。

对于图 5.2.1a 所示无洞口剪力墙，在水平均布荷载 q 作用下，墙底截面的弯矩为 $qH^2/2$，沿墙高度方向呈二次抛物线分布（图 5.2.1b）。欲求任意高度 z 由弯曲变形引起的侧移，可在高度 z 处作用一单位力（图 5.2.1c），由结构力学位移公式

$$u_m(z)=\frac{1}{EI}\int_0^z M_P(y)M_1(y)\,\mathrm{d}y \tag{5.2.1a}$$

将 $M_P(y)$、$M_1(y)$ 的表达式代入上式，积分后得到

$$u_m(z)=\frac{qH^4}{8EI}\left[2\left(\frac{z}{H}\right)^2-\frac{4}{3}\left(\frac{z}{H}\right)^3+\frac{1}{3}\left(\frac{z}{H}\right)^4\right] \tag{5.2.1b}$$

式中 EI 为截面的弯曲刚度，也称抗弯刚度。

由图 5.2.1d 可见，从墙底向上，侧移的增量越来越大（$\Delta u_{j+1}>\Delta u_j$），这类侧移曲线称为“弯曲型”。墙顶的侧移达到最大，$u_{m,\max}=qH^4/(8EI)$。

水平均布荷载作用下，截面的剪力沿墙高度方向呈线性变化，墙底截面剪力为 qH，见图

5.2.1e。任意高度 z 由剪切变形引起的侧移同样可以用单位力法

$$u_v(z)=\frac{\mu}{GA}\int_0^z V_P(y)V_1(y)\mathrm{d}y \tag{5.2.2a}$$

代入 $V_P(y)$、$V_1(y)$（图 5.2.1f），经积分后得到

$$u_v(z)=\frac{\mu qH^2}{2GA}\left[2\frac{z}{H}-\left(\frac{z}{H}\right)^2\right] \tag{5.2.2b}$$

式中，GA——截面的剪切刚度；

μ①——截面剪应变不均匀系数，对矩形截面，$\mu=1.2$，对于 I 形截面可近似取 $\mu=$全面积/腹板面积，对于 T 形截面见表 5-1。

从墙底向上，侧移的增量越来越小（$\Delta u_{j+1}<\Delta u_j$），这类侧移曲线称为"剪切型"，如图 5.2.1g 所示。墙顶最大侧移 $u_{v,\max}=\mu qH^2/(2GA)$。

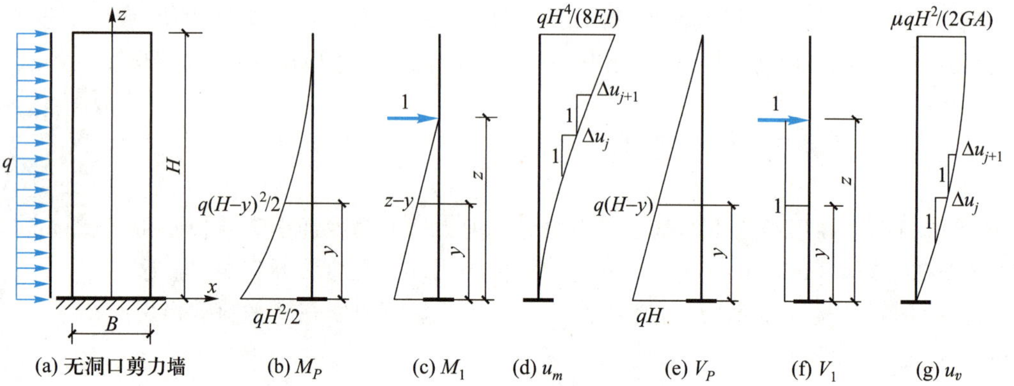

图 5.2.1　竖向悬臂构件的受力特性

弯矩和剪力共同作用下的总侧移曲线：

$$u=u_m+u_v=\frac{qH^4}{8EI}\left\{2\left(\frac{z}{H}\right)^2-\frac{4}{3}\left(\frac{z}{H}\right)^3+\frac{1}{3}\left(\frac{z}{H}\right)^4+\frac{4\mu EI}{GAH^2}\left[2\frac{z}{H}-\left(\frac{z}{H}\right)^2\right]\right\} \tag{5.2.3a}$$

墙顶的总侧移为：

$$u_{\max}=u_{m,\max}+u_{v,\max}=\frac{V_0H^3}{8EI_w}\left(1+\frac{4\mu EI_w}{GA_wH^2}\right) \tag{5.2.3b}$$

式中 $V_0=qH$，为水平荷载在墙底产生的总剪力。

表 5-1　T 形截面剪应变不均匀系数

B/t \ h/t	2	4	6	8	10	12	15	20	30	40
2	1.383	1.441	1.362	1.313	1.283	1.264	1.245	1.228	1.214	1.208

① $\mu=\frac{A}{I^2}\int\frac{S^2(y)}{b^2(y)}\mathrm{d}A$，其中 $S(y)$ 为过 y 点平行于中和轴的直线以上（或以下）部分的截面面积对中和轴的静矩。

续表

B/t \ h/t	2	4	6	8	10	12	15	20	30	40
4	1.496	1.876	1.097	1.572	1.489	1.432	1.374	1.317	1.264	1.240
6	1.521	2.287	2.033	1.838	1.707	1.614	1.519	1.422	1.328	1.284
8	1.511	2.682	2.367	2.106	1.927	1.800	1.669	1.534	1.399	1.334
10	1.483	3.061	2.698	2.374	2.148	1.988	1.820	1.648	1.473	1.387
12	1.445	3.424	3.026	2.641	2.370	2.178	1.973	1.763	1.549	1.442

注：B—翼缘宽度；t—剪力墙厚度；h—剪力墙截面高度。

【例 5-1】 试分析竖向悬臂构件剪切变形在总侧移中所占比例。

【解】 设矩形截面的墙厚为 t，则截面积 $A=Bt$，惯性矩 $I=tB^3/12$；对于混凝土结构，$G=0.42E$。则由式(5.2.3b)

$$u_{V,\max}/u_{\max}=\frac{1}{1+1.05\,(H/B)^2}$$

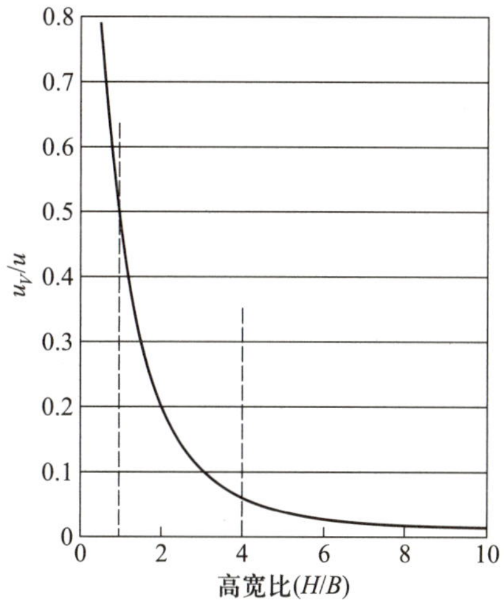

图 5.2.2 剪切变形在侧移中所占比例

从图 5.2.2 可以看出，对于一般的杆件，H/B 在 10 左右，剪切变形在总侧移中所占比例非常小(<1%)，完全可以忽略，侧移曲线是弯曲型的；当 H/B 为 4 时，这一比例达到 5%左右；随着 H/B 的减小，所占比例迅速上升，当 H/B 为 1 时，将接近 50%。

剪切变形在构件总侧移中的比重除了与高宽比 H/B 有关外，还与截面剪切刚度 GA 与弯曲刚度 EI 的比值有关，GA/EI 越小，剪切变形的比重越大。

类似地，剪力墙在侧向倒三角分布荷载和顶点集中荷载作用下的顶点侧移分别为

$$u_{\max}=\frac{V_0H^3}{3EI_w}\left(1+\frac{3\mu EI_w}{GA_wH^2}\right)\ (\text{顶点集中荷载}) \tag{5.2.3c}$$

$$u_{\max}=\frac{11V_0H^3}{60EI_w}\left(1+\frac{3.64\mu EI_w}{GA_wH^2}\right)\ (\text{倒三角形荷载}) \tag{5.2.3d}$$

为便于在结构分析中考虑剪切变形影响，式(5.2.3b)、式(5.2.3c)和式(5.2.3d)可改写为

$$u_{\max}=\begin{cases}\dfrac{1}{8}\dfrac{V_0H^3}{EI_{eq}} & (\text{均匀分布荷载})\\[2ex] \dfrac{11}{60}\dfrac{V_0H^3}{EI_{eq}} & (\text{倒三角形荷载})\\[2ex] \dfrac{1}{3}\dfrac{V_0H^3}{EI_{eq}} & (\text{顶点集中荷载})\end{cases} \tag{5.2.4a}$$

其中

$$EI_{eq}=\begin{cases}\dfrac{EI}{1+4\gamma^2} & (均匀分布荷载)\\ \dfrac{EI}{1+3.64\gamma^2} & (倒三角形荷载)\\ \dfrac{EI}{1+3\gamma^2} & (顶点集中荷载)\end{cases} \tag{5.2.4b}$$

式中 $\gamma^2=\mu EI/(GAH^2)$，称**剪切参数**(shear parameter)。

考虑剪切变形的影响后，相当于剪力墙的弯曲刚度下降。

5.2.2 有洞口剪力墙的受力特点

剪力墙开有规则洞口后，洞口将剪力墙划分为竖向的**墙肢**(wall limbs)和水平的**连梁**(coupling beam)。当开有 1 列洞口时，有 1 列连梁、2 个墙肢，称为双肢墙；当开有 m 列洞口时，有 m 列连梁、$m+1$ 个墙肢，称为多肢墙。双肢墙和多肢墙统称为**联肢墙**(coupled shear wall)。

对于图 5.2.3a 所示的受节点水平荷载的双肢墙，外荷载引起的弯矩如图 5.2.3b 所示。从 j 层切开(图 5.2.3c)，由力矩平衡条件容易得到

$$M_P=(M_{j1}+M_{j2})+N_{j1}\times a$$

可见，外力矩由两部分来抵抗：一部分是墙肢单独承担的弯矩 M_{j1}、M_{j2}；另一部分是由两个墙肢轴力合成的力矩 $N_{j1}\times a$。

假定连梁的反弯点在跨中(如果结构对称、荷载对称则连梁跨中没有弯矩)，沿连梁跨中切开(图 5.2.3c)，由竖向力平衡条件可以得到

$$N_{j1}=N_{j2}=\sum_{k=j}^{n}V_{bk}$$

即 j 层墙肢轴力等于 j 层以上各连梁剪力的总和。

由以上两式可以看出，在外荷载一定的情况下，如果连梁剪力增大，则墙肢的轴力增大、由墙肢轴力合成的弯矩增大，墙肢弯矩减小，说明两个墙肢协同工作的程度大，剪力墙的整体性强。

墙肢截面的正应力相应地也可以分成两部分：轴力引起的均匀应力和弯矩引起的线性分布应力，如图 5.2.3d 所示。

墙肢剪力在层高范围内不变，因而墙肢弯矩在层高范围线性变化；由于连梁梁端存在弯矩，墙肢弯矩在连梁位置处有突变，呈“锯齿”状，突变的程度取决于连梁剪力的大小，如图 5.2.3e 所示。

连梁剪力与连梁刚度有关。如果连梁的刚度很小，以至连梁对墙肢的转动约束可以忽略不计，则连梁可以简化为两端铰接的连杆，双肢墙简化为图 5.2.4a 所示的计算简图。在这种情况下连杆内仅有轴力，如图 5.2.4b 所示；墙肢没有轴力，外荷载引起的力矩全部由墙肢单独承担，墙肢弯矩的分布与外力矩分布完全一致(图 5.2.4c)。双肢剪力墙的受力如同两个独立的竖向悬臂构件。

由上述分析可知，如果已知连梁的剪力，则可利用平衡条件确定剪力墙的内力。下面以双肢墙为例，介绍确定连梁剪力的连续化方法。

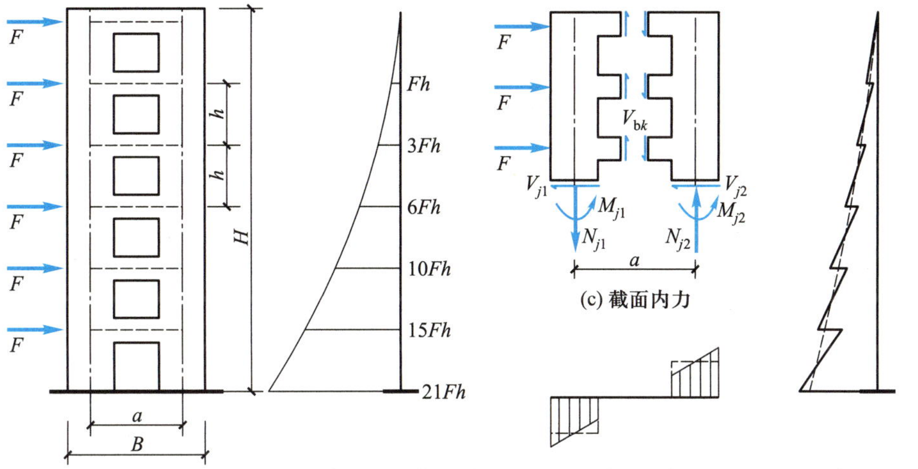

(a) 计算简图　(b) 外弯矩M_P分布　(d) 墙肢正应力　(e) 墙肢弯矩分布

图 5.2.3 双肢墙受力特点

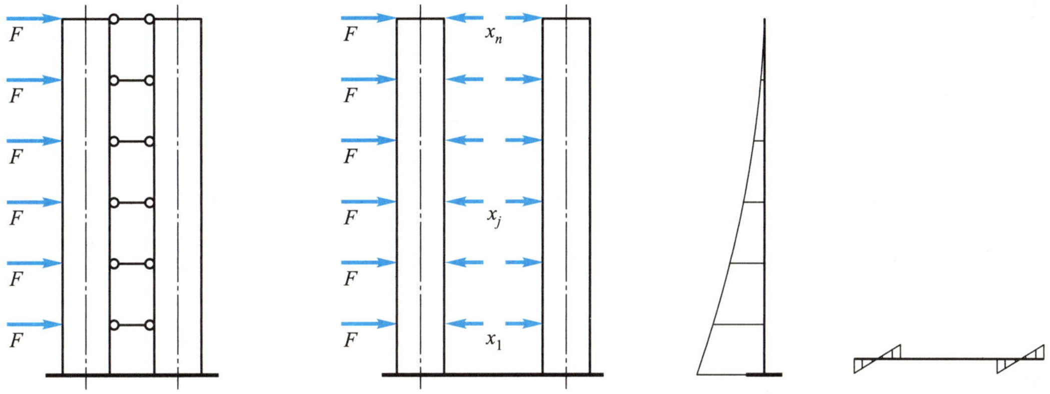

(a) 计算简图　(b) 基本结构　(c) 墙肢弯矩分布　(d) 墙肢正应力

图 5.2.4 独立墙肢受力特点

5.2.3 有洞口剪力墙的连续化分析方法

连续化方法的基本思路是将每一楼层处的连梁用沿高度连续分布的弹性薄片代替,弹性薄片在层高范围内的总抗弯刚度与原结构中的连梁抗弯刚度相等,从而使得连梁的内力可用沿竖向分布的连续函数表示;建立相应的微分方程;求解后再换算成实际连梁的内力,进而求出墙肢的内力。

一、基本假定

(1) 连梁的作用可以用沿高度连续分布的弹性薄片代替;

(2) 忽略连梁的轴向变形;

(3) 各墙肢在同一标高处的转角和曲率相等;

(4) 层高、墙肢截面积、墙肢惯性矩、连梁截面积和连梁惯性矩等几何参数沿墙高方向均为常数。

假定(1)将整个结构沿高度方向连续化,为建立微分方程提供前提;根据假定(2),各墙肢在同一标高处具有相同的水平位移;由假定(3)可得出连梁的反弯点位于梁的跨中;假定(4)保证了微分方程的系数为常数,从而使方程得以简化。

二、微分方程的建立

根据上述假定,图5.2.5a所示剪力墙的连梁可以用连续弹性薄片代替,节点水平荷载等效成分布荷载,如图5.2.5b所示。将连续化后的连梁在跨中切开,形成图5.2.5c所示的基本结构。由于连梁的反弯点在跨中,故切口处没有弯矩,其剪力集度(沿高度的分布剪力)用$\tau(z)$表示,将此作为未知变量;利用切口处的竖向相对位移为零这一变形条件,建立微分方程。任一高度处的剪力集度$\tau(z)$已知后,利用平衡条件可求得墙肢和连梁的所有内力。

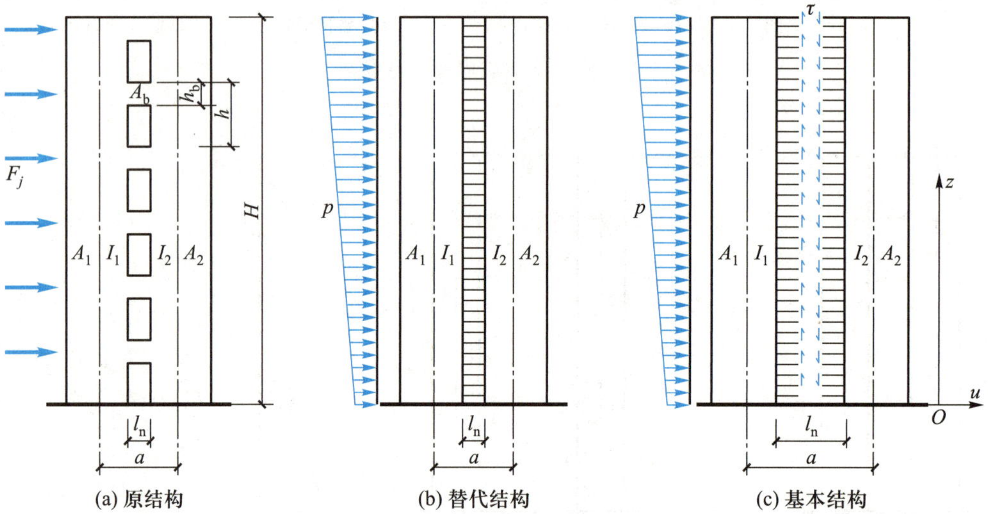

图5.2.5 双肢墙分析模型

切口处的竖向相对位移可通过在切口处施加一对方向相反的单位力求得。这一竖向相对位移由墙肢和连梁的弯曲变形、剪切变形和轴向变形引起。在竖向单位力作用下,连梁内没有轴力、墙肢内没有剪力,因而基本结构在切口处的竖向相对位移由墙肢弯曲变形引起的δ_1、墙肢轴向变形引起的δ_2、连梁弯曲和剪切变形引起的δ_3组成,见图5.2.6。

(1) 由墙肢弯曲变形所引起的竖向相对位移δ_1

根据假定,两个墙肢的转角相同,设为θ。墙肢弯曲变形使切口处产生的竖向相对位移为(图5.2.6a)

$$\delta_1=-\left(\frac{a}{2}\cdot\theta+\frac{a}{2}\cdot\theta\right)=-a\theta \tag{1}$$

(2) 由墙肢轴向变形所引起竖向相对位移δ_2

基本结构在外荷载和切口处分布剪力的共同作用下,两个墙肢中一个受拉,另一个受压,轴力大小相等、方向相反。任一高度z处的墙肢轴力为

$$N_P(z)=\int_z^H \tau\,\mathrm{d}y$$

当高度 z 切口处作用一对相反的单位力时，在高度 z 以下的墙肢中引起的轴力为

$$N_1=1$$

高度 z 以上部分墙肢的轴力为零。故相对位移 δ_2 为(图 5.2.6b)

$$\delta_2=\int_0^z \frac{N_P(z)\cdot 1}{EA_1}\mathrm{d}y+\int_0^z \frac{N_P(z)\cdot 1}{EA_2}\mathrm{d}y=\frac{1}{E}\left(\frac{1}{A_1}+\frac{1}{A_2}\right)\int_0^z\int_z^H \tau\,\mathrm{d}y\mathrm{d}y \tag{2}$$

(3) 由连梁的弯曲变形和剪切变形所引起的竖向相对位移 δ_3

弹性薄片是厚度为零的理想薄片，计算连梁弯曲和剪切变形引起的相对位移时，需将层高范围内的弹性薄片还原为实际连梁。实际连梁切口处的剪力应为 τh，剪力 τh 引起的连梁弯矩和剪力分别用 M_{bP}、V_{bP} 表示；切口处单位力作用下引起的连梁弯矩和剪力分别用 M_{b1}、V_{b1} 表示，则相对位移 δ_3 为

$$\delta_3=2\int_0^{l/2}\frac{M_{bP}M_{b1}}{EI_{b0}}\mathrm{d}y+2\int_0^{l/2}\frac{V_{bP}V_{b1}}{GA_b}\mathrm{d}y=\frac{\tau hl^3}{12EI_{b0}}+\frac{\mu\tau hl}{GA_b}=\frac{\tau hl^3}{12EI_b} \tag{3}$$

式中，I_b——连梁的等效惯性矩(equivalent moment of inertia)，$I_b=\dfrac{I_{b0}}{1+12\mu EI_{b0}/(GA_bl^2)}$；

I_{b0}、l——分别为连梁惯性矩和计算跨度，$l=l_n+h_b/2$；

h——层高；

h_b、A_b——分别为连梁的截面高度和截面面积。

根据连梁切口处的变形协调条件，有

$$\delta_1+\delta_2+\delta_3=0$$

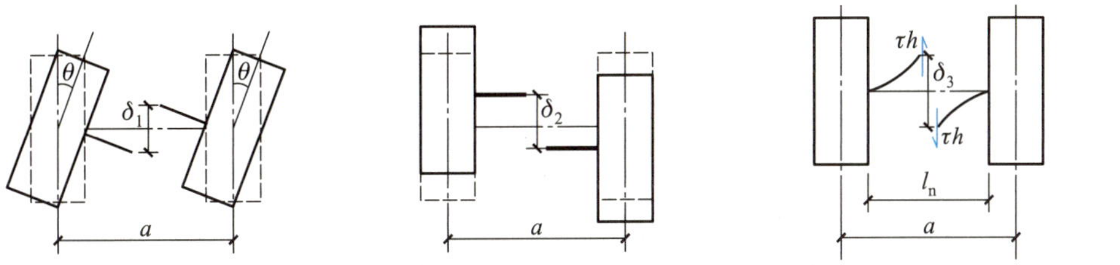

(a) 墙肢弯曲变形引起的位移 (b) 墙肢轴向变形引起的位移 (c) 连梁弯曲和剪切变形引起的位移

图 5.2.6 连梁切口处的竖向相对位移

将式(1)、式(2)、式(3)代入上式，并对 z 微分两次，得到

$$a\theta''+\frac{1}{E}\left(\frac{1}{A_1}+\frac{1}{A_2}\right)\tau-\frac{hl^3}{12EI_b}\tau''=0 \tag{4}$$

上式除了包含未知变量 τ 外，还包含了墙肢的转角 θ，需要补充条件。

现在来建立墙肢转角 θ 与外荷载的关系。采用如下正符号规定：水平荷载和侧移与水平坐标一致为正；弯矩以左侧受拉为正。高度 z 处基本结构的总弯矩 $M(z)$ 由两部分组成：外荷载引起的 M_P 和剪力集度 τ 引起的弯矩，这两个弯矩方向相反，

$$M(z)=M_P-\int_z^H a\tau\,\mathrm{d}y$$

根据弯矩-曲率关系,$\theta'=\phi=M(z)/EI$,得到

$$E(I_1+I_2)\theta'=M_P-\int_z^H a\tau\,\mathrm{d}y \tag{5}$$

上式对 z 微分一次,并代入各种典型荷载下 M_P 的表达式,可得

$$\theta''=\begin{cases}\dfrac{1}{E(I_1+I_2)}\left[V_0\left(\dfrac{z}{H}-1\right)+a\tau\right] & (均匀分布荷载)\\ \dfrac{1}{E(I_1+I_2)}\left[V_0\left(\dfrac{z^2}{H^2}-1\right)+a\tau\right] & (倒三角形荷载)\\ \dfrac{1}{E(I_1+I_2)}[-V_0+a\tau] & (顶点集中荷载)\end{cases} \tag{6}$$

式中,V_0——剪力墙底($z=0$)处的总剪力,即全部水平荷载总和。

令 $D=2I_b a^2/l^3$,为单位高度上连梁的刚度参数;$\alpha_1{}^2=6H^2D/[h(I_1+I_2)]$,为连梁刚度与墙肢刚度的比值,称为不考虑墙肢轴向变形的剪力墙整体性系数;$s=aA_1A_2/(A_1+A_2)$,为反映墙肢轴向变形的一个参数;$\alpha^2=\alpha_1{}^2+6H^2D/(s\cdot h\cdot a)$,称为**剪力墙整体性系数**(integrative coefficient of shear wall)。

将式(6)代入式(4),可得到双肢墙在水平荷载作用下的基本微分方程:

$$\tau''(z)-\frac{1}{H^2}\alpha^2\tau(z)=\begin{cases}-\dfrac{\alpha_1^2}{H^2a}\left(1-\dfrac{z}{H}\right)V_0 & (均匀分布荷载)\\ -\dfrac{\alpha_1^2}{H^2a}\left(1-\dfrac{z^2}{H^2}\right)V_0 & (倒三角形荷载)\\ -\dfrac{\alpha_1^2}{H^2a}V_0 & (顶点集中荷载)\end{cases}$$

进一步令 $\xi=\dfrac{z}{H}$,$\tau(\xi)=\Phi(\xi)\cdot\dfrac{\alpha_1^2}{\alpha^2}\cdot V_0\cdot\dfrac{1}{a}$,则上式可以表示为

$$\Phi''(\xi)-\alpha^2\Phi(\xi)=\begin{cases}-\alpha^2(1-\xi) & (均匀分布荷载)\\ -\alpha^2(1-\xi^2) & (倒三角形荷载)\\ -\alpha^2 & (顶点集中荷载)\end{cases} \tag{5.2.5}$$

三、微分方程的求解

式(5.2.5)是一个二阶常系数非齐次线性微分方程,其解由两部分组成:相应齐次方程的通解 $\Phi_1(\xi)$ 和特解 $\Phi_2(\xi)$。

设特解为 $\Phi_2(\xi)=c_1\xi^2+c_2\xi+c_3$,其中 c_1、c_2、c_3 为待定系数。将假定的 $\Phi_2(\xi)$ 代入式(5.2.5),比较等式两边对应项的系数,可确定三种典型荷载下的待定系数,从而得到特解

$$\Phi_2(\xi)=\begin{cases}1-\xi & (均匀分布荷载)\\ 1-\xi^2-\dfrac{2}{\alpha^2} & (倒三角形荷载)\\ 1 & (顶点集中荷载)\end{cases} \tag{5.2.6}$$

齐次方程的通解可由特征方程的特征根确定。特征方程

$$r^2-\alpha^2=0$$

其解为 $r_1=\alpha, r_2=-\alpha$。因此,齐次方程的通解

$$\Phi_1(\xi)=C_1\sinh(\alpha\xi)+C_2\cosh(\alpha\xi)$$

式中 C_1、C_2为积分常数,可由上、下端的边界条件确定:墙顶弯矩为零,即 $\xi=1$ 时,$M(1)=0$;墙底转角为零,即 $\xi=0$ 时,$\theta=0$。

将通解和特解相加即得到式(5.2.5)微分方程的解:

$$\Phi(\xi)=\begin{cases}1-\xi-\dfrac{\cosh\alpha(1-\xi)}{\cosh\alpha}+\dfrac{\sinh\alpha\xi}{\alpha\cosh\alpha} & \text{(均匀分布荷载)}\\ \left(\dfrac{2}{\alpha^2}-1\right)\left[\dfrac{\cosh\alpha(1-\xi)}{\cosh\alpha}-1\right]+\dfrac{2}{\alpha}\dfrac{\sinh\alpha\xi}{\cosh\alpha}-\xi^2 & \text{(倒三角形荷载)}\\ 1+\tanh\alpha\cdot\sinh\alpha\xi-\cosh\alpha\xi & \text{(顶点集中荷载)}\end{cases}\tag{5.2.7}$$

由此可求出未知变量剪力集度 $\tau(\xi)$

$$\tau(\xi)=\frac{1}{a}\Phi(\xi)\frac{V_0\alpha_1^2}{\alpha^2}\tag{5.2.8a}$$

四、内力计算

内力计算时,需还原到实际结构(离散结构)。

第 j 层连梁的剪力应该是剪力集度 $\tau(\xi)$ 在 j 层层高 h_j范围内的积分,近似取

$$V_{bj}=\tau(\xi)\cdot h_j\tag{5.2.8b}$$

因连梁反弯点在跨中,j 层连梁的端部弯矩为

$$M_{bj}=V_{bj}\cdot l_n/2\tag{5.2.8c}$$

j 层墙肢的轴力由 j 层以上的连梁剪力引起,两个墙肢的轴力相等,故

$$N_{1j}=-N_{2j}=\sum_{k=j}^{n}V_{bk}\tag{5.2.8d}$$

墙肢弯矩按墙肢抗弯刚度进行分配:

$$\begin{cases}M_{j1}=\dfrac{I_1}{I_1+I_2}\cdot M_j\\ M_{j2}=\dfrac{I_2}{I_1+I_2}\cdot M_j\end{cases}\tag{5.2.8e}$$

式中 M_j是 j 层截面的总弯矩,

$$M_j=M_{Pj}-\sum_{k=j}^{n}V_{bk}\cdot a\tag{5.2.8f}$$

j 层墙肢的剪力近似按两个墙肢的等效抗弯刚度进行分配:

$$\begin{cases}V_{j1}=\dfrac{EI_{eq1}}{EI_{eq1}+EI_{eq2}}\cdot V_j=\dfrac{I_{eq1}}{I_{eq1}+I_{eq2}}\cdot V_j\\ V_{j2}=\dfrac{EI_{eq2}}{EI_{eq1}+EI_{eq2}}\cdot V_j=\dfrac{I_{eq2}}{I_{eq1}+I_{eq2}}\cdot V_j\end{cases}\tag{5.2.8g}$$

式中,$I_{eqi}=\dfrac{I_i}{1+12\mu EI_i/(GA_ih^2)}$,$(i=1,2)$;$V_j$是 j 层截面外荷载产生的剪力。

五、侧移计算

剪力墙在水平荷载下的侧移 u 由两部分组成，一部分是由弯曲变形引起的侧移 u_m，另一部分是由剪切变形引起的侧移 u_V，总侧移为

$$u=u_m+u_V \tag{5.2.9a}$$

在前面的推导中曾得出 $E(I_1+I_2)\theta'=M_P-\int_z^H a\tau\mathrm{d}y$，因而有

$$\frac{d^2u_m}{dz^2}=\theta'=\frac{1}{E(I_1+I_2)}\left[M_P-\int_z^H a\tau\mathrm{d}y\right]$$

将上式积分两次，可得到由于弯曲变形引起的侧移 u_m 为

$$u_m=\frac{1}{E(I_1+I_2)}\left[\int_0^z\int_0^z M_P\mathrm{d}z\mathrm{d}z-\int_0^z\int_0^z\left(\int_z^H a\tau\mathrm{d}y\right)\mathrm{d}z\mathrm{d}z\right] \tag{5.2.9b}$$

剪切变形引起的侧移 u_V 由 $\frac{\mathrm{d}u_V}{\mathrm{d}z}=\frac{\mu V_P}{G(A_1+A_2)}$ 确定，积分后得到

$$u_V=\frac{\mu}{G(A_1+A_2)}\int_0^z V_P\mathrm{d}z \tag{5.2.9c}$$

将不同水平荷载的 M_P、V_P 表达式和剪力集度代入上面两式，可得到侧移公式。其中，均布荷载作用下：

$$u=\frac{V_0H^3}{2E(I_1+I_2)}\left[\frac{\xi^2}{2}-\frac{\xi^3}{3}+\frac{\xi^4}{12}\right]-\frac{\alpha_1^2V_0H^3}{\alpha^2E(I_1+I_2)}\left\{\frac{\xi^2}{4}-\frac{\xi^3}{6}+\frac{\xi^4}{24}+\frac{\xi^2-2\xi}{2\alpha^2}-\frac{\cosh\alpha\xi-1}{\alpha^4\cosh\alpha}+\frac{\sinh\alpha-\sinh\alpha(1-\xi)}{\alpha^3\cosh\alpha}\right\}+\frac{\mu V_0H\left(\xi-\frac{1}{2}\xi^2\right)}{G(A_1+A_2)} \tag{5.2.10a}$$

倒三角形分布荷载作用下：

$$u=\frac{V_0H^3}{3E(I_1+I_2)}\left[\xi^2-\frac{\xi^3}{2}+\frac{\xi^5}{20}\right]-\frac{\alpha_1^2V_0H^3}{\alpha^2E(I_1+I_2)}\left\{\frac{\xi^2}{\alpha^2}-\frac{\xi^3}{6}+\frac{\xi^5}{60}-\frac{2(\cosh\alpha\xi-1)}{\alpha^4\cosh\alpha}+\left(\frac{2}{\alpha^2}-1\right)\left[\frac{\xi^2}{2}-\frac{\xi^5}{6}-\frac{\xi}{\alpha^2}+\frac{\sinh\alpha-\sinh\alpha(1-\xi)}{\alpha^3\cosh\alpha}\right]\right\}+\frac{\mu V_0H\left(\xi-\frac{1}{3}\xi^3\right)}{G(A_1+A_2)} \tag{5.2.10b}$$

顶点集中荷载作用下：

$$u=\frac{V_0H^3}{2E(I_1+I_2)}\left(\xi^2-\frac{\xi^3}{3}\right)-\frac{\alpha_1^2V_0H^3}{\alpha^2E(I_1+I_2)}\left[\frac{\sinh\alpha\xi}{\alpha^3}-\frac{\tanh\alpha\cosh\alpha\xi}{\alpha^3}-\frac{\xi^3}{6}+\frac{\xi^2}{2}-\frac{\xi}{\alpha^2}+\frac{\tanh\alpha}{\alpha^3}\right]+\frac{\mu V_0H\xi}{G(A_1+A_2)} \tag{5.2.10c}$$

在上面各式中，令 $\xi=1$，可得到顶点侧移：

$$u_{\max}=\begin{cases}\dfrac{V_0H^3}{8E(I_1+I_2)}\left[1-\dfrac{\alpha_1^2}{\alpha^2}(1-\psi_\alpha)\right]+\dfrac{\mu V_0H}{2G(A_1+A_2)} & (\text{均匀分布荷载})\\ \dfrac{11V_0H^3}{60E(I_1+I_2)}\left[1-\dfrac{\alpha_1^2}{\alpha^2}(1-\psi_\alpha)\right]+\dfrac{2\mu V_0H}{3G(A_1+A_2)} & (\text{倒三角形荷载})\\ \dfrac{V_0H^3}{3E(I_1+I_2)}\left[1-\dfrac{\alpha_1^2}{\alpha^2}(1-\psi_\alpha)\right]+\dfrac{\mu V_0H}{G(A_1+A_2)} & (\text{顶点集中荷载})\end{cases}\tag{5.2.11}$$

其中

$$\psi_\alpha=\begin{cases}\dfrac{8}{\alpha^2}\left(\dfrac{1}{2}+\dfrac{1}{\alpha^2}-\dfrac{1}{\alpha^2\cosh\alpha}-\dfrac{\sinh\alpha}{\alpha\cosh\alpha}\right) & (\text{均匀分布荷载})\\ \dfrac{60}{11\alpha^2}\left(\dfrac{2}{3}+\dfrac{2\sinh\alpha}{\alpha^3\cosh\alpha}-\dfrac{2}{\alpha^2\cosh\alpha}-\dfrac{\sinh\alpha}{\alpha\cosh\alpha}\right) & (\text{倒三角形荷载})\\ \dfrac{3}{\alpha^2}\left(1-\dfrac{\sinh\alpha}{\alpha\cosh\alpha}\right) & (\text{顶点集中荷载})\end{cases}\tag{5.2.12}$$

ψ_α是整体性系数 α 的函数。从图 5.2.7 可以看出,α>7~8 以后,ψ_α 的变化很小,即此时增加连梁刚度,提高剪力墙的整体性对减小侧移的作用已不是很明显。

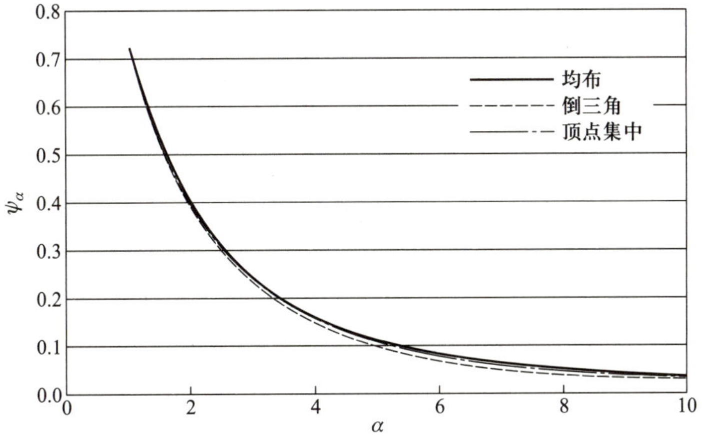

图 5.2.7 ψ_α与整体性系数 α 的关系

式(5.2.11)还可以进一步简写成:

$$u_{\max}=\begin{cases}\dfrac{V_0H^3}{8EI_{eq}} & (\text{均匀分布荷载})\\ \dfrac{11V_0H^3}{60EI_{eq}} & (\text{倒三角形荷载})\\ \dfrac{V_0H^3}{3EI_{eq}} & (\text{顶点集中荷载})\end{cases}\tag{5.2.13}$$

式中 EI_{eq}是双肢剪力墙的等效抗弯刚度(equivalent bending stiffness),由下式给出

$$EI_{eq}=\begin{cases}\dfrac{E(I_1+I_2)}{1+4\gamma^2-(1-\psi_a)T} & (\text{均匀分布荷载})\\[2ex] \dfrac{E(I_1+I_2)}{1+3.64\gamma^2-(1-\psi_a)T} & (\text{倒三角形荷载})\\[2ex] \dfrac{E(I_1+I_2)}{1+3\gamma^2-(1-\psi_a)T} & (\text{顶点集中荷载})\end{cases} \tag{5.2.14}$$

式中 $\gamma^2=\mu E(I_1+I_2)/[H^2G(A_1+A_2)]$，为剪切参数；$T=\alpha_1^2/\alpha^2$，为墙肢轴向变形影响系数（influence coefficient of axial deformation of wall limb）。

5.2.4 分析模型讨论

一、剪力墙内力与整体性系数的关系

根据式(5.2.8a)，可得到不同整体性系数下，连梁剪力集度 $\tau(\xi)$ 沿高度方向的分布，绘于图5.2.8a，图中不同的曲线代表不同的整体性系数。由图可见，当整体性系数较小时，剪力集度沿高度较为均匀；随着整体性系数的增加，下部连梁的剪力集度迅速增加，出现最大剪力集度的部位下降，而顶部的剪力集度有所减小；连梁总的剪力（即墙底截面墙肢轴力）随整体性系数的增大而增加。不同整体性系数下，墙肢弯矩沿高度的分布见图 5.2.8b。墙肢弯矩存在一个反弯点，反弯点位置随整体性系数的增大而下降。

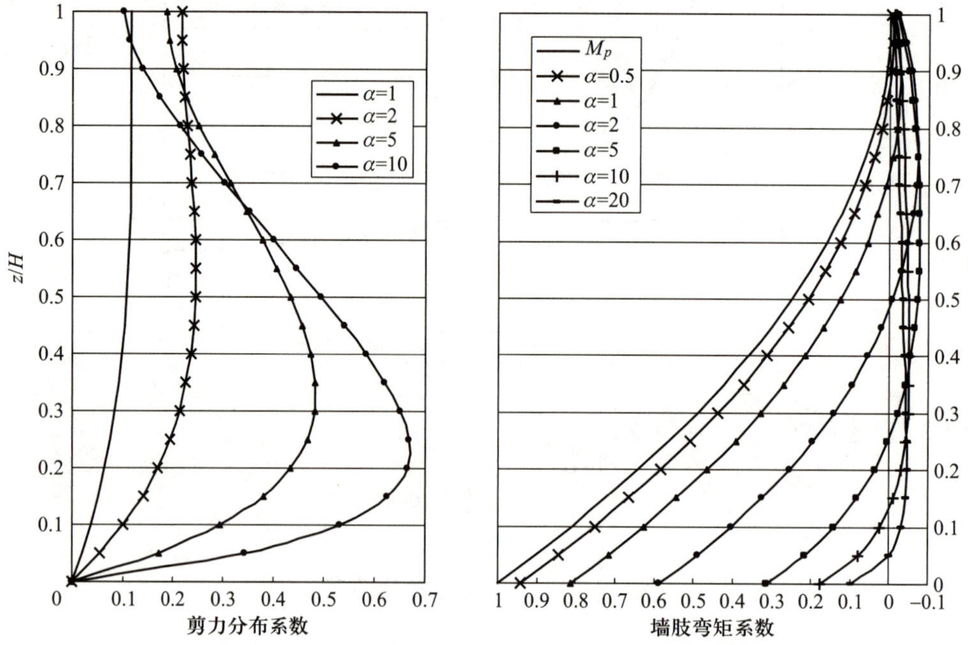

(a) 连梁剪力分布与整体性系数的关系　　(b) 墙肢弯矩分布与整体性系数的关系

图 5.2.8 剪力墙内力与整体性系数的关系

当整体性系数很小时（$\alpha<1$），由墙肢轴力合成的力矩很小，外力矩主要依靠墙肢的弯曲来抵抗，墙肢弯矩与外力矩非常接近，剪力墙受力性能类似两个独立的悬臂构件（墙肢）。

整体性系数很大时（$\alpha>10$），外力矩主要由墙肢轴力来抵抗，墙肢弯矩所占比重较小，剪力墙的受力性能类似一个整体的竖向悬臂构件。

二、双肢墙等效抗弯刚度的影响因素

由式（5.2.14）可以看出，双肢墙的等效抗弯刚度受墙肢剪切变形（反映在 γ^2 中）、墙肢轴向变形（反映在 T 中）和连梁变形（反映在 ψ_α 中）影响。

剪切刚度越大（剪切参数 γ^2 越小）、剪切变形对等效抗弯的影响越小，当剪切刚度趋于无限大时，$\gamma^2\to0$，剪切变形的影响消失。

墙肢轴向刚度越小（T 越小）、等效抗弯刚度越小，墙肢轴向变形的影响越大；当墙肢轴向刚度趋于无限大，$T\to1$，轴向变形的影响消失。

取 $\gamma^2=0$、$T=1$，式（5.2.14）变为 $EI'_{eq}=E(I_1+I_2)/\psi_\alpha$，$\psi_\alpha$ 是整体性系数 α 的函数，而整体性系数是连梁刚度与墙肢刚度的比值。连梁刚度越大、α 越大、ψ_α 越小，等效抗弯刚度越大；当连梁刚度趋于 0 时，$\alpha\to0$（参见图 5.2.7），$EI'_{eq}\to E(I_1+I_2)$，双肢墙的抗弯刚度等于两个墙肢抗弯刚度之和，两者墙肢完全独立工作。

三、连续化分析模型的适用范围

整体性系数很大有两种可能：一种是剪力墙的洞口很小；另一种是剪力墙的洞口很大，墙肢的抗弯刚度很小。对于后一种情况，连续化方法存在较大的误差。

由图 5.2.3e 可知，在楼层集中荷载作用下，联肢墙墙肢弯矩沿高度的实际分布呈“锯齿”形，连续化方法将墙肢弯矩的“锯齿”“锉平”了，所代表的是楼层内的平均弯矩，如图 5.2.3e 中的虚线所示。当整体性系数较小时，墙肢弯矩本身较大，“锯齿”在墙肢弯矩中占的比重较小，“锉平”引起的误差很小；但当整体性系数较大时，这一误差将迅速上升。

另一方面，随着剪力墙洞口的增大，剪力墙的受力性能应该趋近框架（因为框架可以看成是开了很大洞口的剪力墙），而框架结构在节点水平荷载作用下每层柱子将出现反弯点。可以推断，随着洞口的增大，墙肢弯矩出现反弯点的层数应该增加，但连续化模型无法反映出这一受力特点。

5.2.5 剪力墙分类判别及分析模型的选择

一、剪力墙类别

剪力墙的受力性能与洞口的大小和形状密切相关。根据受力性能的不同，剪力墙可以分为以下几种。

当洞口呈窄长条时连梁刚度很小，整体性系数很小，连梁对墙肢的转动约束作用可忽略，剪力墙的受力性能如同各个墙肢单独受力，称为**独立墙肢**（isolated shear wall），见图 5.2.9a。

当洞口尺寸很小时，整体性系数很大，剪力墙的受力性能基本相当于一个整体的竖向悬臂构件，墙肢截面正应力基本呈线性分布，称为**整体小开口剪力墙**（monolithic shear wall with small openings），见图 5.2.9c；如果墙肢弯矩可以完全忽略，墙肢截面正应力完全呈线性分布，则称为**整截面剪力墙**（monolithic shear wall），见图 5.2.9b。

如果洞口尺寸很大，而墙肢的截面高度很小时，整体性系数也很大，大部分楼层的墙肢将出现反弯点，剪力墙的受力性能如同框架，因连梁和墙肢的截面尺寸远大于一般框架梁、柱，故称为**壁式框架**(wall type frame)，见图 5.2.9e。

上述各种情况以外的，称为联肢剪力墙，见图 5.2.9d。

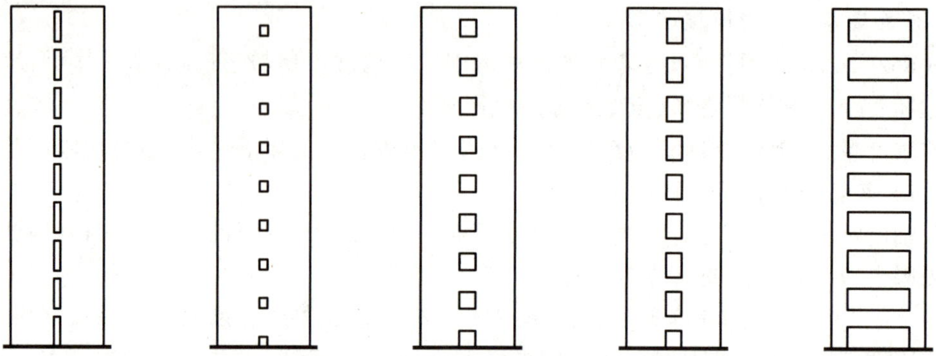

图 5.2.9 剪力墙种类

二、判别方法

整体性系数是影响剪力墙受力性能、判别剪力墙类别的重要因素之一。

双肢墙的整体性系数前面已定义过，$\alpha^2=\alpha_1^2+6H^2D/(s\cdot h\cdot a)$，其中 $D=2I_b a^2/l^3$；$\alpha_1^2=6H^2D/[h(I_1+I_2)]$，$s=aA_1A_2/(A_1+A_2)$。对于多肢墙，参照双肢墙可表示为

$$\alpha_1^2=\frac{12H^2\sum_{j=1}^{m}\frac{I_{bj}a_j^2}{l_j^3}}{h\sum_{i=1}^{m+1}I_i}$$

式中 m 是洞口的列数，墙肢数为 $m+1$。

墙肢轴向变形影响系数 $T=\alpha_1^2/\alpha^2$，对于双肢墙

$$T\approx I_n/I$$

其中 $I_n=I-I_1-I_2$，I 是剪力墙组合截面的惯性矩，I_1、I_2 分别为两个墙肢的惯性矩。

多肢剪力墙墙肢轴向变形影响系数的表达式比较复杂，经分析，T 可以近似取：3～4 肢 0.8；5～7肢 0.85；8 肢以上 0.9。

于是剪力墙的整体性系数可以表示为

$$\alpha=H\sqrt{\frac{12\sum_{j=1}^{m}\frac{I_{bj}a_j^2}{l_j^3}}{Th\sum_{i=1}^{m+1}I_i}}\quad（多肢墙）\tag{5.2.15a}$$

$$\alpha=H\sqrt{\frac{12\frac{I_b a^2}{l^3}}{\frac{I_n}{I}h(I_1+I_2)}}\quad（双肢墙）\tag{5.2.15b}$$

整体小开口剪力墙和壁式框架的整体性系数都很大,但前者的墙肢强、后者的墙肢弱,两者可通过参数肢强系数(limb strength coefficient)$\zeta = I_n/I$ 来区别。分析表明,墙肢是否出现反弯点与肢强系数 ζ 有关。当 α 值相同时,随着 ζ 的增大,出现反弯点的层数增多,更多地显示框架的特性。

根据上述分析,剪力墙类别可根据其整体性系数和肢强系数 I_n/I 两个主要参数进行判别:

(1) 当 $\alpha<1$ 时,可直接按独立墙肢计算;

(2) 当 $1\leqslant\alpha<10$,且 $I_n/I\leqslant[\zeta]$ 时,按联肢剪力墙计算;

(3) 当 $\alpha\geqslant10$,且 $I_n/I>[\zeta]$ 时,按壁式框架计算;

(4) 当 $\alpha\geqslant10$,且 $I_n/I\leqslant[\zeta]$ 时,可按整体小开口剪力墙计算;

(5) 当洞口面积不大于整个墙面面积的 15%,洞口之间的距离及洞口至墙边的距离均大于洞口的长边尺寸时,可直接按整截面剪力墙计算。

以上判别条件中的 $I_n=I-\sum I_i$,$[\zeta]$ 值由表 5-2 查得。

表 5-2 肢强系数限值$[\zeta]$

n \ α	4	6	8	10	12	14	16	18	20	22	24	26	28	≥30
8	0.988	0.964	0.931	0.886	0.866	0.853	0.844	0.836	0.831	0.827	0.824	0.822	0.820	0.818
10	0.994	0.969	0.952	0.948	0.924	0.908	0.896	0.888	0.880	0.875	0.871	0.867	0.864	0.861
12	1.00	0.985	0.978	0.975	0.950	0.934	0.923	0.914	0.906	0.901	0.897	0.894	0.890	0.887
16	—	—	—	1.000	0.994	0.978	0.964	0.952	0.945	0.940	0.936	0.932	0.929	0.926
20	—	—	—	1.000	1.000	1.000	0.988	0.978	0.970	0.965	0.960	0.955	0.952	0.950
≥30	—	—	—	1.000	1.000	1.000	1.000	1.000	1.000	1.000	0.989	0.986	0.982	0.979

三、分析模型的选择

独立墙肢、整截面剪力墙和整体小开口剪力墙均采用竖向悬臂构件模型,区别在于:独立墙肢将每个墙肢作为无洞口的竖向悬臂构件;整截面剪力墙通过墙肢截面面积和截面惯性矩的折减考虑小洞口对内力和变形的影响;整体小开口剪力墙将墙肢的正应力分解为整个截面(组合截面)弯曲(称为整体弯曲)引起的正应力和单个墙肢弯曲(称为局部弯曲)引起的正应力,相应地将弯矩分为整体弯矩和局部弯矩,整体弯矩和局部弯矩均采用材料力学方法计算。

联肢剪力墙采用连续化模型。

壁式框架采用框架模型,并考虑连梁和墙肢的尺寸效应和剪切变形影响。

5.3 剪力墙结构分析

5.3 剪力墙结构分析

剪力墙结构是由一系列纵、横向单榀剪力墙和楼盖组成的空间结构,承受竖向荷载和水平荷载。在竖向荷载作用下,剪力墙结构的分析比较简单。下面主要讨论在水平荷载作用下的内力和侧移分析方法。

剪力墙结构的简化分析首先将水平荷载分配到每一榀墙上,然后进行单榀剪力墙分析。

5.3.1 单榀剪力墙受到的水平荷载

一、空间问题的简化

为了把空间问题简化为平面问题,在剪力墙结构分析中,采用如下基本假定:

(1) 楼盖在自身平面内的刚度为无限大,而在平面外的刚度很小,可忽略不计;

(2) 各榀剪力墙主要在自身平面内发挥作用,而在平面外的作用很小,可忽略不计。

根据假定(1),在水平荷载作用下,楼盖在水平面内没有相对变形,仅发生刚体位移。因而,任一楼面标高处,各榀剪力墙的侧向水平位移可由楼盖的刚体运动条件唯一确定。

根据假定(2),对于正交的剪力墙结构,在横向水平分力作用下,可只考虑横向剪力墙的作用而忽略纵向剪力墙的作用;在纵向水平分力作用下,可只考虑纵向剪力墙的作用而忽略横向剪力墙的作用。从而将一个实际的空间问题简化为纵、横两个方向的平面问题。

实际上,在水平荷载作用下,纵、横剪力墙是共同工作的,即结构在横向水平力作用下,不仅横向剪力墙起抵抗作用,纵向剪力墙也起部分抵抗作用;纵向水平力作用下的情况类似。为此,将剪力墙端部的另一方向墙体作为剪力墙的翼缘来考虑,即纵墙的一部分作为横墙端部的翼缘,横墙的一部分作为纵墙的翼缘参加工作。纵、横墙翼缘的有效宽度可按表 5-3 确定,取各项中的最小值。表中各符号的含义见图 5.3.1。

表 5-3 剪力墙的有效翼缘宽度 b_f

考虑方式	截面形式	
	T(或 I)形截面	L 形截面
按剪力墙的间距 S_0 考虑	$b+S_{01}/2+S_{02}/2$	$b+S_{03}/2$
按翼缘厚度 h_f 考虑	$b+12h_f$	$b+6h_f$
按窗间墙宽度考虑	b_{01}	b_{02}
按剪力墙总高度 H 考虑	$0.15H$	$0.15H$

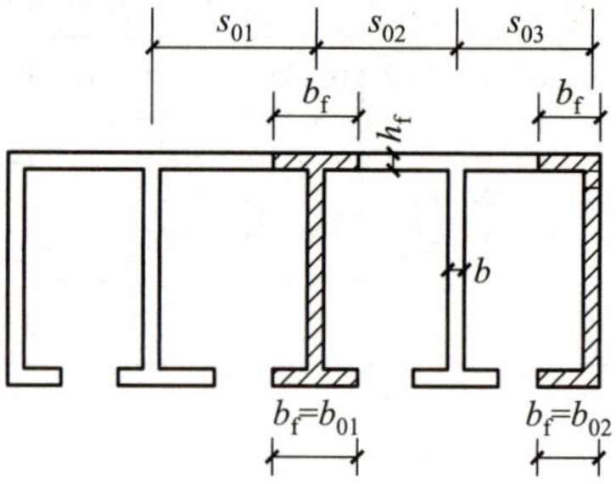

图 5.3.1 剪力墙的有效翼缘宽度

二、剪力墙的抗侧刚度

框架柱的抗侧刚度定义为当柱上下端产生单位相对位移,柱子所承受的剪力,表示为 $D=\alpha_c EI/h^3$,其中 α_c 是与柱上、下端节点约束情况有关的系数。

在简化分析中,不考虑楼盖对剪力墙平面内弯曲的约束作用,将剪力墙作为竖向悬臂结构。

由于剪力墙的截面抗弯刚度很大,弯曲变形相对较小,剪切变形的影响不能忽略。此外,当结构很高时,还应考虑轴向变形的影响。在简化计算中,剪切变形和轴向变形对抗侧刚度的影响可采用等效抗弯刚度的方法考虑。等效抗弯刚度是按顶点位移相等的原则折算为竖向悬臂构件只考虑弯曲变形时的刚度。在不同的侧向荷载作用下等效刚度 EI_{eq} 的表达式将有所不同。

根据上述分析,剪力墙的抗侧刚度可以表示为 $D=3EI_{eq}/H^3$。

三、水平荷载在各榀剪力墙之间的分配

一般情况下,楼盖在水平荷载作用下的刚体运动将包括自身平面内的移动和转动。但如果水平荷载通过某一中心点,则楼盖仅发生移动而无转动,这一中心位置称为结构的**抗侧刚度中心**

(lateral stiffness center)。

设正交布置的剪力墙结构的抗侧刚度中心在 C 点，见图 5.3.2a，通过 C 点建立直角坐标。y 方向共有 m 榀剪力墙，其中第 i 榀剪力墙的抗侧刚度为 D_{yi}，距 y 轴的距离为 r_{xi}；x 方向共有 n 榀剪力墙，其中第 j 榀剪力墙抗侧刚度为 D_{xj}，距 x 轴的距离为 r_{yj}。

设楼盖受到任意水平荷载 F 的作用，将 F 分解成平行于坐标轴的两个分力 F_x、F_y（图 5.3.2b），这两个分力又可等效为通过抗侧刚度中心的力 F_{xC}、F_{yC}及扭矩 M_T（图 5.3.2c）。

F_{xC}、F_{yC}与坐标方向一致为正，扭矩以顺时针方向为正，由图 5.3.2b、c，可得

$$\left.\begin{aligned} F_{xC}&=F_x\\ F_{yC}&=F_y\\ M_T&=F_x\cdot e_y-F_y\cdot e_x \end{aligned}\right\} \tag{5.3.1}$$

欲求水平荷载 F 在各榀剪力墙之间的分配，可先求出 F_{xC}、F_{yC}、M_T单独作用下各榀剪力墙承受的剪力，然后叠加。

在 F_{xC}单独作用下，楼盖仅有沿 x 方向的平移 u_x，如图 5.3.2d 所示。这时仅考虑 x 方向的剪力墙参与工作，y 方向剪力墙的作用忽略不计。设 x 方向第 j 榀剪力墙所受的剪力为 V_{xj1}，由平衡条件

$$\sum_{j=1}^{n} V_{xj1}=F_{xC} \tag{1}$$

各榀剪力墙在楼盖处具有相同的侧移 u_x，x 方向第 j 榀剪力墙所受的剪力可表示为

$$V_{xj1}=D_{xj}\cdot u_x \tag{2}$$

由式(1)、式(2)可得到 $u_x=\dfrac{F_{xC}}{\sum\limits_{j=1}^{n}D_{xj}}$，代入式(2)可求得

$$V_{xj1}=\frac{D_{xj}}{\sum\limits_{j=1}^{n}D_{xj}}\cdot F_{xC} \tag{5.3.2a}$$

由于各榀剪力墙的高度相同，抗侧刚度正比于等效抗弯刚度，上式可以表示为

$$V_{xj1}=\frac{EI_{xj}}{\sum\limits_{j=1}^{n}EI_{xj}}\cdot F_{xC} \tag{5.3.2b}$$

同理，可求得在 F_{yC}单独作用下（图 5.3.2e），y 方向第 i 榀剪力墙所受剪力

$$V_{yi1}=\frac{EI_{yi}}{\sum\limits_{i=1}^{m}EI_{yi}}\cdot F_{yC} \tag{5.3.2c}$$

在 M_T单独作用下，楼盖将仅发生绕抗侧刚度中心的转动，x、y 方向的剪力墙都将参与工作。设楼盖的扭转角(twist angle)为 θ，见图 5.3.2f，则 x 方向第 j 榀剪力墙在其平面内（x 方向）的侧移为

$$u_{xj}=r_{yj}\cdot\theta \tag{3}$$

y 方向第 i 榀剪力墙在其平面内（y 方向）的侧移为

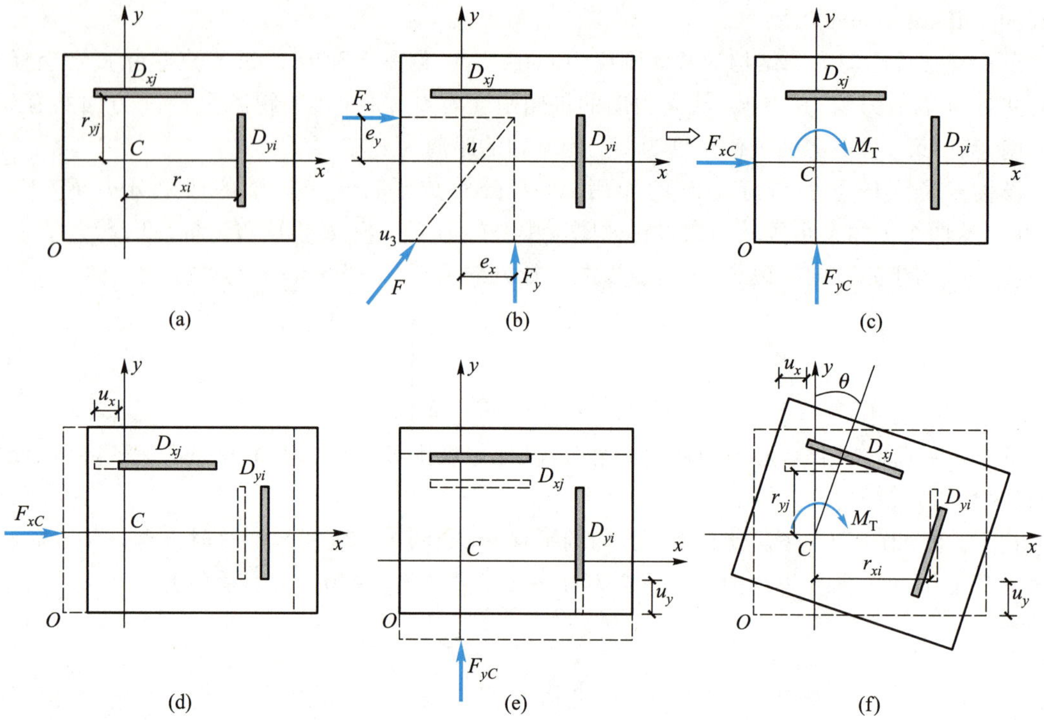

图 5.3.2　水平荷载在各榀剪力墙之间的分配

$$u_{yi} = -r_{xi} \cdot \theta \tag{4}$$

设在 M_T 作用下，x、y 方向的剪力墙所受的剪力分别为 V_{xj2}、V_{yi2}，则

$$V_{xj2} = D_{xj} \cdot r_{yj} \cdot \theta \tag{5}$$

$$V_{yi2} = D_{yi} \cdot (-r_{xi}\theta) \tag{6}$$

由楼盖平面内的力矩平衡条件

$$M_T + \sum_{i=1}^{m} V_{yi2} \cdot r_{xi} - \sum_{j=1}^{n} V_{xj2} \cdot r_{yj} = 0$$

将式(5)、式(6)代入后，可求得

$$\theta = \frac{M_T}{\sum_{i=1}^{m} D_{yi} \cdot r_{xi}^2 + \sum_{j=1}^{n} D_{xj} \cdot r_{yj}^2}$$

式中分母代表发生单位扭转角时剪力墙结构承担的扭矩，为结构的抗扭刚度。

上式分别代入式(5)、式(6)后，可得到在 M_T 单独作用下，剪力墙所受剪力

$$V_{xj2} = \frac{EI_{xj} r_{yj}}{\sum_{i=1}^{m} EI_{yi} \cdot r_{xi}^2 + \sum_{j=1}^{n} EI_{xj} \cdot r_{yj}^2} \cdot M_T \tag{5.3.3a}$$

$$V_{yi2} = \frac{EI_{yi} r_{xi}}{\sum_{i=1}^{m} EI_{yi} \cdot r_{xi}^2 + \sum_{j=1}^{n} EI_{xj} \cdot r_{yj}^2} \cdot M_T \tag{5.3.3b}$$

因此，在任意水平荷载 F 作用下，各榀剪力墙所受的总剪力为

$$V_{xj}=V_{xj1}+V_{xj2} \tag{5.3.4a}$$

$$V_{yi}=V_{yi1}+V_{yi2} \tag{5.3.4b}$$

四、剪力墙结构抗侧刚度中心的确定

根据定义，当水平荷载通过抗侧刚度中心时，楼盖仅发生平移。以 O 点为参考点，设抗侧刚度中心 C 点的坐标为 x_C、y_C。在通过 C 点的水平荷载 F_{xC} 作用下，楼盖的侧移为 u_x，见图 5.3.3a。将水平荷载和剪力墙受到的剪力对 O 点取矩，有

$$F_{xC}\cdot y_C=\sum_{j=1}^{n}V_{xj}\cdot r'_{yj}$$

将式(5.3.2a)代入上式，可以得到

$$y_C=\frac{\sum_{j=1}^{n}EI_{xj}\cdot r'_{yj}}{\sum_{j=1}^{n}EI_{xj}} \tag{5.3.5a}$$

在通过 C 点的水平荷载 F_{yC} 作用下，楼盖的侧移为 u_y，见图 5.3.3b。同理可求得

$$x_C=\frac{\sum_{i=1}^{m}EI_{yi}\cdot r'_{xi}}{\sum_{i=1}^{m}EI_{yi}} \tag{5.3.5b}$$

由式(5.3.5a)、式(5.3.5b)可见，如果把各榀剪力墙的等效抗弯刚度看作"假想面积"，则抗侧刚度中心位于"假想面积"的形心。

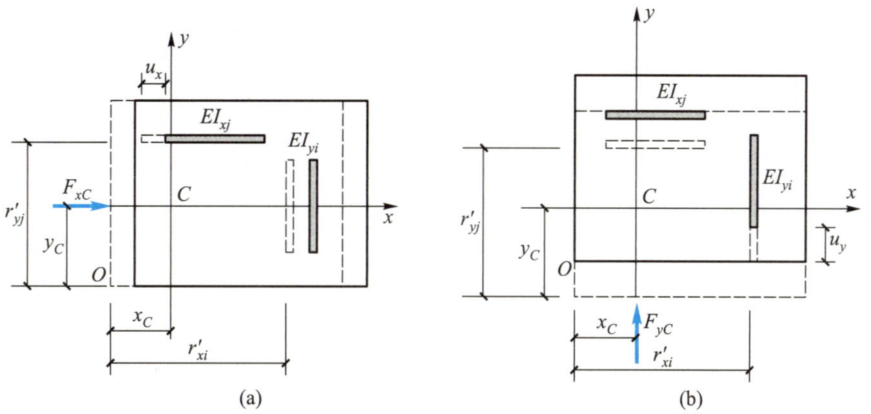

图 5.3.3 剪力墙结构的抗侧刚度中心

【例 5-2】 某剪力墙结构的平面布置为切角的等边三角形，墙长、墙厚相同，如图 5.3.4a 所示。求在水平荷载 F 作用下每榀墙承担的剪力。

【解】 一般情况下，正交布置的剪力墙结构才可以用上面介绍的简化方法计算各榀剪力墙在水平荷载作用下承担的剪力，本例题是一种特例。

由对称性可知，抗侧刚度中心位于三角形的形心，因水平荷载 F 通过抗侧刚度中心，因而在

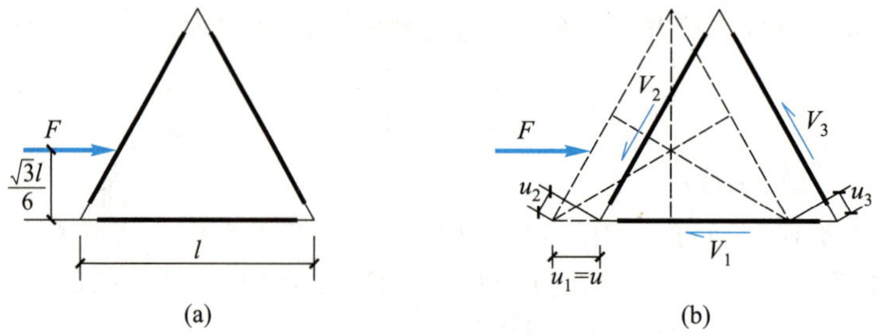

图 5.3.4 例 5-2 剪力墙等边三角形布置

荷载作用下结构仅发生沿水平方向的平移，设平移值为 u（图 5.3.4b）。由几何关系，各榀剪力墙自身平面内的侧移值为

$$\begin{cases} u_1 = u \\ u_2 = u_3 = u\sin 30° = \dfrac{u}{2} \end{cases} \tag{1}$$

由水平方向力的平衡条件，得到

$$F = V_1 + V_2\sin 30° + V_3 \sin 30° \tag{2}$$

因各榀墙的厚度和长度相等，故抗侧刚度相同，用 D 表示，则

$$V_i = Du_i \quad (i=1,2,3) \tag{3}$$

由式（1）、式（2）、式（3）可求得

$$V_1 = 2F/3; V_2 = V_3 = F/3$$

5.3.2 水平荷载作用下单榀剪力墙内力和侧移分析方法

得到了单榀剪力墙所受的外荷载后，就可以根据不同的剪力墙类别，采用相应的分析模型计算剪力墙内力和侧移。这些分析模型分为三类：材料力学的竖向悬臂构件模型、连续化模型和带刚臂框架模型。联肢剪力墙的内力和侧移采用连续化模型的计算方法在上一节已作过介绍。下面介绍整体小开口剪力墙采用竖向悬臂构件模型、壁式框架采用带刚臂框架模型的计算方法。

一、整体小开口剪力墙的材料力学方法

1. 截面应力分布

对于图 5.3.5a 所示的整体小开口剪力墙，洞口处的水平截面由若干个墙肢和洞口组成，称为组合截面，见图 5.3.5b。组合截面的正应力（图 5.3.5c）可分解为剪力墙整体弯曲所产生的正应力（图 5.3.5d）和各墙肢局部弯曲所产生的正应力（图 5.3.5e）之和。相应地可将水平荷载产生的总力矩分为整体弯矩和局部弯矩。整体弯曲时，剪力墙按组合截面弯曲，正应力在整个截面高度上按直线分布（图 5.3.5d 中的直线），这一应力分布又可以进一步分解成与墙肢轴力相对应的均匀应力（图 5.3.5f）和与墙肢弯矩对应的弯曲应力（图 5.3.5g）；局部弯曲时，剪力墙按各个单独的墙肢截面弯曲，正应力仅在各墙肢截面高度上按直线分布，如图 5.3.5e 所示。

2. 墙肢内力计算

墙肢内力包括弯矩、轴力和剪力。

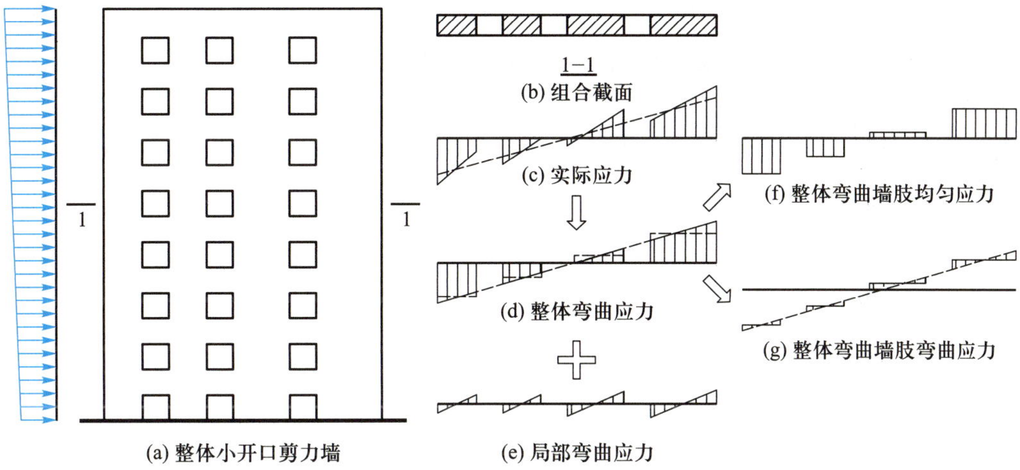

图 5.3.5 整体小开口剪力墙的截面应力分布

由上述分析可知，墙肢弯矩由两部分组成：整体弯曲下的墙肢弯矩和局部弯曲下墙肢弯矩。水平外荷载在计算截面产生的总力矩用 M_P 表示，设整体弯曲所占比例为 γ（则局部弯曲所占比例为 $1-\gamma$）。在整体弯曲下，各墙肢的曲率相同，$\phi=\gamma M_P/EI$，各墙肢分担的整体弯矩为 $\phi\cdot EI_j$；近似认为局部弯曲时各墙肢弯矩按抗弯刚度分配。则任一墙肢的弯矩为：

$$M_j=\gamma M_P\frac{I_j}{I}+(1-\gamma)M_P\frac{I_j}{\sum I_j} \tag{5.3.6}$$

式中，M_P——外荷载在计算截面所产生的力矩（总弯矩）；

I_j、I——分别为第 j 墙肢和组合截面的惯性矩；

γ——整体弯曲系数，设计中取 $\gamma=0.85$。

局部弯曲在墙肢中不产生轴力，墙肢轴力完全由整体弯曲引起，为整体弯曲均匀应力与墙肢截面面积的乘积。各墙肢所受到的轴力为（图 5.3.6）：

$$N_j=\frac{\gamma M_P}{I}y_jA_j \tag{5.3.7}$$

式中，A_j——第 j 墙肢的截面面积；

y_j——第 j 墙肢的截面形心到整个剪力墙组合截面形心的距离。

由水平外荷载所产生的总剪力 V_P 在各墙肢之间按抗侧刚度进行分配。墙肢的抗侧刚度既与截面惯性矩（抗弯刚度）有关，又和截面面积（剪切刚度）有关。近似取按两者分配的平均值：

$$V_j=\frac{1}{2}\left(\frac{A_j}{\sum A_j}+\frac{I_j}{\sum I_j}\right)V_P \tag{5.3.8}$$

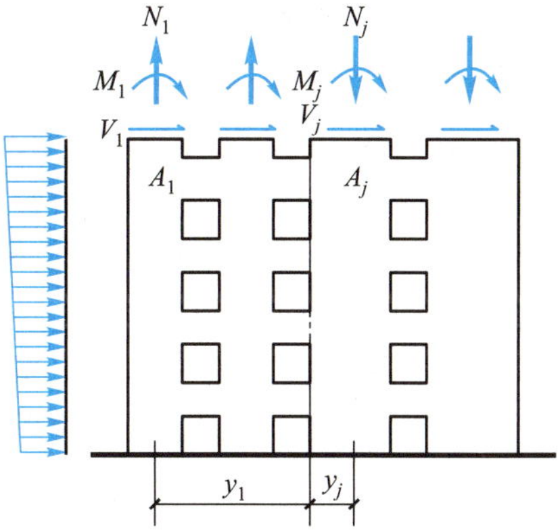

图 5.3.6 墙肢上内力

当剪力墙的多数墙肢基本均匀，符合整体小开口剪力墙的条件，但存在个别小墙肢 j 时，作为近似，仍可以按上述公式计算内力，但小墙肢宜考虑附加的局部弯矩 ΔM_j，取

$$\Delta M_j = V_j \cdot h_0/2 \tag{5.3.9}$$

其中 V_j 为式(5.3.8)计算的第 j 墙肢的剪力；h_0 为洞口高度。

3. 侧移计算

独立墙肢、整截面剪力墙及整体小开口剪力墙在水平荷载作用下的顶点侧移，可采用式(5.2.4a)，即

$$u_{\max} = \frac{V_0 H^3}{8EI_w}\left(1+\frac{4\mu EI_w}{GA_w H^2}\right) \quad \text{（均匀分布荷载）}$$

$$u_{\max} = \frac{11V_0 H^3}{60EI_w}\left(1+\frac{3.67\mu EI_w}{GA_w H^2}\right) \quad \text{（倒三角形荷载）}$$

$$u_{\max} = \frac{V_0 H^3}{3EI_w}\left(1+\frac{3\mu EI_w}{GA_w H^2}\right) \quad \text{（顶点集中荷载）}$$

其中，A_w——考虑洞口影响后剪力墙水平截面的折算面积，对于独立墙肢，$A_w = b_w \times h_w$；对于整截面剪力墙，$A_w = b_w h_w[1-1.25(A_{op}/A_f)^{1/2}]$；对于整体小开口剪力墙，$A_w = \sum A_{wj}$；

b_w、h_w——分别为剪力墙水平截面的宽度和高度；

A_{op}、A_f——分别为剪力墙的洞口立面面积和总立面面积；

A_{wj}——剪力墙第 j 墙肢的水平截面面积；

I_w——考虑开洞影响后剪力墙水平截面的折算惯性矩，对于独立墙肢，$I_w = b_w h_w^3/12$；对于整截面剪力墙，取 $I_w = \sum I_{wi} h_i / \sum h_i$；对于整体小开口剪力墙，取组合截面惯性矩的 1/1.2；

I_{wi}——剪力墙有洞截面或无洞截面的惯性矩；

h_i——相应各段的高度，见图 5.3.7，$\sum h_i = H$；

μ——与截面形状有关的切应变不均匀系数。

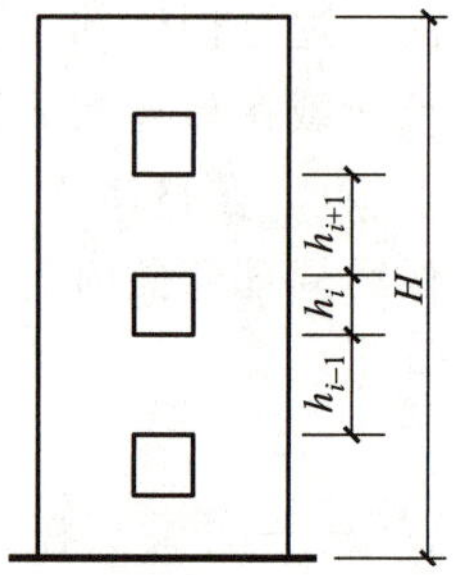

图 5.3.7　剪力墙的竖向分段

二、壁式框架的 D 值法

普通框架在进行结构分析时，梁、柱的截面尺寸效应是不考虑的，构件被没有截面宽度和高度的杆件代替，这称为杆系结构。对于等截面构件，认为沿构件长度的截面刚度相等。实际上在构件两端，由于受到相交构件的影响，截面刚度相当大，即在节点部位存在一个刚性区域。对于壁式框架，刚性区域较大，对受力的影响不应忽略。此外，由于构件的截面尺寸较大，需考虑剪切变形的影响。所以用 D 值法计算壁式框架必须作一些修正。

1. 刚臂长度的取值

壁式框架仍采用杆系计算模型，取墙肢和连梁的截面形心线作为梁、柱轴线，见图 5.3.8a，刚域的影响用刚度为无限大的刚臂考虑。刚臂长度的取值如图 5.3.8b 所示。

对于梁：

$$\left.\begin{aligned} d_{b1} &= a_1 - h_b/4 \\ d_{b2} &= a_2 - h_b/4 \end{aligned}\right\} \tag{5.3.10a}$$

对于柱：

$$\left.\begin{aligned} d_{c1} &= c_1 - b_c/4 \\ d_{c2} &= c_2 - b_c/4 \end{aligned}\right\} \tag{5.3.10b}$$

若根据上式算得的刚臂长度为负值，则取为零。

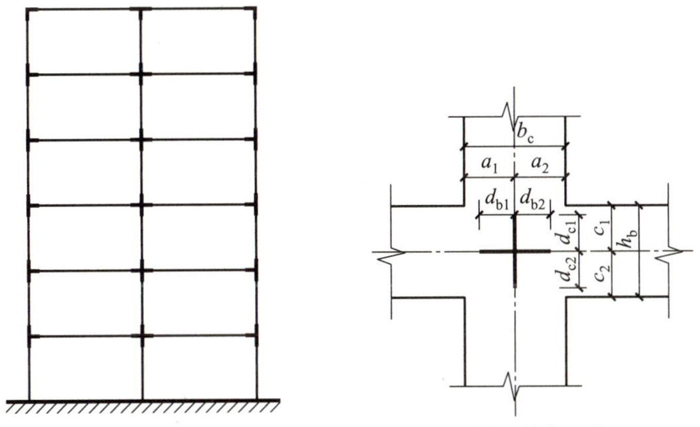

(a) 带刚臂的框架　(b) 刚臂长度的取值

图 5.3.8　用刚臂考虑刚域的影响

2. 带刚臂杆件的转角位移方程

对于两端固支的等直杆，不考虑剪切变形时，两端各转动一单位转角（$\theta_1=\theta_2$），在杆端所需施加的弯矩 $m_{12}=m_{21}=6i$，i 是杆件的线刚度。

带刚臂杆件考虑剪切变形后的转角位移方程需要重新推导。图 5.3.9a 所示的带刚臂杆件 1-2，总长度为 l，两端的刚臂长度分别为 al 和 bl。取杆的无刚臂部分 1′-2′为隔离体，当 1、2 两端各有一个单位转角时，1′、2′两点除了有单位转角位移外，还有线位移 al 和 bl，1′、2′两点的弦转角为$(al+bl)/l'$，见图 5.3.9b。

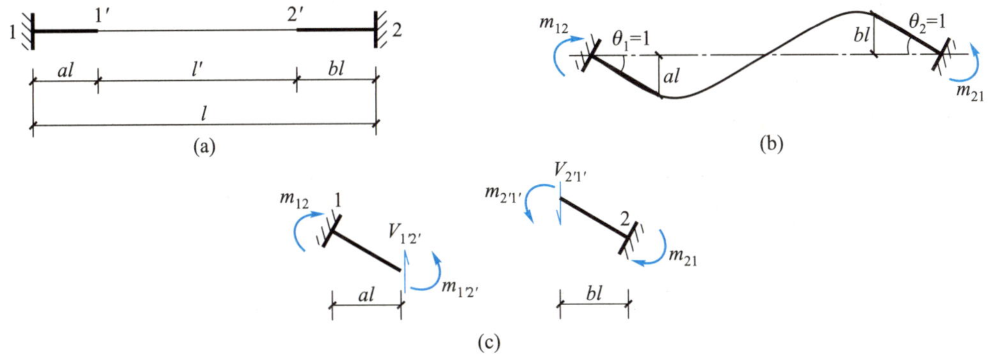

图 5.3.9　带刚臂杆件固端弯矩与转角位移的关系

由弦转角$(al+bl)/l'$所产生的杆端弯矩为

$$m_{1'2'}=m_{2'1'}=\frac{6EI}{l'}\cdot\frac{al+bl}{l'}=\frac{6EI}{l'^2}(al+bl)$$

式中 $EI=\dfrac{EI_0}{1+12\mu EI_0/(GAl'^2)}$，是考虑剪切变形影响后的等效抗弯刚度。

由单位杆端转角所产生的杆端弯矩为

$$m_{1'2'}=m_{2'1'}=4i\theta_1+2i\theta_2=6i=6EI/l'$$

因此，1′-2′杆端总弯矩为

$$m_{1'2'}=m_{2'1'}=\frac{6EI}{l'^2}(al+bl)+\frac{6EI}{l'}=6EI\left(\frac{al+bl+l'}{l'^2}\right)=\frac{6EI}{(1-a-b)^2l}$$

1′、2′处的剪力为

$$V_{1'2'}=V_{2'1'}=\frac{m_{1'2'}+m_{2'1'}}{l'}=\frac{12EI}{(1-a-b)^3l^2}$$

以刚臂为隔离体（图 5.3.9c），根据力矩平衡条件，得到 1、2 处的杆端弯矩

$$m_{12}=m_{1'2'}+V_{1'2'}\cdot al=6EI\left[\frac{1}{(1-a-b)^2l}+\frac{2al}{(1-a-b)^3l^2}\right]$$

$$=6EI\cdot\frac{1-a-b+2a}{(1-a-b)^3l}=\frac{6EI}{l}\cdot\frac{1+a-b}{(1-a-b)^3}=6ci$$

$$m_{21}=m_{2'1'}+V_{2'1'}\cdot bl=6c'i$$

因此杆端弯矩之和

$$m=m_{12}+m_{21}=12i\cdot(c+c')/2 \tag{5.3.11}$$

式中 $c=\dfrac{1+a-b}{(1-a-b)^3}$；$c'=\dfrac{1-a+b}{(1-a-b)^3}$；$i=EI/l$。

上式说明带刚臂杆件的杆端弯矩只需按等截面杆端弯矩乘以相应的系数 c 或 c' 即可。

3. 带刚臂柱的抗侧刚度

参照无刚臂框架柱，带刚臂框架柱的抗侧刚度为

$$D=\alpha_c\frac{12}{h^2}\cdot\frac{c_c+c_c'}{2}i \tag{5.3.12}$$

式中 α_c 值的计算公式见表 5-4。

表 5-4 壁式框架柱的刚度修正系数

位置	一般层		底层	
	边柱	中柱	边柱	中柱
简图	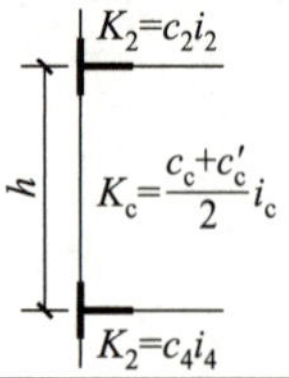	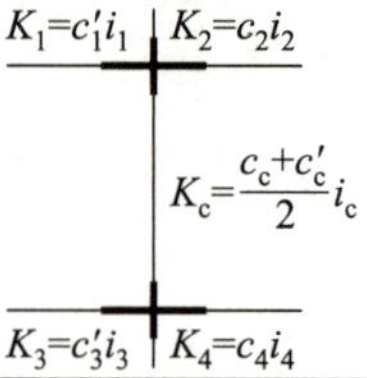	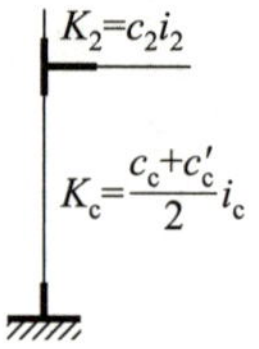	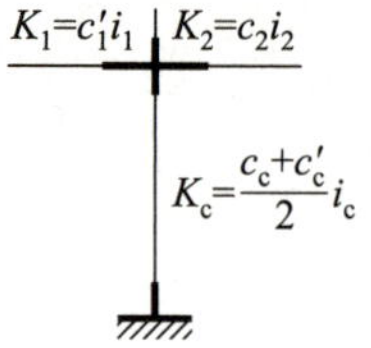
K	$K=\dfrac{K_2+K_4}{2K_c}$	$K=\dfrac{K_1+K_2+K_3+K_4}{2K_c}$	$K=\dfrac{K_2}{K_c}$	$K=\dfrac{K_1+K_2}{K_c}$

续表

位置	一 般 层		底 层	
	边柱	中柱	边柱	中柱
α_c	$\alpha_c=\dfrac{K}{2+K}$		$\alpha_c=\dfrac{0.5+K}{2+K}$	

4. 带刚臂柱的反弯点高度

带刚臂框架柱的反弯点高度按下式计算：

$$yh=(a+sy_0+y_1+y_2+y_3)h \tag{5.3.13}$$

式中，a——柱下端刚臂长度与柱高之比，见图 5.3.10；

s——无刚臂部分柱高与柱总高之比，$s=h'/h$；

y_0——标准反弯点高度比，可由附表 D.1 或附表 D.2 查得。查表时，$K=s^2\dfrac{c_1i_1+c_2i_2+c_3i_3+c_4i_4}{(c_c'+c_c)i_c}$；

y_1——上下层横梁线刚度比对 y_0 的修正值，可由附表 D.3 查得。查表时 $I=\dfrac{c_1i_1+c_2i_2}{c_3i_3+c_4i_4}$或 $I=\dfrac{c_3i_3+c_4i_4}{c_1i_1+c_2i_2}$；

y_2、y_3——分别为上层、下层层高变化时对反弯点的修正值，由附表 D.4 查得。

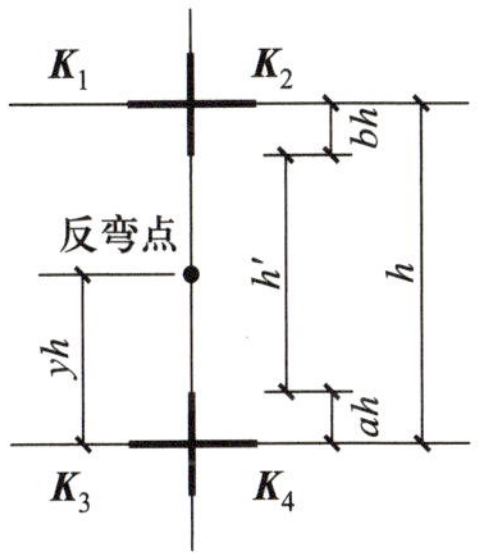

图 5.3.10 反弯点位置

壁式框架楼层剪力在各柱之间的分配、柱端弯矩的计算，梁端弯矩、剪力的计算，柱轴力的计算以及框架侧移的计算方法均与普通框架相同。

【例 5-3】 某 10 层剪力墙结构，平面布置如图 5.3.11a 所示，剪力墙厚度均为 160 mm，C30 混凝土；墙 1 的窗洞情况如图 5.3.11c 所示，墙 2 的开洞情况如图 5.3.11d 所示。该房屋的横向水平地震作用如图 5.3.11b 所示。

试计算横向水平地震作用下每榀剪力墙分配的水平荷载及结构的顶点位移。

【解】

（1）计算剪力墙的翼缘宽度及几何参数

该结构横向共有两种剪力墙，墙 1 和墙 2。墙 1 为 L 形截面，共 2 榀，翼缘宽度 $b_{f1}=160\text{ mm}+6\times160\text{ mm}=1\ 120\text{ mm}$；墙 2 为 I 形截面，共 14 榀，翼缘宽度 $b_{f2}=160\text{ mm}+12\times160\text{ mm}=2\ 080\text{ mm}$。

墙 1 共有四个墙肢，三列连梁。

墙肢 1、4 的截面积为（图 5.3.12）：

$$A_1=A_4=(0.16\times0.96+0.16\times1.28)\text{ m}^2=0.358\ 4\text{ m}^2$$

截面形心离开外边缘的距离：

$$y=\frac{0.96\times0.16\times0.08+1.28\times0.16\times0.64}{0.358\ 4}\text{ m}=0.4\text{ m}$$

截面惯性矩为

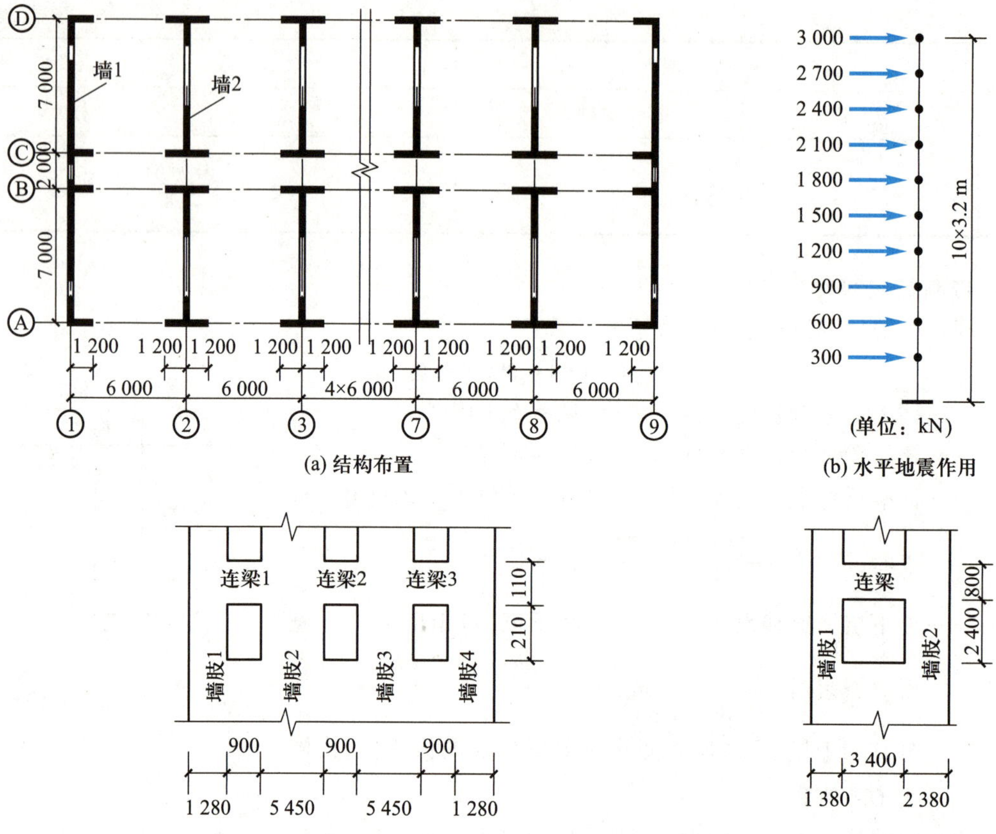

(a) 结构布置　(b) 水平地震作用　(c) 墙1洞口尺寸　(d) 墙2洞口尺寸

图 5.3.11　例 5-3 剪力墙结构

$I_1=I_4=0.16\times1.28^3/12\ \text{m}^4+0.16\times1.28\times(0.64-0.4)^2\ \text{m}^4+0.96\times0.16^3/12\ \text{m}^4+0.96\times0.16\times(0.4-0.08)^2\ \text{m}^4=0.055\ 8\ \text{m}^4$

墙肢 2、3 的截面积为 $A_2=A_3=(0.16\times0.96+0.16\times5.45)\ \text{m}^2=1.025\ 6\ \text{m}^2$

截面形心离开边缘的距离：

$$y=\frac{0.96\times0.16\times0.55+5.45\times0.16\times2.725}{1.0256}\ \text{m}=2.399\ 3\ \text{m}$$

截面惯性矩为

$I_2=I_3=0.16\times5.45^3/12\ \text{m}^4+0.16\times5.45\times(2.725-2.399\ 3)^2\ \text{m}^4+0.96\times0.16^3/12\ \text{m}^4+0.96\times0.16\times(2.399\ 3-0.55)^2\ \text{m}^4=2.776\ 5\ \text{m}^4$

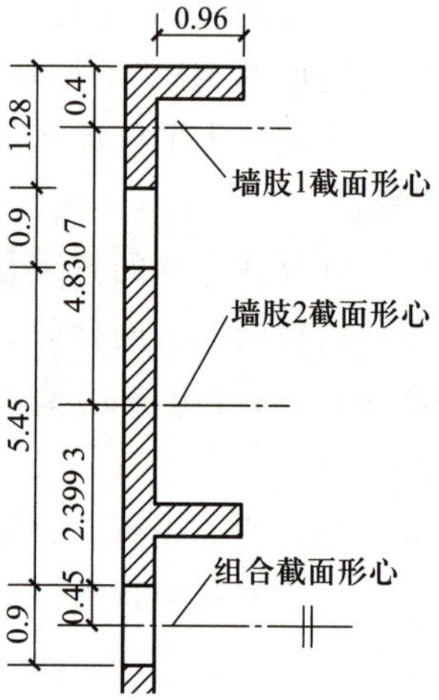

图 5.3.12　墙 1 几何尺寸

墙 1 截面对称，组合截面惯性矩：

$I=2\times[0.055\ 8+0.358\ 4\times(8.08-0.4)^2+2.776\ 5+1.025\ 6\times(2.399\ 3+0.45)^2]\ \text{m}^4=64.595\ 4\ \text{m}^4$

扣除墙肢惯性矩后墙 1 的净惯性矩：

$$I_n=I-I_1-I_2-I_3-I_4=64.595\ 4\ \text{m}^4-2\times(0.055\ 8+2.776\ 5)\ \text{m}^4=58.930\ 8\ \text{m}^4$$

三列连梁相同，其截面积：$A_{b1}=A_{b2}=A_{b3}=0.16\ \text{m}\times1.1\ \text{m}=0.176\ \text{m}^2$

连梁计算跨度：$l_{b1}=l_{b2}=l_{b3}=0.9\ \text{m}+1.1\ \text{m}/2=1.45\ \text{m}$

连梁惯性矩：$I_{b01}=I_{b02}=I_{b03}=0.16\ \text{m}\times(1.1\ \text{m})^3/12=0.0177\ 5\ \text{m}^4$

连梁的等效惯性矩为

$$I_b=\frac{I_{b0}}{1+\dfrac{12\mu EI_{b0}}{GA_b l^2}}=\frac{0.017\ 75}{1+\dfrac{12\times1.2\times0.017\ 75}{0.42\times0.176\times1.45^2}}\ \text{m}^4=0.006\ 71\ \text{m}^4$$

同理可求得墙 2 两个墙肢的面积、惯性矩（图 5.3.13）分别为

$$A_1=0.528\ \text{m}^2,I_1=0.083\ 5\ \text{m}^4;$$

$$A_2=0.688\ \text{m}^2,I_2=0.389\ 9\ \text{m}^4。$$

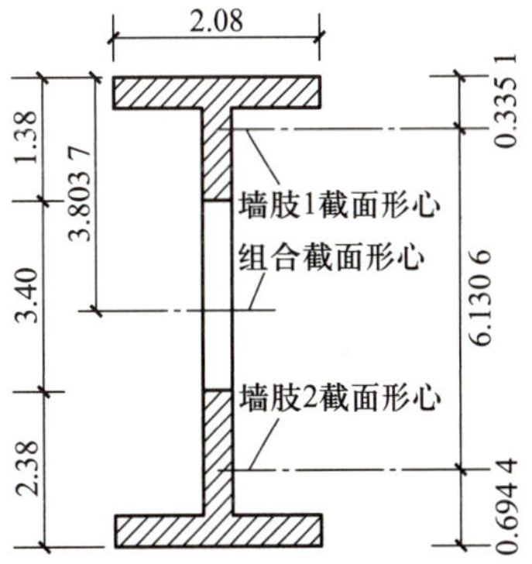

图 5.3.13 墙 2 几何尺寸

墙 2 组合截面的惯性矩和净惯性矩为

$$I=11.701\ 0\ \text{m}^4,I_n=11.227\ 6\ \text{m}^4。$$

墙 2 连梁的截面积、计算跨度、惯性矩分别为

$A_b=0.128\ \text{m}^2,l_b=3.8\ \text{m},I_{b0}=0.006\ 8\ \text{m}^4,I_b=0.006\ 1\ \text{m}^4$。

（2）剪力墙分类判别

剪力墙 1 的整体性系数

$$\alpha=H\sqrt{\frac{12\sum_{i=1}^{3}\dfrac{I_{bi}a_i^2}{l_{bi}^3}}{Th\sum_{j=1}^{4}I_j}}=32\sqrt{\frac{12\dfrac{0.006\ 71}{1.45^3}(2\times4.830\ 7^2+5.698\ 5^2)}{0.8\times3.2\times2(0.055\ 8+2.776\ 5)}}=12.15$$

根据 $\alpha=12.15$，$n=10$，查表 5-2，得$[\zeta]=0.923$。现 $\zeta=I_n/I=58.930\ 8/64.595\ 4=0.912\ 3<[\zeta]$，且 $\alpha>10$，故墙 1 属于整体小开口剪力墙。

剪力墙 2 的整体性系数

$$\alpha=H\sqrt{\frac{12I_b a^2/l_b^3}{\dfrac{I_n}{I}h(I_1+I_2)}}=32\sqrt{\frac{12\times\dfrac{0.006\ 1\times6.130\ 5^2}{3.8^3}}{\dfrac{11.227\ 6}{11.701\ 0}\times3.2\times(0.083\ 5+0.389\ 9)}}=5.92$$

$\alpha<10$，且 $\zeta=I_n/I=11.227\ 6/11.701\ 0=0.959\ 5<[\zeta]=0.969$，故剪力墙 2 属于双肢墙。

（3）计算各榀剪力墙的等效抗弯刚度

剪力墙 1 属于整体小开口剪力墙，其折算惯性矩为

$$I_w=I/1.2=64.595\ 4/1.2\ \text{m}^4=53.83\ \text{m}^4$$

剪力墙 1 的折算面积为

$$A_w=\sum_{i=1}^{4}A_{Wi}=2\times(0.358\ 4+1.0256)\ \text{m}^2=2.768\ \text{m}^2$$

计算剪力墙 1 组合截面的剪应变不均匀系数时，近似按矩形截面处理。等效抗弯刚度：

$$EI_{eq1}=\frac{EI_w}{1+\frac{3.67\mu EI_w}{GA_wH^2}}=\frac{53.83E}{1+\frac{3.67\times1.2\times53.83}{0.42\times2.768\times32^2}}=44.890\ 2\ E$$

剪力墙 2 属双肢墙,其等效抗弯刚度按式(5.2.14)确定。工字形截面的剪应变不均匀系数取全截面面积与腹板面积的比值,剪切参数

$$\gamma^2=\frac{\mu E(I_1+I_2)}{H^2G(A_1+A_2)}=\frac{1.54\times(0.083\ 5+0.389\ 9)}{32^2\times0.42\times(0.528+0.688)}=0.001\ 4$$

整体性系数 $\alpha=5.92$,由式(5.2.12)算得 $\psi_\alpha=0.078\ 8$;$T=\alpha_1^2/\alpha^2\approx I_n/I=0.959\ 5$。等效抗弯刚度

$$EI_{eq2}=\frac{E(I_1+I_2)}{1+3.64\gamma^2-(1-\psi_a)T}=\frac{(0.083\ 5+0.389\ 9)E}{1+3.64\times0.001\ 4-(1-0.078\ 8)\times0.959\ 5}=3.905\ 3E$$

(4) 水平荷载分配

根据结构底面弯矩相等的原则,将楼层处的地震作用换算成倒三角形分布荷载,分布荷载的最大值为

$$q_{max}=\frac{3M_0}{H^2}=\frac{3\times300\times3.2\times(1+2^2+\cdots+10^2)}{32^2}\text{kN/m}=1\ 082.812\ 5\ \text{kN/m}$$

因结构对称,水平荷载通过抗侧刚度中心,按各榀剪力墙的等效抗弯刚度分配水平力。

剪力墙 1 承担的分布荷载:

$$q_{max1}=\frac{44.890\ 2E}{2\times44.890\ 2E+14\times3.905\ 3E}\times1\ 082.812\ 5\ \text{kN/m}=336.49\ \text{kN/m}$$

剪力墙 2 承担的分布荷载:

$$q_{max2}=\frac{3.905\ 3E}{144.454\ 5E}\times1\ 082.812\ 5\ \text{kN/m}=29.27\ \text{kN/m}$$

(5) 计算顶点位移

C30 混凝土弹性模量 $E_c=30\times10^6\ \text{kN/m}^2$。由式(5.2.4.a)

$$u_{max}=\frac{11V_0H^3}{60EI_{eq}}=\frac{11q_{max}H^4}{120EI_{eq}}=\frac{11\times1\ 082.8\times32^4}{120\times30\times10^6\times144.45}\ \text{m}=0.024\ 0\ \text{m}$$

【例 5-4】 计算例 5-3 中墙 1 各墙肢底部的弯矩、剪力和轴力及各层的侧移①。

【解】

(1) 计算墙 1 的底部弯矩和剪力

例 5-3 已算得墙 1 承担的分布荷载最大值 $q_{max1}=336.49\ \text{kN/m}$。

底部剪力:$V_p=q_{max1}H/2=0.5\times336.49\ \text{kN/m}\times32\ \text{m}=5383.82\ \text{kN}$

底部弯矩:$M_p=q_{max1}H^2/3=336.49\ \text{kN/m}\times(32\ \text{m})^2/3=114\ 855.25\ \text{kN}\cdot\text{m}$

(2) 计算各墙肢的内力

由式(5.3.6),各墙肢的弯矩为

① 根据楼盖平面内刚度无限大假定,所有剪力墙在楼盖处的侧移应该是相同的。此题纯粹是为了解单榀剪力墙的侧移曲线特点。

$$M_1 = M_4 = 0.85M_P \cdot I_1/I + 0.15M_P \cdot I_1/\sum_{j=1}^{4} I_j$$

$$=(0.85\times114\ 855.69\times0.055\ 8/64.595\ 4+0.15\times114\ 855.69\times0.055\ 8/5.664\ 6)\text{kN}\cdot\text{m}$$

$$=254.04\ \text{kN}\cdot\text{m}$$

$$M_2=M_3=(0.85\times114\ 855.69\times2.776\ 5/64.595\ 4+0.15\times114\ 855.69\times2.776\ 5/5.664\ 6)\text{kN}\cdot\text{m}$$

$$=12\ 640.78\ \text{kN}\cdot\text{m}$$

由式(5.3.7),各墙肢的轴力为

$$N_1=-N_4=\frac{0.85M_P}{I}A_1y_1=\frac{0.85\times114\ 855.69}{64.595\ 4}\times0.358\ 4\times(8.08-0.4)\text{kN}=4\ 160.05\ \text{kN}$$

$$N_2=-N_3=\frac{0.85\times114\ 855.69}{64.595\ 4}\times1.025\ 6\times(2.399\ 3+0.45)\text{kN}=4\ 416.58\ \text{kN}$$

由式(5.3.8),各墙肢的剪力为

$$V_1 = V_4 = \frac{1}{2}V_P(A_1/\sum_{j=1}^{4}A_j + I_1/\sum_{j=1}^{4}I_j)$$

$$= 0.5\times5\ 383.86\times(0.358\ 4/2.768+0.055\ 8/5.664\ 6)\ \text{kN}=375.07\ \text{kN}$$

$$V_2=V_4=0.5\times5\ 383.86\times(1.025\ 6/2.768+2.776\ 5/5.664\ 6)\ \text{kN}=2\ 316.86\ \text{kN}$$

(3) 计算侧移

高度 y 处外荷载引起的弯矩为

$$M_P(y)=\frac{q_{\max1}}{6}[(H-y)^2(y/H+2)]$$

任一位置(ξH)作用一单位水平力,高度 y 处的弯矩为($y\leqslant\xi H$)

$$M_1(y)=\xi H-y$$

任意高度处的侧向位移

$$u=\frac{1}{EI_{\text{eq1}}}\int_0^{\xi H}M_P(y)M_1(y)\text{d}y$$

$$=\frac{q_{\max1}}{6EI_{\text{eq1}}}\int_0^{\xi H}[(H-y)^2(y/H+2)](\xi H-y)\text{d}y$$

$$=\frac{q_{\max1}H^4}{6EI_{\text{eq1}}}\left(\xi^2-\frac{\xi^3}{2}+\frac{\xi^5}{20}\right)=43.7\left(\xi^2-\frac{\xi^3}{2}+\frac{\xi^5}{20}\right)$$

各楼层的侧移值见图 5.3.14。

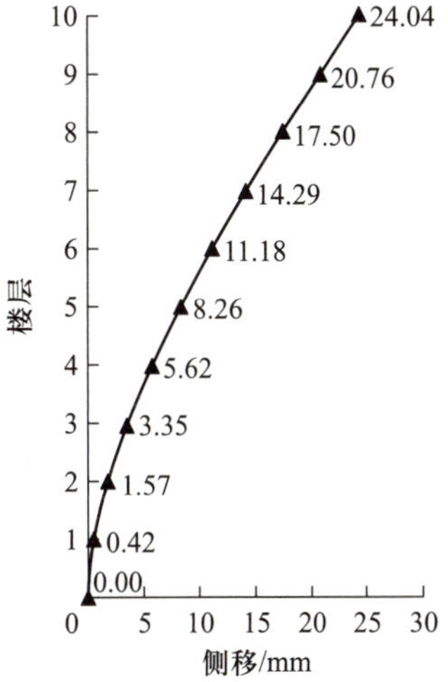

图 5.3.14 剪力墙侧移曲线

【例 5-5】 试计算例 5-3 中剪力墙 2 各层的内力。

【解】

(1) 计算 $\Phi(\xi)$

由式(5.2.7)对于倒三角分布荷载

$$\Phi(\xi)=\left(\frac{2}{\alpha^2}-1\right)\left[\frac{\cosh\alpha(1-\xi)}{\cosh\alpha}-1\right]+\frac{2}{\alpha}\frac{\sinh\alpha\xi}{\cosh\alpha}-\xi^2$$

在例 5-3 中已求得剪力墙 2 的整体性系数 $\alpha=5.92$,代入后得到

$$\Phi(\xi)=-0.943\left[\frac{\cosh(5.92-5.92\xi)}{186.207\ 2}-1\right]+0.001\ 808\sinh(5.92\xi)-\xi^2$$

(2) 连梁内力计算

剪力墙 2 承担的最大分布荷载 $q_{\max 2}=29.27$ kN/m，墙底剪力：

$$V_0=0.5\times29.27\ \text{kN/m}\times32\ \text{m}=468.38\ \text{kN}$$

由式(5.2.8a)、式(5.2.8b)，j 层连梁的剪力：

$$V_{bj}=\tau(\xi)\cdot h_j=\frac{1}{a}\Phi(\xi)\frac{V_0\alpha_1^2}{\alpha^2}\cdot h_j=\frac{1}{6.130\ 6}\times468.38\times0.959\ 5\times3.2\Phi(\xi)=234.59\Phi(\xi)$$

由式(5.2.8c)，j 层连梁的端部弯矩为 $M_{bj}=V_{bj}\cdot l_n/2=398.80\Phi(\xi)$

各层连梁内力的计算结果见表 5-5。

(3) 墙肢内力计算

由式(5.2.8d)，j 层墙肢的轴力：$N_{1j}=-N_{2j}=\sum\limits_{k=j}^{n}V_{bk}$

由式(5.2.8f)，j 层截面的总弯矩为

$$M_j=M_{Pj}-\sum_{k=j}^{n}V_{bk}\cdot a=\frac{q_{\max 2}H^2}{6}[(1-\xi)^2(\xi+2)]-aN_j$$

$$=4\ 996.02[(1-\xi)^2(\xi+2)]-6.1306N_j$$

由式(5.2.8e)，可求得墙肢弯矩

$$\begin{cases}M_{j1}=\dfrac{I_1}{I_1+I_2}\cdot M_j=\dfrac{0.083\ 5}{0.083\ 5+0.389\ 9}M_j=0.176\ 4M_j\\[2ex]M_{j2}=\dfrac{I_2}{I_1+I_2}\cdot M_j=\dfrac{0.389\ 9}{0.083\ 5+0.389\ 9}M_j=0.823\ 6M_j\end{cases}$$

两个墙肢均为 T 形截面，由表 5-1，剪应变不均匀系数分别为 $\mu_1=2.56$，$\mu_2=1.98$。两个墙肢的等效惯性矩：

$$I_{eq1}=\frac{I_1}{1+\dfrac{12\mu EI_1}{GA_1h^2}}=\frac{0.083\ 5}{1+\dfrac{12\times2.56\times0.083\ 5}{0.42\times0.528\times3.2^2}}\text{m}^4=0.039\ 2\ \text{m}^4$$

$$I_{eq2}=\frac{I_2}{1+\dfrac{12\mu EI_2}{GA_2h^2}}=\frac{0.389\ 9}{1+\dfrac{12\times1.98\times0.389\ 9}{0.42\times0.688\times3.2^2}}\text{m}^2=0.094\ 3\ \text{m}^2$$

由 j 层总剪力 $V_j=\dfrac{q_{\max 2}H}{2}(1-\xi^2)=468.38(1-\xi^2)$，可求得 j 层墙肢剪力为

$$\begin{cases}V_{j1}=\dfrac{I_{eq1}}{I_{eq1}+I_{eq2}}\cdot V_j=\dfrac{0.039\ 2}{0.039\ 2+0.094\ 3}\times468.38\ \text{kN}(1-\xi^2)=137.59(1-\xi^2)\text{kN}\\[2ex]V_{j2}=\dfrac{I_{eq2}}{I_{eq1}+I_{eq2}}\cdot V_j=\dfrac{0.094\ 3}{0.039\ 2+0.094\ 3}\times468.38\ \text{kN}(1-\xi^2)=330.78(1-\xi^2)\ \text{kN}\end{cases}$$

各层墙肢内力的计算结果见表 5-5。

表 5-5 双肢剪力墙内力计算

层数	ξ	$\Phi(\xi)$	连梁内力		墙肢轴力 N_j	墙肢弯矩		墙肢剪力	
			V_{bj}	M_{bj}		M_{j1}	M_{j2}	V_{j1}	V_{j2}
10	1	0.273 1	64.07	108.91	64.07	−69.28	−323.49	0.00	0.00
9	0.9	0.312 4	73.30	124.60	137.36	−123.01	−574.24	26.14	62.85
8	0.8	0.396 5	93.02	158.13	230.38	−150.52	−702.39	49.53	119.08
7	0.7	0.494 4	115.97	197.15	346.35	−160.58	−748.92	70.17	168.70
6	0.6	0.587 1	137.73	234.13	484.08	−157.18	−732.48	88.06	211.70
5	0.5	0.661 3	155.14	263.74	639.22	−140.91	−655.83	103.19	248.09
4	0.4	0.704 1	165.18	280.80	804.40	−109.08	−506.43	115.58	277.86
3	0.3	0.698 5	163.85	278.55	968.25	−54.68	−251.58	125.21	301.01
2	0.2	0.617 0	144.75	246.07	1 113.00	36.23	173.79	132.09	317.55
1	0.1	0.412 4	96.75	164.48	1 209.76	189.61	890.88	136.21	327.47
0	0	0.000 0	0.00	0.00	1 209.76	452.91	2 121.18	137.59	330.78

注：轴力、剪力单位：kN；弯矩单位：kN·m。

5.3.3 竖向荷载作用下剪力墙内力分析方法

因不考虑剪力墙平面外作用，竖向荷载作用下，剪力墙平面外的偏心力矩不需要考虑；平面内的偏心力矩与水平荷载作用下的弯矩相比很小，也可以忽略。墙肢轴力计算方法与框架柱相同：某层墙肢轴力=上层墙肢轴力+本层竖向荷载引起的墙肢轴力+本层剪力墙自重。对于板面荷载引起的墙肢轴力，只需将板上面分布荷载值乘以该墙肢的从属面积，墙肢的从属面积为相邻墙肢中线构成的负荷范围面积，如图 5.3.15a 所示。

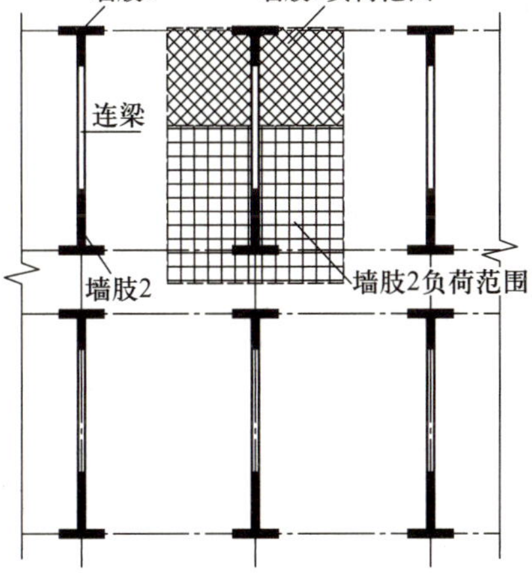

(a) 墙肢负荷范围

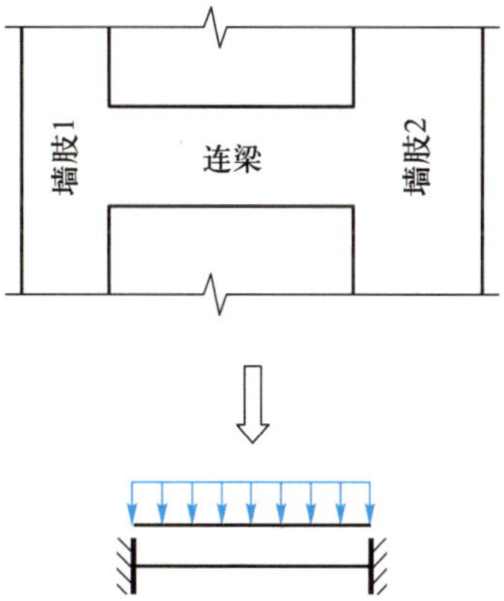

(b) 连梁计算简图

图 5.3.15 竖向荷载下剪力墙内力计算

竖向荷载作用下,连梁按两端固接于墙肢的固支梁计算弯矩和剪力,如图 5.3.15b 所示。跨度取连梁净跨,即洞口宽度;荷载包括楼板传来的线分布荷载,连梁自重以及连梁上填充墙荷载;如果连梁支承楼面次梁,则还有次梁传来的集中荷载。

5.4　框架-剪力墙结构分析

5.4　框架-剪力墙结构分析

5.4.1　框架-剪力墙结构的简化分析模型

图 5.4.1 所示的框架-剪力墙结构由框架和剪力墙共同承担荷载。

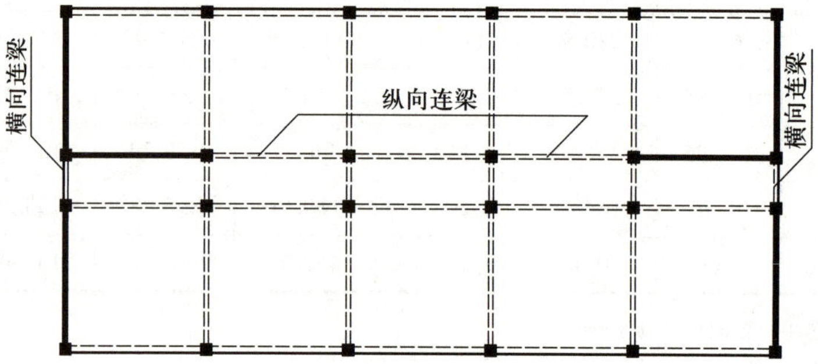

图 5.4.1　框架-剪力墙结构

在竖向荷载作用下,框架和剪力墙各自承担负荷范围内的楼面荷载,内力计算比较简单。在水平荷载作用下,因结构正交布置,纵、横向可以分别计算;由于各层刚性楼盖的连接作用,两者在各楼层处具有相同的位移,必须协同工作。如果能确定框架和剪力墙各自分担的水平荷载比例,便可分别对框架和剪力墙进行分析。

一、基本假定

在框架-剪力墙结构的简化分析中,采用如下基本假定:

(1) 楼盖在其自身平面内的刚度无限大,而平面外的刚度可忽略不计。

(2) 水平荷载的合力通过结构的抗侧刚度中心。

(3) 框架与剪力墙的刚度参数沿结构高度为常量。

二、平面计算模型

由于水平荷载通过结构的抗侧刚度中心,且楼盖平面内刚度无限大,楼盖仅发生沿荷载作用方向的刚体平动而无转动,荷载作用方向每榀框架和每榀剪力墙在楼盖处具有相同的侧移,所承担的剪力与其抗侧刚度成正比,而与框架和剪力墙所处的平面位置无关。于是可把所有框架合并成**综合框架**(synthesis frame),把所有剪力墙合并成**综合剪力墙**(synthesis shear wall);并将综合框架和综合剪力墙放在同一平面内分析;综合框架和综合剪力墙之间用轴向刚度为无限大的**综合连梁**(synthesis coupling beam)连接,如图 5.4.2a 所示。如果连梁对剪力墙的转动约束可以忽略,则综合框架和综合剪力墙之间用轴向刚度为无限大的连杆连接,如图 5.4.2b 所示。前者称为框架-剪力墙的刚接体系;后者称为框架-剪力墙的铰接体系。这样,把一个空间问题简化成了平面问题。

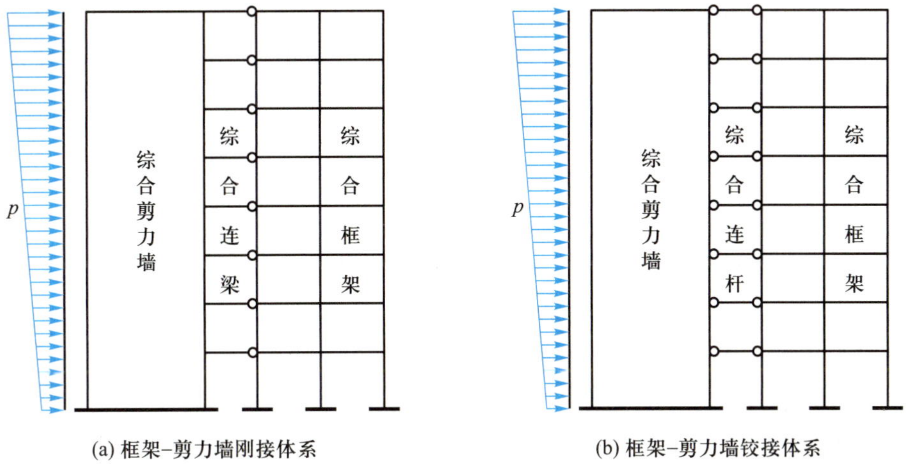

图 5.4.2 综合框架-综合剪力墙模型

三、刚度参数的计算

综合剪力墙的抗弯刚度是各榀剪力墙等效抗弯刚度的总和，即 $EI_{\mathrm{w}}=\sum EI_{\mathrm{eq}i}$，其中 $EI_{\mathrm{eq}i}$ 是荷载作用方向某榀剪力墙的等效抗弯刚度，需根据剪力墙的类别，采用相应的计算公式。

在框架结构分析中，框架柱的抗侧刚度 D_i 定义为杆件两端发生单位相对水平位移时柱内剪力，即 $D_i=V_i/\Delta u_i$。此处，为了满足高度方向连续化的要求，定义框架的**剪切刚度**(shear stiffness)为产生单位剪切角，框架柱承受的剪力，用 $C_{\mathrm{f}i}$ 来表示，即

$$C_{\mathrm{f}i}=V_i/(\Delta u_i/h_i)=D_i\cdot h_i \tag{5.4.1a}$$

式中 h_i 为柱的高度。

在一般的框架结构分析中，抗侧刚度仅考虑梁、柱的弯曲变形。如要考虑框架柱轴向变形的影响，对剪切刚度可按下式进行修正：

$$C_{\mathrm{f}}=\frac{\Delta_M}{\Delta_M+\Delta_N}\cdot C_{\mathrm{f0}} \tag{5.4.1b}$$

式中，Δ_M——框架仅考虑梁、柱弯曲变形计算的顶点最大侧移；

Δ_N——框架柱轴向变形引起的顶点最大侧移；

C_{f0}——不考虑框架柱轴向变形的剪切刚度。

综合框架的剪切刚度则是各榀框架剪切刚度的总和，$C_{\mathrm{f}}=\sum C_{\mathrm{f}i}$。

综合连梁既包括框架与剪力墙之间的连梁，也包括独立墙肢与独立墙肢之间的连梁，参见图5.4.1，这两种连梁都可以简化为带刚域的杆件。计算连梁约束刚度时，对于框架与剪力墙之间的连梁简化为一端（连接剪力墙端）带刚臂的梁；对于独立墙肢与独立墙肢之间的连梁简化为两端带刚臂的梁。

综合连梁**约束刚度**(restraint stiffness) C_{b} 定义为所有连梁约束弯矩的总和沿高度方向的分布力矩。由式(5.3.11)，单根连梁的约束弯矩为 $m_{\mathrm{b}}=6(c+c')i$。将同一楼层所有连梁约束弯矩的总和 $\sum m_{\mathrm{b}}$ 除以层高 h，则有

$$C_b=\frac{6\sum(c+c')i}{h} \tag{5.4.2}$$

在实际工程中，综合剪力墙各层的等效抗弯刚度、综合框架各层的抗侧刚度和综合连梁各层的约束刚度沿高度并不完全相同，当变化不大时，可按层高进行加权平均。

5.4.2 综合框架-综合剪力墙模型的基本方程

将综合连梁沿高度连续化。综合连梁的作用分别用轴向分布力 p_f 和分布约束弯矩 m_b 代替。为了计算简化，将约束弯矩全部作用在综合剪力墙上，构成沿竖向分布的线力矩 m_b。从而使综合框架和综合剪力墙变成两个隔离体，如图 5.4.3 所示。

隔离后的综合剪力墙可以看成是受水平分布荷载 $(p-p_f)$ 和沿竖向分布线力矩 m_b 作用（图 5.4.3a）的竖向悬臂构件。高度 z 截面的弯矩由两部分组成：水平分布荷载 $(p-p_f)$ 引起的弯矩；沿竖向分布的线力矩 m_b 引起的弯矩。采用如下正符号规则：水平荷载和侧移与水平坐标方向一致为正；弯矩和剪力的正号见图 5.4.3a。

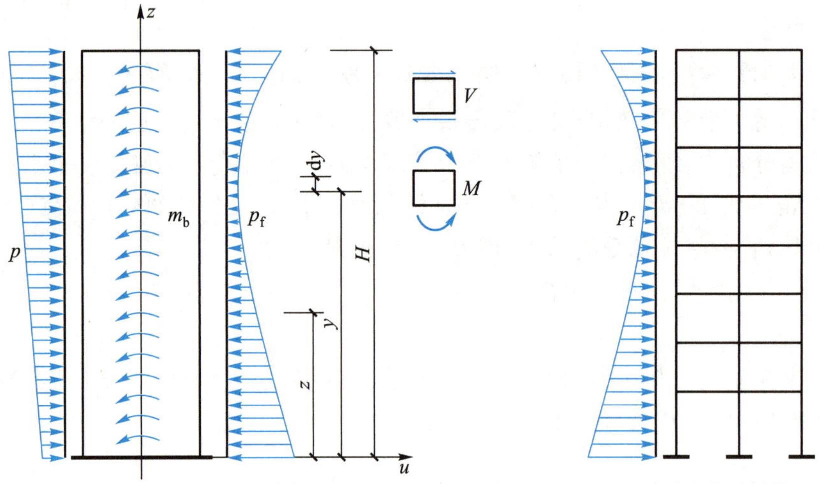

(a) 综合剪力墙计算简图 (b) 综合框架计算简图

图 5.4.3 框架-剪力墙结构计算简图

由材料力学的挠曲线方程，有

$$EI_w\cdot\frac{d^2u}{dz^2}=M_w=\int_z^H(p-p_f)(y-z)dy-\int_Z^H m_b dy$$

上式对 z 微分两次，得到

$$EI_w\cdot\frac{d^4u}{dz^4}=p-p_f+\frac{dm_b}{dz} \tag{1}$$

式中，EI_w——综合剪力墙的截面抗弯刚度；

u——结构的侧向位移，它是高度 z 的函数；

m_b——分布线力矩，根据综合连梁约束刚度的定义

$$m_b = C_b \theta \tag{2}$$

其中 θ 是截面转角，$\theta = du/dz$。

根据综合框架剪切刚度的定义，综合框架剪力 $V_f = C_f du/dz$，对 z 微分一次，可以得到

$$\frac{dV_f}{dz} = C_f \cdot \frac{d^2 u}{dz^2}$$

由材料力学的剪力-荷载关系 $dV_f/dz = -p_f$，得到

$$C_f \cdot \frac{d^2 u}{dz^2} = -p_f \tag{3}$$

将式(2)、式(3)代入式(1)，采用相对高度 $\xi = z/H$，得到

$$\frac{d^4 u}{d\xi^4} - \lambda^2 \frac{d^2 u}{d\xi^2} = \frac{pH^4}{EI_w} \tag{5.4.3}$$

式中

$$\lambda = \sqrt{H^2 (C_f + C_b)/EI_w} \tag{5.4.4a}$$

称为**框架-剪力墙结构刚度特征值**(characteristic value of a stiffness for frame-shear wall structures)，是影响框架-剪力墙结构受力和变形性能的主要参数。

对于框架-剪力墙结构的铰接体系，只需在式(5.4.4a)中令 $C_b = 0$，即

$$\lambda = \sqrt{H^2 C_f / EI_w} \tag{5.4.4b}$$

5.4.3 框架-剪力墙结构的内力与侧移计算

式(5.4.3)是四阶常系数线性微分方程，它的解包括两部分：相应齐次方程的通解；该方程的一个特解。

为了求方程的特解，先分析微分方程中自由项变量 p。

对于均匀分布荷载，设荷载分布密度为 q，则任意高度的 $p(\xi) = q$，为常量，故可设特解为 $u_2 = C\xi^2$。代入式(5.4.3)后，得到 $u_2 = -qH^4/(2\lambda^2 EI_w) \cdot \xi^2$。

对于倒三角形分布荷载，设最大荷载分布密度为 q，则任意高度的 $p(\xi) = q\xi$，故可设特解为 $u_2 = C\xi^3$。代入式(5.4.3)后，得到 $u_2 = -qH^4/(6\lambda^2 EI_w) \cdot \xi^3$。

顶部作用集中荷载时，任意高度的 $p(\xi) = 0$，故特解 $u_2 = 0$。

三种典型水平荷载下，微分方程的特解可统一表示为

$$u_2 = \begin{cases} -\dfrac{qH^4}{2\lambda^2 EI_w} \cdot \xi^2 & (\text{均匀分布荷载}) \\ -\dfrac{qH^4}{6\lambda^2 EI_w} \cdot \xi^3 & (\text{倒三角形荷载}) \\ 0 & (\text{顶点集中荷载}) \end{cases} \tag{1}$$

齐次方程的通解可由特征方程的特征根确定。特征方程

$$r^4 - \lambda^2 r^2 = 0$$

其解为 $r_1 = r_2 = 0$，$r_3 = \lambda$，$r_4 = -\lambda$，因此，齐次方程的通解为

$$u_1=C_1+C_2\xi+A\sinh(\lambda\xi)+B\cosh(\lambda\xi) \tag{2}$$

于是，微分方程的解可表示为

$$u=u_1+u_2 \tag{3}$$

式中的 C_1、C_2、A、B 为积分常数，可由上、下端的 4 个边界条件确定：

（1）结构底面转角为零，即 $\xi=0$ 时，$\theta=\dfrac{1}{H}\dfrac{\mathrm{d}u}{\mathrm{d}\xi}=0$，得到

$$C_2+A\lambda=0 \tag{4}$$

（2）结构底面位移为零，即 $\xi=0$ 时，$u=0$，得到

$$C_1+B=0 \tag{5}$$

（3）结构顶面综合剪力墙弯矩为零，即 $\xi=1$ 时，$M_{\mathrm{w}}=\dfrac{EI_{\mathrm{w}}}{H^2}\dfrac{\mathrm{d}^2u}{\mathrm{d}\xi^2}=0$，得到

$$A\lambda^2\sinh\lambda+B\lambda^2\cosh\lambda=\begin{cases}\dfrac{qH^4}{\lambda^2EI_{\mathrm{w}}} & \text{(均匀分布荷载)}\\ \dfrac{qH^4}{\lambda^2EI_{\mathrm{w}}} & \text{(倒三角形荷载)}\\ 0 & \text{(顶点集中荷载)}\end{cases} \tag{6}$$

（4）结构顶面的总剪力

$$V_P=V_{\mathrm{w}}+V_{\mathrm{f}}=\begin{cases}0 & \text{(均匀分布荷载)}\\ 0 & \text{(倒三角形荷载)}\\ P & \text{(顶点集中荷载)}\end{cases}$$

其中 $V_{\mathrm{f}}=\dfrac{C_{\mathrm{f}}}{H}\dfrac{\mathrm{d}u}{\mathrm{d}\xi}$为综合框架剪力；$V_{\mathrm{w}}$为综合剪力墙剪力。

需要注意的是，只有水平分布荷载$(p-p_{\mathrm{f}})$才会在综合剪力墙内产生剪力（通过截面的水平力平衡条件可以判断），而综合剪力墙弯矩 M_{w} 中还包含了线分布力矩 m_{b} 部分，需要剔除。称 $V'_{\mathrm{w}}=-\mathrm{d}M_{\mathrm{w}}/\mathrm{d}z$ 为综合剪力墙的**名义剪力**（nominal shear force）。综合剪力墙剪力

$$V_{\mathrm{w}}=V'_{\mathrm{w}}+m_{\mathrm{b}}=-\frac{EI_{\mathrm{w}}}{H^3}\frac{\mathrm{d}^3u}{\mathrm{d}\xi^3}+\frac{C_{\mathrm{b}}}{H}\frac{\mathrm{d}u}{\mathrm{d}\xi}$$

于是可以得到

$$\lambda^2\frac{\mathrm{d}u}{\mathrm{d}\xi}-\frac{\mathrm{d}^3u}{\mathrm{d}\xi^3}=\begin{cases}0 & \text{(均布分布荷载)}\\ 0 & \text{(倒三角形荷载)}\\ \dfrac{PH^3}{EI_{\mathrm{w}}} & \text{(顶点集中荷载)}\end{cases} \tag{7}$$

利用式（1）～式（7），可求出四个积分常数。

三种典型水平荷载下，微分方程（5.4.3）的解如下：

$$u=\begin{cases}\dfrac{qH^4}{\lambda^4 EI_w}\left[\dfrac{(1+\lambda\sinh\lambda)}{\cosh\lambda}(\cosh(\lambda\xi)-1)-\lambda\sinh(\lambda\xi)+\lambda^2(\xi-0.5\xi^2)\right] & (均匀分布)\\ \dfrac{qH^4}{\lambda^5 EI_w}\left[\dfrac{(\lambda+0.5\lambda^2\sinh\lambda-\sinh\lambda)}{\cosh\lambda}(\cosh(\lambda\xi)-1)+(0.5\lambda^2-1)(\lambda\xi-\sinh(\lambda\xi))-\dfrac{\lambda^3\xi^3}{6}\right] & (倒三角形)\\ \dfrac{PH^3}{\lambda^3 EI_w}\left[\dfrac{\sinh\lambda}{\cosh\lambda}(\cosh(\lambda\xi)-1)-\sinh(\lambda\xi)+\lambda\xi\right] & (顶点集中)\end{cases}$$

利用侧移与弯矩的关系 $M_w=\dfrac{EI_w}{H^2}\dfrac{d^2u}{d\xi^2}$、弯矩和剪力的关系 $V'_w=-\dfrac{1}{H}\dfrac{dM_w}{d\xi}$，可以得到综合剪力墙弯矩和综合剪力墙名义剪力的计算公式：

$$M_w=\begin{cases}\dfrac{qH^2}{\lambda^2}\left[\dfrac{(1+\lambda\sinh\lambda)}{\cosh\lambda}\cosh(\lambda\xi)-\lambda\sinh(\lambda\xi)-1\right] & (均匀分布)\\ \dfrac{qH^2}{\lambda^3}\left[\dfrac{(\lambda+0.5\lambda^2\sinh\lambda-\sinh\lambda)}{\cosh\lambda}\cosh(\lambda\xi)-(0.5\lambda^2-1)\sinh(\lambda\xi)-\lambda\xi\right] & (倒三角形)\\ \dfrac{PH}{\lambda}\left[\dfrac{\sinh\lambda}{\cosh\lambda}\cosh(\lambda\xi)-\sinh(\lambda\xi)\right] & (顶点集中)\end{cases}$$

$$V'_w=\begin{cases}\dfrac{qH}{\lambda}\left[-\dfrac{(1+\lambda\sinh\lambda)}{\cosh\lambda}\sinh(\lambda\xi)+\lambda\cosh(\lambda\xi)\right] & (均匀分布)\\ \dfrac{qH}{\lambda^2}\left[-\dfrac{(\lambda+0.5\lambda^2\sinh\lambda-\sinh\lambda)}{\cosh\lambda}\sinh(\lambda\xi)+(0.5\lambda^2-1)\cosh(\lambda\xi)+1\right] & (倒三角形)\\ P\left[-\dfrac{\sinh\lambda}{\cosh\lambda}\sinh(\lambda\xi)+\cosh(\lambda\xi)\right] & (顶点集中)\end{cases}$$

为使用方便，结构侧移、综合剪力墙弯矩和名义剪力常用下列相对值的形式表达：

$$\frac{u}{u_0}=\begin{cases}\dfrac{8}{\lambda^4}\left[\dfrac{(1+\lambda\sinh\lambda)}{\cosh\lambda}(\cosh(\lambda\xi)-1)-\lambda\sinh(\lambda\xi)+\lambda^2(\xi-0.5\xi^2)\right] & (均匀分布)\\ \dfrac{120}{11\lambda^5}\left[\dfrac{(\lambda+0.5\lambda^2\sinh\lambda-\sinh\lambda)}{\cosh\lambda}(\cosh(\lambda\xi)-1)+(0.5\lambda^2-1)(\lambda\xi-\sinh(\lambda\xi))-\dfrac{\lambda^3\xi^3}{6}\right] & (倒三角形)\\ \dfrac{3}{\lambda^3}\left[\dfrac{\sinh\lambda}{\cosh\lambda}(\cosh(\lambda\xi)-1)-\sinh(\lambda\xi)+\lambda\xi\right] & (顶点集中)\end{cases} \tag{5.4.5}$$

$$\frac{M_w}{M_0}=\begin{cases}\dfrac{2}{\lambda^2}\left[\dfrac{(1+\lambda\sinh\lambda)}{\cosh\lambda}\cosh(\lambda\xi)-\lambda\sinh(\lambda\xi)-1\right] & (均匀分布荷载)\\ \dfrac{3}{\lambda^3}\left[\dfrac{(\lambda+0.5\lambda^2\sinh\lambda-\sinh\lambda)}{\cosh\lambda}\cosh(\lambda\xi)-(0.5\lambda^2-1)\sinh(\lambda\xi)-\lambda\xi\right] & (倒三角形荷载)\\ \dfrac{1}{\lambda}\left[\dfrac{\sinh\lambda}{\cosh\lambda}\cosh(\lambda\xi)-\sinh(\lambda\xi)\right] & (顶点集中荷载)\end{cases} \tag{5.4.6}$$

$$\frac{V'_w}{V_0}=\begin{cases}\frac{1}{\lambda}\left[-\frac{(1+\lambda\sinh\lambda)}{\cosh\lambda}\sinh(\lambda\xi)+\lambda\cosh(\lambda\xi)\right] & \text{(均匀分布荷载)}\\ \frac{2}{\lambda^2}\left[-\frac{(\lambda+0.5\lambda^2\sinh\lambda-\sinh\lambda)}{\cosh\lambda}\sinh(\lambda\xi)+(0.5\lambda^2-1)\cosh(\lambda\xi)+1\right] & \text{(倒三角形荷载)}\\ -\frac{\sinh\lambda}{\cosh\lambda}\sinh(\lambda\xi)+\cosh(\lambda\xi) & \text{(顶点集中荷载)}\end{cases} \tag{5.4.7}$$

式中，u_0——外荷载作用于综合剪力墙（纯剪力墙结构）时，结构顶点的侧向位移值，按式（5.2.13）计算（式中的 EI_{eq}用 EI_w代替）；

M_0、V_0——分别为外荷载在结构底面处产生的总力矩和总剪力。

当外荷载形式和结构刚度特征值已知后，结构任意高度位置的侧移值和综合剪力墙的弯矩值可直接由式（5.4.5）~式（5.4.7）计算。

对于框架-剪力墙铰接体系，连梁约束弯矩 $m_b=0$，综合剪力墙的名义剪力就等于综合剪力墙的剪力，$V_w=V'_w$。此时，综合框架承受的总剪力可由水平力平衡条件确定

$$V_f=V_P-V_w \tag{5.4.8}$$

式中，V_P——外荷载在任一高度处产生的剪力值。

对于框架-剪力墙刚接体系，$V_w=V'_w+m_b$，代入式（5.4.8）后，有

$$V_f+m_b=V_P-V'_w \tag{5.4.9a}$$

由上式求出 V_f+m_b后，按综合框架的抗侧刚度 C_f和综合连梁的约束刚度 C_b进行分配，

$$\begin{cases}V_f=\frac{C_f}{C_f+C_b}(V_f+m_b)\\ m_b=\frac{C_b}{C_f+C_b}(V_f+m_b)\end{cases} \tag{5.4.9b}$$

按上式求出 V_f后，代入式（5.4.8），即可得到综合剪力墙的总剪力

$$V_w=V_P-V_f \tag{5.4.9c}$$

求得的综合剪力墙承受的总弯矩 M_w、总剪力 V_w，按各榀剪力墙的等效抗弯刚度 EI_{eq}分配给每榀墙；综合框架承受的总剪力 V_f按各榀框架的剪切刚度分配给每榀框架；综合连梁的约束弯矩 m_b按各连梁的约束刚度分配给每根连梁。

5.4.4 框架-剪力墙结构的协同工作性能

一、侧移特性

4.2.6 节和 5.2.1 节分别讨论过框架结构和剪力墙结构的侧向位移特性。框架结构自底部向上，层间侧移越来越小，最大层间侧移出现在底部，侧向位移曲线呈“剪切型”，如图 5.4.4 中点画线所示；剪力墙结构自底部向上，层间侧移越来越大，最大层间侧移出现在顶部，侧向位移曲线呈“弯曲型”，如图 5.4.4 中虚线所示。对于框架-剪力墙结构，由于刚性楼盖的连接作用，框架和剪力墙两者的侧向位移必须一致，结构侧移曲线呈“**弯剪型**”（flexure-shear type）；自底部向上层间侧移先越来越大、随后越来越小，最大层间侧移出现在中部；底部呈“弯曲型”、上部呈“剪切型”，

如图 5.4.4 中实线所示。

刚度特征值 λ 越小，框架-剪力墙结构的侧移曲线越接近剪力墙结构；λ 值越大，侧移曲线接近框架结构，见图 5.4.4c。当 λ 值小于 1 时，可忽略框架的作用；当 λ 值大于 6 时，可忽略剪力墙的作用。

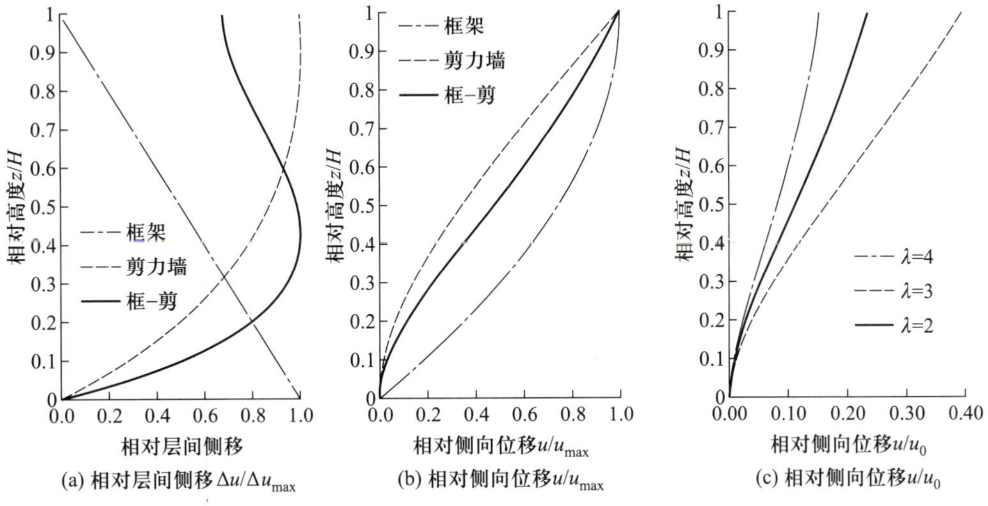

图 5.4.4 均布水平荷载下不同结构侧移比较

二、内力分布特性

从图 5.4.5a 可以看出，由于综合框架和综合剪力墙的协同工作，在结构下部，综合剪力墙的弯矩小于外荷载产生的弯矩（图中虚线所示），刚度特征值 λ 越大、相差越大；而在结构上部，出现反向弯矩，λ 越大、反向弯矩的范围越大。

任意高度外荷载产生的剪力 V_P、综合剪力墙承担的剪力 V_w、综合框架承担的剪力 V_f之间存

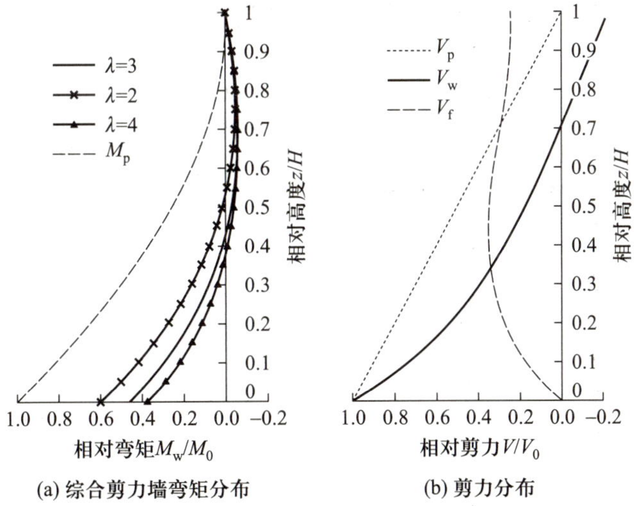

图 5.4.5 均布水平荷载下结构内力分布

在关系：$V_P=V_w+V_f$。在结构下部，V_w、V_f与 V_P同号，两者分摊外荷载产生的剪力；在结构底面，综合框架的剪力为 0，外荷载产生的总剪力全部由综合剪力墙承担。在结构上部，V_w与 V_P反号，V_f大于 V_P；在结构顶面，外荷载产生的剪力为 0，而综合剪力墙、综合框架存在数值相同、方向相反的剪力。

三、荷载分配

将水平力平衡方程对高度求导，可得到综合剪力墙承担的荷载 p_w、综合框架承担的荷载 p_f与外荷载的关系：$p_w+p_f=p$。由于综合剪力墙与综合框架不同的变形特性，使得沿结构高度两者并不是按固定比例分配外荷载。由图 5.4.6 可以发现，在结构上部，p_w、p_f与 p 的方向一致；在结构下部，p_f与 p 的方向相反，而 p_w大于 p；在结构顶面存在大小相等、方向相反的集中力。

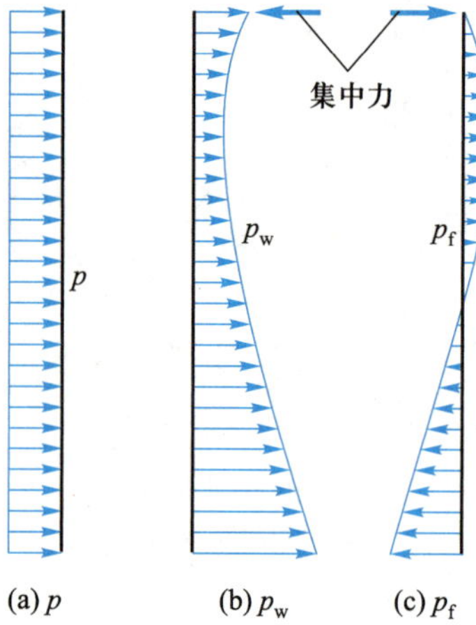

图 5.4.6 综合框架与综合剪力墙的荷载分配

【例 5-6】 一 12 层框架-剪力墙结构，平面布置如图 5.4.7a 所示，1～6 层的柱截面尺寸 600 mm×600 mm，7～12层的柱截面尺寸 500 mm×500 mm；剪力墙厚度均为 160 mm，其中剪力墙 1 开有 1.5 m 宽、1.8 m 高的窗洞，见图 5.4.7c；梁 1 截面尺寸 300 mm×750 mm，梁 2 截面尺寸 300 mm×500mm。墙、梁、柱的混凝土强度等级为 C30。结构的横向地震作用见图 5.4.7b。试计算横向地震作用下结构的内力及侧移。

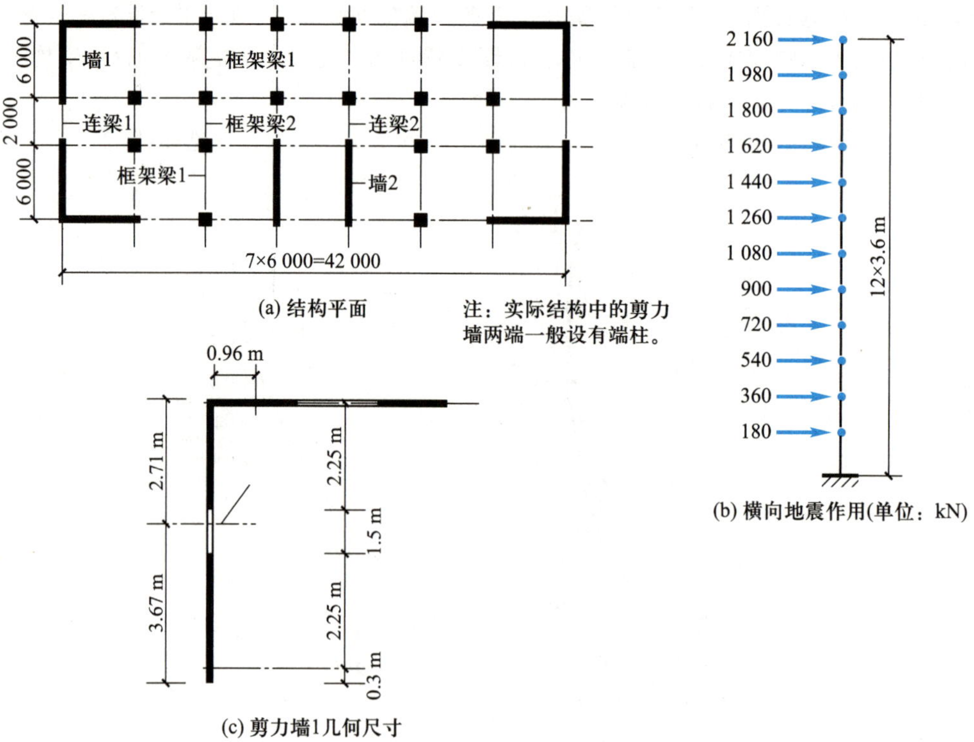

图 5.4.7 框架-剪力墙结构例题

【解】

(1) 综合框架剪切刚度 C_f

结构横向共有 16 根框架柱,其中中柱(两侧有梁)10 根,边柱(一侧有梁)6 根。计算框架梁刚度时,考虑楼板的影响,乘以 1.6 的放大系数。

框架梁线刚度:

$$I_{b1}=1.6\times0.3\times0.75^3/12=0.016\ 9\ \text{m}^4,i_{b1}=E_cI_{b1}/l_1=0.002\ 8\ E_c$$

$$I_{b2}=1.6\times0.3\times0.5^3/12=0.005\ \text{m}^4,i_{b2}=E_cI_{b2}/l_2=0.002\ 5\ E_c$$

框架柱线刚度:

$$1\sim6\text{ 层}\quad I_c=0.6^4/12=0.010\ 8\ \text{m}^4,i_c=E_cI_c/h=0.003E_c$$

$$7\sim12\text{ 层}\quad I_c=0.5^4/12=0.005\ 2\ \text{m}^4,i_c=E_cI_c/h=0.001\ 45E_c$$

单根框架柱的剪切刚度 $C_{fi}=12\alpha_c i_c/h$,其中 α_c 根据梁、柱线刚度比按表 4-1 计算。楼层框架柱的剪切刚度:$C_f=12\sum\alpha_c i_c/h$。具体计算过程列于表 5-6。

表 5-6 框架柱的剪切刚度

层号		1	2~6	7~12
中柱	K	$\frac{0.002\ 8+0.002\ 5}{0.003}=1.767$	$\frac{2\times(0.002\ 8+0.002\ 5)}{2\times0.003}=1.767$	$\frac{2\times(0.002\ 8+0.002\ 5)}{2\times0.001\ 45}=3.655$
	α_c	$\frac{0.5+1.767}{2+1.767}=0.601$	$\frac{1.767}{2+1.767}=0.469$	$\frac{3.655}{2+3.655}=0.646$
	C_{fi}	$12\times0.601\times0.003E_c\div3.6=0.006\ 01E_c$	$12\times0.469\times0.003E_c\div3.6=0.004\ 69E_c$	$12\times0.646\times0.001\ 45E_c\div3.6=0.003\ 12E_c$
边柱	K	$\frac{0.002\ 8}{0.003}=0.933$	$\frac{2\times0.002\ 8}{2\times0.003}=0.933$	$\frac{2\times0.002\ 8}{2\times0.001\ 45}=1.931$
	α_c	$\frac{0.5+0.933}{2+0.933}=0.489$	$\frac{0.933}{2+0.933}=0.318$	$\frac{1.931}{2+1.931}=0.491$
	C_{fi}	$12\times0.489\times0.003E_c\div3.6=0.004\ 89E_c$	$12\times0.318\times0.003E_c\div3.6=0.003\ 18E_c$	$12\times0.491\times0.001\ 45E_c\div3.6=0.002\ 37E_c$
总刚度 $\sum C_{fi}$		$10\times0.006\ 01E_c+6\times0.004\ 89\ E_c=0.089\ 44E_c$	$10\times0.004\ 69E_c+6\times0.003\ 18\ E_c=0.065\ 98E_c$	$10\times0.003\ 12E_c+6\times0.002\ 37\ E_c=0.045\ 42E_c$

平均剪切刚度取剪切刚度按层高的加权平均值,为

$$C_f=\frac{0.089\ 44E_c\times3.6+0.065\ 98E_c\times18+0.045\ 42E_c\times21.6}{43.2}=0.057\ 655E_c$$

(2) 综合剪力墙等效抗弯刚度

结构横向共有四榀墙 1、两榀墙 2,墙 1、墙 2 均为整截面剪力墙。

墙 1 的翼缘宽度 $6h_f=0.96$ m,开洞处组合截面形心位置见图 5.4.7c。

洞口处截面惯性矩为

$$I_1=[0.16\times2.33^3/12+0.16\times2.33\times(2.71-2.33/2)^2+0.96\times0.16^3/12+0.96\times0.16\times(2.71-0.16/2)^2+0.16\times2.55^3/12+0.16\times2.55\times(3.67-2.55/2)^2]\ \text{m}^4=4.682\ 7\ \text{m}^4$$

同理可求得无洞处截面惯性矩 $I_1=4.754\ 2\ \text{m}^4$。

墙 1 考虑开洞影响后的折算惯性矩：$I_{w1}=\dfrac{4.682\ 7\times1.8+4.754\ 3\times1.8}{3.6}\text{m}^4=4.718\ 5\ \text{m}^4$

墙 1 考虑洞口影响后的折算面积：$A_{w1}=6.38\times0.16\times\left(1-1.25\sqrt{\dfrac{1.5\times1.8}{6.38\times3.6}}\right)\text{m}^2=0.583\ 3\ \text{m}^2$

由式(5.2.4b)，墙 1 的等效抗弯刚度为

$$E_cI_{eq1}=\frac{E_cI_{w1}}{1+\dfrac{3.64\mu E_cI_{w1}}{GA_{w1}H^2}}=\frac{4.718\ 5E_c}{1+\dfrac{3.64\times1.309\times4.718\ 5}{0.42\times0.583\ 3\times43.2^2}}=4.497\ 3\ E_c$$

墙 2 的惯性矩：$I_{w2}=0.16\ \text{m}\times(6.6\ \text{m})^3/12=3.833\ 3\ \text{m}^4$

墙 2 的等效抗弯刚度：$E_cI_{eq2}=\dfrac{3.833\ 3E_c}{1+\dfrac{3.64\times1.2\times3.833\ 3}{0.42\times1.056\times43.2^2}}=3.757\ 3E_c$

综合剪力墙等效抗弯刚度：$E_cI_{eq}=4\times4.497\ 3E_c+2\times3.757\ 3E_c=25.504\ 0E_c$

(3) 刚度特征值 λ

如采用铰接体系，刚度特征值：

$$\lambda=H\sqrt{\frac{C_f}{E_cI_{eq}}}=43.2\times\sqrt{\frac{0.057\ 655E_c}{25.504\ 0E_c}}=2.05$$

如采用刚接体系，先计算综合连梁约束刚度。共有 4 处梁与墙肢相连，其中 2 根连梁与墙 1 相连(记为连梁 1)；2 根连梁与墙 2 相连(记为连梁 2)。综合连梁共包含 4 根连梁。

由式(5.3.10a)，连梁 1 刚臂长度：$al=bl=3.67\ \text{m}-0.5\ \text{m}/4=3.545\ \text{m}$

连梁 1 长度(两个墙 1 形心线之间的距离)：$l=2\times3.67\ \text{m}+(2-2\times0.3)\ \text{m}=8.74\ \text{m}$

连梁 1 扣除刚臂后的长度：$l'=l-al-bl=8.74\ \text{m}-2\times3.545\ \text{m}=1.65\ \text{m}$

连梁考虑剪切变形后的等效抗弯刚度为

$$EI_{b1}=\frac{EI_0}{1+12\mu EI_0/(GAl'^2)}=\frac{0.005E_c}{1+12\times1.2\times0.005/(0.42\times0.15\times1.65^2)}=0.003\ 522E_c$$

由式(5.4.2)，连梁 1 约束刚度：

$$C_{b1}=\frac{6(c+c')i}{h}=\frac{12l^3}{l'^3h}\cdot\frac{EI_{b2}}{l}=\frac{12\times8.74^2\times0.003\ 522E_c}{1.65^3\times3.6}=0.199\ 6E_c$$

连梁 2 刚臂长度：$al=3.3\ \text{m}-0.5\ \text{m}/4=3.175\ \text{m}$；$bl=0$(框架柱不考虑刚域)

连梁 2 长度(墙 2 形心到柱形心的距离)：$l=6\ \text{m}/2+2\ \text{m}=5\ \text{m}$

连梁 2 扣除刚臂后的长度：$l'=l-al-bl=5\ \text{m}-3.175\ \text{m}-0=1.825\ \text{m}$

连梁 2 考虑剪切变形后的等效抗弯刚度为

$$EI_{b2}=\frac{EI_0}{1+12\mu EI_0/(GAl'^2)}=\frac{0.005E_c}{1+12\times1.2\times0.005/(0.42\times0.15\times1.83^2)}=0.003\ 723E_c$$

连梁 2 约束刚度：$C_{b2}=\dfrac{12l^3}{l'^3h}\cdot\dfrac{EI_{b2}}{l}=\dfrac{12\times5^2\times0.003\ 723E_c}{1.825^3\times3.6}=0.051\ 0E_c$

综合连梁约束刚度（为减小连梁弯矩，将连梁刚度折减 0.45）：

$$C_b=0.55\times2\times(0.199\ 6E_c+0.051\ 0E_c)=0.275\ 7E_c$$

刚接体系的刚度特征值：

$$\lambda=H\sqrt{\frac{C_f+C_b}{E_cI_{eq}}}=43.2\times\sqrt{\frac{0.057\ 655E_c+0.275\ 7E_c}{25.504\ 0E_c}}=4.94$$

（4）结构内力系数及侧移

根据刚度特征值 λ，由式（5.4.4）～式（5.4.7），可求得各层的相对侧移 u/u_0、剪力墙相对弯矩 M_w/M_0 和剪力墙相对名义剪力 V'_w/V_0，计算结果见表 5-7。

外荷载在结构底面产生的总力矩为

$$M_0=180\ \text{kN}\times3.6\ \text{m}\times(1+2^2+3^2+\cdots+12^2)=0.421\ 2\times10^6\ \text{kN}\cdot\text{m}$$

等效倒三角分布荷载的最大分布荷载值：$q_{max}=3M_0/H^2=677\ \text{kN/m}$

外荷载在结构底面产生的总剪力：$V_0=0.5\times43.2\ \text{m}\times677\ \text{kN/m}=14.623\ 2\times10^3\ \text{kN}$

结构的侧移为 $u=(u/u_0)\times u_0$，其中 $u_0=11V_0H^3/(60E_cI_{eq})=0.282\ 6\ \text{m}$。

铰接体系结构最大层间侧移发生在第 8 层（见表 5-7 中的黑体字），$\Delta u/h=0.011\ 30/3.6=1/318>1/800$，不满足表 1-11 的限值要求。

刚接体系结构最大层间侧移发生在第 5 层，$\Delta u/h=0.003\ 42/3.6=1/1\ 053<1/800$，满足表 1-11的限值要求。

表 5-7 结构内力系数及侧移

层数	相对高度 ξ	铰接体系					刚接体系				
		u/u_0	侧移 u	层间 Δu	M_w/M_0	V'_w/V_0	u/u_0	侧移 u	层间 Δu	M_w/M_0	V'_w/V_0
0	0.000	0.000 0	0.000 0	0.000 00	0.551 8	1.000 0	0.000 0	0.000 0	0.000 00	0.280 5	1.000 0
1	0.083	0.006 5	0.001 8	0.001 82	0.434 5	0.878 2	0.003 1	0.000 9	0.000 87	0.176 3	0.687 8
2	0.167	0.023 9	0.006 8	0.004 93	0.331 7	0.768 2	0.010 6	0.003 0	0.002 14	0.104 2	0.479 7
3	0.250	0.049 8	0.014 1	0.007 31	0.242 1	0.666 7	0.020 9	0.005 9	0.002 90	0.053 6	0.340 0
4	0.333	0.081 8	0.023 1	0.009 04	0.164 8	0.570 8	0.032 5	0.009 2	0.003 29	0.017 4	0.244 6
5	0.417	0.118 0	0.033 3	0.010 23	0.099 3	0.477 7	0.044 6	0.012 6	**0.003 42**	−0.008 7	0.177 2
6	0.500	0.156 7	0.044 3	0.010 94	0.045 4	0.384 7	0.056 5	0.016 0	0.003 36	−0.027 6	0.126 2
7	0.583	0.196 6	0.055 6	0.011 27	0.003 2	0.289 0	0.067 7	0.019 1	0.003 17	−0.040 6	0.082 7
8	0.667	0.236 6	0.066 9	**0.011 30**	−0.026 6	0.187 8	0.077 9	0.022 0	0.002 88	−0.048 3	0.039 4
9	0.750	0.276 0	0.078 0	0.011 12	−0.043 4	0.078 2	0.086 9	0.024 6	0.002 54	−0.050 1	−0.011 2
10	0.833	0.314 3	0.088 8	0.010 82	−0.045 7	−0.043 1	0.094 7	0.026 8	0.002 19	−0.044 8	−0.077 9
11	0.917	0.351 4	0.099 3	0.010 51	−0.031 9	−0.179 5	0.101 3	0.028 6	0.001 87	−0.029 5	−0.172 0
12	1.000	0.387 8	0.109 6	0.010 29	0.000 0	−0.335 2	0.107 2	0.030 3	0.001 67	0.000 0	−0.309 7

注：侧移单位为 m。

铰接体系的侧移分布和层间位移分布曲线见图 5.4.8a、b。

(5) 综合剪力墙、综合框架、综合连梁内力

铰接体系：

综合剪力墙弯矩　$M_w=(M_w/M_0)\times M_0=0.421\ 2\times10^6\times(M_w/M_0)$ kN·m

综合剪力墙剪力　$V_w=(V'_w/V_0)\times V_0=14.623\ 2\times10^3\times(V'_w/V_0)$ kN

由式(5.4.8)，综合框架剪力：

$$V_f=V_P-V_w=0.5q_{max}H(1-\xi^2)-V_w=14.623\ 2\times10^3\times[(1-\xi^2)-(V'_w/V_0)]\text{kN}$$

刚接体系：

综合剪力墙弯矩　$M_w=(M_w/M_0)\times M_0=0.421\ 2\times10^6\times(M_w/M_0)$ kN·m

由式(5.4.9b)，综合框架剪力：

$$V_f=\frac{C_f}{C_f+C_b}(V_P-V'_w)=0.172\ 9\times14.623\ 2\times10^3[(1-\xi^2)-(V'_w/V_0)]$$
$$=2.529\ 0\times10^3[(1-\xi^2)-(V'_w/V_0)]\text{kN}$$

综合连梁约束弯矩：$m_b=\dfrac{C_b}{C_f+C_b}(V_P-V'_w)=12.094\ 2\times10^3[(1-\xi^2)-(V'_w/V_0)]$ kN·m/m

由式(5.4.9c)，综合剪力墙剪力：$V_w=V_P-V_f=12.094\ 2\times10^3(1-\xi^2)+2.529\ 0\times10^3(V'_w/V_0)$

以上计算结果见表 5-8。铰接体系综合框架与综合剪力墙的剪力分配见图 5.4.8c。

表 5-8　综合剪力墙、综合框架、综合连梁内力

层数	铰接体系					刚接体系					
	综合剪力墙				综合框架 V_f	综合剪力墙				综合框架 V_f	综合连梁 m_b
	M_w/M_0	M_w	V'_w/V_0	V_w		M_w/M_0	M_w	V'_w/V_0	V_w		
0	0.551 8	0.232 4	1.000 0	14.623 2	0.000 0	0.280 5	0.118 1	1.000 0	14.623 2	0.000 0	0.000 0
1	0.434 5	0.183 0	0.878 2	12.842 3	1.679 4	0.176 3	0.074 3	0.687 8	13.749 6	0.772 0	3.692 0
2	0.331 7	0.139 7	0.768 2	11.233 5	2.983 5	0.104 2	0.043 9	0.479 7	12.971 4	1.245 6	5.956 6
3	0.242 1	0.102 0	0.666 7	9.749 7	3.959 5	0.053 6	0.022 6	0.340 0	12.198 1	1.511 1	7.226 5
4	0.164 8	0.069 4	0.570 8	8.347 6	4.650 8	0.017 4	0.007 3	0.244 6	11.369 0	1.629 4	7.792 0
5	0.099 3	0.041 8	0.477 7	6.986 1	5.098 4	−0.008 7	−0.003 7	0.177 2	10.442 7	1.641 8	7.851 4
6	0.045 4	0.019 1	0.384 7	5.625 4	5.342 0	−0.027 6	−0.011 6	0.126 2	9.389 7	1.577 7	7.544 8
7	0.003 2	0.001 4	0.289 0	4.225 6	5.421 6	−0.040 6	−0.017 1	0.082 7	8.188 0	1.459 2	6.978 4
8	−0.026 6	−0.011 2	0.187 8	2.745 9	5.378 1	−0.048 3	−0.020 3	0.039 4	6.818 7	1.305 3	6.242 4
9	−0.043 4	−0.018 3	0.078 2	1.142 9	5.254 8	−0.050 1	−0.021 1	−0.011 2	5.262 8	1.134 8	5.426 9
10	−0.045 7	−0.019 2	−0.043 1	−0.630 3	5.098 5	−0.044 8	−0.018 9	−0.077 9	3.498 5	0.969 7	4.637 1
11	−0.031 9	−0.013 5	−0.179 5	−2.625 4	4.961 1	−0.029 5	−0.012 4	−0.172 0	1.496 8	0.838 9	4.011 6
12	0.000 0	0.000 0	−0.335 2	−4.901 0	4.901 0	0.000 0	0.000 0	−0.309 7	−0.783 3	0.783 3	3.745 9

注：表中剪力单位为 10^3kN；弯矩单位为 10^6 kN·m。

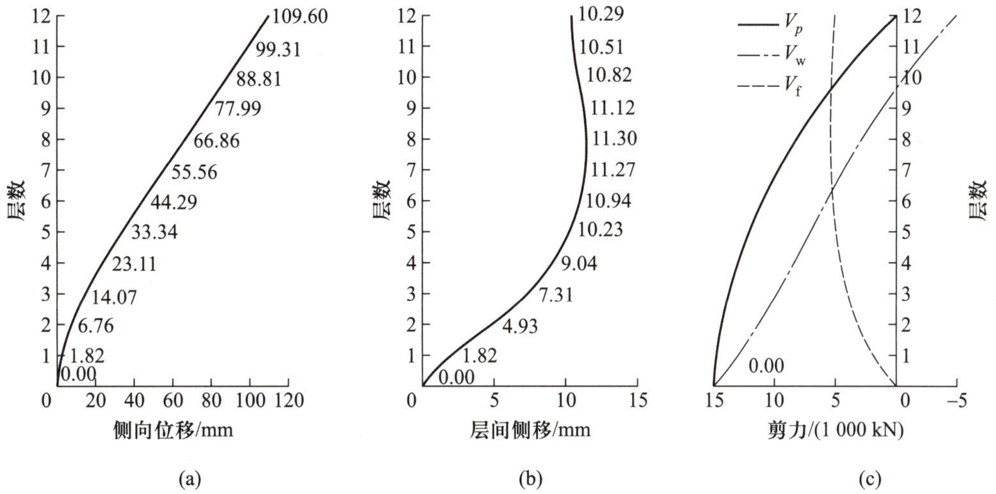

图 5.4.8 铰接体系侧移和剪力分布

（6）单榀剪力墙、单榀框架、单根连梁内力

综合剪力墙的弯矩和剪力按各榀墙的等效抗弯刚度进行分配，其中墙 1 的分配系数为 4.495 6/25.495 6 = 0.176 3；墙 2 的分配系数为 3.756 7/25.495 6 = 0.147 3。各榀墙的弯矩、剪力分配值见表 5-9。

表 5-9 各榀剪力墙弯矩和剪力

层数	铰接体系						刚接体系					
	综合剪力墙		单榀剪力墙				综合剪力墙		单榀剪力墙			
			弯矩		剪力				弯矩		剪力	
	弯矩	剪力	墙 1	墙 2	墙 1	墙 2	弯矩	剪力	墙 1	墙 2	墙 1	墙 2
0	0.232 4	14.623 2	0.041 0	0.034 2	2.578 1	2.154 0	0.118 1	14.623 2	0.020 8	0.017 4	2.578 1	2.154 0
1	0.183 0	12.842 3	0.032 3	0.027 0	2.264 1	1.891 7	0.074 3	13.749 6	0.013 1	0.010 9	2.424 1	2.025 3
2	0.139 7	11.233 5	0.024 6	0.020 6	1.980 5	1.654 7	0.043 9	12.971 4	0.007 7	0.006 5	2.286 9	1.910 7
3	0.102 0	9.749 7	0.018 0	0.015 0	1.718 9	1.436 1	0.022 6	12.198 1	0.004 0	0.003 3	2.150 5	1.796 8
4	0.069 4	8.347 6	0.012 2	0.010 2	1.471 7	1.229 6	0.007 3	11.369 0	0.001 3	0.001 1	2.004 4	1.674 7
5	0.041 8	6.986 1	0.007 4	0.006 2	1.231 6	1.029 1	−0.003 7	10.442 7	−0.000 6	−0.000 5	1.841 0	1.538 2
6	0.019 1	5.625 4	0.003 4	0.002 8	0.991 8	0.828 6	−0.011 6	9.389 7	−0.002 0	−0.001 7	1.655 4	1.383 1
7	0.001 4	4.225 6	0.000 2	0.000 2	0.745 0	0.622 4	−0.017 1	8.188 0	−0.003 0	−0.002 5	1.443 5	1.206 1
8	−0.011 2	2.745 9	−0.002 0	−0.001 7	0.484 1	0.404 5	−0.020 3	6.818 7	−0.003 6	−0.003 0	1.202 1	1.004 4
9	−0.018 3	1.142 9	−0.003 2	−0.002 7	0.201 5	0.168 3	−0.021 1	5.262 8	−0.003 7	−0.003 1	0.927 8	0.775 2
10	−0.019 2	−0.630 3	−0.003 4	−0.002 8	−0.111 1	−0.092 8	−0.018 9	3.498 5	−0.003 3	−0.002 8	0.616 8	0.515 3
11	−0.013 5	−2.625 4	−0.002 4	−0.002 0	−0.462 9	−0.386 7	−0.012 4	1.496 8	−0.002 2	−0.001 8	0.263 9	0.220 5
12	0.000 0	−4.901 0	0.000 0	0.000 0	−0.864 1	−0.721 9	0.000 0	−0.783 3	0.000 0	0.000 0	−0.138 1	−0.115 4

注：表中剪力单位为 10^3 kN；弯矩单位为 10^6 kN · m。

综合框架的剪力按剪切刚度进行分配，各柱的分配系数：

1 层　中柱0.006 01/0.089 44 = 0.067 2；边柱0.004 89/0.089 44 = 0.054 7

2～6 层　中柱0.004 69/0.065 98 = 0.071 1；边柱0.003 18/0.065 98 = 0.048 2

7～12 层　中柱0.003 12/0.045 42 = 0.068 7；边柱0.002 37/0.045 42 = 0.052 2

各柱的剪力值见表 5-10。根据各框架柱的剪力值可进一步确定框架柱端弯矩、框架梁端弯矩、剪力以及框架柱轴力，此处略。

综合连梁的约束弯矩按约束刚度进行分配，连梁 1 的分配系数为0.199 6/0.501 3 = 0.398 2；连梁 2 的分配系数为0.051 0/0.501 3 = 0.101 8。

连梁 1 剪力：$V_{b1} = 0.398\ 2m_b \cdot h/l = 0.398\ 2m_b \times 3.6/8.74 = 0.164m_b$

连梁 1 梁端弯矩：$M_{b1} = V_{b1} \cdot l_n/2 = 0.164m_b \times 1.4/2 = 0.114\ 8m_b$

连梁 2 剪力：$V_{b2} = 0.101\ 8m_b \cdot h/l = 0.101\ 8m_b \times 3.6/5 = 0.073\ 3m_b$

连梁 2 梁端弯矩：$M_{b2} = V_{b2} \cdot l_n/2 = 0.073\ 3m_b \times 1.4/2 = 0.051\ 3\ m_b$

各连梁的弯矩、剪力计算结果见表 5-10。

连梁剪力将在相连的剪力墙和框架柱中引起附加轴力，轴力值为各层连梁剪力的累加，此处计算从略。

表 5-10　框架柱剪力和连梁内力

层数	铰接体系			刚接体系							
				框架柱			连梁				
	综合框架剪力	中柱剪力	边柱剪力	综合框架剪力	中柱剪力	边柱剪力	约束弯矩	连梁 1		连梁 2	
								剪力	弯矩	剪力	弯矩
1	1.679 4	0.112 9	0.091 9	0.772 0	0.051 9	0.042 2	3.692 0	0.605 5	0.423 8	0.270 6	0.189 4
2	2.983 5	0.212 1	0.143 8	1.245 6	0.088 6	0.060 0	5.956 6	0.976 9	0.683 8	0.436 6	0.305 6
3	3.959 5	0.281 5	0.190 8	1.511 1	0.107 4	0.072 8	7.226 5	1.185 1	0.829 6	0.529 7	0.370 7
4	4.650 8	0.330 7	0.224 2	1.629 4	0.115 8	0.078 5	7.792 0	1.277 9	0.894 5	0.571 2	0.399 7
5	5.098 4	0.362 5	0.245 7	1.641 8	0.116 7	0.079 1	7.851 4	1.287 6	0.901 3	0.575 5	0.402 8
6	5.342 0	0.379 8	0.257 5	1.577 7	0.112 2	0.076 0	7.544 8	1.237 4	0.866 1	0.553 0	0.387 0
7	5.421 6	0.372 5	0.283 0	1.459 2	0.100 3	0.076 2	6.978 4	1.144 5	0.801 1	0.511 5	0.358 0
8	5.378 1	0.369 5	0.280 7	1.305 3	0.089 7	0.068 1	6.242 4	1.023 8	0.716 6	0.457 6	0.320 2
9	5.254 8	0.361 0	0.274 3	1.134 8	0.078 0	0.059 2	5.426 9	0.890 0	0.623 0	0.397 8	0.278 4
10	5.098 5	0.350 3	0.266 1	0.969 7	0.066 6	0.050 6	4.637 1	0.760 5	0.532 3	0.339 9	0.237 9
11	4.961 1	0.340 8	0.259 0	0.838 9	0.057 6	0.043 8	4.011 6	0.657 9	0.460 5	0.294 0	0.205 8
12	4.901 0	0.336 7	0.255 8	0.783 3	0.053 8	0.040 9	3.745 9	0.614 3	0.430 0	0.274 6	0.192 2

注：表中剪力单位：10^3 kN；弯矩单位：10^6 kN · m。

5.5 框架-支撑结构分析简介

5.5 框架-支撑结构分析简介

5.5.1 支撑的种类

竖向支撑桁架有**中心支撑**(concentrically braced)和**偏心支撑**(eccentrically braced)两种。

一、中心支撑

中心支撑是常用的支撑类型。中心支撑的支撑斜杆、梁和柱都汇交于一点,或两根斜杆与梁汇交于一点,但汇交点均无偏心距。根据斜杆的不同布置形式,可形成十字交叉斜杆(图5.5.1a)、单斜杆(图5.5.1b)、K形斜杆(图5.5.1c)、人字形斜杆(图5.5.1d)以及V形斜杆(图5.5.1e)等类型。

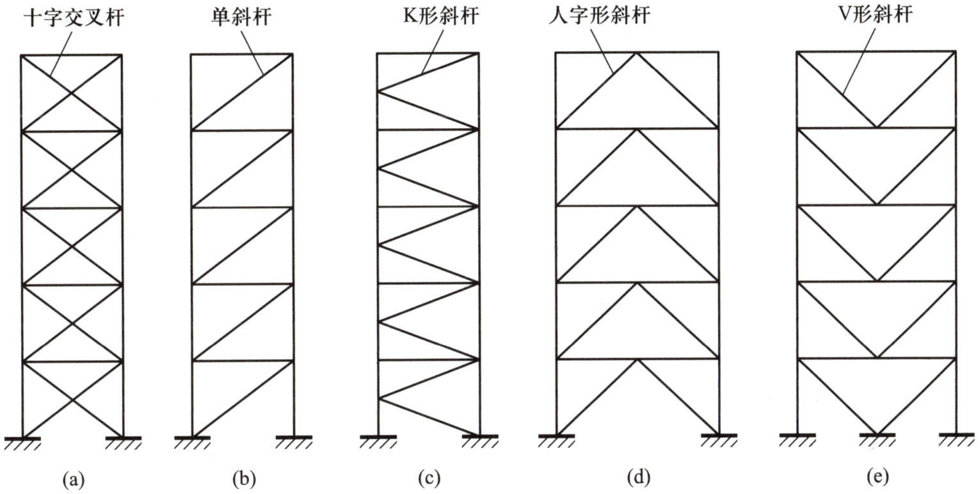

图5.5.1 中心支撑的形式

中心支撑在水平风荷载的作用下,具有较大的抗侧刚度,对减小结构的水平位移和改善结构的内力分布非常有效。但在水平荷载作用下,因支撑的刚度较大容易产生屈曲,尤其在往复的水平地震作用下,支撑斜杆的受压承载力急剧降低,楼层的抗侧刚度下降,同时斜杆会从受压的压屈状态变为受拉的拉伸状态,这将对结构产生冲击性作用力,使支撑及其节点和相邻的构件产生很大的附加应力。因此,中心支撑对于高烈度地震区的结构是不利的。

二、偏心支撑

偏心支撑每一根支撑斜杆的两端,至少有一端与梁相交(不在柱节点处),从而在支撑斜杆和柱之间,或者在两根支撑斜杆的杆端之间构成一耗能梁段,见图5.5.2。

偏心支撑在轻微和中等侧向力作用下可以具有较大的刚度,而在强烈地震时,利用耗能梁段的塑性变形耗能以保证支撑斜杆不屈服或屈服在后。

另外,偏心支撑更容易解决建筑门窗和管道的设置问题。

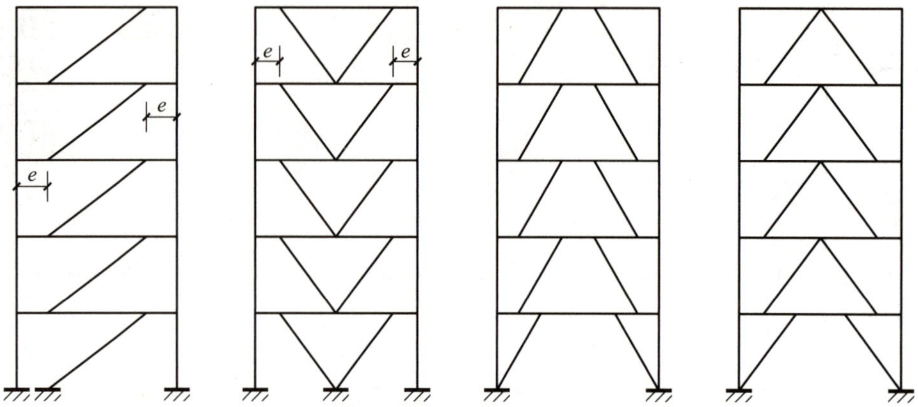

图 5.5.2　偏心支撑的形式

5.5.2　单榀竖向桁架的受力性能

一、内力分布特性

图 5.5.3 给出了单斜杆铰接桁架在单位节点水平荷载作用下杆件的内力值以及外荷载产生的楼层剪力和**倾覆力矩**(overturning moment)。表 5-11 列出了三种常用支撑形式杆件内力的近似表达式。竖向悬臂桁架在水平荷载作用下的内力分布有如下规律：

(1) 横杆(横梁)起传递水平力的作用,其内力值与支撑类型有关,单斜杆支撑桁架中的横杆轴力值最大；

(2) 弦杆的作用是承担倾覆力矩,其内力值与倾覆力矩成正比,与桁架宽度 B 成反比。

(3) 斜杆承受水平剪力,起着使弦杆协同工作的作用,其内力值基本上与楼层剪力成正比,和楼层内斜杆的数量成反比,也与斜杆的倾角 θ 有关。

表 5-11　三种支撑类型杆件内力的近似表达式

支撑类型	横杆轴力 N_h		斜杆轴力 N_d		弦杆轴力 N_c	
	表达式	杆件性质	表达式	杆件性质	表达式	杆件性质
单斜杆	$N_h=V_i$	压杆	$N_d=V_i/\cos\theta$	拉杆	$N_c\approx M_i/B$	左拉、右压
十字交叉	$N_h\approx 0$	小轴力压杆	$N_d\approx 0.5V_i/\cos\theta$	左压、右拉	$N_c=M_i/B$	左拉、右压
人字形	$N_h\approx V_i/2$	左拉、右压	$N_d\approx 0.5V_i/\cos\theta$	左拉、右压	$N_c\approx M_i/B$	左拉、右压

二、侧移曲线特性

水平荷载作用下单榀竖向悬臂桁架的侧向位移可以分为两部分:一部分是由弦杆(柱)轴向变形引起的位移;另一部分是由腹杆轴向变形引起的位移。下面以图 5.5.3 所示的单斜杆铰接支撑桁架为例,分析在均布水平荷载作用下的侧向位移特性。

由结构力学,杆件轴向变形引起的位移公式为

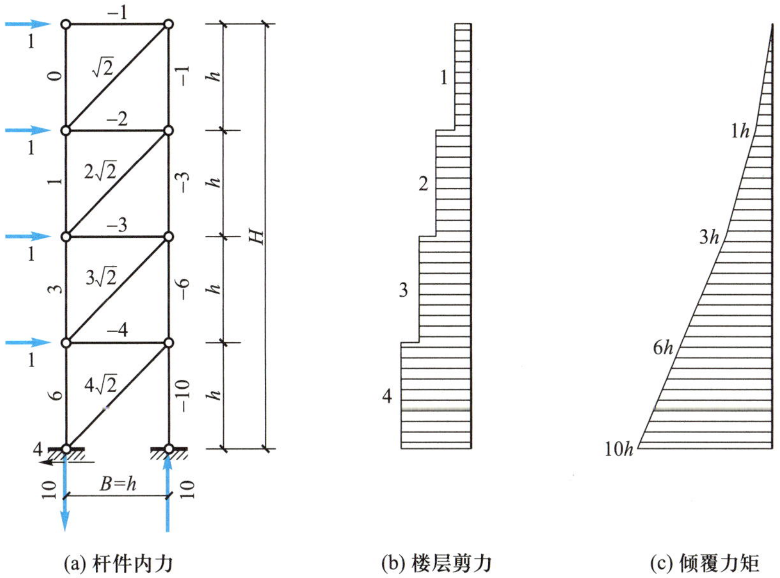

图 5.5.3 单斜杆支撑桁架的内力分布

$$u_N = \sum \int \frac{N_P N_1}{EA} \mathrm{d}s$$

式中，N_P、N_1——外荷载和单位力作用下杆件轴力；

A——杆件截面面积；

$\int$——代表沿杆件长度积分；

$\sum$——代表对所有杆件求和。

将桁架沿高度方向连续化，注意到弦杆累加（求和）刚好等于桁架高度，所以可将沿杆件长度的积分和不同杆件的求和合并成沿桁架高度的积分。由表 5-11，弦杆在任意高度 y 的轴力可近似表示为 $N_P(y) \approx M_P(y)/B$，其中 $M_P(y)$ 是任意高度水平荷载产生的倾覆力矩，对于均布荷载，$M_P(y) = q(H-y)^2/2$，参见图 5.2.1b；在高度 z 作用一单位水平力（参见图 5.2.1c），高度 y（$y \leqslant z$）弦杆的轴力可近似表示为 $N_1(y) \approx M_1(y)/B$，其中 $M_1(y) = (z-y)$。则由弦杆轴向变形引起的侧移（注意到两侧弦杆内力相同）

$$u_c(z) = \frac{2}{EA_c} \int_0^z N_P N_1 \mathrm{d}y = \frac{2}{EA_c B^2} \int_0^z M_P(y) M_1(y) \mathrm{d}y$$

将 $M_P(y)$、$M_1(y)$ 代入上式，积分后得到

$$u_c = \frac{qH^4}{4EA_c B^2} \left[2\left(\frac{z}{H}\right)^2 - \frac{4}{3}\left(\frac{z}{H}\right)^3 + \frac{1}{3}\left(\frac{z}{H}\right)^4 \right] \qquad (5.5.1a)$$

式中，A_c——弦杆的截面面积，此处假定沿高度是等截面的。

上式与式（5.2.1b）非常相似，几何常数 $A_c B^2$ 相当于式（5.2.1b）中的 $2I$。所以由弦杆轴向变形引起的侧移曲线为“弯曲型”。在第 4 章讨论框架结构侧移时就曾提到，由柱轴向变形引起的

侧移曲线呈“弯曲型”。

式(5.5.1a)中取 $z=H$,得到由弦杆轴向变形引起的桁架顶点侧移

$$u_{c,\max}=\frac{qH^4}{4EA_cB^2} \tag{5.5.1b}$$

同理可求得横杆和斜杆轴向变形引起的侧移曲线。需要注意的是横杆累加起来的长度为 $B\cdot H/h$;斜杆累加起来的长度是 $H/\cos\theta$。由表5-11,任一高度的横杆和斜杆轴力都与水平荷载产生的剪力成正比。桁架腹杆轴向变形引起的侧移曲线为

$$\begin{aligned}u_w&=\frac{B/h}{EA_h}\int_0^z V_P(y)V_1(y)\,dy+\frac{1/\cos\theta}{EA_d}\int_0^z\frac{V_P(y)}{\cos\theta}\cdot\frac{V_1(y)}{\cos\theta}dy\\&=\frac{qH^2}{2E}\left(\frac{B}{hA_h}+\frac{1}{A_d\cos^3\theta}\right)\left[2\frac{z}{H}-\left(\frac{z}{H}\right)^2\right]\end{aligned} \tag{5.5.2a}$$

其中 A_h、A_d分别为横杆和斜杆的截面面积。

上式与式(5.2.2b)悬臂构件剪切变形引起的侧移非常类似,所以由腹杆轴向变形引起的侧移曲线为“剪切型”。

式(5.5.2)中取 $z=H$,可得到由腹杆轴向变形引起的桁架顶点侧移

$$u_{w,\max}=\frac{qH^2}{2E}\left(\frac{B}{hA_h}+\frac{1}{A_d\cos^3\theta}\right) \tag{5.5.2b}$$

图5.5.4是弦杆变形、腹杆变形在顶点侧移中所占比例,图中假定 $B=h$,因而 $H/B=n$(层数);取 $A_c=A_h=A_d$。从图中可以看出,随着层数的增加,弦杆变形在支撑桁架的总侧移中越来越占主要部分,当层数达到8时,这一比例为90%左右;对于高层建筑,支撑桁架的侧移以弦杆变形为主,其侧移曲线呈“弯曲型”。

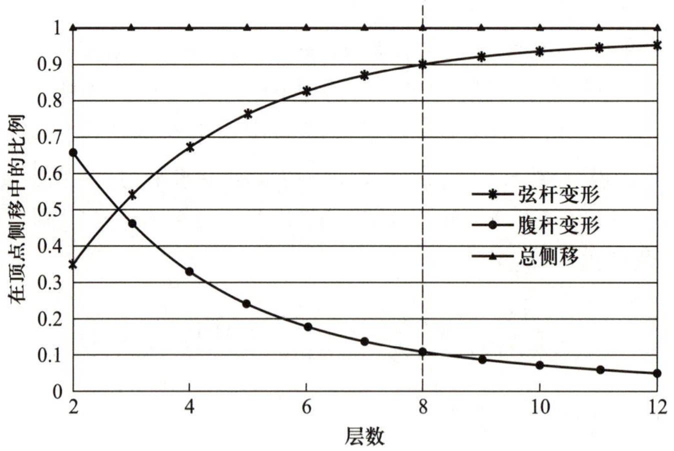

图5.5.4 弦杆、腹杆变形在支撑桁架顶点侧移中所占比例

5.5.3 框架-支撑结构的分析方法

由前面分析可知，单榀支撑桁架的变形特性类似于剪力墙，其侧向位移曲线呈“弯曲型”。因而可采用与框架-剪力墙类似的分析模型，将水平荷载作用方向的框架合并成综合框架；将水平荷载作用方向的支撑桁架合并成综合支撑；综合框架与综合支撑之间用刚性连杆连接，如图 5.5.5 所示。

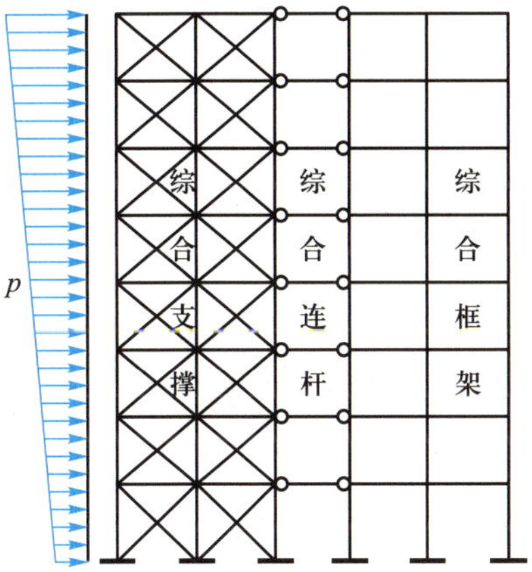

图 5.5.5 框架-支撑结构分析模型

综合框架剪切刚度的计算方法与框架-剪力墙结构中的框架相同，即采用式(5.4.1)。

比较式(5.5.1a)和式(5.2.1b)可以发现，支撑桁架的 $EA_cB^2/2$ 相当于剪力墙的抗弯刚度 EI，其中的 B 是支撑柱之间的距离。如果令 a_i 为第 i 根支撑柱到支撑桁架柱组合截面形心轴的距离，则对于图 5.5.3 所示的双柱支撑桁架有 $a_1=a_2=B/2$。于是支撑桁架的等效抗弯刚度可以表示为

$$EI_{eq}=EA_cB^2/2=E(A_{c1}a_1^2+A_{c2}a_2^2)$$

考虑腹杆变形的影响后，对于由多榀支撑桁架组成的综合支撑，其等效惯性矩 I_{eq} 可按下式计算：

$$EI_{eq}=\mu E\sum_{j=1}^{m}\sum_{i=1}^{n}A_{ij}a_{ij}^2 \tag{5.5.3}$$

式中，μ——考虑腹杆变形的折减系数，对于中心支撑可取 0.8~0.9；

n——某榀支撑桁架的柱子数；

m——水平荷载作用方向支撑桁架的榀数；

A_{ij}——第 j 榀支撑、第 i 根柱的截面面积；

a_{ij}——第 i 根柱至第 j 榀支撑柱截面形心轴的距离。

按式(5.4.4a)算得刚度特征值 λ 后，即可按第 5.4 节介绍的框架-剪力墙结构铰接体系的分析方法确定综合框架、综合剪力墙分担的水平荷载，并进一步计算单榀框架、单榀支撑的内力。

框架-支撑结构的协同工作性能与框架-剪力墙结构相同。

5.6 筒体结构分析简介

5.6 筒体结构分析简介

5.6.1 筒体的受力特性

一、实腹筒

1. 承载特性

实腹筒是一个封闭的环形截面空间结构，由于各层楼面结构的支撑作用，整个结构呈现很强的整体工作性能。

在剪力墙结构中,仅考虑平行于水平荷载方向的剪力墙参与工作。对于图 5.6.1a 所示的剪力墙结构,在水平荷载作用下,相当于宽度为 $2t$ 的矩形截面受力;而对于图 5.6.1b 所示的实腹筒,在水平荷载作用下,不仅平行于水平荷载方向的腹板参与工作,与水平荷载垂直的翼缘也完全参与工作,整个截面可以等代为腹板宽度为 $2t$ 的工字形截面。实腹筒的截面模量为 $W_T = 4t(B^2+t^2)/[3(B+t)]$,剪力墙的截面模量为 $W_w = tB^2/3$,两者的比值 $W_T/W_w = 4(B+t^2/B)/(B+t)$,由于 t 远小于 B,$W_T/W_w \approx 4$。这表明,在相同条件下实腹筒的抗弯能力大致是剪力墙的 4 倍。

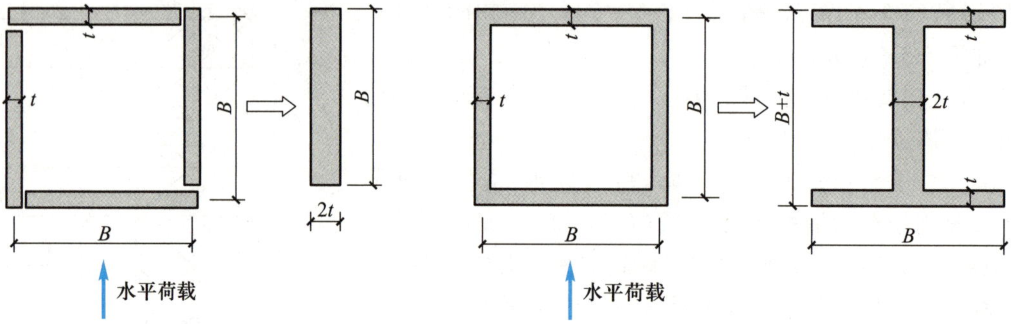

(a) 剪力墙　　(b) 实腹筒

图 5.6.1 实腹筒体受力与剪力墙的比较

2. 侧移特性

由于实腹筒体剪切刚度与弯曲刚度的比值 GA/EI 较小,剪切变形在总侧移中的比重比相同条件的剪力墙大。但当筒体高宽比大于 4 时,结构侧向位移仍以弯曲变形为主,位移曲线呈弯曲型,见图 5.6.2a;当筒体高宽比小于 1 时,结构侧向位移将以剪切变形为主,位移曲线呈剪切型,见图 5.6.2b;当高宽比介于 1~4 之间时,侧向位移曲线介于剪切型与弯曲型之间。高层建筑中实腹筒的高宽比一般均大于 4,所以侧移曲线属"弯曲型"。

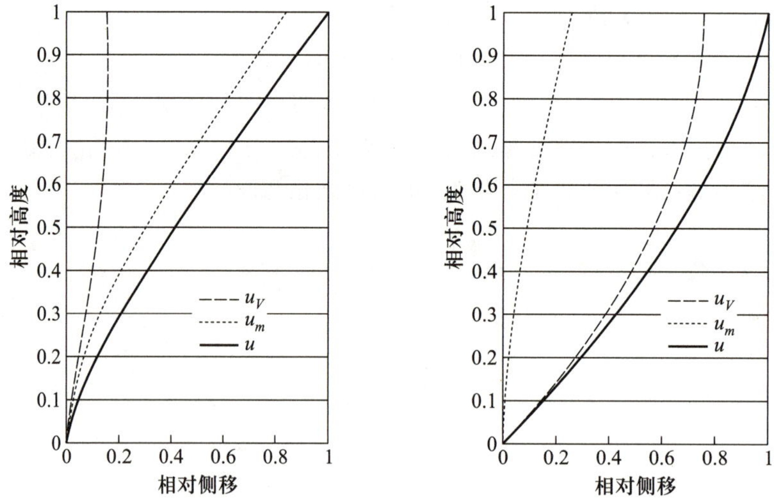

(a) H/B=4　　(b) H/B=1

图 5.6.2 均布侧向荷载下不同高宽比时实腹筒体的侧移曲线

3. 剪力滞后

初等梁理论在确定受弯构件截面的正应力分布时采用了平截面假定。在此假定下，对于弹性材料，截面正应力呈线性分布。对于图 5.6.3a 所示的矩形截面，切应力沿截面高度抛物线分布，中和轴位置最大、上下顶面为 0；截面倾斜角(即剪切应变)沿截面高度不均匀，从而使截面发生翘曲，变形后的截面不再保持平面，正应力不再线性分布，见图 5.6.3b。可见，剪切变形将使得靠近中和轴一段区域内的正应力变小(另外区域的正应力增大)，这种现象在工程上称为剪力滞后效应(shear-lag effect)，是由剪力引起的正应力滞后。

实际的正应力分布可以分解为按平截面假定的线性分布和修正项，如图 5.6.3c、d 所示。当梁的跨高比等于 2 时，修正项为主要项的 1/15，所以对于一般的矩形截面浅梁，剪力滞后效应可忽略。

实腹筒可以等效为宽翼缘工字形截面。对于 5.6.3e 所示的工字形截面，上、下翼缘除了竖直方向存在切应力外(数值较小，图中未画)，还存在沿水平方向的切应力。不均匀的切应力使得翼缘发生翘曲，出现与腹板类似的剪力滞后效应：靠近腹板的正应力大于按平截面假定计算的数值；而远离腹板的正应力小于按平截面假定计算的数值，如图 5.6.3f 所示。与腹板相比，翼缘剪力滞后对截面承载性的影响更大，因为离中和轴远。工程上采取的措施是用等效翼缘宽度代替实际翼缘宽度进行截面计算。

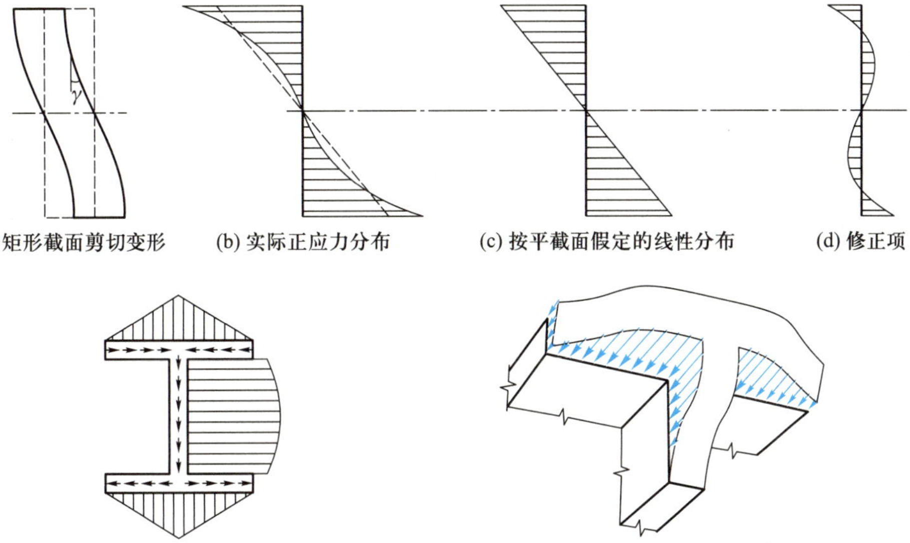

(a) 矩形截面剪切变形　(b) 实际正应力分布　(c) 按平截面假定的线性分布　(d) 修正项

(e) 工字形截面切应力分布　(f) 工字形截面正应力分布

图 5.6.3　实腹筒体的剪力滞后

筒体高度与腹板高度的比值越小，腹板的剪力滞后越严重；筒体高度与翼缘宽度的比值越小，翼缘剪力滞后越严重。实腹筒因平面尺寸较小，剪力滞后不是很明显。

二、框筒

框筒受力性能与普通框架结构有很大的不同。普通框架是平面结构，仅考虑平面内的承载能力和刚度，而忽略平面外的作用；框筒结构在水平荷载作用下，除了与水平荷载平行的腹板框架参与工作外，与水平荷载垂直的翼缘框架也参与工作，其中水平剪力主要由腹板框架承担，整体弯矩则主要由一侧受拉、另一侧受压的翼缘框架承担。

框筒的剪力滞后效应比实腹筒严重得多(图 5.6.4),这是因为:(1) 框筒设置在房屋周边,平面尺寸比设置在房屋中央的实腹筒大得多;(2) 框筒裙梁的剪切刚度远小于实腹结构,剪切变形远大于实腹结构。

图 5.6.4b 中的实线表示框筒的实际竖向应力(即正应力)分布,虚线表示按平截面假定的应力分布。可见,框筒的腹板框架和翼缘框架在中间部分的应力均小于按平截面假定的应力分布;在角区附近的应力大于按平截面假定的应力分布。

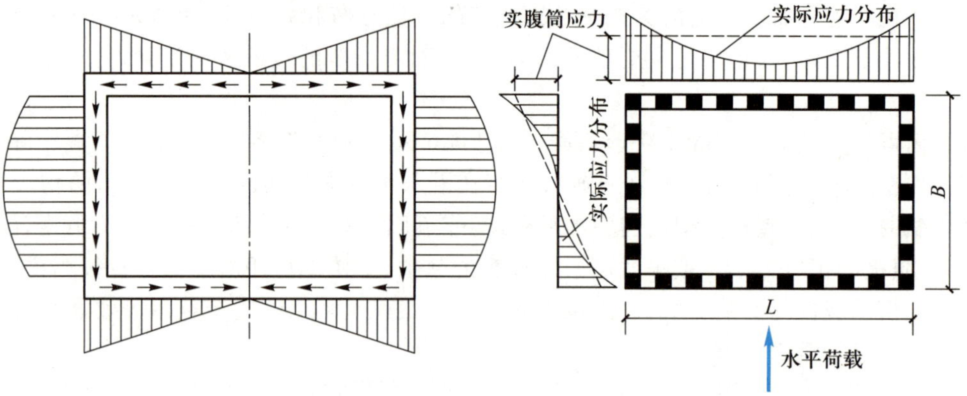

(a) 箱形截面的切应力分布　(b) 框筒结构的正应力分布

图 5.6.4 框筒结构的剪力滞后

剪力滞后使部分中柱的承载能力得不到发挥,结构的空间作用减弱。裙梁的刚度越大,剪力滞后效应越小;框筒的宽度越大,剪力滞后效应越明显。因而为减小剪力滞后效应,应限制框筒的柱距、控制框筒的长宽比。成束筒相当于增加了腹板框架的数量,剪力滞后效应大大缓和。

设置斜向支撑和加劲层是减少剪力滞后的有效措施。在框筒结构竖向平面内设置 X 型支撑,可以增大框筒结构的竖向剪切刚度,从而减小剪力滞后效应。在钢框筒结构中常采用这种方法。加劲层一般设置在顶层和中间设备层。

当框筒的高宽比较小时,整体弯曲作用不明显,水平荷载主要由腹板框架承担,翼缘框架的轴力很小,由此合成的力矩很小。一般认为当高宽比超过 3 时,空间作用才明显。

5.6.2 筒体结构的简化分析方法

筒体结构是复杂的三维空间结构,它由空间杆件和薄壁杆件组成。在实际工程中多采用三维空间结构分析方法,已有多种结构分析程序。但在初步设计阶段,为了选择结构截面尺寸,需要进行简单的估算。下面简单介绍针对矩形或其他规则筒体结构的近似分析方法。

一、框筒结构

矩形框筒的翼缘框架由于存在剪力滞后效应,在水平荷载作用下,中间若干柱的轴力较小。为简化计算,假定翼缘框架中部若干柱不承担轴力,而其余柱构成的截面符合平截面假定。对于图 5.6.5a 所示的矩形框筒截面简化为图 5.6.5b 所示的双槽形截面。等效槽形截面的有效宽度 b

取以下三种情况的最小值：框筒腹板框架全宽 B 的 1/2；框筒翼缘框架全宽 L 的 1/3；框筒总高度 H 的 1/10。

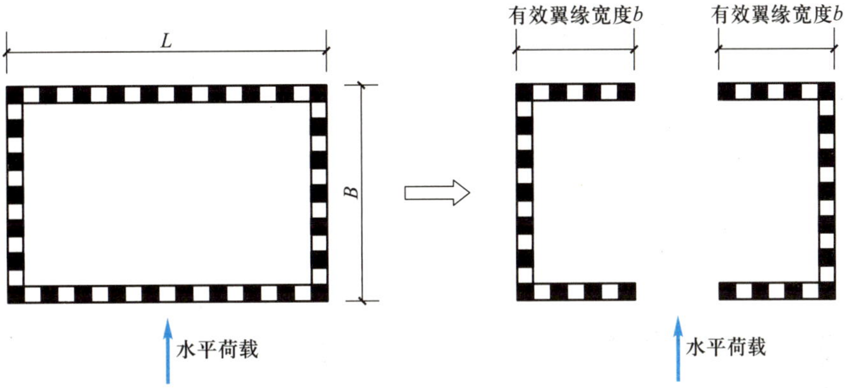

(a) 平面布置　　(b) 等效槽形截面

图 5.6.5　矩形框筒结构的等效槽形截面

将双槽形作为整体截面，利用材料力学公式可以求出整体弯曲应力和切应力。单根柱范围内的弯曲正应力合成柱的轴力，层高范围内的切应力构成裙梁的剪力。因此，框筒柱的轴力和裙梁的剪力分别为

$$N_{cj}=Mr_jA_{cj}/I_f \tag{5.6.1}$$

$$V_{bj}=VS_jh/I_f \tag{5.6.2}$$

式中，M、V——外荷载产生的楼层力矩和楼层剪力；

A_{cj}、r_j——分别为第 j 根柱截面积和柱中心至槽形截面形心的距离；

S_j——梁所在位置到框筒边缘范围内各柱截面对双槽形截面形心的面积矩；

h——楼层层高；

I_f——双槽形组合截面的惯性矩，$I_f=\sum I_{cj}+\sum A_{cj}\cdot r_j^2$；

I_{cj}——各柱的惯性矩。

裙梁的弯矩可根据反弯点在梁净跨中点的假定，按下式确定

$$M_{bj}=l_{0j}/2\cdot V_{bj} \tag{5.6.3}$$

式中，l_{0j}——裙梁的净跨。

各柱受到的剪力可近似按壁式框架的抗侧刚度 D 进行分配，即

$$V_{cj}=D_j/\sum D_i\cdot V \tag{5.6.4}$$

柱子的局部弯矩近似取

$$N_{cj}=V_{cj}\cdot h/2 \tag{5.6.5}$$

矩形框筒结构的内力近似分析方法除了上面介绍的等效槽形截面法外，还有等代角柱法和展开平面框架法等。

二、框架-筒体结构及筒中筒结构

框架-筒体结构的受力性能类似框架-剪力墙结构，因而可参照其分析方法。对于具有两个相互垂直对称轴的框架-筒体结构，可以在两个方向分别将框架合并为综合框架，将箱形截面的

筒体划分为平面剪力墙(带翼缘),然后合并成综合剪力墙。考虑到实腹筒宽度较大时,也会存在剪力滞后效应,因而在计算平面剪力墙的截面惯性矩时,每侧翼缘的有效宽度取以下三种情况的最小值:实腹筒体墙厚度的6倍;实腹筒体墙轴线至翼缘墙洞口边的距离;实腹筒体总高度的1/10。

对于筒中筒结构,将框筒作为普通框架处理,按框架-剪力墙结构进行水平力的分配。

【例 5-7】 矩形框筒,平面尺寸见图 5.6.6a,总高度 $H=93$ m,受水平均布荷载 $q=20$ kN/m。底层层高 $h_1=4.5$ m,二层层高 $h_2=4$ m。二层梁的高度为 2 m。

试估算框筒底层梁柱内力。

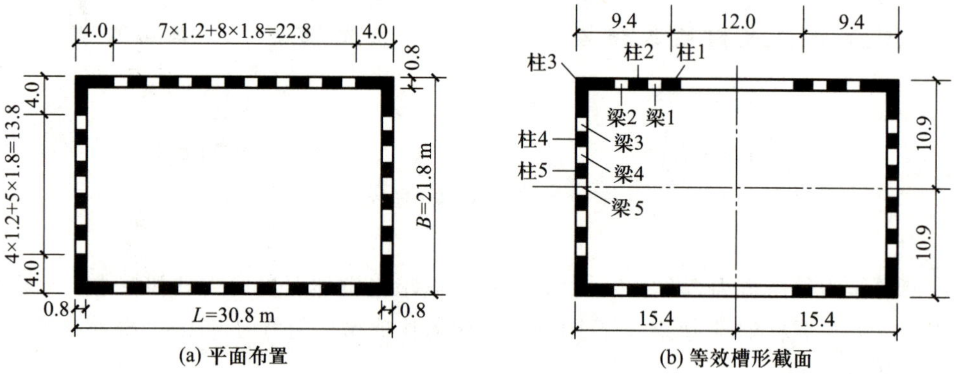

图 5.6.6 例 5-7 框筒结构(单位:m)

【解】

(1) 等效槽形截面尺寸

筒体宽度 $B=21.8$ m,$B/2=10.9$ m;筒体长度 $L=30.8$ m,$L/3=10.27$ m;筒体总高 $H=93$ m,$H/10=9.3$ m。最后取翼缘有效宽度为 9.3 m。在此范围内,包括 1 根角柱(图 5.6.6b 中柱 3)和 2 根中柱(图 5.6.6b 中柱 1、柱 2),从框筒边缘至第 2 根中柱形心的距离为 9.4 m。

(2) 截面几何特性

柱 1、柱 2 的截面面积:$A_1=A_2=1.2\ \text{m}\times0.8\ \text{m}=0.96\text{m}^2$

截面惯性矩:$I_1=I_2=1.2\ \text{m}\times(0.8\ \text{m})^3/12=0.051\ 2\ \text{m}^4$

截面形心离槽形组合截面形心的距离:$r_1=r_2=21.8\ \text{m}/2-0.4\ \text{m}=10.50\ \text{m}$

柱 3 为 L 形,其截面面积:$A_3=4\ \text{m}\times0.8\ \text{m}+3.2\ \text{m}\times0.8\ \text{m}=5.76\ \text{m}^2$

截面形心离槽形组合截面形心的距离:

$$r_3=\frac{4\times0.8\times(10.9-2)+3.2\times0.8\times(10.9-0.4)}{5.76}\ \text{m}=9.61\ \text{m}$$

L 形截面的惯性矩:

$$I_3=[0.8\times4.0^3/12+3.2\times8.9^2+3.2\times0.8^3/12+2.56\times10.5^2-5.76\times9.61^2]\ \text{m}^4=8.17\ \text{m}^4$$

柱 4、柱 5 的截面面积:$A_4=A_5=1.2\ \text{m}\times0.8\ \text{m}=0.96\ \text{m}^2$

截面惯性矩:$I_4=I_5=0.8\ \text{m}\times(1.2\ \text{m})^3/12=0.115\ \text{m}^4$

截面形心离槽形组合截面形心的距离分别为 $r_4=4.50$ m、$r_5=1.50$ m。

槽形组合截面惯性矩：

$$I_f=\sum I_{cj}+\sum A_{cj}r_j^2=4[2\times0.051\ 2+8.17+2\times0.115+2\times0.96\times10.50^2+5.76\times9.61^2+0.96\times(4.5^2+1.5^2)]\ \mathrm{m}^4=3\ 094.91\ \mathrm{m}^4$$

（3）底层柱轴力

外荷载在筒体底面产生的总力矩：$M=20\ \mathrm{kN/m}\times(93\ \mathrm{m})^2/2=86\ 490\ \mathrm{kN\cdot m}$

由式(5.6.1)得

$$N_1=N_2=86\ 490\ \mathrm{kN\cdot m}\times10.5\ \mathrm{m}\times0.96\ \mathrm{m}^2/3\ 094.91\ \mathrm{m}^4=281.69\ \mathrm{kN}$$

$$N_3=86\ 490\ \mathrm{kN\cdot m}\times9.61\ \mathrm{m}\times5.76\ \mathrm{m}^2/3\ 094.91\ \mathrm{m}^4=1\ 546.89\ \mathrm{kN}$$

$$N_4=86\ 490\ \mathrm{kN\cdot m}\times4.5\ \mathrm{m}\times0.96\ \mathrm{m}^2/3\ 094.91\ \mathrm{m}^4=120.72\ \mathrm{kN}$$

$$N_5=86\ 490\ \mathrm{kN\cdot m}\times1.5\ \mathrm{m}\times0.96\ \mathrm{m}^2/3\ 094.91\ \mathrm{m}^4=40.24\ \mathrm{kN}$$

（4）底层梁剪力及弯矩

外荷载在筒体底层产生的总剪力：$V=20\ \mathrm{kN/m}\times(93-4.5)\mathrm{m}=1\ 770\ \mathrm{kN}$。平均层高 $h=(h_1+h_2)/2=4.25\ \mathrm{m}$。

由式(5.6.2)，梁剪力：$V_{bj}=VS_jh/I_f=2.43S_j$

由式(5.6.3)，梁端弯矩：$M_{bj}=l_{0j}/2\cdot V_{bj}=1.8/2V_{bj}=0.9V_{bj}$

梁剪力和弯矩的计算结果见表 5-12。

表 5-12 底层梁的剪力和弯矩

梁号	S_j/m^3	V_{bj}/kN	$M_{bj}/\mathrm{kN\cdot m}$
1	0.96×10.5=10.08	2.43×10.08=24.49	0.9×24.49=22.04
2	10.08+0.96×10.5=20.16	2.43×20.16=48.98	0.9×48.98=44.09
3	20.16+5.76×9.61=75.51	2.43×75.51=183.49	0.9×183.49=165.14
4	75.51+0.96×4.5=79.83	2.43×79.83=193.98	0.9×193.98=174.59
5	79.83+0.96×1.5=81.27	2.43×81.27=197.49	0.9×197.49=177.74

（5）底层柱弯矩

底层总剪力 $V=20\ \mathrm{kN/m}\times93\ \mathrm{m}=1\ 860\ \mathrm{kN}$，近似按各柱的抗侧刚度进行分配。翼缘框架柱（柱 1、柱 2）因荷载方向无梁约束，不考虑其抗侧刚度。按壁式框架计算柱 3、柱 4、柱 5 的抗侧刚度。

梁 3 的跨度（柱 3 截面形心到柱 2 截面形心的距离）$l_3=5.1\ \mathrm{m}$，线刚度为 $i_3=\dfrac{1}{12}\times0.8\times2^3E/5.1=0.10E$。由式(5.3.10a)，左端的刚臂长度 $d_{b1}=(2.69-2.0/4)\mathrm{m}=2.21\ \mathrm{m}$；右端的刚臂长度 $d_{b2}=(0.6-2.0/4)\mathrm{m}=0.1\ \mathrm{m}$。$c=\dfrac{(l+d_{b1}-d_{b2})l^2}{(l-d_{b1}-d_{b2})^3}=8.64$；$c'=\dfrac{(l-d_{b1}+d_{b2})l^2}{(l-d_{b1}-d_{b2})^3}=3.58$

梁 4、梁 5 的跨度 $l_4=l_5=3.0\ \mathrm{m}$，线刚度为 $i_4=i_5=\dfrac{1}{12}\times0.8\times2^3E/3.0=0.18E$。左端的刚臂长度 $d_{b1}=(0.6-2.0/4)\mathrm{m}=0.1\ \mathrm{m}$；右端的刚臂长度 $d_{b2}=(0.6-2.0/4)\mathrm{m}=0.1\ \mathrm{m}$。$c=c'=1.23$。

柱 3 的高度为 4.5 m，由式(5.3.10b)，上端的刚臂长度 $d_{c1}=(1.0-4.0/4)\mathrm{m}=0$，下端刚臂长度

为零。$c_c = c_c' = 1$。

柱 4、柱 5 的高度为 4.5 m，上端刚臂长度 $d_{c1} = (1.0-1.2/4)\text{ m} = 0.7\text{ m}$，下端刚臂长度为零。$c_c = 1.92$，$c_c' = 1.4$。

由式(5.3.12)可求得各柱的抗侧刚度，见表 5-13。根据抗侧刚度可求出各柱的剪力分配系数和相应的剪力。对于底层可近似取反弯点高度为 0.6 无刚臂部分柱高，据此可求出柱的顶部弯矩和底部弯矩，见表 5-14。

表 5-13 各柱的抗侧刚度

柱号	$(c_c+c_c')/2$	i_c	K	$\alpha_c=\dfrac{0.5+K}{2+K}$	$D=\alpha_c\dfrac{12}{h^2}\cdot\dfrac{c_c+c_c'}{2}i_c$
柱 3	(1+1)/2=1	$8.17E/4.5=1.81E$	$8.64\times0.10E/(1\times1.81E)=0.48$	$(0.5+0.48)/(2+0.48)=0.40$	$0.4\times0.59\times1\times1.81E=0.427E$
柱 4	(1.92+1.4)/2=1.66	$0.12E/4.5=0.03E$	$(3.58\times0.10E+1.23\times0.18E)/(1.66\times0.03E)=11.63$	$(0.5+11.63)/(2+11.63)=0.89$	$0.89\times0.59\times1.66\times0.03E=0.026E$
柱 5	(1.92+1.4)/2=1.66	$0.12E/4.5=0.03E$	$(1.23\times0.18E+1.23\times0.18E)/(1.66\times0.03E)=8.89$	$(0.5+8.89)/(2+8.89)=0.86$	$0.86\times0.59\times1.66\times0.03E=0.025E$

表 5-14 底层柱的剪力和弯矩

柱号	抗侧刚度 D	剪力分配系数 μ	剪力/kN	顶部弯矩/kN·m	底部弯矩/kN·m
柱 3	$0.427E$	$0.427/(4\times0.427+4\times0.026+4\times0.025)=0.223$	$0.223\times1\ 860=414.78$	$414.78\times4.5\times0.4=746.6$	$414.78\times4.5\times0.6=1\ 119.91$
柱 4	$0.026E$	$0.026/1.912=0.014$	$0.014\times1\ 860=26.04$	$26.04\times(4.5-0.7)\times0.4=39.58$	$26.04\times3.8\times0.6=59.37$
柱 5	$0.025E$	$0.025/1.912=0.013$	$0.013\times1\ 860=24.18$	$24.18\times3.8\times0.4=36.75$	$24.18\times3.8\times0.6=55.13$

5.7 剪力墙截面设计

5.7 剪力墙截面设计

在高层建筑的剪力墙结构体系、框架-剪力墙结构体系、筒体结构体系(实腹筒由若干榀剪力墙组成)、框架-筒体结构体系中，剪力墙都是重要的受力单元。因此，剪力墙截面设计是高层结构设计的重要组成部分。

5.7.1　钢筋混凝土剪力墙截面设计

剪力墙包括墙肢和连梁两种构件，在竖向荷载和水平荷载作用下，墙肢和连梁内都将产生弯矩、剪力和轴力。由于楼盖的作用，连梁内的轴力可以不考虑。截面计算包括正截面承载力计算和斜截面承载力计算，当受到集中荷载作用时，尚应验算其局部受压承载力。

一、墙肢正截面承载力计算

剪力墙正截面承载力计算方法与偏心受力柱类似，所不同的是在墙肢内，除了端部集中配筋外还有竖向分布钢筋。此外，纵、横向剪力墙常常连成整体共同工作，纵向剪力墙的一部分可以作为横向剪力墙的翼缘，同样，横向剪力墙的一部分也可以作为纵向剪力墙的翼缘。因此，剪力墙墙肢常按 T 形截面或 I 形截面设计。

试验表明，剪力墙在水平反复荷载作用下，其正截面承载力并不降低。因此，无论有无地震作用，剪力墙正截面承载力的计算公式是相同的。当内力基本组合值中包含地震作用组合时，需要考虑承载力抗震调整系数 γ_{RE}。

根据轴向力的性质，墙肢有偏心受压和偏心受拉两种受力状态。其中偏心受压又可分为大偏心受压和小偏心受压。剪力墙一般不可能出现小偏心受拉，规范也不允许发生小偏心受拉破坏。

1. 偏心受压

矩形截面墙肢的截面及其配筋情况如图 5.7.1a 所示，其中 A_s、A'_s 为墙肢端部的集中配筋面积，A_{sw} 为墙肢内全部纵向分布钢筋的截面面积，h_{sw} 为纵向分布钢筋的分布范围，在墙肢内均匀布置。

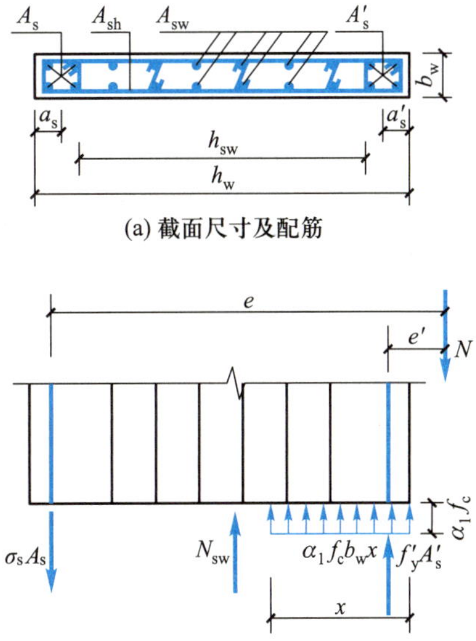

(a) 截面尺寸及配筋

(b) 截面应力分布

图 5.7.1　墙肢偏心受压计算图形

偏心受压正截面承载力计算所采用的应力图形如图 5.7.1b 所示，端部纵向钢筋 A'_s 达到钢筋抗压强度设计值；端部纵向钢筋 A_s 的应力用 σ_s 表示；受压区混凝土应力采用等效矩形应力图形，应力值为 $\alpha_1 f_c$，等效受压区高度用 x 表示；纵向分布筋的合力用 N_{sw} 表示，对 A_s 合力点的力矩用 M_{sw} 表示。

根据竖向力和力矩平衡条件，容易得到

$$N \leqslant \alpha_1 f_c b_w x + f'_y A'_s - \sigma_s A_s + N_{sw} \tag{5.7.1}$$

$$Ne \leqslant \alpha_1 f_c b_w x (h_{w0} - 0.5x) + f'_y A'_s (h_{w0} - a'_s) + M_{sw} \tag{5.7.2}$$

式中，$e = e_0 + h_w/2 - a_s$。

当受压区高度 $x \leqslant \xi_b h_{w0}$ 时为大偏心受压，取 $\sigma_s = f_y$；$x > \xi_b h_{w0}$ 时为小偏心受压。相对界限受压区高度 ξ_b、钢筋应力 σ_s 均与偏心受压柱相同。

确定纵向分布筋的合力 N_{sw} 时，采用图 5.7.2 所示的简化应力图形，图中 x_a 是截面实际受压区高度。由图 5.7.2b，有

$$N_{sw}=\frac{x_a-a'_s}{h_{sw}}A_{sw}f_{yw}-\frac{h_{w0}-x_a}{h_{sw}}A_{sw}f_{yw}=\frac{2x_a-2h_{w0}+h_{sw}}{h_{sw}}A_{sw}f_{yw}$$

令 $\omega=h_{sw}/h_{w0}$,并注意到 $x_a=x/\beta_1=\xi h_{w0}/\beta_1$,[$\beta_1$的含义同式(4.3.13a)],上式可以表示为

$$N_{sw}=\left(1+\frac{\xi-\beta_1}{0.5\beta_1\omega}\right)A_{sw}f_{yw} \tag{5.7.3}$$

计算纵向分布筋的合力对 A_s合力点的力矩 M_{sw}时,进一步将纵向分布筋的应力图形简化为两个矩形,如图 5.7.2c 所示。容易得到

$$M_{sw}=\left[0.5-\left(\frac{\xi-\beta_1}{\beta_1\omega}\right)^2\right]A_{sw}f_{yw}h_{sw} \tag{5.7.4}$$

式(5.7.3)、式(5.7.4)中 $\xi>\beta_1$时,取 $\xi=\beta_1$计算。

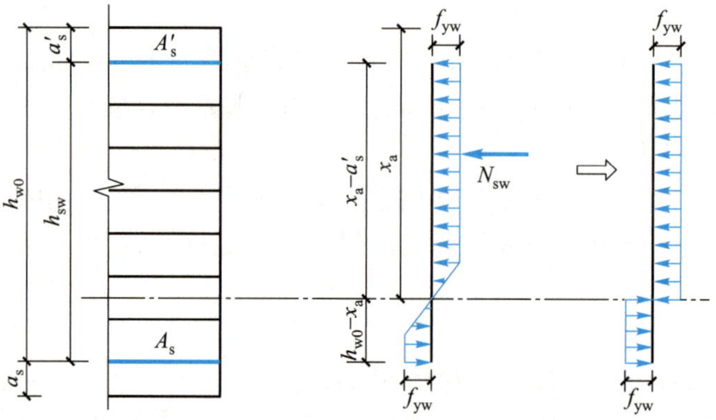

图 5.7.2 竖向分布钢筋的简化计算

当墙肢截面为 T 形或 I 形时,式(5.7.1)、式(5.7.2)中受压区混凝土一项可参照 T 形和 I 形截面柱的正截面承载力计算方法。

2. 大偏心受拉

墙肢在弯矩基本组合值 M 和轴力基本组合值 N 作用下,偏心距 $e_0=M/N>h_w/2-a_s$时为大偏心受拉。竖向力和力矩平衡方程形式与偏心受压相同,只需将式(5.7.1)中的轴力 N 取为负值,式(5.7.2)中的 e 相应取为 $e=e_0-h_w/2+a_s$。

如果是对称配筋的大偏心受拉,因混凝土受压区高度 $x<2a'_s$(x 为负值),故可直接对受压钢筋 A'_s的合力点取矩,得到

$$Ne'\leqslant f'_yA'_s(h_{w0}-a'_s)+M_{sw}$$

式中 $e'=e_0+h_w/2-a'_s$。

近似取 $M_{sw}=0.5A_{sw}f_{yw}h_{sw}$,则上式可以表示为

$$N\leqslant\frac{1}{\dfrac{1}{N_{0u}}+\dfrac{e_0}{M_{wu}}} \tag{5.7.5a}$$

其中

$$N_{0u}=2f_yA_s+f_{yw}A_{sw}(h_{w0}-a'_s) \tag{5.7.5b}$$

$$M_{wu}=f_yA_s(h_{w0}-a'_s)+0.5A_{sw}f_{yw}(h_{w0}-a'_s) \tag{5.7.5c}$$

抗震设计时，对于双肢剪力墙，当其中一个肢为大偏心受拉时，另一墙肢应按 1.25 倍的弯矩设计值和剪力设计值进行计算。

二、墙肢斜截面承载力计算

墙肢的斜截面破坏形态与柱类似，有斜拉破坏、剪压破坏和斜压破坏。其中斜拉破坏和斜压破坏比剪压破坏更加脆性，设计中通过构造措施加以避免。

试验表明剪力墙在反复水平荷载作用下，其斜截面承载力比单调加载降低 15%~20%。规范将静力受剪承载力计算公式乘以 0.8 作为抗震设计时的受剪承载力计算公式。

1. 偏心受压

墙肢内轴向压力对受剪承载力有提高作用。偏心受压墙肢的斜截面承载力按下式计算：

无地震作用组合时，

$$V_w\leqslant\frac{1}{\lambda-0.5}\left(0.5f_tb_wh_{w0}+0.13N\frac{A_w}{A}\right)+f_{yh}\frac{A_{sh}}{s_v}h_{w0} \tag{5.7.6a}$$

有地震作用组合时，

$$V_w\leqslant\frac{1}{\gamma_{RE}}\left[\frac{1}{\lambda-0.5}\left(0.4f_tb_wh_{w0}+0.1N\frac{A_w}{A}\right)+0.8f_{yh}\frac{A_{sh}}{s_v}h_{w0}\right] \tag{5.7.6b}$$

式中，V_w——剪力墙计算截面的剪力设计值，当考虑地震作用组合时，应按《建筑抗震设计规范》的有关规定对剪力设计值进行调整；

A、A_w——I 形或 T 形截面的全截面面积和腹板面积，对于矩形截面 $A=A_w$；

N——与剪力设计值 V_w 相对应的轴力设计值，当 $N>0.2f_cb_wh_{w0}$ 时，取 $N=0.2f_cb_wh_{w0}$；

A_{sh}、f_{yh}——同一截面内水平分布筋（参见图 5.7.1a）的截面面积及其抗拉强度设计值；

s_v——水平分布筋的竖向间距；

f_t——混凝土的抗拉强度设计值；

λ——计算截面处的剪跨比，$\lambda=M_w/(V_wh_{w0})$，当 $\lambda<1.5$ 时，取 $\lambda=1.5$，当 $\lambda>2.2$ 时，取 $\lambda=2.2$；当计算截面与墙底之间距离小于 $h_w/2$ 时，λ 应按距离墙底 $h_w/2$ 处的弯矩值和剪力值计算。

当剪力设计值 V_w 小于上面两式右边第一项时，可按构造要求配置水平分布筋。

2. 大偏心受拉

墙肢内轴向拉力对受剪承载力有不利作用。大偏心受拉墙肢的斜截面承载力按下式计算：

无地震作用组合时，

$$V_w\leqslant\frac{1}{\lambda-0.5}\left(0.5f_tb_wh_{w0}-0.13N\frac{A_w}{A}\right)+f_{yh}\frac{A_{sh}}{s_v}h_{w0} \tag{5.7.7a}$$

有地震作用组合时，

$$V_w\leqslant\frac{1}{\gamma_{RE}}\left[\frac{1}{\lambda-0.5}\left(0.4f_tb_wh_{w0}-0.1N\frac{A_w}{A}\right)+0.8f_{yh}\frac{A_{sh}}{s_v}h_{w0}\right] \tag{5.7.7b}$$

上面两式右边第一项小于零时取等于零。

三、连梁承载力计算

连梁的正截面承载力按一般受弯构件进行计算。连梁的斜截面承载力按下式计算：

无地震作用组合时，

$$V_b \leqslant 0.7f_t b_b h_{b0} + f_{yv}\frac{A_{sv}}{s}h_{b0} \tag{5.7.8a}$$

有地震作用组合，跨高比(l_n/h)大于 2.5 时，

$$V_b \leqslant \frac{1}{\gamma_{RE}}\left(0.42f_t b_b h_{b0} + f_{yv}\frac{A_{sv}}{s}h_{b0}\right) \tag{5.7.8b}$$

有地震作用组合，跨高比(l_n/h)不大于 2.5 时，

$$V_b \leqslant \frac{1}{\gamma_{RE}}\left(0.38f_t b_b h_{b0} + 0.9f_{yv}\frac{A_{sv}}{s}h_{b0}\right) \tag{5.7.8c}$$

式中，V_b——连梁剪力设计值，当考虑地震作用组合时，应按《建筑抗震设计规范》的有关规定对剪力设计值进行调整；

A_{sv}——同一截面内箍筋总面积；

s——箍筋间距；

b_b、h_{b0}——连梁的截面宽度、截面有效高度。

四、剪力墙构造要求

1. 截面尺寸

为避免剪力墙发生斜压破坏，墙肢截面应满足下列要求：

无地震作用时

$$V_w \leqslant 0.25\beta_c f_c b_w h_{w0} \tag{5.7.9a}$$

有地震作用，剪跨比 $\lambda > 2.5$ 时

$$V_w \leqslant (0.20\beta_c f_c b_w h_{w0})/\gamma_{RE} \tag{5.7.9b}$$

有地震作用，剪跨比 $\lambda \leqslant 2.5$ 时

$$V_w \leqslant (0.15\beta_c f_c b_w h_{w0})/\gamma_{RE} \tag{5.7.9c}$$

式中 β_c 的含义同式(4.3.5)。

对于抗震设防区的剪力墙，墙肢截面面积尚应满足轴压比的限制要求。

连梁截面尺寸应满足下列要求：

无地震作用时

$$V_b \leqslant 0.25\beta_c f_c b_b h_{b0} \tag{5.7.10a}$$

有地震作用，跨高比大于 2.5 时

$$V_b \leqslant (0.20\beta_c f_c b_b h_{b0})/\gamma_{RE} \tag{5.7.10b}$$

有地震作用，跨高比不大于 2.5 时

$$V_b \leqslant (0.15\beta_c f_c b_b h_{b0})/\gamma_{RE} \tag{5.7.10c}$$

2. 配筋构造

剪力墙的水平和竖向分布筋不应采用单排钢筋。当厚度不大于 400 mm 时可采用双排钢筋网；厚度大于 400 mm 但小于 700 mm 时宜采用三排钢筋网；当厚度大于 700 mm 时，宜采用四排钢筋网。钢筋网之间应设拉结筋，拉结筋间距不应大于 600 mm，直径不应小于 6 mm。

墙肢水平和竖向分布筋的配筋率不应小于 0.2%，间距不宜大于 300 mm，直径不应小于 $\phi 8$。

分布钢筋采用搭接连接时，搭接长度不应小于 $1.2l_a$。同排水平分布钢筋的搭接接头之间以

及上、下相邻水平分布钢筋的搭接接头之间，沿水平方向的净间距不宜小于 500 mm。

连梁纵向钢筋伸入墙肢的长度不应小于锚固长度 l_a 和 600 mm。连梁箍筋直径不小于6 mm，间距不大于 150 mm。沿梁全长布置，并延伸至纵筋锚固区。

3. 约束边缘构件

无论是抗震还是非抗震，剪力墙的端部都应设置**约束边缘构件**(restrained edge member)，如图 5.7.3 所示。当墙肢端部有端柱时，端柱作为边缘构件，如图 5.7.3a 所示；当墙肢端部无端柱，应设置暗柱作为边缘构件，如图 5.7.3b 所示；对带有翼墙的剪力墙(图 5.7.3c)和转角剪力墙(图 5.7.3d)，暗柱应向翼缘扩大。边缘构件的纵向钢筋面积应满足墙肢受弯承载力的要求。对非抗震，边缘构件应配置不少于 4ϕ12 的纵向钢筋以及 $0.4\%A_c$，A_c为边缘构件的面积，即图 5.7.3 中的阴影部分面积；并沿竖向配置不少于 ϕ6@250 的箍筋或拉结筋。

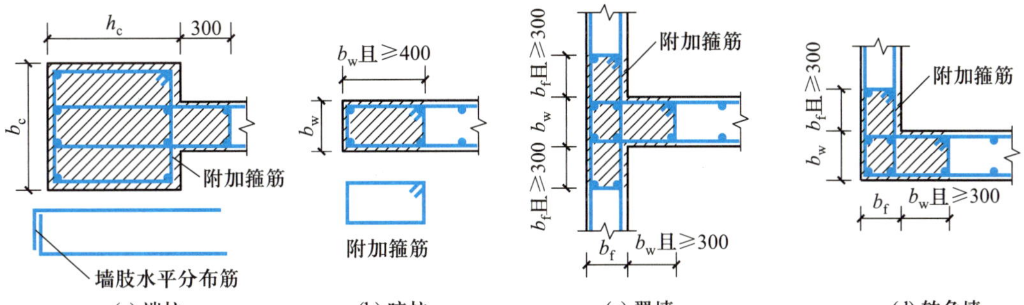

图 5.7.3 剪力墙的约束边缘构件

【例 5-8】 例 5-3 中剪力墙 2 底层的内力组合控制值见表 5-15(包含地震作用，抗震等级为四级)。试进行截面配筋设计。

表 5-15 剪力墙内力组合值

连梁		墙肢 1			墙肢 2		
弯矩/(kN·m)	剪力/kN	弯矩/(kN·m)	剪力/kN	轴力/kN	弯矩/(kN·m)	剪力/kN	轴力/kN
285.95	270.21	574.12	165.63	2 772±1 459.55	2 680.29	406.37	4 572±1 459.55

【解】

(1) 设计资料

墙肢为 T 形截面，一端带有翼墙，翼缘宽度 $b_f'=2.08$ m。按构造要求设置暗柱作为约束边缘构件：无翼缘一端暗柱长度取 0.4 m；有翼墙的一端，暗柱向翼缘扩展 0.3 m，见图 5.7.4。C30 混凝土，$f_c=14.3$ MPa，$f_t=1.43$ MPa，$\alpha_1=\beta_c=1$，$\beta_1=0.8$；端部集中钢筋采用 HRB335，$f_y=f_y'=300$ MPa，分布筋采用 HPB300，$f_{yw}=f_{yv}=270$ MPa。

(2) 截面尺寸复核

墙肢 1 剪跨比 $\lambda=\dfrac{574.12}{165.63\times1.22}=2.84$；由附表 A.10，斜截面的承载力抗震调整系数 $\gamma_{RE}=0.85$。由式(5.7.9b)

$$0.2\beta_c f_c b_w h_{w0}/\gamma_{RE}=0.2\times1\times14.3\times160\times1\ 220/0.85\ \text{N}=656.79\ \text{kN}>V_{w1}=165.63\ \text{kN}$$

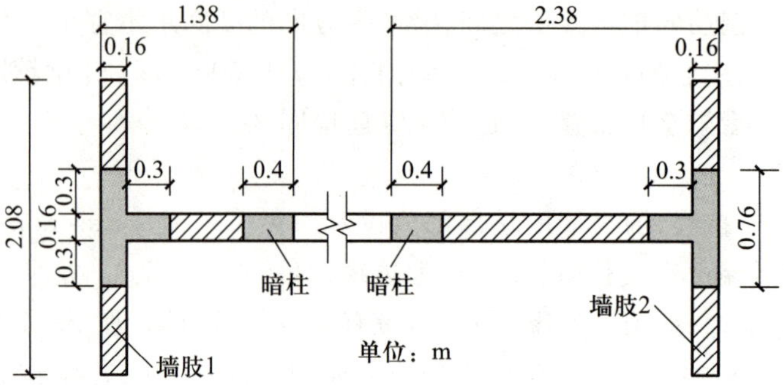

图 5.7.4 例 5.8 图

墙肢 2 剪跨比 $\lambda=\dfrac{2\ 680.29}{406.37\times2.22}=2.97$

$$0.2\beta_c f_c b_w h_{w0}/\gamma_{RE}=0.2\times1\times14.3\times160\times2\ 220/0.85\ \text{N}=1\ 195.14\ \text{kN}>V_{w2}=406.37\ \text{kN}$$

墙肢截面尺寸满足要求。

连梁跨高比 $l/h=3.4/0.8=4.25$，由式(5.7.10b)

$$0.2\beta_c f_c b_b h_{b0}/\gamma_{RE}=0.2\times1\times14.3\times160\times765/0.85\ \text{N}=411.84\ \text{kN}>270.21\ \text{kN}$$

连梁截面尺寸满足要求。

(3) 墙肢正截面承载力计算

首先按构造要求选择分布钢筋。采用 $\phi8@300$ 双层双向，配筋率 $\rho_{sw}=2\times50.3/(160\times300)=0.21\%>\rho_{min}(=0.2\%)$。

取 $h_{sw}=h_{w0}-a_s'$，由式(5.7.3)，有

$$N_{sw}=2.5\rho_{sw}b_w f_{yw}x-\rho_{sw}b_w f_{yw}(h_{w0}+a_s')$$
$$=2.5\times0.002\ 1\times160\times270x-0.002\ 1\times160\times270(h_{w0}+a_s')=226.8x-90.72(h_{w0}+a_s')$$

由式(5.7.4)，有

$$M_{sw}=0.5\rho_{sw}b_w f_{yw}(h_{w0}-a_s')^2-1.562\ 5\rho_{sw}b_w f_{yw}(x-h_{w0})^2$$
$$=45.36(h_{w0}-a_s')^2-141.75h_{w0}^2+283.5h_{w0}x-141.75x^2$$

偏心受压构件两个平衡方程有 x、A_s、A_s' 三个未知量，需要假定一个。按构造要求假定 A_s'。四级抗震等级，约束边缘构件的配筋率不小于 0.5%。无翼墙暗柱处配置 6 Φ 12，$A_s'=678\ \text{mm}^2>0.005\times160\times400\ \text{mm}^2=320\ \text{mm}^2$；翼墙处配置 10 Φ 12，$A_s'=1\ 131\ \text{mm}^2>0.005\times160\times1\ 060\ \text{mm}^2=848\ \text{mm}^2$。

当翼缘处于受拉区时，按矩形截面计算。因内力基本组合值中包含地震作用，等式右边抗力应除以承载力抗震调整系数 γ_{RE}，现在等式左边乘以 γ_{RE}；由附表 A.10，剪力墙正截面承载力抗震调整系数 $\gamma_{RE}=0.85$。由式(5.7.2)，有

$$\gamma_{RE}N(e_0+h_w/2-a_s)=\alpha_1 f_c b_w x(h_{w0}-0.5x)+f_y'A_s'(h_{w0}-a_s')+M_{sw}$$

$$1\ 285.75x^2-2\ 571.5h_{w0}x+\gamma_{RE}M+\gamma_{RE}N(h_w/2-a_s)-300A_s'(h_{w0}-a_s')-45.36(h_{w0}-a_s')^2+141.75h_{w0}^2=0 \quad (1)$$

如求得受压区高度 x 满足 $x\leqslant\xi_b h_{w0}$，属于大偏压。由式(5.7.1)，墙端集中配筋面积

$$A_s=\frac{\alpha_1 f_c b_w x+f_y' A_s'+N_{sw}-\gamma_{RE}N}{f_y}=8.382\,7x+A_s'-0.302\,4(h_{w0}+a_s')-0.002\,833N \tag{2}$$

当翼缘处于受压区时，按 T 形截面计算。假定中和轴在翼缘，由式(5.7.2)，有

$$\gamma_{RE}M+\gamma_{RE}N(h_w/2-a_s)=\alpha_1 f_c b_f' x(h_{w0}-0.5x)+f_y' A_s'(h_{w0}-a_s')+M_{sw}15\,013.75x^2-30\,027.5h_{w0}x+\gamma_{RE}M+\gamma_{RE}N(h_w/2-a_s)-300A_s'(h_{w0}-a_s')\ -45.36(h_{w0}-a_s')^2+141.75h_{w0}^2=0 \tag{3}$$

如求得的受压区高度 x 满足 $x\leqslant h_f'=160$ mm，中和轴在翼缘。由式(5.7.1)，墙端集中配筋面积

$$A_s=\frac{\alpha_1 f_c b_f' x+f_y' A_s' N_{sw}-\gamma_{RE}N}{f_y}=99.902\,7x+A_s'-0.302\,4(h_{w0}+a_s')-0.002\,833N \tag{4}$$

墙肢 1、墙肢 2 各有两组内力，根据翼缘处于受拉区还是受压区分别采用式(1)或式(3)计算受压区高度，并验算是否符合大偏压的假定($x\leqslant\xi_b h_{w0}$)；分别采用式(2)或式(4)计算墙端集中钢筋面积。计算结果列于表 5-16。

墙肢 2 翼墙处配置集中纵向钢筋 10 ⌀ 14，$A_s=1\ 539\ \text{mm}^2>1\ 536.44\ \text{mm}^2$；其余部位按构造配置端部纵向钢筋。

表 5-16 墙肢正截面受压承载力计算过程

截面		内力设计值		纵筋合力到边缘的距离		墙肢截面高度		按构造配置的	压区高度 x	大小偏压判别	所需 A_s
		弯矩/(kN·m)	轴力/kN	a_s	a_s'	h_w	h_{w0}	A_s'/ mm²	/mm		/mm²
墙肢 1	翼缘受压	574.12	4 231.55	200	160	1 380	1 180	1 131	59.48	$x<h_f'$	<0
	翼缘受拉	574.12	1 312.45	160	200	1 380	1 220	678	393.58	$x<\xi_b h_{w0}=671$	<0
墙肢 2	翼缘受压	2 680.29	6 031.55	200	160	2 380	2 180	1 131	112.22	$x<h_f'$	<0
	翼缘受拉	2 680.29	3 112.45	160	200	2 380	2 220	678	1 241.58	$x\approx\xi_b h_{w0}=1\ 221$	1 536.44

(4) 墙肢斜截面承载力计算

由式(5.7.6b)，墙肢 1

$$\frac{1}{\gamma_{RE}}\left[\frac{1}{\lambda-0.5}\left(0.4f_t b_w h_{w0}+0.1N\frac{A_w}{A}\right)+0.8f_{yh}\frac{A_{sh}}{s}h_{w0}\right]$$

$$=\frac{1}{0.85}\left[\frac{1}{2.2-0.5}\left(0.4\times1.43\times160\times1\ 220+0.1\times1\ 312.45\times10^3\times\frac{0.220\ 8}{0.220\ 8+0.307\ 2}\right)+0.8\times270\times\frac{100.6}{300}\times1\ 220\right]\ \text{N}$$

$=219.21\times10^3\ \text{N}>V_{w1}=165.63$ kN，满足要求。

墙肢 2

$$V_u=\frac{1}{0.85}\left[\frac{1}{2.2-0.5}\left(0.4\times1.43\times160\times2\ 220+0.1\times3\ 112.45\times10^3\times\frac{0.380\ 8}{0.380\ 8+0.307\ 2}\right)+0.8\times270\times\frac{100.6}{300}\times2\ 220\right]\ \text{N}$$

$= 449.0\times10^{3}\ \mathrm{N} > V_{w2} = 406.37\ \mathrm{kN}$，满足要求。

墙肢配筋情况见图 5.7.5a。

（5）连梁正截面承载力计算

截面上、下采用相同配筋，

$$A_s = \frac{\gamma_{RE} M_b}{f_y(h_{b0} - a'_s)} = \frac{0.75\times285.95\times10^{6}}{300\times730}\ \mathrm{mm}^2 = 979.3\ \mathrm{mm}^2$$，配置 2 Φ 25（$A_s = 980\ \mathrm{mm}^2$）。

（6）连梁斜截面承载力计算

由式（5.7.8b）

$$\frac{A_{sv}}{s} = \frac{\gamma_{RE} V_b - 0.42 f_t b_b h_{b0}}{f_{yv} h_{b0}} = \frac{0.85\times270.21\times10^{3} - 0.42\times1.43\times160\times765}{270\times765} = 0.756$$

连梁箍筋选用 $\phi8$ 双肢箍，$A_{sv} = 100.6\ \mathrm{mm}^2$。$s = 100.6/0.756\ \mathrm{mm} = 133.1\ \mathrm{mm}$，取 $s = 100\ \mathrm{mm}$。连梁配筋情况见图 5.7.5b。

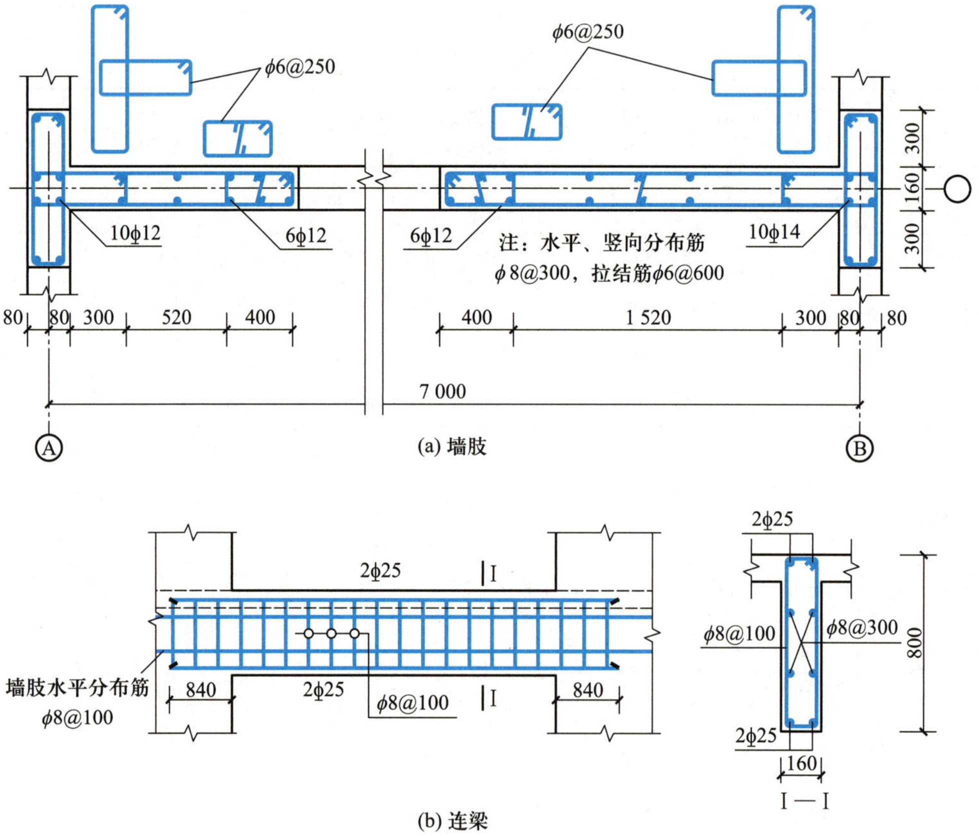

(a) 墙肢

(b) 连梁

图 5.7.5 剪力墙配筋

5.7.2 型钢混凝土剪力墙截面承载力计算

混凝土剪力墙端部设有型钢时，称型钢混凝土剪力墙，如图 5.7.6 所示。剪力墙周边有梁和型钢混凝土柱的剪力墙称带边框剪力墙(shear wall with boundary frames)(图 5.7.6b)；周边没有梁、柱的称为无边框剪力墙(frameless shear wall)(图 5.7.6a)。

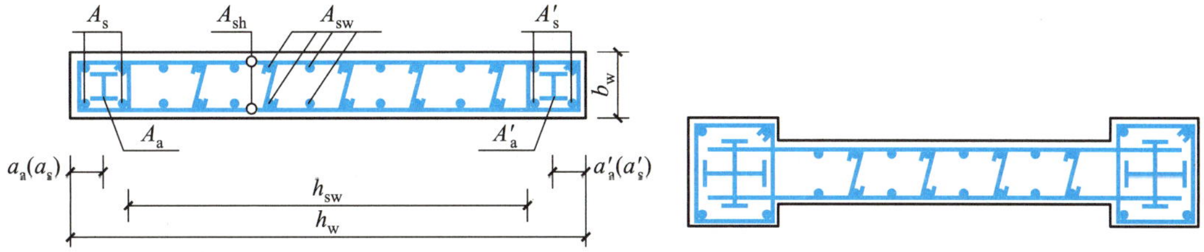

(a) 无边框型钢混凝土剪力墙　(b) 带边框型钢混凝土剪力墙

图 5.7.6 型钢混凝土剪力墙

型钢混凝土剪力墙中连梁的截面设计方法与混凝土剪力墙相同，下面主要介绍墙肢的截面设计方法，包括正截面承载力计算和斜截面承载力计算。

一、正截面承载力

正截面承载力计算时，将型钢视作端部集中钢筋，因而计算公式与前面介绍的混凝土剪力墙墙肢正截面计算公式很类似。当有边框或翼墙存在时，截面形式为 I 型，否则为矩形。

型钢混凝土剪力墙墙肢偏心受压承载力按下式计算(参见图 5.7.6a)：

$$N \leqslant \alpha_1 f_c b_w x + f'_a A'_a + f'_y A'_s - \sigma_a A_a - \sigma_s A_s + N_{sw} \tag{5.7.11}$$

$$Ne \leqslant \alpha_1 f_c b_w x(h_{w0} - 0.5x) + f'_a A'_a(h_{w0} - a'_a) + f'_y A'_s(h_{w0} - a'_s) + M_{sw} \tag{5.7.12}$$

式中，e——轴向力作用点到远轴力侧型钢和端部纵向钢筋合力点的距离；

f'_a、f_a——分别为型钢的抗压和抗拉强度设计值；

N_{sw}——竖向分布钢筋的合力，按式(5.7.3)计算；

M_{sw}——竖向分布钢筋对受拉端型钢和纵向受拉钢筋合力点的力矩，按式(5.7.4)计算；

σ_s、σ_a——分别为远轴力侧端部纵向钢筋的应力和型钢的应力，按下式计算

$$\left.\begin{aligned}\sigma_s &= \frac{f_y}{\xi_b - \beta_1}\left(\frac{x}{h_{w0}} - \beta_1\right)\\ \sigma_a &= \frac{f_a}{\xi_b - \beta_1}\left(\frac{x}{h_{w0}} - \beta_1\right)\end{aligned}\right\} \tag{5.7.13}$$

上式中 $\xi_b = \beta_1/[1 + f_s/(E_s \varepsilon_{cu})]$，$f_s$ 取端部纵向钢筋强度设计值和型钢强度设计值两者中的大值；当 $x \leqslant \xi_b h_{w0}$ 时，属于大偏压，取 $\sigma_s = f_y$、$\sigma_a = f_a$。

如果内力设计值包含地震作用组合时，以上计算公式的右端均需除以承载力抗震调整系数 γ_{RE}。

二、斜截面承载力

由于型钢的“销栓”作用，型钢混凝土剪力墙墙肢的斜截面受剪承载力比钢筋混凝土剪力墙

大。承载力计算公式在钢筋混凝土剪力墙的基础上加上了一项型钢的作用。另外,对于带边框型钢混凝土剪力墙,还考虑了边框柱对混凝土墙体的约束作用。

偏心受压型钢混凝土剪力墙的斜截面受剪承载力计算公式为

无地震作用组合时,

$$V_{w}\leqslant\frac{1}{\lambda-0.5}\left(0.05\beta_{r}f_{c}b_{w}h_{w0}+0.13N\frac{A_{w}}{A}\right)+f_{yh}\frac{A_{sh}}{s}h_{w0}+\frac{0.4}{\lambda}f_{a}A_{a} \tag{5.7.14a}$$

有地震作用组合时,

$$V_{w}\leqslant\frac{1}{\gamma_{RE}}\left[\frac{1}{\lambda-0.5}\left(0.04\beta_{r}f_{c}b_{w}h_{w0}+0.1N\frac{A_{w}}{A}\right)+0.8f_{yh}\frac{A_{sh}}{s}h_{w0}+\frac{0.32}{\lambda}f_{a}A_{a}\right] \tag{5.7.14b}$$

式中 β_r 为边框柱对混凝土墙体的约束系数,对带边框剪力墙取 $\beta_r=1.2$,对无边框剪力墙取 $\beta_r=1.0$;其余符号同式(5.7.6)。

为了防止剪力墙发生斜压破坏,应对截面的剪压比进行限制,验算方法同普通钢筋混凝土剪力墙。

5.7.3 钢板剪力墙的计算

钢板剪力墙用于钢框架结构的抗侧力构件,一般仅承受水平荷载。对于抗震设防区钢板上宜设纵向和横向加劲肋。

钢板剪力墙的计算包括抗剪强度和稳定性。

一、抗剪强度

不设加劲肋和设有加劲肋的钢板剪力墙的抗剪强度分别按下列公式计算:

$$\tau\leqslant f_{v} \tag{5.7.15a}$$

$$\tau\leqslant\alpha f_{v} \tag{5.7.15b}$$

式中,τ——钢板剪力墙剪力设计值产生的剪应力;

f_v——钢材的抗剪强度设计值;

α——带加劲肋钢板剪力墙的计算系数,非抗震设防时取 1.0,抗震设防时取 0.9。

二、稳定性

不设加劲肋的钢板剪力墙,其稳定性按下式计算:

$$\tau\leqslant\tau_{cr}=\left[123+93\left(\frac{l_2}{l_1}\right)^2\right]\left(\frac{100t}{l_2}\right)^2 \tag{5.7.16}$$

式中,t——钢板厚度;

l_1、l_2——分别为所计算的柱和楼层梁所包围区格的长边和短边尺寸。

设有加劲肋的钢板剪力墙,按下式进行局部稳定性的计算,

$$\tau\leqslant\alpha\tau_{cr,P} \tag{5.7.17a}$$

其中 α 的含义同上;临界应力 $\tau_{cr,P}$ 由下式确定,

$$\tau_{cr,P}=\left[100+75\left(\frac{c_2}{c_1}\right)^2\right]\left(\frac{100t}{c_2}\right)^2 \tag{5.7.17b}$$

式中,c_1、c_2——分别为由加劲肋构成的区格的长边与短边,见图 5.7.7。

设有加劲肋的钢板剪力墙，尚应按下式验算其整体稳定性，

$$\frac{3.5\pi^2}{ht^2}D_1^{1/4}\cdot D_2^{2/4}\geqslant\tau_{cr,P} \tag{5.7.18}$$

式中，D_1、D_2——分别为两个方向加劲肋提供的单位宽度弯曲刚度，$D_1=EI_1/c_1$、$D_2=EI_2/c_2$，数值大者为 D_1，见图 5.7.7。

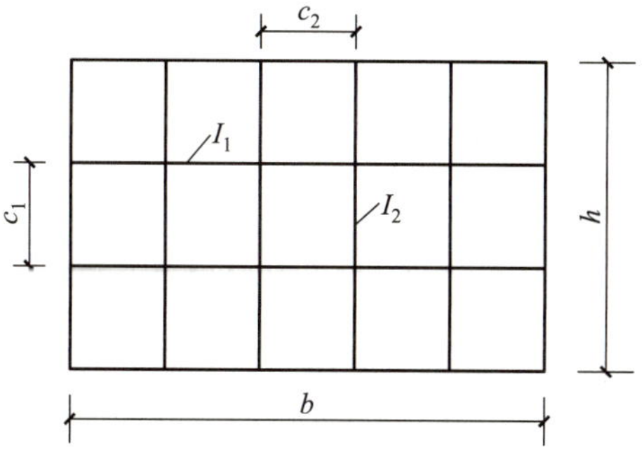

图 5.7.7 带加劲肋的钢板剪力墙

思考题

5-1 高层建筑有哪些主要结构体系，各有什么特点？

5-2 结构的平面不规则和竖向不规则包含哪几项内容？

5-3 为什么随着高度的增加，水平荷载越来越成为结构设计的主要控制因素？

5-4 高层结构的布置应遵循哪些原则？

5-5 高层结构为何要控制刚重比？

5-6 竖向悬臂构件在水平荷载作用下，弯曲变形引起的侧移曲线和剪切变形引起的侧移曲线有什么区别？剪切变形在总侧移曲线中所占比例与构件的高宽比是什么关系？

5-7 剪力墙墙肢内力与连梁刚度之间存在怎样的关系？

5-8 剪力墙根据受力特点可以分为哪几类？如何判别？

5-9 剪力墙整体性系数 α 的物理意义是什么？

5-10 剪力墙整体性系数中的墙肢轴向变形影响系数与墙肢数量有什么样的关系？

5-11 剪力墙有哪几种分析模型，各自的适用范围是什么？

5-12 剪力墙连续化分析方法的基本假定是什么？微分方程是如何建立的？

5-13 壁式框架的 D 值法和一般框架的 D 值法有哪些区别？

5-14 何谓结构的质量中心？何谓结构的抗侧刚度中心？什么情况下结构将产生扭转？

5-15* 平面形状为正方形和矩形的两剪力墙结构，剪力墙的厚度和周长相同，则何者的抗扭刚度大？试用具体数据说明。

5-16 何谓剪力墙的等效抗弯刚度 EI_{eq}？各类剪力墙等效抗弯刚度的表达式是怎样的？

5-17 整体小开口剪力墙由整体弯曲和局部弯曲引起的墙肢正应力分布是怎么样的？

5-18 综合框架-综合剪力墙结构分析模型的基本假定是什么？

5-19 如何计算综合剪力墙的抗弯刚度、综合框架的剪切刚度和综合连梁的约束刚度？

5-20 刚度特征值 λ 的含义是什么？

5-21 框架的剪切刚度如何考虑柱轴向变形？

5-22 求解框架-剪力墙结构微分方程时用到了哪几个边界条件？

5-23 为什么在结构底面综合框架所承担的剪力为零，外荷载产生的剪力全部由综合剪力墙承担？

5-24 试分析规则框架结构、剪力墙结构和框架-剪结构的最大层间位移出现的部位。

5-25 框架支撑有哪些种类和形式？

5-26 中心支撑杆件内力与外荷载存在什么样的关系？

5-27 试比较框架结构、单榀剪力墙、单榀竖向桁架和框架-剪力墙结构、框架-支撑结构的侧移曲线。

第5章高层建筑结构思考题注释

5-28 试比较实腹筒与剪力墙受力性能的差异。

5-29 试比较框筒与框架与实腹筒受力性能的差异。

5-30 何谓筒体结构中的“剪力滞后”现象？为什么会出现这种现象？有哪些措施可以减小剪力滞后？

5-31 钢筋混凝土剪力墙、型钢混凝土剪力墙和钢板剪力墙截面计算分别包括哪些内容？

作业题

5-1 图示平面形状为正六边形的剪力墙结构，各榀剪力墙的厚度相同。求水平荷载 F 作用下各榀墙承担的剪力。

5-2 图示整体小开口剪力墙，墙厚 0.16 m。已求得底层的剪力为 560 kN，弯矩为 14 000 kN · m。求底层各墙肢的内力。

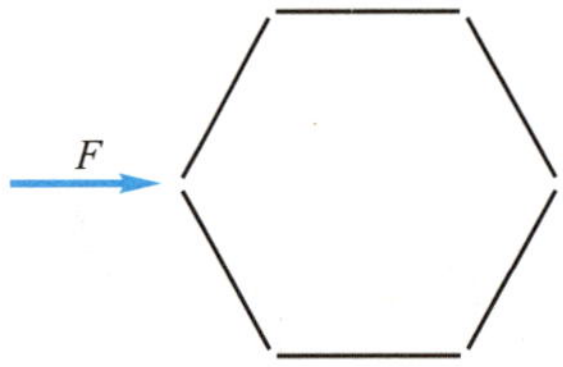

作业题 5-1 图

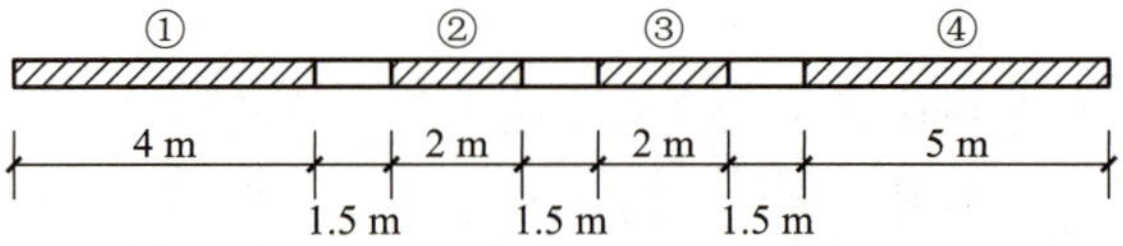

作业题 5-2 图

5-3 图示 20 层混凝土剪力墙结构，层高 3.6 m，墙厚均为 200 mm，采用 C30 混凝土。试计算题 1-1 风荷载标准值作用下各榀剪力墙分配到的水平荷载、顶点位移和最大层间位移。

5-4 计算题 5-3 中墙 2 各层的内力。

5-5 已求得题 5-3 剪力墙结构各楼层（包括屋面）永久荷载标准值（含剪力墙自重）$g_k = 3.5\ \mathrm{kN/m^2}$；可变荷载标准值 $q_k = 2.0\ \mathrm{kN/m^2}$，组合值系数 $\psi_c = 0.7$。墙肢集中配置的纵筋和连梁纵筋采用 HRB400 钢筋，其余采用 HPB300 钢筋。试进行墙 2 底层截面设计，并画出配筋示意图（提示：风荷载组合值系数 0.6；不考虑竖向荷载在剪力墙内产生的偏心力矩；无地震作用）。

5-6 试计算例 5-6 框架-剪力墙结构在纵向地震作用下结构的内力及侧移。纵向剪力墙的洞口宽度为 1.8 m，居中；纵向梁的截面尺寸均为 300 mm×700 mm，采用刚接体系。假定纵向地震作用与横向地震作用相同。

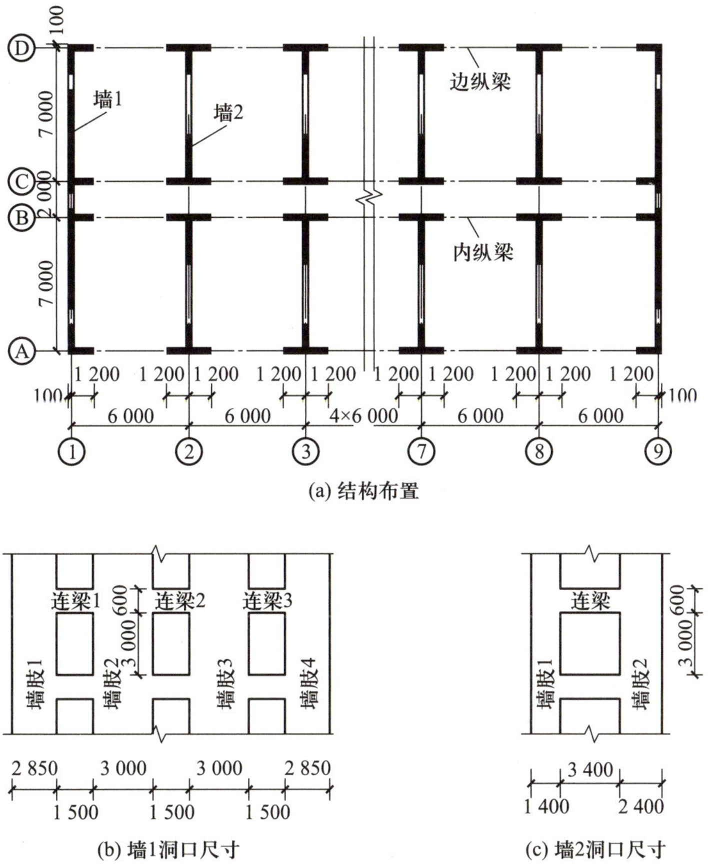

作业题 5-3 图

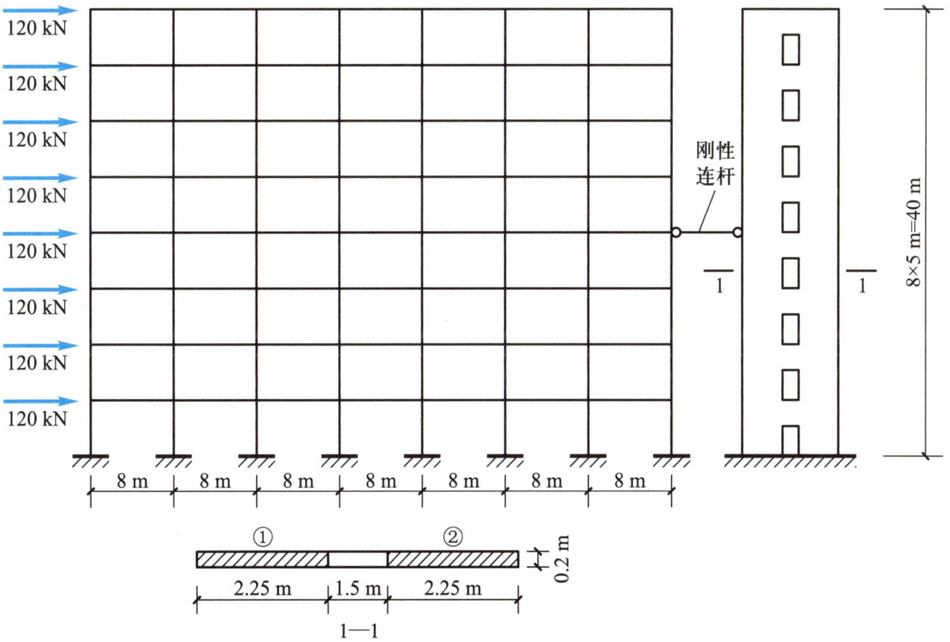

作业题 5-7 图

5-7* 图示两栋相距不远的建筑，一栋为刚架结构、另一栋为剪力墙结构。中间（第 4 层）拟设空中走廊，用刚性连杆相连。已知刚架柱的截面尺寸均为 1.0 m×1.0 m，梁、柱线刚度比认为无限大；剪力墙厚度 0.2 m，洞口尺寸 1.5 m×2.0 m（提示：剪力墙的等效抗弯刚度 EI_{eq} 需根据其剪力墙类别确定，经判别剪力墙属整截面剪力墙）。

试求在侧向水平荷载作用下，连杆的轴力和结构顶部两建筑的相对位移。

5-8* 试推导框架-剪力墙结构在顶点集中力矩 M 作用下的侧移公式。

第 5 章 高层建筑结构作业题指导

测试题

5-1 在联肢剪力墙中连梁的刚度越大，则（ ）。

（A）墙肢的弯矩、轴力越大 （B）墙肢的弯矩、轴力越小

（C）墙肢的弯矩越大、轴力越小 （D）墙肢的弯矩越小、轴力越大

5-2 整体小开口剪力墙中各墙肢的轴力是由（ ）引起的。

（A）整体弯矩 （B）局部弯矩

（C）整体弯矩与局部弯矩之和 （D）整体弯矩与局部弯矩之差

5-3 壁式框架梁的刚臂长度，（ ）。

（A）梁、柱截面高度越大其值越大

（B）梁截面高度越大、柱截面高度越小其值越小

（C）梁、柱截面高度越大其值越小

（D）梁截面高度越大、柱截面高度越小其值越大

5-4 框架-剪力墙结构，将连梁与剪力墙的连接从刚接改为铰接后，则水平荷载下的最大层间位移值 Δu_{max} 和出现最大层间位移的楼层号 m，（ ）。

（A）Δu_{max} 减小、m 减小 （B）Δu_{max} 减小、m 增大

（C）Δu_{max} 增大、m 减小 （D）Δu_{max} 增大、m 增大

5-5 竖向桁架在水平节点荷载作用下，由弦杆和腹杆轴向变形引起的侧移曲线（ ）。

（A）均呈剪切型

（B）均呈弯曲型

（C）前者呈剪切型；后者呈弯曲型

（D）前者呈弯曲型；后者呈剪切型

5-6 单榀无洞口剪力墙，在水平荷载作用下，截面弯曲变形和剪切变形引起的侧移曲线（ ）。

（A）均呈剪切型

（B）均呈弯曲型

（C）前者呈剪切型；后者呈弯曲型

（D）前者呈弯曲型；后者呈剪切型

5-7 受侧向水平荷载作用的竖向悬臂构件，剪切变形在顶点位移中所占比重与构件高宽比（H/B）、抗弯刚度（EI）与剪切刚度（GA）的比值（EI/GA）的关系为（ ）。

（A）H/B 大、EI/GA 大，剪切变形比重大

（B）H/B 大、EI/GA 小，剪切变形比重大

（C）H/B 小、EI/GA 大，剪切变形比重大

（D）H/B 小、EI/GA 小，剪切变形比重大

5-8 在水平荷载作用下，框筒结构角区附近和中间部分的应力与实腹筒相比（ ）。

（A）均大于实腹筒

（B）均小于实腹筒

（C）角区附近应力大于实腹筒；而中间部分的应力小于实腹筒

（D）角区附近应力小于实腹筒；而中间部分的应力大于实腹筒

5-9　框筒在水平荷载作用下存在剪力滞后现象，下列什么情况剪力滞后越明显？（　　）。

（A）裙梁的刚度越大、框筒的宽度越大

（B）裙梁的刚度越大、框筒的宽度越小

（C）裙梁的刚度越小、框筒的宽度越小

（D）裙梁的刚度越小、框筒的宽度越大

5-10　对于实腹筒，水平荷载产生的弯矩和剪力（　　）。

（A）主要由腹板承担

（B）弯矩主要由翼缘承担；剪力主要由腹板承担

（C）主要由翼缘承担

（D）弯矩主要由腹板承担；剪力主要由翼缘承担

5-11　对于相同的剪力墙和水平荷载总值，不同荷载分布下剪力墙顶点位移的大小（　　）。

（A）顶点集中荷载>均布荷载>倒三角分布荷载>正三角分布荷载

（B）顶点集中荷载>倒三角分布荷载>均布荷载>正三角分布荷载

（C）倒三角分布荷载>顶点集中荷载>正三角分布荷载>均布荷载

（D）倒三角分布荷载>顶点集中荷载>均布荷载>正三角分布荷载

5-12　图示三种不同结构竖向构件在水平荷载作用下的实际弯矩分布，其中（　　）。

（A）Ⅰ对应独立墙肢、Ⅱ对应联肢剪力墙墙肢、Ⅲ对应刚架柱

（B）Ⅰ对应壁式框架柱、Ⅱ对应独立墙肢、Ⅲ对应刚架柱

（C）Ⅰ对应刚架柱、Ⅱ对应壁式框架柱、Ⅲ对应独立墙肢

（D）Ⅰ对应联肢剪力墙墙肢、Ⅱ对应刚架柱、Ⅲ对应独立墙肢

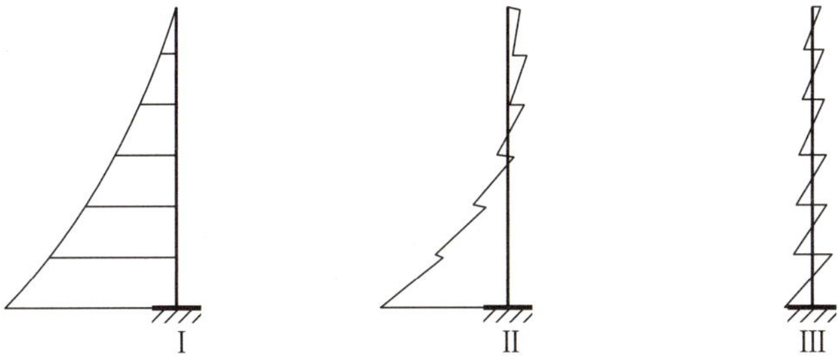

测试题 5-12 图

5-13　多层双肢墙结构（$1\leqslant\alpha<10$），由楼层水平集中荷载在结构底部引起的倾覆力矩中，整体弯矩所占比重为（　　）。

（A）0　　（B）0.5　　（C）1　　（D）>0，<1

5-14　双肢剪力墙的等效截面弯曲刚度考虑了（　　）。

（A）墙肢和连梁的弯曲变形、轴向变形

（B）墙肢和连梁的弯曲变形、剪切变形和轴向变形

（C）墙肢的弯曲变形、轴向变形和连梁的弯曲变形、剪切变形

（D）墙肢的弯曲变形、剪切变形、轴向变形和连梁的弯曲变形、剪切变形

5-15 水平荷载作用下,肢强系数较大的双肢剪力墙随着整体性系数的增大,墙肢实际弯矩在楼层处的突变和出现反弯点的楼层数(　　)。

(A) 越明显、越多　　(B) 越明显、越少

(C) 越不明显、越多　　(D) 越不明显、越少

5-16* 在均匀水平荷载作用下,框架-剪力墙结构中的综合框架剪力沿高度的分布(　　)。

(A) 呈三角形

(B) 呈矩形

(C) 中部大、上部小、底面为0

(D) 中部大、上下部小,底面不为0

5-17 当刚度特征值 λ 适中时,框架-剪力墙结构在水平荷载作用下的侧移曲线呈(　　)。

(A) 弯曲型

(B) 剪切型

(C) 上部呈弯曲型、下部呈剪切型

(D) 上部呈剪切型、下部呈弯曲型

5-18 如果剪力墙的整体性系数 $1\leqslant\alpha<10$,且肢强系数 $I_n/I\leqslant[\zeta]$,则该剪力墙归为(　　)。

(A) 整截面剪力墙　　(B) 整体小开口剪力墙

(C) 联肢剪力墙　　(D) 壁式框架

5-19* 剪力墙离开抗侧刚度中心的距离越远(　　)。

(A) 抗侧刚度和抗扭刚度均越大　　(B) 抗侧刚度和抗扭刚度均越小

(C) 抗侧刚度不变、抗扭刚度越大　　(D) 抗侧刚度越大、抗扭刚度不变

5-20 钢筋混凝土剪力墙墙肢的正截面承载力和斜截面承载力在反复荷载作用下(　　)。

(A) 均下降

(B) 正截面承载力下降、斜截面承载力不变

(C) 均不变

(D) 正截面承载力不变、斜截面承载力下降

5-21 在建立联肢剪力墙微分方程、计算连梁切口处相对竖向位移时,考虑了(　　)。

(A) 连梁、墙肢的弯曲、剪切和轴向变形

(B) 墙肢和连梁的弯曲、剪切变形

(C) 墙肢的弯曲、剪切变形和连梁的弯曲、轴向变形

(D) 墙肢的弯曲、轴向变形和连梁的弯曲、剪切变形

第5章 高层建筑结构测试题解答

第 6 章　砌体结构

砌体房屋属于墙体结构体系，主要采用砌体混合结构的形式，包括砌体-木结构、砌体-钢结构和砌体-混凝土结构等。目前常用的是砌体-混凝土结构，水平构件（梁、楼板等）采用钢筋混凝土，墙体、柱采用砌体。习惯上将以砌体墙、柱作为竖向承重构件的建筑物统称为砌体结构。与剪力墙结构体系不同，砌体房屋的墙体以承重竖向荷载为主。

6.1　砌体结构种类及布置

6.1.1　砌体结构种类

砌体结构根据竖向荷载的承重方案分为横墙承重体系、纵墙承重体系、纵横墙承重体系、内框架承重体系和底部框架上部砌体承重体系，见图 6.1.1。

竖向荷载主要由横墙承担的结构称为**横墙承重体系**（transverse wall load-bearing system）。楼面竖向荷载通过楼板直接传递给横墙，见图 6.1.1a，而纵墙仅承担墙体自重。受楼板经济跨度的限制（一般为 3~4.5 m），横墙间距比较密，房间大小固定。适用于宿舍、办公室等平面布置比较规则的房屋。由于横墙较多，又有纵墙的拉结，房屋的空间刚度大，整体性好，对抵抗风、地震等水平作用和抵抗地基不均匀沉降比较有利。横墙承重体系竖向荷载的传递路线为：板→横墙→基础→地基。

6.1　砌体结构种类及布置

在**纵墙承重体系**（longitudinal wall load-bearing system）中，楼面竖向荷载通过梁主要传给纵墙，见图 6.1.1b。横墙的设置主要是为了满足房屋空间刚度和整体性的要求，因此间距可以比较大，位置相对灵活。可以用于教学楼、食堂、仓库等要求有较大空间的房屋。与横墙承重体系相比，房屋的空间刚度和整体性较差。由于纵墙承受主要的竖向荷载，设置在纵墙上的门窗大小和位置受到限制。纵墙承重体系竖向荷载的传递路线为：板→梁→纵墙→基础→地基。

纵横墙承重体系（longitudinal and transverse wall load-bearing system）的纵墙和横墙均为承重墙，见图 6.1.1c。

图 6.1.1d 是**内框架承重体系**（inner frame load-bearing system），与一般全框架结构的区别在于省去边柱，而由砌体墙承重。由于横墙较少，房屋的空间刚度较差。此外，由于墙下基础与柱下基础的差异，容易产生不均匀沉降。内框架承重体系主要用在清水墙房屋，不设混凝土边柱可不破坏清水墙立面，在民国建筑中使用较多。这种结构体系对抗震不利，《建筑抗震设计规范》已将其取消。

在沿街建筑中，为了在底层开设商铺，需要大空间，采用框架结构；而上面各层用作住宅，采用砌体结构。这类结构体系称为**底部框架砌体房屋**（masonry buildings with bottom frames），属于竖向复合结构，见图 6.1.1e。在抗震设防区，为了满足上、下层刚度比的要求，在底层常常需要布置剪力墙。

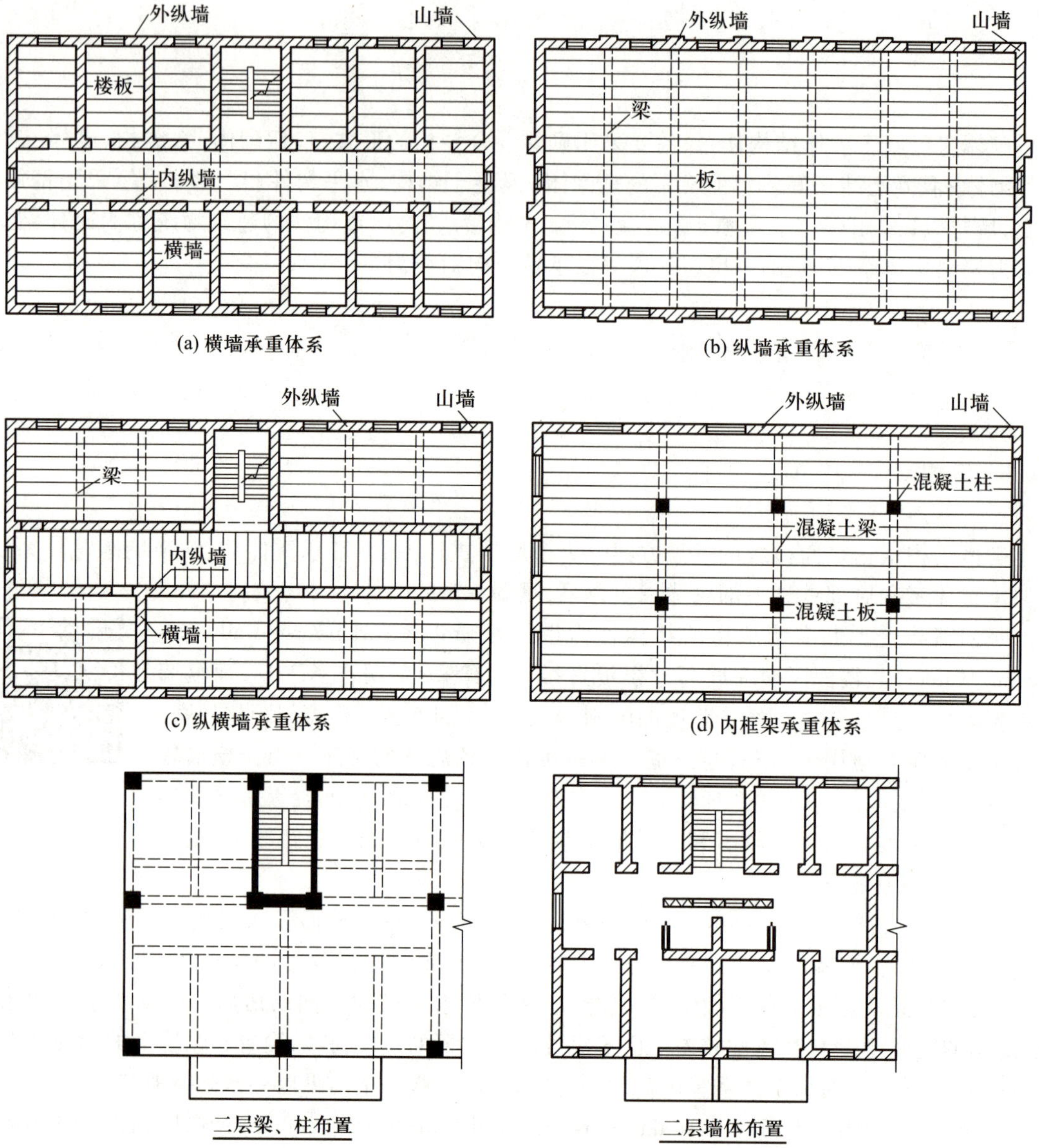

(a) 横墙承重体系 (b) 纵墙承重体系

(c) 纵横墙承重体系 (d) 内框架承重体系

(e) 底部框架承重体系

图 6.1.1 砌体结构种类

6.1.2 砌体结构的组成

砌体结构包括上部结构和基础。上部结构由竖向承重构件和水平承重构件组成，竖向承重构件包括砌体墙和砌体独立柱。砌体房屋中一般布置有**圈梁**（ring beam）和**构造柱**

(constructional column),此外,根据需要还有过梁(lintels)、挑梁(cantilever beam)和墙梁(wall beam)等水平构件。

为了增强砌体结构的整体性,防止由于地基不均匀沉降或较大振动荷载等对房屋引起的不利影响,在房屋的檐口、基础顶面和适当的楼层处布置有钢筋混凝土圈梁。为提高房屋的延性,抗震设防区的砌体结构,在外墙四角、内外墙交接处等部位设有钢筋混凝土构造柱或芯柱(对砌块砌体),构造柱要求先砌墙后浇柱。

为了将门窗洞上方的荷载传递给洞口侧边的墙体,需要设置过梁。

挑梁是指嵌固在砌体中的悬挑式钢筋混凝土梁,一般有阳台挑梁、雨篷挑梁和外走廊挑梁。当悬挑梁与混凝土圈梁连成一体时,不称其为挑梁。

当房屋因底部大空间的需要,部分墙体不能落地时,需设置钢筋混凝土托梁,并与托梁上的墙体共同组成墙梁。此外,单层厂房围护结构中的基础梁与墙体、连系梁与墙体也构成墙梁。

砌体房屋的基础类型有墙下刚性基础、墙下条形基础、筏形基础和桩基础。

刚性基础比较经济,当场地土情况较好时,可以采用这种基础。基础材料有毛石、毛石砌体、砖砌体和混凝土。

墙下条形基础采用钢筋混凝土,抵抗地基不均匀沉降的能力比刚性基础强,是目前常用的砌体基础形式。当地质条件较差时可以采用筏形基础和桩基础。

6.1.3 砌体结构布置的一般要求

抗震设防区的多层砌体房屋应优先采用横墙承重或纵横墙承重结构体系,纵横墙的布置宜均匀对称,沿平面内宜对齐,沿竖向应上下连续。砌体房屋的总高度、层数和高宽比不应超过附表 F.1、F.2 的规定。多层砌体房屋的层高不应超过 3.6 m;底部框架-抗震墙房屋的底部,层高不应超过 4.5 m。抗震横墙的间距不应超过附表 F.3 的要求,墙体的局部尺寸应满足附表 F.4 的限值。

底层框架-抗震墙房屋的纵、横两个方向,第二层(计入构造柱影响)与底层抗侧刚度的比值,6、7 度时不应大于 2.5;8 度时不应大于 2.0;且均不宜小于 1。底部两层框架-抗震墙房屋的纵、横两个方向,底层与底部第二层抗侧刚度应接近,第三层与底部第二层抗侧刚度的比值,6、7 度时不应大于 2.0;8 度时不应大于 1.5,且均不宜小于 1。

车间、仓库、食堂等空旷的单层砌体房屋,当墙厚 $h \leq 240$ mm 时,应按下列规定设置现浇钢筋混凝土圈梁:砖砌体房屋,檐口标高为 5~8 m 时应设置一道,檐口标高大于 8 m 时宜适当增设;砌块及料石砌体房屋,檐口标高为 4~5 m 时应设置一道,檐口标高大于 5 m 时宜适当增设;对有吊车或较大震动设备的砌体单层工业厂房,除在檐口或窗顶标高处设置圈梁外,宜在吊车梁标高或其他适当位置增设。

住宅、宿舍、办公楼等多层砌体民用房屋,当墙厚 $h \leq 240$ mm,且层数为 3~4 层时,应在底层和檐口标高处设置一道圈梁;当层数超过 4 层时还需在所有纵横墙上隔层设置。

砌体多层厂房宜每层设置圈梁。

抗震设防区的砌体房屋,其圈梁的设置要求尚应满足附表 F.5 的要求。砖砌体房屋和砌块砌体房屋应根据附表 F.6 和附表 F.7 的要求设置钢筋混凝土构造柱。

6.2 砌体结构分析

砌体结构在静力荷载作用下的结构分析称静力计算。

6.2.1 静力计算模型

一、平面计算模型

计算模型包括选取计算单元和确定计算简图。

6.2 砌体结构分析

下面以图 6.2.1a 所示的外纵墙承重单层房屋为例，讨论计算模型的确定方法。

该房屋采用钢筋混凝土屋面板和屋面大梁，两端没有山墙(横墙)。纵墙上的窗洞沿纵向均匀开设。竖向荷载下的传递路线为：屋面板→屋面大梁→纵墙→基础→地基。在水平荷载下，整个房屋将发生侧移，屋盖处具有相同的水平位移。水平荷载的传递路线为：纵墙→基础→地基。可见，在竖向和水平荷载下，图中标出的部分均与整个结构的受力状态相同，因而可以将这部分取为计算单元。

进一步，相对于砌体纵墙来说，钢筋混凝土屋盖的刚度很大，屋面梁搁置在砌体墙上，无法传递弯矩，因而可用平面排架作为该单元的计算简图，如图 6.2.1d 所示，墙体相当于排架柱。水平荷载下，屋盖处的水平侧移可以根据这一排架模型计算，用 u_p 表示，见图 6.2.1c。这属于第 3 章介绍的结构均匀、荷载均匀情况，因而完全可以用平面计算模型代替实际结构。

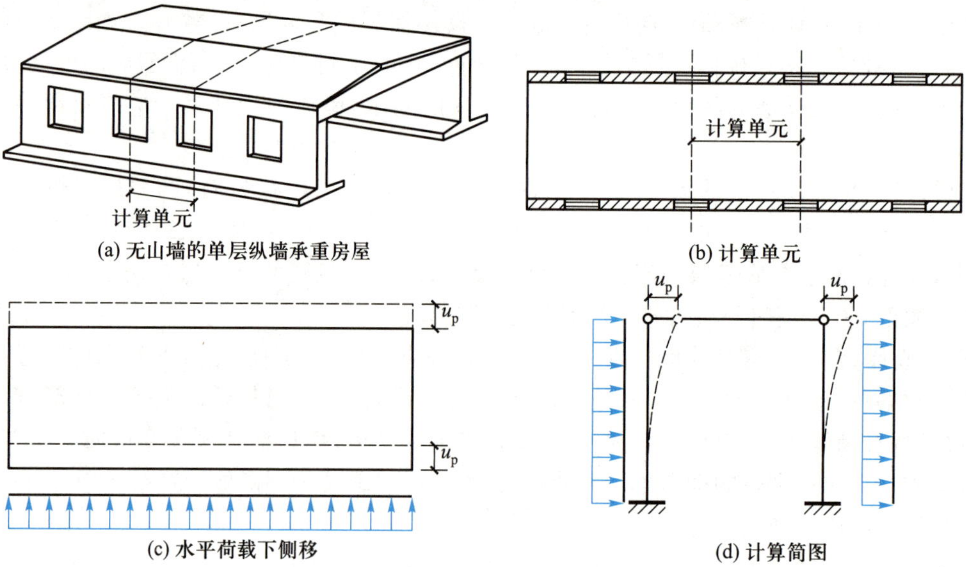

(a) 无山墙的单层纵墙承重房屋　(b) 计算单元　(c) 水平荷载下侧移　(d) 计算简图

图 6.2.1　单层纵墙承重体系计算模型的确定

二、房屋的空间作用

当在图 6.2.1 中的房屋两端加上山墙后，如图 6.2.2 所示，水平荷载的传递路线将发生本质变化。设有山墙后，屋盖结构相当于两端支承在山墙上、以山墙间距为跨度、刚度很大的水平构件。在水平荷载作用下，纵墙一端支承在基础，另一端支承在屋盖。纵墙上的风荷载，一部分通过纵墙基础直接传给地基，另一部分则通过屋盖传给两端的山墙，其传递路线为

$$\text{风荷载}\rightarrow\text{纵墙}\rightarrow\left\{\begin{array}{l}\text{屋盖}\rightarrow\text{山墙}\rightarrow\text{山墙基础}\\ \text{纵墙基础}\end{array}\right\}\rightarrow\text{地基}$$

此时，水平荷载下屋盖处的水平位移是不同的，中间大，两端小。在房屋两端，屋盖处的水平位移等于山墙顶部的侧移 u_{max}，见图 6.2.2c；而在房屋的中部，屋盖处的水平位移 u_s 是山墙顶部侧移 u_{max} 与屋盖的水平挠度 f_{max} 之和，见图 6.2.2b。

可见，有山墙后，风荷载的传力体系不再是平面受力体系，即风荷载不只是在纵墙和屋盖组成的平面排架内传递，而是在屋盖和山墙组成的空间结构中传递，结构存在空间作用。

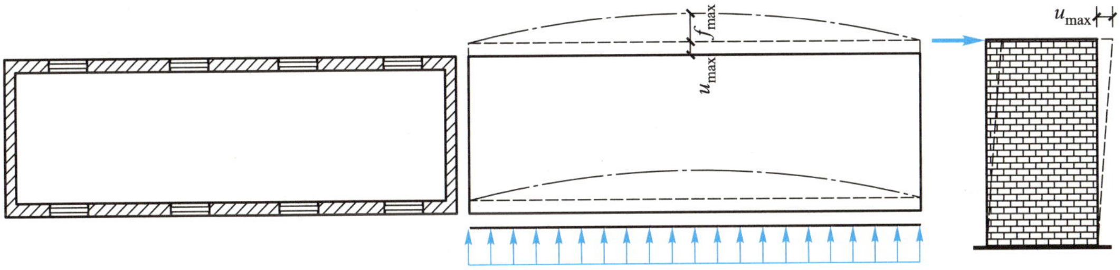

(a) 有山墙的单层纵墙承重房屋　(b) 水平荷载下屋盖变形　(c) 山墙变形

图 6.2.2　砌体房屋的空间作用

有山墙时，屋盖处的最大水平位移主要与山墙刚度、屋盖刚度以及山墙的间距有关。而无山墙时房屋屋盖处的水平位移仅与纵墙本身的刚度有关。由于山墙参与工作，实际结构屋盖处的最大水平位移 u_s 比按排架模型计算的侧移 u_p 要小。对于线弹性体系，位移与荷载成正比，这意味着纵墙承担的荷载比平面排架小。令 $\eta=u_s/u_p$，称空间性能影响系数，η 的大小反映了空间作用的强弱。

三、静力计算方案

为了考虑结构的整体空间作用，根据房屋的空间刚度，静力计算时划分为三种计算方案，对排架模型进行相应的修正。

若 u_s 很小，$\eta\approx0$，说明房屋的空间刚度很大。此时屋盖可作为纵墙的侧向固定铰支座，这相当于在排架顶端加上一个水平铰支座，见图 6.2.3a 所示。这类房屋称**刚性方案**（rigid analysis scheme）房屋。

若 $u_s\approx u_p$，$\eta\approx1$，说明房屋的空间刚度很小，结构的空间作用很弱，墙、柱的内力可按不考虑空间作用的平面排架模型计算。这类房屋称**弹性方案**（elastic analysis scheme）房屋，计算简图见图 6.2.3b 所示。

若 $0<u_s<u_p$，$0<\eta<1$，称**刚弹性方案**（rigid-elastic analysis scheme）房屋，其受力性能介于刚性方案和弹性方案之间。其计算简图可在排架的顶端加上一个水平弹性支座，如图 6.2.3c 所示。

实用中，η 在一定范围内即认为属于某一种方案。例如：对于第一类屋盖（表 6-2），《砌体结

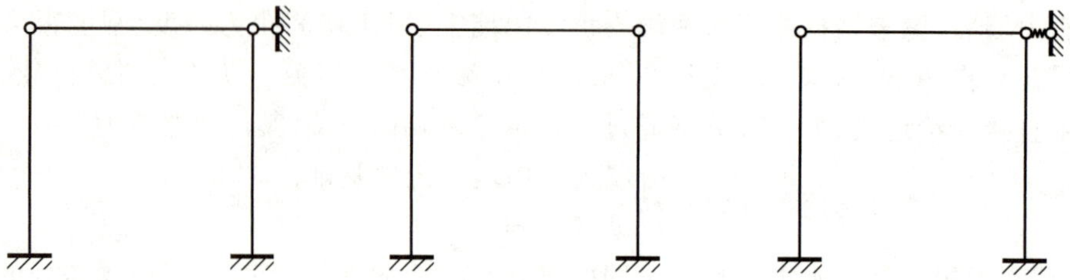

图 6.2.3　砌体房屋的静力计算方案

构设计规范》GB 50003—2011(以下简称《砌体规范》)规定当 $\eta<0.33$ 时按刚性方案计算;当 $\eta>0.77$ 按弹性方案计算;当 $0.33\leqslant\eta\leqslant0.77$ 按刚弹性方案计算。

由于屋盖(楼盖)刚度和横墙间距是结构侧移 u_s 的主要因素,《砌体规范》主要根据这两个因素作为划分静力计算方案的依据,具体见表 6-1。

表 6-1　房屋的静力计算方案

	屋盖或楼盖类别	刚性方案	刚弹性方案	弹性方案
1	整体式、装配整体式和装配式无檩体系钢筋混凝土屋盖或楼盖	$s<32$	$32\leqslant s\leqslant72$	$s>72$
2	装配式有檩体系钢筋混凝土屋盖、轻钢屋盖和有密铺望板的木屋盖或木楼盖	$s<20$	$20\leqslant s\leqslant48$	$s>48$
3	瓦材屋面的木屋盖和轻钢屋盖	$s<16$	$16\leqslant s\leqslant36$	$s>36$

注:表中 s 为横墙间距。

表 6-2　房屋各层的空间性能影响系数 η

屋(楼)盖类别	横墙间距 s/m														
	16	20	24	28	32	36	40	44	48	52	56	60	64	68	72
1	—	—	—	—	0.33	0.39	0.45	0.50	0.55	0.60	0.64	0.68	0.71	0.74	0.77
2	—	0.35	0.45	0.54	0.61	0.68	0.73	0.78	0.82	0.82	—	—	—	—	—
3	0.37	0.49	0.60	0.68	0.75	0.81	—	—	—	—	—	—	—	—	—

四、刚性方案和刚弹性方案计算时对横墙的要求

房屋的空间刚度除了与楼盖类型和横墙间距有关外,还与横墙本身的刚度有关。按刚性方案和刚弹性方案计算时需要利用房屋的空间作用,因而横墙应满足一定的要求。《砌体规范》规定:

(1) 横墙中洞口的水平截面积不超过全截面的 50%;

(2) 横墙厚度不宜小于 180 mm;

(3) 横墙长度不宜小于高度(单层)或总高度的一半(多层)。

如果(1)、(2)、(3)条不能同时满足,需对横墙的刚度进行验算,要求满足 $u_{max}\leqslant H/4\ 000$,其中 H 为墙体高度。

由式(5.2.3c),墙顶作用水平集中荷载 F_1 时(图 6.2.4a),墙顶侧移为

$$u_{max}=\frac{F_1H^3}{3EI}+\frac{\mu F_1H}{GA} \tag{6.2.1}$$

式中,μ——截面的切应变不均匀系数,取 $\mu=2.0$;

G ——砌体剪切模量,取 $G=0.4E$;

F_1——横墙承受的水平荷载,设每个开间分布风荷载产生的水平力为 R,墙顶以上部分屋面集中风荷载为 W,该横墙的负荷范围为 $n=(n_1+n_2)/2$ 个开间,则 $F_1=(R+W)n$,见图 6. 2. 4b。

多层房屋的总侧移可逐层计算。

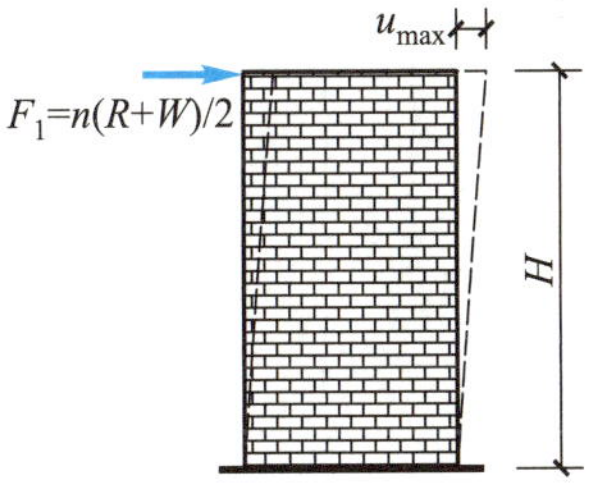

(a) 墙顶集中荷载

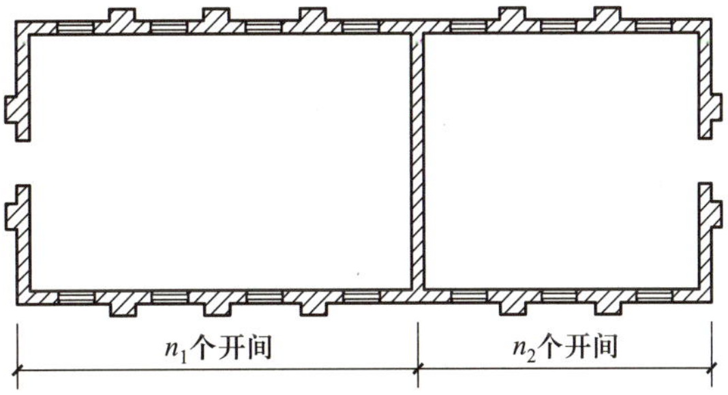

(b) 横墙负荷范围

图 6.2.4 横墙的侧移计算

6.2.2 刚性方案房屋的内力分析

一、承重纵墙

对于单层房屋,刚性方案承重纵墙的计算简图如图 6.2.5 所示。作用的荷载包括:

(1) 屋面自重、屋面可变荷载产生的 N_P。N_P 作用点对墙体可能有偏心距 e_P,因而产生偏心力矩 $M_P=N_P\times e_P$。

(2) 风荷载。包括迎风面上的风压荷载 q_{1k}、背风面上的风吸荷载 q_{2k}和墙顶以上部分屋面的集中风荷载 $\overline{W}_k$。

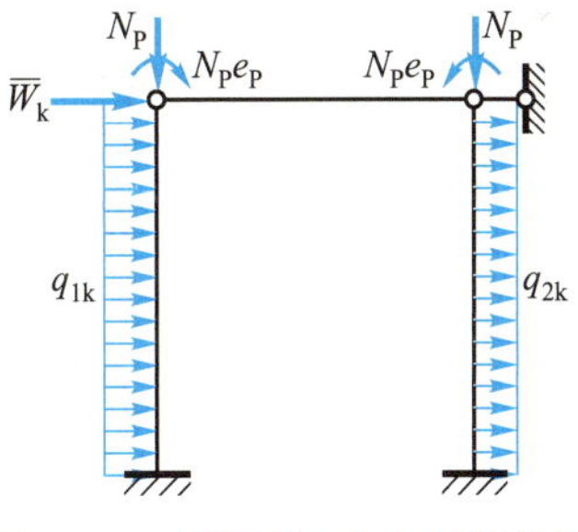

图 6.2.5 单层刚性方案计算简图

(3) 墙体及门窗自重。如果是变厚度墙,上阶部分自重对下阶轴线将产生偏心力矩。

内力计算可利用附表 C.2 或用结构力学方法。

对于多层房屋,刚性方案纵墙的计算简图是每层加上一个水平铰支座的多层排架,如图 6. 2. 6a 所示。为了减少计算工作量,作进一步的简化。

在竖向荷载下,假定墙体在楼层处为铰接,在基础顶面也假定为铰接,于是计算简图就变成若干个竖向简支构件,如图 6.2.6b 所示。这样简化是基于以下两点考虑:① 简化计算主要引起弯矩的误差,而竖向荷载作用下轴力是主要的,弯矩较小;② 楼盖嵌入墙体,使墙体传递弯矩的

能力受到削弱。

在水平荷载下，假定墙体在基础顶面为铰接，于是计算简图简化为竖向连续梁，如图 6.2.6c 所示，计算得以简化。

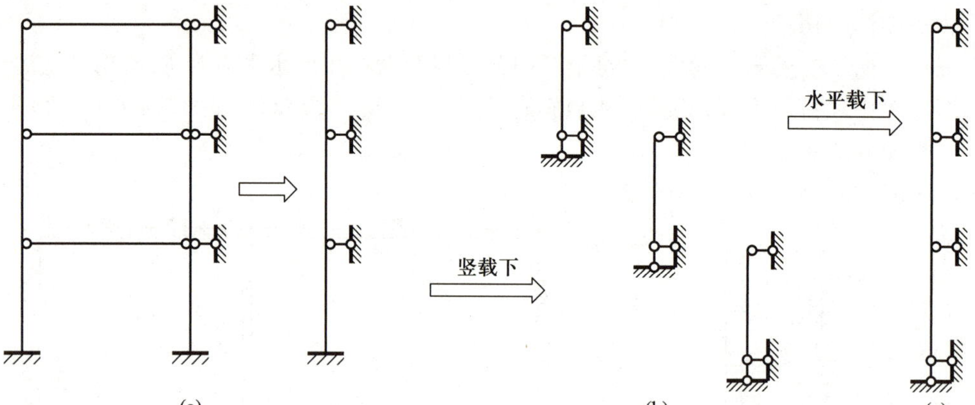

图 6.2.6 多层刚性方案的简化计算简图

在图 6.2.7 所示的竖向荷载作用下，上端截面存在轴力 N_{I} 和偏心力矩 M_{I}，分别为

$$\begin{cases} N_{\mathrm{I}}=N_{\mathrm{P}}+N_{\mathrm{u}} \\ M_{\mathrm{I}}=N_{\mathrm{P}}\times e_{\mathrm{P}}-N_{\mathrm{u}}\times e_{\mathrm{u}} \end{cases} \tag{6.2.2}$$

式中，N_{P}——本层楼盖梁或板传来的荷载；

e_{P}——N_{P} 对墙体截面形心线的偏心距，$e_{\mathrm{P}}=h_2/2-0.4a_0$，$a_0$ 为楼面梁的有效支承长度；

N_{u}——由上面各层通过墙体传来的荷载；

e_{u}——N_{u} 对本层墙体截面形心的偏心距，$e_{\mathrm{u}}=(h_2-h_1)/2$；

h_1、h_2——分别为上层和本层的墙厚。

下端截面没有弯矩（根据铰接假定），轴力为上端截面轴力加上本层墙体自重 N_{d}。内力

$$\begin{cases} N_{\mathrm{II}}=N_{\mathrm{P}}+N_{\mathrm{u}}+N_{\mathrm{d}} \\ M_{\mathrm{II}}=0 \end{cases} \tag{6.2.3}$$

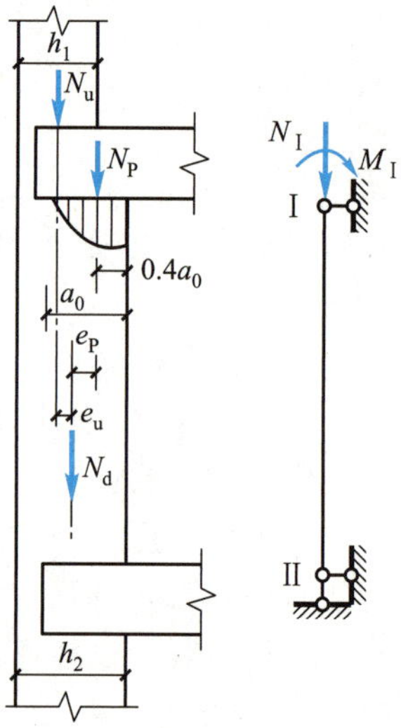

图 6.2.7 竖载下的内力计算

多层刚性房屋的外墙当同时满足以下 3 个条件可不考虑风荷载：

① 洞口水平截面面积不超过全截面面积的 2/3；

② 层高和总高不超过表 6-3 的规定；

③ 屋面自重不小于 0.8 kN/m²。

当必须考虑风荷载时，可按连续梁计算，也可近似取 $M=wH_i^2/12$，其中 w 为分布风荷载设计值；H_i 为层高。

表 6-3 外墙不考虑风荷载的最大高度

基本风压/(kN/m²)	层高/m	总高/m
0.4	4.0	28
0.5	4.0	24
0.6	4.0	18
0.7	3.5	18

二、承重横墙

确定横墙的静力计算方案时,纵墙间距相当于表 6-1 中的横墙间距。在横墙承重的房屋中,一般来说,纵墙长度较大,但其间距不大,符合刚性方案的要求。此时,楼盖是横墙的水平铰支座,计算简图与刚性方案的纵墙相同。

除山墙外,内横墙仅承受由楼面传来的竖向荷载。同纵墙一样,对于多层,可近似假定墙体在楼盖处为铰接。由于横墙承受楼板传来的分布荷载,常取 $b=1$ m 宽度作为计算单元宽度。当横墙沿房屋纵向均匀布置,且楼面的构造和使用荷载相同时,内横墙两边楼面传来的竖向荷载大小相等,作用位置对称,墙体按轴心受压计算;当两边的荷载大小不等或作用点不对称时,墙体按偏心受压计算。

6.2.3 弹性和刚弹性方案房屋的内力分析

弹性方案计算简图是一般的排架模型,其内力分析方法可以参照第 3 章,此处不再赘述。

单层刚弹性方案的计算简图是在排架柱顶加上一个水平弹性支座,参见图 6.2.3c;多层刚弹性方案的计算简图是每一楼层处加上一个弹性支座,如图 6.2.8a 所示。

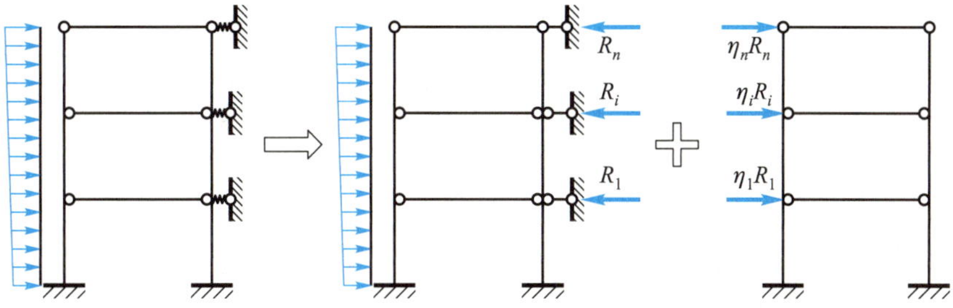

图 6.2.8 刚弹性方案的内力计算方法

第 3 章曾讨论过单层排架考虑空间作用的内力计算方法。当柱顶(对多层则是楼层)作用一水平集中荷载 R 时,考虑空间作用后,相当于将 ηR 作用于排架柱顶或楼层。

刚弹性方案房屋的内力计算按以下步骤进行:

(1) 首先在柱顶或楼层加上水平铰支座(图 6.2.8b),求出截面内力和水平铰支座的支座反力 R_i;

(2) 将支座反力 R_i 乘以空间影响系数 η_i 后反方向作用于排架,求出其内力(图 6.2.8c);

(3) 将上面两种情况的内力叠加,即得到刚弹性方案的内力。

6.2.4 其他多层房屋的内力分析要点

一、上柔下刚多层房屋

上柔下刚多层房屋(upper flexible and lower rigid complex multistorey building)是指顶层横墙间距超过刚性方案的限值,而下面各层横墙间距满足刚性方案的要求。

上柔下刚多层房屋的计算简图见图 6.2.9a，顶层楼面处有一个水平弹性支座，而其余各层楼面处为水平铰支座。内力计算时，可先在顶层也加上一个水平铰支座（图 6.2.9b），此时的计算简图同刚性方案多层房屋，求出顶层的支座反力 R_n；然后将支座反力 R_n 乘以空间性能影响系数 η_n 后反向作用多层排架。在顶层 $\eta_n R_n$ 作用下，下面各层的内力很小，所以可按单层计算，如图 6.2.9c 所示；将两种情况下的内力叠加即得到最后的内力。

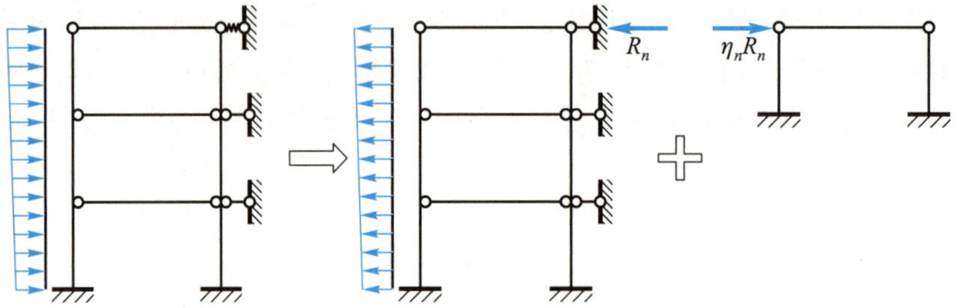

(a) (b) (c)

图 6.2.9 上柔下刚房屋简化计算方法

二、底部框架砌体房屋

底部框架砌体房屋可对上部砌体和下部框架分别计算。砌体部分的计算同一般多层砌体房屋；框架部分需承受上部各层的竖向荷载和水平荷载，其中水平荷载可以等效成作用于框架顶部的集中水平力 $\overline{W}$ 和倾覆力矩 M_w，见图 6.2.10。

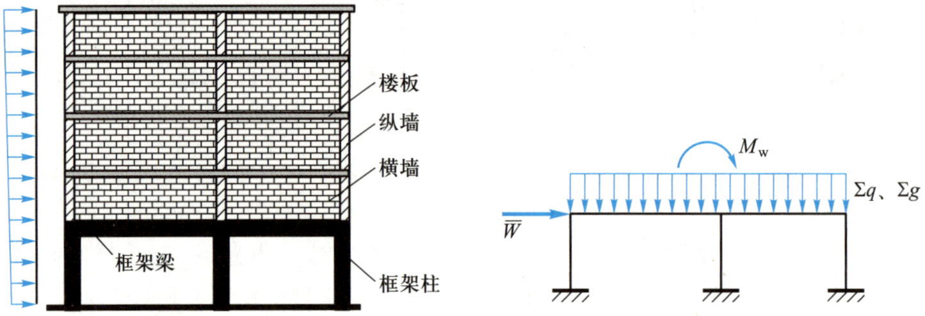

(a) 底部框架上部砌体房屋 (b) 框架部分计算简图

图 6.2.10 底部框架砌体房屋计算简图

6.3 砌体房屋墙体设计

6.3 砌体房屋墙体设计

砌体结构的墙、柱一般仅进行承载能力极限状态的计算，包括承载力和稳定。《砌体规范》采用验算**高厚比**（ratio of height to sectional thickness ）的方法来保证墙、柱稳定性。

6.3.1 墙、柱的受压承载力计算

一、控制截面的选择

图 6.3.1 中，Ⅲ－Ⅲ、Ⅳ－Ⅳ截面由于开有窗洞而受到削弱，抗力较低；Ⅰ－Ⅰ截面在 N_P 作用下局部受压，且弯矩 M 最大；Ⅱ－Ⅱ截面轴力最大，且窗下砌体抗剪能力较弱，压应力分布不均匀。因而这四个截面都是控制截面。《砌体规范》规定：对于有门窗洞的墙体，承载力计算时一律取窗间墙面积。于是只需取Ⅰ－Ⅰ、Ⅱ－Ⅱ截面作为计算截面。

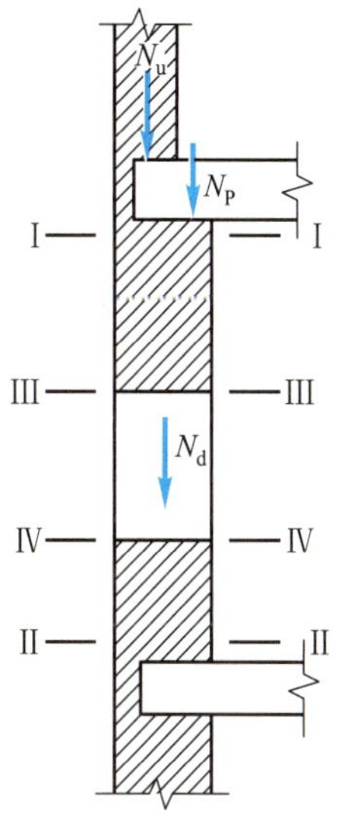

图 6.3.1 砌体墙控制截面

二、承载力计算内容

墙、柱属偏心受力构件，需要进行偏心受压的承载力计算；当墙体承受楼面大梁传来的集中荷载时，还需对大梁底面墙体进行局部受压承载力的计算。受压构件沿水平灰缝的受剪承载力一般不起控制作用，可不计算。

对于图 6.3.1 中的Ⅰ－Ⅰ截面分别按 M_{max}、N_{min} 进行偏心受压承载力计算和按 N_u、N_P 进行局部受压承载力计算；对于Ⅱ－Ⅱ截面按 M_{min}、N_{max} 进行偏心受压承载力计算。

三、荷载效应组合

非抗震时，确定控制截面的内力考虑以下两种荷载效应组合方式：

（1）1.2×永久荷载标准值产生的内力+1.4×（主导可变荷载标准值产生的内力+其余可变荷载组合值产生的内力）。

（2）1.35×永久荷载标准值产生的内力+1.4×所有可变荷载组合值产生的内力

对于抗震设防区尚需考虑地震作用效应组合：

1.2×重力荷载标准值产生的内力+1.3×地震作用标准值产生的内力

6.3.2 墙、柱的高厚比验算

一、高厚比验算公式

砌体墙、柱的高厚比应满足下列公式：

$$\beta = H_0/h_T \leqslant \mu_1\mu_2[\beta] \tag{6.3.1}$$

式中，H_0——墙、柱的计算高度，按附表 C.3.9 确定。

h_T——墙、柱的折算厚度，$h_T=\sqrt{12I/A}$（对于矩形截面 $h_T=h$）。其中 I 为截面惯性矩，A 为截面面积。

$[\beta]$——允许高厚比，见表 6-4。

μ_1——自承重墙允许高厚比的修正系数（对承重墙 $\mu_1=1$），对于 240 mm 墙 $\mu_1=1.2$，对于 90 mm 墙 $\mu_1=1.5$，墙厚 90 mm<h_T<240 mm 时，线性插入。

μ_2——开洞修正系数，$\mu_2=1-0.4b_s/s\geqslant 0.7$，其中 s 为相邻窗间墙或壁柱之间的距离，b_s 为在宽度 s 范围内的门窗洞口宽度；当洞口高度不超过墙高的 1/5 时取 $\mu_2=1.0$；当洞

口高度超过墙高的4/5时按独立墙段验算高厚比。

表 6-4 墙、柱的允许高厚比[β]

砌体类型	砂浆强度等级	墙	柱
无筋砌体	M2.5	22	15
	M5.0	24	16
	≥M7.5	26	17
配筋砌块砌体	—	30	21

注：1. 毛石墙、柱允许高厚比应比表中数值降低20%；

2. 带有混凝土或砂浆面层的组合砖砌体构件的允许高厚比可按表中数值提高20%，但不得大于28；

3. 验算施工阶段砂浆尚未硬化的新砌体高厚比时，允许高厚比对墙取14，对柱取11。

二、验算内容

验算整片墙的高厚比时，按附表C.3.9确定计算高度 H_0 时，墙长 s 取相邻横墙的间距，见图6.3.2a。计算墙体折算厚度所取截面范围：当有门窗洞时可取窗间墙宽度，见图6.3.2b；当无门窗洞时可取相邻壁柱间的距离，见图6.3.2c，且不大于壁柱宽度加2/3墙高。

壁柱的存在提高了墙的稳定性。对于带壁柱墙，除了对整片墙进行验算外，还需对壁柱间墙的高厚比进行验算。壁柱间墙计算高度的确定一律按刚性方案考虑，墙长取壁柱间距，见图6.3.2d。

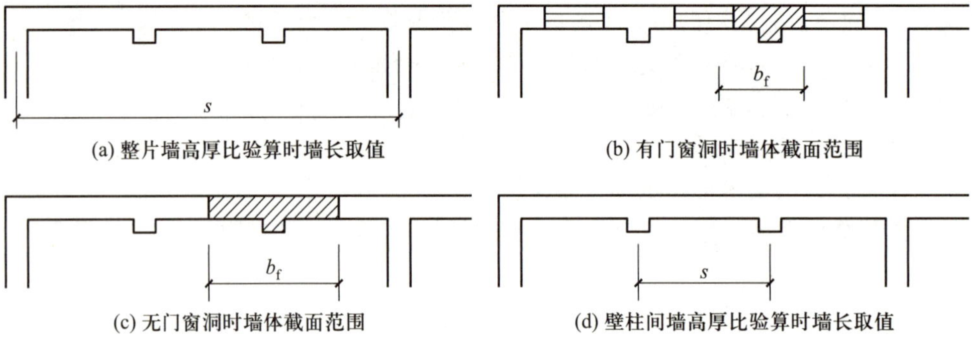

图 6.3.2 高厚比验算时墙长和截面范围的取值

验算带混凝土构造柱墙的高厚比时，式(6.3.1)中的 h 取墙厚，墙的允许高厚比可乘以提高系数 μ_c：

$$\mu_c = 1+\gamma b_c/l \tag{6.3.2}$$

式中，γ——系数，对细料石、半细料石砌体取 $\gamma=0$，对混凝土砌块、混凝土多孔砖、粗细料石、毛料石及毛石砌体取 $\gamma=1.0$，其他砌体取 $\gamma=1.5$；

b_c——构造柱沿墙长方向的宽度；

l——构造柱的间距。

上式中当 $b_c/l>0.25$ 时，取 $b_c/l=0.25$；当 $b_c/l<0.05$ 时取 $b_c/l=0$。

设有钢筋混凝土圈梁的带壁柱墙，当圈梁截面宽度与横墙间距的比值大于等于1/30时，圈梁可以作为壁柱间墙的固定铰支点。

【例 6-1】 图 6.3.3 所示单跨仓库，纵墙承重，纵墙的钢窗大小为 3.6 m×3.6 m，屋面结构为钢筋混凝土屋架有檩体系，支座底面标高为 6.00 m，屋面出檐 500 mm；屋面荷载合力点偏轴线内 150 mm。檐口处设一道 240 mm×240 mm 混凝土圈梁。

该房屋的结构安全等级为二级，该地区的基本风压 $w_0=0.45\ \text{kN/m}^2$，组合值系数 $\Psi_c=0.6$，地面粗糙度类别为 B；屋盖永久荷载标准值 $g_k=1.5\ \text{kN/m}^2$（水平投影），屋盖可变荷载标准值 $q_k=0.5\ \text{kN/m}^2$，组合值系数 $\Psi_c=0.7$。

墙体拟用 MU10 烧结多孔砖。试进行纵向墙体设计。

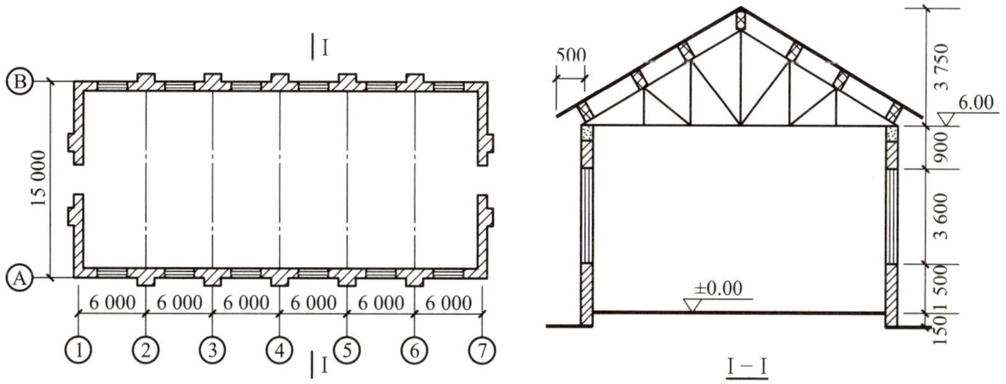

图 6.3.3 例 6-1 平面布置及剖面

【解】

（1）确定计算简图

取一个开间，即 6 m 宽作为计算单元，计算截面取窗间墙宽度。钢筋混凝土有檩体系，横墙间距 $s=36$ m，查表 6-1，属刚弹性方案；查表 6-2，空间性能影响系数 $\eta=0.68$。设基础顶面低于天然地面 0.5 m，则基础顶面至屋架下弦的高度：$H=(6+0.15+0.5)\text{m}=6.65$ m。计算简图如图 6.3.4 所示。

（2）计算截面特征

截面面积：$A=2.4\ \text{m}\times0.24\ \text{m}+0.49\ \text{m}\times0.38\ \text{m}=0.762\ 2\ \text{m}^2$

截面形心（图 6.3.5）：

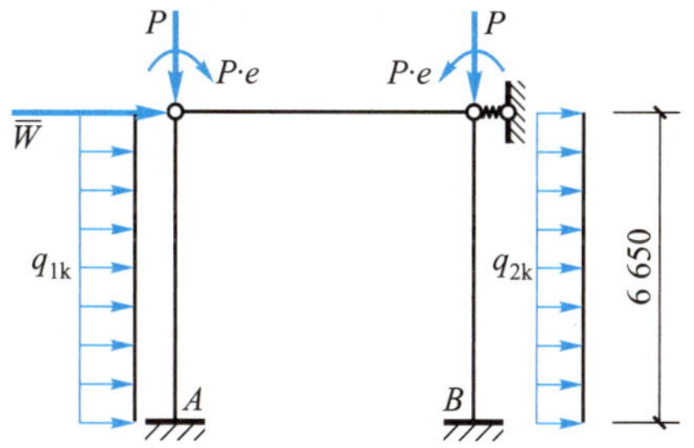

图 6.3.4 例 6-1 计算简图

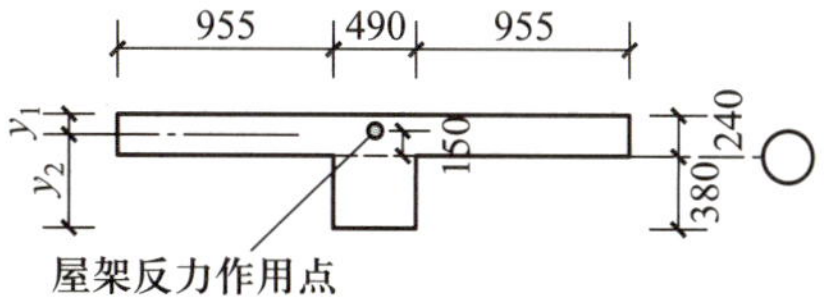

图 6.3.5 例 6-1 窗间墙

$$y_1=[(2.4-0.49)\times0.24\times0.12+0.49\times0.62\times0.31]\text{m}^2/0.762\ 2\ \text{m}=0.196\ \text{m}$$

$$y_2=0.62-y_1=0.62\ \text{m}-0.196\ \text{m}=0.424\ \text{m}$$

截面惯性矩：

$$I=[1.91\times0.24^3/12+1.91\times0.24\times(0.196-0.12)^2+0.49\times0.62^3/12+0.49\times0.62\times(0.31-0.196)^2]\ \text{m}^4=0.018\ 528\ \text{m}^4$$

折算厚度：$h_T=3.5\times(0.018\ 528/0.762\ 2)^{1/2}\ \text{m}=0.546\ \text{m}$

（3）墙体高厚比验算

初步选 M5 混合砂浆，查表 6-5，允许高厚比$[\beta]=24$。

① 整片墙

承重墙 $\mu_1=1.0$；$\mu_2=1-0.4b_s/s=1-0.4\times(6-2.4)/6=0.76>0.7$，取 $\mu_2=0.76$。

单跨、刚弹性方案，查附表 C.3.9，计算高度 $H_0=1.2H=1.2\times6.65\ \text{m}=7.98\ \text{m}$。

高厚比：$\beta=H_0/h_T=7.98/0.546=14.6<\mu_1\mu_2[\beta]=1\times0.76\times24=18.24$，满足要求。

② 壁柱间墙

验算壁柱间墙高厚比时，一律按刚性方案考虑。壁柱间距 $s=6$ m，柱高 $H=6.65$ m，$s<H$，查附表 C.3.9，计算高度 $H_0=0.6s=0.6\times6\ \text{m}=3.6\ \text{m}$。

$\beta=H_0/h_T=3.6/0.24=15<\mu_1\mu_2[\beta]=18.24$，满足要求。

（4）荷载计算

① 屋面荷载

屋面荷载包括屋盖自重、屋面可变荷载。屋面荷载对墙体截面形心有偏心，需将其等效成作用于截面形心的集中力和偏心力矩。其中偏心距 $e=0.196\ \text{m}-0.09\ \text{m}=0.106\ \text{m}$。

由屋盖自重引起：

屋架支承反力标准值 $P_k=1.5\ \text{kN/m}^2\times6\ \text{m}\times(7.5+0.5)\text{m}=72\ \text{kN}$

偏心力矩标准值 $M_P=P_k\times e=7.63\ \text{kN}\cdot\text{m}$

由屋面可变荷载引起：

屋架支承反力标准值 $Q_k=0.5\ \text{kN/m}^2\times6\ \text{m}\times(7.5+0.5)\text{m}=24\ \text{kN}$

偏心力矩标准值 $M_Q=Q_k\times e=2.54\ \text{kN}\cdot\text{m}$

② 墙体自重

240 mm 墙双面粉刷的自重为 4.1 kN/m^2，烧结多孔砖自重 14.25 kN/m^3，钢窗的自重0.45 kN/m^2。

窗间墙重量： $4.1\ \text{kN/m}^2\times6.65\ \text{m}\times2.4\ \text{m}+14.25\ \text{kN/m}^3\times0.49\ \text{m}\times0.38\ \text{m}\times6.65\ \text{m}=83.08\ \text{kN}$

窗上墙体重量：

$25\ \text{kN/m}^3\times0.24\ \text{m}\times0.24\ \text{m}\times3.6\ \text{m}+4.1\ \text{kN/m}^2\times3.6\ \text{m}\times(0.9-0.24)\text{m}=14.93\ \text{kN}$

钢窗重量： $0.45\ \text{kN/m}^2\times3.6\ \text{m}\times3.6\ \text{m}=5.83\ \text{kN}$

基础顶面处墙体自重引起的竖向荷载标准值：

$$G_k=(83.08+14.93+5.83)\ \text{kN}=103.84\ \text{kN}$$

③ 风荷载

风载包括墙体迎风面分布荷载 q_{1k}、背风面分布荷载 q_{2k} 和檐口处的屋面集中风载 $\overline{W}_k$。

风振系数 $\beta_z=1$；风荷载体型系数 μ_s 查附表 A.6。室外地面至屋脊的高度 $H=(0.2+6+3.75)\text{m}=9.95\ \text{m}$，小于 10 m，对于 B 类地面，风压高度变化系数 μ_z 取 1.0。

屋面风压标准值：$w_k=\beta_z\mu_s\mu_z w_0=1\times(0.5-0.14)\times1.0\times0.45\ \text{kN/m}^2=0.162\ \text{kN/m}^2$

作用在檐口处的屋面集中荷载标准值：$\overline{W}_k = Bhw_k = 6\ \text{m} \times 3.75\ \text{m} \times 0.162\ \text{kN/m}^2 = 3.645\ \text{kN}$

墙体迎风面分布荷载标准值：$q_{1k} = B\beta_z\mu_s\mu_z w_0 = 6\ \text{m} \times 1 \times 0.8 \times 1.0 \times 0.45\ \text{kN/m}^2 = 2.16\ \text{kN/m}$

墙体背风面分布荷载标准值：$q_{2k} = B\beta_z\mu_s\mu_z w_0 = 6\ \text{m} \times 1 \times 0.5 \times 1.0 \times 0.45\ \text{kN/m}^2 = 1.35\ \text{kN/m}$

（5）内力分析

图 6.3.4 所示计算简图的内力可分解成两种情况的叠加：排架顶加一水平铰支座的内力和支座反力乘以空间作用影响系数 η 后反作用于柱顶面的内力。

① 永久荷载作用下

柱顶截面的轴力：$N_1 = 72\ \text{kN}$；柱底截面的轴力：$N_2 = 72\ \text{kN} + 103.84\ \text{kN} = 175.84\ \text{kN}$

在屋面永久荷载的偏心力矩 M_P 作用下，由于对称，水平铰支座反力为 0，弯矩分布如图 6.3.6a 所示。

② 屋面可变荷载作用下

柱顶和柱底截面的轴力：$N_1 = N_2 = 24\ \text{kN}$

弯矩分布见图 6.3.6a（括号内的数字）。

③ 风荷载作用下

集中风荷载作用下水平铰支座的支座反力：$R_w = \overline{W}_k = 3.645\ \text{kN}$；弯矩为 0。

均布风荷载作用下水平铰支座的支座反力（查附表 C.2）：

$R_{Aq} = 3q_{1k}H/8 = 3 \times 2.16\ \text{kN/m} \times 6.65\ \text{m}/8 = 5.39\ \text{kN}$；$R_{Bq} = 3q_{2k}H/8 = 3 \times 1.35\ \text{kN/m} \times 6.65\ \text{m}/8 = 3.37\ \text{kN}$

A 柱柱底弯矩：$M_{Aq} = q_{1k}H^2/2 - R_{Aq}H = q_{1k}H^2/8 = 2.16\ \text{kN/m} \times (6.65\ \text{m})^2/8 = 11.94\ \text{kN} \cdot \text{m}$

B 柱柱底弯矩：$M_{Bq} = q_{2k}H^2/8 = 1.35\ \text{kN/m} \times (6.65\ \text{m})^2/8 = 7.46\ \text{kN} \cdot \text{m}$

均布风荷载下的弯矩图如图 6.3.6b 所示。

总的水平铰支座反力：$R = R_w + R_{Aq} + R_{Bq} = (3.645 + 5.39 + 3.37)\ \text{kN} = 12.41\ \text{kN}(\rightarrow)$

将支座反力乘以 η 后反向作用于排架，可求得柱底弯矩（图 6.3.6c）：

$$M_{AR} = M_{BR} = \eta RH/2 = 0.68 \times 12.41\ \text{kN} \times 6.65\ \text{m}/2 = 28.06\ \text{kN} \cdot \text{m}$$

最后将上述弯矩叠加得到柱底弯矩：

$$M_{Ak} = M_{Aq} + M_{AR} = 11.94\ \text{kN} \cdot \text{m} + 28.06\ \text{kN} \cdot \text{m} = 40\ \text{kN} \cdot \text{m}$$

$$M_{Bk} = M_{Bq} + M_{BR} = 7.46\ \text{kN} \cdot \text{m} + 28.06\ \text{kN} \cdot \text{m} = 35.52\ \text{kN} \cdot \text{m}$$

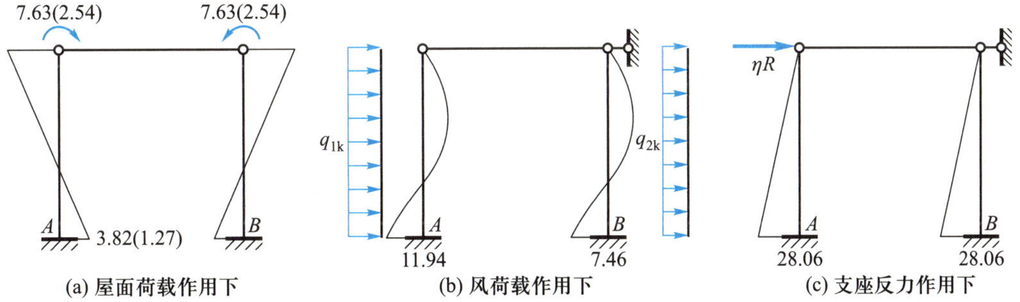

图 6.3.6 例 6-1 弯矩图（单位：kN·m）

（6）内力组合

控制截面为柱顶截面和柱底截面。风荷载有左风和右风，但因排架对称，右风下 A 柱内力等于左风下的 B 柱内力，故表 6-5 内力组合表中仅列出了一种风向的内力。

表 6-5　例 6-1 内力组合表

荷载情况		A 柱				B 柱			
		柱顶截面		柱底截面		柱顶截面		柱底截面	
		M	N	M	N	M	N	M	N
① 永久荷载		7.63	72	−3.82	175.84	7.63	72	−3.82	175.84
② 屋面可变荷载		2.54	24	−1.27	24	2.54	24	−1.27	24
③ 风荷载		0	0	40	0	0	0	−35.52	0
组合 Ⅰ	1.2×①+1.4×②+1.4×0.6×③	12.71	120.00	27.24	244.61	12.71	120.00	**−36.20**	**244.61**
组合 Ⅱ	1.2×①+1.4×③+1.4×0.7×②	11.65	109.92	50.17	234.53	11.65	109.92	**−55.56**	**234.53**
组合 Ⅲ	1.35×①+1.4×0.7×②+1.4×0.6×③	**12.79**	**120.72**	27.20	260.90	12.79	120.72	**−36.24**	**260.90**

注：表中 N 的单位为 kN；M 的单位为 kN · m。

（7）墙体承载力计算

墙体承载力计算包括受压承载力和柱顶截面的局部受压承载力。

① 受压承载力

柱顶 3 组内力的偏心距相同，故只需选轴力最大的一组内力（表中用黑体表示）进行计算。柱底共有 6 组内力，A 柱与 B 柱的轴力相等，故只需考虑弯矩较大的 B 柱 3 组内力。最后计算 4 组内力。

MU10 砖、M5 砂浆，查得砌体抗压强度设计值 f = 1.5 MPa；高厚比 β = 14.6。在正弯矩作用下轴向力偏向翼缘，$y=y_1=0.196$ m；负弯矩作用下轴向力偏向肋部，$y=y_2=0.424$ m。4 组内力的计算结果列于表 6-6。

第 3 组内力的承载力不满足要求。现将砂浆等级提高到 M7.5，经复算可以满足要求。

表 6-6　例 6-1 墙体受压承载力计算结果

序号	内　力	$e=M/N$	e/y	e/h_T	φ	$N_u=\varphi fA$	结果
1	N = 120.72，M = 12.79	0.106	0.541<0.6	0.194	0.395	451.59	>120.72
2	N = 244.61，M = −36.20	0.148	0.349<0.6	0.271	0.306	350.37	>244.25
3	N = 237.17，M = −55.56	0.237	0.559<0.6	0.434	0.189	216.60	<237.17
4	N = 260.90，M = −36.24	0.139	0.328<0.6	0.254	0.323	369.64	>260.90

注：表中 $\varphi=\dfrac{1}{1+12\left[e/h+\sqrt{(1/\varphi_0-1)/12}\right]^2}$；轴心受压稳定系数 $\varphi_0=\dfrac{1}{1+\alpha\beta^2}$，砂浆强度等级大于等于 M5 时 $\alpha=0.001\ 5$、等于 M2.5 时 $\alpha=0.002$。

② 柱顶截面的局部受压承载力

混凝土圈梁可以作为柔性梁垫。C20 混凝土的弹性模量 E_b = 25 500 MPa，垫梁截面惯性矩

$I_b=276.5\times10^6\ \text{mm}^4$。砌体弹性模量 $E=1\ 600f=2\ 704\ \text{MPa}$。

垫梁折算高度

$$h_0=2\sqrt[3]{E_bI_b/(Eh)}=2\times\sqrt[3]{25\ 500\times276.5\times1^6/(2\ 704\times240)}\ \text{mm}=443\ \text{mm}$$

$N_0=0, N_l=120.72\ \text{kN}$。注意到砂浆强度等级已提高到 M7.5,砌体抗压强度设计值 $f=1.69\ \text{MPa}$。设有柔性梁垫后的局部受压承载力:

$2.4\delta_2 fb_bh_0=2.4\times0.8\times1.69\ \text{N/mm}^2\times240\ \text{mm}\times443\ \text{mm}=344\ 987\ \text{N}=344.99\ \text{kN}>N_0+N_l=120.72\ \text{kN}$

满足要求。

【例 6-2】 某 6 层办公楼,平面布置及剖面如图 6.3.7 所示,采用装配整体式钢筋混凝土楼盖,2、4、6 层布置圈梁。混凝土楼面梁的截面尺寸 200 mm×500 mm,伸入墙内 240 mm。1、2 层墙厚 370 mm,3~6 层墙厚 240 mm;1~4 层砂浆强度等级为 M7.5,5、6 层为 M5。屋面做法:二毡三油防水层、20 mm 厚水泥砂浆、50 mm 厚泡沫混凝土、40 mm 厚细石混凝土、120 mm 厚空心板、20 mm厚抹灰层;楼面做法见图。试进行墙体的承载力计算。

【解】

(1) 计算模型

① 静力计算方案

装配整体式钢筋混凝土楼盖,最大横墙间距 10.8 m,查表 6-1,该房屋属于刚性方案。根据表 6-3,该房屋可不考虑风荷载。

② 计算单元

纵向计算单元取一个开间。因内纵墙没有窗洞,墙体截面面积较大,纵墙的承载力由外纵墙控制,故仅计算外纵墙 1 的内力。横墙计算单元取 1 m 宽。

③ 计算简图

刚性方案房屋在竖向荷载下的计算简图为竖向简支构件,见图 6.3.7c。因层高相同、楼面构造相同,2~6 层计算高度可以取层高 3 400 mm;底层计算高度从基础顶面算至楼面梁梁底,即(3 600+800-500-120-40-30) mm=3 710 mm。

(2) 荷载计算

① 屋面荷载

二毡三油绿豆砂 0.35 kN/m²、20 mm 厚水泥砂浆找平层 0.40 kN/m²、50 mm 厚泡沫混凝土 0.25 kN/m²、40 mm 厚细石混凝土整浇层 1.0 kN/m²、120 mm 厚空心板(含灌缝)2.2 kN/m²、20 mm 厚板底粉刷 0.34 kN/m²,屋面永久荷载合计 4.54 kN/m²;屋面可变荷载(不上人)0.5 kN/m²。

② 楼面荷载

磨石子楼面 0.65 kN/m²、40 mm 厚细石混凝土整浇层 1.0 kN/m²、120 mm 厚空心板(含灌缝)2.2 kN/m²、20 mm 厚板底粉刷 0.34 kN/m²,楼面均布永久荷载合计 4.19 kN/m²。

混凝土梁自重(含粉刷)　$0.2\ \text{m}\times0.5\ \text{m}\times25\ \text{kN/m}^3+2\times0.5\ \text{m}\times0.34\ \text{kN/m}^2=2.84\ \text{kN/m}$

楼面均布可变荷载　2.0 kN/m²

③ 墙体荷载

双面粉刷的 240 mm 砖墙 5.24 kN/m²;双面粉刷的 370 mm 砖墙 7.62 kN/m²;钢窗0.45 kN/m²。

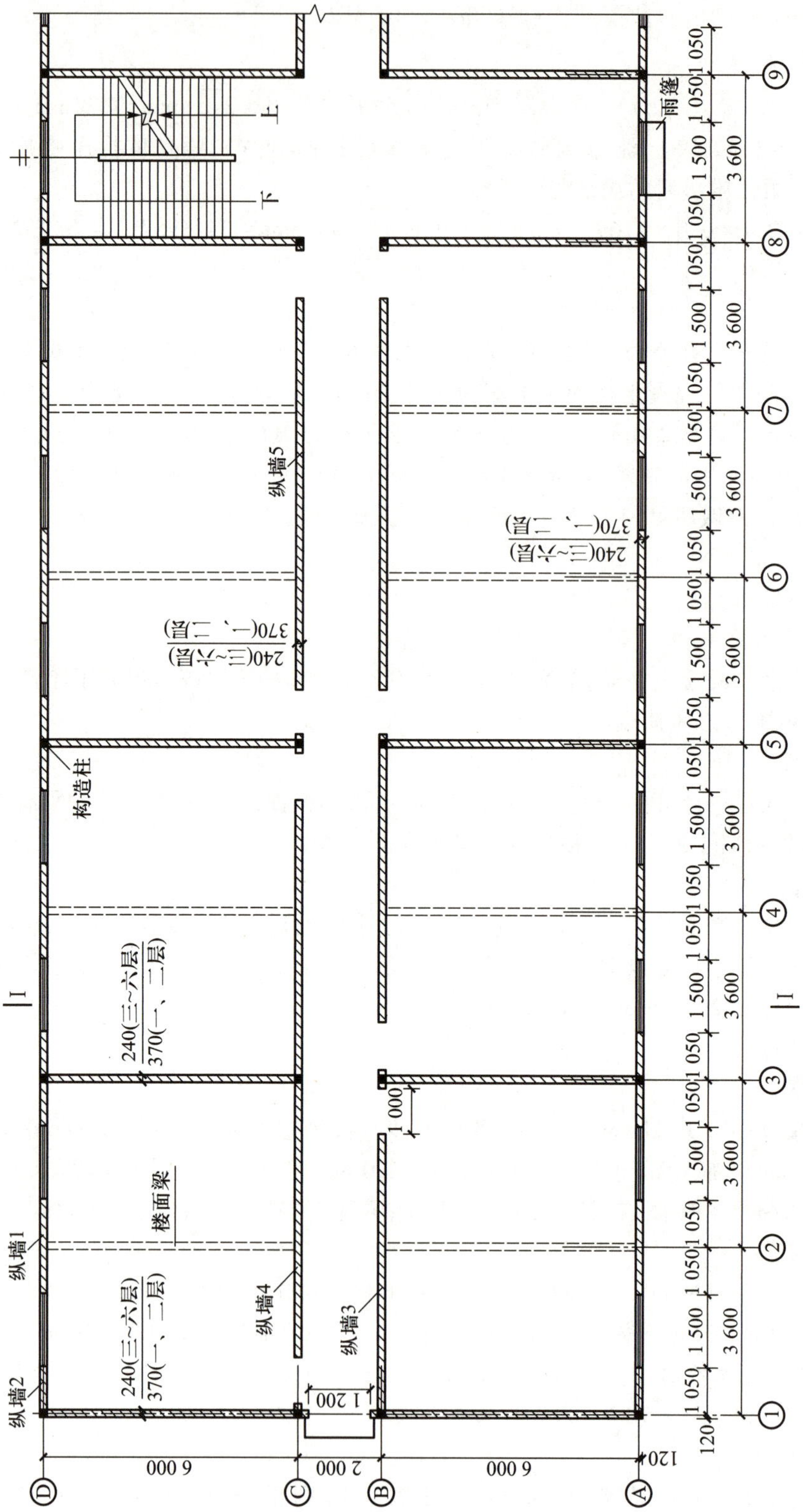
纵墙1
纵墙2
纵墙3
纵墙4
纵墙5
构造柱
楼面梁
雨篷
上
下
240(三~六层)
370(一、二层)
6 000
2 000
120
1 200
1 000
3 600
1 050
1 500
Ⓐ
Ⓑ
Ⓒ
Ⓓ
①
②
③
④
⑤
⑥
⑦
⑧
⑨

(a) 平面布置图

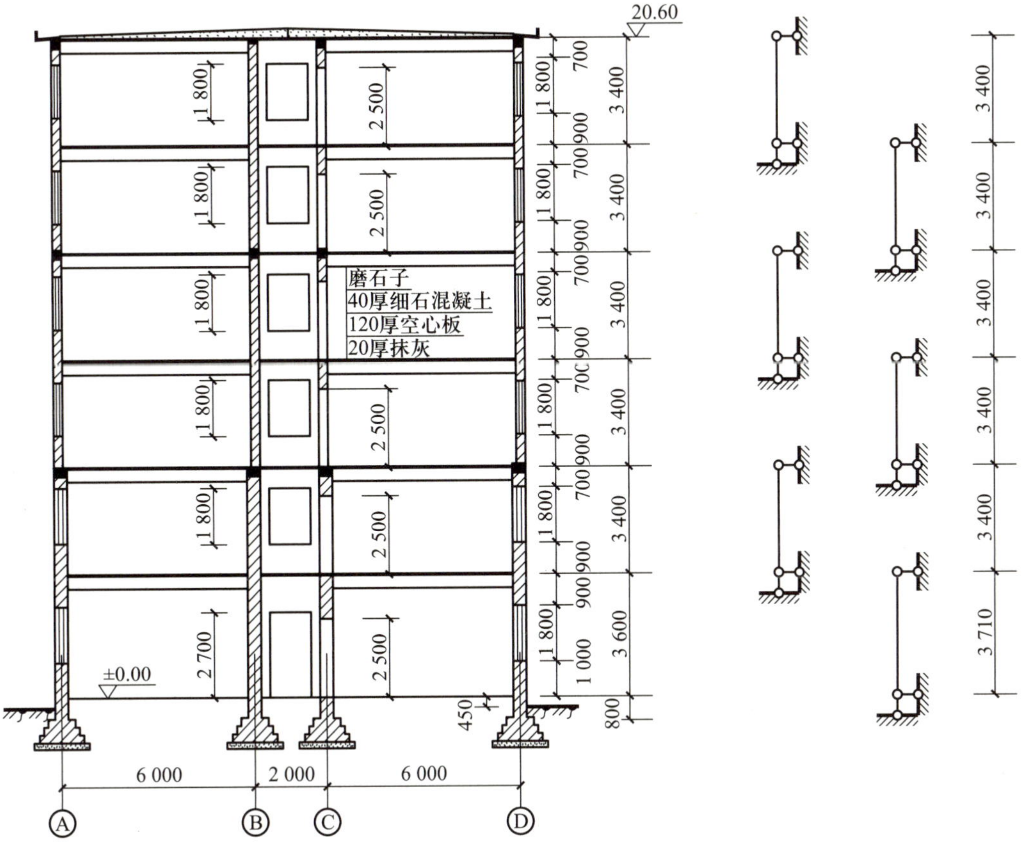

(b) Ⅰ－Ⅰ剖面　　(c) 纵墙计算简面

图 6.3.7　例 6-2 多层砌体

(3) 纵墙内力分析

5、6 层梁的有效支承长度：$a_0 = 10\sqrt{h_c/f} = 10\sqrt{500/1.5}\ \text{mm} = 183\ \text{mm}$

5、6 层梁反力偏心距：$e_P = d/2 - 0.4a_0 = 0.12\ \text{m} - 0.4 \times 0.183\ \text{m} = 0.047\ \text{m}$

1～4 层梁的有效支承长度：$a_0 = 10\sqrt{500/1.69}\ \text{mm} = 172\ \text{mm}$

3、4 层梁反力偏心距：$e_P = 0.12\ \text{m} - 0.4 \times 0.172\ \text{m} = 0.051\ \text{m}$

1、2 层梁反力偏心距：$e_P = 0.185\ \text{m} - 0.4 \times 0.172\ \text{m} = 0.116\ \text{m}$

3 层以上墙体对 2 层墙体的偏心距：$e_u = 0.37\ \text{m}/2 - 0.24\ \text{m}/2 = 0.065\ \text{m}$

每层取两个控制截面，该层的墙顶和墙底。各计算截面在永久荷载和可变荷载标准值下的内力见表 6-7。

表 6-7　例 6-2 纵墙内力计算

计算截面			本层楼面永久荷载	本层楼面可变荷载	上面各层永久荷载	上面各层可变荷载	本层墙体自重	永久荷载内力	可变荷载内力
6层	I	N_{I}	3.6×3×4.54+3×2.84=57.55	3.6×3×0.5=5.40	0	0	—	57.55	5.40
		M_{I}	57.55×0.047=2.70	5.4×0.047=0.25	0	0	—	2.70	0.25
	II	N_{II}	57.55	5.40	0	0	3.6×3.4×5.24−1.5×1.8×(5.24−0.45)= 51.2	57.55+51.2=108.75	5.40
5层	I	N_{I}	3.6×3×4.19+3×2.84=53.77	3.6×3×2=21.6	108.75	5.40	—	53.77+108.75=162.52	21.6+5.40=27.0
		M_{I}	53.77×0.047=2.53	21.6×0.047=1.02	0	0	—	2.53	1.02
	II	N_{II}	53.77	21.60	108.75	5.40	51.2	162.52+51.2=213.72	27.0
4层	I	N_{I}	53.77	21.60	213.72	27.0	—	53.77+213.72=267.49	21.6+27.0=48.60
		M_{I}	53.77×0.051=2.74	21.6×0.051=1.10	0	0	—	2.74	1.10
	II	N_{II}	53.77	21.60	213.72	27.0	51.2	267.49+51.2=318.69	48.60
3层	I	N_{I}	53.77	21.60	318.69	48.60	—	53.77+318.69=372.46	21.6+48.60=70.20
		M_{I}	2.74	1.10	0	0	—	2.74	1.10
	II	N_{II}	53.77	21.60	318.69	48.60	51.2	372.46+51.2=423.66	70.20
2层	I	N_{I}	53.77	21.60	423.66	70.20	—	53.77+423.66=477.43	21.6+70.20=91.80
		M_{I}	53.77×0.116= 6.24	21.6×0.116=2.50	423.66×0.065= 27.54	70.20×0.065=4.56	—	6.24+27.54=33.78	2.50+4.56=7.06
	II	N_{II}	53.77	21.60	423.66	70.20	3.6×3.4×7.62−1.5×1.8×(7.62−0.45)= 73.91	477.43+73.91=551.34	91.80
底层	I	N_{I}	53.77	21.60	551.34	91.80	—	53.77+551.34=605.11	21.6+91.80=113.40
		M_{I}	6.24	2.50	0	0	—	6.24	2.50
	II	N_{II}	53.77	21.60	551.34	91.80	3.6×3.71×7.62−1.5×1.8×(7.62−0.45) = 82.41	605.11+82.41=687.52	113.40

注：内力单位：轴力 kN；弯矩 kN · m。

(4) 纵墙承载力计算

因5~6层、3~4层和1~2层的墙体强度和截面面积相同,分别取5层、3层、底层进行承载力计算,其中墙顶截面(I-I)进行偏心受压和局部受压承载力计算,墙底截面(II-II)进行轴心受压承载力计算。

经比较,荷载效应由永久荷载控制,故取“1.35×永久荷载标准值产生的内力+1.4×楼面可变荷载组合值产生的内力”的荷载组合值进行计算。

纵墙偏心受压承载力计算和局部受压承载力计算过程分别见表6-8和表6-9。

表6-8 例6-2纵墙受压承载力计算

截面位置		内力设计值		e	e/h	A	β	φ	f	$N_u=\varphi fA$	结果
		N	M								
5层	I-I	245.86	4.42	0.018 0	0.075	0.504	14.2	0.60	1 500	453.60	满足
	II-II	314.98	0.00	0.000 0	0.000	0.504	14.2	0.77	1 500	582.12	满足
3层	I-I	571.62	4.78	0.008 4	0.035	0.504	14.2	0.69	1 690	587.71	满足
	II-II	640.74	0.00	0.000 0	0.000	0.504	14.2	0.77	1 690	655.86	满足
底层	I-I	928.03	10.87	0.011 7	0.032	0.777	10.1	0.80	1 690	1 050.50	满足
	II-II	1 039.28	0.00	0.000 0	0.000	0.777	10.1	0.87	1 690	1 142.42	满足

表6-9 例6-2纵墙局部受压承载力计算

截面位置	内力设计值		A_0/A_l	ψ	ψN_0+N_l	γ	f	$\eta\gamma A_l f$	结果
	N_0	N_l							
5层	$(1.35\times108.75+0.98\times5.4)\times0.036\ 6/0.504=11.05$	$1.35\times53.77+0.98\times21.6=93.76$	$0.163\ 2/0.036\ 6=4.46>3$	0	93.76	1.65	1 500	63.41	不满足
3层	$(1.35\times318.69+0.98\times8.60)\times0.034\ 6/0.504=30.11$	93.76	$0.163\ 2/0.034\ 6=4.72>3$	0	93.76	1.68	1 690	68.77	不满足
底层	$(1.35\times551.34+0.98\times91.80)\times0.034\ 6/0.777=37.15$	93.76	$0.347\ 8/0.034\ 6=10.05>3$	0	93.76	2	1 690	81.86	不满足

注:表中η为应力图形完整系数,取0.7;$A_l=a_0b$,a_0为梁的有效支承长度,b为梁的宽度,对于本例为200 mm。

局部受压承载力不满足要求,需设置梁垫。现设置现浇垫块,将梁端宽度扩大至400 mm。经验算,局部受压承载力能满足要求。

(5) 横墙内力分析和承载力计算

横墙承受墙体自重和楼板传来的分布荷载,负荷宽度为一个开间。因结构布置均匀,各开间的可变荷载相同,两边楼板传来的荷载相同,横墙处于轴心受压。现分别验算5层、3层和底层墙底的承载力。

① 5层

轴力基本组合值

$N=1.35\times[5.24\ \text{kN/m}^2\times1\ \text{m}\times6.8\ \text{m}+(4.54+4.19)\ \text{kN/m}^2\times1\ \text{m}\times3.6\ \text{m}]+1.4\times0.7\times(0.5+2)\ \text{kN/m}^2\times1\ \text{m}\times3.6\ \text{m}=99.35\ \text{kN}$

$\beta=14.2$，M5，$\varphi=0.77$；$A=0.24\ \text{m}^2$，$f=1\ 500\ \text{kN/m}^2$。承载力：

$\varphi Af=0.77\times0.24\ \text{m}^2\times1\ 500\ \text{kN/m}^2=277.2\ \text{kN}>N(=99.35\ \text{kN})$，满足要求。

② 3层

轴力基本组合值

$N=1.35\times[5.24\ \text{kN/m}^2\times1\ \text{m}\times13.6\ \text{m}+(4.54\ \text{kN/m}^2+3\times4.19\ \text{kN/m}^2)\times1\ \text{m}\times3.6\ \text{m}]+0.98\times(0.5+3\times2)\ \text{kN/m}^2\times1\ \text{m}\times3.6\ \text{m}=202.29\ \text{kN}$

$\beta=14.2$，M7.5，$\varphi=0.77$；$A=0.24\ \text{m}^2$，$f=1\ 690\ \text{kN/m}^2$。承载力：

$\varphi Af=0.77\times0.24\ \text{m}^2\times1\ 690\ \text{kN/m}^2=312.31\ \text{kN}>N(=202.29\ \text{kN})$，满足要求。

③ 底层

轴力基本组合值

$N=202.29\ \text{kN}+1.35[7.62\ \text{kN/m}^2\times1\ \text{m}\times(3.4+3.71)\text{m}+2\times4.19\ \text{kN/m}^2\times1\ \text{m}\times3.6\ \text{m}]+0.98\times2\times2\ \text{kN/m}^2\times1\ \text{m}\times3.6\ \text{m}=330.27\ \text{kN}$

$\beta=10.1$，M7.5，$\varphi=0.87$；$A=0.37\ \text{m}^2$，$f=1\ 690\ \text{kN/m}^2$。承载力：

$\varphi Af=0.87\times0.37\ \text{m}^2\times1\ 690\ \text{kN/m}^2=544.01\ \text{kN}>N(=330.27\ \text{kN})$，满足要求。

6.4 砌体房屋水平构件设计

6.4 砌体房屋水平构件设计

在砌体房屋中，楼面梁、板的设计方法与一般混凝土房屋相同。下面介绍过梁、墙梁及挑梁等水平构件的设计方法。

6.4.1 过梁

一、种类与构造

过梁是墙体门窗洞口上的常用构件，其作用是将洞口上方的荷载传递给洞口两边的墙体。过梁的主要种类有砖砌过梁和钢筋混凝土过梁两类，其中砖砌过梁又可分为**钢筋砖过梁**(reinforced brick lintel)、**砖砌平拱过梁**(flat brick arch lintel)和**砖砌弧拱过梁**(brick arch lintel)，见图6.4.1。

钢筋混凝土过梁是目前最为常用的过梁，适用于任意跨度，一般做成预制构件，端部在墙体上的支承长度不宜小于240 mm。

当外墙面采用清水墙时，砖砌过梁可以使过梁与墙体保持同一种风貌，砖砌弧拱过梁还可以满足建筑造型的要求。此外，由于过梁和墙体采用同一种材料，可以避免因温度变化引起的附加应力。但砖砌过梁对振动荷载和地基不均匀沉降比较敏感，在这些场合不宜采用。

砖砌过梁的跨度不宜过大，对钢筋砖过梁，跨度不宜超过1.5 m；对砖砌平拱过梁，跨度不宜超过1.2 m。砖砌过梁截面计算高度内的砂浆强度不宜低于M5。

钢筋砖过梁底面砂浆层处的钢筋，其直径不应小于5 mm，间距不宜大于120 mm，钢筋伸入支座砌体内的长度不宜小于240 mm，砂浆层的厚度不宜小于30 mm。

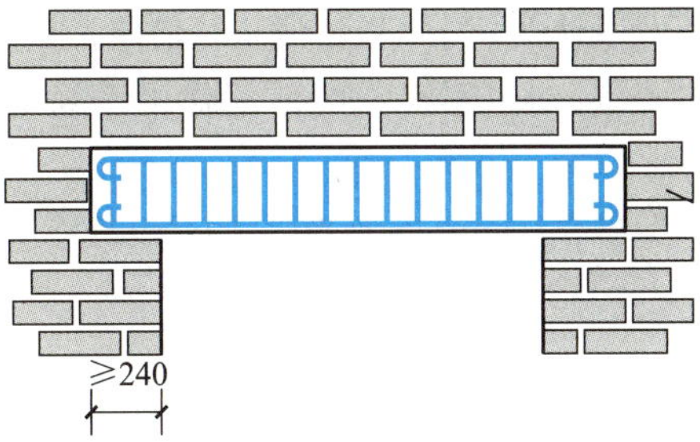

(a) 钢筋混凝土过梁

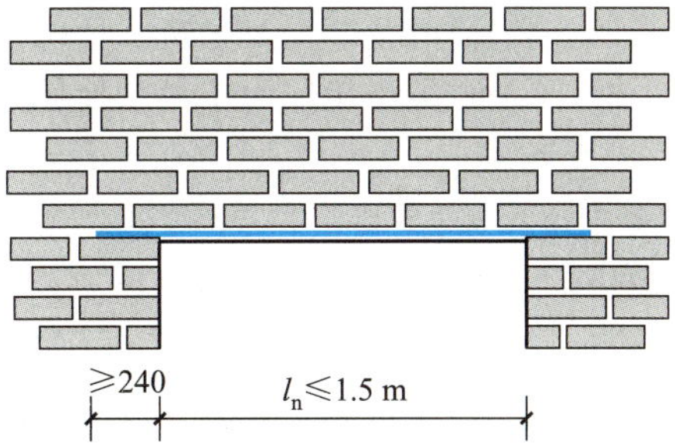

(b) 钢筋砖过梁

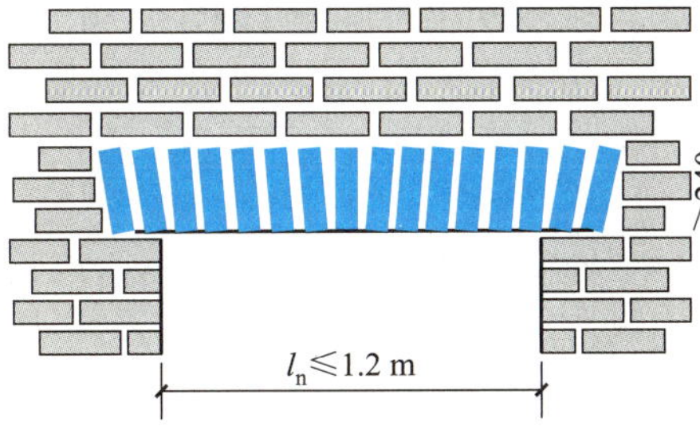

(c) 砖砌平拱过梁

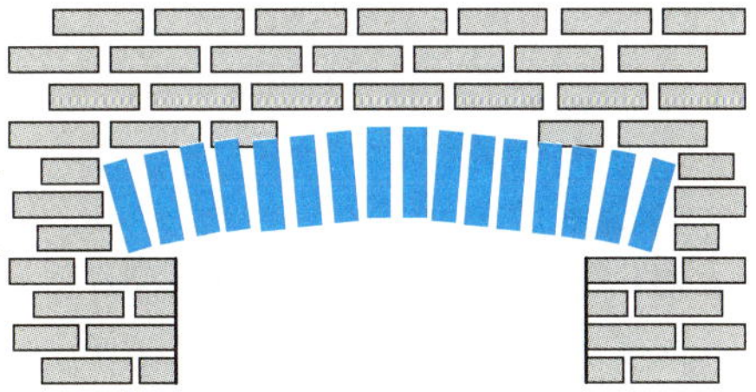

(d) 砖砌弧拱过梁

图 6.4.1　过梁的种类

二、截面计算

1. 受力特点

图 6.4.2 所示的砖砌过梁受荷后，在跨中上部受压，下部受拉。当跨中竖向截面或支座斜截面的拉应变达到砌体的极限拉应变时，将出现竖向裂缝①和阶梯形斜裂缝②。对钢筋砖过梁，过梁下部的拉力将由钢筋承受；对砖砌平拱过梁，下部的拉力将由两端砌体提供的推力来平衡。

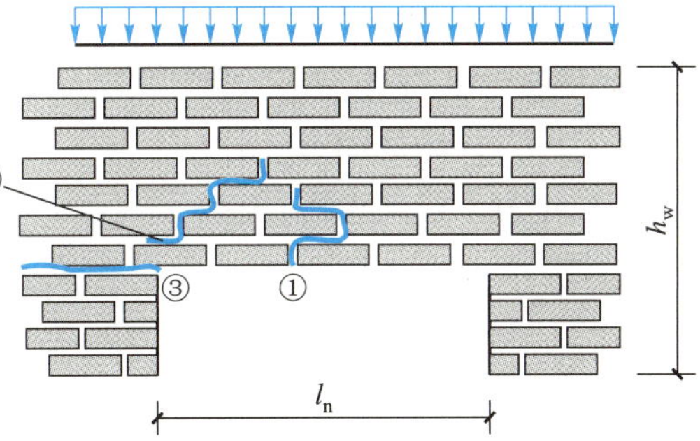

图 6.4.2　砖砌过梁的受力特点

最后可能有三种破坏形式：①过梁跨中截面受弯承载力不足而破坏；②过梁支座附近斜截面受剪承载力不足而破坏；③过梁支座边沿水平灰缝发生破坏（钢筋砖过梁不会发生）。

2. 荷载

过梁承受的荷载包括两种情况：一种仅承受墙体自重；另一种除墙体自重外，还有楼面梁、板传来的荷载。

由于存在内拱作用（讨论梁端局部受压时曾涉及），并不是所有的墙体荷载由过梁承担。试验发现，作用于过梁上的墙体当量荷载仅相当于高度为 1/3 跨度的墙体重量；当在砌体高度等于 0.8

倍跨度左右的位置施加荷载时，过梁挠度变化极小。可以认为，当梁板处于1.0倍跨度的高度以外时，梁板荷载并不由过梁承担。为了简化计算，《砌体规范》对过梁荷载的取值作以下规定：

（1）梁、板荷载

对砖和砌块砌体，当梁、板下的墙体高度 $h_w<l_n$ 时（l_n 为过梁的净跨），应计入梁、板荷载；当梁、板下的墙体高度 $h_w \geqslant l_n$ 时，可不考虑梁、板荷载。

（2）墙体自重

对砖砌体，当过梁上的墙体高度 $h_w<l_n/3$ 时，按实际墙体高度计算荷载；当墙体高度 $h_w \geqslant l_n/3$ 时，仅考虑 $l_n/3$ 高墙体的荷载。

对砌块砌体，当过梁上的墙体高度 $h_w<l_n/2$ 时，应按实际墙体高度计算荷载；当墙体高度 $h_w \geqslant l_n/2$ 时，仅考虑 $l_n/2$ 高墙体的荷载。

3. 承载力计算公式

（1）砖砌平拱过梁

砖砌平拱过梁不考虑支座水平推力对抗弯承载力的提高，而仅将砌体抗拉强度取为沿齿缝的强度，分别按下列公式进行砌体受弯构件正截面和斜截面承载力计算：

$$M \leqslant f_{tm} W \tag{6.4.1}$$

$$V \leqslant f_v bz \tag{6.4.2}$$

式中，M、V——过梁跨中弯矩基本组合值、支座边剪力基本组合值；

f_{tm}、f_v——砌体弯曲抗拉强度设计值、抗剪强度设计值；

W——截面抵抗矩，对矩形截面，$W=bh^2/6$；

z——内力臂，$z=I/S$，对于矩形截面 $z=2h/3$；

b、h——分别为截面宽度和截面高度，当 $h_w>l_n$ 时取 $h=l_n/3$；当 $l_n/3 \leqslant h_w<l_n$ 时，如果有梁板荷载，$h=h_w$，当无梁板荷载时，$h=l_n/3$；当 $h_w<l_n/3$，取 $h=h_w$。

（2）钢筋砖过梁

钢筋砖过梁的正截面承载力可按下式计算：

$$M \leqslant 0.85 h_0 f_y A_s \tag{6.4.3}$$

式中，$h_0=h-a$，h 为过梁计算高度；a 为钢筋重心至下边缘距离。

斜截面承载力按式(6.4.2)计算。

（3）钢筋混凝土过梁

按钢筋混凝土受弯构件进行正截面和斜截面承载力计算，并进行过梁下砌体的局部受压承载力计算。进行局部受压承载力计算时，可不考虑上层荷载的影响，即取 $\psi=0$。局部受压强度提高系数 γ 可取1.25；压应力图形的完整性系数 η 取为1；有效支承长度 a_0 可取实际支承长度。

【例6-3】 试设计例6-2中底层外纵墙窗过梁。

【解】

（1）荷载计算

过梁不承受梁板荷载，拟采用钢筋砖过梁，净跨 $l_n=1.5$ m，墙体高度 $h_w=0.8$ m$>l_n/3=0.5$ m，故仅考虑0.5 m高的墙体自重。

$$g=1.35\times7.62\ \text{kN/m}^2\times0.5\ \text{m}=5.14\ \text{kN/m}$$

（2）过梁的正截面承载力计算

计算跨度取 $l_0=1.05\ l_n=1.05\times1.5\ \text{m}=1.58\ \text{m}$，过梁截面高度取 $h=\ l_n/3=500\ \text{mm}$。

$$M=gl_0^2/8=5.14\ \text{kN/m}\times(1.58\ \text{m})^2/8=1.6\ \text{kN}\cdot\text{m}$$

由式(6.4.3)，得

$A_s=M/(0.85\ h_0f_y)=1.6\times10^6/(0.85\times485\times270)\text{mm}^2=14.4\ \text{mm}^2$，选用 3 ϕ6，$A_s=84.8\ \text{mm}^2$。

(3) 过梁的斜截面承载力计算

$$V=gl_n/2=5.14\ \text{kN/m}\times1.5\ \text{m}/2=3.86\ \text{kN}$$

M7.5 砂浆，查得 $f_v=0.14\ \text{MPa}$。$z=2h/3=333.3\ \text{mm}$。由式(6.4.2)，得

$bzf_v=370\times333.3\times0.14\ \text{N}=17.26\times10^3\ \text{N}=17.26\ \text{kN}>3.86\ \text{kN}$，满足要求。

6.4.2 墙梁

一、概述

墙梁是指钢筋混凝土托梁和梁上计算高度范围内的砌体墙组成的组合构件。托梁上的砌体既是托梁上荷载的一部分，又构成结构的一部分，与托梁共同工作。墙梁广泛应用于工业建筑的围护结构中，如基础梁、连系梁。在民用建筑，如商住楼(上层为住宅，底层为商店)、旅馆(上层为客房，底层为餐厅)等多层房屋中，采用墙梁解决上层为小房间，下层为大房间的矛盾。在底部框架房屋中，框架梁和上部墙体构成墙梁。

墙梁可以分为自承重墙梁和承重墙梁。自承重墙梁仅承担墙体荷载，如围护结构中的基础梁、连系梁；承重墙梁除承担墙体荷载外，还要承担楼面荷载。承重墙梁根据其支座情况又可以分为**简支墙梁**(simply supported wall beam)、**连续墙梁**(continuous wall beam)和**框支墙梁**(frame supported wall beam)，见图 6.4.3。

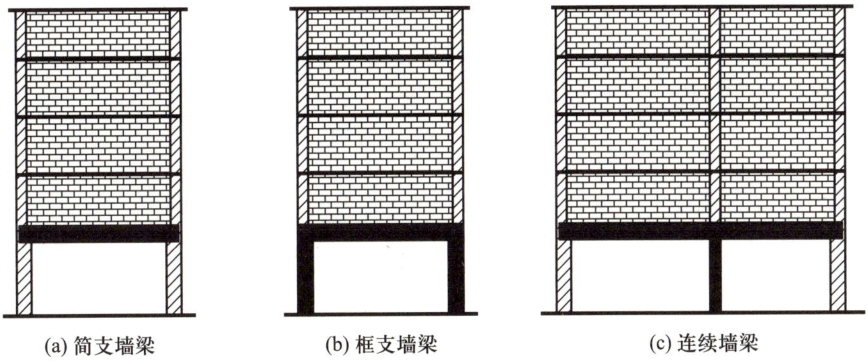

图 6.4.3 墙梁的种类

二、受力特点与破坏形态

墙梁与一般钢筋混凝土梁的差别在于：① 墙梁是组合梁，由混凝土和砌体两种材料组成；② 墙梁是深梁。

组合梁的分析在材料力学中采用按弹性模量之比等效成单一材料梁的方法。借助于有限元分析可以了解墙梁内的应力分布情况。

1. 应力分布

图 6.4.4 是一高跨比大于 0.5，无洞口墙梁在梁顶面作用均布荷载，竖向截面正应力 σ_x、水平

截面正应力 σ_y 和剪应力 τ_{xy} 以及主应力迹线示意图。

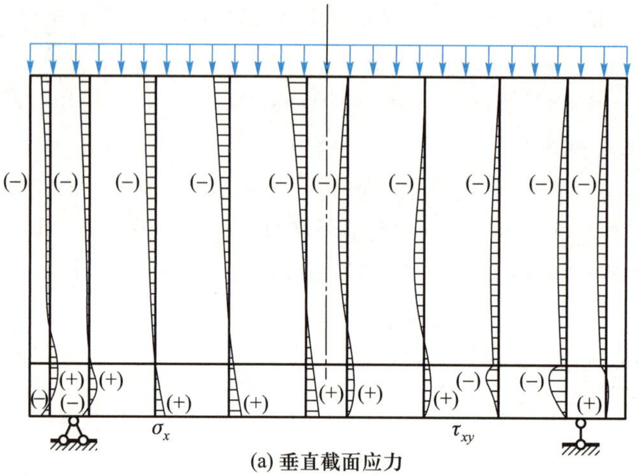

(a) 垂直截面应力

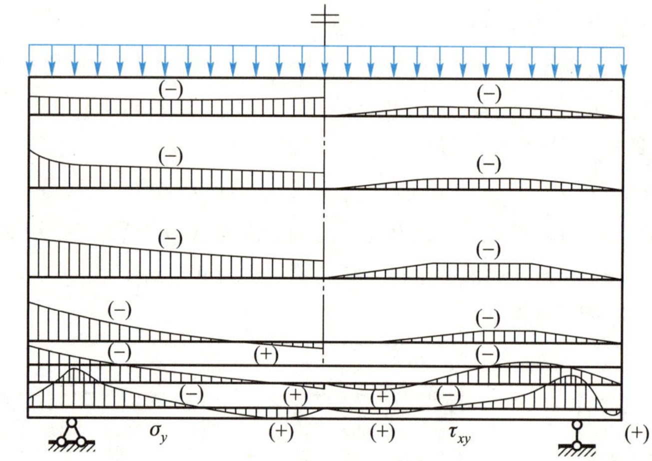

(b) 水平截面应力

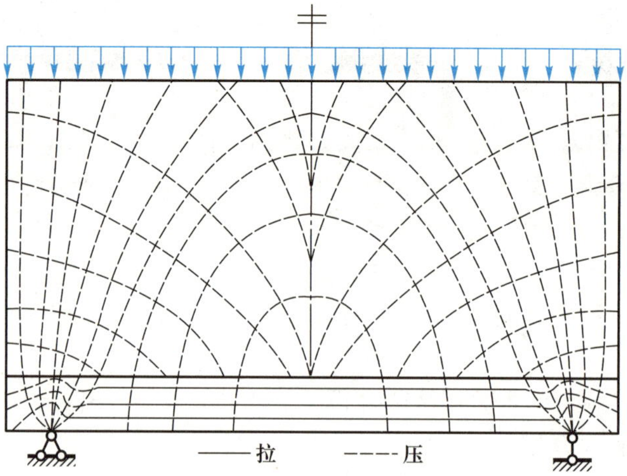

(c) 主应力迹线

图 6.4.4　墙梁的应力分布

从 σ_x 沿竖向截面的分布可以看出，墙体大部分受压，托梁的全部或大部分受拉，中和轴一开始就在墙中，或随着荷载的增加、裂缝的出现和开展而逐步上升到墙中，视托梁高度的大小而定。在托梁和墙体的交界处 σ_x 有突变。沿水平截面分布的 σ_y，靠近顶面较均匀，愈靠近托梁愈向支座附近集中。从 τ_{xy} 的分布可以看出，托梁和墙体共同承担剪力，在交界面和支座附近变化较大。

主应力迹线可以反映出墙梁的受力特征：①墙梁两边主压应力迹线直接指向支座，而中间部分呈拱形指向支座，在支座附近的托梁上部砌体中形成很大的主压应力；②托梁中段主拉应力迹线几乎水平，托梁处于偏心受拉状态。

2. 裂缝开展

托梁处于偏心受拉，托梁中段将首先出现垂直裂缝①（图 6.4.5a），并向上扩展，托梁刚度的减小将引起主压应力进一步向支座附近集中；当墙中主拉应变达到砌体极限拉应变时将出现斜裂缝②（图 6.4.5b）；斜裂缝将穿过墙体和托梁的交界面，在托梁端部形成较陡的上宽下窄的斜裂缝，临近破坏时在托梁中段交界面上将出现水平裂缝③（图 6.4.5c）。

由应力分析以及裂缝的出现和开展可以看出，临近破坏时，墙梁将形成以支座上方斜向墙体为拱肋，以托梁为拉杆的组合拱受力体系，见图 6.4.5d。

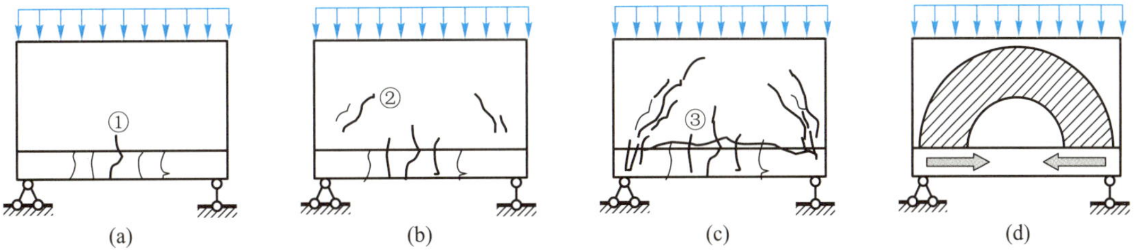

图 6.4.5 墙梁的裂缝分布

3. 破坏形态

影响墙梁破坏形态的因素较多，如墙体高跨比（h_w/l_0）、托梁高跨比（h_b/l_0）、砌体强度、混凝土强度、托梁纵筋配筋率、受荷方式（均布受荷、集中受荷）、墙体开洞情况和有无翼墙等。由于影响因素的不同，将可能出现以下几种破坏形态。

（1）弯曲破坏

当托梁配筋较少，砌体强度较高，h_w/l_0 较小时，随着荷载的增加，托梁中段的垂直裂缝将穿过截面而迅速上升，最后托梁下部和上部的纵向钢筋先后达到屈服，沿跨中垂直截面发生拉弯破坏，如图 6.4.6a 所示。这时，墙体受压区不大，破坏时受压区砌体沿水平方向没有被压碎的现象。这种破坏可以看作组合拱的拉杆强度相对于砌体拱肋较弱而导致的破坏。

（2）剪切破坏

剪切破坏（shear failure）出现在托梁配筋较多，砌体强度相对较弱，h_w/l_0 适中的情况下。由于支座上方砌体出现斜裂缝，并延伸至托梁而发生墙体的剪切破坏，即与拉杆相比，组合拱的砌体拱肋相对较弱而引起破坏。剪切破坏又可以分为斜拉破坏、斜压破坏。

当砌体沿齿缝的抗拉强度不足以抵抗主拉应力而形成沿灰缝阶梯形上升的斜裂缝时，最后导致斜拉破坏。这种斜裂缝一般较平缓，见图 6.4.6b，破坏时，受剪承载力较低。当 $h_w/l_0<0.4$，砂浆强度等级较低，或集中荷载的 a_F/l_0 较大时，容易发生这种破坏。

由于砌体斜向抗压强度不足以抵抗主压应力而引起的组合拱肋斜向压坏，称为斜压破坏，如图 6.4.6d 所示。这种破坏的特点是斜裂缝较为陡峭，裂缝较多且穿过砖和灰缝；破坏时有被压碎的砌体碎屑。斜压破坏的受剪承载力比较大。一般当 $h_w/l_0 \geqslant 0.4$，或集中荷载的 a_F/l_0 较小时容易发生这种破坏。

此外，在集中荷载作用下，斜裂缝多出现在支座垫板与荷载作用点的连线上。斜裂缝出现突然，延伸较长，有时伴有响声，开裂不久，即沿一条上下贯通的主要斜裂缝破坏。破坏荷载和开裂荷载比较接近，破坏没有预兆，如图 6.4.6c。这种破坏属于劈裂破坏。

托梁本身的剪切破坏仅当墙体较强，而托梁端部较弱时才会出现。破坏截面靠近支座，斜裂缝较陡，且上宽下窄。

（3）局部受压破坏

当支座上方墙体中的集中压应力超过砌体的局部抗压强度时，将产生支座上方较小范围内砌体的局部压碎现象，称为**局部受压破坏**（local compression failure），如图 6.4.6e 所示。一般当托梁较强，砌体相对较弱，且 $h_w/l_0 \geqslant 0.75$ 时可能出现这种破坏。

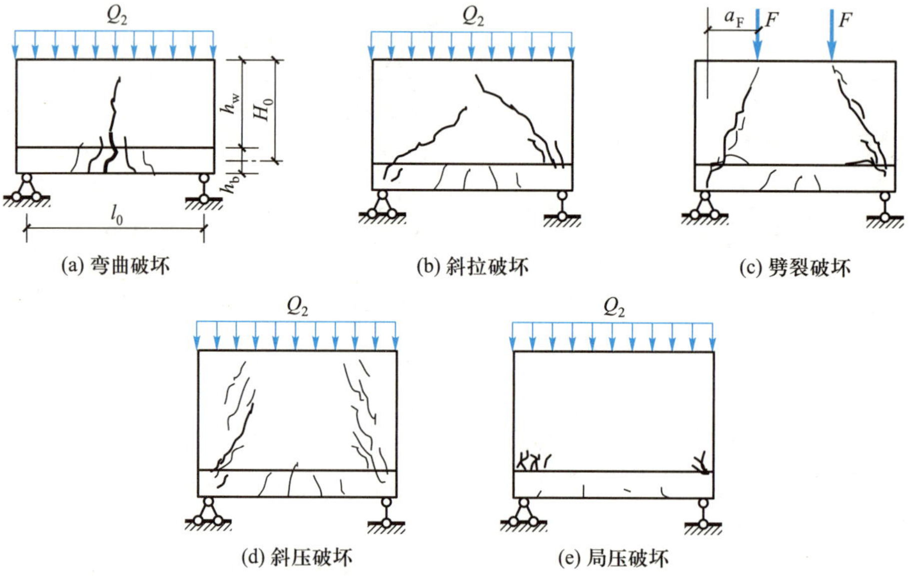

图 6.4.6 墙梁的破坏形态

此外，由于纵向钢筋的锚固不足，支座面积或刚度较小，均可能引起托梁或砌体的局部破坏。这些破坏一般通过相应的构造措施加以防止。

三、截面计算要点

墙梁的计算内容包括使用阶段的正截面抗弯承载力、斜截面抗剪承载力、托梁支座上部砌体局部受压承载力和施工阶段的托梁抗弯、抗剪承载力验算。自承重墙梁可以不验算墙体受剪承载力和砌体局部受压承载力。下面以简支墙梁为例，介绍墙梁的计算要点。

1. 计算简图

简支墙梁的计算简图如图 6.4.7 所示。其中墙梁的计算跨度对简支和连续墙梁 l_0 取 $1.1l_n$ 或 l_c 中的较小值，其中 l_n 为净跨，l_c 为支座中心线的距离；对框支墙梁取框架柱中心线的距离。墙梁跨中截面的计算高度取 $H_0=h_w+h_b/2$，其中 h_w 取托梁顶面的一层墙高，当 $h_w>l_0$ 时取 $h_w=l_0$，

h_b 为托梁高度。纵墙可以作为横墙的翼缘。翼墙计算宽度 b_f 取窗间墙宽度或横墙间距的 2/3，且每边不大于 3.5 h(h 为墙厚)和 $l_0/6$。

2. 正截面承载力计算

对简支墙梁，跨中截面弯矩最大。图 6.4.7 中 Q_2 在跨中截面产生的弯矩用 M_2 表示；Q_1、F_1 在跨中截面产生的弯矩用 M_1 表示。其中 M_1 完全由托梁承担，M_2 由托梁和砌体共同承担。在 M_2 作用下，托梁除了本身承担一定的弯矩 αM_2 外，托梁的拉力和砌体中的压力共同承担 $(1-\alpha)M_2$，见图 6.4.8。设内力臂系数为 γ，根据力矩平衡条件，有 $M_2=\alpha M_2+N_{bt}\gamma H_0$，可得到托梁拉力 $N_{bt}=(1-\alpha)M_2/\gamma H_0$。托梁的弯矩为 $M_b=M_1+\alpha M_2$。

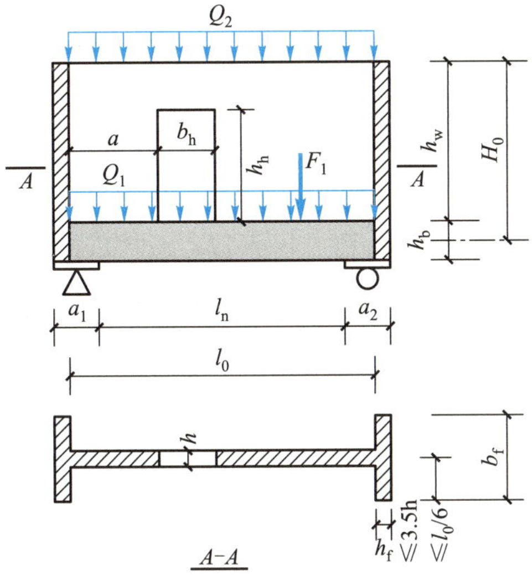

图 6.4.7　简支墙梁的计算简图

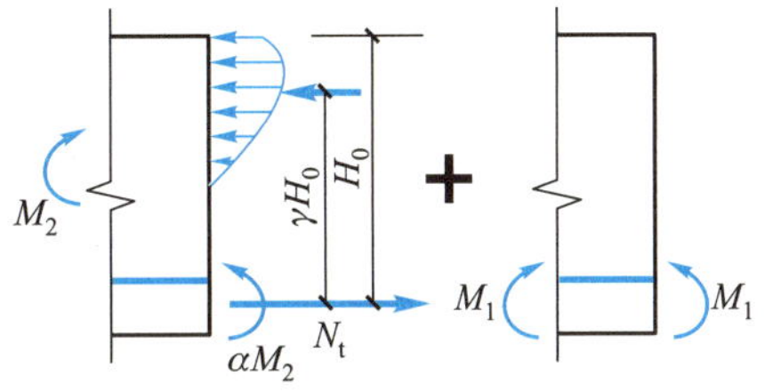

图 6.4.8　墙梁的截面应力分布

《砌体规范》在试验和有限元分析的基础上，采用下列公式计算托梁跨中截面的弯矩和轴力：

$$M_b=M_1+\alpha_M M_2 \tag{6.4.4}$$

$$N_{bt}=\eta_N M_2/H_0 \tag{6.4.5}$$

其中

$$\alpha_M=\psi_M(1.7\ h_b/l_0-0.03) \tag{6.4.6}$$

$$\psi_M=4.5-10a/l_0 \tag{6.4.7}$$

$$\eta_N=0.44+2.1h_w/l_0 \tag{6.4.8}$$

式中，M_1——Q_1、F_1 作用下跨中截面弯矩的基本组合值；

M_2——Q_2 作用下跨中截面弯矩的基本组合值；

α_M——考虑墙梁组合作用的托梁跨中弯矩系数，对自承重简支墙梁乘以 0.8，对连续墙梁和框支墙梁，$\alpha_M=\psi_M(2.7h_b/l_0-0.08)$；

ψ_M——洞口对托梁弯矩的影响系数，对无洞口墙梁取 1.0，对连续墙梁和框支墙梁，$\psi_M=3.8-8a/l_0$；

η_N——考虑墙梁组合作用的托梁跨中轴力系数，对自承重简支墙梁乘以 0.8，对连续墙梁和框支墙梁，$\eta_N=0.8+2.6h_w/l_0$；

a——洞口边至墙梁最近支座的距离，当 $a>0.35\ l_0$ 时，取 $a=0.35\ l_0$。

托梁跨中截面按钢筋混凝土偏心受拉构件进行正截面承载力计算。对于框支墙梁和连续墙梁，还需对托梁的支座截面按受弯构件进行正截面承载力计算，其弯矩按下式计算：

$$M_b=M_1+\alpha_M M_2 \tag{6.4.9a}$$

$$\alpha_M=0.75-a/l_0 \tag{6.4.9b}$$

式中，M_1——Q_1、F_1 作用下按连续梁或框架梁分析得到的托梁支座截面弯矩基本组合值；

M_2——Q_2 作用下按连续梁或框架梁分析得到的托梁支座截面弯矩基本组合值；

α_M——考虑墙梁组合作用的托梁支座弯矩系数，无洞口墙梁取 0.4。

3. 斜截面承载力计算

墙梁斜截面承载力计算涉及托梁和墙体两部分。试验表明，墙梁发生剪切破坏时，一般情况下墙体先于托梁进入极限状态，故托梁与墙体可分别进行受剪承载力计算。

(1) 墙体受剪承载力计算

墙体的斜拉破坏发生在 $h_w/l_0<0.4$ 的情况下，通过构造措施可以避免。墙体的受剪承载力计算针对斜压破坏模式。

《砌体规范》采用下列墙体受剪承载力的简化公式：

$$V_2\leqslant\xi_1\xi_2(0.2+h_b/l_0+h_t/l_0)hh_wf \tag{6.4.10}$$

式中，V_2——Q_2 作用下支座边缘的剪力基本组合值；

ξ_1——翼墙影响系数，对单层墙梁取 1.0；对多层墙梁，当 $b_f/h=3$ 时，取 1.3；当 $b_f/h=7$ 或设置构造柱时取 1.5；当 $3<b_f/h<7$ 时，按线性插入取值；

ξ_2——洞口影响系数，无洞口墙梁取 1.0，多层有洞口取 0.9，单层有洞口取 0.6；

h_t——墙梁顶面圈梁截面高度。

当墙梁支座处墙体中设有上、下贯通的落地混凝土构造柱时，可不验算墙体受剪承载力。

(2) 托梁受剪承载力计算

托梁的斜截面受剪承载力按钢筋混凝土受弯构件计算，其剪力设计值按下式取：

$$V_b=V_1+\beta_V V_2 \tag{6.4.11}$$

式中，V_1——Q_1、F_1 作用下按简支梁、连续梁或框架梁分析得到的托梁支座截面剪力基本组合值；

V_2——同式(6.4.9)；

β_V——考虑组合作用的托梁剪力系数，无洞口墙梁边支座取 0.6，中支座取 0.7；有洞口墙梁边支座取 0.7，中支座取 0.8；自承重墙梁，无洞口时取 0.45，有洞口时取 0.5。

4. 托梁上部砌体局部受压承载力计算

《砌体规范》采用下列公式计算托梁上部砌体局部受压承载力：

$$Q_2\leqslant\zeta fh \tag{6.4.12a}$$

上式中 ζ 为局压系数，按下式计算

$$\zeta=0.25+0.08b_f/h \tag{6.4.12b}$$

当 $\zeta>0.81$ 时，取 $\zeta=0.81$。

翼墙和构造柱可以约束墙体，减少应力集中，改善局部受压性能。当 $b_f/h>5$ 或墙梁支座处

设置上、下贯通的落地混凝土构造柱时，可不验算局部受压承载力。

5. 托梁在施工阶段的验算

施工阶段砌体中砂浆尚未硬化，不考虑共同工作，托梁按受弯构件进行正截面、斜截面承载力计算。荷载包括：① 托梁自重及本层楼盖的自重；② 本层楼盖的施工荷载；③ 墙体自重，可取高度为 1/3 跨度的墙体重量。

四、构造要求

1. 一般要求

采用烧结普通砖和烧结多孔砖砌体和混凝土砌块砌体的墙梁应符合表 6-10 的规定。墙梁计算高度范围内每跨允许设置一个洞口；对自承重墙梁，洞上口至墙顶的距离不应小于 0.5 m。洞口边至支座中心的距离 a：距边支座不应小于 $0.15l_0$，对自承重墙梁不应小于 $0.1l_0$；距中支座不应小于 $0.07\ l_0$。

表 6-10 墙梁的一般规定

墙梁类别	墙体总高度/m	跨度/m	墙体高跨比 h_w/l_0	托梁高跨比 h_b/l_0	洞宽比 b_h/l_0	洞高 h_h
承重墙梁	≤18	≤9	≥0.4	≥1/10	≤0.3	$\leqslant 5h_w/6$ 且 $(h_w-h_h)\geqslant 0.4$ m
自承重墙梁	≤18	≤12	≥1/3	≥1/15	≤0.8	

2. 材料

托梁的混凝土强度等级不应低于 C30；承重墙梁的块体强度等级不应低于 MU10，计算高度范围内墙体的砂浆强度等级不应低于 M10。

3. 墙体

框支墙梁的上部砌体房屋，以及设有承重的简支或连续墙梁的房屋，应满足刚性方案房屋的要求。

墙梁计算高度范围内的墙体厚度，对砖砌体不应小于 240 mm，对混凝土砌块砌体不应小于 190 mm。

墙梁洞口上方应设置钢筋混凝土过梁，其支承长度不应小于 240 mm，洞口范围内不应施加集中荷载。

承重墙梁的支座处应设置落地翼墙，翼墙厚度对砖砌体不应小于 240 mm，对混凝土砌块砌体不应小于 190 mm；翼墙宽度不应小于翼墙厚度的 3 倍，并与墙梁砌体同时砌筑。当不能设置翼墙时，应设置落地且上、下贯通的混凝土构造柱。当墙梁墙体在靠近支座 1/3 跨度的范围内开洞时，支座处应设置落地且上、下贯通的混凝土构造柱，并与每层圈梁连接。

墙梁计算高度范围内的墙体，每天的砌筑高度不应超过 1.5 m，否则应加设临时支撑。

4. 托梁

托梁两侧各两个开间的楼盖应采用现浇钢筋混凝土楼盖，楼板厚度不应小于 120 mm。

承重墙梁的托梁纵向受力钢筋的总配筋率不应小于 0.6%。托梁的纵向受力钢筋宜通长设置，不应在跨中段弯起或截断。钢筋接长应采用机械连接或焊接。托梁上部通长布置的纵向钢筋面积不应小于跨中下部纵向钢筋面积的 0.4，连续墙梁或多跨框支墙梁的托梁中支座上部附加纵向钢筋从支座边算起每边延伸不应少于 $l_0/4$。当托梁高度 $h_b \geqslant 500$ mm 时，应沿梁高设置通长水平腰筋，直径不应小于 12 mm，间距不应大于 200 mm。

承重墙梁托梁支承长度不应小于 350 mm。纵向受力钢筋伸入支座的长度不应小于受拉钢筋的最小锚固长度。

墙梁偏开洞口的宽度和两侧各一个梁高 h_b 范围内以及从洞口边至支座边的托梁箍筋直径不宜小于 8 mm，间距不应大于 100 mm。

【例 6-4】 某商住楼的局部平、剖面如图 6.4.9 所示。托梁的截面尺寸 $b_b \times h_b$ = 250 mm×600 mm，墙梁顶面设置 240 mm×240 mm 的圈梁，混凝土强度等级 C30；主筋采用 HRB400 级钢，箍筋采用 HPB300 级钢；墙体采用 MU10 砖，M7.5 混合砂浆。屋面可变荷载标准值 0.5 kN/m^2，楼面可变荷载标准值 2.0 kN/m^2，组合值系数 0.7；240 mm 墙双面粉刷自重标准值为 5.24 kN/m^2，180 mm 墙双面粉刷自重标准值 4.10 kN/m^2。已求得屋面永久荷载标准值为 4.6 kN/m^2；3~5 层楼面永久荷载标准值为 2.95 kN/m^2；2 层楼面永久荷载标准值为 3.95 kN/m^2。试设计该墙梁。

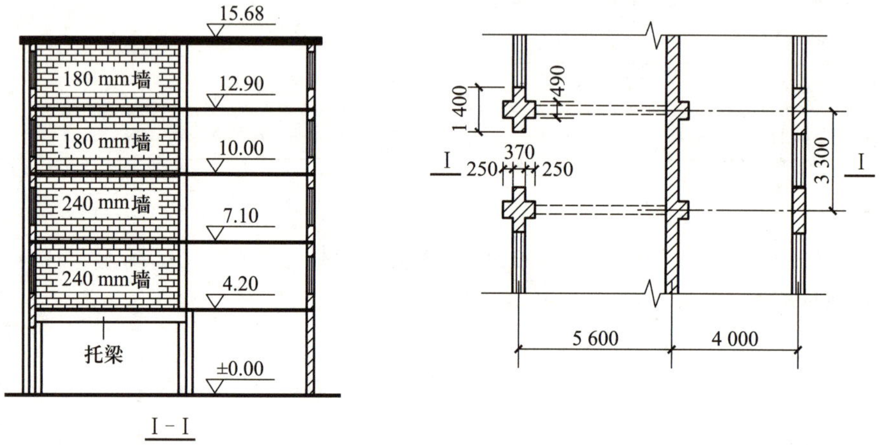

图 6.4.9 例 6-4 商住楼局部平面

【解】

(1) 计算简图

该墙梁为承重简支墙梁，净跨 l_n = (5 600−370−250) mm = 4 980 mm，$1.1l_n$ = 5 478 mm，支座中心线的距离为 5 600 mm，故取计算跨度 l_0 = 5 478 mm = 5.48 m。墙梁计算高度 H_0 = (2.9−0.12+0.6/2) m = 3.08 m。计算简图见图 6.4.10。

托梁自重：25 kN/m^3 × 0.25 m × 0.6 m = 3.75 kN/m；2 层楼盖：3.95 kN/m^2 × 3.3 m = 13.04 kN/m。直接作用在托梁顶面上的永久荷载标准值：Q_{g1} = 3.75 kN/m + 13.04 kN/m = 16.79 kN/m

直接作用在托梁顶面上的可变荷载标准值：Q_{q1} = 2.0 kN/m^2×3.3 m = 6.6 kN/m。

直接作用在托梁顶面上的荷载基本组合值：

组合 1　1.2×16.79 kN/m + 1.4×6.6 kN/m = 29.39 kN/m

组合 2　1.35×16.79 kN/m + 1.4×0.7×6.6 kN/m = 29.13 kN/m

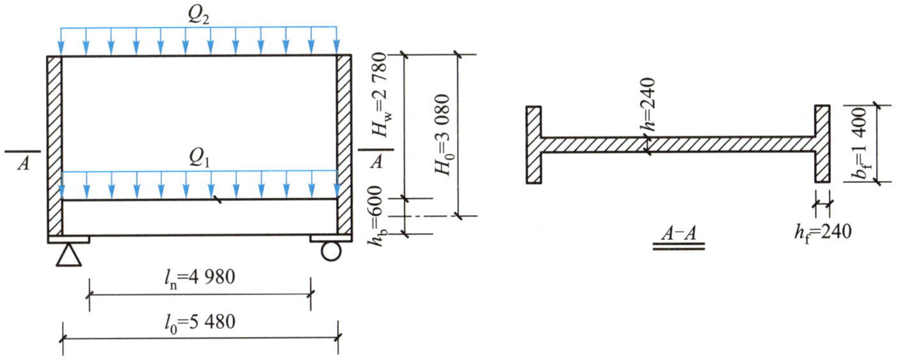

图 6.4.10 例 6-4 计算简图

取荷载基本组合值 $Q_1=29.39$ kN/m。

墙体自重：(5.24+4.10) kN/m^2×2.78 m×2 = 51.93 kN/m；楼面恒载（4.6+3×2.95） kN/m^2×3.3 m = 44.39 kN/m。作用墙梁顶面的永久荷载标准值：Q_{g2} = 51.93 kN/m + 44.39 kN/m = 96.32 kN/m。

直接作用在托梁顶面上的可变荷载标准值：Q_{q2} = (0.5+2.0×3) kN/m^2×3.3 m = 21.45 kN/m。

作用在墙梁顶面的荷载基本组合值：

组合 1　1.2×96.32 kN/m +1.4×21.45 kN/m = 145.61 kN/m

组合 2　1.35×96.32 kN/m +1.4×0.7×21.45 kN/m = 151.05 kN/m

取荷载基本组合值 Q_2 = 151.05 kN/m。

(2) 使用阶段正截面承载力计算

跨中弯矩：

$$M_1=Q_1l_0^2/8=29.39\ \text{kN/m}\times(5.48\ \text{m})^2/8=110.32\ \text{kN}\cdot\text{m};$$

$$M_2=Q_2l_0^2/8=151.05\ \text{kN/m}\times(5.48\ \text{m})^2/8=567.01\ \text{kN}\cdot\text{m};$$

由式(6.4.6)，跨中弯矩系数：$\alpha_M=\psi_M(1.7h_b/l_0-0.03)=1\times(1.7\times0.6/5.48-0.03)=0.156$

由式(6.4.8)，跨中轴力系数：$\eta_N=0.44+2.1h_w/l_0=0.44+2.1\times2.78/5.48=1.505$

由式(6.4.4)，托梁弯矩：$M_b=M_1+\alpha_M M_2=110.32\ \text{kN}\cdot\text{m}+0.156\times567.01\ \text{kN}\cdot\text{m}=198.77\ \text{kN}\cdot\text{m}$

由式(6.4.5)，托梁轴力：$N_{bt}=\eta_N M_2/H_0=1.505\times567.01\ \text{kN}\cdot\text{m}/3.08\ \text{m}=277.06\ \text{kN}$

偏心距 $e_0=M_b/N_{bt}=0.717\ \text{m}>(h_b-a_s-a_s')/2=0.265\ \text{m}$，故托梁属于大偏拉构件。

$e=e_0-h/2+a_s=(717-600/2+35)\ \text{mm}=452\ \text{mm}$；$e'=e_0+h/2-a_s'=982\ \text{mm}$。取受压区高度 $x_b=\xi_b h_0$，则

$$A_s'=\frac{N_{bt}e-\alpha_{smax}\alpha_1f_cbh_0^2}{f_y(h_0-a_s')}=\frac{277\ 060\times452-0.396\times1\times14.3\times250\times565^2}{360\times530}\ \text{mm}^2<0$$，按构造配筋。选配 2 ⌀ 14，$A_s'=308\ \text{mm}^2>0.2\%bh_0=283\ \text{mm}^2$。

A_s'已知，根据式 $N_{bt}e=\alpha_s\alpha_1f_cbh_0^2+f_y'A_s'(h_0-a_s')$，可求得

$\alpha_s=\dfrac{N_{bt}e-f_y'A_s'(h_0-a_s')}{\alpha_1f_cbh_0^2}=0.058$，$\xi=1-\sqrt{1-2\alpha_s}=0.060$。$\xi h_0=33.9\ \text{mm}<2a_s'=70\ \text{mm}$，对 A_s'合力

点取矩，可求得 $A_s=\dfrac{N_{bt}e'}{f_y(h_0-a_s')}=\dfrac{277\ 060\times982}{360\times530}\ mm^2=1\ 426.0\ mm^2$。

另取 $A_s'=0$，重求 x。$\alpha_s=\dfrac{N_{bt}e}{\alpha_1 f_c bh_0^2}=0.110$，求得 $\xi=0.118\ 9$。$x=\xi h_0=66\ mm<2\ a_s'$，不必计算。

取 $A_s=1\ 426.0\ mm^2$。选配 4 ⌀ 22（1 521 mm^2）。另设两道纵向构造筋，直径 ϕ12。

（3）使用阶段斜截面受剪承载力计算

① 墙体斜截面承载力

$$V_2=Q_2 l_n/2=151.05\ kN/m\times4.98\ m/2=376.1\ kN$$

$b_f/h=1\ 400/240=5.8$，翼墙系数 $\xi_1=1.44$；洞口影响系数 $\xi_2=1.0$。MU10 砖，M7.5 砂浆，砌体抗压强度设计值 $f=1.69$ MPa。

由式（6.4.10），有

$\xi_1\xi_2(0.2+h_b/l_0+h_t/l_0)fhh_w=1.44\times1\times(0.2+0.6/5.48+0.24/5.48)\times1.69\ N/mm^2\times240\ mm\times2\ 780\ mm$
$=573.6\times10^3\ N=573.6\ kN>V_2=376.1\ kN$，满足要求。

② 托梁斜截面承载力

由式（6.4.11），有

$V_b=V_1+\beta_V V_2=(29.39+0.6\times151.05)\ kN/m\times4.98\ m/2=298.8\ kN<0.25\beta_c f_c bh_0=505\ kN$，截面尺寸满足要求。

$$\frac{A_{sv}}{s}\geqslant\frac{V_b-0.7f_t bh_0}{1.0f_{yv}h_0}=\frac{298\ 800-0.7\times1.43\times250\times565}{1.0\times270\times565}=1.03$$

选配双肢箍筋 ϕ10@150（跨中 $l_n/2$ 区段采用 ϕ10@200），$A_{sv}/s=1.05>1.03$，满足要求。

（4）使用阶段托梁支座上部砌体局部受压承载力计算

因 $b_f/h=5.8>5$，局部受压承载力可以不验算。

（5）施工阶段托梁承载力计算

按受弯构件计算。安全等级降低一级，故 $\gamma_0=0.9$。楼面施工荷载标准值 1 kN/m^2。

托梁及本层楼盖自重：16.79 kN/m；墙体自重：$19\ kN/m^3\times0.24\ m\times5.48\ m/3=8.33\ kN/m$。

永久荷载标准值：$Q_G=16.79\ kN/m+8.33\ kN/m=25.12\ kN/m$

可变荷载标准值：$Q_q=1\ kN/m^2\times3.3\ m=3.3\ kN/m$

荷载基本组合值：$Q=0.9\times(1.35\times25.12\ kN/m+1.4\times0.7\times3.3\ kN/m)=33.43\ kN/m$

弯矩基本组合值：$M=33.43\ kN/m\times(5.48\ m)^2/8=125.49\ kN\cdot m$

$\alpha_s=M/[\alpha_1 f_c bh_0^2]=0.11$，$\gamma_s=(1+\sqrt{1-2\alpha_s})/2=0.94$；$A_s=125.49\times10^6/[360\times0.94\times565]\ mm^2=655.2\ mm^2<1\ 426\ mm^2$

剪力基本组合值：$V=33.43\ kN/m\times4.98\ m/2=83.2\ kN<298.8\ kN$

使用阶段托梁的正截面承载力和斜截面承载力均满足要求。

6.4.3 挑梁

一、受力特点

埋置在砌体中的悬挑构件，实际上是与砌体共同工作的。在悬挑端集中荷载 F 及砌体上荷载作用下，挑梁经历了弹性阶段、截面水平裂缝发展及破坏三个受力阶段。

弹性阶段，在砌体自重及上部荷载作用下，挑梁的埋置部分上下界面将产生压应力 σ_0（图 6.4.11a）；在悬挑端施加集中荷载 F 后，界面上将形成图 6.4.11b 所示的竖向正应力分布。

当挑梁与砌体的上界面墙边竖向拉应力超过砌体沿通缝的抗拉强度时，将出现图 6.4.12 所示的水平裂缝①；随着荷载的增加，水平裂缝①不断向内发展；随后在挑梁埋入端下界面出现水平裂缝②，并随荷载的增大向墙边发展，这时挑梁有向上翘的趋势；随后在挑梁埋入端上角出现阶梯形斜裂缝③，试验发现这种裂缝与竖向轴线的夹角平均为 57°；水平裂缝②的发展使挑梁下砌体受压区面积不断减少，有时会出现局部受压裂缝④。

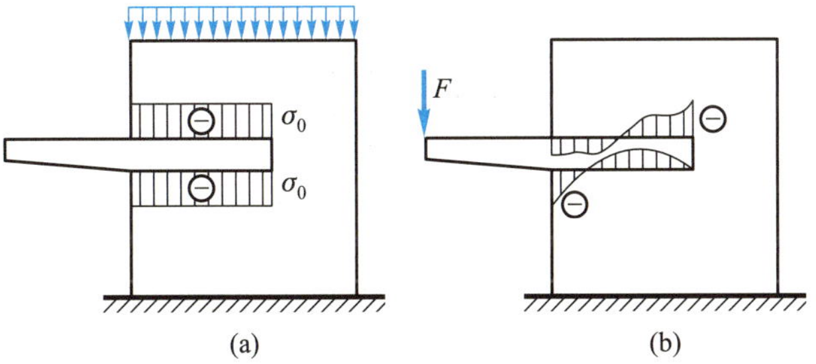

图 6.4.11 挑梁的应力分布

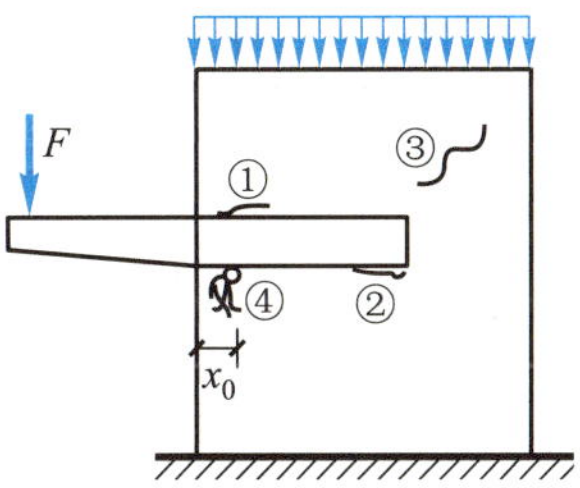

图 6.4.12 挑梁的裂缝分布

最后，挑梁可能发生以下三种破坏形态：

（1）绕 O 点**倾覆破坏**（overturn damage），即刚体失稳；

（2）挑梁下砌体局部受压破坏；

（3）挑梁本身的正截面或斜截面破坏。

二、计算要点

根据挑梁的受力特点和破坏形态，挑梁应进行抗倾覆验算、挑梁下砌体局部受压承载力验算和挑梁的正截面、斜截面承载力计算。

1. 抗倾覆验算

砌体墙中钢筋混凝土挑梁的抗倾覆可按下列公式进行验算：

$$M_{0v} \leqslant M_r \tag{6.4.13a}$$

$$M_r = 0.8\ G_r(l_2 - x_0) \tag{6.4.13b}$$

式中，M_{0v}——挑梁的荷载基本组合值对计算倾覆点产生的倾覆力矩；

M_r——挑梁的抗倾覆力矩设计值；

G_r——挑梁的抗倾覆荷载，为挑梁尾端上部 45°扩展角范围内（其水平长度为 l_3）本层的砌体与楼面永久荷载标准值之和，见图 6.4.13；

x_0——计算倾覆点至墙外边缘的距离，mm，按下列规定采用：当 $l_1 \geqslant 2.2h_b$ 时 $x_0 = 0.3h_b$ 且不大于 $0.13l_1$；当 $l_1 < 2.2h_b$ 时，$x_0 = 0.13\ l_1$；当挑梁下设有混凝土构造柱或垫梁时取 $0.5\ x_0$；

l_1——挑梁埋入砌体墙中的长度，mm；

h_b——挑梁的截面高度，mm。

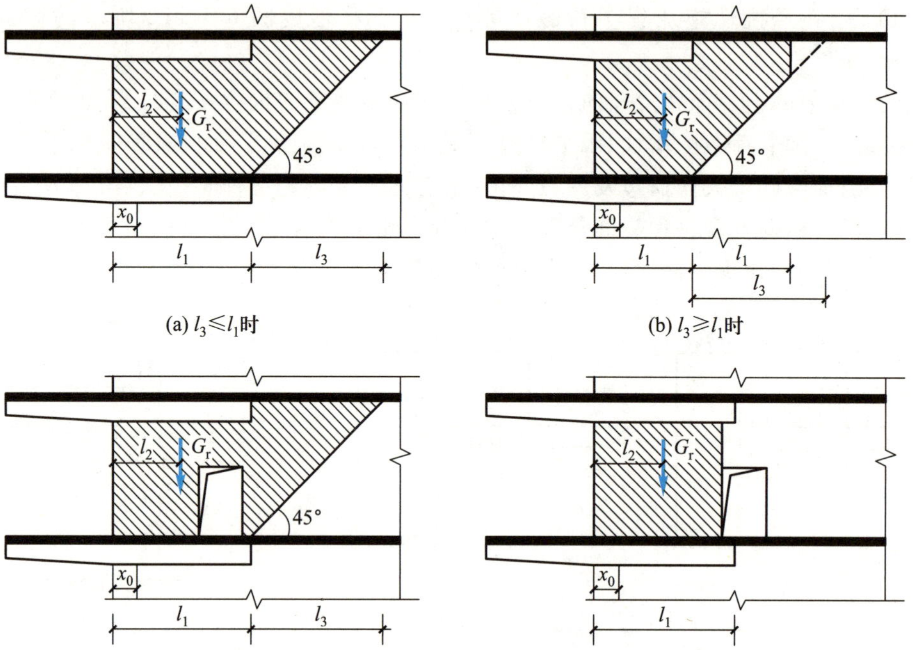

(a) $l_3 \leqslant l_1$时　　(b) $l_3 \geqslant l_1$时

(c) 洞口在l_1之内　　(d) 洞口在l_1之外

图 6.4.13　挑梁的抗倾覆荷载

2. 挑梁下墙体的局部受压验算

挑梁下墙体的局部受压承载力按下式计算：

$$N_l \leqslant \eta\gamma f A_l \tag{6.4.14}$$

式中，N_l——挑梁下支承压力，可取 $N_l = 2R$，R 为挑梁的倾覆荷载基本组合值；

η——梁端底面压应力图形完整系数，可取 0.7；

γ——局部受压强度提高系数，对一字墙取 1.25（图 6.4.14a），对丁字墙取 1.5（图 6.4.14b）；

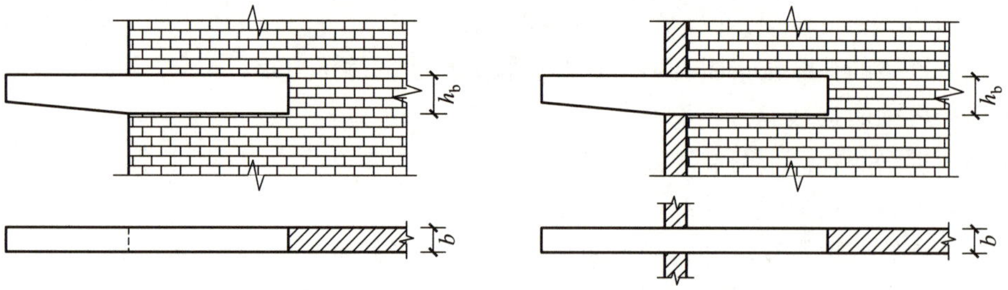

(a) 挑梁支承在一字墙上　　(b) 挑梁支承在丁字墙上

图 6.4.14　挑梁下砌体的局部受压

A_l——挑梁下砌体局部受压面积，可取 $A_l = 1.2bh_b$。

3. 挑梁自身承载力计算

由于倾覆点不在墙边而在离墙边 x_0 处，以及墙内挑梁上、下界面压应力作用，挑梁的内力分布如图 6.4.15 所示。挑梁内的最大剪力 V_{max} 在墙边，即 $V_{max} = V_0$，而最大弯矩在接近 x_0 处，近似取 $M_{max} = M_{0v}$。

挑梁的正截面承载力和斜截面承载力计算方法同一般的钢筋混凝土受弯构件。

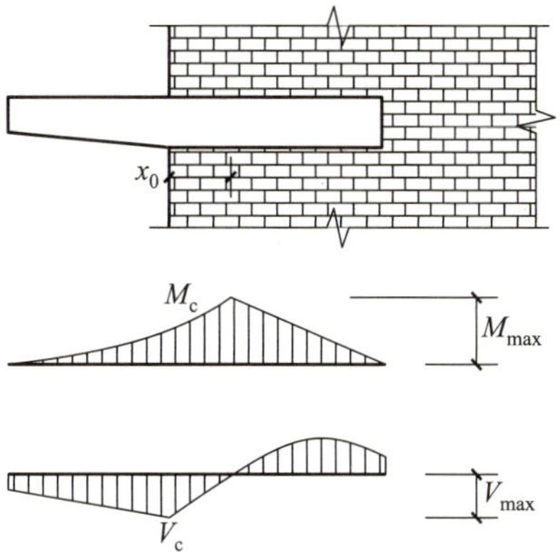

图 6.4.15　挑梁的内力分布

【例 6-5】　一承托阳台的钢筋混凝土挑梁埋置于丁字形截面墙段中，如图 6.4.16 所示。挑梁挑出长度 $l = 1.5$ m，埋入长度 $l_1 = 1.65$ m，截面尺寸 $b \times h_b = 240$ mm×300 mm。挑梁上墙体净高 2.76 m，墙厚 240 mm，采用 MU10 砖、M5 混合砂浆砌筑。墙体及楼盖传给挑梁的永久荷载标准值为 $F_k = 4.5$ kN，$g_{1k} = 4.85$ kN/m，$g_{2k} = 11.8$ kN/m；可变荷载标准值为 $q_{1k} = 3.6$ kN/m，$q_{2k} = 6.9$ kN/m，组合值系数 $\psi_c = 0.7$。挑梁自重 1.3 kN/m，埋入部分 1.8 kN/m。试设计该挑梁。

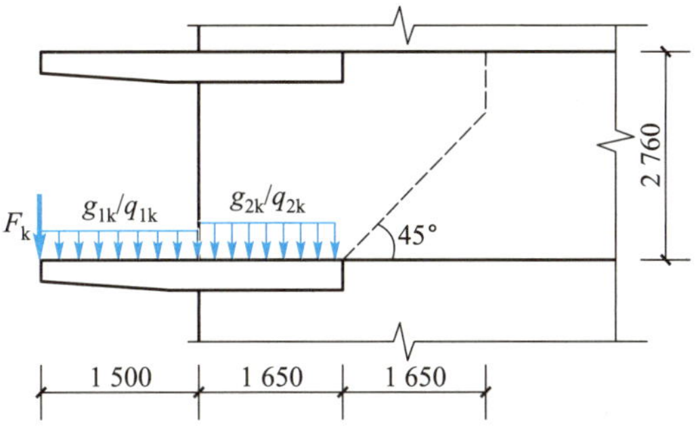

图 6.4.16　例 6-5 图

【解】

（1）抗倾覆验算

$l_1 > 2.2h_b = 660$ mm，倾覆点至墙外边缘的距离取 $x_0 = 0.3h_b = 0.09$ m，$< 0.13\ l_1 = 0.21$ m。

倾覆力矩：$M_{0v} = 1.35 \times 4.5\ \text{kN} \times (1.5+0.09)\ \text{m} + [1.4 \times 0.7 \times 3.6\ \text{kN/m} + 1.35 \times (1.3+4.85)\ \text{kN/m}] \times (1.59\ \text{m})^2/2 = 24.6\ \text{kN} \cdot \text{m}$

抗倾覆力矩：$M_r = 0.8 \times [(11.8+1.8) \times (1.65-0.09)^2/2 + (1.65+1.65) \times 2.76 \times 5.24 \times (1.65-0.09) - 1.65^2/2 \times 5.24 \times (1.65+2 \times 1.65/3-0.09)]\ \text{kN} \cdot \text{m} = 57.6\ \text{kN} \cdot \text{m}$

$M_r > M_{0v}$，满足要求。

（2）挑梁下砌体局部受压承载力验算

$\eta = 0.7$，$\gamma = 1.5$，$f = 1.50$ MPa，$A_l = 1.2bh_b = 1.2 \times 240 \times 300\ \text{mm}^2 = 86\ 400\ \text{mm}^2$。承载力：

$$\eta \gamma f A_l = 0.7 \times 1.5 \times 1.5\ \text{N/mm}^2 \times 86\ 400\ \text{mm}^2 = 136\ 080\ \text{N} = 136.1\ \text{kN}$$

荷载效应：

$N_l = 2\{1.2 \times 4.5\ \text{kN} + 1.59\ \text{m}[1.4 \times 3.6\ \text{kN/m} + 1.2 \times (1.3+4.85)\ \text{kN/m}]\} = 50.3\ \text{kN} < 136.1\ \text{kN}$，满足要求。

(3) 挑梁承载力计算

挑梁采用 C20 混凝土,纵向钢筋采用 HRB400 钢,箍筋采用 HPB300 钢。取 $M_{max}=M_{0v}=24.6\ \text{kN}\cdot\text{m}$,$\alpha_s=M/(\alpha_1 f_c b h_{b0}^2)=24.6\times10^6/(1\times9.6\times240\times265^2)=0.152$,求得 $\gamma_s=0.917\ 1$。

$A_s=M/(f_y\gamma_s h_{b0})=24.6\times10^6/(360\times0.917\ 1\times265)\ \text{mm}^2=281.1\ \text{mm}^2$,选配 2 ⌀ 14 ($A_s=308\ \text{mm}^2$),满足要求。

$$V_{max}=V_0=1.2\times4.5\ \text{kN}+1.5\ \text{m}[1.4\times3.6\ \text{kN/m}+1.2\times(1.3+4.85)\ \text{kN/m}]=24.0\ \text{kN}$$

$$0.7f_t b h_{b0}=0.7\times1.1\ \text{N/mm}^2\times240\ \text{mm}\times265\ \text{mm}=48\ 972\ \text{N}=49.0\ \text{kN}>V_{max}$$

按构造配箍筋即可,选配双肢箍 $\phi6@200$。$\rho_{svmin}=0.24f_t/f_{yv}=0.24\times1.1/210=0.126\%$;$\rho_{sv}=A_{sv}/(bs)=56.5/(200\times200)=0.141\%>\rho_{svmin}$,满足构造要求。

6.5 砌体房屋的构造措施

6.5 砌体房屋的构造措施

在对房屋进行计算时,所取计算简图是对实际结构的一种简化,其中忽略了一些次要因素,需要通过构造措施加以弥补。还有些因素没有考虑,如墙角、温度变化、地基不均匀沉降等,也需要通过构造措施来处理。

6.5.1 墙体开裂及其防止措施

混合结构房屋的墙体经常由于结构布置或构造处理不当而产生裂缝。产生裂缝的主要原因有:① 外界温度变化而引起的温度变形(temperature deformation);② 材料的收缩变形(shrinkage deformation);③ 地基的不均匀沉降(differential settlement)。

一、防止温度和收缩变形引起的墙体裂缝

由于各种材料的温度膨胀系数不同(钢筋混凝土的温度线膨胀系数为 10×10^{-6},而砖砌体的温度线膨胀系数为 5×10^{-6},两者相差一倍),而房屋中的各部分构件相互联结成为一个空间整体,当温度变化时,各部分必然会因相互制约而产生附加内力。如果构件中产生的拉应变超过混凝土或砌体的极限拉应变,就会出现裂缝。

混凝土的收缩值比砌体大得多(后者仅砂浆收缩,块体不收缩),收缩值的不一致也会产生附加内力。

房屋的长度愈长,在墙体中由于温度和收缩引起的拉应力就愈大。因此,当房屋过长时可设置伸缩缝将房屋划分成若干长度较小的单元以减小墙体因温度和收缩产生的拉应力,从而避免或减少墙体开裂。

为了防止或减轻房屋顶层墙体的裂缝,可根据情况采取下列措施:

(1) 屋面设置有效的保温、隔热层;

(2) 屋面保温、隔热层或屋面刚性面层及砂浆找平层应设置分隔缝,分隔缝间距不宜大于 6 m,并与女儿墙隔开,其缝宽不宜小于 30 mm;

(3) 采用装配式有檩体系钢筋混凝土屋盖和瓦材屋盖;

(4) 顶层屋面板下设置现浇钢筋混凝土圈梁,并沿内外墙拉通,房屋两端圈梁下的墙体内宜设置水平钢筋;

（5）顶层墙体门窗洞口，在过梁上的水平灰缝内设置 2~3 道焊接钢筋网片或 2ϕ6 拉结筋，并伸入过梁两端墙内不小于 600 mm；

（6）顶层及女儿墙砂浆强度等级不低于 M7.5；

（7）女儿墙设置构造柱，构造柱间距不宜大于 4 m，构造柱应伸至女儿墙顶并与现浇钢筋混凝土压顶整浇在一起；

（8）对顶层墙体施加竖向预应力。

二、防止地基不均匀沉降引起墙体开裂的措施

当地基不均匀沉降时，整个房屋就像梁一样受弯、受剪，因而在墙体内将引起较大的附加应力，当产生的拉应变超过砌体的极限拉应变，墙体就会出现裂缝。

防止或减轻地基不均匀沉降引起墙体开裂的措施包括：设置沉降缝、采用合理的建筑体型和结构形式、加强房屋整体刚度和强度。

在下列情况下应设置沉降缝：

（1）在地基土质有显著差异处；

（2）在房屋的相邻部分高差较大或荷载、结构刚度、地基处理方法和基础类型有显著差异处；

（3）在平面形状复杂的房屋转角处和过长房屋的适当部位；

（4）在分期建造的房屋交接处。

采用合理的建筑体型和结构形式要求软土地区房屋的体型应力求简单，尽量避免立面高低起伏和平面凹凸曲折；房屋的长高比不宜过大；邻近建筑物或地面荷载引起的地基附加变形对建筑物的影响应予考虑。

通过合理布置承重墙，尽量将纵墙拉通，避免断开和转折；设置圈梁；不在墙体上开过大的洞等措施加强房屋整体刚度和强度。

6.5.2 圈梁的构造要求

圈梁是砌体房屋的重要构造措施。设置圈梁可以增强房屋的整体刚度，加强纵横墙之间的联系，防止由于地基不均匀沉降、振动荷载对房屋产生的不利影响。圈梁的设置应符合下列要求：

（1）圈梁宜连续设置在墙的同一水平面上，并尽可能形成封闭。当圈梁被门窗洞口切断而不能在同一水平面上通过时，应在门窗洞上部墙体中增设相同截面的附加圈梁，附加圈梁与圈梁搭接长度不应小于两者中到中垂直距离的 2 倍，且不少于 1 m。

（2）纵横墙交接处的圈梁应有可靠的连接。刚弹性和弹性方案房屋，圈梁应与屋架、大梁等构件可靠连接。

（3）钢筋混凝土圈梁的宽度宜与墙厚相同，当墙厚≥240 mm 时，不宜小于 2/3 墙厚；圈梁高度不应小于 120 mm；纵向钢筋不应小于 4ϕ10，绑扎接头的搭接长度按受拉钢筋考虑，箍筋间距不应大于 300 mm。

（4）圈梁兼作过梁时，过梁部分的钢筋用量应按计算用量单独配置。

6.5.3 墙、柱的一般构造要求

一、材料要求

地面以下或防潮层以下的砌体，潮湿房间的墙或环境类别2的砌体，所用材料的最低强度等级应符合表6-11的要求。对安全等级为一级以及设计使用年限大于50年的房屋，墙、柱所用材料的最低等级应提高一级。

表6-11 地面以下或防潮层以下、潮湿房间墙所用材料的最低强度等级

潮湿程度	烧结普通砖、蒸压灰砂砖		混凝土砌块	石材	水泥砂浆
	严寒地区	一般地区			
稍潮湿	MU15	MU20	MU7.5	MU30	M5
很潮湿	MU20	MU20	MU10	MU30	M7.5
含水饱和	MU20	MU25	MU15	MU40	M10

注：在冻胀地区，地面以下或防潮层以下的砌体不宜采用多孔砖，如采用其孔洞应用不低于M10的水泥砂浆预先灌实；当采用混凝土空心砌块时，其孔洞应用不低于Cb20的混凝土灌实。

二、最小截面尺寸

承重的独立砖柱截面尺寸不应小于240 mm×370 mm。毛石墙的厚度不宜小于350 mm，毛料石柱较小边长不宜小于400 mm。

三、支承与连接

当屋架跨度大于6 m，或砖砌体梁的跨度大于4.8 m、砌块和料石砌体梁的跨度大于4.2 m、毛石砌体梁的跨度大于3.9 m时，应在支承处砌体上设置混凝土或钢筋混凝土垫块，当墙中设有圈梁时，垫块与圈梁宜浇成整体。

当240 mm厚砖墙梁跨度≥6 m、180 mm厚砖墙梁跨度≥4.8 m、砌块、料石墙梁跨度≥4.8 m时，其支承处宜加设壁柱或构造柱。

当支承在墙、柱上的吊车梁、屋架以及砖砌体梁跨度≥9 m、砌块和料石砌体梁跨度≥7.2 m的预制梁的端部，应采用锚固件与墙、柱上的垫块锚固。

预制钢筋混凝土板在混凝土圈梁上的支承长度，不应小于80 mm，板端伸出的钢筋应与圈梁可靠连接。在墙上支承长度不应小于100 mm，板端伸出钢筋（支承于内墙不少于70 mm、支承于外墙不少于100 mm）与支座处沿墙配置的纵筋绑扎，用不低于C25的混凝土浇筑成板带。

山墙处的壁柱宜砌至山墙顶部，屋面构件应与山墙可靠拉结。

四、墙体的搭接

砌块砌体应分皮错缝搭砌，上、下皮搭砌长度不得小于90 mm。当搭砌长度不满足上述要求时，应在水平灰缝内设置不少于2ϕ4的焊接钢筋网片，网片每端均应超过该垂直缝，其长度不得小于300 mm。

砌块墙与后砌隔墙交接处，应沿高度每400 mm，在水平灰缝内设置不少于2ϕ4、横筋间距不大于200 mm的焊接钢筋网片。

思考题

6-1　砌体房屋按竖向荷载的承重方案有哪些常用类型,各有什么特点?

6-2　砌体结构的整体空间作用与哪些因素有关?

6-3　砌体结构的静力计算方案是如何确定的?

6-4　单层和多层刚性方案房屋纵墙的计算简图是怎样的?

6-5　刚弹性方案房屋的内力计算的步骤有哪些?

6-6　上柔下刚房屋和底部框架砌体房屋的计算简图如何确定?

6-7　砌体墙的控制截面有哪些?包括哪些设计内容?

6-8　影响砌体墙、柱稳定性的因素有哪些?

6-9　过梁有哪些种类?砖砌平拱过梁有哪几种破坏形式?如何确定过梁的荷载?

6-10　何谓墙梁?墙梁用于哪些场合?

6-11　墙梁的受力特点与一般钢筋混凝土梁有什么本质区别?墙梁有哪几种破坏形态?包括哪些计算内容?

6-12　挑梁有哪几种破坏形态?挑梁的设计内容包括哪些内容?

6-13　砌体房屋墙体开裂的主要原因有哪些?可以采取哪些措施?

6-14　圈梁的作用是什么?

第 6 章　砌体结构
思考题注释

作业题

6-1　某多层砌体房屋,平面布置及剖面如图所示,墙体厚度为 240 mm,采用 MU10 砖。楼面做法为:20 mm 厚板底粉刷、120 mm 厚空心板(2.2 kN/m^2)、40 mm 厚细石混凝土、20 mm 厚水泥砂浆。屋面做法为:20 mm 厚板底粉刷、120 mm 厚空心板、40 mm 厚细石混凝土、20 mm 厚水泥砂浆、二毡三油绿豆砂(0.35 kN/m^2)、架空板支墩(0.47 kN/m^2)、25 mm 厚架空板(0.63 kN/m^2)。塑钢窗自重 0.30 kN/m^2;走廊拦板重 2 kN/m;楼(屋面)梁截面尺寸 250 mm×600 mm。楼面活荷载标准值 2 kN/m^2;不上人屋面活荷载标准值 0.5 kN/m^2;基本风压 0.35 kN/m^2,地面粗糙类别为 B。

试对纵墙的承载力进行计算,确定砂浆强度等级(基础顶面到室内地面的高度为 350 mm)。

6-2　题 2-6 中,基础顶面到屋盖的高度为 5.6 m;塑钢窗宽 1 500 mm,高 2 400 mm;砌体墙墙厚 240 mm,采用 MU10 砖、M5 混合砂浆砌筑;钢梁在墙体上的搁置长度为 $a=370$ mm,有效支承长度 $a_0=300$ mm;该地区的基本风压 $w_0=1.2$ kN/m^2,地面粗糙度类别为 B 类。

(1) 梁端支承处砌体的局部受压承载力是否满足要求?

(2) 纵墙的高厚比是否满足要求?

(3) 画出纵墙的计算简图,计算风荷载标准值。

(4) 纵墙底面的承载力是否满足要求?

第 6 章　砌体结构
作业题指导

测试题

6-1　楼面竖向荷载的传递路线为:板→横墙→基础→地基,对应下列哪种砌体承重体

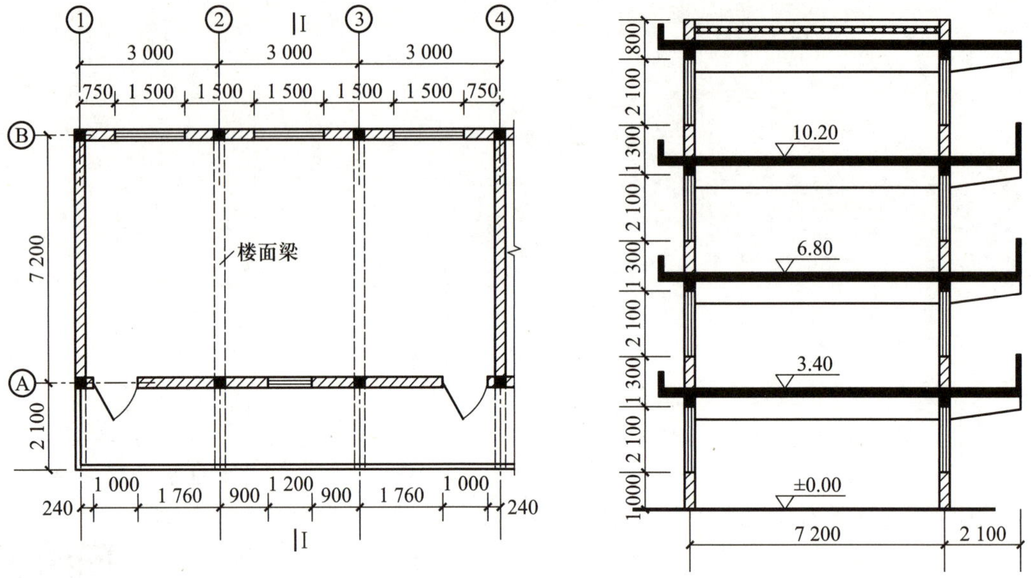

(a) 结构平面布置图　　(b) Ⅰ-Ⅰ 剖面图

测试题 6-1 图

系？(　　)

(A) 横墙承重体系　　(B) 纵墙承重体系

(C) 纵横墙承重体系　　(D) 内框架承重体系

6-2　计算砌体墙的抗侧刚度时，对于高长比大于 4 的墙段，可(　　)。

(A) 只考虑弯曲变形　　(B) 只考虑剪切变形

(C) 同时考虑弯曲和剪切变形　　(D) 不考虑其刚度

6-3　设计砌体房屋挑梁时，(　　)。

(A) 挑梁的倾覆点、截面最大弯矩和最大剪力均在墙边

(B) 挑梁的最大剪力和倾覆点在墙边，而截面最大弯矩不在墙边

(C) 挑梁的最大剪力在墙边，倾覆点和最大弯矩均不在墙边

(D) 最大弯矩在墙边，而最大剪力和倾覆点均不在墙边

6-4　在墙梁的斜截面承载力计算中，由墙顶荷载引起的剪力用 V_2 表示；本层楼面荷载和墙体自重引起的剪力用 V_1 表示。则(　　)。

(A) 墙体承担全部 V_2；托梁承担全部 V_1

(B) 墙体承担全部 V_2 和部分 V_1；托梁承担剩余部分 V_1

(C) 墙体承担部分 V_2；托梁承担剩余部分 V_2 和全部 V_1

(D) 墙体承担全部 V_2；托梁承担部分 V_2 和全部 V_1

6-5　一多层砌体房屋，采用现浇钢筋混凝土楼屋盖，1、2 层的横墙间距为 16 m，顶层的横墙间距为 32 m，该房屋属于(　　)。

(A) 刚性方案房屋　　(B) 弹性方案房屋

(C) 刚弹性方案房屋　　(D) 上柔下刚房屋

6-6　砌体房屋空间作用的大小(　　)。

(A) 与楼盖类型和横墙本身的刚度有关

（B）与横墙间距和横墙本身的刚度有关

（C）与楼盖类型和横墙间距有关

（D）与楼盖类型、横墙间距和横墙本身的刚度有关

6-7　自承重墙体用 μ_1 对允许高厚比进行修正，这是考虑到（　　）。

（A）自承重墙的重要性差些

（B）自承重墙与楼板的连接差些

（C）自承重墙的荷载是沿高度分布，而不是作用在墙顶

（D）自承重墙的厚度薄些

6-8　简支墙梁中的托梁处于（　　）。

（A）受弯状态　　（B）受拉状态

（C）拉弯状态　　（D）压弯状态

6-9　砌体墙、柱的高厚比验算（　　）。

（A）考虑高厚比对受压构件承载力的影响，属承载力验算

（B）属抗倾覆验算

（C）属稳定验算

（D）属正常使用极限状态验算

6-10　计算过梁上砖砌体墙自重，当墙体高度 $l_n/3<h_w<l_n$ 时（　　）。

（A）按实际墙体高度计算

（B）按 $l_n/3$ 墙体高计算

（C）按 $l_n/2$ 墙体高计算

（D）有梁板荷载时按实际墙体高度计算；没有梁板荷载时按 $l_n/3$ 墙体高计算

第 6 章　砌体结构测试题解答

附录 A　结构设计通用要求

附表 A.1　房屋伸缩缝的最大间距　　m

结构类别				间距
混凝土结构	排架	装配式	室　内或土中	100
			露　天	70
	刚架	装配式	室　内或土中	75
			露　天	50
		现浇式	室　内或土中	55
			露　天	35
	剪力墙	装配式	室　内或土中	65
			露　天	40
		现浇式	室　内或土中	45
			露　天	30
	挡土墙、地下室墙壁等	装配式	室　内或土中	40
			露　天	30
		现浇式	室　内或土中	30
			露　天	20
砌体结构	整体式或装配整体式混凝土屋盖	屋面有保温、隔热层		50
		屋面无保温、隔热层		40
	装配式无檩体系混凝土屋盖	屋面有保温、隔热层		60
		屋面无保温、隔热层		50
	装配式有檩体系混凝土屋盖	屋面有保温、隔热层		75
		屋面无保温、隔热层		60
	黏土瓦或石棉水泥瓦屋盖、木屋盖、石屋盖			100
钢结构	采暖房屋和采暖地区房屋	纵向（垂直于屋架方向）		220
		横向	柱顶为刚接	120
			柱顶为铰接	150

续表

<table>
<tr><th colspan="4">结构类别</th><th>间距</th></tr>
<tr><td rowspan="6">钢结构</td><td rowspan="3">热车间及采暖地区的非采暖厂房</td><td colspan="2">纵向(垂直于屋架方向)</td><td>180</td></tr>
<tr><td rowspan="2">横向</td><td>柱顶为刚接</td><td>100</td></tr>
<tr><td>柱顶为铰接</td><td>125</td></tr>
<tr><td colspan="3">露天结构</td><td>120</td></tr>
<tr><td rowspan="2">轻钢厂房</td><td colspan="2">纵向</td><td>300</td></tr>
<tr><td colspan="2">横向</td><td>150</td></tr>
</table>

附表 A.2 防震缝的最小宽度

mm

<table>
<tr><th colspan="2" rowspan="2">结构类型</th><th colspan="4">设防烈度</th></tr>
<tr><th>6</th><th>7</th><th>8</th><th>9</th></tr>
<tr><td rowspan="3">混凝土结构</td><td>框架</td><td>$4H+40$</td><td>$5H+25$</td><td>$7H-5$</td><td>$10H-50$</td></tr>
<tr><td>框架-剪力墙</td><td>$3H+22$</td><td>$5.2H-35.2$</td><td>$9.7H-152$</td><td>$16.4H-326$</td></tr>
<tr><td>剪力墙</td><td>$2H+20$</td><td>$5H-100$</td><td>$11H-340$</td><td>$20H-700$</td></tr>
<tr><td colspan="2">钢结构</td><td colspan="4">同类混凝土结构的 1.5 倍</td></tr>
<tr><td colspan="2">砌体结构</td><td colspan="4">70~100</td></tr>
</table>

注：表中 H 为相邻结构单元中较低单元的房屋高度(m)，对于框架结构至少取 15 m，对于框架-剪力墙结构至少取 26 m，对于剪力墙结构至少取 40 m。

附表 A.3 屋面均布可变荷载

项次	类别	标准值/(kN/m^2)	组合值系数 ψ_c	频遇值系数 ψ_f	准永久值系数 ψ_q
1	不上人屋面	0.5	0.7	0.5	0
2	上人屋面	2.0	0.7	0.5	0.4
3	屋顶花园	3.0	0.7	0.6	0.5
4	屋顶运动场	4.0	0.7	0.6	0.4

附表 A.4 民用建筑楼面可变荷载

<table>
<tr><th>项次</th><th>类别</th><th>标准值/kN/m^2</th><th>组合值系数 ψ_c</th><th>频遇值系数 ψ_f</th><th>准永久值系数 ψ_q</th></tr>
<tr><td rowspan="2">1</td><td>住宅、宿舍、旅馆、办公楼、医院病房、托儿所、幼儿园</td><td rowspan="2">2.0</td><td rowspan="2">0.7</td><td>0.5</td><td>0.4</td></tr>
<tr><td>试验室、阅览室、会议室、医院门诊楼</td><td>0.6</td><td>0.5</td></tr>
<tr><td>2</td><td>教室、食堂、餐厅、一般资料档案室</td><td>2.5</td><td>0.7</td><td>0.6</td><td>0.5</td></tr>
<tr><td rowspan="2">3</td><td>礼堂、剧场、影院、有固定座位的看台</td><td rowspan="2">3.0</td><td rowspan="2">0.7</td><td>0.5</td><td>0.3</td></tr>
<tr><td>公共洗衣房</td><td>0.6</td><td>0.5</td></tr>
</table>

续表

项次	类别			标准值 /kN/m^2	组合值系数 ψ_c	频遇值系数 ψ_f	准永久值系数 ψ_q
4	商店、展览厅、车站、港口、机场大厅及其旅客等候室			3.5	0.7	0.6	0.5
	无固定座位看台					0.5	0.3
5	健身房、演出舞台			4.0	0.7	0.6	0.5
	运动场、舞厅						0.4
6	书库、档案库、储藏室、百货食品超市			5.0	0.9	0.9	0.8
	密集柜书库			12.0			
7	通风机房，电梯机房			7.0	0.9	0.9	0.8
8	停车库及汽车通道	单向板楼盖（板跨≥2 m）和双向板楼盖（板跨≥3 m×3 m）	客车	4.0	0.7	0.7	0.6
			消防车	35.0		0.5	0.0
		双向板楼盖（板跨≥6 m×6 m）和无梁楼盖（柱网尺寸≥6 m×6 m）	客车	2.5		0.7	0.6
			消防车	20.0		0.5	0.0
9	厨房	餐厅		4.0	0.7	0.7	0.7
		其他		2.0		0.6	0.5
10	浴室、卫生间、盥洗室			2.5	0.7	0.6	0.5
11	走廊、门厅	宿舍、旅馆、医院病房、托儿所、幼儿园、住宅		2.0	0.7	0.5	0.4
		办公楼、餐厅、医院门诊部		2.5		0.6	0.5
		教学楼及其他可能出现人员密集的情况		3.5		0.5	0.3
12	楼梯	多层住宅		2.0	0.7	0.5	0.4
		其他		3.5			0.3
13	阳台	可能出现人员密集的情况		3.5	0.7	0.6	0.5
		其他		2.5			

注一：

① 本表所给各项可变荷载适用于一般使用条件，当使用荷载较大、情况特殊或有专门要求时，应按实际情况采用。

② 第 6 项书库活荷载当书架高度超过 2 m 时，书库活荷载尚应按每米书架高度不小于 2.5 kN/m^2 确定。

③ 第 8 项中的客车活荷载只适用于停放载人小于 9 人的客车；消防车活荷载是适用于满载总重为 300 kN 的大型车辆。

④ 第 12 项楼梯活荷载，对预制构件踏步平板，尚应按 1.5 kN 集中荷载验算。

⑤ 本表各项荷载不包括隔墙自重和二次装修荷载。对固定隔墙的自重应按恒荷载考虑，当隔墙位置可灵活自由布置时，非固定隔墙的自重应取每延米长墙重（kN/m）的 1/3 作为楼面活荷载的附加值（kN/m^2）记入，附加值不小于 1.0 kN/m^2。

注二：设计楼面梁时活荷载标准值折减系数的最小值按下列情况采用：

① 第 1(1) 项当楼面梁从属面积超过 25 m^2 时，取 0.9；

② 第 1(2)～7 项当楼面梁从属面积超过 50 m^2 时，取 0.9；

③ 第 8 项对单向板楼盖的次梁和槽形板的纵肋取 0.8，对单向板楼盖的主梁取 0.6，对双向板楼盖的梁取 0.8；

④ 第 9～13 项采用与所属房屋类别相同的折减系数。

注三：设计墙、柱和基础时的最小折减系数：

① 第 1(1)项按楼层进行折减，墙、柱、基础计算截面以上的楼层数为 1 层时，计算截面以上各楼层可变荷载总和的折减系数取 1；2～3 层时取 0.85；4～5 层时取 0.70；6～8 层时取 0.65；9～20 层时取 0.60；超过 20 层时取 0.55；

② 第 1(2)～7 项采用与其楼面梁相同的折减系数；

③ 第 8 项对单向板楼盖取 0.5，对双向板楼盖取 0.8；

④ 第 9～13 项采用与所属房屋类别相同的折减系数。

附表 A.5　屋面积灰荷载

<table>
<tr><th rowspan="3">项次</th><th rowspan="3">类别</th><th colspan="3">标准值/(kN/m²)</th><th rowspan="3">组合值系数 ψ_c</th><th rowspan="3">频遇值系数 ψ_f</th><th rowspan="3">准永久值系数 ψ_q</th></tr>
<tr><th rowspan="2">屋面无挡风板</th><th colspan="2">屋面有挡风板</th></tr>
<tr><th>内</th><th>外</th></tr>
<tr><td>1</td><td>机械厂铸造车间(冲天炉)</td><td>0.5</td><td>0.75</td><td>0.30</td><td rowspan="8">0.9</td><td rowspan="8">0.9</td><td rowspan="8">0.8</td></tr>
<tr><td>2</td><td>炼钢车间(氧气转炉)</td><td>—</td><td>0.75</td><td>0.30</td></tr>
<tr><td>3</td><td>锰、铬铁合金车间</td><td>0.75</td><td>1.00</td><td>0.30</td></tr>
<tr><td>4</td><td>硅、钨铁合金车间</td><td>0.30</td><td>0.50</td><td>0.30</td></tr>
<tr><td>5</td><td>烧结室、一次混合室</td><td>0.50</td><td>1.00</td><td>0.20</td></tr>
<tr><td>6</td><td>烧结厂通廊及其他车间</td><td>0.30</td><td>—</td><td>—</td></tr>
<tr><td>7</td><td>水泥厂有灰源车间</td><td>1.00</td><td>—</td><td>—</td></tr>
<tr><td>8</td><td>水泥厂无灰源车间</td><td>0.50</td><td>—</td><td>—</td></tr>
</table>

注：① 表中的积灰荷载，仅应用于屋面坡度 $\alpha\leqslant25°$，当 $\alpha\geqslant45°$时，可不考虑积灰荷载；当 $25°<\alpha<45°$时，可按插值法取值；

② 对 1～4 项的积灰荷载，仅应用于距炉烟囱中心 20 m 半径范围内的房屋，当邻近建筑在该范围内时，其积灰荷载对 1、3、4 项应按车间屋面无挡风板的采用，对 2 项应按车间屋面挡风板外的采用。

附录 A.6　常用建筑物的风载体型系数 μ_s

<table>
<tr><th>序号</th><th>类型</th><th colspan="2">体型及体型系数</th></tr>
<tr><td>1</td><td>封闭式双坡屋面</td><td>
<table>
<tr><th>α</th><th>μ_s</th></tr>
<tr><td>≤15</td><td>-0.6</td></tr>
<tr><td>30</td><td>0</td></tr>
<tr><td>≥60</td><td>+0.8</td></tr>
</table>
</td><td>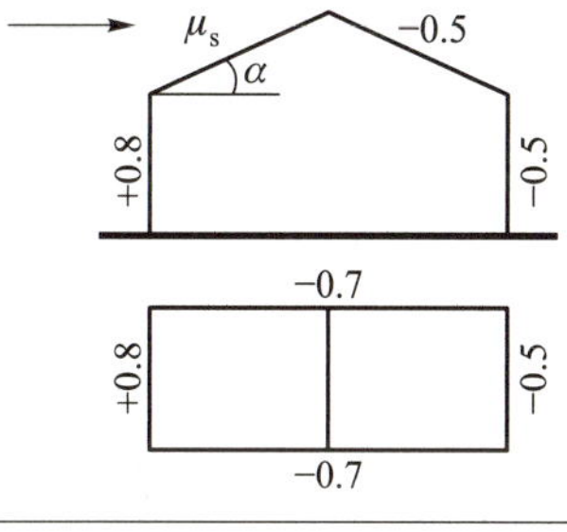
</td></tr>
<tr><td>2</td><td>封闭式拱型屋面</td><td>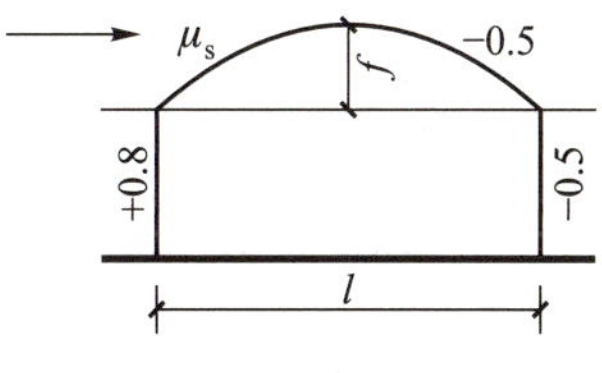
</td><td>
<table>
<tr><th>f/l</th><th>μ_s</th></tr>
<tr><td>≤0.1</td><td>-0.8</td></tr>
<tr><td>0.2</td><td>0</td></tr>
<tr><td>0.5</td><td>+0.6</td></tr>
</table>
</td></tr>
</table>

续表

<table>
<tr><th>序号</th><th>类型</th><th>体型及体型系数</th></tr>
<tr><td>3</td><td>封闭式双跨双坡屋面</td><td>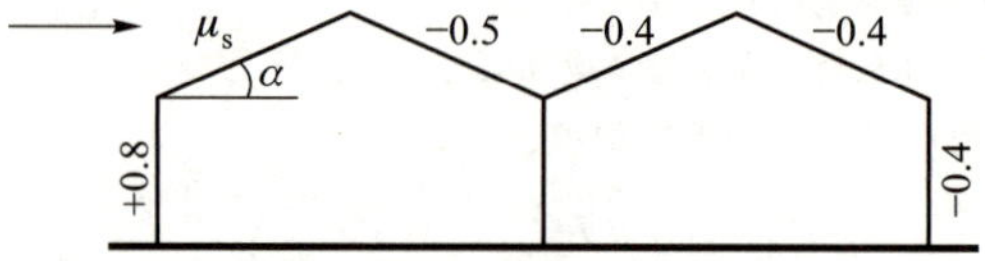

迎风坡面的 μ_s 按第 1 项采用</td></tr>
<tr><td>4</td><td>封闭式房屋和构筑物</td><td>(a) 正多边形平面
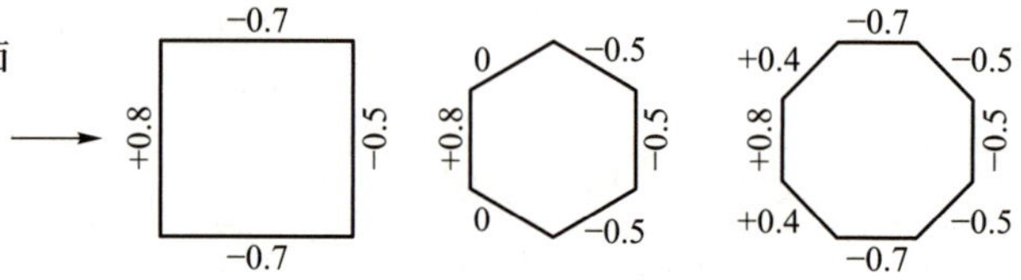

(b) Y型平面
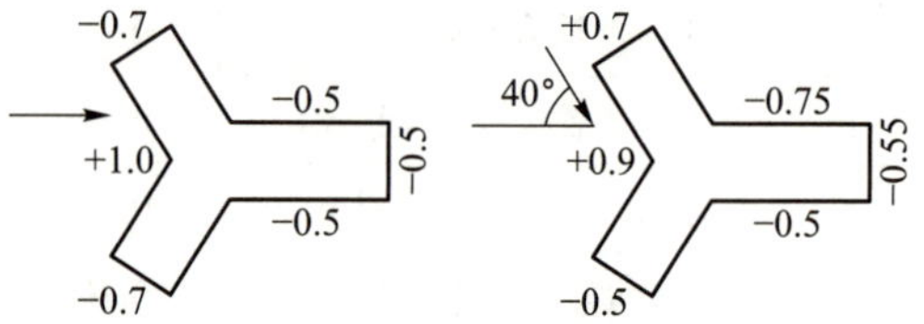

(c) L型平面
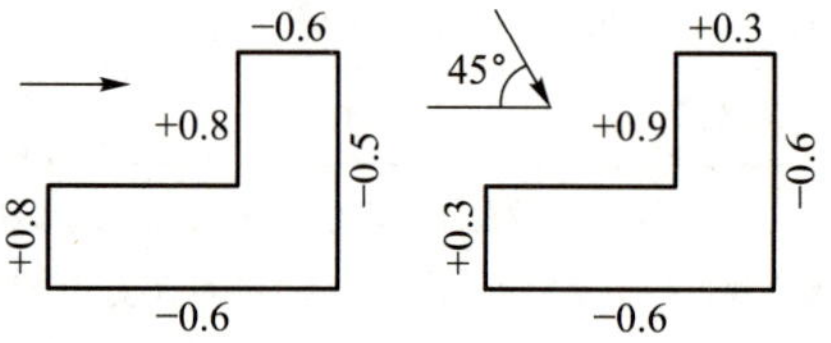

(d) Π型平面
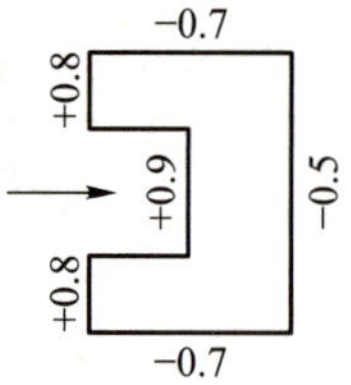

(e) 十字形平面
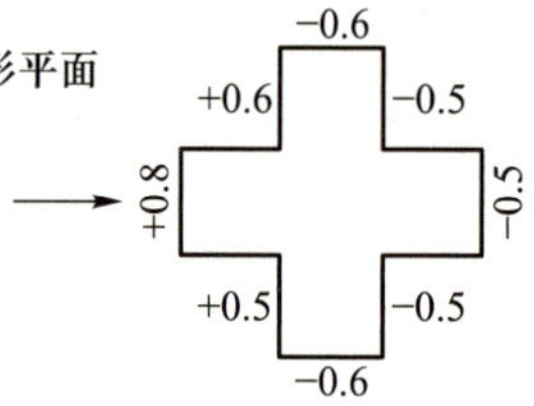
</td></tr>
<tr><td>5</td><td>独立墙壁及围墙</td><td>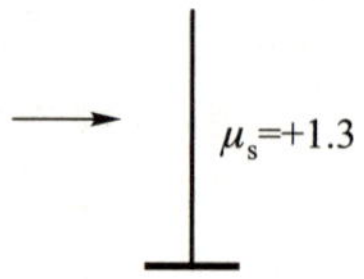
</td></tr>
<tr><td>6</td><td>高度超过 45 m 的矩形截面高层建筑</td><td>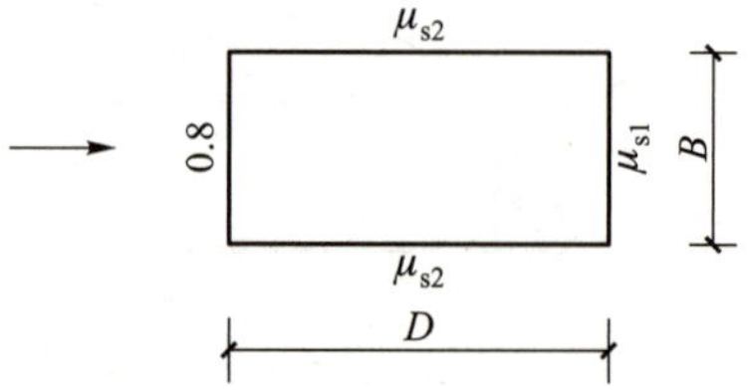

<table>
<tr><th>D/B</th><th>≤1</th><th>1.2</th><th>2</th><th>≥4</th></tr>
<tr><td>μ_{s1}</td><td>−0.6</td><td>−0.5</td><td>−0.4</td><td>−0.3</td></tr>
<tr><td>μ_{s2}</td><td></td><td colspan="3">−0.7</td><td></td></tr>
</table></td></tr>
</table>

附表 A.7 常用结构构件的燃烧性能及耐火极限

构件名称			截面最小尺寸/mm	耐火极限/h	燃烧性能
承重普通黏土砖墙、混凝土墙			120/240/370	2.5/5.5/10.5	不燃烧体
混凝土柱			300×300	1.4	不燃烧体
			300×500	3.5	
			370×370	5.0	
			圆柱直径 300/450	3.0/4.0	
钢柱	无防护层		—	0.25	不燃烧体
	有 120 mm 厚普通黏土砖耐火层		—	2.85	
	有 100 mm 厚 C20 混凝土耐火层厚 50 mm/100 mm		—	2.0/2.85	
	M5 水泥砂浆钢丝网耐火层厚 25 mm/50 mm		—	0.8/1.30	
	有 7 mm 厚薄涂型防火涂料保护层		—	1.50	
	厚涂型防火涂料保护层厚 30 mm/50 mm		—	2.0/3.0	
混凝土梁	非预应力，保护层厚度 25 mm/50 mm		—	2.0/3.50	不燃烧体
	预应力，保护层厚度 25 mm/50 mm		—	1.0/2.0	
钢梁	无防护层		—	0.25	不燃烧体
	有 7.5 mm 厚薄涂型防火涂料保护层		—	1.50	
	有 50 mm 厚厚涂型防火涂料保护层		—	3.0	
混凝土板	连续板	保护层厚度 10 mm	80/100	1.4/2.0	不燃烧体
		保护层厚度 15 mm	80/100	1.45/2.0	
		保护层厚度 20 mm	80/100	1.50/2.10	
	四边简支板	保护层厚度 10 mm	70	1.4	
		保护层厚度 15 mm	80	1.45	
		保护层厚度 20 mm	80	1.5	
	预应力空心板	保护层厚度 10 mm/20 mm/30 mm	—	0.4/0.7/0.85	

附表 A.8 不同耐火等级建筑构件的燃烧性能和耐火极限要求

构件名称 \ 耐火等级		一级	二级	三级	四级
墙	防火墙	不燃烧体 4.0h	不燃烧体 4.0h	不燃烧体 4.0h	不燃烧体 4.0h
	承重墙，楼梯间墙、电梯井墙	不燃烧体 3.0h	不燃烧体 2.5h	不燃烧体 2.5h	难燃烧体 0.5h
	非承重外墙，疏散走道两侧的隔墙	不燃烧体 1.0h	不燃烧体 1.0h	不燃烧体 0.5h	难燃烧体 0.25h
	房间隔墙	不燃烧体 0.75h	不燃烧体 0.5h	难燃烧体 0.5h	难燃烧体 0.25h

续表

构件名称 \ 耐火等级		一级	二级	三级	四级
柱	支承多层的柱	不燃烧体 3.0h	不燃烧体 2.5h	不燃烧体 2.5h	难燃烧体 0.5h
	支承单层的柱	不燃烧体 2.5h	不燃烧体 2.0h	不燃烧体 2.0h	燃烧体
梁		不燃烧体 2.0h	不燃烧体 1.5h	不燃烧体 1.0h	难燃烧体 0.5h
楼板		不燃烧体 1.5h	不燃烧体 1.0h	不燃烧体 0.5h	难燃烧体 0.25h
屋顶承重构件		不燃烧体 1.5h	不燃烧体 0.5h	燃烧体	燃烧体
疏散楼梯		不燃烧体 1.5h	不燃烧体 1.0h	不燃烧体 1.0h	燃烧体
吊顶		不燃烧体 0.25h	难燃烧体 0.25h	难燃烧体 0.15h	燃烧体

附表 A.9 受弯构件的挠度限值

构件类型			挠度限值
混凝土构件	吊车梁	手动吊车	$l_0/500$
		电动吊车	$l_0/600$
	屋盖、楼盖及楼梯构件	$l_0<7$ m 时	$l_0/200(l_0/250)$
		7 m $\leqslant l_0 \leqslant$ 9 m 时	$l_0/250(l_0/300)$
		$l_0>9$ m 时	$l_0/300(l_0/400)$
钢构件	吊车梁和吊车桁架	手动和单梁吊车(含悬挂吊车)	$l_0/500$
		轻级工作制桥式吊车	$l_0/800$
		中级工作制桥式吊车	$l_0/1\ 000$
		重级工作制桥式吊车	$l_0/1\ 200$
	手动或电动葫芦的轨道梁		$l_0/800$
	工作平台梁	有重轨轨道(≥38 kg/m)	$l_0/600$
		有轻轨轨道(≤24 kg/m)	$l_0/400$
	楼盖、屋盖梁或桁架、没有轨道的工作平台梁	主梁或桁架	$l_0/400[l_0/500]$
		抹灰顶棚的次梁	$l_0/250[l_0/350]$
		除上述两项外的其他梁	$l_0/250[l_0/300]$
	屋盖檩条	支承无积灰的瓦楞铁和石棉瓦	$l_0/150$
		支承压型金属板、有积灰的瓦楞铁和石棉瓦	$l_0/200$
		支承其他屋面材料	$l_0/200$
	平台板		$l_0/150$
	墙架构件	支柱	$l_0/400$
		抗风桁架	$l_0/1\ 000$
		砌体墙的横梁(水平方向)	$l_0/300$
		支承压型金属板、瓦楞铁和石棉瓦墙面的横梁(水平方向)	$l_0/200$
		带有玻璃窗的横梁(竖直和水平方向)	$l_0/200[l_0/200]$

续表

构件类型			挠度限值
组合构件	型钢混凝土梁及压型钢板组合板	l_0<7 m	$l_0/200(l_0/250)$
		7 m≤l_0≤9 m	$l_0/250(l_0/300)$
		l_0>9 m	$l_0/300(l_0/400)$
	钢梁-混凝土面板组合梁	主梁	$l_0/300[l_0/400]$
		其他梁	$l_0/250[l_0/300]$

注：1. l_0 为构件的计算跨度（对于悬臂梁取悬伸长度的 2 倍）；2. 当构件有起拱时可减去起拱值；3. 圆括号( )内的数值适用对挠度有较高要求的构件；方括号[ ]内的数值为仅考虑可变荷载的限值。

附表 A.10　承载力抗震调整系数

结构材料	构件类型	受力状态	γ_{RE}
钢	梁、柱		0.75
	支撑		0.80
	节点板件、连接螺栓		0.85
	连接焊缝		0.90
砌体	两端均有构造柱、芯柱的砌体抗震墙	受剪	0.9
	组合砖墙	偏压、大偏拉和受剪	0.9
	配筋砌块砌体抗震墙	受剪	0.85
	自承重墙	受剪	1.0
	其他砌体	受剪和受压	1.0
混凝土	梁	受弯	0.75
	轴压比小于 0.15 的柱	偏压	0.75
	轴压比不小于 0.15 的柱	偏压	0.80
	剪力墙	偏压	0.85
	各类构件及框架节点	受剪、受冲切、偏拉	0.85
	局部受压		1.00

附录 B 梁、板的内力和挠度系数

附录 B.1 等跨等刚度连续梁在常用荷载作用下弹性分析的内力、挠度系数表

在均布荷载作用下：

弯矩 M = 表中系数 × ql_0^2

剪力 V = 表中系数 × ql_0

挠度 Δ = 表中系数 × ql_0^4/B × 0.01

在集中荷载作用下：

弯矩 M = 表中系数 × Fl_0

剪力 V = 表中系数 × F

挠度 Δ = 表中系数 × Fl_0^3/B × 0.01

弯矩以截面上部受压、下部受拉为正；剪力以对临近截面所产生的力矩沿顺时针方向者为正。挠度与荷载同方向为正。

附表 B.1.1 两跨连续梁

荷载图	跨内最大弯矩/跨中挠度		支座弯矩	支座剪力		
	M_1/Δ_1	M_2/Δ_2	M_B	V_A	V_{Bl}/V_{Br}	V_C
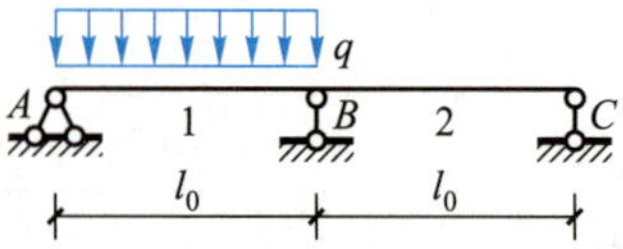	0.095 7 0.911 5	— -0.390 6	-0.062 5	0.437 5	-0.562 5 0.062 5	0.062 5
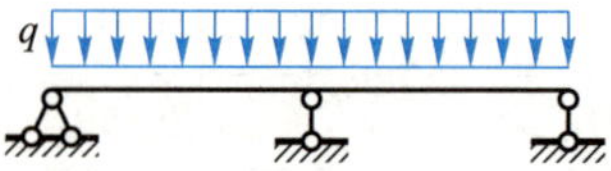	0.070 3 0.520 8	0.070 3 0.520 8	-0.125 0	0.375 0	-0.625 0 0.625 0	-0.375 0
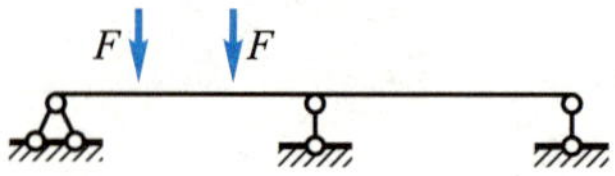	0.277 8 2.507 7	— -1.041 7	-0.166 7	0.833 3	-1.166 7 0.166 7	0.166 7
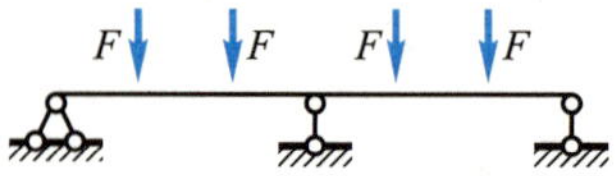	0.222 2 1.466 0	0.222 2 1.466 0	-0.333 3	0.666 7	-1.333 3 1.333 3	-0.666 7

附表 B.1.2　三跨连续梁

荷载图	跨内最大弯矩/跨中挠度			支座弯矩			支座剪力		
	M_1/Δ_1	M_2/Δ_2	M_3/Δ_3	M_B	M_C	V_A	V_{Bl}/V_{Br}	V_{Cl}/V_{Cr}	V_D
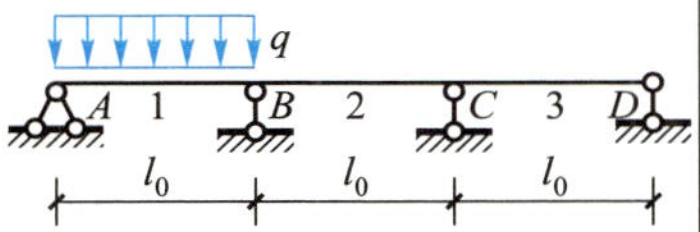	0.093 9 0.885 4	— -0.312 5	— 0.104 2	-0.066 7	0.016 7	0.433 3	-0.566 7 0.083 3	0.083 3 -0.016 7	-0.016 7
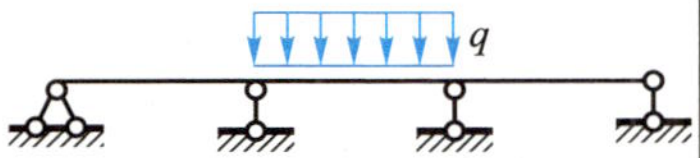	— -0.312 5	0.075 0 0.677 1	— -0.312 5	-0.050 0	-0.050 0	-0.050 0	-0.050 0 0.500 0	-0.500 0.050 0	0.050 0
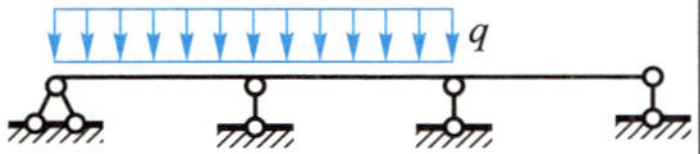	0.073 5 0.572 9	0.053 5 0.364 6	— -0.208 3	-0.116 7	-0.033 3	0.383 3	-0.616 7 0.583 3	-0.416 7 0.033 3	0.033 3
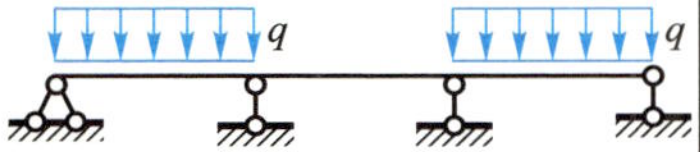	0.101 3 0.989 6	— -0.625 0	0.101 3 0.989 6	-0.050 0	-0.050 0	0.450 0	-0.550 0 0	0 0.550 0	-0.450 0
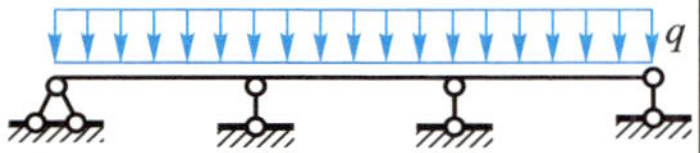	0. 080 0 0.677 1	0.025 0 0.052 1	0.080 0 0.677 1	-0.100 0	-0.100 0	0.400 0	-0.600 0 0.500 0	-0.500 0 0.600 0	-0.400 0
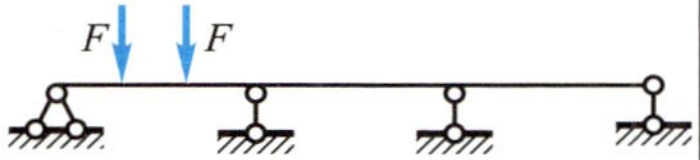	0.274 1 2.438 3	— -0.833 3	— 0.277 8	-0.177 8	0.044 4	0.822 2	-1.177 8 0.222 2	0.222 2 -0.044 4	-0.044 4
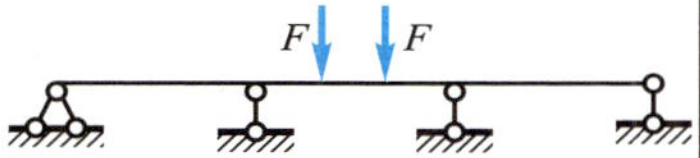	— -0.833 3	0.200 0 1.882 7	— -0.833 3	-0.133 3	-0.133 3	-0.133 3	-0.133 3 1.000 0	-1.000 0 0.133 3	0.133 3
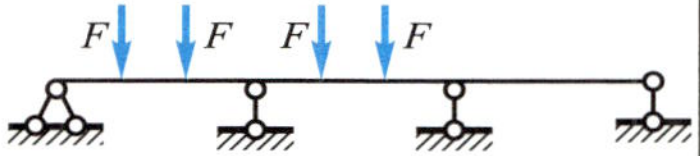	0.229 6 1.604 9	0.170 4 1.049 4	— -0.555 6	-0.311 1	-0.088 9	0.688 9	-1.311 1 1.222 2	-0.777 8 0.088 9	0.088 9

续表

荷载图	跨内最大弯矩/跨中挠度			支座弯矩			支座剪力		
	M_1/Δ_1	M_2/Δ_2	M_3/Δ_3	M_B	M_C	V_A	V_{Bl}/V_{Br}	V_{Cl}/V_{Cr}	V_D
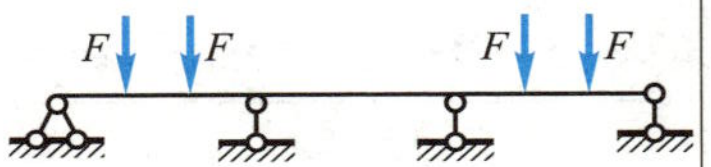	0.288 9 2.716 0	— −1.666 7	0.288 9 2.716 0	−0.133 3	−0.133 3	0.866 7	−1.133 3 0	0 1.133 3	−0.866 7
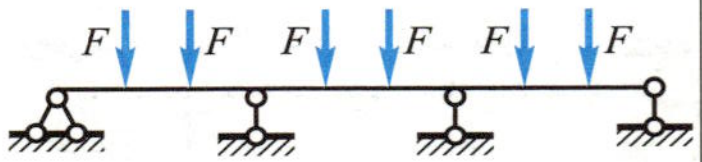	0.244 4 1.882 7	0.066 7 0.216 0	0.244 4 1.882 7	−0.266 7	−0.266 7	0.733 3	−1.266 7 1.000 0	−1.000 0 1.266 7	−0.733 3

附表 B.1.3 四跨连续梁

荷载图	跨内最大弯矩/跨中挠度				支座弯矩				支座剪力			
	M_1/Δ_1	M_2/Δ_2	M_3/Δ_3	M_4/Δ_4	M_B	M_C	M_D	V_A	V_{Bl}/V_{Br}	V_{Cl}/V_{Cr}	V_{Dl}/V_{Dr}	V_E
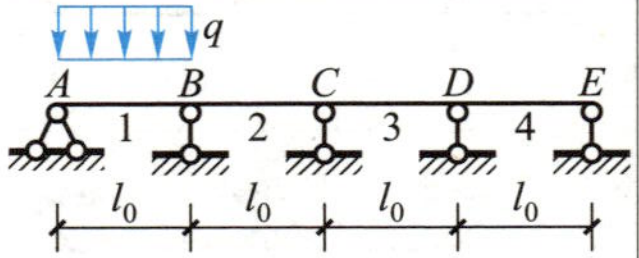	0.093 8 0.883 6	— −0.306 9	— 0.083 7	— −0.027 9	−0.066 7	0.017 9	−0.004 5	0.433 0	−0.567 0 0.084 8	0.084 8 −0.022 3	−0.022 3 0.004 5	0.004 5
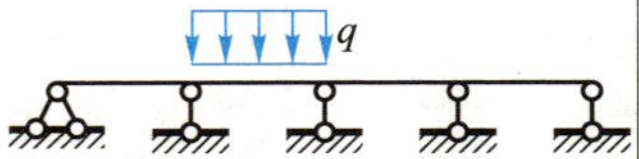	— −0.306 9	0.073 7 0.660 3	— −0.251 1	— 0.083 7	−0.049 1	−0.0536	0.013 4	−0.049 1	−0.049 1 0.495 5	−0.504 5 0.067 0	0.067 0 −0.013 4	−0.013 4
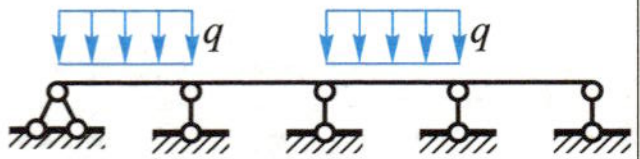	0.099 7 0.967 3	— −0.558 0	0.080 5 0.744 0	— −0.334 8	−0.053 6	−0.035 7	−0.053 6	0.446 4	−0.553 6 0.017 9	0.017 9 0.482 1	−0.517 9 0.053 6	0.053 6
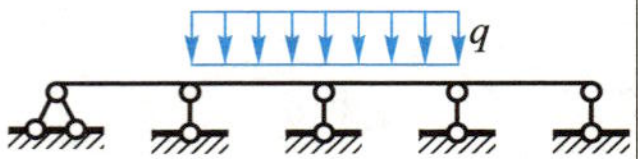	— −0.223 2	0.056 1 0.409 2	0.056 1 0.409 2	— −0.223 2	−0.035 7	−0.107 1	−0.035 7	−0.035 7	−0.035 7 0.428 6	−0.571 4 0.571 4	−0.428 6 0.035 7	0.035 7

续表

荷载图	跨内最大弯矩/跨中挠度				支座弯矩				支座剪力			
	M_1/Δ_1	M_2/Δ_2	M_3/Δ_3	M_4/Δ_4	M_B	M_C	M_D	V_A	V_{Bl}/V_{Br}	V_{Cl}/V_{Cr}	V_{Dl}/V_{Dr}	V_E
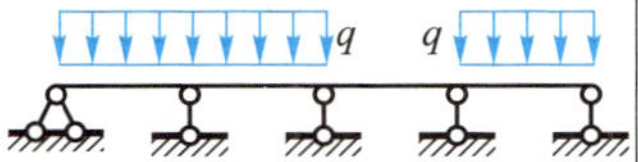	0.072 0 0.548 7	0.061 1 0.437 1	— -0.474 3	0.097 7 0.939 4	-0.120 5	-0.017 9	-0.058 0	0.379 5	-0.620 5 0.602 7	-0.397 3 -0.040 2	-0.040 2 0.588 0	-0.442 0
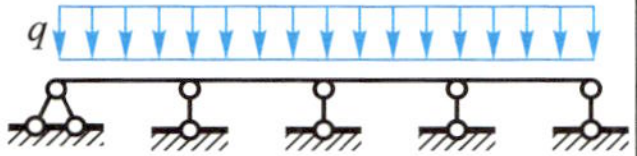	0.077 2 0.632 4	0.036 4 0.186 0	0.036 4 0.186 0	0.077 2 0.632 4	-0.107 1	-0.071 4	-0.107 1	0.392 9	-0.607 1 0.535 7	-0.464 3 0.464 3	-0.535 7 0.607 1	-0.392 9
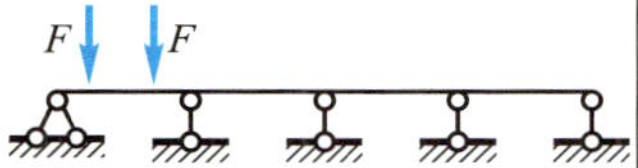	0.273 8 2.433 3	— -0.818 5	— 0.223 2	— -0.074 4	-0.178 6	0.047 6	-0.011 9	0.821 4	-1.178 6 0.226 2	0.226 2 -0.059 5	-0.059 5 0.011 9	0.011 9
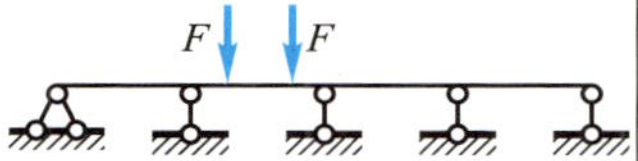	— -0.818 5	0.198 4 1.838 1	— -0.669 6	— 0.223 2	-0.131 0	-0.142 9	0.035 7	-0.131 0	-0.131 0 0.988 1	-1.011 9 0.178 6	0.178 6 -0.035 7	-0.035 7
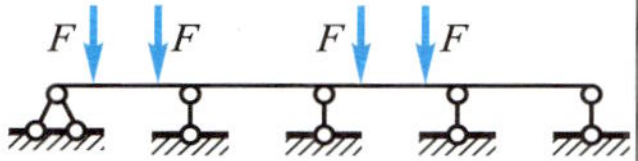	0.285 7 2.656 5	— -1.488 1	0.222 2 2.061 3	— -0.892 9	-0.142 9	-0.095 2	-0.142 9	0.857 1	-1.142 9 0.047 6	0.047 6 0.952 4	-1.047 6 0.142 9	0.142 9
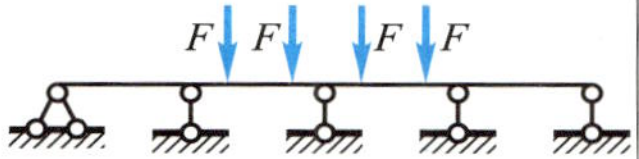	— -0.595 2	0.174 6 1.168 4	0.174 6 1.168 4	— -0.595 2	-0.095 2	-0.285 7	-0.095 2	-0.095 2	-0.095 2 0.809 5	-1.190 5 1.190 5	-0.809 5 0.095 2	0.095 2
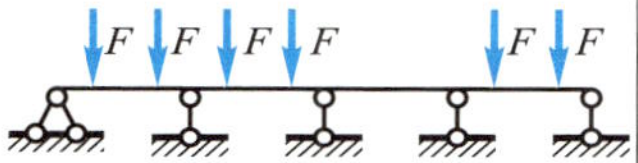	0.226 2 1.540 4	0.194 4 1.242 8	— -1.264 9	0.281 8 2.582 1	-0.321 4	-0.047 6	-0.154 8	0.678 6	-1.321 4 1.273 8	-0.726 2 -0.107 1	-0.107 1 1.154 8	-0.845 2

续表

荷载图	跨内最大弯矩/跨中挠度				支座弯矩				支座剪力			
	M_1/Δ_1	M_2/Δ_2	M_3/Δ_3	M_4/Δ_4	M_B	M_C	M_D	V_A	V_{Bl}/V_{Br}	V_{Cl}/V_{Cr}	V_{Dl}/V_{Dr}	V_E
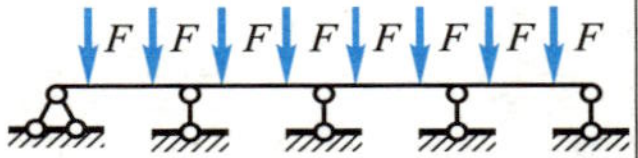	0.238 1 1.763 7	0.111 1 0.573 2	0.111 1 0.573 2	0.238 1 1.763 7	-0.285 7	0.190 5	-0.285 7	0.714 3	-1.285 7 1.095 2	-0.904 8 0.904 8	-1.095 2 1.285 7	-0.714 3

附表 B.1.4 五跨连续梁

荷载图	跨内最大弯矩/跨中挠度					支座弯矩					支座剪力				
	M_1/Δ_1	M_2/Δ_2	M_3/Δ_3	M_4/Δ_4	M_5/Δ_5	M_B	M_C	M_D	M_E	V_A	V_{Bl}/V_{Br}	V_{Cl}/V_{Cr}	V_{Dl}/V_{Dr}	V_{El}/V_{Er}	V_F
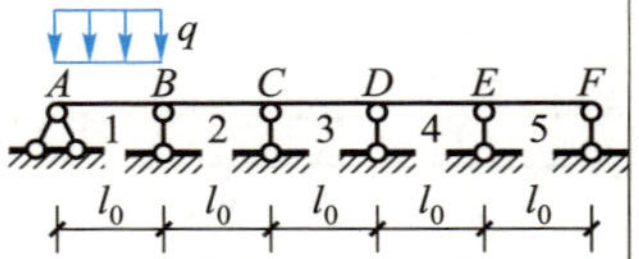	0.093 8 0.883 4	— -0.306 5	— 0.082 2	— -0.022 4	— 0.007 5	-0.067 0	0.017 9	-0.004 8	0.001 2	0.443 0	-0.567 0 0.084 9	0.084 9 -0.022 7	-0.022 7 0.006 0	0.006 0 -0.001 2	-0.001 2
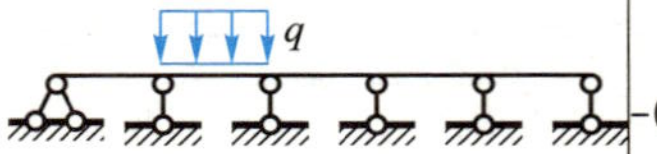	— -0.306 5	0.073 6 0.659 1	— -0.246 7	— 0.067 3	— -0.022 4	-0.049 0	-0.053 8	0.014 4	-0.003 6	-0.049 0	-0.049 0 0.495 2	-0.504 8 0.068 2	0.068 2 -0.017 9	-0.017 9 0.003 6	0.003 6
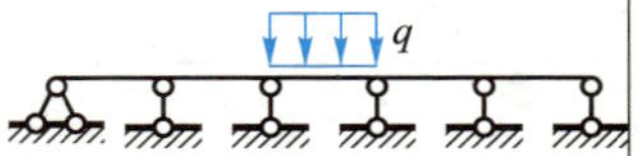	— 0.082 2	— -0.246 7	0.072 4 0.644 2	— -0.246 7	— 0.082 2	0.013 2	-0.052 6	-0.052 6	0.013 2	0.013 2	0.013 2 -0.065 8	-0.065 8 0.500 0	-0.500 0 0.065 8	0.065 8 -0.013 2	-0.013 2
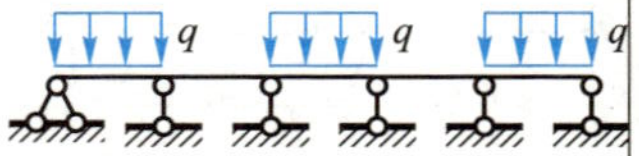	0.100 1 0.973 1	— -0.575 7	0.085 5 0.808 7	— -0.575 7	0.100 1 0.973 1	-0.052 6	-0.039 5	-0.039 5	-0.052 6	0.447 4	-0.552 6 0.013 2	0.013 2 0.500 0	-0.500 0 -0.013 2	-0.013 2 0.552 6	-0.447 4

续表

荷载图	跨内最大弯矩/跨中挠度					支座弯矩					支座剪力				
	M_1/Δ_1	M_2/Δ_2	M_3/Δ_3	M_4/Δ_4	M_5/Δ_5	M_B	M_C	M_D	M_E	V_A	V_{Bl}/V_{Br}	V_{Cl}/V_{Cr}	V_{Dl}/V_{Dr}	V_{El}/V_{Er}	V_F
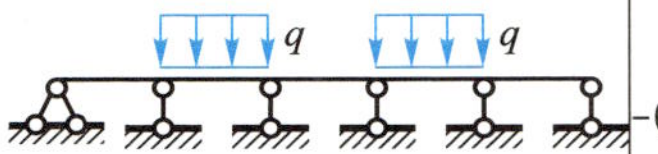	— -0.328 9	0.079 0 0.726 4	— -0.493 4	0.079 0 0.726 4	— -0.328 9	-0.052 6	-0.039 5	-0.039 5	-0.052 6	-0.052 6	-0.052 6 0.513 2	-0.486 8 0	0 0.486 8	-0.513 2 0.052 6	0.052 6
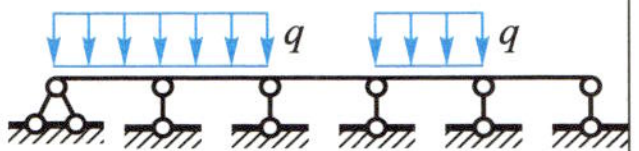	0.072 4 0.554 5	0.059 2 0.419 9	— -0.411 2	0.077 2 0.704 0	— -0.321 5	-0.119 6	-0.021 5	-0.044 3	-0.051 4	0.380 4	-0.619 6 0.598 1	-0.401 9 -0.022 7	-0.022 7 0.492 8	-0.507 2 0.051 4	0.051 4
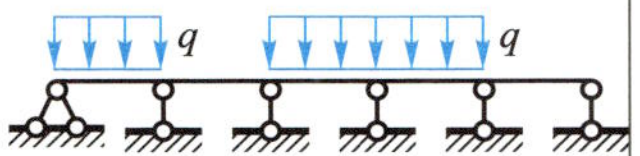	0.097 9 0.943 2	— -0.485 9	0.063 3 0.479 7	0.055 0 0.390 0	— -0.216 8	-0.057 4	-0.020 3	-0.111 2	-0.034 7	0.442 6	-0.557 4 0.037 1	0.037 1 0.409 1	-0.590 9 0.576 5	-0.423 5 0.034 7	0.034 7
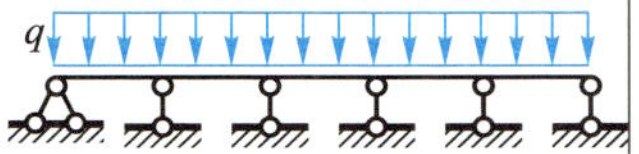	0.077 9 0.644 2	0.033 2 0.150 8	0.046 1 0.315 2	0.033 2 0.150 8	0.077 9 0.644 2	-0.105 3	-0.079 0	-0.079 0	-0.105 3	0.394 7	-0.605 3 0.526 3	-0.473 7 0.500 0	-0.500 0 0.473 7	-0.526 3 0.605 3	-0.394 7
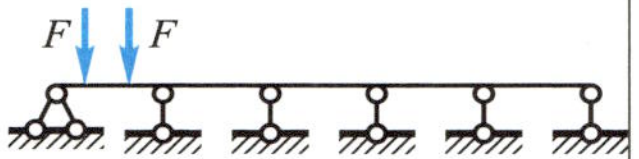	0.273 8 2.432 8	— -0.817 3	— 0.219 3	— -0.059 8	— 0.019 9	-0.178 6	0.047 8	-0.012 8	0.003 2	0.821 4	-1.178 6 0.226 5	0.226 5 -0.060 6	-0.060 6 0.016 0	0.016 0 -0.003 2	-0.003 2
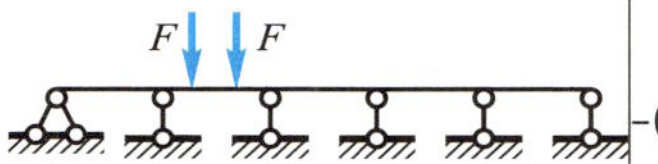	— -0.817 4	0.198 3 1.834 9	— -0.657 9	— 0.179 4	— -0.059 8	-0.130 8	-0.143 5	0.038 3	-0.009 6	-0.130 8	-0.130 8 0.987 2	-1.012 8 0.181 8	0.181 8 -0.047 9	-0.047 9 0.009 6	0.009 5

续表

荷载图	跨内最大弯矩/跨中挠度					支座弯矩				支座剪力					
	M_1/Δ_1	M_2/Δ_2	M_3/Δ_3	M_4/Δ_4	M_5/Δ_5	M_B	M_C	M_D	M_E	V_A	V_{Bl}/V_{Br}	V_{Cl}/V_{Cr}	V_{Dl}/V_{Dr}	V_{El}/V_{Er}	V_F
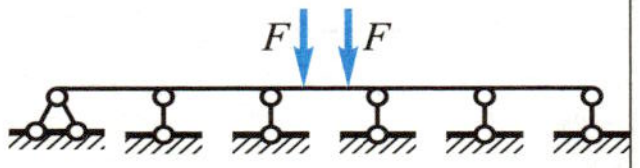	— 0.219 3	— -0.657 9	0.193 0 1.795 0	— -0.657 9	— 0.219 3	0.035 1	-0.140 4	-0.140 4	0.035 1	0.035 1	0.035 1 -0.175 4	-0.175 4 1.000 0	-1.000 0 0.175 4	0.175 4 -0.035 1	-0.035 1
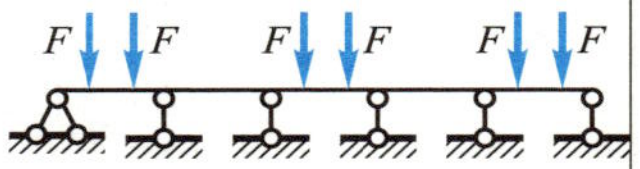	0.286 6 2.672 2	— -1.535 1	0.228 1 2.233 6	— -1.535 1	0.286 6 2.672 2	-0.140 3	-0.105 3	-0.105 3	-0.140 3	0.859 7	-1.140 3 0.035 1	0.035 1 1.000 0	-1.000 0 -0.035 1	-0.035 1 1.140 3	-0.859 7
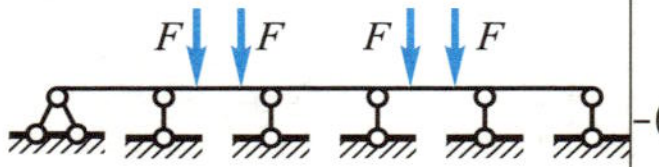	— -0.877 2	0.216 4 2.014 3	— -1.315 8	0.216 4 2.014 3	— -0.877 2	-0.140 4	-0.105 3	-0.105 3	-0.140 4	-0.140 4	-0.140 4 1.035 1	-0.964 9 0	0 0.964 9	-1.035 1 0.140 4	0.140 4
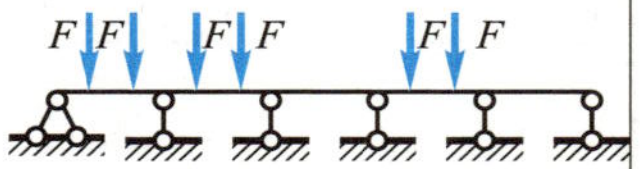	0.227 0 1.555 8	0.188 7 1.196 9	— -1.096 5	0.208 9 1.954 5	— -0.857 3	-0.319 0	-0.057 4	-0.118 0	-0.137 2	0.681 0	-1.319 0 1.261 6	-0.738 4 -0.060 6	-0.060 6 0.980 9	-1.019 1 0.137 2	0.137 2
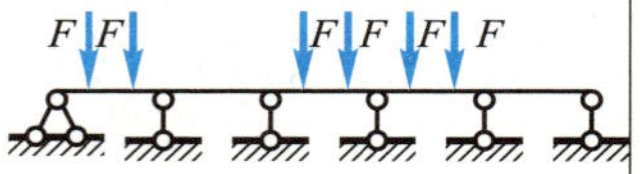	0.282 3 2.592 3	— -1.295 8	0.198 3 1.356 4	0.172 8 1.117 0	— -0.578 1	-0.153 1	-0.054 2	-0.296 6	-0.092 5	0.846 9	-1.153 1 0.098 9	0.098 9 0.757 6	-1.242 4 1.204 1	-0.795 9 0.092 5	0.092 5
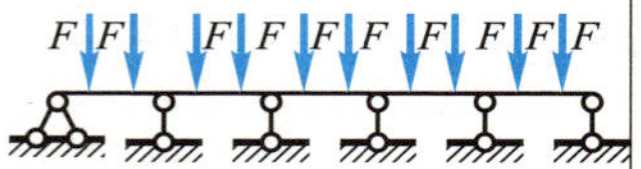	0.239 8 1.795 0	0.099 4 0.479 2	0.122 8 0.917 8	0.099 4 0.479 2	0.239 8 1.795 0	-0.280 7	-0.210 5	-0.210 5	-0.280 7	0.719 3	-1.280 7 1.070 2	-0.929 8 1.000 0	-1.000 0 0.929 8	-1.070 2 1.280 7	-0.719 3

附录 B.2　等跨等刚度连续梁、连续板考虑塑性内力重分布的弯矩、剪力系数表

附表 B.2.1　连续梁、连续板弯矩系数 α_m

端支座支承情况		截面					
		端支座	边跨跨中	离端第二支座	离端第二跨跨中	中间支座	中间跨跨中
		A	Ⅰ	B	Ⅱ	C	Ⅲ
搁置在墙上		0	1/11	-1/10 （用于两跨连续梁） -1/11 （用于多跨连续梁）	1/16	-1/14	1/16
板	与梁整体连接	-1/16	1/14				
梁	与梁整体连接	-1/24					
梁与柱整体连接		-1/16	1/14				

注：表中弯矩系数适用于荷载比 q/g 大于 0.3 的等跨连续梁。

附表 B.2.2　均布荷载下连续梁剪力系数 α_{vb}

端支座支承情况	截面				
	A 支座内侧	B 支座外侧	B 支座内侧	C 支座外侧	C 支座内侧
	A_{in}	B_{ex}	B_{in}	C_{ex}	C_{in}
搁置在墙上	0.45	0.60	0.55	0.55	0.55
梁与梁或梁与柱整体连接	0.50	0.55			

附录 B.3　四边支承矩形板在均布荷载作用下的弯矩、挠度系数表

说明 1：泊松比为 0，单位板宽内的弯矩 = 表中系数×ql_0^2，以使受荷面受压为正；挠度 Δ = 表中系数×ql_0^4/B，与荷载方向相同为正。其中

B——板的抗弯刚度，$B=\dfrac{Eh^3}{12(1-v^2)}$；

E——板的弹性模量；

h——板厚；

v——板的泊松比，对于钢筋混凝土板可取 0.2，对于钢板可取 0.3；

q——均布面荷载值；

l_0——计算跨度，取两个方向计算跨度 l_{0x}、l_{0y} 中的小值。

说明 2：表中

Δ、Δ_{max}——分别为板中心点的挠度和最大挠度；

m_x、$m_{x,max}$——分别为平行于 l_{0x} 方向板中心点单位板宽内的弯矩和跨内最大弯矩；

m_y、$m_{y,max}$——分别为平行于 l_{0y} 方向板中心点单位板宽内的弯矩和跨内最大弯矩；

m'_x——沿 l_{0x} 方向固支边中点单位板宽内的弯矩；

m'_y——沿 l_{0y} 方向固支边中点单位板宽内的弯矩。

说明 3：

------代表简支边；┴┴┴┴┴代表固支边。

附表 B.3.1 四边简支板

支承情况	跨度比 l_{0x}/l_{0y}	挠度 Δ	跨内弯矩 m_x	跨内弯矩 m_y	跨度比 l_{0x}/l_{0y}	挠度 Δ	跨内弯矩 m_x	跨内弯矩 m_y
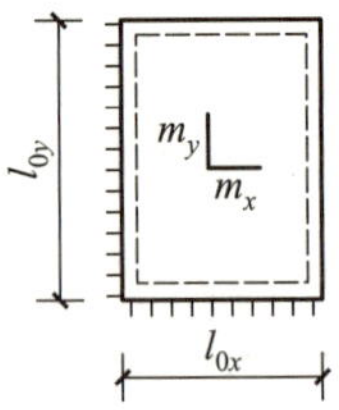	0.30	0.012 51	0.120 0	0.003 6	0.70	0.007 27	0.068 3	0.029 6
	0.35	0.012 07	0.115 6	0.006 5	0.75	0.006 63	0.062 0	0.031 7
	0.40	0.011 49	0.110 0	0.010 0	0.80	0.006 03	0.056 1	0.033 4
	0.45	0.010 84	0.103 5	0.013 7	0.85	0.005 47	0.050 6	0.034 8
	0.50	0.010 13	0.096 5	0.017 4	0.90	0.004 96	0.045 6	0.035 8
	0.55	0.009 40	0.089 3	0.021 0	0.95	0.004 49	0.041 0	0.036 4
	0.60	0.008 67	0.082 1	0.024 2	1.00	0.004 06	0.036 8	0.036 8
	0.65	0.007 95	0.075 0	0.027 1				

附表 B.3.2 四边固支板

支承情况	跨度比 l_{0x}/l_{0y}	挠度 Δ	跨内弯矩 m_x	跨内弯矩 m_y	支座弯矩 m'_x	支座弯矩 m'_y
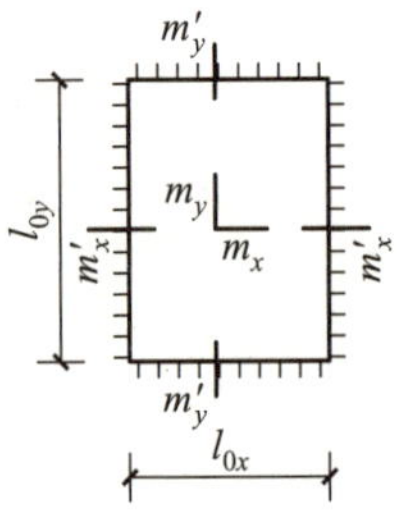	0.30	0.002 61	0.041 9	0	-0.083 5	-0.056 8
	0.35	0.002 62	0.041 9	0.000 3	-0.083 8	-0.056 8
	0.40	0.002 61	0.041 7	0.001 0	-0.083 9	-0.056 8
	0.45	0.002 59	0.041 1	0.002 2	-0.083 7	-0.056 9
	0.50	0.002 53	0.040 0	0.003 8	-0.082 9	-0.057 0
	0.55	0.002 46	0.038 5	0.005 6	-0.081 4	-0.057 1
	0.60	0.002 36	0.036 7	0.007 6	-0.079 3	-0.057 1
	0.65	0.002 24	0.034 5	0.009 5	-0.076 6	-0.057 1
	0.70	0.002 11	0.032 1	0.011 3	-0.073 5	-0.056 9
	0.75	0.001 97	0.029 6	0.013 0	-0.070 1	-0.056 5
	0.80	0.001 82	0.027 1	0.014 4	-0.066 4	-0.055 9
	0.85	0.001 68	0.024 6	0.015 6	-0.062 6	-0.055 1
	0.90	0.001 53	0.022 1	0.016 5	-0.058 8	-0.054 0
	0.95	0.001 40	0.019 8	0.017 2	-0.055 0	-0.052 8
	1.00	0.001 27	0.017 6	0.017 6	-0.051 3	-0.051 3

附表 B.3.3 两相邻边固支、另两相邻边简支板

支承情况	跨度比 l_{0x}/l_{0y}	挠度		跨内弯矩				支座弯矩	
		Δ	Δ_{max}	m_x	$m_{x,max}$	m_y	$m_{y,max}$	m'_x	m'_y
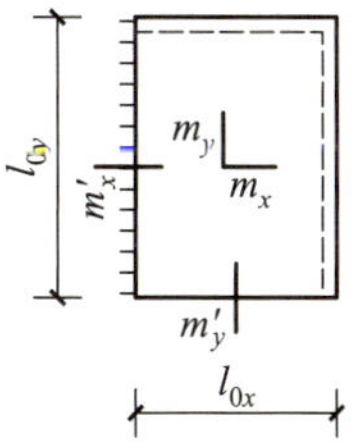	0.30	0.005 19	0.005 39	0.062 4	0.070 0	0.000 6	0.017 0	-0.124 9	-0.078 5
	0.35	0.005 14	0.005 35	0.061 7	0.069 2	0.001 7	0.017 0	-0.124 5	-0.078 5
	0.40	0.005 03	0.005 24	0.060 4	0.067 6	0.003 4	0.017 0	-0.123 1	-0.078 6
	0.45	0.004 88	0.005 08	0.058 4	0.065 3	0.005 5	0.017 1	-0.120 9	-0.078 6
	0.50	0.004 68	0.004 88	0.055 9	0.062 3	0.007 9	0.017 3	-0.117 9	-0.078 6
	0.55	0.004 45	0.004 64	0.052 9	0.058 9	0.010 4	0.017 7	-0.114 0	-0.078 5
	0.60	0.004 19	0.004 37	0.049 6	0.055 1	0.012 9	0.018 3	-0.109 5	-0.078 2
	0.65	0.003 91	0.004 09	0.046 1	0.051 1	0.015 1	0.019 1	-0.104 5	-0.077 7
	0.70	0.003 63	0.003 80	0.042 6	0.047 0	0.017 2	0.020 1	-0.099 2	-0.077 0
	0.75	0.003 35	0.003 51	0.039 0	0.043 0	0.018 9	0.021 2	-0.093 8	-0.076 0
	0.80	0.003 08	0.003 22	0.035 6	0.039 1	0.020 4	0.022 4	-0.088 3	-0.074 8
	0.85	0.002 81	0.002 94	0.032 2	0.035 4	0.021 5	0.023 5	-0.082 9	-0.073 3
	0.90	0.002 56	0.002 68	0.029 1	0.031 8	0.022 4	0.024 4	-0.077 6	-0.071 6
	0.95	0.002 32	0.002 43	0.026 1	0.028 6	0.023 0	0.025 1	-0.072 6	-0.069 8
	1.00	0.002 10	0.002 20	0.023 4	0.025 5	0.023 4	0.025 5	-0.067 7	-0.067 7

附表 B.3.4 一边固支、三边简支板

支承情况	跨度比 l_{0x}/l_{0y}	挠度		跨内弯矩				支座弯矩
		Δ	Δ_{max}	m_x	$m_{x,max}$	m_y	$m_{y,max}$	m'_x
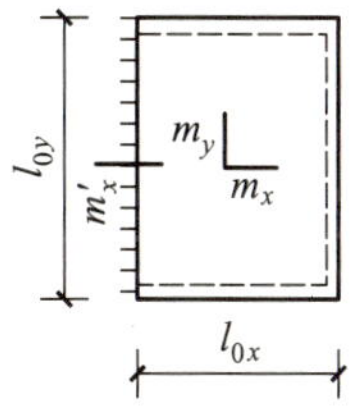	0.30	0.005 20	0.005 40	0.062 5	0.070 2	0.000 4	0.017 0	-0.125 0
	0.35	0.005 17	0.005 38	0.062 1	0.069 7	0.001 1	0.017 0	-0.124 9
	0.40	0.005 11	0.005 31	0.061 3	0.068 6	0.002 3	0.017 0	-0.124 2
	0.45	0.005 01	0.005 20	0.060 1	0.067 0	0.004 0	0.017 0	-0.123 0
	0.50	0.004 88	0.005 06	0.058 4	0.064 8	0.006 0	0.017 1	-0.121 2
	0.55	0.004 71	0.004 88	0.056 3	0.062 3	0.008 1	0.017 3	-0.118 7
	0.60	0.004 53	0.004 68	0.053 9	0.059 4	0.010 4	0.017 7	-0.115 8
	0.65	0.004 32	0.004 46	0.051 3	0.056 3	0.012 6	0.018 1	-0.112 4
	0.70	0.004 10	0.004 24	0.048 5	0.053 0	0.014 8	0.018 7	-0.108 7
	0.75	0.003 88	0.004 00	0.045 7	0.049 7	0.016 8	0.019 5	-0.104 8
	0.80	0.003 65	0.003 76	0.042 8	0.046 4	0.018 7	0.020 4	-0.100 7
	0.85	0.003 43	0.003 53	0.040 0	0.043 2	0.020 4	0.021 5	-0.096 5
	0.90	0.003 21	0.003 30	0.037 2	0.040 0	0.021 9	0.022 7	-0.092 2
	0.95	0.002 99	0.003 07	0.034 5	0.037 0	0.023 2	0.023 9	-0.088 0
	1.00	0.002 79	0.002 86	0.031 9	0.034 1	0.024 3	0.025 0	-0.083 9

续表

支承情况	跨度比 l_{0y}/l_{0x}	挠度		跨内弯矩				支座弯矩
		Δ	Δ_{max}	m_x	$m_{x,max}$	m_y	$m_{y,max}$	m'_x
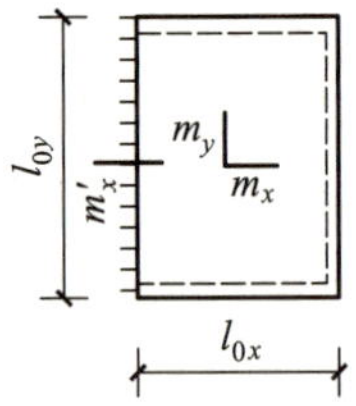	0.30	0.012 33	0.012 35	0.004 7	0.023 5	0.118 3	0.118 5	-0.124 7
	0.35	0.011 74	0.011 78	0.008 3	0.023 7	0.112 4	0.112 7	-0.124 5
	0.40	0.010 99	0.011 05	0.012 4	0.024 1	0.105 0	0.105 6	-0.124 0
	0.45	0.010 15	0.010 23	0.016 6	0.024 8	0.096 7	0.097 4	-0.123 0
	0.50	0.009 27	0.009 35	0.020 5	0.025 9	0.088 0	0.088 8	-0.121 5
	0.55	0.008 38	0.008 47	0.023 9	0.027 2	0.079 2	0.080 2	-0.119 3
	0.60	0.007 52	0.007 62	0.026 8	0.028 9	0.070 7	0.071 7	-0.116 6
	0.65	0.006 70	0.006 81	0.029 1	0.030 6	0.062 7	0.063 7	-0.113 3
	0.70	0.005 95	0.006 05	0.030 8	0.032 2	0.055 3	0.056 3	-0.109 6
	0.75	0.005 26	0.005 36	0.031 9	0.033 5	0.048 5	0.049 5	-0.105 6
	0.80	0.004 64	0.004 73	0.032 6	0.034 3	0.042 4	0.043 3	-0.101 4
	0.85	0.004 09	0.004 18	0.032 9	0.034 7	0.037 0	0.037 9	-0.097 0
	0.90	0.003 60	0.003 68	0.032 8	0.034 8	0.032 2	0.033 0	-0.092 6
	0.95	0.003 16	0.003 24	0.032 4	0.034 5	0.028 0	0.028 8	-0.088 2
	1.00	0.002 79	0.002 86	0.031 9	0.034 1	0.024 3	0.025 0	-0.083 9

附表 B.3.5　两对边固支、另两对边简支板

支承情况	跨度比 l_{0x}/l_{0y}	挠度 Δ	跨内弯矩		支座弯矩 m'_x	跨度比 l_{0y}/l_{0x}	挠度 Δ	跨内弯矩		支座弯矩 m'_x
			m_x	m_y				m_x	m_y	
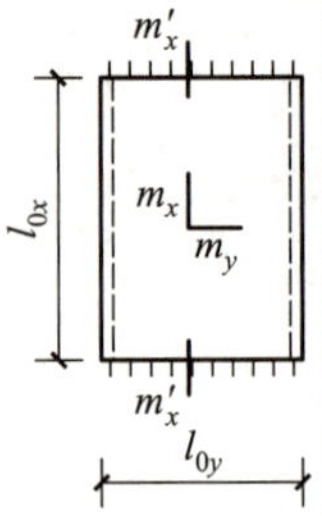	0.30	0.002 61	0.041 9	-0.000 1	-0.083 4	0.30	0.012 15	0.005 8	0.116 5	-0.124 6
	0.35	0.002 62	0.041 9	0	-0.083 7	0.35	0.011 41	0.010 1	0.109 1	-0.124 3
	0.40	0.002 62	0.042 0	0.000 3	-0.084 0	0.40	0.010 50	0.014 8	0.100 1	-0.123 3
	0.45	0.002 62	0.041 9	0.000 8	-0.084 2	0.45	0.009 49	0.019 4	0.090 2	-0.121 6
	0.50	0.002 61	0.041 6	0.001 7	-0.084 2	0.50	0.008 44	0.023 4	0.079 8	-0.119 1
	0.55	0.002 59	0.041 0	0.002 8	-0.084 0	0.55	0.007 43	0.026 7	0.069 8	-0.115 6
	0.60	0.002 55	0.040 2	0.004 2	-0.083 4	0.60	0.006 47	0.029 2	0.060 4	-0.111 4
	0.65	0.002 50	0.039 2	0.005 7	-0.082 5	0.65	0.005 60	0.030 8	0.051 8	-0.106 6
	0.70	0.002 43	0.037 9	0.007 2	-0.081 4	0.70	0.004 82	0.031 8	0.044 1	-0.101 3
	0.75	0.002 36	0.036 6	0.008 8	-0.079 9	0.75	0.004 13	0.032 1	0.037 4	-0.095 9
	0.80	0.002 28	0.035 1	0.010 3	-0.078 2	0.80	0.003 54	0.031 9	0.031 6	-0.090 4
	0.85	0.002 20	0.033 5	0.011 8	-0.076 3	0.85	0.003 03	0.031 4	0.026 6	-0.085 0
	0.90	0.002 11	0.031 9	0.013 3	-0.074 3	0.90	0.002 60	0.030 6	0.022 4	-0.079 7
	0.95	0.002 01	0.030 2	0.014 6	-0.072 1	0.95	0.002 23	0.029 6	0.018 9	-0.074 6
	1.00	0.001 92	0.028 5	0.015 8	-0.069 8	1.00	0.001 92	0.028 5	0.015 8	-0.069 8

附表 B.3.6 三边固支、一边简支板

支承情况	跨度比	挠度		跨内弯矩				支座弯矩	
	l_{0x}/l_{0y}	Δ	Δ_{max}	m_x	$m_{x,max}$	m_y	$m_{y,max}$	m'_x	m'_y
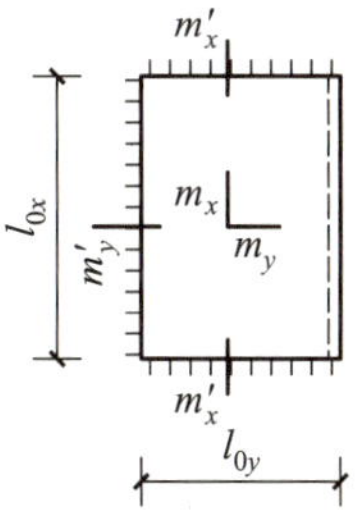	0.30	0.002 61	0.002 62	0.041 9	0.041 9	0	0.013 0	-0.083 4	-0.056 8
	0.35	0.002 62	0.002 62	0.041 9	0.041 9	0.000 1	0.013 0	-0.083 8	-0.056 8
	0.40	0.002 62	0.002 62	0.041 9	0.041 9	0.000 6	0.013 0	-0.084 0	-0.056 8
	0.45	0.002 60	0.002 61	0.041 5	0.041 6	0.001 5	0.012 9	-0.083 9	-0.056 8
	0.50	0.002 57	0.002 58	0.040 8	0.041 0	0.002 7	0.012 9	-0.083 6	-0.056 9
	0.55	0.002 52	0.002 54	0.039 8	0.040 0	0.004 2	0.013 0	-0.082 7	-0.057 0
	0.60	0.002 45	0.002 47	0.038 5	0.038 8	0.005 9	0.013 1	-0.081 4	-0.057 1
	0.65	0.002 37	0.002 39	0.036 9	0.037 2	0.007 6	0.013 3	-0.079 6	-0.057 2
	0.70	0.002 27	0.002 30	0.035 0	0.035 5	0.009 3	0.013 7	-0.077 4	-0.057 2
	0.75	0.002 16	0.002 19	0.033 1	0.033 5	0.010 9	0.014 2	-0.075 0	-0.057 1
	0.80	0.002 05	0.002 08	0.031 0	0.031 5	0.012 4	0.014 8	-0.072 2	-0.057 0
	0.85	0.001 93	0.001 96	0.028 9	0.029 4	0.013 8	0.015 5	-0.069 3	-0.056 7
	0.90	0.001 81	0.001 84	0.026 8	0.027 3	0.014 9	0.016 3	-0.066 3	-0.056 3
	0.95	0.001 69	0.001 72	0.024 7	0.025 2	0.016 0	0.017 2	-0.063 1	-0.055 8
	1.00	0.001 57	0.001 60	0.022 7	0.023 2	0.016 8	0.018 0	-0.060 0	-0.05 50
	跨度比	挠度		跨内弯矩				支座弯矩	
	l_{0y}/l_{0x}	Δ	Δ_{max}	m_x	$m_{x,max}$	m_y	$m_{y,max}$	m'_x	m'_y
	0.30	0.005 18	0.005 38	0.000 9	0.012 4	0.062 2	0.069 8	-0.078 5	-0.124 8
	0.35	0.005 10	0.005 30	0.002 3	0.012 4	0.061 2	0.068 5	-0.078 5	-0.124 0
	0.40	0.004 96	0.005 14	0.004 5	0.012 5	0.059 4	0.066 2	-0.078 5	-0.122 0
	0.45	0.004 75	0.004 92	0.007 1	0.0128	0.056 8	0.063 0	-0.078 5	-0.118 9
	0.50	0.004 49	0.004 65	0.009 9	0.013 4	0.053 4	0.059 0	-0.078 4	-0.114 6
	0.55	0.004 19	0.004 33	0.012 7	0.014 5	0.049 6	0.054 5	-0.078 0	-0.109 3
	0.60	0.003 86	0.003 99	0.015 3	0.016 1	0.045 5	0.049 8	-0.077 3	-0.103 3
	0.65	0.003 52	0.003 63	0.017 5	0.018 1	0.041 2	0.044 9	-0.076 2	-0.096 9
	0.70	0.003 19	0.003 28	0.019 4	0.020 0	0.037 0	0.040 1	-0.074 7	-0.090 3
	0.75	0.002 86	0.002 94	0.020 8	0.021 4	0.032 9	0.035 6	-0.072 9	-0.083 7
	0.80	0.002 56	0.002 63	0.021 9	0.022 5	0.029 1	0.031 3	-0.070 7	-0.077 2
	0.85	0.002 27	0.002 33	0.022 5	0.023 1	0.025 5	0.027 4	-0.068 3	-0.071 1
	0.90	0.002 01	0.002 06	0.022 9	0.023 4	0.022 3	0.023 9	-0.065 6	-0.065 3
	0.95	0.001 78	0.001 82	0.022 9	0.023 4	0.019 4	0.020 7	-0.062 9	-0.059 9
	1.00	0.001 57	0.001 60	0.022 7	0.023 2	0.016 8	0.018 0	-0.060 0	-0.055 0

附录 B.4 现浇混凝土板的最小厚度

板的类别		最小厚度/mm
单向板	屋面板	60
	民用建筑楼板	60
	工业建筑楼板	70
	行车道下的楼板	80
密肋板	面板	40
	肋高	250
悬臂板	悬臂长度≤500 mm	60
	悬臂长度>1 200 mm	100
双向板		80
无梁楼板		150

附录 C　柱截面估算、单阶柱的柱顶位移和反力系数、杆件计算长度

附录 C.1　厂房柱截面尺寸

附表 C.1.1　6 m 柱距实腹混凝土柱截面尺寸参考表

项目	分项		截面高度 h	截面宽度 b
无吊车厂房	单跨		$\geqslant H/18$	$\geqslant H/30$，并 $\geqslant 300$ mm
	多跨		$\geqslant H/20$	
有吊车厂房	$Q\leqslant 10$ t		$\geqslant H_k/14$	$\geqslant H_l/20$，并 $\geqslant 400$ mm
	$Q=(16\sim 20)$ t	$H_k\leqslant 10$ m	$\geqslant H_k/11$	
		10 m$<H_k\leqslant 12$ m	$\geqslant H_k/12$	
	$Q=32$ t	$H_k\leqslant 10$ m	$\geqslant H_k/9$	
		$H_k>12$ m	$\geqslant H_k/10$	
	$Q=50$ t	$H_k\leqslant 11$ m	$\geqslant H_k/9$	
		$H_k\geqslant 13$ m	$\geqslant H_k/11$	
	$Q=(75\sim 100)$ t	$H_k\leqslant 12$ m	$\geqslant H_k/9$	
		$H_k\geqslant 14$ m	$\geqslant H_k/8$	
露天栈桥	$Q\leqslant 10$ t		$\geqslant H_k/10$	$\geqslant H_l/25$，并 $\geqslant 500$ mm
	$Q=16\sim 32$ t	$H_k\leqslant 12$ m	$\geqslant H_k/9$	
	$Q=50$ t	$H_k\leqslant 12$ m	$\geqslant H_k/8$	

注：1. 表中 Q 为吊车起吊质量，H 为基础顶至柱顶的总高度，H_k 为基础顶至吊车梁顶的高度，H_l 为基础顶至吊车梁底的高度；

2. 当采用平腹杆双肢柱时，h 应乘以 1.1，采用斜腹杆双肢柱时，h 应乘以 1.05。

3. 表中有吊车厂房的柱截面高度系按重级和特重级载荷状态考虑的，如为中、轻级载荷状态，可乘以系数 0.95。

附表 C.1.2　钢结构厂房柱截面高度参考表

柱类别	柱总高 H	无吊车厂房	轻型厂房 $Q\leqslant 30$ t	中型厂房 $Q=50\sim 100$ t	重型厂房 $Q=125\sim 250$ t	特重型厂房 $Q\geqslant 300$ t
等截面柱	$H\leqslant 10$	$(1/15\sim 1/20)H$	$(1/12\sim 1/18)H$			
	$10<H\leqslant 20$	$(1/18\sim 1/25)H$	$(1/15\sim 1/20)H$			
	$H>20$	$(1/20\sim 1/30)H$				

续表

柱类别		柱总高 H	无吊车厂房	轻型厂房 $Q\leqslant 30$ t	中型厂房 $Q=50\sim100$ t	重型厂房 $Q=125\sim250$ t	特重型厂房 $Q\geqslant 300$ t
阶形柱	上段柱	$H_u\leqslant 5$		$(1/7\sim1/10)H_u$	$(1/6\sim1/9)H_u$		
		$5<H_u\leqslant 10$			$(1/8\sim1/10)H_u$	$(1/7\sim1/10)H_u$	$(1/6\sim1/9)H_u$
		$H_u>10$			$(1/9\sim1/12)H_u$	$(1/8\sim1/12)H_u$	$(1/7\sim1/10)H_u$
	下段柱	$H\leqslant 20$		$(1/12\sim1/15)H$	$(1/10\sim1/15)H$	$(1/9\sim1/12)H$	$(1/8\sim1/10)H$
		$20<H\leqslant 30$			$(1/12\sim1/18)H$	$(1/10\sim1/15)H$	$(1/9\sim1/12)H$
		$H>30$			$(1/15\sim1/20)H$	$(1/12\sim1/18)H$	$(1/10\sim1/15)H$

附录 C.2　单阶柱的柱顶位移系数和反力系数

序号	简图	R	u	C
1	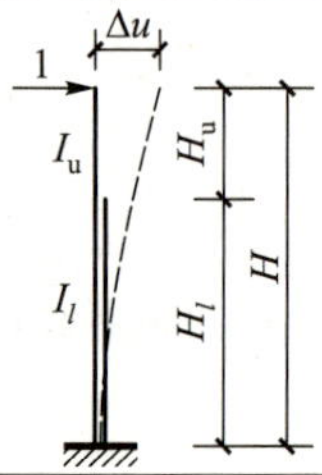	—	$\Delta u=\dfrac{H^3}{C_0EI_l}$	$C_0=\dfrac{3}{1+\lambda^3\left(\dfrac{1}{n}-1\right)}$
2	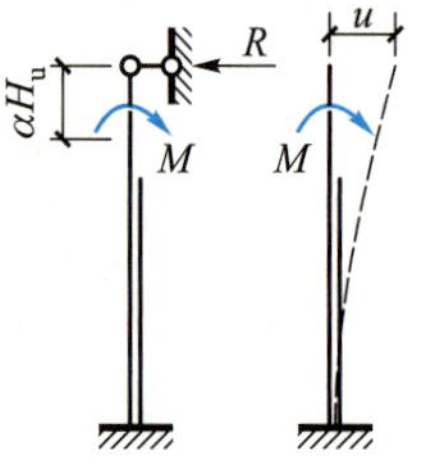	$R=\dfrac{M}{H}C_1$	$u=\dfrac{M}{H}C_1\Delta u$	$C_1=\dfrac{3}{2}\dfrac{1+\lambda^2\left(\dfrac{1-\alpha^2}{n}-1\right)}{1+\lambda^3\left(\dfrac{1}{n}-1\right)}$
3	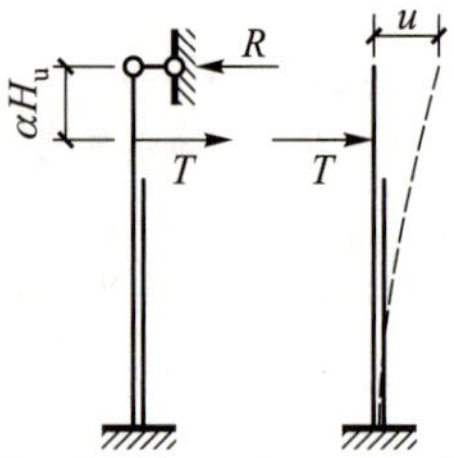	$R=TC_2$	$u=TC_2\Delta u$	$C_2=\dfrac{\left\{2-3\alpha\lambda+\lambda^3\left[\dfrac{(2+\alpha)(1-\alpha)^2}{n}-(2-3\alpha)\right]\right\}}{\left\{2\left[1+\lambda^3\left(\dfrac{1}{n}-1\right)\right]\right\}}$
4	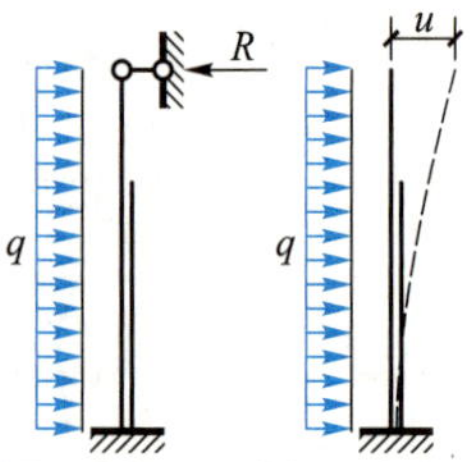	$R=qHC_3$	$u=qHC_3\Delta u$	$C_3=\dfrac{3}{8}\dfrac{1+\lambda^4\left(\dfrac{1}{n}-1\right)}{1+\lambda^3\left(\dfrac{1}{n}-1\right)}$

续表

序号	简图	R	u	C
5	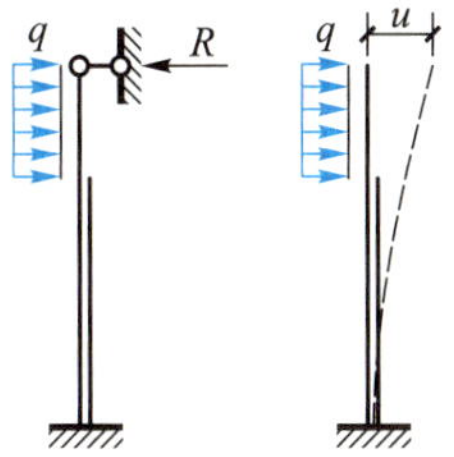	$R=qHC_4$	$u=qHC_4\Delta u$	$C_4=\dfrac{8\lambda-6\lambda^2+\lambda^4\left(\dfrac{3}{n}-2\right)}{8\left[1+\lambda^3\left(\dfrac{1}{n}-1\right)\right]}$

注：表中 $n=I_u/I_l$，$\lambda=H_u/H$。

附录 C.3　杆件计算长度

附表 C.3.1　无侧移钢框架柱的计算长度系数 μ

η_l \ η_u	0	0.1	0.2	0.4	0.6	0.8	1.0	2	4	6	8	10	20
0	1												
0.1	0.990 2	0.980 5											
0.2	0.980 9	0.971 4	0.962 5				对						
0.4	0.963 9	0.954 7	0.946 1	0.930 2									
0.6	0.948 6	0.939 8	0.931 4	0.915 9	0.902 0								
0.8	0.934 9	0.926 3	0.918 1	0.903 0	0.889 5	0.877 3							
1.0	0.922 5	0.914 1	0.906 1	0.891 4	0.878 1	0.866 2	0.855 3				称		
2	0.874 9	0.867 2	0.859 9	0.846 5	0.834 3	0.823 3	0.813 3	0.774 3					
4	0.820 5	0.813 6	0.807 1	0.794 9	0.783 9	0.773 8	0.764 7	0.728 7	0.686 3				
6	0.790 9	0.784 4	0.778 2	0.766 7	0.756 3	0.746 8	0.738 0	0.703 6	0.662 6	0.639 7			
8	0.772 6	0.766 4	0.760 4	0.749 3	0.739 2	0.730 0	0.721 5	0.688 0	0.647 9	0.625 3	0.611 1		
10	0.760 2	0.754 1	0.748 3	0.737 5	0.727 6	0.718 6	0.710 3	0.677 5	0.637 9	0.615 6	0.601 5	0.591 9	
20	0.732 0	0.726 3	0.720 9	0.710 7	0.701 3	0.692 8	0.684 9	0.653 6	0.615 3	0.593 5	0.579 6	0.570 2	0.548 7
∞	0.699 2	0.693 9	0.688 9	0.679 4	0.670 8	0.662 9	0.655 5	0.626 0	0.589 5	0.568 4	0.554 9	0.546 0	0.524 3

注：表中数值系按下式计算所得：

$$2\eta_u\eta_l+\left(\frac{\pi}{\mu}\right)\left[\left(\frac{\pi}{\mu}\right)^2+(\eta_l+\eta_u)-\eta_u\eta_l\right]\sin\left(\frac{\pi}{\mu}\right)-\left[(\eta_l+\eta_u)\left(\frac{\pi}{\mu}\right)^2+2\eta_u\eta_l\right]\cos\left(\frac{\pi}{\mu}\right)=0$$

其中 η_u、η_l 的计算方法见附表 C.3.3。

附表 C.3.2 有侧移钢框架柱的计算长度系数 μ

η_l \ η_u	0	0.1	0.2	0.4	0.6	0.8	1.0	2	4	6	8	10	20
0	∞												
0.1	10.099 9	7.083 3											
0.2	7.258 1	5.829 9	5.049 9				对						
0.4	5.295 7	4.628 3	4.187 1	3.629 0									
0.6	4.455 7	4.018 4	3.706 2	3.284 8	3.010 4								
0.8	3.971 5	3.640 6	3.394 2	3.048 8	2.816 1	2.647 8							
1.0	3.651 6	3.380 8	3.173 8	2.876 1	2.670 8	2.520 1	2.404 5				称		
2	2.917 3	2.755 4	2.624 5	2.425 0	2.279 7	2.168 8	2.081 3	1.825 8					
4	2.484 3	2.369 3	2.273 4	2.122 3	2.008 3	1.919 2	1.847 5	1.631 0	1.458 7				
6	2.327 9	2.227 1	2.142 1	2.006 6	1.903 0	1.821 2	1.754 8	1.551 7	1.386 8	1.317 3			
8	2.247 5	2.153 5	2.073 8	1.945 8	1.847 4	1.769 2	1.705 6	1.509 2	1.348 0	1.279 5	1.242 1		
10	2.198 7	2.108 6	2.032 0	1.908 6	1.813 2	1.737 2	1.675 2	1.482 9	1.323 8	1.255 9	1.218 8	1.195 6	
20	2.099 8	2.017 4	1.946 9	1.832 4	1.743 1	1.671 5	1.612 8	1.428 5	1.273 8	1.207 0	1.170 3	1.147 3	1.099 3
∞	2.000 0	1.925 0	1.860 4	1.754 5	1.671 3	1.604 0	1.548 5	1.372 5	1.222 2	1.156 5	1.120 2	1.097 4	1.049 6

注：表中计算长度系数 μ 系按下式计算所得：

$$(\eta_l+\eta_u)\left(\frac{\pi}{\mu}\right)-\tan\left(\frac{\pi}{\mu}\right)\left[\left(\frac{\pi}{\mu}\right)^2-\eta_u\eta_l\right]=0$$

其中 η_u、η_l 的计算方法见附表 C.3.3。

附表 C.3.3 框架柱的抗转刚度系数计算公式

楼层		梁、柱连接类型	抗转刚度系数 η 无侧移	抗转刚度系数 η 有侧移
一般层	横梁近端与柱刚接	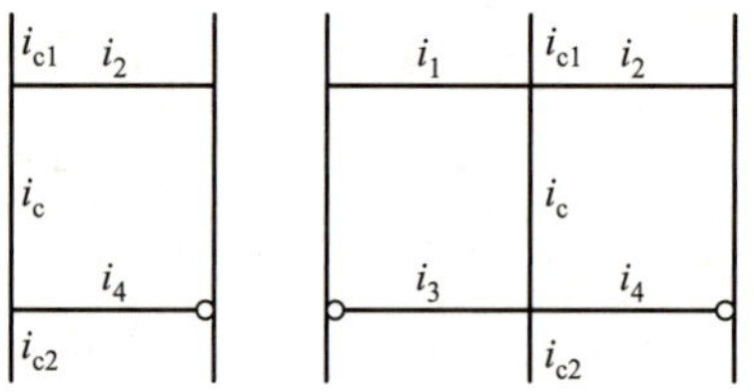	$\eta_u=\frac{2(i_1+i_2)}{(i_c+i_{c1})}$ $\eta_l=\frac{3(i_3+i_4)}{(i_c+i_{c2})}$	$\eta_u=\frac{6(i_1+i_2)}{(i_c+i_{c1})}$ $\eta_l=\frac{3(i_3+i_4)}{(i_c+i_{c2})}$
	横梁近端与柱铰接	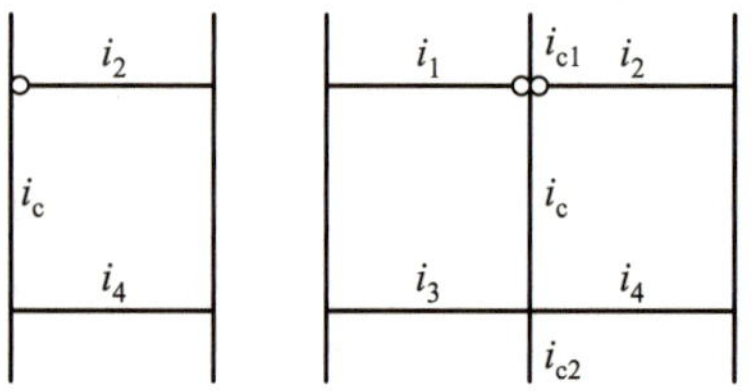	$\eta_u=0$ $\eta_l=\frac{2(i_3+i_4)}{(i_c+i_{c2})}$	$\eta_u=0$ $\eta_l=\frac{6(i_3+i_4)}{(i_c+i_{c2})}$

续表

楼层		梁、柱连接类型	抗转刚度系数 η	
			无侧移	有侧移
底层	柱与基础固接	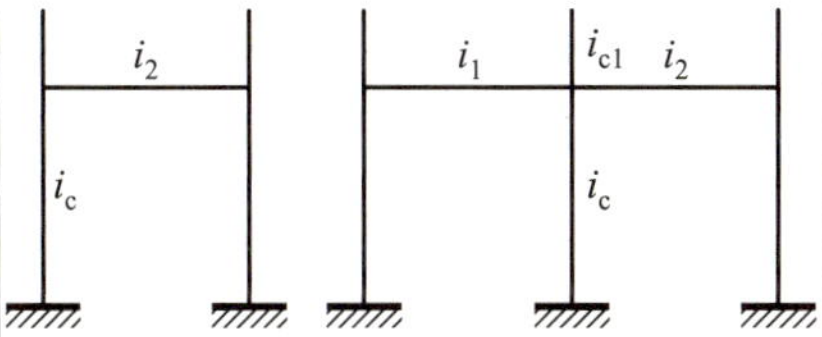	$\eta_u=\dfrac{2(i_1+i_2)}{(i_c+i_{c1})}$ $\eta_l=\infty$	$\eta_u=\dfrac{6(i_1+i_2)}{(i_c+i_{c1})}$ $\eta_l=\infty$
	柱与基础铰接	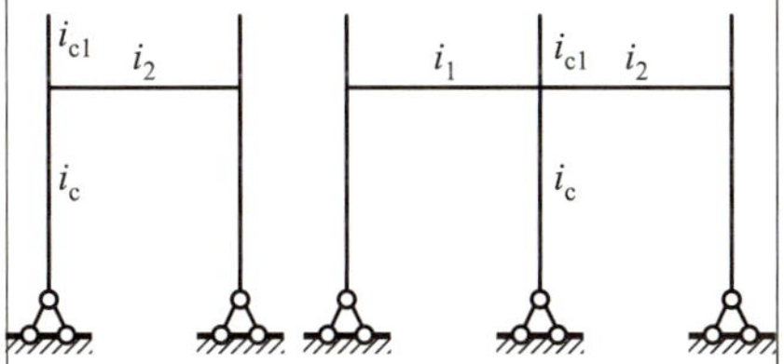	$\eta_u=\dfrac{2(i_1+i_2)}{(i_c+i_{c1})}$ $\eta_l=0$	$\eta_u=\dfrac{6(i_1+i_2)}{(i_c+i_{c1})}$ $\eta_l=0$

注：表中 i_c 是柱的线刚度；$i_1 \sim i_4$ 是横梁的线刚度，当横梁轴力较大时，横梁线刚度应乘以折减系数α_N。对于无侧移框架柱，横梁远端嵌固时，取 $\alpha_N=1-N_b/(2N_{Eb})$；横梁远端与柱刚接或铰接时取 $\alpha_N=1-N_b/N_{Eb}$。对于有侧移框架，横梁远端嵌固时，取$\alpha_N=1-N_b/(2N_{Eb})$；横梁远端与柱刚接时，取 $\alpha_N=1-N_b/(4N_{Eb})$；横梁远端与柱铰接时，取 $\alpha_N=1-N_b/N_{Eb}$。

附表 C.3.4　交叉腹杆平面外计算长度

项次	杆件类别	杆件相交情况	计算长度
1	压杆	相交的另一杆受压，两杆在交叉点均不中断	$l_0=l\sqrt{\dfrac{1}{2}\left(1+\dfrac{N_0}{N}\right)}$
2		相交的另一杆受拉，两杆中有一杆在交叉点中断，但以节点板搭接	$l_0=l\sqrt{1+\dfrac{\pi^2}{12}\cdot\dfrac{N_0}{N}}$
3		相交的另一杆受拉，两杆在交叉点均不中断	$l_0=l\sqrt{\dfrac{1}{2}\left(1-\dfrac{3}{4}\cdot\dfrac{N_0}{N}\right)}\geqslant 0.5l$
4		相交的另一杆受拉，此杆在交叉点中断，但以节点板搭接	$l_0=l\sqrt{1-\dfrac{3}{4}\cdot\dfrac{N_0}{N}}\geqslant 0.5l$
5	拉杆		$l_0=l$

注：表中 N 为所计算杆的内力，N_0为相交另一杆的内力，均为绝对值；两杆均受压时，取 $N_0\leqslant N$。

附表 C.3.5 上端自由的单阶柱计算长度系数

简图

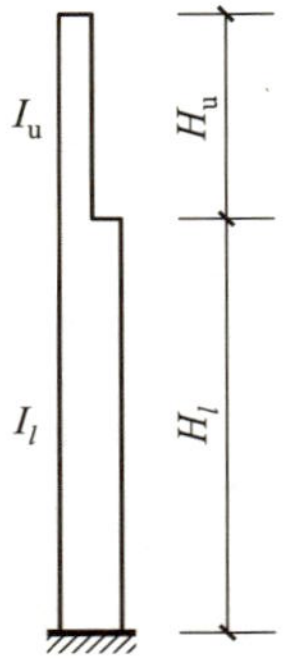

$K=\frac{I_u/H_u}{I_l/H_l}$

$\eta=\frac{H_u}{H_l}\cdot\sqrt{\frac{N_u}{N_l}\cdot\frac{I_l}{I_u}}$

N_u——上段柱轴力；

N_l——下段柱轴力。

η \ K	0.06	0.08	0.10	0.12	0.14	0.16	0.18	0.20	0.22	0.24	0.26	0.28	0.30	0.40	0.50	0.60	0.70	0.80
0.2	2.005 0	2.006 6	2.008 3	2.009 9	2.011 6	2.013 2	2.014 9	2.016 5	2.018 2	2.019 8	2.021 5	2.023 1	2.024 8	2.033 1	2.041 3	2.049 5	2.057 8	2.066 0
0.3	2.011 7	2.015 5	2.019 4	2.023 3	2.027 2	2.031 1	2.034 9	2.038 8	2.042 7	2.046 5	2.050 4	2.054 2	2.058 1	2.077 3	2.096 4	2.115 5	2.134 4	2.153 3
0.4	2.022 1	2.029 5	2.036 8	2.044 1	2.051 4	2.058 6	2.065 9	2.073 1	2.080 3	2.087 5	2.094 7	2.101 9	2.109 0	2.144 5	2.179 4	2.214 0	2.248 1	2.2819
0.5	2.037 8	2.050 2	2.062 5	2.074 8	2.087 0	2.099 1	2.111 1	2.123 0	2.134 9	2.146 7	2.158 4	2.170 1	2.181 7	2.238 6	2.294 1	2.348 1	2.400 8	2.452 4
0.6	2.061 3	2.081 0	2.100 4	2.119 5	2.138 3	2.156 8	2.175 1	2.193 2	2.211 0	2.228 6	2.246 0	2.263 2	2.280 2	2.362 9	2.441 7	2.517 4	2.590 3	2.660 9
0.7	2.097 3	2.127 0	2.155 8	2.183 6	2.210 7	2.237 1	2.262 9	2.288 2	2.312 8	2.337 1	2.360 9	2.384 2	2.407 2	2.517 1	2.620 1	2.717 8	2.811 0	2.900 3
0.8	2.153 4	2.195 7	2.235 6	2.273 4	2.309 6	2.344 5	2.378 1	2.410 7	2.442 4	2.473 2	2.503 3	2.532 8	2.561 7	2.698 2	2.824 6	2.943 3	3.055 8	3.163 2
0.9	2.239 6	2.294 6	2.345 2	2.392 5	2.437 1	2.479 7	2.520 4	2.559 7	2.597 8	2.634 7	2.670 6	2.705 7	2.739 9	2.900 9	3.049 1	3.187 6	3.318 5	3.443 1
1.0	2.361 1	2.425 7	2.484 4	2.539 0	2.590 5	2.639 3	2.686 2	2.731 2	2.774 7	2.816 9	2.857 9	2.897 9	2.936 9	3.120 2	3.288 6	3.445 7	3.594 1	3.735 2
1.2	2.687 2	2.760 2	2.827 9	2.891 7	2.952 4	3.010 5	3.066 4	3.120 4	3.172 7	3.223 6	3.273 2	3.321 6	3.368 9	3.592 1	3.797 6	3.989 8	4.171 4	4.344 1
1.4	3.067 8	3.145 0	3.218 2	3.288 4	3.355 8	3.421 0	3.484 2	3.545 6	3.605 5	3.663 9	3.720 9	3.776 8	3.831 6	4.091 1	4.331 5	4.557 0	4.770 4	4.973 6
1.6	3.468 9	3.550 6	3.629 3	3.705 4	3.779 3	3.851 2	3.921 2	3.989 6	4.056 5	4.122 0	4.186 2	4.249 1	4.311 0	4.605 5	4.879 7	5.137 7	5.382 3	5.615 4
1.8	3.878 9	3.965 9	4.050 5	4.132 9	4.213 3	4.291 9	4.368 7	4.444 0	4.517 9	4.590 3	4.661 5	4.731 5	4.800 3	5.129 3	5.436 9	5.727 0	6.002 4	6.265 2
2.0	4.293 4	4.386 4	4.477 3	4.566 2	4.653 3	4.738 7	4.822 5	4.904 7	4.985 6	5.065 1	5.143 2	5.220 2	5.296 0	5.659 3	6.000 0	6.322 0	6.628 0	6.920 4
2.2	4.710 5	4.809 9	4.907 4	5.003 1	5.097 1	5.189 4	5.280 2	5.369 5	5.457 4	5.543 9	5.629 1	5.713 1	5.795 9	6.193 4	6.567 2	6.921 0	7.257 6	7.579 4
2.4	5.129 3	5.235 4	5.339 7	5.442 4	5.543 4	5.642 8	5.740 7	5.837 1	5.932 0	6.025 6	6.117 9	6.208 9	6.298 7	6.730 6	7.137 4	7.522 9	7.890 1	8.241 2
2.6	5.549 1	5.662 1	5.773 5	5.883 3	5.991 4	6.098 0	6.203 1	6.306 6	6.408 7	6.509 5	6.608 8	6.706 9	6.803 7	7.269 9	7.709 8	8.127 1	8.524 7	8.905 1
2.8	5.969 7	6.089 9	6.208 4	6.325 4	6.440 7	6.554 6	6.666 8	6.777 6	6.886 9	6.994 8	7.101 3	7.206 5	7.310 3	7.810 9	8.283 9	8.732 9	9.161 0	9.570 7
3.0	6.390 9	6.518 3	6.644 1	6.768 3	6.891 0	7.012 1	7.131 7	7.249 8	7.366 3	7.481 4	7.595 0	7.707 3	7.818 1	8.353 3	8.859 3	9.340 1	9.798 6	10.237 6

注：表中下段柱计算长度系数μ_l由下式算得：

$$\tan\left(\frac{\pi}{\mu_l}\right)\cdot\tan\left(\frac{\eta\pi}{\mu_l}\right)=\frac{1}{\eta K}$$

上段柱计算长度系数按下式确定：

$$\mu_u=\frac{\mu_l}{\eta}$$

附表 C.3.6 上端可移动但不能转动单阶柱计算长度系数

简图：

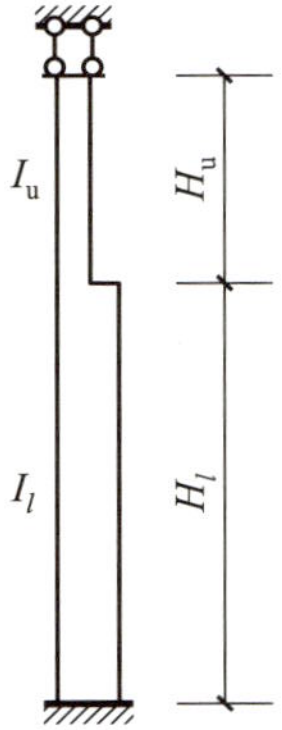

$K=\frac{I_u/H_u}{I_l/H_l}$

$\eta=\frac{H_u}{H_l}\cdot\sqrt{\frac{N_u}{N_l}\cdot\frac{I_l}{I_u}}$

N_u——上段柱轴力；

N_l——下段柱轴力。

η \ K	0.06	0.08	0.10	0.12	0.14	0.16	0.18	0.20	0.22	0.24	0.26	0.28	0.30	0.40	0.50	0.60	0.70	0.80
0.2	1.955 2	1.941 1	1.927 5	1.914 3	1.901 4	1.888 9	1.876 8	1.865 0	1.853 5	1.842 3	1.831 5	1.820 8	1.810 5	1.762 6	1.720 0	1.681 9	1.647 6	1.616 6
0.3	1.957 1	1.943 7	1.930 6	1.918 0	1.905 7	1.893 8	1.882 2	1.870 9	1.859 9	1.849 2	1.838 8	1.828 6	1.818 7	1.772 8	1.732 1	1.695 6	1.662 7	1.632 9
0.4	1.959 9	1.947 3	1.935 2	1.923 3	1.911 8	1.900 7	1.889 8	1.879 3	1.869 0	1.859 0	1.849 3	1.839 8	1.830 5	1.787 6	1.749 5	1.715 3	1.684 5	1.656 6
0.5	1.963 6	1.952 2	1.941 1	1.930 4	1.920 0	1.909 9	1.900 0	1.890 4	1.881 1	1.872 1	1.863 2	1.854 6	1.846 3	1.807 4	1.772 8	1.741 8	1.713 9	1.688 5
0.6	1.968 3	1.958 4	1.948 7	1.939 4	1.930 3	1.921 5	1.913 0	1.904 6	1.896 5	1.888 7	1.881 0	1.878 0	1.870 0	1.832 5	1.802 5	1.775 7	1.751 6	1.729 7
0.7	1.974 1	1.966 0	1.958 1	1.950 5	1.943 1	1.935 9	1.929 0	1.922 2	1.915 6	1.909 2	1.903 0	1.897 0	1.891 1	1.863 7	1.839 5	1.817 9	1.798 5	1.781 0
0.8	1.981 1	1.975 3	1.969 6	1.964 0	1.958 7	1.953 5	1.948 5	1.943 6	1.938 9	1.934 3	1.929 8	1.925 4	1.921 2	1.901 6	1.884 4	1.869 1	1.855 4	1.843 1
0.9	1.989 7	1.986 5	1.983 4	1.980 4	1.977 5	1.974 7	1.972 0	1.969 3	1.966 8	1.964 3	1.961 9	1.959 6	1.957 3	1.946 9	1.937 8	1.929 7	1.922 6	1.916 2
1.0	2.000 0	2.000 0	2.000 0	2.000 0	2.000 0	2.000 0	2.000 0	2.000 0	2.000 0	2.000 0	2.000 0	2.000 0	2.000 0	2.000 0	2.000 0	2.000 0	2.000 0	2.000 0
1.2	2.027 6	2.035 9	2.043 8	2.051 4	2.058 6	2.065 5	2.072 2	2.078 6	2.084 7	2.090 6	2.096 3	2.101 7	2.107 0	2.130 6	2.150 6	2.167 9	2.182 8	2.196 0
1.4	2.068 6	2.088 2	2.106 6	2.123 8	2.140 0	2.155 4	2.169 9	2.183 7	2.196 9	2.209 4	2.221 4	2.232 8	2.243 8	2.292 4	2.332 7	2.366 8	2.3962	2.421 7
1.6	2.130 6	2.164 1	2.194 6	2.222 7	2.248 7	2.272 9	2.295 6	2.317 0	2.337 2	2.356 3	2.374 4	2.391 6	2.408 1	2.480 2	2.539 2	2.588 8	2.631 1	2.667 8
1.8	2.222 8	2.270 2	2.312 3	2.350 5	2.385 4	2.417 7	2.447 7	2.475 9	2.502 3	2.527 2	2.550 9	2.573 3	2.594 6	2.687 6	2.763 5	2.826 9	2.880 9	2.927 6
2.0	2.349 4	2.407 2	2.458 3	2.504 4	2.546 4	2.585 2	2.621 4	2.655 2	2.686 9	2.716 9	2.745 2	2.772 1	2.797 6	2.909 1	3.000 0	3.076 0	3.140 7	3.196 6
2.2	2.505 3	2.569 4	2.626 5	2.678 2	2.725 8	2.769 8	2.810 9	2.849 4	2.885 6	2.919 8	2.952 3	2.983 0	3.012 4	3.140 5	3.245 2	3.332 8	3.407 4	3.472 0
2.4	2.680 9	2.748 7	2.809 9	2.866 0	2.917 9	2.966 3	3.011 5	3.054 1	3.094 2	3.132 3	3.168 4	3.202 7	3.235 4	3.378 9	3.496 4	3.595 0	3.679 1	3.751 9
2.6	2.868 6	2.939 0	3.003 5	3.063 2	3.118 9	3.171 0	3.219 9	3.266 1	3.309 9	3.3514	3.390 9	3.428 4	3.464 3	3.622 2	3.752 1	3.861 2	3.954 4	4.035 1
2.8	3.063 5	3.136 3	3.203 8	3.266 7	3.325 8	3.381 3	3.433 8	3.483 4	3.530 5	3.575 3	3.618 0	3.658 7	3.697 6	3.869 3	4.011 0	4.130 3	4.232 3	4.320 8
3.0	3.262 9	3.338 1	3.408 5	3.474 6	3.536 9	3.595 8	3.651 5	3.704 4	3.754 8	3.802 7	3.848 5	3.892 2	3.934 1	4.119 2	4.272 5	4.404 0	4.512 4	4.608 4

注：表中下段柱计算长度系数 μ_l 由下式算得：

$$\tan\left(\frac{\eta\pi}{\mu_l}\right)+\eta K\tan\left(\frac{\pi}{\mu_l}\right)=0$$

上段柱计算长度系数按下式确定：

$$\mu_u=\frac{\mu_l}{\eta}$$

附表 C.3.7　刚性屋盖混凝土厂房排架柱、露天吊车柱和栈桥柱的计算长度 l_0

柱的类型		横向排架	纵向排架	
			有柱间支撑	无柱间支撑
无吊车厂房柱	单　跨	$1.5H$	$1.0H$	$1.2H$
	两跨及多跨	$1.25H$	$1.0H$	$1.2H$
有吊车厂房柱	上　柱	$2.0H_u$	$1.25H_u$	$1.5H_u$
	下　柱	$1.0H_l$	$0.8H_l$	$1.0H_l$
露天吊车柱和栈桥柱		$2.0H_l$	$1.0H_l$	—

注：1. 表中有吊车厂房排架柱的计算长度，当计算中不考虑吊车荷载时，可按无吊车厂房采用，但上柱的计算长度仍按有吊车厂房采用。

2. 表中有吊车厂房排架柱的上柱在排架方向的计算长度，仅适用于 $H_u/H_l \geqslant 0.3$ 的情况；当 $H_u/H_l < 0.3$ 时，宜采用 $2.5H_u$。

附表 C.3.8　单层厂房阶形钢柱计算长度的折减系数

厂房类型				折减系数
跨数	伸缩缝区段内一个柱列的柱子数	屋面情况	厂房两侧通长屋盖纵向水平支撑布置情况	
单跨	等于或少于 6 个	—	—	0.9
	多于 6 个	非大型屋面板	无	
			有	0.8
		大型屋面板	—	
多跨		非大型屋面板	无	0.8
			有	0.7
		大型屋面板	—	

注：有横梁的露天结构其折减系数可采用 0.9。

附表 C.3.9　砌体房屋受压构件的计算长度 H_0

房屋类别			柱		带壁柱墙或周边拉结的墙		
			排架方向	垂直排架方向	$s>2H$	$2H \geqslant s>H$	$s \leqslant H$
有吊车的单层房屋	变截面柱上段	弹性方案	$2.5H_u$	$1.25H_u$	$2.5H_u$		
		刚性、刚弹性方案	$2.0H_u$	$1.25H_u$	$2.0H_u$		
	变截面柱下段		$1.0H_l$	$0.8H_l$	$1.0H_l$		

续表

<table>
<tr><th colspan="3" rowspan="2">房屋类别</th><th colspan="2">柱</th><th colspan="3">带壁柱墙或周边拉结的墙</th></tr>
<tr><th>排架方向</th><th>垂直排架方向</th><th>$s>2H$</th><th>$2H\geqslant s>H$</th><th>$s\leqslant H$</th></tr>
<tr><td rowspan="5">无吊车的单层和多层房屋</td><td rowspan="2">单跨</td><td>弹性方案</td><td>$1.5H$</td><td>$1.0H$</td><td colspan="3">$1.5H$</td></tr>
<tr><td>刚弹性方案</td><td>$1.2H$</td><td>$1.0H$</td><td colspan="3">$1.2H$</td></tr>
<tr><td rowspan="2">多跨</td><td>弹性方案</td><td>$1.25H$</td><td>$1.0H$</td><td colspan="3">$1.25H$</td></tr>
<tr><td>刚弹性方案</td><td>$1.1H$</td><td>$1.0H$</td><td colspan="3">$1.1H$</td></tr>
<tr><td colspan="2">刚性方案</td><td>$1.0H$</td><td>$1.0H$</td><td>$1.0H$</td><td>$0.4s+0.2H$</td><td>$0.6s$</td></tr>
</table>

注：1. 表中 H_u 为变截面柱的上段高度；H_l 为变截面柱的下段高度；

2. 对于上端为自由端的构件，$H_0=2.0H$；

3. 独立砖柱，当无柱间支撑时，柱在垂直排架方向的 H_0 应按表中数值乘以 1.25 后采用。

附录 D　规则框架承受均布及倒三角分布水平力作用时的反弯点高度比

附表 D.1　规则框架承受均布水平力作用时的标准反弯点高度比 y_0

n	j \ K	0.1	0.2	0.3	0.4	0.5	0.6	0.7	0.8	0.9	1.0	2.0	3.0	4.0	5.0
1	1	0.80	0.75	0.70	0.65	0.65	0.60	0.60	0.60	0.60	0.55	0.55	0.55	0.55	0.55
2	2	0.45	0.40	0.35	0.35	0.35	0.35	0.40	0.40	0.40	0.40	0.45	0.45	0.45	0.45
	1	0.95	0.80	0.75	0.70	0.65	0.65	0.65	0.60	0.60	0.60	0.55	0.55	0.55	0.50
3	3	0.15	0.20	0.20	0.25	0.30	0.30	0.30	0.35	0.35	0.35	0.40	0.45	0.45	0.45
	2	0.55	0.50	0.45	0.45	0.45	0.45	0.45	0.45	0.45	0.45	0.45	0.50	0.50	0.50
	1	1.00	0.85	0.80	0.75	0.70	0.70	0.65	0.65	0.65	0.60	0.55	0.55	0.55	0.55
4	4	−0.05	0.05	0.15	0.20	0.25	0.30	0.30	0.35	0.35	0.35	0.40	0.45	0.45	0.45
	3	0.25	0.30	0.30	0.35	0.35	0.40	0.40	0.40	0.40	0.45	0.45	0.50	0.50	0.50
	2	0.65	0.55	0.50	0.50	0.45	0.45	0.45	0.45	0.45	0.45	0.50	0.50	0.50	0.50
	1	1.10	0.90	0.80	0.75	0.70	0.70	0.65	0.65	0.65	0.60	0.55	0.55	0.55	0.55
5	5	−0.20	0.00	0.15	0.20	0.25	0.30	0.30	0.30	0.35	0.35	0.40	0.45	0.45	0.45
	4	0.10	0.20	0.25	0.30	0.35	0.35	0.40	0.40	0.40	0.40	0.45	0.45	0.50	0.50
	3	0.40	0.40	0.40	0.40	0.40	0.45	0.45	0.45	0.45	0.45	0.50	0.50	0.50	0.50
	2	0.65	0.55	0.50	0.50	0.50	0.50	0.50	0.50	0.50	0.50	0.50	0.50	0.50	0.50
	1	1.20	0.95	0.80	0.75	0.75	0.70	0.70	0.65	0.65	0.65	0.55	0.55	0.55	0.55
6	6	−0.30	0.00	0.10	0.20	0.25	0.25	0.30	0.30	0.35	0.35	0.40	0.45	0.45	0.45
	5	0.00	0.20	0.25	0.30	0.35	0.35	0.40	0.40	0.40	0.40	0.45	0.45	0.50	0.50
	4	0.20	0.30	0.35	0.35	0.40	0.40	0.40	0.45	0.45	0.45	0.45	0.50	0.50	0.50
	3	0.40	0.40	0.40	0.45	0.45	0.45	0.45	0.45	0.45	0.45	0.50	0.50	0.50	0.50
	2	0.70	0.60	0.55	0.50	0.50	0.50	0.50	0.50	0.50	0.50	0.50	0.50	0.50	0.50
	1	1.20	0.95	0.85	0.80	0.75	0.70	0.70	0.65	0.65	0.65	0.55	0.55	0.55	0.55
7	7	−0.35	−0.05	0.10	0.20	0.20	0.25	0.30	0.30	0.35	0.35	0.40	0.45	0.45	0.45
	6	−0.10	0.15	0.25	0.30	0.35	0.35	0.35	0.40	0.40	0.40	0.45	0.45	0.50	0.50
	5	0.10	0.25	0.30	0.35	0.40	0.40	0.40	0.45	0.45	0.45	0.45	0.50	0.50	0.50
	4	0.30	0.35	0.40	0.40	0.40	0.45	0.45	0.45	0.45	0.45	0.50	0.50	0.50	0.50

续表

n	j \ K	0.1	0.2	0.3	0.4	0.5	0.6	0.7	0.8	0.9	1.0	2.0	3.0	4.0	5.0
	3	0.50	0.45	0.45	0.45	0.45	0.45	0.45	0.45	0.45	0.45	0.50	0.50	0.50	0.50
7	2	0.75	0.60	0.55	0.50	0.50	0.50	0.50	0.50	0.50	0.50	0.50	0.50	0.50	0.50
	1	1.20	0.95	0.85	0.80	0.75	0.70	0.70	0.65	0.65	0.65	0.55	0.55	0.55	0.55
	8	-0.35	-0.15	0.10	0.15	0.25	0.25	0.30	0.30	0.35	0.35	0.40	0.45	0.45	0.45
	7	-0.10	0.15	0.25	0.30	0.35	0.35	0.40	0.40	0.40	0.40	0.45	0.50	0.50	0.50
	6	0.05	0.25	0.30	0.35	0.40	0.40	0.40	0.45	0.45	0.45	0.45	0.50	0.50	0.50
	5	0.20	0.30	0.35	0.40	0.40	0.45	0.45	0.45	0.45	0.45	0.50	0.50	0.50	0.50
8	4	0.35	0.40	0.40	0.45	0.45	0.45	0.45	0.45	0.45	0.45	0.50	0.50	0.50	0.50
	3	0.50	0.45	0.45	0.45	0.45	0.45	0.45	0.45	0.50	0.50	0.50	0.50	0.50	0.50
	2	0.75	0.60	0.55	0.55	0.50	0.50	0.50	0.50	0.50	0.50	0.50	0.50	0.50	0.50
	1	1.20	1.00	0.85	0.80	0.75	0.70	0.70	0.65	0.65	0.65	0.55	0.55	0.55	0.55
	9	-0.40	-0.05	0.10	0.20	0.25	0.25	0.30	0.30	0.35	0.35	0.45	0.45	0.45	0.45
	8	-0.15	0.15	0.25	0.30	0.35	0.35	0.35	0.40	0.40	0.40	0.45	0.45	0.50	0.50
	7	0.05	0.25	0.30	0.35	0.40	0.40	0.40	0.45	0.45	0.45	0.45	0.50	0.50	0.50
	6	0.15	0.30	0.35	0.40	0.40	0.45	0.45	0.45	0.45	0.45	0.50	0.50	0.50	0.50
9	5	0.25	0.35	0.40	0.40	0.45	0.45	0.45	0.45	0.45	0.45	0.50	0.50	0.50	0.50
	4	0.40	0.40	0.40	0.45	0.45	0.45	0.45	0.45	0.45	0.45	0.50	0.50	0.50	0.50
	3	0.55	0.45	0.45	0.45	0.45	0.45	0.45	0.45	0.50	0.50	0.50	0.50	0.50	0.50
	2	0.80	0.65	0.55	0.55	0.50	0.50	0.50	0.50	0.50	0.50	0.50	0.50	0.50	0.50
	1	1.20	1.00	0.85	0.80	0.75	0.70	0.70	0.65	0.65	0.65	0.55	0.55	0.55	0.55
	10	-0.40	-0.05	0.10	0.20	0.25	0.30	0.30	0.30	0.35	0.35	0.40	0.45	0.45	0.45
	9	-0.15	0.15	0.25	0.30	0.35	0.35	0.40	0.40	0.40	0.40	0.45	0.45	0.50	0.50
	8	0.00	0.25	0.30	0.35	0.40	0.40	0.40	0.45	0.45	0.45	0.45	0.50	0.50	0.50
	7	0.10	0.30	0.35	0.40	0.40	0.45	0.45	0.45	0.45	0.45	0.50	0.50	0.50	0.50
	6	0.20	0.35	0.40	0.40	0.45	0.45	0.45	0.45	0.45	0.45	0.50	0.50	0.50	0.50
10	5	0.30	0.40	0.40	0.45	0.45	0.45	0.45	0.45	0.45	0.50	0.50	0.50	0.50	0.50
	4	0.40	0.40	0.45	0.45	0.45	0.45	0.45	0.45	0.45	0.50	0.50	0.50	0.50	0.50
	3	0.55	0.50	0.45	0.45	0.45	0.50	0.50	0.50	0.50	0.50	0.50	0.50	0.50	0.50
	2	0.80	0.65	0.55	0.55	0.55	0.50	0.50	0.50	0.50	0.50	0.50	0.50	0.50	0.50
	1	130	1.00	0.85	0.80	0.75	0.70	0.70	0.65	0.65	0.65	0.60	0.55	0.55	0.55

续表

n	j \ K	0.1	0.2	0.3	0.4	0.5	0.6	0.7	0.8	0.9	1.0	2.0	3.0	4.0	5.0
	11	-0.40	0.05	0.10	0.20	0.25	0.30	0.30	0.30	0.35	0.35	0.40	0.45	0.45	0.45
	10	-0.15	0.15	0.25	0.30	0.35	0.35	0.40	0.40	0.40	0.40	0.45	0.45	0.50	0.50
	9	0.00	0.25	0.30	0.35	0.40	0.40	0.40	0.45	0.45	0.45	0.45	0.50	0.50	0.50
	8	0.10	0.30	0.35	0.40	0.40	0.45	0.45	0.45	0.45	0.45	0.50	0.50	0.50	0.50
	7	0.20	0.35	0.40	0.45	0.45	0.45	0.45	0.45	0.45	0.45	0.50	0.50	0.50	0.50
11	6	0.25	0.35	0.40	0.45	0.45	0.45	0.45	0.45	0.45	0.45	0.50	0.50	0.50	0.50
	5	0.35	0.40	0.40	0.45	0.45	0.45	0.45	0.45	0.45	0.50	0.50	0.50	0.50	0.50
	4	0.40	0.45	0.45	0.45	0.45	0.45	0.45	0.50	0.50	0.50	0.50	0.50	0.50	0.50
	3	0.55	0.50	0.50	0.50	0.50	0.50	0.50	0.50	0.50	0.50	0.50	0.50	0.50	0.50
	2	0.80	0.65	0.60	0.55	0.55	0.50	0.50	0.50	0.50	0.50	0.50	0.50	0.50	0.50
	1	1.30	1.00	0.85	0.80	0.75	0.70	0.70	0.65	0.65	0.65	0.60	0.55	0.55	0.55
0.45	自顶 1	-0.40	-0.05	0.10	0.20	0.25	0.30	0.30	0.30	0.35	0.35	0.35	0.40	0.45	0.45
	2	-0.15	0.15	0.25	0.30	0.35	0.35	0.40	0.40	0.40	0.40	0.45	0.45	0.50	0.50
	3	0.00	0.25	0.30	0.35	0.40	0.40	0.40	0.45	0.45	0.45	0.50	0.50	0.50	0.50
	4	0.10	0.30	0.35	0.40	0.40	0.45	0.45	0.45	0.45	0.45	0.50	0.50	0.50	0.50
	5	0.20	0.35	0.40	0.40	0.45	0.45	0.45	0.45	0.45	0.45	0.50	0.50	0.50	0.50
12及以上	6	0.25	0.35	0.40	0.45	0.45	0.45	0.45	0.45	0.45	0.45	0.50	0.50	0.50	0.50
	7	0.30	0.40	0.40	0.45	0.45	0.45	0.45	0.45	0.50	0.50	0.50	0.50	0.50	0.50
	8	0.35	0.40	0.45	0.45	0.45	0.45	0.45	0.50	0.50	0.50	0.50	0.50	0.50	0.50
	中间	0.40	0.40	0.45	0.45	0.45	0.45	0.50	0.50	0.50	0.50	0.50	0.50	0.50	0.50
	4	0.45	0.45	0.45	0.45	0.50	0.50	0.50	0.50	0.50	0.50	0.50	0.50	0.50	0.50
	3	0.60	0.50	0.50	0.50	0.50	0.50	0.50	0.50	0.50	0.50	0.50	0.50	0.50	0.50
	2	0.80	0.65	0.60	0.55	0.55	0.50	0.50	0.50	0.50	0.50	0.50	0.50	0.50	0.50
	自底 1	1.30	1.00	0.85	0.80	0.75	0.70	0.70	0.65	0.65	0.65	0.55	0.55	0.55	0.55

注：表中 n 代表总层数；j 代表所计算层：$K=\dfrac{i_1+i_2+i_3+i_4}{2i_c}$

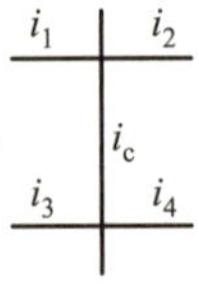

附表 D.2　规则框架承受倒三角水平力作用时的标准反弯点高度比 y_0

n	j \ K	0.1	0.2	0.3	0.4	0.5	0.6	0.7	0.8	0.9	1.0	2.0	3.0	4.0	5.0
1	1	0.80	0.75	0.70	0.65	0.65	0.60	0.60	0.60	0.60	0.55	0.55	0.55	0.55	0.55
2	2	0.50	0.45	0.40	0.40	0.40	0.40	0.40	0.40	0.40	0.45	0.45	0.456	0.45	0.50
	1	1.00	0.85	0.75	0.70	0.70	0.65	0.65	0.65	0.60	0.60	0.55	0.55	0.55	0.55
3	3	0.25	0.25	0.25	0.30	0.30	0.35	0.35	0.35	0.40	0.40	0.45	0.45	0.45	0.50
	2	0.60	0.50	0.50	0.50	0.50	0.45	0.45	0.45	0.45	0.45	0.50	0.50	0.50	0.50
	1	1.15	0.90	0.80	0.75	0.75	0.70	0.70	0.65	0.65	0.65	0.60	0.55	0.55	0.55
4	4	0.10	0.15	0.20	0.25	0.30	0.30	0.35	0.35	0.35	0.40	0.45	0.45	0.45	0.45
	3	0.35	0.35	0.35	0.40	0.40	0.40	0.40	0.45	0.45	0.45	0.45	0.50	0.50	0.50
	2	0.70	0.60	0.55	0.50	0.50	0.50	0.50	0.50	0.50	0.50	0.50	0.50	0.50	0.50
	1	1.20	0.95	0.85	0.80	0.75	0.70	0.70	0.70	0.65	0.65	0.55	0.55	0.55	0.55
5	5	−0.05	0.10	0.20	0.25	0.30	0.30	0.35	0.35	0.35	0.35	0.40	0.45	0.45	0.45
	4	0.20	0.25	0.35	0.35	0.40	0.40	0.40	0.40	0.40	0.45	0.45	0.50	0.50	0.50
	3	0.45	0.40	0.45	0.45	0.45	0.45	0.45	0.45	0.45	0.45	0.50	0.50	0.50	0.50
	2	0.75	0.60	0.55	0.55	0.50	0.50	0.50	0.50	0.50	0.50	0.50	0.50	0.50	0.50
	1	1.30	1.00	0.85	0.80	0.75	0.70	0.70	0.65	0.65	0.65	0.65	0.55	0.55	0.55
6	6	−0.15	0.05	0.15	0.20	0.25	0.30	0.30	0.35	0.35	0.35	0.40	0.45	0.45	0.45
	5	0.10	0.25	0.30	0.35	0.35	0.40	0.40	0.40	0.45	0.45	0.45	0.50	0.50	0.50
	4	0.30	0.35	0.40	0.40	0.45	0.45	0.45	0.45	0.45	0.45	0.50	0.50	0.50	0.50
	3	0.50	0.45	0.45	0.45	0.45	0.45	0.45	0.45	0.45	0.50	0.50	0.50	0.50	0.50
	2	0.80	0.65	0.55	0.55	0.55	0.55	0.50	0.50	0.50	0.50	0.50	0.50	0.50	0.50
	1	1.30	1.00	0.85	0.80	0.75	0.70	0.70	0.65	0.65	0.65	0.60	0.55	0.55	0.55
7	7	−0.20	0.05	0.15	0.20	0.25	0.30	0.30	0.35	0.35	0.35	0.45	0.45	0.45	0.45
	6	0.05	0.20	0.30	0.35	0.35	0.40	0.40	0.40	0.40	0.45	0.45	0.50	0.50	0.50
	5	0.20	0.30	0.35	0.40	0.40	0.45	0.45	0.45	0.45	0.45	0.50	0.50	0.50	0.50
	4	0.35	0.40	0.40	0.45	0.45	0.45	0.45	0.45	0.45	0.45	0.50	0.50	0.50	0.50
	3	0.55	0.50	0.50	0.50	0.50	0.50	0.50	0.50	0.50	0.50	0.50	0.50	0.50	0.50
	2	0.80	0.65	0.60	0.55	0.55	0.55	0.50	0.50	0.50	0.50	0.50	0.50	0.50	0.50
	1	1.30	1.00	0.90	0.80	0.75	0.70	0.70	0.70	0.65	0.65	0.60	0.55	0.55	0.55
8	8	−0.20	0.05	0.15	0.20	0.25	0.30	0.30	0.35	0.35	0.35	0.45	0.45	0.45	0.45
	7	0.00	0.20	0.30	0.35	0.35	0.40	0.40	0.40	0.40	0.45	0.45	0.50	0.50	0.50

续表

n	K j	0.1	0.2	0.3	0.4	0.5	0.6	0.7	0.8	0.9	1.0	2.0	3.0	4.0	5.0
8	6	0.15	0.30	0.35	0.40	0.40	0.45	0.45	0.45	0.45	0.45	0.50	0.50	0.50	0.50
	5	0.30	0.45	0.40	0.45	0.45	0.45	0.45	0.45	0.45	0.45	0.50	0.50	0.50	0.50
	4	0.40	0.45	0.45	0.45	0.45	0.45	0.45	0.50	0.50	0.50	0.50	0.50	0.50	0.50
	3	0.60	0.50	0.50	0.50	0.50	0.50	0.50	0.50	0.50	0.50	0.50	0.50	0.50	0.50
	2	0.85	0.65	0.60	0.55	0.55	0.55	0.50	0.50	0.50	0.50	0.50	0.50	0.50	0.50
	1	1.30	1.00	0.90	0.80	0.75	0.70	0.70	0.70	0.65	0.65	0.60	0.55	0.55	0.55
9	9	−0.25	0.00	0.15	0.20	0.25	0.30	0.30	0.35	0.35	0.40	0.45	0.45	0.45	0.45
	8	−0.00	0.20	0.30	0.35	0.35	0.40	0.40	0.40	0.40	0.45	0.45	0.50	0.50	0.50
	7	0.15	0.30	0.35	0.40	0.40	0.45	0.45	0.45	0.45	0.45	0.50	0.50	0.50	0.50
	6	0.25	0.35	0.40	0.40	0.45	0.45	0.45	0.45	0.45	0.45	0.50	0.50	0.50	0.50
	5	0.35	0.40	0.45	0.45	0.45	0.45	0.45	0.45	0.50	0.50	0.50	0.50	0.50	0.50
	4	0.45	0.45	0.45	0.45	0.45	0.50	0.50	0.50	0.50	0.50	0.50	0.50	0.50	0.50
	3	0.60	0.50	0.50	0.50	0.50	0.50	0.50	0.50	0.50	0.50	0.50	0.50	0.50	0.50
	2	0.85	0.65	0.60	0.55	0.55	0.55	0.55	0.50	0.50	0.50	0.50	0.50	0.50	0.50
	1	1.35	1.00	0.90	0.80	0.75	0.75	0.70	0.70	0.65	0.65	0.60	0.55	0.55	0.55
10	10	−0.25	0.00	0.15	0.20	0.25	0.30	0.30	0.35	0.35	0.40	0.45	0.45	0.45	0.45
	9	−0.05	0.20	0.30	0.35	0.35	0.40	0.40	0.40	0.40	0.45	0.45	0.50	0.50	0.50
	8	0.10	0.30	0.35	0.40	0.40	0.40	0.45	0.45	0.45	0.45	0.50	0.50	0.50	0.50
	7	0.20	0.35	0.40	0.40	0.45	0.45	0.45	0.45	0.45	0.50	0.50	0.50	0.50	0.50
	6	0.30	0.40	0.40	0.45	0.45	0.45	0.45	0.45	0.45	0.50	0.50	0.50	0.50	0.50
	5	0.40	0.45	0.45	0.45	0.45	0.45	0.45	0.50	0.50	0.50	0.50	0.50	0.50	0.50
	4	0.50	0.45	0.45	0.45	0.50	0.50	0.50	0.50	0.50	0.50	0.50	0.50	0.50	0.50
	3	0.60	0.55	0.50	0.50	0.50	0.50	0.50	0.50	0.50	0.50	0.50	0.50	0.50	0.50
	2	0.85	0.65	0.60	0.55	0.55	0.55	0.55	0.50	0.50	0.50	0.50	0.50	0.50	0.50
	1	1.35	1.00	0.90	0.80	0.75	0.75	0.70	0.70	0.65	0.65	0.60	0.55	0.55	0.55
11	11	−0.25	0.00	0.15	0.20	0.25	0.30	0.30	0.30	0.35	0.35	0.45	0.45	0.45	0.45
	10	−0.05	0.20	0.25	0.30	0.35	0.40	0.40	0.40	0.40	0.45	0.45	0.50	0.50	0.50
	9	0.10	0.30	0.35	0.40	0.40	0.40	0.45	0.45	0.45	0.45	0.50	0.50	0.50	0.50
	8	0.20	0.35	0.40	0.40	0.45	0.45	0.45	0.45	0.45	0.45	0.50	0.50	0.50	0.50
	7	0.25	0.40	0.40	0.45	0.45	0.45	0.45	0.45	0.45	0.50	0.50	0.50	0.50	0.50

续表

n	j \ K	0.1	0.2	0.3	0.4	0.5	0.6	0.7	0.8	0.9	1.0	2.0	3.0	4.0	5.0
11	6	0.35	0.40	0.45	0.45	0.45	0.45	0.45	0.50	0.50	0.50	0.50	0.50	0.50	0.50
	5	0.40	0.45	0.45	0.45	0.45	0.50	0.50	0.50	0.50	0.50	0.50	0.50	0.50	0.50
	4	0.50	0.50	0.50	0.50	0.50	0.50	0.50	0.50	0.50	0.50	0.50	0.50	0.50	0.50
	3	0.65	0.55	0.50	0.50	0.50	0.50	0.50	0.50	0.50	0.50	0.50	0.50	0.50	0.50
	2	0.85	0.65	0.60	0.55	0.55	0.55	0.55	0.50	0.50	0.50	0.50	0.50	0.50	0.50
	1	1.35	1.05	0.90	0.80	0.75	0.75	0.70	0.70	0.65	0.65	0.60	0.55	0.55	0.55
12及以上	自顶 1	-0.30	0.00	0.15	0.20	0.25	0.30	0.30	0.30	0.35	0.35	0.40	0.45	0.45	0.45
	2	-0.10	0.20	0.25	0.30	0.35	0.40	0.40	0.40	0.40	0.40	0.45	0.45	0.45	0.50
	3	0.05	0.25	0.35	0.40	0.40	0.40	0.45	0.45	0.45	0.45	0.45	0.50	0.50	0.50
	4	0.15	0.30	0.40	0.40	0.45	0.45	0.45	0.45	0.45	0.45	0.45	0.50	0.50	0.50
	5	0.25	0.35	0.50	0.45	0.45	0.45	0.45	0.45	0.45	0.45	0.50	0.50	0.50	0.50
	6	0.30	0.40	0.50	0.45	0.45	0.45	0.45	0.50	0.50	0.50	0.50	0.50	0.50	0.50
	7	0.35	0.40	0.55	0.45	0.45	0.45	0.50	0.50	0.50	0.50	0.50	0.50	0.50	0.50
	8	0.35	0.45	0.55	0.45	0.50	0.50	0.50	0.50	0.50	0.50	0.50	0.50	0.50	0.50
	中间	0.45	0.45	0.55	0.45	0.50	0.50	0.50	0.50	0.50	0.50	0.50	0.50	0.50	0.50
	4	0.55	0.50	0.50	0.50	0.50	0.50	0.50	0.50	0.50	0.50	0.50	0.50	0.50	0.50
	3	0.65	0.55	0.50	0.50	0.50	0.50	0.50	0.50	0.50	0.50	0.50	0.50	0.50	0.50
	2	0.70	0.70	0.60	0.55	0.55	0.55	0.55	0.50	0.50	0.50	0.50	0.50	0.50	0.50
	自底 1	1.35	1.05	0.90	0.80	0.75	0.70	0.70	0.70	0.65	0.65	0.60	0.55	0.55	0.55

附表 D.3　上下层横梁刚度比对 y_0 的修正值 y_1

I \ K	0.1	0.2	0.3	0.4	0.5	0.6	0.7	0.8	0.9	1.0	2.0	3.0	4.0	5.0
0.4	0.55	0.40	0.30	0.25	0.20	0.20	0.20	0.15	0.15	0.15	0.05	0.05	0.05	0.05
0.5	0.45	0.30	0.20	0.20	0.15	0.15	0.15	0.10	0.10	0.10	0.05	0.05	0.05	0.05
0.6	0.30	0.20	0.15	0.15	0.10	0.10	0.10	0.10	0.05	0.05	0.05	0.05	0	0
0.7	0.20	0.15	0.10	0.10	0.10	0.10	0.05	0.05	0.05	0.05	0.05	0	0	0
0.8	0.15	0.10	0.05	0.05	0.05	0.05	0.05	0.05	0.05	0	0	0	0	0
0.9	0.05	0.05	0.05	0.05	0	0	0	0	0	0	0	0	0	0

注：当 $i_1+i_2>i_3+i_4$ 时，取 $I=(i_3+i_4)/(i_1+i_2)$，$I=\dfrac{i_1+i_2}{i_3+i_4}$　　$K=\dfrac{i_1+i_2+i_3+i_4}{2i_c}$

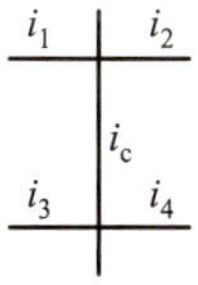

同时将查得的 y_1 取负值。

附表 D.4　上下层层高变化对 y_0 的修正值 y_2、y_3

α_2	K / α_3	0.1	0.2	0.3	0.4	0.5	0.6	0.7	0.8	0.9	1.0	2.0	3.0	4.0	5.0
2.0		0.25	0.15	0.15	0.10	0.10	0.10	0.10	0.10	0.05	0.05	0.05	0.05	0	0
1.8		0.20	0.15	0.10	0.10	0.10	0.05	0.05	0.05	0.05	0.05	0.05	0	0	0
1.6	0.4	0.15	0.10	0.10	0.05	0.05	0.05	0.05	0.05	0.05	0.05	0	0	0	0
1.4	0.6	0.10	0.05	0.05	0.05	0.05	0.05	0.05	0.05	0.05	0	0	0	0	0
1.2	0.8	0.05	0.05	0.05	0	0	0	0	0	0	0	0	0	0	0
1.0	1.0	0	0	0	0	0	0	0	0	0	0	0	0	0	0
0.8	1.2	−0.05	−0.05	−0.05	0	0	0	0	0	0	0	0	0	0	0
0.6	1.4	−0.10	−0.05	−0.05	−0.05	−0.05	−0.05	−0.05	−0.05	−0.05	0	0	0	0	0
0.4	1.6	−0.15	−0.10	−0.10	−0.05	−0.05	−0.05	−0.05	−0.05	−0.05	−0.05	0	0	0	0
	1.8	−0.20	−0.15	−0.15	−0.10	−0.10	−0.10	−0.10	−0.05	−0.05	−0.05	−0.05	0	0	0
	2.0	−0.25	−0.15	−0.15	−0.10	−0.10	−0.10	−0.10	−0.10	−0.05	−0.05	−0.05	−0.05	0	0

注：
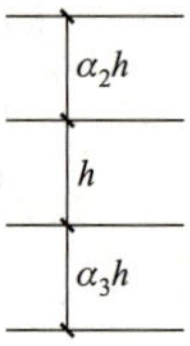

附录E　高层结构布置一般要求

附表 E.1　建筑平面尺寸限值

结构种类		L/B	l/b	l/B_{max}	L/B_{max}	l'/B_{max}	B'/B_{max}
混凝土结构	设防烈度 6、7	≤6.0	≤2.0	≤0.35	—	—	—
	设防烈度 8、9	≤5.0	≤1.5	≤0.30	—	—	—
钢结构		≤5.0	≤1.5	≤0.25	≤4.0	≥1.0	≤0.5

附表 E.2　房屋高宽比限值

结构类型		非抗震设计	抗震设防烈度		
			6 度、7 度	8 度	9 度
框　架	混凝土框架	≤5	≤4	≤3	≤2
	钢框架	≤5	≤5	≤4	≤3
框架-剪力墙、框架-支撑框架-筒体	混凝土框架-剪力墙	≤7	≤6	≤5	≤4
	混凝土框架-核心筒	≤8	≤7	≤5	≤4
	钢框架-支撑	≤6	≤6	≤6	≤4
	钢框架-混凝土剪力墙 钢框架-混凝土核心筒	≤5	≤5	≤4	≤4
混凝土剪力墙		≤7	≤6	≤5	≤4
筒中筒、成束筒	混凝土结构	≤8	≤8	≤7	≤5
	钢结构	≤6.5	≤6	≤5	≤5
	钢框筒-混凝土核心筒	≤6	≤5	≤5	≤4

附表 E.3　剪力墙间距

楼盖类型	非抗震设计	抗震设防烈度		
		6 度、7 度	8 度	9 度
现浇	≤5.0B 并且≤60 m	≤4.0B 并且≤50 m	≤3.0B 并且≤40 m	≤2.0B 并且≤30 m
装配整体	≤3.5B 并且≤50 m	≤3.0B 并且≤40 m	≤2.5B 并且≤30 m	—

注：表中 B 为剪力墙之间楼盖宽度。

附表 E.4 房屋允许最大高度 m

<table>
<tr><th colspan="2" rowspan="3">结构体系</th><th rowspan="3">非抗震设计</th><th colspan="5">抗震设防烈度</th></tr>
<tr><th rowspan="2">6 度</th><th rowspan="2">7 度</th><th colspan="2">8 度</th><th rowspan="2">9 度</th></tr>
<tr><th>0.20g</th><th>0.30g</th></tr>
<tr><td rowspan="2">框架</td><td>混凝土框架</td><td>70</td><td>60</td><td>50</td><td>40</td><td>35</td><td>24</td></tr>
<tr><td>钢框架</td><td>110</td><td>110</td><td>110</td><td>90</td><td>90</td><td>70</td></tr>
<tr><td rowspan="5">框架-剪力墙、框架-支撑、框架-核心筒</td><td>混凝土框架-剪力墙</td><td>150</td><td>130</td><td>120</td><td>100</td><td>80</td><td>50</td></tr>
<tr><td>混凝土框架-核心筒</td><td>160</td><td>150</td><td>130</td><td>100</td><td>90</td><td>70</td></tr>
<tr><td>钢框架-支撑</td><td>260</td><td>220</td><td>220</td><td>200</td><td>200</td><td>140</td></tr>
<tr><td>钢框架-混凝土剪力墙</td><td rowspan="2">220</td><td rowspan="2">180</td><td rowspan="2">180</td><td rowspan="2">100</td><td rowspan="2">100</td><td rowspan="2">70</td></tr>
<tr><td>钢框架-混凝土核心筒</td></tr>
<tr><td rowspan="2">混凝土剪力墙</td><td>全部落地剪力墙</td><td>150</td><td>140</td><td>120</td><td>100</td><td>80</td><td>60</td></tr>
<tr><td>部分框支剪力墙</td><td>130</td><td>120</td><td>100</td><td>80</td><td>50</td><td>不应采用</td></tr>
<tr><td rowspan="2">筒中筒、成束筒</td><td>混凝土结构</td><td>200</td><td>180</td><td>150</td><td>120</td><td>100</td><td>80</td></tr>
<tr><td>钢结构</td><td>360</td><td>300</td><td>300</td><td>260</td><td>260</td><td>180</td></tr>
</table>

注：表中 0.20 g、0.30 g 为设计基本地震加速度。

附录 F 砌体房屋结构布置一般要求

附表 F.1 层高和层数限值

房屋类别		最小厚度/mm	烈度和设计基本地震加速度											
			6		7				8				9	
			0.05g		0.10g		0.15g		0.20g		0.30g		0.40g	
			高度	层数	高度	层数	高度	层数	高度	层数	高度	层数	高度	层数
多层砌体	普通砖	240	21	7	21	7	21	7	18	6	15	5	12	4
	多孔砖	240	21	7	21	7	18	6	18	6	15	5	9	3
	多孔砖	190	21	7	18	6	15	5	15	5	12	4	—	
	砼砌块	190	21	7	21	7	18	6	18	6	15	5	9	3
底部框架-抗震墙	普通砖 多孔砖	240	22	7	22	7	19	6	16	5	—			
	多孔砖	190	22	7	19	6	16	5	13	4	—			
	砼砌块	190	22	7	22	7	19	6	16	5	—			

注：各层横墙较少的多层砌体房屋，总高度应比附表中规定的数值降低 3 m，层数相应减少一层；各层横墙很少时，再减少一层。

附表 F.2 房屋最大高宽比

设防烈度	6	7	8	9
最大高宽比	2.5	2.5	2.5	1.5

附表 F.3 房屋抗震墙最大间距 m

房屋类别		设防烈度			
		6	7	8	9
砖、砌块砌体	现浇和装配整体式钢筋混凝土	15	15	11	7
	装配式钢筋混凝土	11	11	9	4
	木	9	9	4	—
底部框架-抗震墙	上部各层	同多层砌体房屋			
	底层及底部两层	18	15	11	—

附表 F.4 房屋的局部尺寸限值 m

部位	设防烈度			
	6	7	8	9
承重窗间墙最小宽度	1.0	1.0	1.2	1.5
承重外墙尽端至门窗洞边的最小距离	1.0	1.0	1.2	1.5
非承重外墙尽端至门窗洞边的最小距离	1.0	1.0	1.0	1.0
内墙阳角至门窗洞边的最小距离	1.0	1.0	1.5	2.0
无锚固女儿墙(非出入口处)的最大高度	0.5	0.5	0.0	0.0

附表 F.5 多层砖房现浇钢筋混凝土圈梁设置要求

墙类	设防烈度		
	6、7	8	9
外墙和内纵墙	屋盖处及每层楼盖处	屋盖处及每层楼盖处	屋盖处及每层楼盖处
内横墙	同上;屋盖处间距不应大于 4.5 m;楼盖处间距不应大于 7.2 m;构造柱对应部位	同上;各层所有横墙,且间距不应大于 4.5 m;构造柱对应部位	同上,各层所有横墙

附表 F.6 多层砖房构造柱设置要求

房屋层数				设置部位	
6 度	7 度	8 度	9 度		
≤五	≤四	≤三		楼、电梯间四角,楼梯斜梯段上下端对应的墙体处; 外墙四角和对应转角; 错层部位横墙与外纵墙交接处; 大房间内外墙交接处;较大洞口两侧	隔 12 m 或单元横墙与外纵墙交接处; 楼梯间对应的另一侧内横墙与外纵墙交接处
六	五	四	二		隔开间横墙(轴线)与外墙交接处; 山墙与内纵墙交接处
七	六、七	五、六	三、四		内墙(轴线)与外墙交接处; 内墙的局部较小墙垛处; 内纵墙与横墙(轴线)交接处

附表 F.7　混凝土砌块房屋芯柱设置要求

<table>
<tr><th colspan="4">房屋层数</th><th rowspan="2">设置部位</th><th rowspan="2">设置数量</th></tr>
<tr><th>6 度</th><th>7 度</th><th>8 度</th><th>9 度</th></tr>
<tr><td>≤五</td><td>≤四</td><td>≤三</td><td></td><td>外墙四角和对应转角；楼、电梯间四角，楼梯斜梯段上下端对应的墙体处；
大房间内外墙交接处；
错层部位横墙与外纵墙交接处；
隔 12 m 或单元横墙与外纵墙交接处</td><td rowspan="2">外墙转角，灌实 3 个孔；
内外墙交接处，灌实 4 个孔；
楼梯斜段上下端对应的墙体处，灌实 2 个孔</td></tr>
<tr><td>六</td><td>五</td><td>四</td><td>一</td><td>同上；
隔开间横墙（轴线）与外纵墙交接处</td></tr>
<tr><td>七</td><td>六</td><td>五</td><td>二</td><td>同上；
各内墙（轴线）与外纵墙交接处；
内纵墙与横墙（轴线）交接处和洞口两侧</td><td>外墙转角，灌实 5 个孔；
内外墙交接处，灌实 4 个孔；
内墙交接处，灌实 4~5 个孔；
洞口两侧各灌实 1 个孔</td></tr>
<tr><td></td><td>七</td><td>六</td><td>三</td><td>同上；
横墙内芯柱间距不大于 2 m</td><td>外墙转角，灌实 7 个孔；
内外墙交接处，灌实 5 个孔；
内墙交接处，灌实 4~5 个孔；
洞口两侧各灌实 1 个孔</td></tr>
</table>

主要参考文献

1. 张耀春,周绪红. 钢结构设计[M]. 北京：高等教育出版社，2007.
2. 赵鸿铁,张素梅. 组合结构设计原理[M]. 北京：高等教育出版社，2005.
3. 邱洪兴等. 建筑结构设计[M]. 南京:东南大学出版社，2002.
4. 东南大学,同济大学,天津大学. 混凝土结构中册[M]. 6 版.北京:中国建筑工业出版社，2016.
5. 东南大学,同济大学,郑州大学. 砌体结构[M].2 版. 北京:中国建筑工业出版社，2011.
6. 方鄂华，钱稼茹，叶列平. 高层建筑结构设计[M]. 北京:中国建筑工业出版社，2003.
7. 陈富生，邱国桦，范重. 高层建筑钢结构设计[M]. 北京:中国建筑工业出版社，2000.
8. 王学谦. 建筑防火[M]. 北京:中国建筑工业出版社，2000.
9. 沈蒲生，梁兴文. 混凝土结构设计[M]. 4 版. 北京：高等教育出版社，2012.
10. 曹双寅. 工程结构设计原理[M]. 3 版.南京:东南大学出版社，2012.
11. 邱洪兴.混凝土结构设计原理[M].北京:高等教育出版社,2017.
12. 中华人民共和国建设部,国家质量监督检验检疫总局.建筑结构可靠度设计统一标准[S]:GB 50068—2001 . 北京:中国建筑工业出版社，2001.
13. 中华人民共和国住房和城乡建设部.建筑结构荷载规范[S]:GB 50009—2012 . 北京:中国建筑工业出版社，2012.
14. 中华人民共和国住房和城乡建设部.混凝土结构设计规范[S]:GB 50010—2010 . 北京:中国建筑工业出版社，2011.
15. 中华人民共和国住房和城乡建设部.钢结构设计标准[S]:GB 50017—2018 . 北京:中国建筑工业出版社，2018.
16. 中华人民共和国住房和城乡建设部.砌体结构设计规范[S]:GB 50003—2011 . 北京:中国建筑工业出版社，2012.
17. 中华人民共和国住房和城乡建设部.建筑地基基础设计标准[S]:GB 50007—2011 . 北京:中国建筑工业出版社，2012.
18. 中华人民共和国住房和城乡建设部.高层混凝土结构技术规程[S]:JGJ 3—2010. 北京:中国建筑工业出版社，2011.
19. 中华人民共和国住房和城乡建设部.高层民用建筑钢结构技术规程[S]:JGJ 99—2015. 北京:中国建筑工业出版社，2016.
20. 中华人民共和国住房和城乡建设部.组合结构设计规范[S]:JGJ 138—2016 . 北京:中国建筑工业出版社，2016.
21. 中华人民共和国住房和城乡建设部.门式刚架轻型房屋钢结构技术规范[S]:GB 51022—2015. 北京:中国建筑工业出版社，2016.
22. 中华人民共和国建设部.人民防空地下室设计规范[S]:GB 50038—2005.北京:中国建筑工业出版社,2005.